U0163326

Advances in Vinegar Production

食醋生产理论与实践

[希] 阿吉罗·贝卡托鲁（Argyro Bekatorou） 主编

王 敏 郑 宇 主译

中国轻工业出版社

图书在版编目（CIP）数据

食醋生产理论与实践／（希）阿吉罗·贝卡托鲁（Argyro Bekatorou）主编；
王敏，郑宇主译.—北京：中国轻工业出版社，2023.8

ISBN 978-7-5184-4313-0

Ⅰ．①食… Ⅱ．①阿… ②王… ③郑… Ⅲ．①食用醋—生产
工艺 Ⅳ．①TS264.2

中国国家版本馆 CIP 数据核字（2023）第 021830 号

版权声明：
Advances in Vinegar Production

By Argyro Bekatorou/ISBN：978-0-8153-6599-0/ⓒ 2020 by Taylor & Francis Group，LLC

All Rights Reserved. Authorized translation from the English language edition published by CRC Press, a member of the Taylor & Francis Group, LLC.

本书原版由 Taylor & Francis 出版集团旗下 CRC 出版公司出版，并经其授权翻译出版。版权所有，侵权必究。

China Light Industry Press Ltd. is authorized to publish and distribute exclusively the Chinese (Simplified Characters) language edition. This edition is authorized for sale in the People's Republic of China exclusively (excluding Hong Kong SAR, Macao SAR and Taiwan). No part of the publication may be reproduced or distributed by any means, or stored in a database or retrieval system, without the prior written permission of the publisher.

本书中文简体翻译版由中国轻工业出版社有限公司独家出版并限在中国境内（不包括中国香港、澳门特别行政区和中国台湾地区）销售。未经出版者书面许可，不得以任何方式复制或发行本书的任何部分。

Copies of this book sold without a Taylor & Francis sticker on the cover are unauthorized and illegal.

本书封面贴有 Taylor & Francis 防伪标签，无标签者不得销售。

责任编辑：马 妍　　责任终审：许春英
文字编辑：武艺雪　　责任校对：吴大朋　　封面设计：锋尚设计
策划编辑：马 妍　　版式设计：砚祥志远　　责任监印：张 可

出版发行：中国轻工业出版社（北京东长安街 6 号，邮编：100740）

印　　刷：三河市万龙印装有限公司

经　　销：各地新华书店

版　　次：2023 年 8 月第 1 版第 1 次印刷

开　　本：787×1092　1/16　印张：28

字　　数：621 千字

书　　号：ISBN 978-7-5184-4313-0　　定价：88.00 元

邮购电话：010-65241695

发行电话：010-85119835　传真：85113293

网　　址：http://www.chlip.com.cn

Email：club@chlip.com.cn

如发现图书残缺请与我社邮购联系调换

210557K1X101ZYW

主编简介

阿吉罗·贝卡托鲁（Argyro Bekatorou），博士，1972年出生于希腊，希腊西部帕特雷大学（University of Patras）化学系教师及食品科学研究员。于1995年获得希腊塞萨洛尼基亚里士多德大学（Aristotle University of Thessaloniki）化学文凭，并于2001年获得帕特雷大学化学系食品科学博士学位。2001年，在英国北爱尔兰乌尔斯特大学（University of Ulster）生物医学科学学院担任环境微生物学和生物技术领域的博士后研究员。2002—2006年，在帕特雷大学化学系担任全职研究员和兼职讲师。2006年被任命为全职讲师。2018年晋升为帕特雷大学化学系的食品化学与技术副教授。

研究领域为发酵食品（酒精饮料、乳制品、益生菌、发酵谷物制品等）的化学和技术，利用农业食品废弃物和副产品进行新型食品生产的生物技术开发及具有附加值的产品（乙醇、有机酸、单细胞蛋白和油脂等），以及固定化细胞技术在食品生物过程开发中的应用与中试放大。指导博士论文5篇，参与许多获得资助的具竞争力的研究项目，是25种以上科学期刊的活跃审稿人，并且在国际科学期刊发表研究论文85篇（Scopus，2019）发表国家/国际会议论文125篇以上，专利2项，参与编写著作15部。

本书编写人员

叶卡捷琳娜·帕帕达基（Aikaterini Papadaki）
博士后研究助理
雅典农业大学食品科学与人类营养系
希腊，雅典

阿尔伯特·马斯（Albert Mas）
维尔吉利罗维拉大学生物化学与生物技术系
西班牙，塔拉戈纳

安娜·玛丽亚·卡涅特–罗德里格斯（Ana María Cañete-Rodríguez）
科尔多瓦大学无机化学与化学工程系
西班牙，科尔多瓦

安东尼娅·特尔普（Antonia Terpou）
帕特雷大学化学系食品生物技术组
希腊，帕特雷

阿萨纳修斯·亚历克索普洛斯（Athanasios Alexopoulos）
德谟克利特色雷斯大学农业发展部微生物、生物技术与卫生实验室
希腊，奥雷斯蒂亚达

阿兹万·马特·拉齐姆（Azwan Mat Lazim）
马来西亚克邦萨大学科学技术学院先进材料和可再生资源中心
马来西亚，雪兰莪州

陈伟豪（Chin Wai Ho）
马来西亚国民大学科学与技术学院生物技术和功能食品中心
马来西亚，雪兰莪州

克里斯蒂娜·乌贝达（Cristina Úbeda）
塞维利亚大学药学院，营养与医学、毒理学与法律医学系，营养与医学研究室
西班牙，塞维利亚

德斯皮娜·卡洛吉安尼（Despina Kalogianni）
帕特雷大学化学系
希腊，帕特雷

艾菲米亚·埃里奥图（Effimia Eriotou）
副教授
爱奥尼亚大学食品科学与技术系
希腊，凯法利尼亚岛

弗朗西斯科·范托齐（Francesco Fantozzi）
佩鲁贾大学工程系
意大利，佩鲁贾

弗朗西斯科·洛佩斯（Francisco López）
罗维拉维吉利大学化学工厂部门酿酒师
西班牙，塔拉戈纳

唐汉兰（Hanlan Tang）
华南理工大学生物科学与工程学院
中国，广州

赫里西·K·卡拉帕纳吉奥蒂（Hrissi K. Karapanagioti）
帕特雷大学化学系
希腊，帕特雷

伊内斯·玛丽亚·桑托斯-杜纳斯（Inés María Santos-Dueñas）
科尔多瓦大学无机化学与化学工程系
西班牙，科尔多瓦

伊安娜·曼佐拉尼（Ioanna Mantzourani）
色雷斯德谟克利特大学农业发展系、微生物实验室
希腊，奥雷斯蒂阿斯

伊西多罗·加西亚-加西亚（Isidoro García-García）
科尔多瓦大学无机化学与化学工程系
西班牙，科尔多瓦

宋建坤（Jiankun Song）
华南理工大学生物科学与工程学院
中国，广州

金伟玲（Jin Wei Alvin Ling）
马来西亚国立大学科学技术学院生物技术和功能食品中心
马来西亚，雪兰莪

豪尔赫·E·吉姆内兹-霍内罗（Jorge E. Jiménez-Hornero）
科尔多瓦大学数据资料和分析数值
西班牙，科尔多瓦

罗立新（Linxin Luo）
华南理工大学生物科学与工程学院
中国，广州

玛丽亚·德尔·皮拉尔·塞古拉-博雷戈（María del Pilar Segura-Borrego）
塞维利亚大学药学院，营养与医学、毒理学与法律医学系，营养与医学研究室
西班牙，塞维利亚

玛丽亚·赫苏斯·托里亚（María Jesús Torija）
生物化学与生物技术系
西班牙，塔拉戈纳

玛丽亚·何塞·瓦莱拉（María José Valera）
生物化学与生物技术系
西班牙，塔拉戈纳

玛丽亚·卢尔德·莫拉莱斯（María Lourdes Morales）
塞维利亚大学药学院，营养与医学、毒理学与法律医学系，营养与医学研究室
西班牙，塞维利亚

夏梦雷（Menglei Xia）
天津科技大学食品营养与安全国家重点实验室，工业发酵微生物教育部重点实验室，生物工程学院
中国，天津

王敏（Ming Wang）
天津科技大学食品营养与安全国家重点实验室，工业发酵微生物教育部重点实验室，生物工程学院
中国，天津

尼古拉斯·科帕切利斯（Nikolaos Kopsahelis）
阿尔戈斯托利爱奥尼亚大学食品科学与技术系
希腊，凯法利亚

帕纳吉奥塔·查夫拉基杜（Panagiota Tsafrakidou）
帕特雷大学化学工程系生化工程与环境技术实验室
希腊，帕特雷

帕纳约蒂斯·坎迪利斯（Panagiotis Kandylis）
塞萨洛尼基亚里士多德大学农业学院食品科技部酿酒学和酒精饮料实验室
希腊，塞萨洛尼基

保罗·范托齐（Paolo Fantozzi）
佩鲁贾大学农业、食品和环境科学系
意大利，佩鲁贾

彼得罗·巴托奇（Pietro Bartocci）
佩鲁贾大学工程系
意大利，佩鲁贾

雷切尔·玛丽亚·卡莱扬（Raquel María Callejón）
塞维利亚大学药学院，营养与医学、毒理学与法律医学系，营养与医学研究室
西班牙，塞维利亚

罗西奥·里奥斯-雷纳（Rocío Ríos-Reina）
塞维利亚大学药学院，营养与医学、毒理学与法律医学系，营养与医学研究室
西班牙，塞维利亚

谢三款（Sankuan Xie）
天津科技大学生物工程学院
中国，天津

圣乔·林（Seng Joe Lim）
马来西亚科班萨大学科学和技术系生物技术和功能食品中心
马来西亚，雪兰莪州

沙兹鲁·法兹里（Shazrul Fazry）
马来西亚科班萨大学科学和技术系奇尼湖研究中心
马来西亚，雪兰莪州

索菲亚·梅纳（Sofia Maina）
博士后
雅典农业大学食品科学与人类营养系
希腊，雅典

斯塔夫罗斯·普莱萨斯（Stavros Plessas）
色雷斯德谟克利特大学农业发展部微生物、生物技术和卫生实验室
希腊，奥雷斯蒂亚达

苏里昂·门（Sue Lian Mun）
马来西亚雪兰莪克邦萨大学科技学院生物技术和功能食品中心
马来西亚

夏婷（Ting Xia）
天津科技大学食品营养与安全国家重点实验室，工业发酵微生物教育部重点实验室，生物工程学院
中国，天津

瓦西里基·卡奇里曼杜（Vasiliki Kachrimanidou）
博士后研究助理
雷丁大学食品与药物化学学院食品与营养科学系
英国，伯克郡

张祥龙（Xianglong Zhang）
天津科技大学生物工程学院
中国，天津

吴艳芳（Yanfang Wu）
天津科技大学生物工程学院
中国，天津

郑宇（Yu Zheng）
天津科技大学食品营养与安全国家重点实验室，工业发酵微生物教育部重点实验室，生物工程学院
中国，天津

佐伊洛·冈萨雷斯–格拉纳多斯（Zoilo González–Granados）
陶瓷与玻璃研究所
西班牙，马德里

主译简介

王敏，博士，教授，博士生导师，天津科技大学党委常委、副校长，省部共建食品营养与安全国家重点实验室方向带头人，天津市传统发酵食品创新团队带头人，享受国务院政府特殊津贴。

先后入选国家重点人才计划、科技部中青年创新领军人才、教育部新世纪优秀人才、天津市杰出津门学者等人才项目，承担国家重点研发计划、863计划、国家自然科学基金等国家级科研项目10余项。目前担任国务院学位委员会轻工技术与工程学科评议组委员，教育部高等学校生物技术、生物工程类专业教学指导委员会委员，中国调味品协会科学技术工作委员会副主任委员，全国调味品标准化技术委员会副主任委员，中国食醋产业技术创新战略联盟副主任委员，中国生物发酵产业协会微生物育种分会副理事长，天津市食品学会副理事长，*Food Safety and Health*、《中国粮油学报》《食品与发酵工业》《中国酿造》等期刊编委或顾问。

主要从事食醋等传统发酵食品酿造机理解析、微生物挖掘利用、功能因子作用机理解析及其代谢网络分析、发酵调控技术开发等方面的研究工作。相关研究成果获天津市科技进步一等奖1项，二等奖3项，三等奖1项。先后在《食品科学技术学报》《食品科学》、*Food Science and Human Wellness*、*Journal of Agricultural and Food Chemistry*、*Food Microbiology*等国内外权威期刊发表论文200余篇，申请/授权发明专利100余项，主编/参编相关教材和专著7部。

本书翻译人员

主　译　　王　敏（天津科技大学）

　　　　　　郑　宇（天津科技大学）

参译人员（按姓氏笔画排列）

　　　　　　申雁冰（天津科技大学）

　　　　　　闫裕峰（山西紫林醋业股份有限公司）

　　　　　　宋　佳（天津科技大学）

　　　　　　罗国栋（山西紫林醋业股份有限公司）

　　　　　　周景丽（山西紫林醋业股份有限公司）

　　　　　　夏　婷（天津科技大学）

　　　　　　夏梦雷（天津科技大学）

　　　　　　朗繁繁（山西紫林醋业股份有限公司）

　　　　　　梁　楷（山西紫林醋业股份有限公司）

　　　　　　屠琳娜（天津科技大学）

主　审　　白　燕（中国调味品协会）

序

  食醋是世界上历史悠久的发酵食品，具有几千年的生产历史，自古就被广泛应用于食品调味、食物保藏、杀菌，并且具有保健功效。不同国家和地区结合自身地域和文化传统，采用各具特色的原料和工艺生产食醋产品，其中最为著名的有欧洲的葡萄酒醋（如意大利的香脂醋、西班牙的雪莉醋）和亚洲的谷物醋（如中国和日本的谷物醋）。

  在中国，食醋不仅是人民日常饮食的必备品，甚至成为部分地域饮食文化的精髓，同时也是中华传统文化的重要载体，山西老陈醋、镇江香醋、四川阆中保宁醋、天津独流老醋等著名传统食醋酿造技艺先后入选国家非物质文化遗产，有着深厚的历史文化传承。但目前，大多数消费者和食醋从业者对食醋生产技术及其原理的认识仍不够全面，甚至有些片面，对传统食醋酿造技艺的解读不够深入。随着科学技术的发展，许多传统食醋的酿造工艺、风味物质组成以及保健功效被逐步解析，从而揭示传统酿造技艺科学内涵；同时新技术、新装备也逐渐应用于食醋的工业生产，保障产品品质，提高生产效率，降低生产成本。

  传承和弘扬中华民族传统文化，并不意味着故步自封。"守正创新"才是食醋等传统发酵食品行业持续健康发展需要遵循的原则，做到"在传承中发展，在发展中创新"。本书译自 *Advances in Vinegar Production* 一书，系统介绍世界著名食醋的特点和生产工艺，总结和讨论食醋生产技术的创新应用和发展趋势，提出食醋行业进一步发展的方向。

  该书的翻译出版将有力地促进食醋行业科技信息的传播，特别是有助于国内食醋生产企业和科技工作者更加全面、快捷地了解世界各地食醋的种类、历史和特点、食醋酿造的生产工艺、原理以及发展趋势，对我国食醋产业的健康发展和科技水平提升有重要贡献。

中国工程院院士，江南大学教授

陈坚

2023.4

译者序

食醋是世界上起源最早的发酵食品之一，全球各地都有自己特有的食醋产品，许多还是地理标志性产品，它们不仅风味独特，而且还有多种功能因子，是一种健康食品。

食醋酿造历史悠久，不同的酿造技艺各具特色。近年来，随着科学技术的进步，食醋酿造机理解析不断深入，食醋酿造技术不断创新。目前，市场上传统手工酿造工艺、机械化酿造与自动化酿造工艺并存，但不论采用何种工艺，都存在很大的技术进步空间。

中国的谷物醋在酿造技艺、产品风味、健康属性等方面都独具风格，特别是"曲"的使用和"翻醅"等发酵工艺方面，充满了中国智慧，是我国传统文化之瑰宝。但传统并不意味着守旧，如何在"守正"的基础上不断创新，是行业共同努力的方向。因此，我们与中国轻工业出版社策划翻译了《食醋生产理论与实践》一书。

本书系统归纳总结食醋生产理论与技术方面的研究进展，内容丰富，涉及广泛，旨在方便读者熟悉和了解全球食醋历史、产品、工艺特点和酿造机理，以及为读者在食醋酿造机理解析和企业生产技术进步等方面提供参考，同时，也希望通过此书让广大消费者科学认识食醋，合理消费食醋。

由于译者水平有限，书中难免会有翻译不够贴切的地方，敬请读者批评指正。

王　敏

2023.4

前　言

食醋是由酵母和醋酸菌自发或可控混合发酵生产的酸性产品。自古以来，它就被人类视为重要的调味品、食品防腐剂以及传统保健食品的成分。目前，在全球范围内使用各种原材料生产食醋，如果汁、谷物/麦芽、甘蔗、蜂蜜、农业副产物等任何含有可发酵糖的材料。一些国家的立法中仅将那些从农产品发酵中获得的产品定义为食醋，以将其与乙酸调配产品进行区分。根据原材料以及所使用的特殊工艺和陈酿技术的不同，食醋产品之间的品质会有相当大的差异，这反映在它们的价格差异上。生产食醋的原材料差异很大，从农业生产的副产品到可以生产受保护的独特而昂贵产品的高品质原料，如一些意大利和西班牙香脂醋。

食醋生产涉及两个主要的生化过程：利用酵母的酒精发酵和利用醋酸菌的醋酸发酵或醋化（乙醇氧化）。第二个过程对工艺参数特别敏感，如发酵温度、起始发酵剂类型、底物组成和供氧，这些参数对工业生产效率、成本和整体产品质量有着至关重要的影响。

在食醋的工业生产中，通常涉及三种主要工艺类型：缓慢的手工传统工艺（奥尔良工艺或法式工艺），较快的醋化器工艺和快速的深层发酵工艺。目前对食醋生产方面已具有丰富的科学认知，但该行业主要采用传统的分批深层发酵工艺，其核心是酿醋罐（食醋发酵罐）。市售的酿醋罐常配备有温度、通风和压力控制装置、乙醇和酸度检测探头、消泡装置等，并可能根据季节性生产要求或不同类型的原材料和产品而有很大差异。固态发酵工艺也被一些亚洲国家用来利用谷物生产食醋。这些工艺包括淀粉液化和糖化的附加步骤。

当前的趋势是将传统工艺与先进技术相结合，对各种方法进行了评估，以提高食醋的发酵效率，降低生产成本和发酵时间。这些努力大多侧重于确保生产过程的可控发酵条件，并表明使用精心选择和培养的细菌至关重要。提出的醋化系统包括发酵底物的循环利用、分批发酵技术的应用、连续操作和固定化细胞技术的使用。酿醋罐的工程进展还旨在减少放大生产过程中氧气扩散相关问题。

本书阐述和讨论食醋生产技术相关的创新和应用，以及它们与传统深层发酵系统相比的优缺点。对原料、底物预处理策略、酒精发酵和醋酸发酵的新趋势进行阐述。还强调并讨论有关过程的在线监控，发酵后处理与化学成分分析，代谢组学，食醋产品分类，真实性认证和欺诈控制的现代技术以及食醋行业生命周期评估的创新。

本书还介绍食醋的健康功能，随着分类和真实性认证方法的发展，这些益处构成当前食醋科学研究的主要部分。

编写本书的大部分数据基本来自近年的科学文献，并特别参考了以前发表的关于食醋的重要成果。

最后，在每章的结尾部分都提供了参考文献，以便读者进一步学习与研究。

编　者

目录CONTENTS

4 食醋微生物计数与鉴定研究进展

5 食醋生产原料与预处理

6 当前食醋工业生产

7 食醋生产中固定化生物催化剂技术研究进展

12 苹果醋的生产与研究进展

13 开菲尔醋的生产

14 新型食醋产品

15 醋酸发酵的建模与优化

16　食醋发酵后处理

17　食醋挥发性成分及其分析

18　食醋的保健功效

19　食醋生产工业用水

20   食醋发酵快速在线监测方法

21   食醋的掺假、质量、表征与鉴定方法

22   食醋行业的生命周期评估

1

食醋的历史与现状

1.1 引言

食醋是一种含有4%及以上乙酸的液体产品，通常直接食用或作为食物的成分使用和消耗。食醋传统上是通过两阶段发酵系统生产的，即含糖底物的酒精发酵，然后是乙醇氧化生成乙酸的醋酸发酵（Ho等，2017a）。食醋生产发酵的常用原料或底物是水果，如苹果和葡萄（葡萄是必不可少的）（Plessi等，2006；Lea，2012）以及其他植物原料，如大米、麦芽、甘蔗以及其他含碳水化合物的原料（Shimoji等，2002；Kocher等，2006；Liu和Yang，2006）。本章讨论了食醋生产的历史、地理位置、定义、用途、市场和统计学、立法、认证问题、健康影响、功能成分以及当前发展趋势。食醋生产和质量问题将在后续章节中详细讨论。

1.2 食醋的历史和发展

"醋"这个词来自"*vin*"和"*aigre*"，在法语中的字面意思是"酸葡萄酒"，这来自拉丁语"*vinum acre*"（酸葡萄酒）或"*vinum acetum*"（葡萄酒醋）。在世界各地的许多文化中，食醋已被用作各种食品中的调味剂或防腐剂，以及用水稀释后作为饮料（Tesfaye等，2002）。因此，食醋是为了达到这些目的而特意酿造的。然而，值得一提的是，在古代，食醋被视为葡萄酒因与空气接触变质而制成的食品副产品（Ho等，2017a）。食醋的历史悠久（Conner和Allgeier，1976；Ho等，2017a），它的出现总是与酿酒同时发生。在此期间，古代文明（波斯人、埃及人和美索不达米亚人）已经观察到暴露在空气中的葡萄酒会变酸的现象（Mazza和Murooka，2009）。

几个世纪以来，食醋的使用在历史记录和通俗文学中都有描述。巴比伦的记录（公元前5000年）表明，海枣（而不是无花果或葡萄）是酿酒和酿醋的主要原料。另一个有趣的事实是巴比伦人有意使用食醋来用于食物的腌制和防腐。在公元前12世纪的地中海文化中，食醋成为一种被广泛使用和消费的产品（Mazzahe和Murooka，2009）。

在古希腊，被誉为"医学之父"的希腊医生希波克拉底（公元前460—公元前377年）建议使用食醋来清理溃疡和治疗疮伤（Johnston和Gaas，2006）。后来，在罗马帝国时期（公元前58—公元前50年），凯撒大帝在他的著作 *De Bello Gallico*（高卢战争的原始资料）中写道，罗马士兵将食醋与水混合作为饮料饮用。这种饮料被描述为比单独饮用水更为清爽且安全，因为其具有抗菌活性（Mazza和Murooka，2009）。

在8—12世纪的日本，武士通常将食醋作为增强力量和补充能量的饮料（Liu等，2014）。在中国，法医学之父宋慈（1186—1249）建议用硫黄和食醋洗手，以避免在尸检过程中感染（Chan等，1994）。在14世纪中期，1348年瘟疫暴发期间，意大利著名的内科医生和医学教授托马索·德尔·嘉宝（Tommaso Del Garbo）建议用食醋清洗手、脸和嘴，以保护公众免受感染（Mazza和Murooka，2009）。后来，美国第二任总统约翰·亚当斯（1735—1826）以每天早餐喝苹果醋而闻名。他活到91岁的事实被认为是定期食用苹果醋有助于长寿的证据（Liu 等，2014）。

18 世纪，法国化学家杜兰德取得了重大的科学进步，成功地从食醋中浓缩出乙酸，将得到的产物命名为"冰醋酸"。

食醋工业生产的各种重要进步发生在 14 世纪。在此之前，食醋主要为自制产品进行生产，数量不足以满足持续增长的需求。1394 年 10 月 28 日，一家名为 Vinaigriers moutardiers sauciers distillateurs en eau-de-vie et esprit-de-vin butiers（法语）的公司在法国奥尔良成立。这家公司被认为是世界上最古老的专门生产食醋的公司，该公司开发了一种食醋生产工艺，称为奥尔良工艺（Orléans process）。由于食醋的生产需要很长时间，可能需要几个月才能完成，奥尔良工艺有时被称为缓慢工艺。值得一提的是，这个工艺至今仍在使用，包括在酒桶内添加"醋母"以进行醋酸发酵。当达到所需的酸度和风味时，将醋从顶部移走，然后加入相同体积的新鲜葡萄酒进行下一批次发酵。通过这种方式，食醋的生产可以重复和连续进行（Mazza 和 Murooka，2009）。

随着人们对食醋的需求增加，更新更快的制醋工艺被研发出来。具体来说，1823 年在德国，Schutzenbach 借鉴了醋化器（generator）工艺，将食醋的生产周期缩短到 3~7d，其核心是被称为醋化器的发酵容器，它由一个大容器组成，容器内部由筛网隔开形成两个区室。发酵开始时，最大的上层区室充满了固体材料，通常是携带醋酸菌的木屑。空气通过筛网吹到上层区室，以便更好地扩散氧气，从而提高醋酸发酵的速度。生产出的食醋通过筛网过滤并收集在醋化器的下层区室（Ho 等，2017a）。

1955 年，Hromatka 在德国开发了另一种食醋的制造工艺，称为深层醋酸发酵，它结合了改进的通气和搅拌方法以缩短生产时间。具体来说，就是利用高速电机供给空气并搅拌发酵罐（酿醋罐）中醋酸菌悬浮液，提高含氧量，从而加速乙醇氧化成乙酸。该方法主要分为三个阶段：原料的装载和起始发酵剂的接种、强化通气发酵过程以及发酵产物食醋的收集。如今，容量为 10000~40000L 的酿醋罐已普遍被使用（Ho 等，2017a）。

有关主要醋酸发酵工艺（奥尔良工艺、醋化器工艺和深层醋酸发酵工艺）的更多详细信息，请参见第 6 章。

1.3 食醋市场分析

食醋是一种全球性的产品，在质量、种类和价格上有巨大的差异，即从廉价的蒸馏醋、合成醋到普通的苹果醋，再到优质的传统香脂醋。食醋市场可能会根据产品类型和地理位置以及产品最终用途（如清洁、烹饪、医疗、工业、保健和美容、汽车行业等）进行开发与拓展（Radiant Insights Inc.，2018）。IMARC 集团（Market Publishers，2018）的数据显示，食醋的多功能性和多样化应用使其成为最有价值的食品之一，2017 年全球食醋市场价值约为 12.6 亿美元，2010—2017 年复合年增长率（CAGR）为 2.1%。

根据 Technavio 的《2017—2021 年全球食醋市场》报告（Radiant Insights Inc.，2018），随着产品类型和应用、可支配收入和健康意识在全球范围内不断提高。2017

年，最大的食醋市场是欧洲，其次是北美、亚太地区、拉丁美洲、中东和非洲，在预测期内（2017—2021 年）欧洲继续领先（Radiant Insights Inc.，2018）。

根据 Persistence Market Research（2018）的《2016—2024 年全球调味食醋市场分析和预测》报告，2015 年，食醋市场细分为香脂醋约 36710t，苹果醋约 8686t，白葡萄酒醋约 9673t，米醋约 4901t，红葡萄酒醋约 21078t，麦芽醋约 5588t。到 2024 年年底，香脂醋市场预计将达到 54772t（复合年增长率 4.6%），苹果醋市场将达到 13427t（复合年增长率 5.0%），白葡萄酒醋市场将达到 14297t（复合年增长率 4.5%），米醋市场将达到 7539t（复合年增长率 5.0%），红葡萄酒醋市场将达到 31720t（复合年增长率 4.7%），麦芽醋市场将达到 8541t（复合年增长率 5.5%）（Persistence Market Research，2018）。

有关食醋生产和消费统计数据、趋势以及预测的各种市场报告可在互联网上检索到。还可以找到有关食醋市场领域关键的和有前景的运营供应商的名单、演示报告和讨论，例如，Technavio 的报告《2017—2021 年全球食醋市场》（Radiant Insights Inc.，2018）中列出的 2017 年名单等。

1.4　食醋的用途

历史上，食醋被认为是酿酒的副产品（这是由于葡萄酒会氧化），而其毫无用处。然而，通过人类几个世纪以来的观察和创新，食醋的功效是显而易见的。正如上一节所讨论的，巴比伦人有意使用食醋来进行食物腌制和防腐，而其他文化则使用食醋作为消毒剂并认为其具有促进健康的作用。今天，食醋的这些用途在某种程度上是保持不变的。

随着科学研究揭示了食醋的成分，发现除了乙酸作为主要成分外，还有多种酚类化合物、维生素和其他生物活性分子，具体取决于所使用的原材料以及应用的发酵参数。这些化合物具有促进健康的作用，因此，现在市场上食醋作为健康饮料销售，可以直接食用或稀释后食用。食醋也可用作调味品，例如，香脂醋与橄榄油完美结合可制成蘸料和沙拉酱。

除了直接食用外，食醋还用于各种食品，例如调味品和酱汁的配方，包括芥末、番茄酱和蛋黄酱。食醋在烹饪中也是一种重要的辅助材料，它为食物提供了一种有趣的酸味和香气。众多品牌的盐和食醋口味薯片在世界各地销售，这也是食醋在食品中的一种细分的存在形式。在这种情况下，将食醋喷洒在多孔基质上，例如麦芽糊精或变性淀粉，然后将混合物干燥并制成粉状，用于调味薯片。也可以使用干燥形式的乙酸钠和食醋的混合物。一些其他酸，例如，柠檬酸、苹果酸、酒石酸和乳酸可另外用于此类产品中，以增加风味和质地。

食醋也用于各种产品的腌制，从水果到蔬菜和肉类。腌制是一种防腐的方法，在这种方法中，敏感和易变质的食品被浸泡在食醋、糖或盐中以防止变质。食醋的高酸度阻止了微生物的生长，使其成为理想的防腐剂。同时，食醋为腌制产品增加了风味。适合用食醋腌制的产品有莴苣、甘蓝、黄瓜、甜菜根、胡萝卜、橄榄等蔬菜，以及鱼、肉和香肠等动物产品。由于其酸度，食醋通常也加入腌料中使肉变嫩。

此外，由于食醋具有较高的酸度，因此具有许多非食品应用，比如用作清洁剂和消毒剂。例如，因为食醋中的乙酸可以溶解矿物质，食醋常用于去除厨房和浴室水龙头、电器和固定装置中的矿物质沉淀。Choi 等（2012）的一项研究报告了乙酸溶解矿物质和金属的能力，该研究得出结论，木醋可用于从铬酸盐处理的木材中提取铬、铜和砷，展示了它取代合成化学物质去除处理过的木材废料中金属元素的潜力。

食醋的另一个非食品应用是用作消毒剂，这使其成为一种很好的家用清洁剂。将食醋喷洒在木板上进行擦拭，是防止家具上霉菌生长的一种方式，这一问题在热带气候区域中尤为常见。Baimark 和 Niamsa（2009）报告指出，使用木醋液作为天然橡胶板的凝固剂和抗真菌剂是有效的，并且不会影响天然橡胶的性能。使用食醋而不是合成化学品的优势显而易见，因为食醋是一种具有清洁和消毒功能并且无毒的廉价产品。

1.5 食醋的定义和相关法律法规

根据 Ho 等（2017a）改编；国际食品法典委员会（Codex Alimentarius Commission，CAC）将食醋定义为适合人类食用的液体，是仅由含有淀粉、糖或淀粉和糖的适当产品通过双重发酵过程（即酒精发酵和醋酸发酵）生产。根据欧洲法律，食醋中乙醇含量不得超过 0.5%，发酵食醋中不得使用稳定剂。食醋本身不得含有少于 50g/L 的乙酸（食品法典委员会，Codex Alimentarius Commission，1987；Ho 等，2017a）。

美国食品与药物管理局（Food and Drug Administration，FDA）提到，食醋是由果汁经过酒精发酵和后续醋酸发酵制成的。《联邦食品药物及化妆品法》没有建立食醋产品标准。然而，FDA 认为发酵食醋的指导建议是每 100mL 醋必须含有超过 4g 的乙酸（FDA，1977；Ho 等，2017a）。

欧盟将食醋定义为通过农业来源物质的双重发酵（酒精发酵和醋酸发酵）生产的产品。可以利用葡萄酒、苹果酒、麦芽、米糊、乳清、浓缩葡萄汁和各种烈酒等作为原材料（Erbe 和 Brückner，1998；Ho 等，2017a）。

在法国，食醋被称为"vinaigre"，也就是前文中提到的"酸葡萄酒"。食醋可以由几乎任何可发酵的碳水化合物原料制成，包括但不限于葡萄酒、糖蜜、枣、苹果、梨、浆果、啤酒和蜂蜜。它应由酵母发酵，将天然糖类转化为乙醇，然后由醋酸菌（醋杆菌属）将乙醇转化为乙酸（Johnston 和 Gaas，2006；Ho 等，2017a）。

食品标准澳大利亚新西兰代码标准 2.10.1 是食醋和相关产品的标准，将食醋定义为由任何合适的食品经过醋酸发酵（经过酒精发酵或者不经过酒精发酵）制成的酸性液体，也包括了食醋的混合物。这种食醋必须含有不少于 40g/kg 的乙酸（澳大利亚新西兰食品标准法案，Food Standards Australia New Zealand Act，1991；Ho 等，2017a）。

根据 1983 年马来西亚食品法案（Malaysian Food Act，1983）和 1985 年食品法规（Food Regulation，1985），食醋被定义为由任何合适食物的酒精发酵和醋酸发酵制备的液体产品。该法案还规定，食醋本身的乙酸含量不得低于40g/L，并且不得含有任何无机酸。食醋可含有准许使用的防腐剂、作为着色物质的焦糖和准许使用的香料作为调味物质（马来西亚食品法规，Food Regulations Malaysia，1985；Ho 等，2017a）。

印度食品安全和标准局（The Food Safety and Standards Authority of India，2012）指出，食醋是通过酒精发酵和醋酸发酵任何合适的原料获得的产品，如水果、麦芽或糖蜜，添加或不添加焦糖和香料。不得添加乙酸，以乙酸含量计算的酸度不得低于37.5g/L，总固形物不得低于15g/L，总灰分不得低于0.18%（印度食品安全和标准局，2012；Ho 等，2017a）。

在韩国，食品医药品安全部（The Ministry of Food and Drug Safety，MFDS）制定了食醋生产的食品标准和规范，其中食醋是指：①通过发酵谷物、水果或酒精饮料，或将其与谷物糖化液或果汁混合并使其成熟而酿制的醋；②用饮用水稀释冰醋酸或乙酸制成的合成醋。总酸含量按乙酸计，其范围为 40～290g/L，不应检测到焦油颜色（MFDS，2014；Ho 等，2017a）。

因此，在全球范围内，术语"食醋"被定义为以碳水化合物为来源发酵产生的液体产品，并且必须至少含有 37.5~50g/L 的乙酸（Ho 等，2017a）。

1.6 食醋的鉴定

由于食醋在感官、营养和经济价值方面的差异，食醋鉴定对于保护消费者和诚信制造商至关重要。一般来说，包括将冰醋酸稀释到一定比例后生产出来的合成醋在内，任何含有足量乙酸的液体都可以称为食醋，这是根据地区法律法规规定的。合成醋的销售受法律监管和允许。然而，有人担心优质醋与合成醋混合但未在标签中展示，使消费者和诚信制造商受害。

简言之，为了防止食醋掺假，有许多借助仪器的方法可以检测食醋样品的真实性。每种食醋在特定浓度范围内都有自己独特的化合物。例如，传统的香脂醋是由葡萄制成的，需要较长的生产时间（熟化时间长达 12 年），而苹果醋是由苹果汁制成的，生产时间要短得多。不同的原料、不同的熟化时间会产生不同比例的特定化合物，因此，对这些化合物的定性和定量分析可以用来验证特定食醋的真实性。

食醋鉴定的其他技术进步，尤其是对高价值优质食醋的鉴定，包括点特异性天然同位素分馏核磁共振（SNIF-NMR）使用特定位置的天然同位素分馏（Consonni 等，2008；Gregrova 等，2012；Hsieh 等，2013）和气相色谱-同位素质谱仪（GC-IRMS）的气相色谱法（Hattori 等，2010；Gregrova 等，2012）。即使是同一产品，来自不同地理位置产品的化合物的同位素比率也是不同的，因此，这些方法都可以通过检测醋酸的同位素比值来判断食醋的真伪。

有关食醋的真伪和质量问题，以及食醋的表征和鉴定方法等的详细讨论，详见第21章。

1.7 食醋的地理标志

地理标志（Geographical Indication，GI）是授予具有特定地理来源并具有与该来源相关的特定质量或声誉的产品的标签（世界知识产权组织，WIPO，2018）。在欧盟下，有受保护的原产地名称（Protected Designation of Origin，PDO）、受保护的地理标志（Protected Geographical Indication，PGI）和传统特色保证产品（Traditional Specialties Guaranteed，TSG），以促进和保护优质农产品和食品（欧盟委员会，European Commission，2018）。PDO 和 PGI 的主要区别在于，要获得 PDO 标签的产品，必须在特定区域内完全按照传统方式制造（制备、加工和生产），从而获得独特的属性，而对于 PGI 而言，整个产品必须在特定区域内至少部分按传统方式制造（制备、加工或生产），从而获得独特的属性。

食醋作为历史悠久、品种多样的产品，通常受到地理标志的保护。具体来说，在欧盟受地理标志保护的醋：

Aceto Balsamico Tradizionale di Modena，摩德纳（意大利）传统香脂醋——PDO

Aceto Balsamico Tradizionale di Reggio Emilia，雷焦艾米利亚（意大利）传统香脂醋——PDO

Aceto Balsamico di Modena，摩德纳（意大利）香脂醋——PGI

Vinagre de Jerez，赫雷斯醋（西班牙）——PDO

Vinagre del Condado de Huelva，韦尔瓦县食醋（西班牙）——PDO

Vinagre de Montilla-Moriles，莫利莱斯醋（西班牙）——PDO

在中国：

Zhenjiang Xiang Cu，镇江香醋（中国）——PGI（详见第 10 章）

上面的列表表明摩德纳传统香脂醋（TBVM）和摩德纳香脂醋（BVM）之间存在差异。TBVM 受 PDO 保护，这意味着它必须完全按照传统方式在意大利的摩德纳生产，而 BVM 受 PGI 保护，这意味着它可以部分工序在摩德纳之外制造。上述受保护的 GI 产品的标签上都会有 PDO 或 PGI 标志，从而表明食醋的真实性。这起到了保护消费者的作用，并确保特定的食醋只在特定的地理位置根据预期的质量生产。

1.8 食醋的功能成分和保健作用

1.8.1 食醋的挥发性化合物

如 Ho 等（2017a）所述（改编，已授予版权许可），食醋的独特风味和香气主要归功于醋酸发酵过程。强烈的刺激性的酸味是由于乙酸的存在。然而，除了乙酸之外，其他发酵副产物也存在于食醋中，例如，挥发性有机酸、酯类、酮类和醛类，这可为食醋的感官特性做出贡献（Ozturk 等，2015）。这些化合物是在发酵和陈酿过程中产生的，其中乙酸是形成这些化合物的主要前体物质（Yu 等，2012）。这些挥发性化合物还受起始原料、食醋生产方法（酒精发酵和醋酸发酵）以及醋酸发酵时间的影响（Pizarro 等，2008）。

在 Ozturk 等（2015）进行的一项研究中，土耳其传统食醋和工业生产的食醋样品中分别发现了 61 种和 38 种挥发性化合物。在鉴定出的挥发性化合物中，α-松油醇（25%）和乙酸乙酯（15%）是传统食醋中的主要挥发性成分。有趣的是，乙酸乙酯主要存在于由葡萄生产的食醋中，而 α-松油醇在所有葡萄醋样品中均未观察到。在工业食醋样品中，辛酸（15.6%）和乙酸异戊酯（18.6%）（香蕉味）分别是葡萄和石榴中的主要挥发性化合物（Ozturk 等，2015；Ho 等，2017a）。

Su 和 Chien（2010）报告中表明，在使用兔眼蓝莓生产的食醋中，主要的芳香活性化合物为：乙酸（醋味）、2,3-二甲基丁酸（汗味）、乙酸苯乙酯（甜味、蜂蜜味）、2-苯乙醇（玫瑰香、甜味）、辛酸（汗臭味）、丁香酚（丁香味）和苯乙酸（花香味）。一些化合物如 2,3-丁二酮（黄油味）、（E，Z）-2,6-壬二烯醛（黄瓜味）、丁酸乙酯（苹果、水果味）和芳樟醇（花香、草味）浓度较低或未被气相色谱-质谱联用仪（GC-MS）检测到，但由于其气味阈值较低，对样品的风味有一定的影响（Su 和 Chien，2010；Ho 等，2017a）。

Del Signore（2001）分析了来自意大利摩德纳和雷焦艾米利亚的 56 种香脂醋、传统香脂醋（有些陈酿时间为 25 年）和普通食醋的样品。研究表明，普通食醋和香脂醋比传统香脂醋含有更多的酯类物质和丙酸，但 2,3-丁二醇二乙酸酯除外，其在传统香脂醋中的含量更高。在醛类物质中，传统香脂醋中发现的双乙酰、己醛和庚醛的含量比香脂醋（3 倍）和普通醋（5 倍）高。对于醇类物质，辛醇在传统香脂醋中含量更高，而 1-丙醇、异丁醇、异戊醇和 1-己醇的含量在香脂醋中较高。在普通食醋中，2-丙醇和乙醇的含量较高（Del Signore，2001；Ho 等，2017a）。

Madrera 等（2010）报告显示，食醋中的一些有机酸（乳酸、乙酸和琥珀酸）和挥发性化合物（2-丁醇、2-丙烯-1-醇、4-乙基愈创木酚和丁香酚）受到陈酿的显著影响。特别是成熟度越高的食醋含有越多的上述化合物。根据 Ubeda 等（2011）的研究，与接种发酵相比，自发发酵时酒精发酵过程中酯的含量非常高，这显然是不同酵母菌的酶活性不同所致。在他们的研究中，除了乙醛、1-丙醇和异丁醇外，与草莓醋相比，柿子醋中其他挥发性化合物的含量更高，而不同的酒精发酵方式可能会生产出不同品质的食醋。总的来说，对于柿子醋，接种方式的酒精发酵会产生更多的挥发性化合物，而对于草莓醋，自发进行的酒精发酵会产生更多的挥发性化合物（Ubeda 等，2011；Ho 等，2017a）。

Yu 等（2012）报告了中国镇江生产的谷物（糯米、麦麸和稻壳）香醋样品中存在的挥发性化合物，采用顶空固相微萃取（HS-SPME）技术对挥发性化合物进行提取。醇、酸、酯、醛、酮和杂环类化合物在这些样品中被检测到。其中，酯类是主要的挥发性化合物，乙酸乙酯、乙酸-2-苯基乙酯和二氢-5-戊基-2（3H）-呋喃酮分别具有水果味、桃味和浓郁的椰子味等风味。在样品中还检测到 3-甲基丁酸，这是一种具有强烈的刺鼻干酪味和汗味的化合物。在羰基化合物中，检测到了双乙酰和 3-羟基-2-丁酮，它们呈现黄油香气，并且具有浓郁的焦糖味和水果味。镇江香醋中醇类物质具有甜味和果香味，包含 3-甲基-1-丁醇、2,3-丁二醇、乙醇和苯乙醇。除此之外，还检测到杂环化合物的存在，其中以烷基吡嗪为主，包括 2,3,5-三甲基吡嗪、2,3-二甲基-1-5-乙基吡嗪、川芎嗪和 2,3,5-三甲基-6-乙基吡嗪。这些化合物为食醋提供坚果香、烘烤香（Yu 等，2012；Ho 等，2017a）。

有关食醋的香气成分及其化学结构或感官分析的更多详细信息，详见第 17 章。

1.8.2　食醋的生物活性成分

生物活性成分是食物中的额外营养成分，可作为抗氧化剂、酶抑制剂和基因表达抑制剂（Etherton 等，2002，2004）。具体而言，抗氧化剂已被用于控制氧化和延缓食物变质；然而，许多成分在今天被使用是因为其具有公认的健康益处（Finley 等，2011）。食醋的抗氧化活性源于类胡萝卜素和植物甾醇等生物活性成分，以及酚类化合物、维生素 C 和维生素 E（Charoenkiatkul 等，2016）。

由于黄酮类化合物和多酚类化合物在抗氧化活性中有着重要作用，因此对其含量的测定非常重要。多酚类物质具有抗氧化性能，因为它们含有芳香酚环，能够稳定芳香环内的未配对电子并使其离域（Qiu 等，2010）。通过对比 Qiu 等（2010）和 Verzelloni 等（2007）的数据，燕麦醋中儿茶素含量最高（5.29mg/mL），其次是镇江醋（4.18mg/mL）和传统香脂醋（3.72mg/mL）。此外，燕麦醋（2.04mg/mL）中黄酮类化合物的含量远高于镇江醋（1.10mg/mL）。值得一提的是，Ubeda 等（2013）报告称，草莓醋的总酚含量显著高于其他食醋（1.61±0.10）mg GAE/mL。

花青素的分解依赖于氧气存在下的 pH，与假碱（无色）的水平直接相关，与阳离子的浓度成负相关。Su 和 Chien（2007）的一项研究表明，随着温度的升高，产品中花青素单体的损失率会增加。根据这项研究，葡萄酒醋中的花青素含量低于其他产品，因为花青素的分解取决于 pH 和氧气浓度。结果表明，在蓝莓酒醋生产中与未添加果皮发酵相比，添加果皮的食醋发酵可提高产品的抗氧化活性。蓝莓酒醋中以带皮的没食子酸含量最高。

根据 Jang 等（2015）的研究，传统的食醋，例如乡村漆醋（rural lacquer vinegar）和韩国乡村黑树莓醋（rural Korean black raspberry vinegar）中总酚化合物浓度高，在 ABTS（或 Trolox 等效抗氧化能力测定）和 DPPH（二苯基苦基肼自由基清除活性）测定中表现出高活性。韩国乡村黑树莓醋含有较多的槲皮素和花青素，它们是与抗氧化活性相关的代谢物，因此在研究的所有样品中显示出最高的抗氧化活性。此外，商业食醋中的糖类含量高于传统食醋中的糖类含量，这可能是由于酒精发酵过程中添加了糖类物质（Jang 等，2015）。

Sakanaka 和 Ishihara（2008）报告显示，与精米醋相比，糙米醋含有更高的总酚含量，因为糙米含有米糠，米糠富含酚类物质，如二氢阿魏酸、二氢芥子酸、芥子酸、香草酸和对羟基肉桂酸。在同一项研究中，苹果醋中的总酚含量明显较低，这可能是由于所用原料的差异。Shimoji 等（2002）对糙米醋和精米醋的结果进行比较也发现，糙米醋比精米醋含有更多的酚类化合物。此外，传统香脂醋与糙米醋和米醋相比（Shimoji 等，2002），含有更高的阿魏酸（Plesi 等，2006）。

最后，Cerezo 等（2008）研究了不同类型的木桶（刺槐、樱桃树、栗子树和橡木）对红葡萄酒醋中酚类成分的影响，发现儿茶素和白藜芦醇苷在醋酸发酵过程中显著减少，而在栗木桶中生产的食醋中，没食子酸和没食子酸乙酯大幅增加。

1.8.3 食醋的生物活性和保健功能

根据 Etherton 等（2004）的研究，生物活性成分会影响某些生理或细胞活动，从而对健康产生有益的影响，与营养盐相比，可以更好、更有效地促进健康。据报道，许多生物活性化合物能够减少疾病带来的危险，而不是预防疾病。在这方面，人们对多酚类化合物作为质量决定因素非常感兴趣，除了它们的抗氧化活性外，它们还决定了食醋的颜色和涩味（Mas 等，2014）。

一些流行病学研究表明，食用富含多酚的天然抗氧化剂，如含有黄酮、花青素和其他酚类化合物的食物，对特定疾病具有保护作用（Almeida 等，2011）。例如，抗氧化剂可以使食物消化过程中产生的脂质过氧化氢的餐后增长水平降到最低。膳食抗氧化剂有助于防止过氧化物的形成及其在消化道中的同化（Verzelloni 等，2007）。一些研究还表明，人体内高氧化剂水平（如活性氧，超氧化物、过氧化氢和羟基自由基）和低抗氧化剂水平可导致氧化应激，从而加速衰老过程，并发展出一些慢性病、炎症和退化性疾病（Maes 等，2011；Candido 等，2015）。

食醋被广泛用作一种酸性调味品，用于水果和蔬菜的腌制，以及蛋黄酱、沙拉酱和其他食品调味料的制备。此外，世界范围内，由于其抑制微生物生长的能力，食醋一直被用作食品防腐剂（Tan，2005；Pooja 和 Soumitra，2013）。食醋中的各种有机酸，特别是乙酸，可以通过微生物的细胞膜扩散，导致细菌细胞死亡（Booth 和 Kroll，1989）。

据报道，食醋具有促进健康的能力，如改善消化系统功能、刺激食欲、抗氧化性能、缓解疲劳、降低血脂水平和调节血压（Fushimi 等，2001；Qui 等，2010）。此外，食醋中含有大量的多酚，已被证明可以预防脂质过氧化、高血压、高脂血症、炎症、DNA 损伤和癌症（Prior 和 Cao，2000；Osada 等，2006；Pandey 和 Rizvi，2009；Chou 等，2015）。

更具体地说，食醋具有高抗氧化活性、良好的抗菌性能、抗糖尿病作用和治疗性能（Budak 等，2014），可以减缓上述疾病的发展。例如，从蓝莓中提取的果汁和葡萄酒醋产品在硫氰酸铁测定中显示出抑制亚油酸过氧化的高能力。在 β-胡萝卜素漂白试验和硫氰酸铁试验中，带皮与不带皮的蓝莓酒醋相比，带皮发酵的蓝莓酒醋抗氧化活性最高（Su 和 Chien，2007）。

苹果醋中高含量的绿原酸等多酚可以抑制低密度脂蛋白（LDL）的氧化，并通过预防心血管疾病潜在地改善健康（Laranjinha 等，1994）。

根据 Verzelloni 等（2007）的研究，传统香脂醋的儿茶素含量高于大规模生产的香脂醋和红葡萄酒醋。在过氧化物酶测定中获得的值低于总酚化合物的值，因为还原糖（如葡萄糖和果糖）与总酚化合物发生反应，但在过氧化物酶测定中不发生反应（Verzelloni 等，2007）。美拉德反应产物（MRPs）在福林酚比色法（Folin-Ciocalteu）

中呈浓度依赖性反应，而过氧化物酶法不涉及任何反应。

糙米黑醋（Kurosu vinegar）是一种由含有米糠的糙米制成的日本传统食醋，根据 Nanda 等（2004）的研究，糙米黑醋的乙酸乙酯提取物可抑制人体癌细胞的生长。此外，根据 Lee 等（2013）的研究，番茄醋在高脂肪饮食诱导的肥胖大鼠中表现出强烈的抗内脏肥胖特性。内脏脂肪组织的腹腔内沉积被称为肥胖的一般类型，与 2 型糖尿病、高脂血症、高血压和冠心病等疾病有关。他们发现，经常食用番茄醋可以减少内脏脂肪总量和附睾脂肪细胞大小（Lee 等，2013）。

根据 Kondo 等（2001）的研究，米醋的残渣可以抑制血管紧张素转换酶（angiotensin converting enzyme，ACE）的活性，并在体外降低血压。乙酸降压的机制可能与 ACE 抑制作用不同。除了降低血压，食醋还显示了摄入乙酸后肾素活性的下降。肾素在肾素–血管紧张素系统的初始反应中起着重要的作用，可降低血压。因此，食用乙酸可降低血浆肾素活性和血压。

食醋还可以提高人体对胰岛素的敏感性，从而起到抗糖尿病的作用，如各种研究所示（Salbe 等，2009）。人体在摄入蔗糖和食醋后，胰岛素反应曲线下降了 20%。几项研究还表明，食醋中的乙酸可能会通过增加组织对葡萄糖的吸收而阻止复杂碳水化合物的完全消化，从而导致血糖水平降低（Fushimi 等，2001）。

Fushimi 等（2006）报告说，食用 0.3% 的膳食乙酸可能有助于降低血清胆固醇和甘油三酯水平。据报道，膳食乙酸还可以增强体内脂质稳态，帮助降低体内胆固醇水平。

Fukami 等（2010）报告说，醋酸菌产生抗碱性脂质（alkalistable lipids，ASL），这种脂质在提高认知能力方面具有显著效果，因为它们含有高纯度的游离二氢神经酰胺，二氢神经酰胺是各种鞘脂（如神经节苷脂）的前体（Fukami 等，2010）。神经节苷脂由唾液酸和神经酰胺结合的低聚糖组成，已被证明能有效改善阿尔茨海默病的症状（Svennerholm，1994）。

此外，据报道，如果定期服用苹果酒醋，可以平衡体内的 pH（Brown 和 Jaffe，2000）。

1.9　食醋生产的发展趋势

食醋的巨大市场和需求推动了各种其他种类食醋的研究和开发，包括热带水果醋（刺果番荔枝和木瓜）（Ho 等，2017b；Kong 等，2018）。由于食醋是低 pH 的食品，在安全性方面非常稳定，因此可以将剩余物料和易腐烂的水果转化为食醋，以减少经济损失。第 14 章更详细地介绍了此类新型食醋产品。

此外，还开发了新的食醋生产方法，包括使用精选和混合酵母和细菌培养物、引入替代培养物（如真菌、蘑菇、开菲尔）（Mat Isham 等，2019）、使用固定化细胞系统，使用新型间歇、半连续和连续工艺，使用设计先进的酿醋罐和有效的通气系统等。许多这些最新进展将在后续章节中介绍和讨论。

致谢

本章是在马来西亚科技大学提供的 INDUSTRI-2014-005 和 GP-K020181 研究资助的支持下完成的。感谢希腊帕特雷大学的阿吉罗·贝卡托鲁副教授为完成本章节提供的巨大支持。

本章作者

圣乔·林（Seng Joe Lim），陈伟豪（Chin Wai Ho），阿兹万·马特·拉齐姆（Azwan Mat Lazim），沙兹鲁·法兹里（Shazrul Fazry）

参考文献

Almeida, M. M. B., Sousa, P. H. M., Arriaga, A. M. C., Prado, G. M., Magathaes, C. E. C., Maia, G. A., and Lemos, T. L. G. 2011. Bioactive compounds and antioxidant activity of fresh exotic fruits from Northeastern Brazil. *Food Research International* 44 (7): 2155-2159.

Baimark, Y., and Niamsa, N. 2009. Study on wood vinegars for use as coagulating and antifungal agents on the production of natural rubber sheets. *Biomass and Bioenergy* 33: 994-998.

Booth, I. R., and Kroll, R. G. 1989. *The Preservation of Foods by Low pH*. New York: Elsevier Science Publishers.

Brown, S. E., and Jaffe, R. 2000. Acid-alkaline balance and its effect on bone health. *International Journal of Integrative Medicine* 2 (6): 1-12.

Budak, N. H., Aykin, E., Seydim, A. C., Greene, A. K., and Seydim, Z. B. G. 2014. Functional properties of vinegar. *Journal of Food Science* 79 (5): 757-764.

Candido, T. L. N., Silva, M. R., and Agostini-Costa, T. S. 2015. Bioactive compounds and antioxidant capacity of buriti (*Mauritia flexuosa* L. f.) from the Cerrado and Amazon biomes. *Food Chemistry* 177: 313-319.

Cerezo, A. B., Tesfaye, W., Torija, M. J., Mateo, E., Parrilla, M. C. G., and Troncoso, A. M. 2008. The phenolic composition of red wine vinegar produced in barrels made from different woods. *Food Chemistry* 109: 606-615.

Chan, E., Ahmed, T. M., Wang, M., and Chan, J. C. 1994. History of medicine and nephrology in Asia. *American Journal of Nephrology* 14: 295-301.

Charoenkiatkul, S., Thiyajai, P., and Judprasong, K. 2016. Nutrients and bioactive compounds in popular and indigenous durian (*Durio zibethinus* murr.) . *Food Chemistry* 193: 181-186.

Choi, Y. S., Ahn, B. J., and Kim, G. H. 2012. Extraction of chromium, copper and arsenic from CCA-treated wood by using wood vinegar. *Bioresource Technology* 120: 328-331.

Chou, C. H., Liu, C. W., Yang, D. J., Wu, Y. H., and Chen, Y. C. 2015. Amino acid, mineral, and polyphenolic profiles of black vinegar, and its lipid lowering and antioxidant effects *in vivo*. *Food Chemistry* 168: 63-69.

Codex Alimentarius Commission. 1987. *Draft European Regional Standard for Vinegar*. Geneva, Switzerland: World Health Organization.

Conner, H. A., and Allgeier, R. J. 1976. Vinegar: its history and development. *Advances in Applied Microbiology* 20: 81-133.

Consonni, R., Cagliani, L. R., Rinaldini, S., and Incerti, A. 2008. Analytical method for authentication of Traditional Balsamic Vinegar of Modena. *Talanta* 75 (3): 765-769.

Del Signore, A. 2001. Chemometric analysis and volatile compounds of traditional balsamic vinegars from Modena. *Journal of Food Engineering* 50 (2): 77-90.

Erbe, T., and Brückner, H. 1998. Chiral amino acid analysis of vinegars using gas chromatography – selected ion monitoring mass spectrometry. *Zeitschrift für Lebensmittel – Untersuchung und – Forschung A* 207: 400–409.

Etherton, P. M. K., Hecker, K. D., Bonanome, A., Coval, S. M., Binkoski, A. E., Hilpert, K. F., Griel, A. E., and Etherton, T. D. 2002. Bioactive compounds in foods: their role in the prevention of cardiovascular disease and cancer. *The American Journal of Medicine* 113 (9): 71–88.

Etherton, P. M. K., Lefevre, M., Beecher, G. R., Gross, M. D., Keen, C. L., and Etherton, T. D. 2004. Bioactive compounds in nutrition and health – research methodologies for estab lishing biological function: the antioxidant and anti – inflammatory effects of flavonoids on atherosclerosis. *Annual Review of Nutrition* 24: 511–538.

FDA. 1977. *CPG Sec. 525. 825 Vinegar, Definitions – Adulteration with Vinegar Eels.* Silver Spring, Maryland, USA: The United States of America Food and Drug Administration (FDA).

Finley, J. W., Kong, A. N., Hintze, K. J., Jeffery, E. H., Ji, L. L., and Lei, X. G. 2011. Antioxidants in foods: state of the science important to the food industry. *Journal of Agricultural and Food Chemistry* 59 (13): 6837–6846.

Food Safety and Standards Authority of India. 2012. *Manual of Methods of Analysis of Foods. Spices and Condiments.* New Delhi, India: Food Safety And Standards Authority of India Ministry of Health and Family Welfare Government.

Food Standards Australia New Zealand Act 1991. Australia New Zealand Food Standards Code – Standard 2. 10. 1 – Vinegar and related products. Canberra, Australia: Food Standards Australia New Zealand.

Fukami, H., Tachimoto, H., Kishi, M., Kaga, T., and Tanaka, Y. 2010. Acetic acid bacteria lipids improve cognitive function in dementia model rats. *Journal of Agriculture Food Chemistry* 58: 4084–4089.

Fushimi, T., Suruga, K., Oshima, Y., Fukiharu, M., Tsukamoto, Y., and Goda, T. 2006. Dietary acetic acid reduces serum cholesterol and triacylglycerols in rats fed a choles terol – rich diet. *British Journal of Nutrition* 95: 916–924.

Fushimi, T., Tayama, K., Fukaya, M., Kotakoshi, K., Nakai, N., and Tsukamoto, Y. 2001. Acetic acid feeding enhances glycogen repletion in liver and skeletal muscle of rats. *Journal of Nutrition* 131: 1973–1977.

Gregrova, A., Cizkova, H., Mazac, J., and Voldrich, M. 2012. Authenticity and quality of spirit vinegar: methods for detection of synthetic acetic acid addition. *Journal of Food and Nutrition Research* 5 (3): 123–131.

Hattori, R., Yamada, K., Shibata, H., Hirano, S., Tajima, O., and Yoshida, N. 2010. Measurement of the isotope ratio of acetic acid in vinegar by HS – SPME – GC – TC/C – IRMS. *Journal of Agricultural and Food Chemistry* 58 (12): 7115–7118.

Ho, C. W., Lazim, A. M., Fazry, S., Hussain Zaki, U. M. K. H., and Lim, S. J. 2017b. Effects of fermentation time and pH on soursop (*Annona muricata*) vinegar production towards its chemical compositions. *Sains Malaysiana* 46 (9): 1505–1512.

Ho, C. W., Lazim, A. M., Fazry, S., Umi Kalsum, H. Z., and Lim, S. J. 2017a. Varieties, production, composition and health benefits of vinegars: a review. *Food Chemistry* 221: 1621–1630.

Hsieh, C. W., Li, P. H., Cheng, J. Y., and Ma, J. T. 2013. Using SNIF – NMR method to identify the adulteration of molasses spirit vinegar by synthetic acetic acid in rice vinegar. *Industrial Crops and Products* 50: 904–908.

Jang, Y. K., Lee, M. Y., Kim, H. Y., Lee, S., Yeo, S. H., Baek, S. Y., and Lee, C. H. 2015. Comparison of traditional and commercial vinegars based on metabolite profiling and antioxidant activity. *Journal of Microbiology and Biotechnology* 25 (2): 217–226.

Johnston, C. S., and Gaas, C. A. 2006. Vinegar: medicinal uses and antiglycemic effect. *Medscape General Medicine* 8 (2): 61.

Kocher, G. S., Kalra, K. L., and Phutela, R. P. 2006. Comparative production of sugarcane vinegar by different immobilization techniques. *Journal of the Institute of Brewing* 112 （3）：264-266.

Kondo, S., Tayama, K., Tsukamoto, Y., Ikeda, K., and Yamori, Y. 2001. Antihypertensive effects of acetic acid and vinegar on spontaneously hypertensive rats. *Bioscience, Biotechnology and Biochemistry* 65 （12）：2690-2694.

Kong, C. T., Ho, C. W., Ling, J. W. A., Lazim, A., Fazry, S., and Lim, S. J. 2018. Chemical changes and optimisation of acetous fermentation time and mother of vinegar concentration in the production of vinegar-like fermented papaya beverage. *Sains Malaysiana* 47 （9）：2017-2026.

Laranjinha, J. A., Almeida L. M., and Madeira V. M. 1994. Reactivity of dietary phenolic acids with peroxyl radicals：antioxidant activity upon low density lipoprotein peroxidation. *Biochemical Pharmacology* 48 （3）：487-494.

Lea, A. G. H. 2012. Cider vinegar. In D. L. Downing （Ed.） *Processed Apple Products*. New York：Springer-Verlag Inc., pp. 279-301.

Lee, J. Y., Cho, H. D., Jeong, J. H., Lee, M. K., Jeong, Y. K., Shim, K. H., and Seo, K. I. 2013. New vinegar produced by tomato suppresses adipocyte differentiation and fat accumulation in 3T3-L1cells and obese rat model. *Food Chemistry* 141：3241-3249.

Liu, J., and Yang, J. 2006. Fermentation characteristics of vinegar residue and some natural materials. *Forestry Studies in China* 8 （3）：22-25.

Liu, S., Zhang, D., and Chen, J. 2014. History of solid state fermented foods and beverages. In J. Chen and Y. Zhu（Eds.）*Solid State Fermentation for Foods and Beverages*. Boca Raton, FL：CRC Press, pp. 95-118.

Madrera, R. R., Lobo, A. P., and Alonso, J. J. M. 2010. Effect of cider maturation on the chemical and sensory characteristics of fresh cider spirits. *Food Research International* 43 （1）：70-78.

Maes, M., Galecki, P., Chang, Y. S., and Berk, M. 2011. A review on the oxidative and nitrosative stress （O&NS） pathways in major depression and their possible contribution to the （neuro） degenerative processes in that illness. *Progress in Neuro-Psychopharmacology and Biological Psychiatry* 35 （3）：676-692.

Market Publishers-Report Database. 2018. *Vinegar Market：Global Industry Trends, Share, Size, Growth, Opportunity and Forecast* 2018-2023. IMARC Group.

Mas, A., Torija, M. J., García-Parrilla, M. C., and Troncoso, A. M. 2014. Acetic acid bacteria and the production and quality of wine vinegar. *The Scientific World Journal* 2014：1-6.

Mat Isham, N. K., Mokhtar, N., Fazry, S., and Lim, S. J. 2019. The development of an alternative fermentation model system for vinegar production. *LWT-Food Science and Technology* 100：322-327.

Mazza, S., and Murooka, Y. 2009. Vinegars through the ages. In L. Solieri and P. Giudici （Eds.） *Vinegars of the World*. Milan, Italy：Springer-Verlag Italia, pp. 17-40.

Nanda, K., Miyoshi, N., Nakamura, Y., Shimoji, Y., Tamura, Y., Nishikawa, Y., Uenakai, K., Kohno, H., and Tanaka, T. 2004. Extract of vinegar "Kurosu" from unpolished rice inhibits the proliferation of human cancer cells. *Journal of Experimental and Clinical Cancer Research* 23：69-75.

Osada, K., Suzuki, T., Karakami, Y., Senda, M., Kasai, A., Sami, M., Ohta, Y., Kanda, T., and Ikeda, M. 2006. Dose-dependent hypocholesterolemic actions of dietary apple phenol in rats fed cholesterol. *Lipids* 41：133-139.

Ozturk, I., Caliskan, O., Tornuk, F., Ozcan, N., Yalcin, H., Baslar, M., and Sagdic, O. 2015. Antioxidant, antimicrobial, mineral, volatile, physicochemical and microbiological characteristics of traditional home-made Turkish vinegars. *LWT-Food Science and Technology* 63：144-151.

Pandey, K. B., and Rizvi, S. I. 2009. Plant polyphenols as dietary antioxidants in human health and disease. *Oxidative Medicine and Cellular Longevity* 2 （5）：270-278.

Persistence Market Research. 2018. *Global Market Study on Dressing Vinegar and Condiments：Apple Cider Vinegar and Red Wine Vinegar Segments Projected to Gain High BPS Shares during* 2016—2024.

Pizarro, C., Esteban-Díez, I., Sáenz-González, C., and González-Sáiz, J. M. 2008. Vinegar classification based on feature extraction and selection from headspace solid-phase microextraction/gas chromatography volatile analyses：a feasibility study. *Analytica Chimica Acta* 608：38-47.

Plessi, M., Bertelli, D., and Miglietta, F. 2006. Extraction and identification by GC−MS of phenolic acids in traditional balsamic vinegar from Modena. *Journal of Food Composition and Analysis* 19: 49−54.

Prior, R. L., and Cao, G. 2000. Flavonoids: diets and health relationships. *Nutrition in Clinical Care* 3: 279−288.

Pooja, S., and Soumitra, B. 2013. Optimization of process parameters for vinegar production using banana fermentation. *International Journal of Research in Engineering and Technology* 2 (9): 501−514.

Qui, J., Ren, C., Fan, J., and Li, Z. 2010. Antioxidant activities of aged oat vinegar *in vitro* and in mouse serum and liver. *Journal of the Science and Food Agriculture* 90 (11): 1951−1958.

Radiant Insights Inc. 2018. *Global Vinegar Market* 2017—2021. July 2017. Technavio.

Sakanaka, S., and Ishihara, Y. 2008. Comparison of antioxidant properties of persimmon vinegar and some other commercial vinegars in radical−scavenging assays and on lipid oxidation in tuna homogenates. *Food Chemistry* 107: 739−744.

Salbe, A. D., Jognston, C. S., Buyukbese, M. A., Tsitouras, P. D., and Harman, S. M. 2009. Vinegar lacks antiglycemic action on enteral carbohydrate absorption in human sub jects. *Nutrition Research* 29: 846−849.

Shimoji, Y., Tamura, Y., Nakamura, Y., Nanda, K., Nishidai, S., Nishikawa, Y., Ishihara, N., Uenakai, K., and Ohigashi, H. 2002. Isolation and identification of DPPH radical scavenging compounds in Kurosu (Japanese unpolished rice vinegar). *Journal of Agriculture and Food Chemistry* 50 (22): 6501−6503

Su, M. S., and Chien, P. J. 2007. Antioxidant activity, anthocyanins and phenolics of rabbiteye blueberry (*Vaccinium ashei*) fluid products as affected by fermentation. *Food Chemistry* 104: 182−187.

Su, M. S., and Chien, P. J. 2010. Aroma impact components of rabbiteye blueberry (*Vaccinium ashei*) vinegars. *Food Chemistry* 119 (3): 923−928.

Svennerholm, L. 1994. Gangliosides − a new therapeutic against stroke and Alzheimer's disease. *Life Science* 55: 2125−2134.

Tan, S. C. 2005. Vinegar fermentation [Master of Science Thesis]. Louisiana State University. Department of Food Science, Baton Rouge, LA.

Tesfaye, W., Morales, M. L., García−Parrilla, M. C., and Troncoso, A. M. 2002. Wine vinegar: technology, authenticity and quality evaluation. *Trends in Food Science and Technology* 13: 12−21.

Ubeda, C., Callejón, R. M., Hidalgo, C., Torija, M. J., Mas, A., Troncoso, A. M., and Morales, M. L. 2011. Determination of major volatile compounds during the production of fruit vinegars by static headspace gas chromatography−mass spectrometry method. *Food Research International* 44: 259−268.

Ubeda, C., Callejón, R. M., Hidalgo, C., Torija, M. J., Troncoso, A. M., and Morales, M. L. 2013. Employment of different processes for the production of strawberry vinegars: effects on antioxidant activity, total phenols and monomeric anthocyanins. *LWT−Food Science and Technology* 52: 139−145.

Verzelloni, E., Tagliazucchi, D., and Conte, A. 2007. Relationship between the antioxidant properties and the phenolic and flavonoid content in traditional balsamic vinegar. *Food Chemistry* 105: 564−571.

WIPO−World Intellectual Property Organization. 2018. *Geographical Indications*.

Yu, Y. J., Lu, Z. M., Yu, N. H., Xu, W., Li, G. Q., Shi, J. S., and Xu, Z. H. 2012. HS−SPME/ GC−MS and chemometrics for volatile composition of Chinese traditional aromatic vinegar in the Zhenjiang region. *Journal of the Institute of Brewing* 118: 133−141.

2

食醋的种类

2.1 引言

食醋是通过两阶段发酵过程产生的乙酸溶液：一个阶段是由酵母（通常是酿酒酵母）将糖转化成乙醇，另一个阶段是由醋酸菌将乙醇转化为乙酸。几千年前，苏美尔人、巴比伦人、埃及人、美索不达米亚人和古希腊人由于观察到葡萄酒在空气中长时间发酵的现象而偶然发现了食醋的存在（Solieri 和 Giudici，2009）。如今，食醋在世界范围内被广泛使用，主要用于食品的调味和腌制，以及各种调味品的配料。食醋还可用作清洁、消毒和保健，在下面的章节中有更详细的讨论。

根据原料和生产方法的不同，全世界有许多不同类型的食醋。通常食醋的名字来源于原料。例如，欧洲生产麦芽醋、苹果醋和葡萄酒醋，亚洲生产各种谷物醋。其中，最常见的醋是"香脂醋""苹果醋""米醋""雪莉醋"和"麦芽醋"，这些食醋产自世界各地，其中还包括一些高品质的著名产品。不同类型的食醋因其原料和生产方法不同而各具特色。

在意大利，香脂醋是最受欢迎的一种食醋。传统工艺是采用不同材料（栗木、樱桃木、松木、桑木和橡木）的木桶进行陈酿。在美国，最受欢迎的是苹果醋，其生产方式和其他食醋类似，只是需要额外的原料准备起始步骤（苹果汁提取）。亚洲以谷物醋闻名，通常采用传统工艺生产，包括使用大米（偶尔使用其他谷物，比如高粱）和酵母/真菌发酵剂（如"曲"，一种含有霉菌、酵母和细菌的发酵剂）进行酒精发酵和糖化，醋酸菌进行醋酸发酵过程。西班牙著名的雪莉醋有两种不同的生产方法：静态法（在一个木桶中进行"*Sistema de Añadas*"程序）和动态法（在被称为"*criaderas y solera*"的锥形木桶中进行的 *Rincalzo* 工艺）。总的来说，食醋的生产方法一般包括以下步骤：原料准备（切碎、压榨、粉碎、榨汁、澄清、糖化等）、发酵过程（酒精发酵和醋酸发酵）和陈酿。

世界各地生产的食醋不同，下面重点介绍了不同类型的食醋，并在后续章节中进行了更详细的介绍。

2.2 食醋的种类

2.2.1 葡萄酒醋

葡萄酒醋是地中海地区和中欧国家最常用的食醋。它是通过酵母将葡萄糖转化为乙醇，再通过醋酸菌将乙醇氧化而产生的（Ríos-Reina 等，2017）。原料和生产工艺各不相同（传统的慢速和快速生产法，陈酿的或不陈酿的），市场上葡萄酒醋品种繁多，市场价格也各不相同，详见下文。有些葡萄酒醋还与特定的地理区域有关，受到法律的保护并提供受保护的标识，"受保护的原产地名称"（Protected Designation of Origin，PDO）［例如，理事会条例（EC）No 510/2006 和法规（EU）No 1151/2012］表明特定的 PDO 产品是在特定的地理区域和特定的生产过程中生产、加工和制备的（Ríos-

Reina 等，2017）。根据葡萄品种的不同，可将葡萄酒醋分为以下种类：红葡萄酒醋、白葡萄酒醋、香槟酒醋（由制作法国香槟的葡萄制成，比如霞多丽葡萄和黑比诺葡萄）葡萄干醋（葡萄干用水提取后，然后进行酒精发酵和醋酸发酵）和香脂醋等。在葡萄酒醋中，西班牙雪莉醋和意大利香脂醋，包括具有 PDO 标识的一些高品质、高价格的葡萄酒醋，如下所述。

2.2.2 雪莉醋

西班牙葡萄酒醋的生产主要集中在安达卢西亚（西班牙南部）。安达卢西亚是一个传统上与葡萄醋文化相关的地区，由于其独特的特点，这里的葡萄酒醋受到了三种不同的 PDO 的保护。前两个 PDO 已经建立并广泛商业化（欧盟第 984/2011 号和第 985/2011 号条例），而蒙蒂利亚–莫利莱斯醋在 2015 年获得了 PDO 认证（欧盟委员会 2015 年 1 月 14 日第 2015/48 号实施法规）。此外，在每个 PDO 中，根据陈酿时间和木桶类型有不同的类别：

Vinagre de Jerez PDO，又称雪莉醋。乙醇残留量不超过 3%，乙酸含量不低于 70g/L。根据在橡木桶中的陈酿时间，雪莉醋分为以下三类：陈酿时间至少 6 个月；陈酿时间至少 2 年；陈酿时间超过 10 年。对于特级醋而言，乙酸含量必须至少为 80g/L。

此外，根据使用的葡萄酒的种类，有以下几种甜醋。

（1）德罗–门西内雪莉醋 在陈酿过程中添加德罗–门西内葡萄品种的干化葡萄醪。

（2）麝香雪莉醋 在酿造过程中添加麝香葡萄品种的葡萄醪或干化葡萄醪。

两种食醋的残留乙醇含量不得超过 3%，总乙酸含量不得低于 60g/L，还原糖含量不得低于 70g/L。

（3）康达多·德韦尔瓦醋 PDO（*Vinagre Condado de Huelva* PDO） 有以下类别：不陈酿、陈酿至少 6 个月、陈酿至少 2 年（采用动态陈酿系统）和陈酿至少 3 年（采用静态陈酿系统）。

（4）蒙蒂利亚–莫利莱斯·克里安扎醋 PDO（*Vinagre Montilla-Moriles Crianza* PDO） 这是一种以经过认证的蒙蒂利亚–莫利莱斯 PDO 葡萄酒为原料进行醋酸发酵而获得的葡萄酒醋，添加或不添加经过认证的葡萄醪，然后陈酿。分为以下类别：采用静态陈酿法陈酿 3 年或更长时间，以及采用动态系统陈酿的醋，即蒙蒂利亚–莫利莱斯陈酿至少陈酿 6 个月，蒙蒂利亚–莫利莱斯珍藏至少陈酿 2 年，蒙蒂利亚–莫利莱斯级珍藏至少陈酿 10 年。

原材料（葡萄品种、产地）、所用木桶（如美国橡木）和陈酿方法造就了这些 PDO 产品的高品质。动态的陈酿系统被称为索莱拉培养 "*criaderas y solera*"，其中陈酿和新醋按顺序混合在称为 "培养层"（*criaderas*）（中等陈酿级别）或 "索莱拉"（最终陈酿级别）的木桶中。静态陈酿系统（在单一的木桶中，不混合）被称为 "*Sistema de Añadas*"。

传统雪莉酒或醋陈酿系统见图 2.1。

2.2.3 香脂醋

意大利香脂醋是一种著名的食醋，原产于意大利，在意大利可以找到三种受保护的香脂醋：

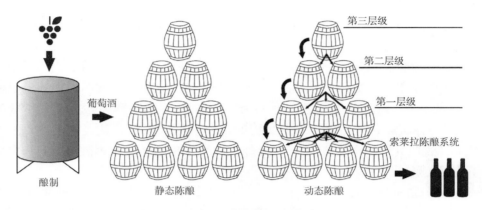

图 2.1 传统雪莉酒或醋陈酿系统的示意图

（1）"摩德纳传统香脂醋" PDO（TBVM）

（2）"传统的雷焦艾米利亚香脂醋" PDO（TBVRE）

（3）"摩德纳香脂醋" PGI（BVM）

此外，还有使用"意大利香脂醋"（意大利文：*condimento balsamico*）一词的调味品。

一般来说，香脂醋是一种深棕色的，浓缩的，高度芳香的食醋，由葡萄醪、熬煮/浓缩的葡萄醪、葡萄酒醋、陈醋和（经授权的）色素混合制成。前两种食醋（TBVM 和 TBVRE）有时也被称为"真正的食醋"，只在摩德纳或雷焦艾米利亚地区生产，主要使用蓝布鲁斯科和特雷比奥罗葡萄，必须在木桶中陈酿数年。它们都受到欧洲 PDO 的保护。

TBVRE 醋有不同的陈酿类型：陈酿至少 12 年（精制或"陈醋"型），陈酿至少 18 年或陈酿超过 25 年（特酿或"特陈醋"型）。TBVM 包括陈酿至少 12 年和 25 年以上的醋。BVM 醋，具有"受保护的地理标志"（PGI），可能包含最多 2% 的焦糖和其他增稠剂，并且必须在单个木桶中陈酿至少 2 个月，若标记为陈酿醋则至少陈酿 3 年。这种醋通常是价格较低的工业产品。（Corsini 等，2019；Wikipedia，2019a）。

传统的香脂醋是通过一个复杂的、动态的陈酿过程生产的，其中包括由不同类型的木材（橡树、栗子、桑树或杜松树）制成的桶，木桶的尺寸依次减小（Corsini 等，2019）。在桶中，酒精发酵和醋酸发酵同时进行。图 2.2 显示了一组用于传统香脂醋生产和陈酿的木桶示意图。

标有 "*condimento balsamico*" "*salsa balsamica*" 或 "*salsa di mosto cotto*" 的意大利调味品特级香脂醋是用 BVM 和 TBVM/TBVRE 作为原料制作的产品，但没有 PDO/PGI 标识，也不允许使用摩德纳或雷焦艾米利亚的地理名称（这些名称只能用于所含的成分）。香脂调味品的制作方式与香脂醋类似，但是由位于摩德纳和雷焦艾米利亚地区之外的生产商制作。

2.2.4 苹果酒醋

苹果酒醋或苹果醋是由苹果汁或浓缩苹果汁制成的。生产过程还包括双发酵步骤：酵母酒精发酵和醋酸菌醋酸发酵。传统的和现代的发酵方法有很大的不同，在传统的方法中，两个发酵步骤都自然地发生在一个木桶内，将桶盖上盖子并放置在一个潮湿和温暖的地方，整个过程花费大约 6 个月的时间来完成。另一方面，现代苹果酒醋的生产涉及三个不同的步骤：原料制备（果汁提取、澄清等），苹果汁的酒精发酵，以及苹果酒深层醋酸发酵。

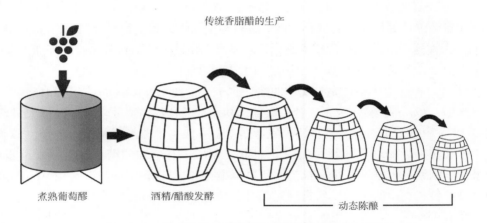

传统香脂醋的生产

煮熟葡萄醪   酒精/醋酸发酵   动态陈酿

图 2.2   一组用于传统香脂醋生产和陈酿的木桶示意图

苹果酒醋市场虽然受到了由于全球经济增长放缓的普遍影响，但预计仍将稳步扩大（Market Research Reports，2019）。北美和欧洲的苹果酒醋市场将在该预测期间成为主导市场，其次是亚太地区。更多关于苹果醋、生产和当前研究趋势的细节详见第12 章。

2.2.5 大米/谷物醋

大米醋是由大米发酵生产的食醋，在中国、日本、韩国和越南等亚洲国家非常常见。据 Kitamura 等（2016）报道，"米醋"是指用超过 40g/L 的大米生产的谷物醋。最近，"黑米醋"被从"米醋"区别开来，因为它是用超过 180g/L 的大米制成的，颜色为在发酵和陈酿过程中形成的深棕色或黑色。米醋通常比西方的醋更温和、更甜。

中国米醋比日本醋更浓郁且颜色从透明到红和黑色不等。尽管小米、高粱豆、大麦、麸皮和谷糠也可用于黑醋生产（如山西地区），但较浓郁、品质更高的中国醋（比如那些产自镇江地区的醋）是由黑糯米（糯米）制成。红米醋的颜色和独特的风味归功于用于其生产的红色霉菌（红曲霉）。大多数中国醋都是通过固态发酵（SSF）（如第 8 章中的详细描述），或者通过固态发酵和深层发酵（SMF）相结合的方式生产。著名的中国醋有（Chen 等，2017；Liu 等，2004）：

（1）镇江香醋（中国南方；由糯米和麦曲通过固态发酵生产；涉及一种用于酒精发酵的谷物蒸煮和固态醋酸发酵工艺）

（2）山西老陈醋［中国北方；由高粱和很大比例大曲制成；还包括熏醅和陈酿（冬捞冰，夏伏晒）］

（3）江浙玫瑰醋（中国江苏省和浙江省；由固态和液态发酵制成，这个过程红曲霉在蒸熟的米饭上自发生长，发生糖化和酒精发酵，然后通过醋酸菌完成醋酸发酵）

（4）四川麸醋（中国西南部；由传统的固态发酵制成，接种一种特殊的醋母，该醋母来自蒸熟的米饭，包括 108 种中草药和特殊的荨麻草提取液；发酵过程中麸皮作为培养载体和底物；陈酿约 1 年）

（5）福建红曲醋（采用固态发酵和液态发酵相结合的方式生产；以蒸熟的糯米和富含红曲霉的红曲为原料进行糖化，随后进行为期 3 年的重复补料分批液态醋酸发酵）

（6）上海米醋（采用现代技术进行液态发酵，使用淀粉酶代替曲；红外加热催陈）
本书第 8 章和第 10 章回顾了中国醋的生产和目前的研究趋势。

在日本，米醋（"Su" 是日文中的醋）也被大量使用（Kitamura 等，2016）。黑色的日本米醋，Kurozu，被认为是一种健康的、功能性的食物，这种食物已经被大量研究并在第 18 章中进行了讨论。日本传统的米醋制备方法与中国米醋相似。如今，米醋通常由大米和在米饭上培养的制曲霉菌（曲霉）制成，有单独的糖化和酒精发酵步骤。生产采用不锈钢或木制（极少）储罐，不进行搅拌和通气（Kitamura 等，2016）。另一方面，日本传统类型的大米黑醋是通过糖化、酒精发酵和醋酸发酵生产的。一些类型的日本醋有：

（1）Komezu 米醋　一种非常温和的食醋，透明至淡黄色，由精米（Yonezu 醋）或清酒（Kasuzu 醋）制成。通过加入清酒、盐和糖制成调味米醋（Awasezu）。

（2）福山米醋（日本南部九州岛，鹿儿岛县）　由蒸熟的米饭、曲霉菌米曲和水，通过传统的糖化、酒精发酵和醋酸发酵制成，这些过程在一个不严密密封的坛子中进行，放置在露天场地（Kitamura 等，2016）。Kagoshima no Tsubozukuri Kurozu 是一种黑色的米醋，自 2015 年起使用日本地理标志（GI）制作。Kurosu 是黑色的，比 Komesu 含有更多的氨基酸和维生素，因此被看作一种健康饮料（Nanda 等，2004）。传统福山米醋生产示意图见图 2.3。

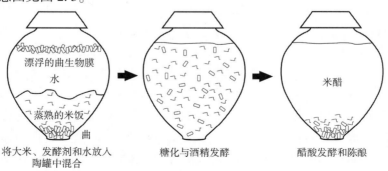

将大米、发酵剂和水放入　　　　糖化与酒精发酵　　　　醋酸发酵和陈酿
陶罐中混合

图 2.3　传统福山米醋生产示意图（如 Kurosu 黑米醋生产）

在韩国，米醋（*ssal sikcho*）是用白色或棕色的、糯米或非糯米，以及"Nuruk"发酵剂［类似于麦曲（发酵的、煮熟的、磨碎或整粒谷物，如大米、小麦或大麦）］和水制作而成。酒糟也可以用来生产米酒醋（*Makgeolli sikcho*）。参与 Nuruk 发酵的菌种包括乳酸菌、酵母（酿酒酵母和其他种）和真菌（主要是曲霉和根霉属的菌种）（McKay 等，2011；Wikipedia，2019b）。

2.2.6　麦芽醋

麦芽醋是由大麦麦芽（与啤酒或威士忌相同的生产方式）发酵制成的。因此，它在英国、美国、加拿大、澳大利亚、爱尔兰和其他欧洲国家等啤酒或威士忌的生产或消费地区很受欢迎。中国和澳大利亚市场在亚太地区占据主导地位，这引发了对进口麦芽原料的巨大需求（Mordor Intelligence，2019）。

麦芽醋分为蒸馏、淡色和深色麦芽醋。麦芽醋的生产涉及使用大麦麦芽进行酒精发酵和醋酸发酵步骤，可添加或不添加其他"改良"（酶法糖化）谷物（Grierson，2009）。根据麦芽的生产过程，麦芽醋的颜色从淡黄色到深棕色不等，这也可能归因于大麦提取物或焦糖的添加。蒸馏麦芽醋是通过减压蒸馏获得的，通常被称为"白醋"。由于非挥发性麦芽酸不蒸馏，它的酸度大约比最初的食醋低 0.2%（Grierson，2009）。麦芽醋生产的醋酸发酵过程可在填充木料的"木桶"中进行（如填充山毛榉或桦木刨花的木桶），或在现代（不锈钢）"酿醋罐"中进行，详见第 3 章。

令人惊讶的是有关麦芽醋的科学研究很少。大多数现有的研究涉及麦芽醋的成分分析或保健的特性。根据 Sáiz-Abajo 等（2005）的研究，麦芽醋是含有一定量乳酸的苦味醋，其乳酸含量高于苹果酒醋，且不含 L-酒石酸和 L-或 D-苹果酸。在亚洲，使用麦芽大米生产食醋最近也引起了人们的关注。与大麦一样，水稻麦芽是水稻在控制条件下发芽的产物，它营养丰富，含有许多生物活性化合物（抗氧化剂、膳食纤维、生育酚、γ-谷维素、硫胺素、吡哆醇和 γ-氨基丁酸），并具有低水平的抗营养素（如植物酸）（Pawena 和 Yupakanit，2015）。对两个泰国黑米品种［黑糯米（Kam）和黑非糯米（Homnin）］进行了麦芽醋生产的评估，Kam 品种的结果非常令人满意。

2.2.7　热带水果醋

由于食醋生产过程的普遍性，多年来已经生产出了各种可选择的食醋，如用热带水果制作的食醋。例如，Ho 等（2017）研究用番荔枝生产醋，而 Kong 等（2018）用木瓜果实生产食醋。生产这些食醋的主要原因是这些热带水果非常容易腐烂，这样过度成熟的水果可以转化成食醋以减少浪费。有趣的是，在木瓜汁转化为食醋的例子中，整个过程中总酚含量和抗氧化活性增加。这表明，食醋的生产不仅可以减少水果的浪费，而且还可以提高其功能特性。第 14 章提供了更多有关不同原料（如热带水果、蔬菜和常见供应的农产品）生产各类食醋的生产信息。

致谢

本章是由马来西亚国民大学提供的 INDUSTRI-2014-005 和 GPK02018 研究资助的支持下完成的。作者还要感谢希腊帕特拉斯大学的副教授阿吉罗·贝卡托鲁博士在完成这一章时，特别是在编撰和编辑数字方面提供的巨大支持。

本章作者

阿兹万·马特·拉齐姆（Azwan Mat Lazim），圣乔·林（Seng Joe Lim），陈伟豪（Chin Wai Ho），沙兹鲁·法兹里（Shazrul Fazry）

参考文献

Chen, Y., Bai, Y., Xu, N., Zhou, M., Li, D., Wang, C., and Hu, Y. 2017. Classification of Chinese vinegars using optimized artificial neural networks by genetic algorithm and other discriminant techniques. *Food Analytical Methods* 10 (8): 2646-2656.

Commission Implementing Regulation (EU) No 984/2011 of 30 September 2011 entering a name in the register of protected designations of origin and protected geographical indications [*Vinagre* del *Condado* de *Huelva* (PDO)].

Commission Implementing Regulation (EU) No 985/2011 of 30 September 2011 entering a name in the register of protected designations of origin and protected geographical indications [*Vinagre de Jerez* (PDO)].

Commission Implementing Regulation (EU) 2015/48 of 14 January 2015 entering a name in the register of protected designations of origin and protected geographical indications [*Vinagre* de *Montilla-Moriles* (PDO)].

Corsini, L., Castro, R., Barroso, C. G., and Durán-Guerrero, E. 2019. Characterization by gas chromatography-olfactometry of the most odour-active compounds in Italian balsamic vinegars with geographical indication. *Food Chemistry* 272: 702-708.

Council Regulation (EC) No 510/2006 of 20 March 2006 on the protection of geographical indications and designations of origin for agricultural products and foodstuffs.

Grierson, B. 2009. Malt and distilled malt vinegar. In L. Soliery and P. Giudici (Eds.) *Vinegars of the World*. Springer-Verlag Italia, Milan, Italy, pp. 135-143.

Ho, C. W., Lazim, A. M., Fazry, S., Hussain Zaki, U. M. K. H. and Lim, S. J. 2017. Effects of fermentation time and pH on soursop (*Annona muricata*) vinegar production towards its chemical compositions. *Sains Malaysiana* 46 (9): 1505-1512.

Kitamura, Y., Kusumoto, K.-I., Oguma, T., Nagai, T., Furukawa, S., Suzuki, C., Satomi, M., Magariyama, Y., Takamine, K., and Tamaki, H. 2016. Ethnic fermented foods and alcoholic beverages of Japan. In J. Tamang (Ed.) *Ethnic Fermented Foods and Alcoholic Beverages of Asia*. Springer, New Delhi, pp. 193-236.

Kong, C. T., Ho, C. W., Ling, J. W. A., Lazim, A., Fazry, S., and Lim, S. J. 2018. Chemical changes and optimisation of acetous fermentation time and mother of vinegar concentration in the production of vinegar-like fermented papaya beverage. *Sains Malaysiana* 47 (9): 2017-2026.

Liu, D., Zhu, Y., Beeftink, R., Ooijkaas, L., Rinzema, A., Chen, J., and Tramper, J. 2004. Chinese vinegar and its solid-state fermentation process. *Food Reviews International* 20 (4): 407-424.

Market Research Reports. 2019. Global Apple Cider Vinegar Market Research Report 2017.

McKay, M., Buglass, A. J., and Lee, C. G. 2011. Fermented beverages: beers, ciders, wines and related drinks. In Buglass, A. J. (Ed.) *Handbook of Alcoholic Beverages: Technical, Analytical and*

Nutritional Aspects. Wiley, Chichester, UK, pp. 214-216.

Mordor Intelligence. 2019. Ingredient Market-Growth, Trends, and Forecast (2019-2024).

Nanda, K., Miyoshi, N., Nakamura, Y., Shimoji, Y., Tamura, Y., Nishikawa, Y., Uenakai, K., Kohno, H., and Tanaka, T. 2004. Extract of vinegar "Kurosu" from unpolished rice inhibits the proliferation of human cancer cells. *Journal of Experimental and Clinical Cancer Research* 23 (1): 69-76.

Pawena, N., and Yupakanit, P. 2015. Comparative study of malt vinegar quality from Homnin and Kam (*Oryza Sativa* L.). *International Journal of Advances in Science Engineering and Technology* SI 5.

Regulation (EU) No 1151/2012 of the European Parliament and of the Council of 21 November 2012 on quality schemes for agricultural products and foodstuffs.

Ríos-Reina, R., Elcoroaristizabal, S., Ocaña-González, J. A., García-González, D. L., Amigo, J. M., and Callejón, R. M. 2017. Characterization and authentication of Spanish PDO wine vinegars using multidimensional fluorescence and chemometrics. *Food Chemistry* 230: 108-116.

Sáiz-Abajo, M. J., González-Sáiz, J. M., and Pizarro, C. 2005. Multi-objective optimisation strategy based on desirability functions used for chromatographic separation and quantification of l-proline and organic acids in vinegar. *Analytica Chimica Acta* 528 (1): 63-76.

Solieri, L., and Giudici, P. (Eds.). 2009. *Vinegars of the World*. Springer-Verlag Italia, Milan, Italy.

3

食醋生产中的生物化学

3.1 引言

食醋是通过两个阶段的发酵过程制成的：第一阶段是所有类型可发酵糖的酒精发酵，第二阶段是醋酸发酵（乙醇氧化）。酒精发酵是由酵母［如酿酒酵母（*Saccharomyces cerevisiae*）］在厌氧条件下将培养基中的可发酵糖转化为乙醇。之后的醋酸发酵在有氧条件下将乙醇转化为乙酸。实际上，传统的食醋生产方式主要有两种：表面氧化和深层醋化。深层醋化与氧（溶于培养基中）的接触面更大，因此是一个快速的过程，而与此相比，表面氧化则是一个相对很缓慢的过程。

食醋生产中涉及的两种发酵过程简述如下。

3.2 酒精发酵

食醋生产中的酒精发酵过程通常很快，而且通常会在最初的三周内消耗掉大部分可利用的糖。可发酵的糖通过酵母［通常是酿酒酵母，（*Saccharomyces cerevisiae*）］的作用转化为乙醇（Budak 等，2014）。酒精发酵是微生物在厌氧条件下消耗有机化合物产生细胞能量［三磷酸腺苷（ATP）］、二氧化碳（CO_2）和乙醇的自然过程（Bekatorou，2016）。它通过 Embden-Eeyerhof-Parnas（糖酵解）途径发生，即己糖（如葡萄糖）的代谢，每个己糖分子变成两个丙酮酸盐分子和两个 ATP（图 3.1）。野生

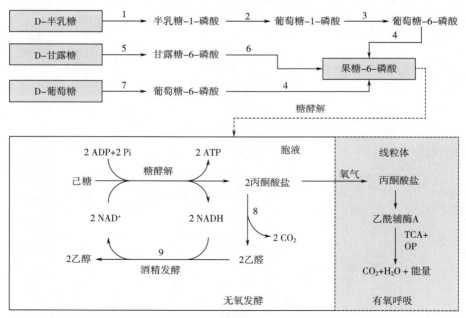

图 3.1　酿酒酵母己糖分解代谢和酒精发酵概述

1—半乳糖激酶（GAL1；EC. 2.7.1.6）；2—半乳糖-1-磷酸尿苷转移酶（GAL7；EC. 2.7.7.12）；3—磷酸葡萄糖变位酶（GAL5 或 PMG2；EC. 5.4.2.2）；4—葡萄糖-6-磷酸异构酶（PGI1；EC. 5.3.1.9）；5，7—己糖激酶（HXK1/HXK2；EC. 2.7.1.1）；6—甘露糖-6-磷酸异构酶（PMI40；EC. 5.3.1.8）；8—丙酮酸脱羧酶（PDC1；EC. 4.1.1.1）；9—乙醇脱氢酶（ADH1；EC. 1.1.1.1）（Bekatorou，2016；Maris 等，2006）

型酿酒酵母菌株可以通过糖酵解途径发酵葡萄糖、甘露糖和果糖，而半乳糖是通过糖酵解结合 Leloir 途径进行发酵的（Maris 等，2006）。

Leloir 途径促进 β-D-半乳糖转化为可用于糖酵解途径的葡萄糖-1-磷酸。在大多数生物体（包括酿酒酵母）中，这个转化过程需要五种酶来催化完成：半乳糖变旋酶（galactose mutarotase）、半乳糖激酶（galactokinase）、半乳糖-1-磷酸转尿苷酰酶（galactose-1-phosphate uridyltransferase）、尿苷二磷酸半乳糖-4-差向异构酶 ［uridine diphosphate（UDP）-galactose-4-epimerase］和葡萄糖磷酸变位酶（phosphoglucomutase）（Sellick 等，2008）。该途径的最初步骤是通过变旋酶将 β-D-半乳糖转化为 α-D-半乳糖，然后在半乳糖激酶作用下形成的半乳糖-1-磷酸，从 UDP-葡萄糖中交换葡萄糖基团以产生 UDP-半乳糖并释放葡萄糖-1-磷酸。差向异构酶（通过改变 C-4 的立体化学性质）将 UDP-半乳糖转化为 UDP-葡萄糖。在磷酸葡萄糖变位酶的作用下，以葡萄糖-1-磷酸形式释放的葡萄糖被转化为葡萄糖-6-磷酸，方可进入糖酵解途径（Sellick 等，2008）。

甘露糖和果糖也是可以被酿酒酵母发酵的两种己糖。经过己糖激酶所催化的磷酸化后，甘露糖-6-磷酸被甘露糖-6-磷酸异构酶异构化为果糖-6-磷酸（图 3.1）。在酿酒酵母酒精发酵的厌氧条件下，通过甘油醛-3-磷酸脱氢酶形成的 NADH，在丙酮酸脱羧酶（PCD；丙酮酸非氧化脱羧生成乙醛）和乙醇脱氢酶（ADH；一种 NAD^+ 依赖的氧化还原酶）的联合作用下，被再氧化成 NAD^+（Agarwal 等，2013；Ho 等，2017；Maris 等，2006）。酒精发酵的总化学式：

$$C_6H_{12}O_6 \rightarrow 2C_2H_5OH + 2CO_2$$

理论上，1g 糖可产出 0.51g 乙醇和 0.49g CO_2。然而，酒精发酵的实际产量较低（葡萄酒发酵中通常产出约 0.46g 乙醇和 0.44g CO_2）（Bekatorou，2016）。

食醋可以由任何含有直接可发酵糖的原料制成。含有淀粉或二糖（如蔗糖和乳糖）的原料必须在发酵前水解（图 3.2）。葡萄、苹果和大米是生产食醋的常用主要原料，不过，麦芽醋、热带水果醋、甘蔗醋和其他类型的食醋在一些国家有所生产，或者已经被研究和开发（如后续章节所述）。

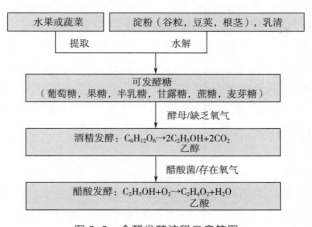

图 3.2　食醋发酵流程示意简图

蔗糖被酵母转化酶（invertase；EC. 3. 2. 1. 26；β-呋喃果糖苷酶；酿酒酵母基因：*SUC*2）水解成葡萄糖和果糖。酵母转化酶是一种广泛分布于植物和微生物中的胞外酶（Sainz-Polo 等，2013）。β-半乳糖苷酶（β-galactosidase；EC. 3. 2. 1. 23；半乳糖水解酶，通常称为乳糖酶），是一种将乳糖水解成葡萄糖和半乳糖的酶，在酿酒酵母中不表达，但是在高等植物、动物和其他微生物［包括细菌、酵母和丝状真菌，如克鲁维酵母属（*Kluyveromyces*）、芽孢杆菌属（*Bacillus*）、双歧杆菌属（*Bifidobacterium*）、曲霉属（*Aspergillus*）和链球菌属（*Streptococcus* spp.）］中主要存在的水解酶之一（Xavier 等，2018）。因此，含乳糖的原材料（如奶酪乳清）的酒精发酵需要通过乳糖发酵物种进行预先水解。

酿酒酵母（*Saccharomyces cerevisiae*）是发酵中最广泛使用的菌种，因为它耐受高糖和高乙醇浓度、低 pH、低温、高压和 SO_2（Bekatorou，2016；Jackson，2018）。它可以在常见酒精饮料（啤酒或葡萄酒）发酵的条件下将糖完全转化，而在无氧条件下产生的不良化合物（如硫化氢、乙酸和尿素）的量及细胞体量很低。自然发酵过程，如在传统葡萄酒和食醋的制作中，涉及各种酵母菌种，而其主导地位取决于底物组成、工艺条件和工艺流程阶段（Bekatorou，2016；Jackson，2018）。

在酿酒酵母中，葡萄糖通过协助扩散的方式进行转运，因此，葡萄糖的摄取以浓度梯度的形式穿过细胞质膜。酿酒酵母具有 32 个己糖转运蛋白家族（HXT）成员，功能涉及转录和转录后调控、底物特异性（只有特定底物才能与酶的活性位点反应）和葡萄糖亲和性（Maris 等，2006）。一般来说，酿酒酵母发酵非葡萄糖碳水化合物（如果糖、甘露糖和半乳糖）的基本条件要求是细胞质膜中存在功能性转运蛋白和能够将糖代谢与糖酵解途径结合起来的酶，以及保持封闭的氧化还原平衡（Maris 等，2006）。

3.3　醋酸发酵

食醋生产中的醋酸发酵是通过醋酸菌（acetic acid bacteria，AAB）进行的。醋酸菌是一类专性好氧细菌，具有将乙醇和糖不完全氧化成有机酸的独特能力。不完全氧化由膜结合的吡咯并喹啉醌依赖性脱氢酶（pyrroloquinoline quinone - dependent dehydrogenases，PQQ-dDs）催化，通过将泛醌还原为泛醇而与呼吸链相连。泛醇的再氧化通过喹啉氧化酶与氧还原相结合。因此，当乙醇和糖在细胞周质中被吡咯并喹啉醌依赖性脱氢酶氧化成有机酸时，会通过氧化磷酸化产生 ATP。在大多数情况下，有机酸是以化学计量的方式形成的最终代谢产物，不能进一步被用作碳源。然而，乙醇和糖（如葡萄糖）有时可能同时被细胞周质中结合于膜的吡咯并喹啉醌依赖性脱氢酶和细胞质中的可溶性脱氢酶氧化，用于能量产生和碳同化（Arai 等，2016；Arai 等，2011）。

醋杆菌属（*Acetobacter*）和大多数葡糖酸醋杆菌属（*Gluconacetobacter*）可利用乙醇生长，并通过不完全氧化积累乙酸盐。然而，当底物（乙醇）被消耗时，它们可能完全氧化所积累的乙酸盐，这一过程被称为乙酸盐过度氧化，是由三羧酸（tricarboxylic acid，TCA）循环酶和乙酰辅酶 A 合成酶（acetyl-CoA synthetase，ACS）活性增加引起的（图3.3）。利用乙醇生长导致乙酸积累发生在第一个对数生长期，而乙酸盐过度氧化发生在第二个对数生长期（二次生长期）。这一过程在食醋生产中显然是不利的，而控制醋酸菌从不完全/同化氧化到能量和碳代谢转变的机制尚不完全清楚（Arai 等，2016；Sakurai 等，2011）。

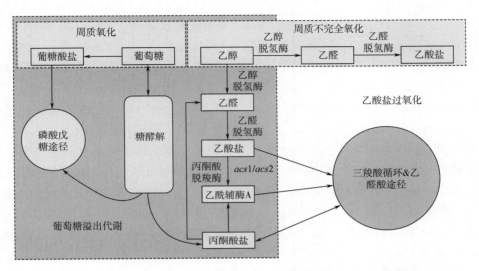

图3.3 具有完整 TCA 循环和乙醛酸途径基因的醋酸菌的中心碳代谢途径概要

（Arai 等，2016）

3.3.1 醋酸菌

醋酸菌是革兰氏阴性或革兰氏不定性菌、无孢子形成、椭圆形至杆状细胞，以单细胞、成对细胞或短链细胞形式存在，并可通过周生鞭毛或极生鞭毛运动。过氧化氢酶阳性和氧化酶阴性的醋酸菌是专性需氧菌，以氧作为末端电子受体。它们的最适生长 pH 为 5.0~6.5，但也可以在 pH 为 3~4 的环境中生长，而大多数菌种的最适生长温度为 28~30℃（Mamlouk 和 Gullo，2013）。醋酸菌属于醋杆菌科，红螺菌目，是 α-变形杆菌纲的一部分，目前由以下属为代表：醋杆菌属（*Acetobacter*）、酸单胞菌属（*Acidomonas*）、雨山杆菌属（*Ameyamaea*）、阿萨亚属（*Asaia*）、葡糖酸醋杆菌属（*Gluconacetobacter*）、葡糖杆菌属（*Gluconobacter*）、颗粒杆菌属（*Granulibacter*）、公崎杆菌属（*Kozakia*）、新朝井杆菌属（*Neoasaia*）、新驹形杆菌属（*Neokomagataea*）、糖杆菌属（*Saccharibacter*）、斯瓦米纳坦杆菌属（*Swaminathania*）、塔堤查仁杆菌属（*Tanticharoenia*）。Mamlouk 和 Gullo 在 2013 年的综述和 Matsushita 等在 2016 年的著作，提供了关于各种醋酸菌属种更独特特征的信息。

醋酸菌存在于含有糖、乙醇和酸的基质中，如植物和发酵饮料。这些原料也广泛用于分离醋酸菌。大多数分离株可以在合适的琼脂培养基上，在 4℃ 条件下保存 1 个月，而长期保存可以通过冷冻干燥、储存于液氮，或在 -80℃ 条件下低温保存来实现。为了从许多分离株中筛选醋酸菌，通常在 pH 3.5 的葡糖-乙醇-氮培养基上检测菌株的生长情况。对于属水平的鉴定，通常会对所获得的候选醋酸菌进行 16S rRNA 基因序列分析，特别是构建系统进化树。对于物种水平的鉴定，以及已经在属水平上得以鉴定或分类的菌株，全基因组 DNA - DNA 杂交技术的运用是必要的（Matsushita 等，2016）。

在食醋生产中，乙醇氧化为乙酸主要由醋酸菌属的 17 个成员中的醋杆菌属（*Acetobacter*）、葡糖杆菌属（*Gluconobacter*）、葡糖酸醋杆菌属（*Gluconacetobacter*）和驹形杆菌属（*Komagataeibacter*）来完成。醋杆菌属是醋酸菌分类中最古老的，也是醋杆菌科的模式属。该属在系统进化上与葡糖杆菌属、新驹形杆菌属、斯温斯杆菌属和糖杆菌属相关。醋杆菌属有两个系统进化不同的类群：醋化醋杆菌和巴氏醋杆菌。在醋化醋杆菌中，酸由 L-阿拉伯糖、D-木糖、D-葡萄糖、D-半乳糖、D-甘露糖或乙醇产生（Matsushita 等，2016）。

如前所述，在某些条件下，乙醇既在细胞周质中被结合于膜的吡咯并喹啉醌依赖性脱氢酶依赖型 ADH（*adhAB/adhS* 基因）和 ALDH 氧化成乙酸盐，也在细胞质中被可溶性 NAD（P）$^+$-依赖型 ADH（*adh*1 和 *adh*2 基因）和 ALDH 氧化成乙酸盐（Arai 等，2016）。在醋化醋杆菌基因组中，除 *adhAB/adhS* 基因外，也鉴定出 *adh*1 和 *adh*2 基因，与巴氏醋杆菌的 ADH Ⅰ 和 ADH Ⅱ 基因具有高度同源性（Arai 等，2016）。结合于膜的 ALDH（*aldFGH* 基因）可能参与了乙醇在细胞周质中的不完全氧化而导致的乙酸盐积累。编码一种可能参与细胞质中乙酸盐形成的待定可溶性 NAD（P）$^+$-依赖型 ALDH 的几个基因，也在醋化醋杆菌中被发现（Arai 等，2016）。在进入三羧酸循环进行完全氧化之前，乙酸盐通过两条途径转化为乙酰辅酶 A，一条由乙酰辅酶 A 合成酶催化，另一条由磷酸转乙酰酶（phosphotransacetylase，PTA）和乙酸激酶（ACK）催化（Arai 等，2016 年）。由乙酸盐生成乙酰辅酶 A 也可由琥珀酰辅酶 A：乙酸盐辅酶 A 转移酶（succinyl-CoA：acetate CoA transferase，SCACT，醋酸菌的 *aarC* 基因）催化完成。在醋化醋杆菌中，已鉴定到 *acs*1 和 *acs*2 基因，但 PTA 和 ACK 基因尚未被鉴定到，这表明乙酸盐的代谢是由乙酰辅酶 A 合成酶途径和乙酸盐辅酶 A 转移酶起始的（Arai 等，2016）。

根据 Arai 等在 2016 年的研究，乙醇在转录水平上显著抑制了醋化醋杆菌的三羧酸循环，从而解释了乙酸盐积累的原因。具体来说，在乙醇被醋酸菌不完全氧化期间，乙醇被用作能量来源。当乙醇和葡萄糖同时存在于醋酸菌的底物中时，由于乙醇对三羧酸循环基因的抑制和糖酵解酶基因的表达增强，可能发生葡萄糖的溢流代谢。结果是乙酸盐和乙酰辅酶 A 在细胞质中积累，抑制了乙醇在细胞质中的氧化，并导致其在细胞周质中的不完全氧化。乙醛酸途径［由异柠檬酸酶（*aceA* 基因）和苹果酸合成酶（*glcB* 基因）组成］的缺陷适合于用乙醇进行醋的工业化生产，因为它促进葡萄糖溢流代谢（图 3.3）。醋酸菌的这些代谢特征的描述是基于转录组谱，根据 Arai 等（2016）的建议，它们应该通过生化和代谢组学分析进行验证。

在醋酸发酵过程中，醋杆菌属在低浓度乙酸下占优势。巴氏醋杆菌是酒醋中最常见的物种，而其他醋杆菌属，如苹果轮藻（*A. malorum*）、酿酒醋杆菌（*A. cerevisiae*）、醋化醋杆菌（*A. aceti*），也可在果醋中发现。当醋中乙酸的含量超过 5% 时，其他物种如欧洲驹形杆菌或中间葡糖酸醋杆菌可能占优势（Gullo 等，2009；Hidalgo 等，2010，2012，2013；Mas 等，2014；Vegas 等，2010）。欧洲葡糖酸醋杆菌是从工业醋中得到的主要物种，它是一种具有高乙醇脱氢酶（ADH）活性和稳定性的物种，可以在高乙酸浓度下生长和保持代谢能力。在其他醋酸菌种中，例如巴氏醋杆菌和中间葡糖酸醋杆菌，由于 ADH 活性降低更快，所以高乙酸浓度会导致细胞应激。醋化醋杆菌在连续的工业生产过程中，进化出可在乙酸盐高于 5% 的情况下生长的能力，而与此产生了仅在特定压力下稳定的表型。在半连续的食醋工业生产过程中，在能够适应工艺条件的菌株中也观察到高达 11.5%～12.0% 的耐酸性（Gullo 和 Giudici，2008；Ho 等，2017）。

3.3.2 影响醋酸发酵的因素

3.3.2.1 氧气

氧气是食醋生产中的一个限制因素，因为其溶解度受到生物反应器设计、所用通气系统、工艺温度和底物组成的显著影响。为了确保最佳的醋酸发酵，必须达到并保持合适的溶解氧水平，这将影响发酵的速度和产量，以及最终产品的感官质量（Ubeda 等，2011）。

在传统的表面醋酸发酵工艺中，不使用强制溶解氧。氧气转移是在发酵醋表面形成的醋酸菌膜和桶顶空间中的空气之间进行的。氧气也以大约每年 30mg/L 的速度穿透木桶的木制层（Gullo 和 Giudici，2008）。另一方面，在工业深层发酵过程中，溶解氧浓度对细菌生长至关重要，因此需要进行强制性的空气供应。然而，过高的溶解氧浓度可能会抑制醋酸菌生长。半连续过程中的最佳溶解氧浓度已确定为 1～3mg/kg（Gullo 和 Giudici，2008；Ho 等，2017）。

3.3.2.2 温度

醋酸菌是嗜温微生物，最适生长温度在 25～30℃。在高于最适温度的条件下，由于必需酶的变性，细胞膜受损导致细胞成分丢失，以及乙酸毒性作用的增加，从而导致细菌被灭活。由于所存在物种的可变性和培养基成分的影响，最低和最高生长温度是难以确定的。一般来说，在没有配备温度控制（传统工艺）的系统中，醋酸菌活性在春季和夏季是适宜的，但在产食醋的地中海国家，由于温度有时会超过 40℃，可能会发生持续的醋酸发酵（Gullo 和 Giudici，2008；Ho 等，2017）。

在工业深层发酵生产过程中，最佳工作温度约为 30℃。因为醋酸发酵是一个热力学有利的需氧过程（约 8.4MJ/L 乙醇氧化），在该过程中温度升高，导致醋酸菌的代谢功能不可逆地降低，因此，温度控制是必须的（Gullo 等，2014；Matsutani 等，2013）。一些研究表明，在食醋工业生产的温度上限以上，出现了耐热的醋酸菌菌株，能够在 38～40℃氧化乙醇（高达 9%），而没有任何明显的滞后。例如，筛选到的两个菌株，热带假丝醋杆菌和巴氏假丝醋杆菌，能够在 40℃和 45℃的温度条件下生长，被认为适合于手工蒸馏酒醋的生产。乙醇氧化是放热反应，因为醋酸菌具有降低冷却成本的潜力，所以耐热性是醋酸菌在食醋工业生产中的优势特点（Gullo 和 Giudici，2008；Ho

等，2017）。

3.3.2.3 pH

醋酸菌生长的最适 pH 范围为 5.0~6.5，然而一些菌种也能够在更低的 pH 环境中生长，例如在 pH 为 3.02~3.85 的葡萄酒或在传统香脂醋生产中，在 pH<3 时观察到细菌活动。醋酸菌也可从 pH 2.0~2.3 的乙酸盐培养基中分离得到。醋酸菌对低 pH 的耐受性很大程度上依赖于各种参数，如乙醇和氧含量，更为具体地说，它的耐受性在高乙醇和低氧含量时降低（Gullo 和 Giudici，2008）。

致谢

本章是在马来西亚克邦萨大学提供的 INDUSTRI-2014-005 和 GPK020181 研究资助下完成的。作者还要感谢希腊帕特雷大学的阿吉罗·贝卡托鲁博士/副教授为本章的完成，特别是汇编和图片编辑方面，提供的巨大支持。

本章作者

陈伟豪（Chin Wai Ho），沙兹鲁·法兹里（Shazrul Fazry），阿兹万·马特·拉齐姆（Azwan Mat Lazim），圣乔·林（Seng Joe Lim）

参考文献

Agarwal, P. K., Uppada, V., and Noronha, S. B. 2013. Comparison of pyruvate decarboxylases from *Saccharomyces cerevisiae* and *Komagataella pastoris* (*Pichia pastoris*). *Applied Microbiology and Biotechnology* 97 (21): 9439-9449.

Arai H., Sakurai, K., and Ishii, M. 2016. Metabolic features of *Acetobacter aceti*. In Matsushita K., Toyama H., Tonouchi N., Okamoto-Kainuma A. (eds.) *Acetic Acid Bacteria*. Springer, Tokyo, pp. 255-272.

Bekatorou, A. 2016 Alcohol: properties and determination. In Caballero, B., Finglas, P., and Toldrá, F. (eds.) *The Encyclopedia of Food and Health*, vol. 1. Academic Press, Oxford, pp. 88-96.

Budak, N. H., Aykin, E., Seydim, A. C., Greene, A. K., and Guzel-Seydim, Z. B. 2014. Functional properties of vinegar. *Institute of Food Technologists* 79: 757-764.

Gullo, M., and Giudici, P. 2008. Acetic acid bacteria in traditional balsamic vinegar: phenotypic traits relevant for starter cultures selection. *International Journal of Food Microbiology* 125: 46-53.

Gullo, M., de Vero, L., and Guidici, P. 2009. Succession of selected strains of *Acetobacter pasteurianus* and other acetic acid bacteria in traditional balsamic vinegar. *Applied and Environmental Microbiology* 75 (8): 2585-2589.

Gullo, M., Verzelloni, E., and Canonico, M. 2014. Aerobic submerged fermentation by acetic acid bacteria for vinegar production: process and biotechnological aspects. *Process Biochemistry* 1-38.

Hidalgo, C., Mateo, E., Mas, A. and Torija, M. J. 2012. Identification of yeast and acetic acid bacteria isolated from the fermentation and acetification of persimmon. *Food Microbiology* 30 (1): 98-104.

Hidalgo, C., Mateo, E., Mas, A., and Torija, M. J. 2013. Effect of inoculation on strawberry fermentation and acetification processes using native strains of yeast and acetic acid bacteria. *Food Microbiology* 34: 88-94.

Hidalgo, C., Vegas, C., Mateo, E., Tesfaye, W., Cerezo, A. B., Callejón, R. M., Poblet, M., Guillamón, J. M., Mas, A., and Torija, M. J. 2010. Effect of barrel design and the inoculation of *Acetobacter pasteurianus* in wine vinegar production. *International Journal of Food Microbiology* 141 (1): 56–62.

Ho, C. W., Lazim, A. Z., Fazry, S., Zaki, U. K. H., and Lim, S. J. 2017. Varieties, production, composition and health benefits of vinegars: a review. *Food Chemistry* 221: 1621–1630.

Jackson, R. S. 2008. *Wine Science: Principles and Applications*, 3rd ed. Oxford, Elsevier.

Mamlouk, D., and Gullo, M. 2013. Acetic acid bacteria: physiology and carbon sources oxida－tion. *Indian Journal of Microbiology* 53 (4): 377–384.

Maris, A. J. A., Abbott, D. A., Bellissimi, E., Brink, J., Kuyper, M., Luttik, M. A. H., and Pronk, J. T. 2006. Alcoholic   fermentation of carbon sources in biomass hydrolysates by *Saccharomyces cerevisiae*: current status. *Antonie van Leeuwenhoek* 90 (4): 391–418.

Mas, A., Torija, M. J., Garcia-Parrila, M. C., and Troncoso, A. M. 2014. Acetic acid bacteria and the production and quality of wine vinegar. *The Scientific World Journal* 2014: 1–6.

Matsushita, K., Toyama, H., Tonouchi, N., and Okamoto－Kainuma, A. (eds.). 2016. *Acetic Acid Bacteria: Ecology and Physiology*. Springer, Japan.

Matsutani, M., Nishikura, M., Saichana, N., Hatano, T., Tippayasak, U. M., Gunjana, Theergool, G., Yakushi, T., and Matsushita, K. 2013. Adaptive mutation of *Acetobacter pasteurianus* SKU108 enhances acetic acid fermentation ability at high temperature. *Journal of Biotechnology* 165: 109–119.

Sainz-Polo, M. A., Ramírez－Escudero, M., Lafraya, A., González, B., Marín－Navarro, J., Polaina, J., and Sanz-Aparicio, J. 2013. Three-dimensional structure of *Saccharomyces* invertase: role of a non－catalytic domain in oligomerization and substrate specificity. *The Journal of Biological Chemistry* 288 (14): 9755–9766.

Sakurai, K., Arai, H., Ishii, M., and Igarashi, Y. 2011. Transcriptome response to different carbon sources in *Acetobacter aceti*. *Microbiology* 157 (3): 899–910.

Sellick, C. A., Campbell, R. N., Reece, RJ. 2008. Galactose metabolism in yeast－structure and regulation of the Leloir pathway enzymes and the genes encoding them. *International Review of Cell and Molecular Biology* 269: 111–150.

Ubeda, C., Hidalgo, C., Torija, M. J., Mas, A., Troncoso, A. M., and Morales, M. L. 2011. Evaluation of antioxidant activity and total phenols index in persimmon vinegars produced by different processes. *LWT-Food Science and Technology* 44: 1591–1596.

Vegas, C., Mateo, E., Gonzalez, A., Guillamón, J. M., Poblet, M., Torija, M. J., and Mas, A. 2010. Population dynamics of acetic acid bacteria during traditional wine vinegar production. *International Journal of Food Microbiology* 138 (1): 130–136.

Xavier, J. R., Ramana, K. V., and Sharma, R. K. 2018. Beta－Galactosidase: biotechnological applications in food processing. *Journal of Food Biochemistry* 42 (5): e12564.

4

食醋微生物计数与
鉴定研究进展

4.1　引言

食醋的生产主要依赖于将从任何底物得到的乙醇转化为乙酸。具有这种转化能力的细菌被称为醋酸菌（acetic acid bacteria，AAB）。尽管它对工业应用微生物学以及可以将一组具有某些共同特征的物种进行分组的微生物学家都很有用，但这种命名方法没有分类学的价值。尽管它们具有相同的代谢途径来进行这些转化反应，但是其中一些菌种将乙醇转化为乙酸的能力有限。对这类细菌及其工业用途的分析需要对它们进行分离和鉴定。分离是研究它们的第一个障碍，因为需要将这些细菌在严苛培养基中培养（通常含有高浓度乙醇或高浓度乙酸，这两种化合物具有抗菌活性），而它们的获得几乎无法模拟这些培养基的条件。事实上，醋酸菌被认为是"挑剔的"微生物，因为它们用传统的微生物学方法（如平板培养）难以获取。显微镜下和平板上计数的微生物种群之间的差异很容易达到三个数量级，甚至在显微镜下观测到微生物，而在平板上却一无所得（Torija 等，2010）。这种不可培养性可能与使用不适合醋酸菌的培养基有关，也存在一些其他方面的原因。例如，在显微镜下观察，很明显醋酸菌倾向于形成聚集体，这些聚集体在平板培养后将形成单个菌落，尽管它们可能包含不止一个种。在选择性的培养基和细胞聚集的方面存在不适用性，主要可能是由于"可存活但不可培养"的状态（viable but not culturable，VBNC）。这种状态已在葡萄酒（Millet 和 Lonvaud-Funel，2000）或食醋（Torija 等，2010）的极端条件下被检测到。近年来已经开发了不依赖培养的评估葡萄酒和食醋中醋酸菌种群的方法（Andorrà 等，2008；González 等，2004；Ilabaca 等，2008；Portillo 和 Mas，2016；Torija 等，2010；Valera 等，2015）。然而，这两种方法（依赖和不依赖培养）应该一起使用，以准确描述葡萄酒或食醋中真实存在的微生物多样性。

4.2　微生物多样性和分离：经典方法和分子生物学方法

传统上用于检测和定量不同微生物的方法是基于显微镜下（细胞的形状和大小）或平板上（菌落的形状、结构和颜色）的形态学描述。这些描述结合基于不同培养基的生长或颜色变化的几个生理学测试，这些生长或颜色变化是由培养基中进行的生化反应引起的。此外，分离是微生物准确鉴定和计数所必需的。分类方案已经在 Bergey's 系统细菌学手册（Sievers 和 Swings，2005）的一系列版本中进行了说明，该手册一直是不同细菌种群鉴定的传统参考。然而，为了在物种水平上对大多数细菌进行可靠鉴定，需要进行许多测试，并且已经提出了多种方法（Cleenwerk 和 De Vos，2008）。因此，这项工作非常耗时，而且需要大量的专业知识来准确判断。

革兰氏染色和过氧化氢酶试验是细菌的常规分析，在许多常见的生态位中，适用于区分乳酸菌和醋酸菌。然而，在物种水平上进一步区分是非常困难的，并且生理实验通常不够。最早进行的微生物试验之一是使用相差显微镜检查微生物的形态。这可以观察到细胞的形状、大小和排列相关的信息。但因为微生物的出现取决于培养的时间和条件，这种观察也可能导致错误的判断。此外，在不同的特定培养基中生长的菌落的形态的信息也可能是有用的（De Ley 等，1984）。

微生物种群密度和多样性的估计在微生物发挥相关作用的过程中都起着重要作用，因为它们具有转化底物的能力并因此发展成种群。可以使用多种方法测量种群密度，但最常用的两种方法是显微镜计数和平板计数。显微镜计数技术是最快的，但需要达到一个最小数量值。对于数量较少的微生物，替代方法有过滤浓缩和平板培养。两者结合可以应用于那些具有低活菌数的样品。显微镜计数包括使用显微镜计数板（如 Neubauer 或 Thoma）进行量化。主要的障碍是检测的局限性（需要大量的细胞）和缺乏对活细胞和死细胞的区分。

平板计数方法可用于不同微生物在选定培养基上所形成的菌落进行计数。非选择性培养基可以使所有微生物得以生长。然而，在混合物种的样本中，较丰富的物种占主导地位，并将阻碍较少数量的物种的获取。在这种情况下，推荐使用选择性培养基，因为这些培养基有利于某些物种的生长，限制了优势微生物的生长。事实上，任何培养基都可以通过添加抑制某些微生物的抗生素或通过改变培养条件（如酸碱度、温度、有无氧气等）变为选择性培养基。最后，还可使用富含不同营养物质的培养基，以促进不同类型微生物的生长。通常，不同条件的组合用于更有效地计数。

然而，分离通常不足以鉴定微生物。微生物鉴定的另一个重要步骤是将平板分离和分子生物学方法相结合，特别是在生态学研究中，大量样品需要进行分析。虽然已经有几种分子生物学方法可供使用，但应用最广泛的是基于核酸的方法，尤其是基于 DNA 的方法。核糖体 RNA 编码区已成为鉴定微生物的普遍靶点。编码核糖体 RNA 的基因前后相连，形成沿基因组重复的转录单位。每个单位由核糖体 RNA 编码基因和内外转录间隔区（ITS 和 ETS）组成。编码核糖体 RNA 的基因是高度保守的区域，它们的序列可以被认为是具有物种特异性的。因此，这些序列可以与不同数据库中的序列比对，从而可以将一种微生物分类为属于某一特定物种。相反，ITS 序列具有较低保守性，可用于进一步区分那些不能被编码核糖体 RNA 基因来区分的微生物。这种进一步的区分可以应用于那些核糖体基因序列几乎相同且亲缘关系密切的物种。系统发育树可以用数据库中已知的序列生成，并用于微生物的鉴定。

平板培养方法在物种鉴定上的主要不足是，只有形成菌落的细胞才会被进一步鉴定。因此，通过平板计数的菌群是"可培养"菌群，以菌落形成单位计量，缩写为 CFU 或 cfu。这被认为是醋酸菌生态学研究的一个严重的障碍，特别是如果我们把重点放在食醋上，其可培养的醋酸菌菌群和总菌群之间的差异更大（图 4.1）。

此外，在平板上生长所需的时间（2~10d）是又一限制因素。然而，食醋微生物生态学研究的主要挑战是醋酸菌进入活的非可培养（VBNC）状态（Millet 和 Lonvaud-Funel，2000）。这种 VBNC 状态意味着微生物不能生长，但仍然保持其代谢活性。当环境条件不利于微生物生长时，微生物就会处于这种状态。以前人们认为这种状态下的微生物是死的，但实际上它们是活的。VBNC 状态的一个基本概念是，如果微生物被放置在不诱发这种状态的培养条件中，它们将保持再次生长的能力（Oliver，2005）。它们的新陈代谢降低，但它们可以不断转化介质，而生长只是时间问题。基础代谢得以

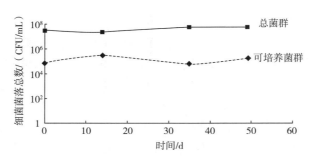

图 4.1　食醋生产过程中醋酸菌定量的差异
（总菌群：通过显微镜测量；可培养菌群：在 GYC 培养基上获得）

维持，主要细胞功能活跃，基因持续表达（Lleò 等，2000，2001；Yaron 和 Mathews，2002）。最后，VBNC 状态的微生物改变了它们的蛋白质谱和细胞膜中脂肪酸的组成，以维持其膜电位水平（Day 和 Oliver，2004；Heim 等，2002）。

因此，我们可以很容易地找到活细胞、死细胞和几个处于从活到死过渡状态中的细胞。过渡状态可能包括能够在最佳条件下生长的老细胞，生长能力有限但完全具有代谢活性的老细胞，以及开始裂解的细胞。然而，综合统一的知识信息是从经典方法中获得的，即对培养的微生物的分析。随着分子生物学技术的加入，微生物的计数和鉴定又向前迈进了一大步。然而，最后一步仍有待完成：直接从待分析的样品中使用这些技术，而不需要培养步骤。这些"不依赖培养"的技术出现在 20 世纪之后，它们已经被应用于葡萄酒或食醋中醋酸菌的定量和计数（Andorrà 等，2008；González 等，2006b；Torija 等，2010）。

不依赖培养的技术也存在一些局限性。由于这些技术的主要靶点是 DNA 及其在培养基中能够长期保存的稳定性，因此定量的 DNA 从活细胞和死细胞中均可获得。然而，有一些替代方法可以解决这个障碍，并且只进行活细胞计数。一些研究使用 RNA 代替 DNA 来量化或检测存活的群体，因为这种分子在死亡细胞中会迅速降解（Cocolin 和 Mills，2003，Hierro 等，2006）。尽管如此，核糖体 RNA 可能比所需的更稳定，使用这种分子可能不合适（Andorrà 等，2011；Hierro 等，2006；Sunyer‐Figueras 等，2018）。其他替代方法使用了 DNA 结合染料，这种染料可以进入死亡细胞或细胞膜受损的细胞，阻碍 DNA 扩增（Nocker 和 Camper，2006；Rudi 等，2005）。溴化乙锭（EMA；Nogva 等，2003）和溴化丙炔单酰肼（PMA）（Nocker 等，2006）已经被用于检测活细菌。这些化学物质不会进入活细胞，只会进入细胞膜完整性受损的细胞。因此，在用这些染料处理后，只有来自活细胞的 DNA 被检测和定量。

4.3　醋酸菌分离

葡萄糖、酵母抽提物和碳酸钙琼脂培养基（GYC 培养基）已经成为醋酸菌分离的一种通用培养基。这种培养基也可被视为一种选择性培养基，因为醋酸菌溶解了碳酸

钙沉淀（图 4.2），在醋酸菌菌落周围形
成了一个透明圈，这对于快速识别菌落
非常有用。

　　然而，原始醋酸菌会产生生理差异，
因此可以根据碳源如葡萄糖、甘露醇、
乙醇等的选择性使用开发用于醋酸菌分
离的选择性培养基。这些培养基可以加
入碳酸钙或其他指示剂，如对酸的产生
有选择性反应的溴甲酚绿（De Ley 等，
1984；Swings 和 De Ley，1981）。补充抗
生素也是一种常见的做法，以防止相同
生态位中微生物的生长。例如，匹马霉
素或类似的抗生素被用来防止酵母和霉
菌的生长。另一方面，青霉素被用来杀
灭乳酸菌（Ruiz 等，2000）。

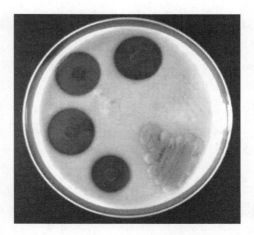

图 4.2　醋酸菌在 GYC 培养基上生长

　　GYC［50g/L D-葡萄糖，10g/L 酵母抽提物，5g/L CaCO$_3$ 和 20g/L 琼脂］和
YPM［25g/L 甘露醇，5g/L 酵母抽提物，3g/L 蛋白胨和 20g/L 琼脂］是醋酸菌分离最
广泛使用的两种培养基。这些平板在有氧条件下于 28℃ 培养可能需要 2~4d，使醋酸菌
得以生长。这些培养基已经用于葡萄酒样品（Bartowsky 等，2003；Du Toit 和
Lambrechts，2002；González 等，2005）或食醋样品（González 等，2006a；Gullo 等，
2009；Hidalgo 等，2012；Vegas 等，2013）。

　　然而，来自一些工厂的样品尤其是在食醋中的醋酸菌，很难通过平板培养获得
（Sokollek 等，1998）。食醋的生产是在非常极端的条件下进行的，在这种条件下会产生
高度特异化的醋酸菌。对醋酸发酵环境的模拟已经取得一定的成功。例如，向含有乙
醇和乙酸的培养基中引入具有不同琼脂浓度的双琼脂层（下层 0.5% 琼脂，上层 1% 琼
脂）（Entani 等，1985）。然而，平板上醋酸菌的获取仍然是研究它们的一个很大的障
碍，这对于生态学研究来说尤其重要，因为它是基于给定环境中所有个体的准确计数。
因此，不依赖培养的分子生物学技术应运而生。

4.4　醋酸菌鉴定

　　特定基质或过程中微生物的定量和鉴定是基于目标分子和生物质之间的相关性。
这对 DNA 来说是正确的，但对 RNA 或蛋白质来说并不总是这样，因为它们在发育和生
长过程中会随着不同的生理状态而变化。事实上，几乎所有参与酿酒或制醋的微生物
都在这个过程中经历存活和生长周期。在细菌中，用于鉴定的主要基因是核糖体基因，
尤其是编码 16S rRNA 的基因（Cole 等，2005）。然而，生态研究中所要求的对大量样
本进行常规分析的测序非常昂贵，现在仍然如此。经常用于大量样品分析的一种较便
宜的方法是对编码核糖体 RNA 的基因进行限制性分析（聚合酶链式反应-限制性片段

长度多态性，polymerase chain reaction-restriction fragment length polymorphism，PCR-RFLP）。这种技术基于使用特定的核酸内切酶所产生的可能是具有物种特异性的片段。当目标区域是 16S rRNA 基因时，这种方法被命名为扩增核糖体 DNA 限制性分析（amplified ribosomal DNA restriction analysis，ARDRA）。ARDRA 被广泛用于识别醋酸菌（González 等，2006a；Gullo 等，2006；Poblet 等，2000；Ruiz 等，2000；Vegas 等，2010）。然而，在某些情况下，物种区分需要对 16S~23S 基因间的间隔区进行限制性分析（González 等，2006a；Ruiz 等，2000；Trček 和 Teuber，2002）。后续对这一区域的测序被提议作为更可靠的鉴定方案（González 和 Mas，2011）。

而如今测序已经成为一种更经济的技术。一般来说，根据数据库中序列的测序比对和构建遗传树，确定某一特定微生物是否属于某一微生物物种已经是一个广为接受的标准。然而，在需要处理大量样品的生态学研究中，第一步是利用核糖体基因或 ITS 的限制性片段长度多态性（RFLP）对不同菌株进行关联。在这种情况下，我们应该假设所有带型相同的分离株都是同一物种。对于重要的物种归属，应要求至少对两组或三组分离株进行测序，作为每组分离株的代表。

除了核酸分析可作为鉴定手段之外，其他分子也可以作为鉴定的靶点。例如，蛋白质分析已被用作一种鉴定方法，传统上采用电泳分析方法鉴别。尽管如此，基质辅助激光解吸电离飞行时间质谱（MALDI-TOF MS）等新技术也已成为 DNA 多态性检测的替代方法。它已被用于区分同一物种的属、种甚至菌株水平上的醋酸菌（Andrés-Barrao 等，2013；Wieme 等，2014）。最有意思的一点是，此法无须进一步操作，因为它可以应用于完整的细菌或菌落。此外，它还适用于常规生态学研究中所需要的大量样品的分析（Trček 和 Barja，2015）。

在我们尝试分析和鉴定醋酸菌时遇到的另一个方面的状况是，醋酸菌分类系统经历了彻底而巨大的变化。因此，鉴定醋酸菌的方法必须适应分类的变化。多年来，主要考虑的是两个属：葡糖杆菌属和醋杆菌属。1984 年，Bergey（De Ley 等，1984）引入了分子生物学技术，如脂肪酸组成、细胞质蛋白电泳、G+C 含量百分比和 DNA-DNA 杂交技术。DNA-DNA 杂交技术是 20 世纪末用来描述新物种最广泛使用的技术。这项技术决定了不同物种基因组之间的相似性。16S rDNA 基因是一个高度保守的区域，其序列上的微小变化可以被认为是物种特异性的，因此被用于大多数细菌分类学研究。在一些醋酸菌物种中，16S rDNA 序列的差异非常有限，只有少数核苷酸对存在差异。最后，全基因组测序可以成为鉴定和进一步研究某些物种甚至菌株的工业应用的手段。然而，对大量分离株进行全基因组测序不可能是一种常规操作。

醋酸菌的种属已从 1984 年的两个属和五个种变为目前的 19 个属和 70 多个种（Guillamón 和 Mas，2017）。一些具有工业价值的醋酸菌物种在命名上经历了相当大的变化，使得在不同年份很难遵循文献。最有价值的两个物种，以前被确定为木醋杆菌（*Acetobacter xylinus*）和欧洲醋杆菌（*Acetobacter europaeus*）（De Ley 等，1984），后来被重新归类为葡糖酸醋杆菌属（*Gluconacetobacter*）（Yamada 等，1997），最后在驹形杆菌（*Komagataeibacter*）下，保留了具体的名称，即木糖驹形杆菌（*Komagataeibacter xylinus*）和欧洲驹形杆菌（*Komagataeibacter europaeus*）（Komagata 等，2014；Yamada 等，2012）。

4.5　醋酸菌分型

在平板上分离醋酸菌的一个重要方面是，它可以在菌株水平（分型）进行鉴别。这对于工业级的应用尤其重要，因为并非所有的菌株都能以相同的效率进行转化。基因分型的分子方法使用一些序列中较高的多态性以及沿基因组的重复序列。用于鉴定醋酸菌菌株的最初技术是基因组 DNA 的随机扩增（RAPD）。该技术使用长度为 9 或 10 个碱基的单一任意引物序列，导致每个菌株的扩增大小和数量不同。凝胶电泳中显现的条带模式对给定的菌株是特异的。Trček 等（1997）首次将这种技术用于从米醋中对醋酸菌进行分型。后来，它被用来在变质（Bartowsky 等，2003）和优质的葡萄酒中进行醋酸菌分型（Prieto 等，2007）。

然而，利用基因组中的重复序列，已经开发了的其他技术，设计合适的同源引物，以获得每个菌株的特征电泳带模式。例如，肠杆菌基因间重复共有序列-PCR（ERIC-PCR）或重复序列 PCR（REP-PCR）是高度保守的回文重复区域的共有序列。虽然最初描述的是肠道细菌，但这些序列广泛分布于其他细菌类群的基因组中。Nanda 等（2001）和 Wu 等（2012）使用这种技术对大米和谷物醋进行醋酸菌基因型分析。González 等（2004，2005）使用这些技术对葡萄酒中的醋酸菌进行基因分型，并跟踪它们在酒精发酵之前和发酵过程中的分布。微卫星技术也被用于基因组指纹识别。这项技术放大了这些序列两侧的基因组片段，产生了菌株特异性的扩增模式。De Vuyst 等（2007）使用（GTG）₅ 引物对可可豆发酵产生的醋酸菌菌株进行分类，该技术后来被用于食醋生产（Hidalgo 等，2010；Vegas 等，2010）。

4.6　不依赖培养的醋酸菌计数和鉴定技术

虽然以前的一些技术［如限制性片段长度多态性分析（ARDRA）］可以直接在培养基上进行鉴定，但它们中的大多数不能同时区分两个以上的物种，甚至经常无法完全识别单个物种，即使它们都是主要物种。因此，不依赖培养的技术在过去几年中得到了发展，其中一些成功地应用于醋酸菌的研究。

4.6.1　直接荧光显微镜技术（direct epifluorescence technique，DEFT）

该技术用于使用特定染料直接计数活细胞。这些染料进入细胞与不同细胞内分子反应或结合到一些细胞器中。最先使用的染料是吖啶橙（Froudière 等，1990），而现在可以使用不同染料的混合物，从而实现更完全的区分。例如，SYTO 9 绿色荧光染色剂与碘化丙啶结合，碘化丙啶是一种红色荧光染色剂。SYTO 9 进入所有细胞，而碘化丙锭渗入膜受损的细胞中。碘化丙啶与 SYTO 9 竞争相同的结合位点，从而减少了 SYTO-9 的染色。当使用这种组合时，具有绿色荧光染色的细胞（图中亮点）被认为是活的，而具有红色荧光的细胞（图中暗点）被认为是死亡的（图 4.3）。

也可使用其他组合，如 FUN1 和 Calcofluor White M2R。这是一种快速的技术，虽然

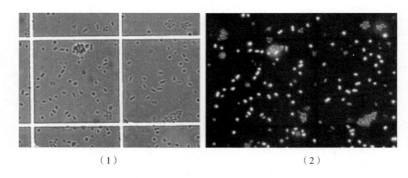

图 4.3　显微镜下观察醋酸菌

（1）明场下的托马斯小室　（2）用活/死活力试剂盒染色后的同一视野（亮点是活的，而暗点是死的）

它可以区分活细胞和死细胞，但不能用于鉴定。该方法为葡萄酒中不可培养细菌种群存在的证据提供了参考（Du Toit 等，2005；Millet 和 Lonvaud-Funel，2000）。

4.6.2　荧光原位杂交技术（fluorescence in situ hybridization，FISH）

标记的探针可以设计成与一些 DNA 或 RNA 分子直接杂交。这项技术包括细胞膜的固定和渗透，以促进探针进入细胞并与之杂交。杂交的对象可以通过荧光显微镜或流式细胞法检测。为醋酸菌进行了这种技术的开发（Blasco 等，2003），尽管细菌的大小和它们生长的介质（葡萄酒或食醋）会限制它们的常规使用。该技术已用于检测葡糖酸醋杆菌（Franke 等，1999）。

4.6.3　流式细胞技术（flow cytometry，FC）

流式细胞技术可以同时检测单个颗粒的几种特征，如大小、内部复杂度或荧光标记细胞等。激光穿过粒子，光束被散射并记录为荧光。这种技术通常与 DEFT 或 FISH 相结合，以获得鉴定和存活性的信息。虽然它已被用于葡萄酒中微生物的计数和鉴定（Andorrà 等，2011；Wang 等，2014），但由于培养基和微生物的大小，其在醋酸菌中使用困难。

4.6.4　变性梯度凝胶电泳-PCR（DGGE-PCR）和温度梯度凝胶电泳-PCR（TGGE-PCR）

这些方法最常用于表征不同环境生态位中的微生物群落。这些技术已经用于分析葡萄酒和醋中的细菌种群（Andorrà 等，2008；Cocolin 等，2000；Takahashi 等，2014）（De Vero 等，2006；Gullo 等，2009；Haruta 等，2006；Yetiman 和 Kesmen，2015）。对于细菌群体，扩增片段来自 16S 或 23S 核糖体编码基因。单个电泳条带可以被切出进行测序，从而对每个条带中物种水平进行鉴定。然而，主要的限制是聚合酶链式反应方法引入的偏差，仅扩增主要物种并忽略了研究群体中存在的少数物种。

4.6.5 实时或定量聚合酶链式反应（real time PCR 或 quantitative PCR, RT-PCR 或 Q-PCR）

该方法能在反应过程中监测聚合酶链式反应，量化聚合酶链式反应过程中产生的荧光。不同的结合剂（SYBR Green 是最常见的）或探针（如 TaqMan 探针）可以产生荧光，当聚合酶链式反应进行时（SYBR Green）或当探针被 Taq 聚合酶降解时，荧光被释放。在使用 TaqMan 探针的情况下，最初探针与 DNA 结合，并且由于淬灭剂的存在而没有检测到荧光，但是当聚合酶扩增 DNA 时，它降解释放淬灭剂的探针，并且可以检测到荧光。这可以用来量化 DNA（或合成 cDNA 后的 RNA），也与细胞数量成正比。所以利用这种技术可以检测和定量设计引物或探针的目标物种。因此，它用于同时鉴定和定量既定的目标微生物群体。它可以用来检测微生物群（如醋酸菌）。这项技术已被广泛用于检测和定量不同的葡萄酒微生物，如醋酸菌（Andorrà 等，2010；González 等，2006b）或不同物种（González 等，2006b；Torija 等，2010；Valera 等，2013）。

4.6.6 大规模测序

这种基于第二代测序技术（NGS）的技术方法有几个名称。例如，大规模测序、宏基因组学、高通量测序或焦磷酸测序。这项技术来源于对样本中产生的所有扩增子的测序。因此，鉴定的生物体取决于引物的设计：理论上，如果引物是通用的，所有的生物体都可以被扩增。这些通常区分为原核生物和真核生物。然而，在测定中可能存在干扰，最常见的是真核生物中存在叶绿体和线粒体，它们也像原核生物一样被扩增。因此，引物设计和分析方案要考虑样品的来源（Kiorouglou 等，2018）。然而，单个样品产生的大量序列和密切相关物种的有限多态性使得很难明确地将一个序列与一个分类单元（属或种）联系起来。因此，这项操作分类单元（OTU）用来指密切相关的序列，它已被用于分析葡萄、葡萄酒和食醋中的不同微生物（其中包括醋酸菌）。总的来说，NGS 已经分析了葡萄中的微生物种群，观察结果证实了葡糖杆菌是优势微生物（Bokulich 等，2012；Portillo 和 Mas，2016）和酿酒过程中葡糖杆菌、醋杆菌和葡糖酸醋杆菌的发展（Bokulich 等，2012；Campanaro 等，2014；Pinto 等，2015；Portillo 和 Mas，2016）。在醋中也使用了 NGS，并且证明了以前在如此恶劣的环境中没有检测到的细菌群。而在这些醋加工的过程中发现醋酸菌为主要微生物（Trček 等，2016；Valera 等，2015）。

4.7 结论

近年来，由于分子生物学方法的发展，醋酸菌的计数和鉴定有了巨大的变化。这种方法学的演变使得以前因耗时、成本高且识别能力有限的不同生态研究得以推广。为进行醋酸菌生态学和分类学的研究，几种依赖于培养和不依赖培养的技术得到开发和优化。然而，这些技术都存在一些优点和缺点。尤其是当平板培养的样品来自葡萄酒或食醋时，由于这些微生物在平板上的获得率低，使得依赖于培养的技术存在偏差。

相反，这些技术提供了待鉴定的纯菌株，并允许它们的进一步应用。另一方面，不依赖培养的技术可绕过分离步骤，直接从样品中鉴定醋酸菌。然而，这些技术仅限于识别主要物种，不能检测到次要物种。因此，更好的方法是将这两种技术结合起来，以便对给定样本中的醋酸菌生物多样性有更全面的了解。

如今，发展不同的技术对所有类型的样本进行大规模测序，为增加醋酸菌生物多样性的现有知识开辟了新的视野。然而，目前操作分类单元中的鉴定限制了这一进步；因此，挑战在于改进这些技术，以实现更好、更准确的物种鉴定。这一改进将使我们能够鉴定到新的从未检测到的、在实验室培养基中生长不好、且不是样本中主要物种的醋酸菌新物种。

本章作者

阿尔伯特·马斯（Albert Mas），玛丽亚·赫苏斯·托里亚（María Jesús Torija）

参考文献

Andorrà, I., Esteve-Zarzoso, B., Guillamón, J. M., and Mas, A. 2010. Determination of viable wine yeast using DNA binding dyes and quantitative PCR. *International Journal of Food Microbiology* 144: 257-262.

Andorrà, I., Landi, S., Mas, A., Guillamón, J. M., and Esteve-Zarzoso, B. 2008. Effect of enological practices on microbial populations using culture-independent techniques. *Food Microbiology* 25: 849-856.

Andorrà, I., Monteiro, M., Esteve-Zarzoso, B., Albergaria, H., and Mas, A. 2011. Analysis and direct quantification of *Saccharomyces cerevisiae* and *Hanseniaspora guilliermondii* populations during alcoholic fermentation by fluorescence in situ hybridization, flow cytometry and quantitative PCR. *Food Microbiology* 28: 1483-1491.

Andrés-Barrao, C., Benagli, C., Chappuis, M., Ortega Pérez, R., Tonolla, M., and Barja, F. 2013. Rapid identification of acetic acid bacteria using MALDI-TOF mass spectrometry fingerprinting. *Systematic and Applied Microbiology* 36: 75-81.

Bartowsky, E. J., Xia, D., Gibson, R. L., Fleet, G. H., and Henschke, P. A. 2003. Spoilage of bottled red wine by acetic acid bacteria. *Letters in Applied Microbiology* 36: 307-314.

Blasco, L., Ferrer, S., and Pardo, I. 2003. FISH application for the acetic acid bacteria present in wine. In A. Lonvaud-Funel, G. De Revel, P. Darriet (Eds.), *Oenologie 2003-7th International symposium of oenology*. Paris, France: Editions Tec & Doc-Lavoisier, pp. 274-278.

Bokulich, N. A., Joseph, C. L., Allen, G., Benson, A. K., and Mills, D. A. 2012. Next-generation sequencing reveals significant bacterial diversity of botrytized wine. *PLoS ONE* 7: e36357.

Campanaro, S., Treu, L., Vendramin, V., Bovo, B., Giacomini, A., and Corich, V. 2014. Metagenomic analysis of the microbial community in fermented grape marc reveals that *Lactobacillus fabifermentans* is one of the dominant species: Insights into its genome structure. *Applied Microbiology and Biotechnology* 98: 6015-6037.

Cleenwerck, I., and De Vos, P. 2008. Polyphasic taxonomy of acetic acid bacteria: An overview of the currently applied methodology. *International Journal of Food Microbiology* 125: 2-14.

Cocolin, L., Bisson, L. F., and Mills, D. A. 2000. Direct profiling of the yeast dynamics in wine fermentations. *FEMS Microbiology Letters* 189: 81-87.

Cocolin, L., and Mills, D. A. 2003. Wine yeast inhibition by sulfur dioxide: A comparison of culture-dependent and independent methods. *American Journal of Enology and Viticulture*, 54: 125-130.

Cole, J. R., Chai B., Farris R. J., Wang Q., Kulam S. A., McGarrell D. M., Garrity G. M., and

Tiedje, J. M. 2005. The Ribosomal Database Project (RDP-II): Sequences and tools for high-throughput rRNA analysis. *Nucleic Acids Research* 33: 294-296.

Day, A. P., and Oliver, J. D. 2004. Changes in membrane fatty acid composition during entry of *Vibrio vulnificus* into the viable but nonculturable state. *Journal of Microbiology* 42: 69-73.

De Ley, J., Gillis, M., Swings, J. 1984. Family VI. Acetobacteraceae. In Krieg N. R., Holt J. G. (Eds.), *Bergey's Manual of Systematic Bacteriology*. Baltimore: Williams and Wilkins Co, pp. 267-278.

De Vero, L., Gala, E., Gullo M., Solieri, L., Landi, S., and Giudici, P. 2006. Application of denaturing gradient gel electrophoresis (DGGE) analysis to evaluate acetic acid bacteria in traditional balsamic vinegar. *Food Microbiology* 23: 809- 813.

De Vuyst, L., Camu, N., De Winter, T., Vandemeulebroecke, K., Van de Perre, V., Vancanneyt, M., De Vos, P., and Cleenwerk, I. 2007. Validation of the (GTG) 5-PCR fingerprinting technique for rapid classification and identification of acetic acid bacteria, with a focus on isolates from Ghanaian fermented cocoa beans. *International Journal of Food Microbiology* 125: 79-90.

Du Toit, W. J., and Lambrechts, M. G. 2002. The enumeration and identification of acetic acid bacteria from South African red wine fermentations. *International Journal of Food Microbiology* 74: 57- 64.

Du Toit, W. J., Pretorius, I. S., and Lonvaud-Funel, A. 2005. The effect of sulphur dioxide and oxygen on the viability and culturability of a strain of *Acetobacter pasteurianus* and a strain of *Brettanomyces bruxellensis* isolated from wine. *Journal of Applied Microbiology* 98: 862-871.

Entani, E., Ohmori, S., Masai, H., and Suzuki, K. 1985. *Acetobacter polyoxogenes* sp. nov., a new species of an acetic acid bacterium useful for producing vinegar with high acidity. *Journal of General and Applied Microbiology* 31: 475-490.

Franke, I. H., Fegan, M., Hayward, C., Leonard, G., Stakebrandt, E., and Sly, L. 1999. Description of *Gluconacetobacter sacchari* sp. nov., a new species of acetic acid bacterium isolated from the leaf sheath of sugarcane and from the pink sugar cane mealy bug. *International Journal of Systematic Bacteriology* 49: 1681-1693.

Froudière, I., Larue, F., and Lonvaud-Funel, A. 1990. Utilisation de l'épifluorescence pour la détectiondes micro-organismes dans le vin. *Journal International des Sciences de la Vigne et du Vin* 24: 43-46.

González, A., Hierro, N., Poblet, M., Rozès, N., Mas, A., and Guillamón, J. M. 2004. Application of molecular methods for the differentiation of acetic acid bacteria in a red wine fermentation. *Journal of Applied Microbiology* 96: 853-860.

González, A., Guillamón, J. M., Mas, A., and Poblet, M. 2006a. Application of molecular methods for routine identification of acetic acid bacteria. *International Journal of Food Microbiology* 108: 141-146.

González, A., Hierro, N., Poblet, M., Mas, A., and Guillamón, J. M. 2005. Application of molecular methods to demonstrate species and strain evolution of acetic acid bacteria population during wine production. *International Journal of Food Microbiology* 102: 295-304.

González, A., Hierro, N., Poblet, M., Mas, A., and Guillamón, J. M. 2006b. Enumeration and detection of acetic acid bacteria by real-time PCR and nested-PCR. *FEMS Microbiology Letters* 254: 123-128.

González, A., and Mas, A. 2011. Differentiation of acetic acid bacteria based on sequence analysis of 16S-23S rRNA gene internal transcribed spacer sequences. *International Journal of Food Microbiology* 147: 217-222.

Guillamón, J. M., and Mas, A. 2017. Acetic acid bacteria. In *Biology of Microorganisms on Grapes, in Must and in Wine*. H. König et al. Eds. 43-64. Springer-Verlag, Berlin/Heidelberg, Germany.

Gullo, M., Caggia, C., De Vero, L., and Giudici, P. 2006. Characterization of acetic acid bacteria in "traditional balsamic vinegar". *International Journal of Food Microbiology* 106: 209-212.

Gullo, M., De Vero, L., and Giudici, P. 2009. Succession of selected strains of *Acetobacter pasteurianus* and other acetic acid bacteria in traditional balsamic vinegar. *Applied and Environmental Microbiology* 75: 2585-2589.

Haruta, S., Ueno, S., Egawa, I., Hashiguchi, K., Fujii, A., Nagano, M., Ishii, M., and

Igarashi, Y. 2006. Succession of bacterial and fungal communities during a traditional pot fermentation of rice vinegar assessed by PCR - mediated denaturing gradient gel electrophoresis. *International Journal of Food Microbiology* 109: 79-87.

Heim, S., Lleo, M. D. M., Bonato, B., Guzman, C. A., and Canepari, P. 2002. The viable but nonculturable state and starvation are different stress responses of *Enterococcus faecalis*, as determined by proteome analysis. *Journal of Bacteriology* 184: 6739-6745.

Hidalgo, C., Mateo, E., Mas, A., and Torija, M. J. 2012. Identification of yeast and acetic acid bacteria isolated from the fermentation and acetification of persimmon (*Diospyros kaki*) . *Food Microbiology* 30: 98-104.

Hidalgo, C., Vegas, C., Mateo, M., Tesfaye, W., Cerezo, A. B., Callejón, R. M., Poblet, M., Guillamon, J. M., Mas, A., and Torija, M. J. 2010. Effect of barrel design and the inoculation of *A. pasteurianus* in wine vinegar production. *International Journal of Food Microbiology* 141: 56-62.

Hierro, N., Esteve-Zarzoso, B., González, A., Mas, A., and Guillamón, J. M. 2006. Real-time quantitative PCR (QPCR) and reverse transcription-QPCR (RT-QPCR) for the detection and enumeration of total yeasts in wine. *Applied and Environmental Microbiology* 72: 7148-7155.

Ilabaca, C., Navarrete, P., Mardones, P., Romero, J., and Mas, A. 2008. Application of culture- independent molecular biology based methods to evaluate acetic acid bacteria diversity during vinegar processing. *International Journal of Food Microbiology* 126: 245-249.

Kioroglou, D., Lleixá, J., Mas, A., and Portillo, M. C. 2018. Massive sequencing: a new tool for the control of alcoholic fermentation in wine? *Fermentation* 4: 7.

Komagata, K., Iino, T., and Yamada, Y. 2014. 1The family Acetobacteraceae. In *The Prokaryotes*: *Alphaproteobacteria and Betaproteobacteria*. E. Rosenberg, E. F. De Long, S. Lory, E. Stackebrandt, and F. Thompson. Eds. 3-78. Springer-Verlag, Berlin/Heidelberg, Germany.

Lleò, M. M., Bonato, B., Tafi, M. C., Signoretto, C., Boaretti, M., and Canepari, P. 2001. Resuscitation rate in different enterococcal species in the viable but non-culturable state. *Journal of Applied Microbiology* 91: 1095-1102.

Lleò, M. M., Pierobon, S., Tafi, M. C., Signoretto, C., and Canepari, P. 2000. mRNA detection by reverse transcription - PCR for monitoring viability over time in an *Enterococcus faecalis* viable but nonculturable population maintained in a laboratory microcosm. *Applied and Environmental Microbiology* 66: 4564-4567.

Millet, V., and Lonvaud-Funel, A. 2000. The viable but non-culturable state of wine microorganisms during storage. *Letters in Applied Microbiology* 30: 136-141.

Nanda, N., Taniguchi, M., Ujike, S., Ishihara, N., Mori, H., Ono, H., and Murooka, Y. 2001. Characterization of acetic acid bacteria in traditional acetic acid fermentation of rice vinegar (Komesu) and unpolished rice vinegar (Kurosu) produced in Japan. *Applied and Environmental Microbiology* 67: 986-990.

Nocker, A., and Camper, A. K. 2006. Selective removal of DNA from dead cells of mixed bacterial communities by use of ethidium monoazide. *Applied and Environmental Microbiology* 72: 1997-2004.

Nocker, A., Cheung, C. Y., and Camper, A. K. 2006. Comparison of propidium monoazide with ethidium monoazide for differentiation of live vs. dead bacteria by selective removal of DNA from dead cells. *Journal of Microbiological Methods* 67: 310-320.

Nogva, H. K., Drømtorp, S. M., Nissen, H., and Rudi, K. 2003. Ethidium monoazide for DNA - based differentiation of viable and dead bacteria by 5'-nuclease PCR. *BioTechniques* 34: 804-813.

Oliver, J. D. 2005. The viable but nonculturable state in bacteria. *The Journal of Microbiology* 43: 93-100.

Pinto, C., Pinho, D., Cardoso, R., Custódio, V., Fernandes, J., Sousa, S., Pinheiro, M., Egas, C., and Gomes, A. C. 2015. Wine fermentation microbiome: a landscape from different Portuguese wine appellations. *Frontiers in Microbiology* 6: 905.

Poblet, M., Rozès, N., Guillamón, J. M., and Mas, A. 2000. Identification of acetic acid bacteria by restriction fragment length polymorphism analysis of a PCR-amplified fragment of the gene coding for 16S rRNA. *Letters in Applied Microbiology* 31：63−67.

Portillo, M. C., and Mas, A. 2016. Analysis of microbial diversity and dynamics during wine fermentation of Grenache grape variety by high−throughput barcoding sequencing. *LWT−Food Science and Technology* 72：317−321.

Prieto, C., Jara, C., Mas, A., and Romero, J. 2007. Application of molecular methods for analyzing the distribution and diversity of acetic acid bacteria in Chilean vineyards. *International Journal of Food Microbiology* 115：348−355.

Rudi, K., Naterstad, K., Dromtorp, S. M., and Holo, H. 2005. Detection of viable and dead *Listeria monocytogenes* on gouda−like cheeses by real−time PCR. *Letters in Applied Microbiology* 40：301−306.

Ruiz, A., Poblet, M., Mas, A., and Guillamon, J. M. 2000. Identification of acetic acid bacteria by RFLP of PCR−amplified 16S rDNA and 16S−23S rDNA intergenic spacer. *International Journal of Systematic and Evolutionary Microbiology* 50：1981−1987.

Sievers, M. and Swings, J. 2005. Family *Acetobacteraceae*. In *Bergey's Manual of Systematic Bacteriology*, 2nd edition. Vol. 2. G. M. Garrity. Ed. 41−95. Springer, New York.

Sokollek, S. J., Hertel C., and Hammes, W. P. 1998. Description of *Acetobacter oboediens* sp. nov. and *Acetobacter pomorum* sp. nov., two new species isolated from industrial vinegar fermentations. *International Journal of Systematic Bacteriology* 48：935−940.

Sunyer−Figueres, M., Wang, C., and Mas, A. 2018. Analysis of RNA stability for the detection and quantification of wine yeast by quantitative PCR. *International Journal of Food Microbiology* 270：1−4.

Swings, J., and De Ley, J. 1981. The genera *Acetobacter* and *Gluconobacter*. In *The Prokaryotes*. M. P. Starr. Ed. 771−778. Springer, Berlin, Germany.

Takahashi, M., Ohta, T., Masaki, K., Mizuno, A., and Goto−Yamamoto, N. 2014. Evaluation of microbial diversity in sulfite−added and sulfite−free wine by culture−dependent and −independent methods. *Journal of Bioscience and Bioengineering* 117：569−575.

Torija, M. J., Mateo, E., Guillamón, J. M., and Mas, A. 2010. Identification and quantification of acetic acid bacteria in wine and vinegar by TaqMan−MGB probes. *Food Microbiology* 27：257−265.

Trček, J., and Barja, F. 2015. Updates on quick identification of acetic acid bacteria with a focus on the 16S−23S rRNA gene internal transcribed spacer and the analysis of cell proteins by MALDITOF mass spectrometry. *International Journal of Food Microbiology* 196：137−144.

Trček, J., Mahnič, A., and Rupnik, M. 2016. Diversity of the microbiota involved in wine and organic apple cider submerged vinegar production as revealed by DHPLC analysis and next−generation sequencing. *International Journal of Food Microbiology* 223：57−62.

Trček, J., Ramus, J., and Raspor, P. 1997. Phenotypic characterization and RAPD−PCR profiling of *Acetobacter* sp. isolated from spirit vinegar production. *Food Technology and Biotechnology* 35：63−67.

Trček, J., and Teuber, M. 2002. Genetic restriction analysis of the 16S−23S rDNA internal transcribed spacer regions of the acetic acid bacteria. *FEMS Microbiology Letters* 19：69−75.

Valera, M. J., Torija, M. J., Mas, A., and Mateo, E. 2013. *Acetobacter malorum* and *Acetobacter cerevisiae* identification and quantification by Real−Time PCR with TaqMan−MGB probes. *Food Microbiology* 36：30−39.

Valera, M. J., Torija, M. J., Mas, A., and Mateo, E. 2015. Acetic acid bacteria from biofilm of strawberry vinegar visualized by microscopy and detected by complementing culture−dependent and culture−independent techniques. *Food Microbiology* 46：452−462.

Vegas, C., González, A., Mateo E., Mas, A., Poblet, M., and Torija, M. J. 2013. Evaluation of representativity of the acetic acid bacteria species identified by culture−dependent method during a traditional wine vinegar production. *Food Research International* 51：404−411.

Vegas, C., Mateo, E., González, A., Jara, C., Guillamon, J. M., Poblet, M., Torija, M. J., and Mas, A. 2010. Population dynamics of acetic acid bacteria during traditional wine vinegar production. *International Journal of Food Microbiology* 138: 130-136.

Wang, C., Esteve - Zarzoso, B., and Mas, A. 2014. Monitoring of *Saccharomyces cerevisiae*, *Hanseniaspora uvarum*, and *Starmarella bacillaris* (synonym *Candida zemplinina*) populations during alcoholic fermentation by fluorescence in situ hybridization. *International Journal of Food Microbiology* 191: 1-9.

Wieme A. D., Spitaels, F., Aerts, M., De Bruyne, K., Van Landschoot, A., and Vandamme, P. 2014. Identification of beer-spoilage bacteria using matrix-assisted laser desorption/ionization time-of-flight mass spectrometry. *International Journal of Food Microbiology* 185: 41-50.

Wu, J. J., Mac, Y. K., Zhang, F. F., and Chen, F. S. 2012. Biodiversity of yeasts, lactic acid bacteria and acetic acid bacteria in the fermentation of "Shanxi aged vinegar", a traditional Chinese vinegar. *Food Microbiology* 30: 289-297.

Yamada, Y., Hoshino, K. I., and Ishikawa, T. 1997. The phylogeny of acetic acid bacteria based on the partial sequences of 16S ribosomal RNA: the elevation of the subgenus *Gluconacetobacter* to the generic level. *Bioscience Biotechnology and Biochemistry* 61: 1244-1251.

Yamada, Y., Yukphan, P., Vu, H. T. L., Muramatsu, Y., Ochaikul, D., Tanasupawa, S., and Nakagawa, Y. 2012. Description of *Komagataeibacter* gen. nov., with proposals of new combinations (*Acetobacteraceae*). *Journal of General and Applied Microbiology* 58: 397-404.

Yaron, S., and Matthews, K. 2002. A reverse transcriptase - polymerase chain reaction assay for detection of viable *Escherichia coli* O157 : H7: investigation of specific target genes. *Journal of Applied Microbiology* 92: 633- 640.

Yetiman, A. E., and Kesmen, Z. 2015. Identification of acetic acid bacteria in traditionally produced vinegar and mother of vinegar by using different molecular techniques. *International Journal of Food Microbiology* 204: 9-16.

5

食醋生产原料与预处理

5.1 引言

如前几章所述，食醋可以通过酒精发酵和取代任何可发酵碳水化合物来源的醋酸发酵来生产。它是一种重要的商业产品，可直接消费或用于制备各种食品，包括调味品（调味汁、调味料、番茄酱、蛋黄酱、泡菜等）和寿司（Ho 等，2017）等亚洲食品。不同类型的食醋在世界各地生产，并根据原料、发酵微生物和涉及的发酵过程进行分类。葡萄、大米、苹果、谷类食品、乳清、蜂蜜和其他各种水果都可以并且已经被用来生产食醋。香脂醋占全球醋市场的最大份额，其次是红葡萄酒醋和苹果醋（Solieri 和 Giudici，2009）。

原料的种类和化学成分、原料的预处理工艺、食醋的生产和陈酿方法都会影响食醋产品的最终质量。因此，食醋的感官质量（香气和味道）取决于原料、发酵过程中微生物代谢和化学反应形成的成分，以及陈酿过程中产生的成分（Tesfaye 等，2002；Raspor 和 Goranovič，2008）。最终的香气是数百种挥发性化合物贡献的结果，本书的其他章节和几项已发表的科学研究对此进行了更详细的讨论。

此外，正如第 1 章所述，人们已经发现，由于各种生物活性成分，包括具有抗菌、抗氧化和抗炎活性的成分，食醋具有有益的促进健康效果（Samad 等，2016）。例如，食醋与控制糖尿病和肥胖、调节食欲和改善消化有关（Li 等，2015；Samad 等，2016）。由于酚类化合物的作用，葡萄酒醋也被证明可以降低人体血压（Honsho 等，2005；Takahara 等，2005；Li 等，2015）。

原料的预处理和后续发酵是高效生产食醋的基本步骤。预处理包括从原料中提取可发酵糖的所有必要过程。如图 5.1 所示，这些工艺因使用的原材料类型而异。

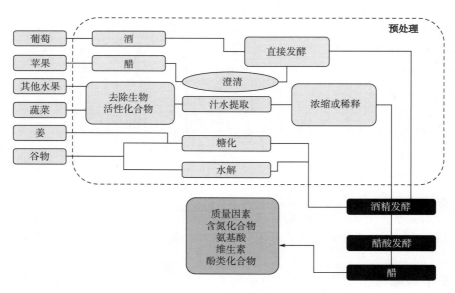

图 5.1　食醋生产中不同原料的预处理

食醋生产的第二阶段是将可发酵碳水化合物生物转化为乙醇，然后将乙醇生物氧化为乙酸。食醋生产过程中的工艺参数（温度、pH、供氧量、水分活度）以及原料的化学成分都会影响发酵过程，从而对最终产品的质量起着关键作用。因此，在食醋生产中采用了多种预处理方法，以提高食醋的生产工艺和产品质量。

在水果制醋过程中，果汁中糖、酸和营养成分的浓度会影响发酵过程、风味和最终的乙醇、乙酸浓度。更具体地说，酒精发酵后获得的乙醇产量取决于底物的初始糖浓度，酸度应该通过添加水或酸（柠檬酸、苹果酸或果汁）调节到 pH 3.2~3.8，而营养物质，如氮源，对培养物的代谢活动也至关重要（Heikefet，2011）。

糖化（将聚合的非发酵性碳水化合物转化为可发酵性糖）是小麦、大米、大麦、高粱、生姜和一些水果等含淀粉原料的基本预处理过程。另一方面，酶预处理有助于果汁的提取率。

其他酶还用于水解原料的特定物质，如富含果胶的水果（如苹果）中的果胶，以提高提取果汁的澄清度，并避免可能影响食醋质量的不良化合物的产生。

不同原料对食醋生产过程和产品质量的影响，源于它们的成分构成和所需的预处理工艺。

5.2 原料种类

5.2.1 葡萄酒

葡萄酒，无论是红葡萄酒还是白葡萄酒，都是食醋生产中最早使用的原料之一，特别是在地中海国家，这些国家也被称为主要的葡萄酒生产区。葡萄酒醋来自葡萄酒的醋酸发酵，乙醇的含量不应超过 1.5%（体积分数）（Solieri 和 Giudici，2009）。香脂醋、红葡萄酒醋和白葡萄酒醋在不同类型的食醋中占据了相当大的世界市场份额（Sellmer-Wilsberg，2009）。不同的加工和生产方法导致葡萄酒醋质量的不同（Callejon 等，2009）。具体地说，对于葡萄酒醋，采用特殊类型的葡萄酒作为初始原料并在木桶中陈酿可生产更高质量的醋（Cerezo 等，2008；Hailu 等，2012）。

醋的法语单词"*vinaigre*"的意思是酸葡萄酒，指的是葡萄酒变质后产生的一种产品。该过程与地中海国家有利于醋酸菌生长的温暖气候完美契合（De Ory 等，1998；Callejon 等，2009；Ho 等，2017）。事实上，西班牙和意大利生产的葡萄酒都有受到原产地保护，即"*Vinagre del Condado de Huelva*""*Vinagre de Jerez*""*Aceto Balsámico Tradizionale di Módena*"和"*Aceto Balsámico Tradizionale di Reggio Emily*"（Alvarez-Caliz 等，2014）。陈酿和后熟工艺是传统香脂醋和摩德纳香脂醋之间的主要区别（Bartocci 等，2017），这也在其他章节中讨论过。传统的香脂醋需要至少 12 年的陈酿时间，而通过食醋和蒸煮葡萄醪混合生成的摩德纳香脂醋需要经过至少 2 个月至 3 年的陈酿，才能被认定为受保护的地理标志产品（Solieri 等，2006；Bartocci 等，2017）。

作为原料的葡萄酒的组成与感官特征（气味和味道），主要是通过影响醋酸发酵过程中醋酸菌的活性来实现的。因此，糖、花青素、多酚、醇（特别是乙醇）、氮和氨基酸以及硫化物的组成是发酵过程中的关键因素。最重要的是，鉴于葡萄酒醋的醋酸发酵和陈酿是在木桶中进行的，在这一过程中使用的木材类型通过改变酚类成分的组成和挥发性来影响最终产品的质量。

乙酸是影响葡萄酒醋感官特性的主要发酵代谢物，但其他有机酸、酯、酮和醛也是最终质量的关键因素。这些化合物来自原料或醋酸发酵和随后的陈酿过程（Ozturk 等，2015；Ho 等，2017）。

葡萄酒中的酚类化合物是由于它们在葡萄中的自然存在或在木桶中陈酿而产生的。酚的鉴定可用作质量控制的指标，以评估加工技术和所使用的原材料（Tesfaye 等，2002）。具体地说，红葡萄酒发酵是在葡萄皮存在的情况下进行的，导致酚类物质的数量增加，包括没食子酸、表儿茶素、儿茶素、酪醇、苯甲酸、丁香酸和香草醛等（Budak 和 Guzel-Seydim，2010）。因此，人们认为使用红葡萄酒或白葡萄酒会对最终食醋产品的感官特性产生相应的影响。

Cerezo 等（2008）评估了不同木桶（包括橡木、板栗、金合欢和樱桃）醋酸发酵过程中红葡萄酒醋中酚类成分的变化。有人提出，板栗木材的乙酰化导致没食子酸和没食子酸乙酯的增加，而促使儿茶素和白藜芦醇的减少（Cerezo 等，2008）。感官分析表明，橡木桶和樱桃木桶的香气和味道得分较高。Callejon 等（2009）还研究了不同的木桶及其在乙酰化过程中对挥发性化合物的影响。在樱桃木桶醋酸发酵过程中，总挥发物显著增加，主要是糠酸乙酯和苯甲酸乙酯的增加。

由于持续地发酵和内在微生物群落，表面培养物对乙酯的组成分布有显著影响（Callejon 等，2009）。根据 Madrera 等的研究（2010），陈酿过程影响有机酸乙酯的浓度，如乳酸乙酯、乙酸乙酯和琥珀酸乙酯，以及醋酸菌产生的芳香化合物。Ho 等（2017）还指出，葡萄酒醋中含有大量的乙酸乙酯。

葡萄酒醋中的花青素含量受 pH 和有/无氧状态的影响。Cerezo 等（2010）研究了红葡萄酒醋中花青素的作用以及在深层发酵过程中醋酸发酵对其抗氧化活性的影响。结果表明，深层培养可以促进维生素 A 类化合物和乙基键化合物的产生，降低单体花色苷和酚酸的含量。总体而言，酚类化合物的鉴定具有多重价值，因为它在影响感官特性的同时，也涉及食醋真伪的判定。

氨基酸和铵离子是支持细菌生长的主要氮来源，尽管有些细菌可以从铵离子合成氨基酸，这些少量的氮是引发代谢物合成的关键（Alvarez-Caliz 等，2014）。醋是通过两步工艺获得的，因此，维持乙醇氧化为乙酸时对大量氨基酸的需求可能得不到保证（Alvarez-Caliz 等，2012）。更具体地说，在酵母菌利用葡萄进行酒精发酵的时候，可能会导致碳源和氮源的枯竭，因此，补充营养对于支持醋酸菌的生长是必不可少的。

Maestre（2008）研究了醋酸菌在乙酸化过程中游离氨基酸、铵离子和尿素含量的变化，报道了 L-脯氨酸、L-甲硫氨酸、亮氨酸和铵离子的消耗趋势（占总氮代谢的 68.1%）。在这项研究中还指出，L-谷氨酸、L-谷氨酰胺、L-脯氨酸和 L-组氨酸可以增强醋酸菌的作用。葡萄酒中 L-脯氨酸的浓度可以归因于它存在于葡萄中，以及它不被酵母菌株消耗（Valero 等，2005）。而酒精发酵过程中的酵母新陈代谢会产生 L-亮氨酸，蛋白质自身水解也会产生一定量的氨基酸（Maestre 等，2008；Alvarez-Caliz 等，2012）。

醋酸菌利用乙醇，并以氧作为最终的电子受体（Mas 等，2014）。乙酸的产量与原料（即葡萄酒）中所含乙醇的初始含量有关，过高的乙醇可能会阻碍醋酸发酵。醋酸菌在乙醇中生长可分为两个阶段：先是在稳定期的起始阶段，细菌细胞减少（Maestre 等，2008）。随后，菌体吸收基质中生物转化的乙酸而二次生长。

当培养基中乙醇含量超过 7% 时，醋酸菌生长受到抑制，从而抑制了整个生物转化过程（Jo 等，2015）。因此，需要补充碳源和氮源来维持其的生长。Jo 等（2015）在不增加补充剂发酵的情况下，评估了不同起始乙醇含量对高酸度葡萄酒醋质量的影响。他们得出的结论是，初始乙醇含量为 6% 会导致酸度较高的醋具有更好的性能。因此，在起始葡萄酒中乙醇含量较高的情况下，需要采取稀释步骤以避免对醋酸菌的抑制（Raspor 和 Goranovič，2008）。同样，应该避免二氧化硫（SO_2）的存在。然而，Du Toit 等（2005）使用从葡萄酒中分离出的特定醋酸菌和布雷顿霉菌菌株，研究了葡萄酒中 SO_2 和氧气的游离态和结合态的影响，并报道了这两种菌株在厌氧条件下生长的能力。

葡萄酒醋、葡萄干醋生产的现状和改进领域将在第 11 章中更详细地讨论。

5.2.2　苹果/苹果酒

苹果西打（苹果酒）是由成熟水果经压榨、不发酵的或发酵后的苹果汁制成的（Oke 和 Paliyath，2006；Verdu 等，2014）。根据用途，苹果分为甜食苹果和西打苹果（Ho 等，2017）。西打苹果品种通常是苦涩的，大多用于生产苹果酒饮料或进一步加工（发酵）生产苹果醋，苹果醋被广泛用作餐桌醋（Joshi 和 Sharma，2009）。苹果酒的质量取决于所用新鲜苹果的成分，随后取决于品种、产区、收获季节和成熟度。例如，未成熟的水果会导致果汁中总可溶性固形物含量较低，淀粉和酸的含量较高，这会影响产品的香气和风味。另一方面，过熟苹果的苹果汁提取率较低，甜度过高（Oke 和 Paliyath，2006；Joshi 和 Sharma，2009）。

欧洲苹果品种的平均可溶性固形物含量为 9~11°Bx，可滴定酸度（苹果酸）为 0.12%~0.31%，单宁含量为 37~233mg/100mL，果胶含量为 0.25%~0.75%（Joshi 和 Sharma，2009）。根据榨汁中的酸和单宁含量，苹果酒可以分为苦甜型、苦烈型、浓烈型和甜味型。具体地说，苦甜型和苦烈型单宁含量大于 0.2%，浓烈型和甜味型单宁含量小于 0.2%。苦甜型和甜味型苹果酒的酸度低于 0.45%，而苦烈型和浓烈型的苹果酒的酸度大于 0.45%（Miles 等，2015）。

苹果醋特有的酸和涩的味道也可以归因于苹果原料（Raspor 和 Goranovič，2008）中单宁和酚类化合物的含量（Joshi 和 Sharma，2009）。一款成功的苹果酒往往需要混合不同的苹果酒品种，以便在最终产品中实现糖、酸和单宁的平衡（Lea 和 Drilleau，2003）。苹果汁的典型成分如表 5.1 所示。

表 5.1   苹果汁的典型成分

物质	含量	物质	含量
果糖/（g/100mL）	3.8~11	绿原酸/（mg/L）	1.5~700
蔗糖/（g/100mL）	0.38~5.6	根皮苷/（mg/L）	1~200
葡萄糖/（g/100mL）	1.0~3.2	表儿茶素和儿茶素/（mg/L）	高达200
山梨醇/（g/100mL）	0.2~1.4	可滴定酸度（苹果酸）/%	0.2~1.8
果胶/（g/100mL）	0.1~1.0		

资料来源：Lea 和 Drilleau，2003；Eisele 和 Drake，2005。

苹果酒的主要特征是多酚含量。苹果多酚主要含有多酚酸衍生物和其他类黄酮（Budak 等，2011）。苹果中发现的酚类化合物主要有黄烷醇、黄酮醇、羟基肉桂酸、二氢查尔酮和花青素（Tsao 等，2005）。它们在苹果中的浓度受生长条件、成熟度和加工类型的影响（spanos 和 wrostad，1992）。

Budak 等（2011）报道称，苹果醋中发现的主要酚类物质是没食子酸、儿茶素、表儿茶素、咖啡酸、绿原酸和对香豆酸。多酚类物质会影响食醋的酸度、浓烈度、颜色和香气。因此，苹果中的酚类物质含量与苹果醋的质量直接相关（Joshi 和 Sharma，2009；Verdu 等，2014）。具体地说，原花青素属于黄烷醇类，其含量与苹果酒特有的感官特性有关，即苦味和涩味（Kahle 等，2005）。

苹果醋所用苹果中的黄烷醇含量高于甜食苹果，而发酵后原料的初始酚类含量有所下降。这可能归因于酚类化合物与酵母细胞壁的结合，通过与蛋白质结合而沉淀（图 5.2），或者苹果中天然存在的酶（如多酚氧化酶）的氧化作用（Nogueira 等，2008）。因此，蛋白质含量和特定天然酶的活性对苹果酒和苹果醋生产原料的初始酚类含量起着关键作用。

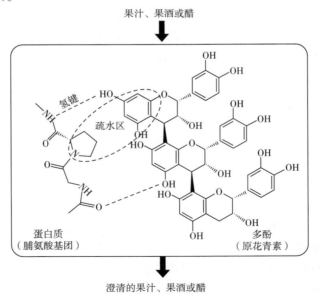

图 5.2   果汁/果酒/醋中多酚–蛋白质浑浊物的形成

　　苹果酒的颜色还与酚类化合物的组成及其氧化状态有关。特别是，苹果酒中存在的特定酚类化合物（如绿原酸、原花青素、儿茶素和根茎苷）的酶促氧化有助于最终产品的颜色。此外，阿魏酸等氢肉桂酸是一些苹果酒香气化合物的前体（Verdu 等，2014；Ye 等，2014）。

　　苹果还含有大量果胶，约占总多糖的 42%（Voragen 等，2009）。果胶是由半乳糖醛酸聚合物和甲醇部分酯化而成的结构性多糖。果胶与苹果汁的形体或黏度有关（Joshi 和 Sharma，2009）。因此，苹果中天然果胶水解酶的存在会影响苹果酒和苹果醋的成分和质量。具体地说，果胶甲酯酶催化果胶中甲氧基酯基的水解，导致甲醇的释放（图 5.3）。甲醇是一种有毒物质，过量摄入会对人体健康造成不良影响（Bourgeis 等，2006）。葡萄酒中甲醇的最高允许质量浓度为 0.35g/L（Silva 等，2007）。果胶的水解很常见，因为商业苹果醋通常是由未经巴氏杀菌的苹果酒制成的，因此酶保持活性，影响最终产品的质量（Kahn 等，1966）。果胶的水解和酚类物质的沉淀会导致苹果醋的香气、色泽和酒体的损失（Casale 等，2006）。

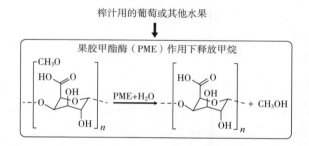

图 5.3　果胶甲酯酶水解果胶

　　原料的蛋白质组成也与食醋的质量有关。氨基酸组成可以通过改变代谢调节和生理活动来影响参与食醋发酵的微生物（Gullo 和 Giudici，2008；Sainz 等，2017）。醋酸菌是醋杆菌科中的好氧微生物，它们以氧化碳水化合物和释放各种代谢物（如醛、酮和有机酸）而闻名，因此为食醋提供了特有的香气和风味（Joshi 和 Sharma，2009；Mamouk 和 Gullo，2013），本书其他章节将更详细地讨论这一点。含氮化合物影响的具体例子，包括缬氨酸对氧化葡糖杆菌的抑制作用，苏氨酸和高丝氨酸对醋酸菌的抑制作用，或者谷氨酸、谷氨酰胺、脯氨酸和组氨酸的刺激作用（Drysdale 和 Fleet，1988）。苹果汁中的可溶性氮主要由天冬酰胺、天冬氨酸和谷氨酸组成。在其他氨基酸中，通常含有少量的缬氨酸、微量的苏氨酸和脯氨酸（Beech，1972）。

　　发酵过程中形成的挥发性化合物对食醋的特殊香气有很大的贡献。苹果醋的主要挥发性成分是乙醛、甲酸乙酯、乙酸乙酯、乙醇、异丁醇、2-甲基丁醇、2-丁醇、乙酸异丁酯、乙偶姻、异戊醇和 2-苯乙醇等。琥珀酸二乙酯、2-苯基甲酸乙酯和 2-苯乙醇被认为是苹果醋风味和香味的主要贡献者（Joshi 和 Sharma，2009）。然而，这些化合物的生产与原材料的化学成分高度相关。例如，在苹果醋中，葡萄糖酸和乙偶姻的形成分别源于具有氧化活性的醋酸菌对葡萄糖和 D,L-乳酸的分解代谢（Joshi 和 Sharma，2009）。

影响苹果醋质量的另一个因素是苹果汁提取过程中果核和果皮的加工，这会导致包括原花青素在内的非糖固形物的增加。这将阻碍苹果醋色泽的产生（Joshi 和Sharma，2009）。此外，当浓缩苹果汁被用作苹果酒的原料时，苹果酒中也可能存在5-羟甲基糠醛（HMF）。5-羟甲基糠醛是一种具有特殊风味的醛，在果汁浓缩的过程中，由于非酶褐变反应而产生，例如糖的热降解（焦糖化）或氨基酸与还原糖之间的美拉德反应（图5.4）。

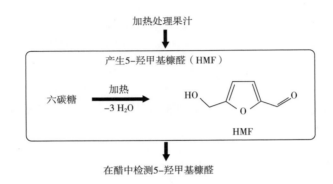

图5.4　食醋中羟甲基糠醛的产生

产品中5-羟甲基糠醛的浓度强烈依赖于 pH、总酸度、热处理温度、糖含量（主要是果糖或葡萄糖）、水分活度、储存时间和温度，以及二价阳离子的存在。具体地说，由于高糖浓度（主要是己糖）、低 pH、存在有机酸和低水分活度，食醋生产过程中的条件适合形成5-羟甲基糠醛（Matić 等，2009）。Zhang 等（2017）检测了10种中式酿造食醋，发现5-羟甲基糠醛在0.42～115.43mg/kg。糖的性质也会影响 HMF 的形成。具体地说，在酸性条件下，与蔗糖和葡萄糖相比，果糖是最活跃的糖（Lee 和 Nagy，1990）。

传统与现代的苹果醋生产方面也在第12章进行了讨论。

5.2.3　其他水果

果醋可以由果汁及其残渣制成。不同的原材料包括香蕉、菠萝、芒果、草莓、橙子等，嘉宝果和椰子也常被用于果醋生产（Ho 等，2017）。水果的化学成分因植物品种、栽培方法和成熟度的不同而不同。一般来说，水果含水量高（70%以上），碳水化合物含量丰富，而脂肪和蛋白质含量相对较低。蛋白质含量一般在 3.5%以下，脂肪含量一般在 0.5%左右。各种水果的化学成分如表 5.2 所示。水果还富含氨基酸、有机酸、维生素和矿物质。这些成分会影响果醋的风味和香气（Ho 等，2017）。

表 5.2	各种水果的化学成分			单位:%	（质量分数）
水果	糖	蛋白质	脂肪	灰分	水
香蕉	22.8～24.0	1.1～1.3	0.3～0.4	0.8	73.5～75
橘子	11.3～12.4	0.9～1.0	痕量～0.2	0.5	87.1

续表

水果	糖	蛋白质	脂肪	灰分	水
苹果	13.8~15.0	0.3	痕量~0.4	0.2~0.3	84.0~86.0
草莓	7.3~8.3	0.7~0.8	0.3~0.5	0.5	89.9~91.0
椰子	3.7~4.8	0.1~0.7	0.1~0.2	0.4~0.9	94.1~95.0

资料来源：Dauthy，1995；Yong 等，2009；Sanchez-Moreno 等，2012；Sinha，2012；Po 和 Po，2012。

果醋含有丰富且重要的营养物质，如类胡萝卜素、色素、酚类和多酚类化合物，对人体健康有益。水果行业的残渣也已用于果醋生产。例如，菠萝残渣富含糖、矿物质、维生素和不溶性富含纤维的部分，包括纤维素、果胶、半纤维素和木质素（Roda 等，2014）。

在果醋生产过程中，为了获得高质量的最终产品，几个参数是很重要的，其中原料的化学成分至关重要（Cejuo-Bastante 等，2016）。在大多数情况下，原料含有足够的营养物质供醋酸菌生长和新陈代谢；然而，糖分含量通常相对较低，从而影响最终的醋产量（Solieri 和 Giudici，2009）。含糖量低的果汁要么添加外源糖，要么通过蒸发或反渗透进行浓缩（图 5.5）。此外，果皮的存在也可能会影响食醋的化学成分。

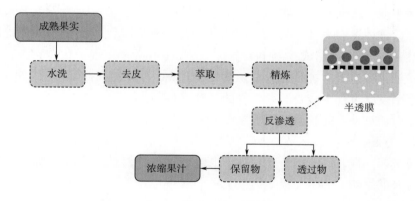

图 5.5　反渗透浓缩果汁

果醋的制造包括果汁的制备以及随后的酒精发酵和醋酸发酵。果汁的提取高度依赖水果的性质。为了在保留最高营养和感官特性的同时提取果汁，产生了多种预处理手段。最成熟的方法是机械加压提取，辅以酶处理。新的果汁提取技术包括超声波、微波水力扩散和欧姆热处理（Mushtaq，2017）。

果汁也被用于生产康普茶。康普茶是一种细菌和酵母的共生培养，菌种种类繁多。康普茶的味道通过发酵过程进行改变，产生了醋汤（图 5.6）。最近，Akbarirad 等（2017）评估了用于康普茶生产的各种果汁，展示了酸、pH 和糖浓度的变化。Aye 等（2017）还将红葡萄汁用作康普茶的原料，并报道了该产品的抗菌活性和感官特性。

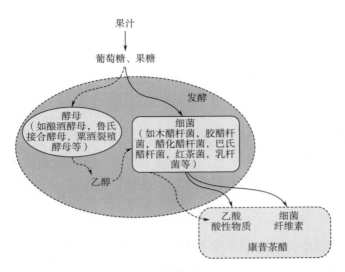

图 5.6　康普茶醋的生产

5.2.4　姜

生姜（*Zingiber Officinale Roscoe*）是一种用途广泛的香料，具有独特的香气，是油脂和精油的来源。精油和油树脂的主要区别在于所采用的提取方法，以及精油是一种疏水液体，富含挥发性香气化合物，而油树脂是一种挥发性较小的半固体提取物，由树脂和精油和/或脂肪油组成。由于丁香酚、姜二醇和姜酚等酚类化合物的存在，生姜油树脂和精油具有显著的抗氧化和抗菌活性（Pawar 等，2011；Ding 等，2012）。这可能会影响食醋发酵过程中涉及的微生物的活动（Leonel 等，2015）。事实上，精油中的疏水成分可以通过外膜穿过革兰氏阴性细菌（如醋酸菌）的细胞壁间质（Helander 等，1998）。另一方面，生姜根茎是一种碳水化合物含量很高的原料，可以水解成易于同化的糖进行发酵。同样，Leonel 等（2015）也研究了各种参数对生姜发酵液的醋酸发酵和有机酸分布的影响，为生姜根茎提供了一个额外的出口。

5.2.5　蔬菜

洋葱和番茄等蔬菜被用来生产新型的醋。蔬菜的组成特点是水分含量高，但它们含有的碳水化合物占其干物质的90%以上。它们还含有较低的蛋白质和脂肪含量（分别低于3.5%和0.5%）。另一方面，它们是可用于生产功能性食品的矿物质和维生素的重要来源。

例如，番茄富含番茄红素、类胡萝卜素、多酚化合物、芦丁、柚皮素以及各种微量元素和维生素。番茄已经被用于醋的生产，在体内和体外实验中都评估了番茄醋的健康效果（抗肥胖），显示出脂肪积累和血浆低密度脂蛋白胆固醇的减少（Lee 等，2013）。

洋葱醋还富含氨基酸、有机酸和矿物质。洋葱醋的质量取决于植物品种、栽培方法和收获条件。一般来说，洋葱含有高水平的酚类化合物（花青素等黄酮类化合物）、有机酸、多糖和糖类，这些都是洋葱的感官特征。有机酸和可溶性糖影响洋葱的甜度，而硫化物是洋葱独特气味和味道的原因（Liguori 等，2017）。Lee 等（2017）提出了以洋葱为原料，基于半连续工艺生产食醋。他们还对其化学和功能性质（总黄酮、总多酚、抗氧化活性、还原力、清除亚硝酸盐的能力等）以及产品的感官性能进行了评价。结果表现出比市售洋葱醋更好的接受性。此外，洋葱加工副产品和不宜直接食用的洋葱，也可以被加工用于食醋生产。

5.2.6 谷物

在亚洲国家，谷物被广泛用作食醋生产的原料。不同类型的谷物，包括小麦、小米、大麦、大米、麦芽和高粱，都被用来生产谷类食醋。在东亚，谷物，特别是大米和高粱，传统上被用来生产不同口味的醋。中国传统食醋通常被称为"谷物醋"。中国最知名的谷类食醋有：山西陈醋（高粱、大麦、麸皮、谷壳、豌豆）、四川醋（麸皮、小麦、大米、糯米）、福建红曲醋（糯米、红曲米、糖）、天津醋（高粱、小米、小麦、豌豆）和镇江醋（Giudici 等，2017；Ho 等，2017）。根据原料和工艺的不同，得到了不同的风味。

在亚洲东北部地区，食醋传统上是用大米酿造的。米醋可以分为三类：琥珀色（透明/淡琥珀色）、红色和黑色。在日本，米醋又分为精制米醋（*Komesu*）、粗米醋（*Kurosu*）和清酒醋（*Kasuzu*）（Solieri 和 Giudici，2009）。另一方面，麦芽在欧洲被广泛用作麦芽醋生产的原料，特别是在英国和德国。

谷物的化学组成具有碳水化合物和蛋白质含量高的特点，而非淀粉碳水化合物、植酸、维生素和矿物质与次要成分相对应。碳水化合物是谷物中的主要成分，占固体物质的75%。主要碳水化合物是淀粉（56%~80%），其次是少量的非淀粉多糖，如阿拉伯木聚糖（1.5%~8%）、β-葡聚糖（0.5%~7%）、糖（3%）、纤维素（2.5%）和葡聚糖（1%）（Battcock 和 Azam-Alim，1998）。

谷物中的淀粉以不溶性颗粒的形式存在于胚乳（57%~74%）和麸皮（2%~13%）中。淀粉是一种葡萄糖聚合物，由两种多糖组成：直链淀粉和支链淀粉。直链淀粉是由α-D-糖基单元通过α-1,4-糖苷键连接而成的线性分子，而支链淀粉是一种高度分支的多糖，由大的α-D-糖苷链和α-1,4-糖苷键相连，侧链为α-1,6-糖苷键连接（Koehler 和 Wieser，2013）。

非淀粉多糖主要是谷物壁层和颗粒内层的成分，占总碳水化合物的5%~25%。谷物中的戊烷部分是含有少量葡萄糖和阿魏酸的阿拉伯木聚糖骨架的分支多糖的复杂混合物。阿拉伯木聚糖是由1,4-β-D-吡喃木糖基链组成的线形骨架，主要在 O-2 和 O-3 位被α-L-阿拉伯呋喃糖残基取代。阿魏酸是阿拉伯木聚糖的次要成分，在 O-5 位与阿拉伯糖结合。黑麦中阿拉伯木聚糖的含量最高，而小麦中的阿拉伯木聚糖含量为1.5%~2%。β-葡聚糖是由线性的 D-吡喃葡萄糖链组成，大部分由两到三个连续的β-1,3 和β-1,4-葡萄糖苷键相连。β-葡聚糖在大麦和燕麦中的含量分别高达3%~7%和3.5%~5%，而在其他谷物中约为2%（Xu 等，2016；Zhu，2017）。

蛋白质是谷物的第二主要成分，平均含量为 8%～11%。谷物中有四种蛋白质，即清蛋白、球蛋白、醇溶蛋白和谷蛋白。谷物中蛋白质的氨基酸组成和分子质量对食醋的营养价值和最终风味起着至关重要的作用（Battcock 和 Azam-Alim，1998）。

由于谷物中含有高分子碳水化合物，为了生产可发酵糖，谷物食醋生产中需要进行预处理。中国食醋通过四个步骤进行固态发酵或半固态发酵：①发酵剂（中文称为"曲"，日文称为"Koji"）的准备；②原料糖化；③酒精发酵；④乙醇氧化为乙酸（Chen 等，2009）。

根据国际食品法典委员会（Codex Alimentarius Commission，CAC）的定义，麦芽醋是通过两次发酵（酒精发酵和醋酸发酵）生产的，不需要中间蒸馏。其淀粉仅由麦芽大麦的本土淀粉酶（diastase）转化为糖。麦芽大麦提供酒精发酵所需的糖，即麦芽糖和葡萄糖，以及支持酵母和醋酸菌生长所需的氮源。

5.3 原料预处理

5.3.1 直接发酵

直接酒精发酵适用于只含可发酵糖的原料，如葡萄和其他果汁。在这些情况下，原料可能会用水、加糖、过滤和巴氏杀菌处理进行稀释。

例如，葡萄酒醋是两步发酵过程的最终产物：通过主要属于酵母属的酵母菌株的作用将糖转化为乙醇，然后由醋杆菌属和葡糖酸醋杆菌属的细菌将乙醇生物氧化为乙酸。第一步是厌氧进行的，而乙醇的氧化是好氧细菌作用的结果。后一步的氧气补充与最终食醋的质量和感官特征密切相关（Ho 等，2017 年）。发酵温度、乙醇含量、酵母多样性和醋酸菌种类也是最终产物形成的关键因素。

现代葡萄酒制醋主要采用快速深层法，将醋酸菌浸入深层，持续供氧以满足其呼吸需求（Vegas 等，2010；Ho 等，2017）。Gullo 等（2014）指出了固态发酵基础上的深层发酵过程和传统缓慢方法的一些主要特征，例如，乙醇的产率和乙酸转化率较高。正如本书其他章节所讨论的，乙醇含量高的葡萄酒在醋酸发酵前需要用水稀释，通常乙醇含量约为 10%。

椰子水是椰子行业的副产品，也可在添加糖后通过直接发酵生产食醋（Othan man 等，2014）。过滤椰子水，加入白糖将糖含量调整到约 162g/L（Gonzalez 和 Vuyst，2009），同时在发酵前进行 90℃下 20min 的巴氏杀菌（Othan man 等，2014）。酒精发酵采用酿酒酵母（Saccharomyces cerevisiae），醋酸发酵采用醋化醋杆菌（A. aceti）。

5.3.2 糖化

糖化是指复杂的碳水化合物水解成单体的过程。糖化可以通过物理/化学和酶处理来实现。通常，在糖化之前，需要一个预处理过程，以增加材料的渗透性，以便随后的水解。

小麦、大米、大麦和高粱等淀粉类物质需要糖化过程，将淀粉转化为简单的可发酵糖，这些糖将进一步用于酒精发酵和醋酸发酵。在糖化过程之前，将颗粒粉碎以扩大接触面积，并进行均化，以确保原料的有效利用。不溶性淀粉颗粒分散在水介质中，通过热处理糊化，并使用耐热的 α-淀粉酶（α-1,4-葡聚糖-葡聚糖水解酶，EC. 3.2.1.1）液化，这些酶是内切酶，催化内部 α-1,4-糖苷连接点的随机水解，产生不同大小的线状和分枝低聚糖（Souza，2010）。

糊化是淀粉颗粒通过热处理膨胀，最终形成无定形悬浮液（凝胶）。因此，通过淀粉液化处理，颗粒淀粉悬浮液被转化为可溶性的、链长较短的葡聚糖溶液（Li 等，2015b）。糊化和液化过程激活并加速了淀粉的进一步酶法糖化（图 5.7）。

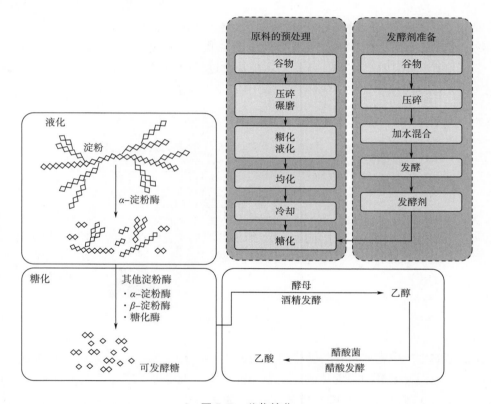

图 5.7　谷物糖化

上述糊化和液化步骤之后是淀粉完全水解成可发酵糖，这需要各种水解酶的作用，包括 α-淀粉酶、糖化酶和 β-淀粉酶（Lu 等，2018）。糖化酶（或 γ-淀粉酶，1,4-α-葡聚糖-葡聚糖水解酶，外-1,4-α-葡萄糖苷酶，淀粉糖苷酶等；EC. 3.2.1.1）是一种胞外淀粉酶，它将 α-1,4（在直链淀粉和支链淀粉的非还原端）和 α-1,6 糖苷键完全降解为葡萄糖（Saini 等，2017）。β-淀粉酶（或 1,4-α-D-葡聚糖麦芽糖水解酶，糖原淀粉酶等，EC. 3.2.1.2）催化淀粉链非还原端的第二个 α-1,4 糖苷键水解，裂解麦芽糖（Saini 等，2017）。α-淀粉酶和 β-淀粉酶都存在于谷物中，是生产麦芽的关键酶（Saini 等，2017）。

用于食品和生物技术应用的商业淀粉酶种类繁多，主要由丝状真菌和细菌通过深层或固态发酵生产。例如，商业 α-淀粉酶由黑曲霉和米曲霉、淀粉液化芽孢杆菌、枯草杆菌、地衣芽孢杆菌和嗜热脂肪芽孢杆菌、蛾微杆菌、紫罗兰链霉菌、里氏木霉和长臂芽孢杆菌等产生。这些物种可能是天然的或转基因的，以生产更好的产量特性和纯度的酶（AMFEP，2018）。供体菌可能包括热放线菌属、曲霉属和芽孢杆菌属。商品化的 β-淀粉酶是由柔性芽孢杆菌等微生物或大麦、大豆和红薯产生的（AMFEP，2018）。现有的商业糖化酶是由黑曲霉（没有或有遗传供体，包括曲霉、根霉或塔拉霉菌）、德尔玛根霉和米根霉以及里氏根霉和长臂曲霉产生的（AMFEP，2018）。

在亚洲，酶是通过固态发酵过程产生的，用于降解复杂的淀粉谷物。具体地说，酶是由稻谷、高粱、小麦和大麦等谷物上的微生物（霉菌、细菌和酵母菌）分泌的。这些微生物可以产生 50 多种酶，包括 α-淀粉酶、糖化酶、蛋白酶、脂肪酶和单宁酶。微生物培养物，也称为发酵剂，用于将大分子底物分解成更小的结构，如糊精、葡萄糖、多肽和氨基酸，这些结构在随后的酒精发酵过程中为酵母提供营养来源（Wand 和 Yang，2007；Chen 等，2009；Park 等，2016）。

中国食醋生产见图 5.8。

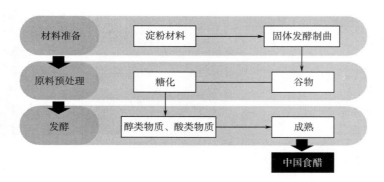

图 5.8　中国食醋生产

在麦芽醋生产中，淀粉在谷物中自身酶的作用下转化为可发酵的糖（图 5.9）。在麦芽醋生产中，大麦最初是发芽的。在麦芽过程中，大麦经历了一个自然的萌发过程，其中包括 α-淀粉酶、β-淀粉酶、糊精酶和 α-葡萄糖苷酶等固有酶的激活，随后这些酶对大麦籽粒胚乳进行了一系列的酶降解。胚乳细胞壁降解，淀粉粒从胚乳基质中释放出来。在随后的糖化过程中，大麦与温水混合，以通过激活的麦芽酶进一步将谷物淀粉转化为糊精和可发酵糖。麦芽酶的最适活力需要一定的温度和 pH。据 Blanco 等（2014）的报道，α-淀粉酶的最适温度为 72℃，而蛋白酶为 52℃、β-淀粉酶和 β-葡聚糖酶的最适温度分别为 63℃ 和 45℃。糖化步骤的液体提取物被称为"麦芽汁"，含有随后用于酵母酒精发酵的糖（Blanco 等，2014）。

以生姜为例，在食醋生产之前，淀粉酶辅助的淀粉糖化步骤也是必不可少的。例如，Leonel 等（2015）利用商品酶 Termayl 2X 和淀粉糖苷酶 AMG 300L 对生姜淀粉进行水解和糖化。Termayl 2X 是一种耐热的内切 α-淀粉酶，用于淀粉的液化。AMG 300L 是一种外-1,4-α-D-葡萄糖苷酶，它能水解淀粉中的 α-1,4 和 α-1,6 糖苷键，从底物

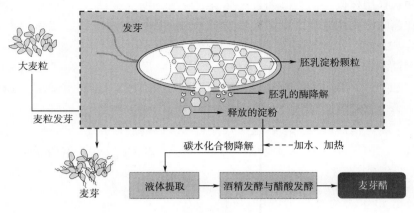

图 5.9　麦芽醋的生产

的非还原端去除葡萄糖单元。生姜水解液的糖分组成为葡萄糖 85.6%，麦芽糖 0.8%，麦芽三糖 0.6%，麦芽四糖 0.4%，右旋糖苷 12.48%。随后，对生姜水解液进行酒精发酵。

　　糖化过程也用于从水果中提取糖。首先需要对原料进行预处理，以提高原料的消化率。例如，Roda 等（2016）研究了从菠萝废料中生产食醋的各种物理预处理方法。为了提高出糖率，防止碳水化合物的降解，并避免水解和后续发酵过程中抑制副产物的产生，采用了微波加热、煮沸、高压蒸煮和高压灭菌等方法。预处理后，分别用半纤维素酶、果胶酶和纤维素酶进行酶解。菠萝废弃物的物理预处理显著提高了产糖量，而高压灭菌的效果最好（Roda 等，2016）。

　　同样，对草莓果泥进行酶处理，以释放酚类和花色苷类化合物。提取的草莓汁被用于生产具有更高抗氧化性和酚类含量的醋（Ubeda 等，2013）。

5.3.3　水果和蔬菜的榨汁

　　果汁的提取已被证明是最早的农业食品过程之一，它可以从简单的技术到更复杂的过程，涉及新的提取方法，如超滤和反渗透。最传统的榨汁方法是用传统的架式和布式压榨、螺旋压榨和皮带压榨（Sharma 等，2017）。在压榨之前，果汁生产也采用了几个加工步骤（Lozano，2006）。

　　首先，需要经过精选和彻底的清洗步骤，以去除损坏的水果和杂质。如果有必要，根据水果的性质，接下来是去皮和去籽的步骤。再接下来是粉碎或碾磨，以使水果中含有的液体均匀并便于提取。在某些情况下，还会对碾碎的水果进行酶处理和热处理（Rajauria 和 Tiwari，2017）。酶处理是通过添加纤维素酶和果胶酶来进行的，目的是加强细胞结构的分解，便于压榨，提高果汁回收率，改善最终产品的口感。同样，加热是改善压榨和定色的可选步骤（Sharma 等，2017）。下一步是压榨操作，可以是手动的，也可以是机械的。机械压榨已应用于香蕉、芒果、橙子、草莓和嘉宝果的食醋生产（Ubeda 等，2013；Kona 等，2015；Cejuo‐Bastante 等，2016；Dias 等，2016；

Adebayo-Oyetoro 等，2017）。不同的机器已经被用来有效地提取果汁。水果的质地和大小是设计和选择压榨设备的关键因素。提取液由水、糖（蔗糖、葡萄糖和果糖）、有机酸、香气和风味化合物、维生素和矿物质、果胶底物、色素以及少量蛋白质和脂肪组成（Lozano，2006）。

可以对果汁进行澄清处理，以避免最终产品中出现不希望看到的浑浊和沉淀物（Pinelo 等，2010）。果汁澄清程序包括酶处理或非酶处理。非酶澄清过程加热，并加入明胶、酪蛋白、硅溶胶和膨润土等澄清剂。关于食醋的生产，最常见的澄清方法是加热。最后，将澄清后的果汁浓缩或加入外源糖液以增加含糖量（Nagar 等，2012）。

以香蕉汁、芒果汁、橙汁和南瓜汁为例，由于含糖量较低，添加糖是酒精发酵过程的前提条件。

5.3.4 纤维和生物活性化合物的去除

从水果中生产食醋可能需要在粉碎步骤之前从果皮（如从橙皮中）提取和回收精油，以便进行更有效的后续发酵过程（Cruess，2013）。Leonel 等（2015）报告说，生姜精油中存在的酚类化合物会影响姜醋的产量。这可能归因于这些化合物的抗菌活性。

从植物原料中分离精油的传统方法是水蒸气蒸馏、加氢蒸馏和水力扩散（Tongnuanchan 和 Benjakul，2014）。溶剂萃取也有助于精油的回收，但溶剂残留物可能会保留在最终产品中（Tongnuanchan 和 Benjakul，2014）。在过去的几年里，绿色技术在提取高附加值化合物方面受到了极大的关注，这主要是由于传统方法存在缺点。这些瓶颈包括水和能源需求高、提取效率低、挥发性化合物的损失、提取时间长、潜在有毒溶剂的使用以及敏感化合物（如不饱和化合物或酯）的降解（Thomnuanchan 和 Benjakul，2014；Chemat 等，2017）。

目前，绿色提取方法的研究主要集中在超临界流体的利用、微波辅助提取和超声辅助提取等方面。二氧化碳是提取精油的一种安全的替代介质，因为它在高压条件下会变成液体。在这种情况下，分离的萃取物是不含溶剂的，因为液态二氧化碳在常压和常温下转化为气相并蒸发（Thomnuchan 和 Benjakul，2014）。

微波辅助萃取已被用于工业规模的无溶剂系统中绿色萃取精油（Filly 等，2014）。无溶剂微波法采用微波加热和干馏相结合的方法，在常压下进行萃取。该方法的优点是产量高、选择性好、提取时间短（Thomnuanchan 和 Benjakul，2014）。

还可以通过超声波技术来改进水蒸气蒸馏提取。对常规水蒸气蒸馏法和超声波辅助水蒸气蒸馏法提取橙皮挥发油的比较研究表明，第二种方法可以显著缩短提取时间（Prest 等，2014）。

如图 5.10 所示，用果胶酶对苹果汁进行酶解预处理是打破细胞结构和提高苹果汁提取率的关键（Joshi 和 Sharma，2009）。果胶的有效去除是至关重要的，因为果胶被水果和未经巴氏杀菌的果汁中天然存在的果胶水解酶降解会导致甲醇的产生，如前所述（Silva 等，2007），甲醇是有毒的，并且不允许超过饮料规范的限量。利用果胶分解酶，包括来自黑曲霉的主要类型的果胶酶（果胶甲酯酶、多聚半乳糖醛酸酶、果胶裂解酶和果胶反式消除酶），研究了酶法处理高果胶含量的原料，如苹果和腰果汁（Oke

和 Paliyath，2006）。在苹果和其他富含果胶的水果加工中使用果胶酶的另一个原因是为了方便果汁的提取（Oke 和 Paliyath，2006）。

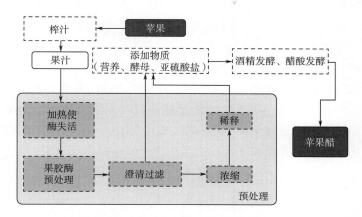

图 5.10　苹果预处理及苹果醋生产工艺流程图

5.3.5　浓缩生产和稀释

浓缩通常用于水果饮品，其目的是提高含糖量，同时浓缩香气和口感。许多类型的水果可以用来生产浓缩果汁，如橙子、芒果、樱桃和香蕉。在所有情况下，水果都被捣碎以提取果汁，加热浓缩，直到获得 28~40°Bx 的糖度，最后在酒精发酵之前进行巴氏杀菌（Coelho 等，2015）。酒精发酵后，离心除去酵母和固体，用无菌水稀释以获得所需的乙醇浓度，并接种醋酸菌以启动醋酸发酵过程（Coelho 等，2017）。

浓缩也适用于浓缩苹果汁生产苹果醋。用于浓缩苹果汁的主要方法包括蒸发、反渗透和冷冻澄清的苹果汁（Joshi 和 Sharma，2009）。对于苹果酒，醋的稀释可以在酒精发酵之前或在醋酸发酵之前进行。浓缩苹果汁含有 60%~72% 的总可溶性固形物。用于生产苹果醋时，在酒精发酵前用水或苹果汁稀释，以获得 10%~13% 的总可溶性固形物含量。随后，如果得到的苹果酒乙醇浓度高，需要用水进行第二次稀释，以将乙醇含量调整到 7%~8%（体积分数）。然后，将稀释后的苹果酒与上一次醋酸发酵后的苹果醋混合，作为接种醋酸菌的一种手段，以避免不良微生物的生长（Joshi 和 Sharma，2009）。

一般来说，在酒精发酵中使用浓缩果汁是可取的，因为更高的糖含量会导致乙醇产量的增加，而进一步的醋酸发酵将导致醋产品具有更强的抗氧化性能。

5.3.6　澄清

澄清（或精制）对于原料或最终食醋产品都是必要的过程，目的是消除产品外观的浑浊，第 6 章中将进行详细讨论。果汁浑浊的外观主要归因于蛋白质、果胶、树胶和单宁等物质的存在，以及它们之间的相互作用（如蛋白质–多酚浑浊的形成）。澄清过程通过去除颗粒，如植物碎片、酵母和细菌细胞，以及其他较小的化合物（如蛋白质），改善了产品的外观和稳定性。澄清/精制可以通过沉淀、简单过滤、激活果胶酶等来实现（Heikefet，2011）。

在使用果胶酶进行酶法澄清的情况下，果汁的黏度因果胶物质的降解而降低。其结果是形成絮状颗粒，通过过滤进一步去除。精制的方法包括添加特定的化合物，如明胶或膨润土，以结合到不想要的颗粒上。精制的主要缺点是，对最终产品的香气和风味至关重要的多酚类物质也可能被去除。最后应该强调的是，如果苹果汁要进一步用于苹果酒生产，酶法可以抑制发酵速度（Heikefet，2011）。

醋生产后也会进行澄清处理（第6章），目的是去除细菌和其他固体颗粒。传统的澄清方法包括沉淀法、硅藻土过滤法、纸过滤法或利用聚合物膜。目前的趋势是错流微滤，它可以同时进行澄清和杀菌（Carneiro等，2002），在食醋生产方面有许多优势，例如省去了巴氏杀菌步骤和提高了最终产品质量（López等，2005）。

5.4　结论

醋是两步生物转化过程的最终产物：酵母进行厌氧酒精发酵，然后是醋酸菌进行好氧的醋酸发酵，其中乙醇被细菌氧化成乙酸。有几个因素影响所生产的食醋的质量，主要包括发酵条件（温度、pH、本地微生物菌群）和所用原料的组成。在这一章中，重点介绍了初始原料组成对发酵过程和最终产品质量的影响。此外，还概述了产生可发酵糖或促进其提取的预处理方法，以及处理原料以改善其质量特性的方法，并讨论了新技术开发的情况。

本章作者

索菲亚·梅纳（Sofia Maina），叶卡捷琳娜·帕帕达基（Aikaterini Papadaki），瓦西里基·卡奇里曼杜（Vasiliki Kachrimanidou），艾菲米亚·埃里奥图（Effimia Eriotou），尼古拉斯·科帕切利斯（Nikolaos Kopsahelis）

参考文献

Adebayo-Oyetoro, A. O., Adenubi, E., Ogundipe, O. O., Bankole, B. O., and Adeyeye, S. A. O. 2017. Production and quality evaluation of vinegar from mango. *Cogent Food & Agriculture* 3（1）：1278193.

Akbarirad, H., Mazaheri Assadi, M., Pourahmad, R., and Mousavi Khaneghah, A. 2017. Employing of the different fruit juices substrates in vinegar Kombucha preparation. *Current Nutrition & Food Science* 13（4）：303-308.

Álvarez-Cáliz, C., Santos-Dueñas, I. M., Cañete-Rodríguez, A. M., García-Martínez, T., Mauricio, J. C., and García-García, I. 2012. Free amino acids, urea and ammonium ion contents for submerged wine vinegar production：influence of loading rate and air-flow rate. *Acetic Acid Bacteria* 1（1）：1.

Álvarez-Cáliz, C., Santos-Dueñas, I. M., García-Martínez, T., et al. 2014. Effect of biological ageing of wine on its nitrogen composition for producing high quality vinegar. *Food and Bioproducts Processing* 92（3）：291-297.

AMFEP, 2018. Association of Manufacturers and Formulators of Enzyme Products. List of Commercial Enzymes.

Ayed, L., Abid, S. B., and Hamdi, M. 2017. Development of a beverage from red grape juice fermented with the Kombucha consortium. *Annals of Microbiology* 67（1）：111-121.

Bartocci, P., Fantozzi, P., and Fantozzi, F. 2017. Environmental impact of Sagrantino and Grechetto grapes cultivation for wine and vinegar production in central Italy. *Journal of Cleaner Production* 140: 569–580.

Battcock, M., and Azam–Ali, S.. 1998. *Fermented Fruits and Vegetables: A Global Perspective*. Rome, Italy: Food and Agriculture Organization.

Beech, F. W. 1972. Cider making and cider research: a review. *Journal of the Institute of Brewing* 78: 477–491.

Blanco, C. A., Caballero, I., Barrios, R., and Rojas, A. 2014. Innovations in the brewing industry: light beer. *International Journal of Food Sciences and Nutrition* 65 (6): 655–660.

Bourgeois, J. F., McColl, I., and Barja, F. 2006. Formic acid, acetic acid and methanol: their relevance to the verification of the authenticity of vinegar. *Archives Des Sciences* 59: 107–112.

Budak, H. N., and Guzel–Seydim, Z. B. 2010. Antioxidant activity and phenolic content of wine vinegars produced by two different techniques. *Journal of the Science of Food and Agriculture* 90 (12): 2021–2026.

Budak, N. H., Doguc, D. K., Savas, C. M., et al. 2011. Effects of apple cider vinegars produced with different techniques on blood lipids in high–cholesterol–fed rats. *Journal of Agricultural and Food Chemistry* 59: 6638–6644.

Callejón, R. M., Tesfaye, W., Torija, M. J., Mas, A., Troncoso, A. M., and Morales, M. L. 2009. Volatile compounds in red wine vinegars obtained by submerged and surface acetification in different woods. *Food Chemistry* 113 (4): 1252–1259.

Carneiro, L., Sa, I. D., Gomes, F. D., Matta, V. M., and Cabral, L. M. C. 2002. Cold sterilization and clarification of pineapple juice by tangential microfiltration. *Desalination* 148 (1–3): 93–98.

Casale, M., Abajo, M. –J. S., Saiz, J. –M. G., Pizarro, C., and Forina, M. 2006. Study of the aging and oxidation processes of vinegar samples from different origins during storage by near–infrared spectroscopy. *Analytica Chimica Acta* 557: 360–366.

Cejudo–Bastante, C., Castro–Mejías, R., Natera–Marín, R., García–Barroso, C., and Durán–Guerrero, E. 2016. Chemical and sensory characteristics of orange based vinegar. *Journal of Food Science and Technology* 53 (8): 3147–3156.

Cerezo, A. B., Cuevas, E., Winterhalter, P., Garcia–Parrilla, M. C., and Troncoso, A. M. 2010. Anthocyanin composition in Cabernet Sauvignon red wine vinegar obtained by submerged acetification. *Food Research International* 43 (6): 1577–1584.

Cerezo, A. B., Tesfaye, W., Torija, M. J., Mateo, E., García–Parrilla, M. C., and Troncoso, A. M. 2008. The phenolic composition of red wine vinegar produced in barrels made from different woods. *Food Chemistry* 109 (3): 606–615.

Chemat, F., Rombaut, N., Sicaire, A. –G., Meullemiestre, A., Fabiano–Tixier, A. –S., and Abert–Vian, M. 2017. Ultrasound assisted extraction of food and natural products. Mechanisms, techniques, combinations, protocols and applications. A review. *Ultrasonics Sonochemistry* 34: 540–560.

Chen, F., Li, L., Qu, J., and Chen, C. 2009. Cereal vinegars made by solid–state fermentation in China. In L. Soliery and P. Giudici (Eds.), *Vinegars of the World*. Milan, Italy: Springer–Verlag Italia, pp. 243–260.

Coelho, E., Genisheva, Z., Oliveira, J. M., Teixeira, J. A., and Domingues, L. 2017. Vinegar production from fruit concentrates: effect on volatile composition and antioxidant activity. *Journal of Food Science and Technology* 54 (12): 4112–4122.

Coelho, E., Vilanova, M., Genisheva, Z., Oliveira, J. M., Teixeira, J. A., and Domingues, L. 2015. Systematic approach for the development of fruit wines from industrially processed fruit concentrates, including optimization of fermentation parameters, chemical characterization and sensory evaluation. *LWT–Food Science & Technology* 62 (2): 1043–1052.

Cruess, W. V. 2013. *Vinegar from Waste Fruits*. Worcestershire, UK: Read Books Ltd.

Dauthy, M. E. 1995. *Fruit and Vegetable Processing*. Rome, Italy: Food and Agriculture Organization.

De Ory, I., Romero, L. E., and Cantero, D. 1998. Modelling the kinetics of growth of acetobacter aceti in discontinuous culture: influence of the temperature of operation. *Applied Microbiology and Biotechnology* 49: 189-193.

Dias, D. R., Silva, M. S., de Souza, A. C., Magalhães-Guedes, K. T., de Rezende Ribeiro, F. S., and Schwan, R. F. 2016. Vinegar production from Jabuticaba (*Myrciaria jaboticaba*) fruit using immobilized acetic acid bacteria. *Food Technology and Biotechnology* 54 (3): 351-359.

Ding, S. H., An, K. J., Zhao, C. P., Li, Y., Guo, Y. H., and Wang, Z. F. 2012. Effect of drying methods on volatiles of Chinese ginger (*Zingiber officinale* Roscoe). *Food and Bioproducts Processing* 90: 515-524.

Drysdale, G. S., and Fleet, G. H. 1988. Acetic acid bacteria in winemaking: a review. *American Journal of Enology and Viticulture* 39: 143-154.

Du Toit, W. J., Pretorius, I. S., and Lonvaud-Funel, A. 2005. The effect of sulphur dioxide and oxygen on the viability and culturability of a strain of *Acetobacter pasteurianus* and a strain of *Brettanomyces bruxellensis* isolated from wine. *Journal of Applied Microbiology* 98 (4): 862-871.

Eisele, T. A., and Drake, S. R. 2005. The partial compositional characteristics of apple juice from 175 apple varieties. *Journal of Food Composition and Analysis* 18: 213-221.

Filly, A., Fernandez, X., Minuti, M., Visinoni, F., Cravotto, G., and Chemat, F. 2014. Solventfree microwave extraction of essential oil from aromatic herbs: from laboratory to pilot and industrial scale. *Food Chemistry* 150: 193-198.

Giudici, P., Corradini, G., Bonciani, T., Wu, J., Chen, F., and Lemmetti, F. 2017. The flavor and taste of cereal Chinese vinegars. *Acetic Acid Bacteria* 6 (1): 1-6.

González, Á., and Vuyst, L. 2009. Vinegars from tropical Africa. In L. Soliery and P. Giudici (Eds.), *Vinegars of the World*. Milan, Italy: Springer-Verlag Italia, pp. 209-222.

Gullo, M., and Giudici, P. 2008. Acetic acid bacteria taxonomy from early descriptions to molecular techniques. In L. Soliery and P. Giudici (Eds.), *Vinegars of the World*. Milan, Italy: Springer-Verlag Italia.

Gullo, M., Verzelloni, E., and Canonico, M. 2014. Aerobic submerged fermentation by acetic acid bacteria for vinegar production: process and biotechnological aspects. *Process Biochemistry*, 49 (10): 1571-1579.

Hailu, S., Admassu, S., and Jha, Y. K. 2012. Vinegar production technology: an overview. *Beverage and Food World* 29-32.

Heikefelt, C. 2011. Chemical and sensory analyses of juice, cider and vinegar produced from different apple cultivars. MSc Thesis, Swedish University of Agricultural Sciences.

Helander, I. M., Alakomi, H.-L., Latva-Kala, K., et al. 1998. Characterization of the action of selected essential oil components on gram-negative bacteria. *Journal of Agricultural and Food Chemistry* 46: 3590-3595.

Ho, C. W., Lazim, A. M., Fazry, S., Zaki, U. K. H. H., and Lim, S. J. 2017. Varieties, production, composition and health benefits of vinegars: a review. *Food Chemistry* 221: 1621-1630.

Honsho, S., Sugiyama, A., Takahara, A., Satoh, Y., Nakamura, Y., and Hashimoto, K. 2005. A red wine vinegar beverage can inhibit the renin-angiotensin system: experimental evidence in vivo. *Biological and Pharmaceutical Bulletin* 28 (7): 1208-1210.

Jo, Y., Baek, J. Y., Jeong, I. Y., Jeong, Y. J., Yeo, S. H., Noh, B. S., and Kwon, J. H. 2015. Physicochemical properties and volatile components of wine vinegars with high acidity based on fermentation stage and initial alcohol concentration. *Food Science and Biotechnology* 24 (2): 445-452.

Joshi, V. K., and Sharma, S. 2009. Cider vinegar: microbiology, technology and quality. In L. Soliery and P. Giudici (Eds.) *Vinegars of the World*. Milan, Italy: Springer-Verlag Italia, pp. 197-206.

Kahle, K., Kraus, M., and Richling, E. 2005. Polyphenol profiles of apple juices. *Molecular Nutrition & Food Research* 49: 797-806.

Kahn, J. H., Nickol, G. B., and Conner, H. A. 1966. Analysis of vinegar by gas-liquid chromatography. *Journal of Agriculture and Food Chemistry* 14: 460-464.

Koehler, P., and Wieser, H. 2013. Chemistry of cereal grains. In M. Gobbetti, and M. Gänzle (Eds.), *Handbook on Sourdough Biotechnology*. Boston, MA: Springer, pp. 11-45.

Konate, M., Akpa, E. E., Bernadette, G. G., Koffi, L. B., Honore, O. G., and Niamke, S. L. 2015. Banana vinegars production using thermotolerant *Acetobacter pasteurianus* isolated from ivorian palm wine. *Journal of Food Research* 4 (2): 92.

Lea, A. G. H., and Drilleau, J. − F. 2003. Cidermaking. In A. G. H. Lea, and J. Piggott (Eds.), *Fermented Beverage Production*. Boston, MA: Springer, pp. 59−87.

Lee, H. S., and Nagy, S. 1990. Relative reactivities of sugars in the formation of 5 − hydroxy − methylfurfural in sugar−catalyst model systems 1. *Journal of Food Processing and Preservation* 14: 171−178.

Lee, J. H., Cho, H. D., Jeong, J. H., et al. 2013. New vinegar produced by tomato suppresses adipocyte differentiation and fat accumulation in 3T3−L1 cells and obese rat model. *Food chemistry* 141 (3): 3241−3249.

Lee, S., Lee, J. A., Park, G. G., Jang, J. K., and Park, Y. S. 2017. Semi − continuous fermentation of onion vinegar and its functional properties. *Molecules* 22 (8): 1313.

Leonel, M., Suman, P. A., and Garcia, E. L. 2015. Production of ginger vinegar. *Ciência e Agrotecnologia* 39: 183−190.

Li, S., Li, P., Feng, F., and Luo, L. X. 2015a. Microbial diversity and their roles in the vinegar fermentation process. *Applied Microbiology and Biotechnology* 99 (12): 4997−5024.

Li, Z., Liu, W., Gu, Z., Li, C., Hong, Y., and Cheng, L. 2015b. The effect of starch concentration on the gelatinization and liquefaction of corn starch. *Food Hydrocolloids* 48: 189−196.

Liguori, L., Califano, R., Albanese, D., Raimo, F., Crescitelli, A., and Matteo, M. 2017. Chemical composition and antioxidant properties of five white onion (*Allium cepa* L.) landraces. Journal of Food Quality, Article ID 6873651: 1−9.

López, F., Pescador, P., Güell, C., Morales M. L., García − Parrilla, M. C., and Troncoso, A. M. 2005. Industrial vinegar clarification by cross − flow microfiltration: effect on colour and polyphenol content. *Journal of Food Engineering* 68 (1): 133−136.

Lozano, J. E. 2006. Processing of fruits: ambient and low temperature processing. In Lonzano, J. E. (Ed.), *Fruit Manufacturing: Scientific Basis, Engineering Properties, and Deteriorative Reactions of Technological Importance*. New York: Springer, pp. 21−54.

Lu, Z. M., Wang, Z. M., Zhang, X. J., Mao, J., Shi, J. S., and Xu, Z. H. 2018. Microbial ecology of cereal vinegar fermentation: insights for driving the ecosystem function. *Current Opinion in Biotechnology* 49: 88−93.

Madrera, R. R., Lobo, A. P., and Alonso, J. J. M. 2010. Effect of cider maturation on the chemical and sensory characteristics of fresh cider spirits. *Food Research International* 43 (1): 70−78.

Maestre, O., Santos − Dueñas, I., Peinado, R., et al. 2008. Changes in amino acid composition during wine vinegar production in a fully automatic pilot acetator. *Process Biochemistry* 43: 803−807.

Mamlouk, D., and Gullo, M. 2013. Acetic acid bacteria: physiology and carbon sources oxidation. *Indian Journal of Microbiology* 53: 3777−3784.

Mas, A., Torija, M. J., García−Parrilla, M. D. C., and Troncoso, A. M. 2014. Acetic acid bacteria and the production and quality of wine vinegar. *The Scientific World Journal* 2: 394671.

Matić, J. J., Šarić, B. M., Mandić, A. I., Milovanović, I. L., Jovanov, P. T., and Mastilović, J. S. 2009. Determination of 5−hydroxymethylfurfural in apple juice. *Food Processing, Quality and Safety* 1−2: 35−39.

Miles, C., King, J., and Peck, G. 2015. Commonly grown cider apple cultivars in the U. S. WSU. Cider Report 202. Mount Vernon, WA: WSU NWREC. doi: 10. 13140/RG. 2. 1. 2669. 2561.

Mushtaq, M. 2017. Extraction of fruit juice: an overview. In G. Rajauria and B. K. Tiwari (Eds.), *Fruit Juices: Extraction, Composition, Quality and Analysis*. London, UK: Academic Press, pp. 131−160.

Nagar, S., Mittal, A., and Gupta, V. K. 2012. Enzymatic clarification of fruit juices (apple, pineapple, and tomato) using purified *Bacillus pumilus* SV − 85S xylanase. *Biotechnology and Bioprocess Engineering* 17 (6): 1165−1175.

Nogueira, A., Guyot, S., Marnet, N., Luquere, J. M., Drilleau, J. − F., Wosiaki, G. 2008. Effect of alcoholic fermentation in the content of phenolic compounds in cider processing. *Brazilian*

Archives of Biology and Technology 51：1025-1032.

Oke, M., and Paliyath, G. 2006. Biochemistry of fruit processing, Part V：Fruits, vegetables, and cereals. In Y. H. Hui （Ed.）, *Food Biochemistry and Food Processing*. Ames, Iowa：Wiley - Blackwell Publishing Professional, pp. 516-536.

Othaman, M. A., Sharifudin, S. A., Mansor, A., Kahar, A. A., and Long, K. 2014. Coconut water vinegar：new alternative with improved processing technique. *Journal of Engineering Science and Technology* 9 （3）：293-302.

Ozturk, I., Caliskan, O., Tornuk, F., et al. 2015. Antioxidant, antimicrobial, mineral, volatile, physicochemical and microbiological characteristics of traditional home - made Turkish vinegars. *LWT - Food Science and Technology* 63 （1）：144-151.

Park, K. H., Liu, Z., Park, C. S., and Ni, L. 2016. Microbiota associated with the starter cultures and brewing process of traditional Hong Qu glutinous rice wine. *Food Science and Biotechnology* 25 （3）：649-658.

Pawar, N., Pai, S., Nimbalkar, M., and Dixit, G. 2011. RP - HPLC analysis of phenolic antioxidant compound 6-gingerol from different ginger cultivars. *Food Chemistry* 126：1330-1336.

Pinelo, M., Zeuner, B., and Meyer, A. S. 2010. Juice clarification by protease and pectinase treatments indicates new roles of pectin and protein in cherry juice turbidity. *Food and Bioproducts Processing* 88 （2）：259-265.

Pingret, D., Fabiano-Tixier, A. -S., and Chemat, F. 2014. An improved ultrasound clevenger for extraction of essential oils. *Food Analytical Methods* 7：9-12.

Po, L. O., and Po, E. C. 2012. Tropical fruit I：banana, mango, and pineapple, Part 5：commodity processing. In N. K. Sinha, J. S. Sidhu, J. Barta, J. S. B. Wu, and M. P. Cano （Eds.）, *Handbook of Fruits and Fruit Processing*, 2nd edition. John Wiley & Sons, Ltd, pp. 565-590.

Rajauria, G., and Tiwari, B. 2017. Fruit juices：an overview. In G. Rajauria, and B. K. Tiwari （Eds.）, *Fruit Juices：Extraction, Composition, Quality and Analysis*. London, UK：Academic Press, pp. 131-160.

Raspor, P., and Goranovič, D. 2008. Biotechnological applications of acetic acid bacteria. *Critical Reviews in Biotechnology* 28 （2）：101-124.

Roda, A., De Faveri, D. M., Dordoni, R., and Lambri, M. 2014. Vinegar production from pineapple wastes—preliminary saccharification trials. *Chemical Engineering Transactions* 37：607-612.

Roda, A., De Faveri, D. M., Giacosa, S., Dordoni, R., and Lambri, M. 2016. Effect of pre-treatments on the saccharification of pineapple waste as a potential source for vinegar production. *Journal of Cleaner Production* 112：4477-4484.

Saini, R., Saini, H. S., and Dahiy, A. 2017. Amylases：characteristics and industrial applications. *Journal of Pharmacognosy and Phytochemistry* 6 （4）：1865-1871.

Sainz, F., Mas, A., and Torija, M. J. 2017. Effect of ammonium and amino acids on the growth of selected strains of *Gluconobacter* and *Acetobacter*. *International Journal of Food Microbiology* 242：45-52.

Samad, A., Azlan, A., and Ismail, A. 2016. Therapeutic effects of vinegar：a review. *Current Opinion in Food Science* 8：56-61.

Sánchez-Moreno, C., De Pascual-Teresa, S., De Ancos, B., and Cano, M. P. 2012. Nutritional quality of fruits, Part 1：biology, biochemistry, nutrition, and microbiology. In N. K. Sinha, J. S. Sidhu, J. Barta, J. S. B. Wu, and M. P. Cano （Eds.）, *Handbook of Fruits and Fruit Processing*, 2nd edition. John Wiley & Sons, Ltd., pp. 73-86.

Sellmer-Wilsberg, S. 2009. Wine and grape vinegars. In L. Soliery and P. Giudici （Eds.）, *Vinegars of the World*. Milan, Italy：Springer-Verlag Italia, pp. 145-156.

Sharma, H. P., Patel, H., and Sugandha. 2017. Enzymatic added extraction and clarification of fruit juices：a review. *Critical Reviews in Food Science and Nutrition* 57 （6）：1215-1227.

Silva, M. E., Torres Neto, A. B., Silva, W. B., Silva, F. L. H., and Swarnakar, R. 2007. Cashew wine vinegar production：alcoholic and acetic fermentation. *Brazilian Journal of Chemical Engineering* 24：163-169.

Sinha, N. K. 2012. Apples and pears: production, physicochemical and nutritional quality, and major products, Part 5: commodity processing. In N. K. Sinha, J. S. Sidhu, J. Barta, J. S. B. Wu, and M. P. Cano (Eds.), *Handbook of Fruits and Fruit Processing*, 2nd edition, . John Wiley & Sons, Ltd., pp. 367-384, 419-443.

Solieri, L., and Giudici, P. 2009. Vinegars of the World. In L. Soliery and P. Giudici (Eds.), *Vinegars of the World*. Milan, Italy: Springer-Verlag Italia, pp. 1-16.

Solieri, L., Landi, S., De Vero, L., and Giudici, P. 2006. Molecular assessment of indigenous yeast population from traditional balsamic vinegar. *Journal of Applied Microbiology* 101: 63-71.

Souza, P. M. D. 2010. Application of microbial α-amylase in industry: a review. *Brazilian Journal of Microbiology* 41 (4): 850-861.

Spanos, G. A., and Wrolstad, R. E. 1992. Phenolics of apple, pear, and white grapes and their changes with processing and storage: a review. *Journal of Agriculture and Food Chemistry* 40: 1478-1487.

Takahara, A., Sugiyama, A., Honsho, S., Sakaguchi, Y., Akie, Y., Nakamura, Y., and Hashimoto, K. 2005. The endothelium-dependent vasodilator action of a new beverage made of red wine vinegar and grape juice. *Biological and Pharmaceutical Bulletin* 28 (4): 754-756.

Tesfaye, W., Morales, M. L., Garc1a-Parrilla, M. C., and Troncoso, A. M. 2002. Wine vinegar: technology, authenticity and quality evaluation. *Trends in Food Science & Technology* 13 (1): 12-21.

Tongnuanchan P., and Benjakul, S. 2014. Essential oils: extraction, bioactivities, and their uses for food preservation. *Journal of Food Science* 79: 1231-1249.

Tsao, R., Yang, R., Xie, S., Sockovie, E., and Khanizadeh, S. 2005. Which polyphenolic compounds contribute to the total antioxidant activities of apple? *Journal of Agricultural and Food Chemistry* 53: 4989-4995.

Ubeda, C., Callejón, R. M., Hidalgo, C., Torija, M. J., Troncoso, A. M., and Morales, M. L. 2013. Employment of different processes for the production of strawberry vinegars: effects on antioxidant activity, total phenols and monomeric anthocyanins. *LWT-Food Science and Technology* 52 (2): 139-145.

Valero, E., Berlanga, T. M., Roldán, P. M., et al. 2005. Free amino acids and volatile compounds in vinegars obtained from different types of substrate. *Journal of the Science of Food and Agriculture* 85: 603-608.

Vegas, C., Mateo, E., González, Á., et al. 2010. Population dynamics of acetic acid bacteria during traditional wine vinegar production. *International Journal of Food Microbiology* 138: 130-136.

Verdu, C. F., Guyot, S., Childebrand, N., et al. 2014. QTL analysis and candidate gene mapping for the polyphenol content in cider apple. *Plos One* 9: e107103.

Voragen, A. G. J., Coenen, G. J., and Verhoef, R. P. 2009. Pectin, a versatile polysaccharide present in plant cell walls. *Structural Chemistry* 20: 263.

Wang, L., and Yang, S. T. 2007. Solid state fermentation and its applications. In Yang, S. T. (Ed.), *Bioprocessing for Value-Added Products from Renewable Resources-New Technologies and Applications*. Amsterdam, Boston: Elsevier, pp. 465-489.

Xu, Q. S., Yan, Y. S., and Feng, J. X. 2016. Efficient hydrolysis of raw starch and ethanol fermentation: a novel raw starch-digesting glucoamylase from *Penicillium oxalicum*. *Biotechnology for Biofuels* 9 (1): 216.

Ye, M., Yue, T., and Yuan, Y. 2014. Evolution of polyphenols and organic acids during the fermentation of apple cider. *Journal of the Science of Food and Agriculture* 94: 2951-2957.

Yong, J. W. H., Ge, L., Ng Y. F., and Tan, S. N. 2009. The chemical composition and biological properties of coconut (*Cocos nucifera* L.) water. *Molecules* 14 (12): 5144-5164.

Zhang, L.-L., Sun, Y., Zhang, Y.-Y., Sun, B.-G., and Chen, H.-T. 2017. Determination and quantification of 5-hydroxymethylfurfural in vinegars and soy sauces. *Journal of Food Quality* 2017: 8.

Zhu, F. 2017. Barley starch: composition, structure, properties, and modifications. *Comprehensive Reviews in Food Science and Food Safety* 16: 558-579.

6

当前食醋工业生产

6.1 引言

在食醋的工业生产中，主要涉及三种方法：缓慢的手工制作的传统工艺——奥尔良工艺或称法式工艺，以及快速深层发酵工艺和较快的醋化器工艺。尽管目前关于食醋生产的科学知识丰富，但该行业主要采用传统的分批次深层发酵工艺，其核心是酿醋罐（醋发酵罐）。市售的酿醋罐常配备温度、通气和压力控制装置、酒精和酸度检测探头、消泡装置等，并可能根据季节性生产要求或不同类型的原材料和产品而有很大差异。固态发酵（solid-state fermentation, SSF）工艺也被一些亚洲国家利用谷物生产食醋，这些工艺包括淀粉液化和糖化的额外步骤。

在本章中，重点介绍和描述了主流的工业化食醋生产过程和酿醋罐，并特别参考了 Frings（Heinrich Frings GmbH & Co，德国）（和其他主要醋技术供应商）深层醋酸发酵系统。

本章还为制造商和公众提供了有关当前市售消耗品和辅助材料（发酵营养盐、澄清剂、净化剂和稳定剂）的有用信息。此信息主要从互联网检索（基于可用性和可访问性，或随机选择），包括产品规格、预期用途、使用说明和（声称的）优点，由各自的商品供应商提供。

最后，本章描述了当前从葡萄干（或葡萄干精加工副产物）生产食醋的工业过程的实例，包括原料提取、酒精发酵、深层醋酸发酵和发酵后处理。

6.2 食醋生产工艺和相关研究

6.2.1 慢速（奥尔良或法式）工艺

奥尔良或法式工艺（又称连续工艺，最初在法国开发）是最古老的食醋生产方法之一，今天仍在实践以生产高质量的食醋。这是一个缓慢的、连续的发酵过程，在大木桶（>200L）中进行，具有高直径/高度比，其中最初的起始材料（醋母）是上一阶段的醋和葡萄酒（比例为 4~5:1；如 65~75L 食醋和 15L 葡萄酒）的发酵混合物（约 1 周），加入木桶体积的 1/2~2/3（Ho 等，2017；Mazza 和 Murooka，2009；Plessi，2003）。

醋酸发酵仅在液体表面（表面氧化）以非常低的速率进行，其中有足够的溶解氧的空气从液体表面上方的桶孔进入（Ho 等，2017；Rogers 等，2013）。8~14 周后（取决于各种工艺因素），将 2/3~3/4 的醋倒出并添加葡萄酒（每周）。当生产的醋的酸度和风味合适时（约 1 个月后），将醋倒出，并加入等量的葡萄酒。桶中剩余的醋用作下一批醋酸发酵的起始发酵剂。

关于传统奥尔良工艺的历史事实和其他信息可由多种资料获取（Ho 等，2017；Mas 等，2014；Mazza 和 Murooka，2009；Murooka，2016；Plessi，2003；Rogers 等，2013）。与缓慢的食醋生产方法相关的主要问题是液体去除或添加过程中漂浮的细菌生物膜（垫）的干扰、生产时间长以及所需的设备空间大。可以添加木屑为细菌垫提供支持，作为细胞固定载体。在奥尔良工艺更标准化的版本中，侧孔用于空气流通，加长的漏斗可实现在桶底部添加葡萄酒，防止细菌垫受到干扰（Mas 等，2014）（图 6.1）。

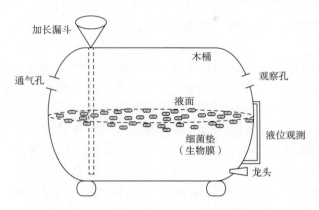

图 6.1 标准的慢速工艺（奥尔良工艺）生产食醋
（在木桶中生产，木桶的设计可防止表面细菌垫受到干扰）

当前奥尔良工艺食醋生产和相关研究如下。

目前，食醋公司使用橡木桶和精选或本地细菌通过奥尔良工艺生产食醋，该过程在恒温（21~30℃）和完全黑暗的条件下进行。在控制条件下木桶中的醋（如在地窖中）陈酿至少 12 个月到几年。桶可能开有通风孔，允许发酵副产物溢出，避免在某些醋中产生异味（如苦味）。

食醋的风味是原料成分（酒）、醋酸菌在酸化过程中和之后的代谢副产物、陈酿过程中从木桶中提取的化合物以及发生的化学和物理变化的结果（Mas 等，2014）。因此，由缓慢的传统奥尔良工艺生产的食醋，其特点是风味复杂（柔和的酸味和水果味），通常被认为是高品质的（Mas 等，2014）。此外，该过程不涉及加热，这可能会破坏独特的原材料香气，使用这种工艺的公司通常不添加防腐剂或不对食醋进行巴氏杀菌，这些常见工业做法会破坏食品和饮料的怡人风味。

缓慢的食醋生产工艺，配以较长的陈酿时间，主要用于香脂醋（traditional balsamic vinegar，TBV）生产和其他特色食醋产品。产品的定价取决于质量、陈酿时间和稀有性。高品质的食醋采用优质、平衡良好的葡萄酒制成，至少陈酿 12 年，并且不添加食醋行业中常见的添加剂（如焦糖色）。

目前世界各地的一些食醋生产商生产优质、缓慢发酵的食醋，其中含有精心挑选的植物浸液，例如，南非香叶木（香芸木属，*Agathosma*）、蜜树（*Cylopia*）、玫瑰天竺葵（天竺葵属，*Pelargonium*）、野橄榄（木犀榄属，*Olea*）、野迷迭香（毛头菊属，*Eriocephalus*）、芙蓉（木槿属，*Hibiscus*）、玫瑰果（蔷薇属，*Rosa*）、接骨木花（接骨木属，*Sambucus*）、香草（香荚兰属，*Vanilla*）、山茶花（山茶属，*Camellia*）、辣椒（辣椒属，*Capsicum*）、角豆（长角豆属，*Ceratonia*）、薰衣草（薰衣草属，*Lavandula*）、海带（海带属，*Laminariales*）、月桂叶（月桂属，*Laurus*）、葱（葱属，*Allium*）、龙蒿（蒿属，*Artemisia*）、各种浆果、生姜（姜属，*Zingiber*）等。

目前关于慢速发酵食醋的科研进展主要集中在对生产高质量（和高价格）传统香脂醋工艺因素的研究，可以概括为三个实际步骤（Solieri 和 Giudici，2008）：

（1）原料准备（葡萄汁的加热浓缩、褐变反应显色、杀菌）；

（2）两阶段发酵（酒精发酵，醋酸发酵）；

（3）陈酿。

尽管对传统香脂醋酵母菌群已有广泛了解，Solieri 和 Giudici（2008）建议，仍需要进一步研究以筛选适合发酵熟葡萄醪的酵母种类，并了解它们的代谢活动以及它们影响传统香脂醋质量的原因。例如，为了将传统浓缩葡萄醪发酵原理应用于新一代香脂醋的生产，对浓缩葡萄醪中优势酵母的分离和分子生物学鉴定、应用特性和发酵能力进行了评估（Lalou 等，2016）。具体而言，检测了对 5-羟甲基糠醛（HMF）、糠醛、乙酸和葡萄糖浓度的耐受性，以及乙酸和 H_2S 的产生、发泡、絮凝能力、关键酶活性和关键挥发物质的形成等酿酒特性。对 HMF 和糠醛的耐受性呈菌株和剂量依赖性，因此，它被认为是酵母初筛的关键因素（Lalou 等，2016）。

其他研究侧重于使用选定的醋酸菌菌株来改进传统香脂醋生产（Gullo 等，2009）。Gullo 和 Giudici（2008）也回顾了与传统香脂醋生产中发酵剂选择相关的醋酸菌的表型特征，他们指出选择发酵剂是创新传统香脂醋生产的主要技术。选择标准应考虑原料组成、醋酸菌代谢活动、应用技术和最终产品所需的特性；主要特点是乙醇含量适中，乙醇氧化效率高，醋酸发酵速度快，耐高浓度乙酸和糖以及低 pH，避免过氧化和温度波动。

高质量传统香脂醋的组成一直是食醋研究的主题。在陈酿过程中，传统香脂醋密度增加主要是由于蒸发，并且会发生结晶、味道和颜色变化等。Falcone（2010）使用高分辨率光学显微镜（HR-LM）和 X 射线衍射仪（XRD）研究了摩德纳传统香脂醋的整体结构，该结构可能通过平衡和非平衡相变而固化，包括结晶（由于 α-D-葡萄糖分子的重排）和堵塞（由于包括聚合类黑素在内的不明物质的无定形胶体拥挤）。Elmi（2015）还使用 X 射线衍射仪明确鉴定了传统香脂醋中的晶体副产物。这项工作描述了传统香脂醋陈酿过程中糖含量、总酸度（挥发性和非挥发性酸度）和晶体副产物之间的关系，从而提出控制结晶的最佳方法。X 射线衍射谱图显示瓶子底部存在葡萄糖晶体，并得出结论，葡萄糖沉积可能与陈酿过程中底物（熟葡萄醪）的高浓度、葡萄糖与果糖比例的不平衡以及水分的蒸发有关。

此外，许多研究涉及食醋的分类和认证，这对于具有受保护的原产地名称（PDO）的高质量食醋的品牌保护，以及防止掺假和不正当竞争尤为重要（Rios-Reina 等，2017，2018）。为此提出了光谱技术、化学计量技术及其组合应用。例如，近红外光谱（NIR）（Rios-Reina 等，2018）、多维荧光光谱（Rios-Reina 等，2017）或二维核磁共振谱（2D-NMR）（Graziosi 等，2017），与化学计量学相结合，被证明是对优质食醋进行分类和鉴定的适当方法，如第 21 章中所详述。

最后，大量研究旨在突出食醋的健康功效，如第 18 章所详述。

6.2.2 快速（醋化器或德式）工艺

醋化器工艺或德式工艺是在速率和醋产量方面改进的食醋生产工艺。它们最初是由德国科学家，特别是 Johann Sebastian Schü-zenbach 在 1823 年开发的，并且已经应用了 100 多年。该工艺的核心是醋化器，它由一个高大、直立的木制（橡木）或钢罐组成，里面装满了刨花（主要是山毛榉）、木炭、葡萄浆或茎秆，用醋浸泡过并用作惰性固定载体，醋酸菌作为表面膜吸附在载体上（Adams 和 Twiddy，1987；Mazza 和 Murooka，2009；Plessi，2003；Tan，2005）。

生产方法与之前的方法类似，主要区别在于通过侧面的孔或通过发电机的穿孔底部进行强制通气，这也用作刨花的支撑（图 6.2）。酒或其他酒液通过合适的喷洒结构从罐顶部喷洒，以增加液体与醋酸菌之间的接触面，并在重力作用下通过刨花床。在最佳温度范围（27~30℃）下，完全醋酸发酵所需的时间为 3~7d。必须控制醋化器的温度，因为氧化释放的热量可能会损害细菌并停止该过程。然后从醋化器底部取出一部分产生的醋（约 2/3），并用等量的酒代替。

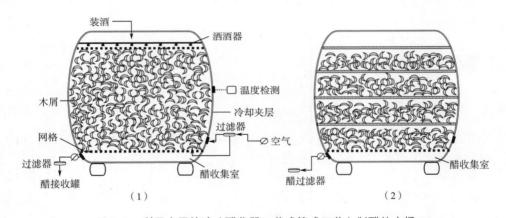

图 6.2　利用木屑快速（醋化器工艺或德式工艺）制醋的木桶

这些方法以更快的速率生产出更高乙酸浓度的醋（高达 14%），通过适当的水稀释，最终生产出优质的产品。因此，与传统的慢速工艺相比，主要优点是设备空间更小，所需的资金和运营成本更低。然而，可能会因蒸发而损失部分产物。另一个问题是更换木屑，每年必须至少更换一次。该醋化器仍在世界许多地方使用，并且多年来得到了显著改进，演变为当今世界范围内用于工业深层醋酸发酵的现代酿醋罐。

6.2.3 现代快速深层醋酸发酵法

自 20 世纪 50 年代中期以来，快速深层醋酸发酵法已被应用，目前是工业醋生产中常用的方法。这些方法包括将空气强制输送到合适的酿醋罐中的酒精醪液中，然后在 26~30℃下进行醋酸发酵（Tan，2005）。在每批结束时，约 1/3 的发酵液被排出，罐内供应等体积的酒精醪液，用于第二批醋酸发酵。醋化器是大型不锈钢罐，配有气泵，通过罐底部供应空气。养分供应、加热和监测设备通常也连接到罐上。最后，生产出来的食醋在每次排放后，可以输送给一系列的澄清、过滤、稳定和装瓶设备。

当前工业化的快速深层醋酸发酵工艺的主要区别在于产品的最终乙酸含量。所需的最终酸度越高，控制过程所需的精度就越高（Frings，2018）。乙醇含量是食醋工业生产过程中必须控制的主要变量。因此，乙醇监测系统是现代深层醋酸发酵生产过程中不可或缺的一部分，用于确定发酵速度和适当的排放时间。这些系统在高强度过程（>17%酸度）的情况下更加复杂和具特定性，以便能够提供整体的连续性并确保过程控制。

可以控制各种类型的工艺以产生高达或高于20%的酸度水平，包括分批次和连续工艺、单级高强度工艺、无残留乙醇食醋的双级工艺、具有自动或手动糖化制备等的过程。对于高达20.5%的酸度，通常连接两个酿醋罐并按顺序发酵运行，只有高度复杂的先进仪器才能保证最佳的过程控制和醋酸菌在此类过程的压力条件下的生存能力（Frings，2018）。

可编程逻辑控制系统（PLC）是目前过程控制系统的核心，评估监控系统接收到的所有数据，以确保生产成本效益高、产品损失低和质量高。最后，过程控制和集成软件系统可以与位于世界任何地方的多个酿醋罐连接，使得中央控制室可以与之通信联系（Frings，2018）。

6.3　酿醋罐和附属设备

6.3.1　酿醋罐配置

每个食醋生产系统的核心都是酿醋罐（acetator），它现在是全世界醋发酵罐的同义词。此类技术的优势在于它们可以适用于所有类型的醋（烈酒、葡萄酒、水果）。此外，生产只涉及生物步骤，高度自动化，易于处理，维护成本低。

酿醋罐，如 Frings 酿醋罐（图6.3），通常由以下部件和附属设备组成（Cetotec，2018；Frings，2018）：

（1）带内部冷却盘管的高品质不锈钢水箱；

（2）高性能通气器；

（3）用于监测液位、温度、压力、乙醇和乙酸浓度的传感器；

（4）供应和循环空气的管道，包括新鲜空气过滤器（例如，使用活性炭）；

（5）进出水管和泵；

（6）带泡沫浓缩管的消泡系统；

（7）排气管和冷凝器；

（8）带安全锁的溢流管；

（9）冷却水泵；

（10）罐体配件，如溢流开关、压力探头等。

6.3.2　工业设备组件

食醋技术供应商还提供各种设备，以组装酿醋罐系统，并使工业生产商能够提高

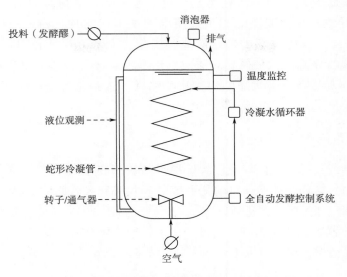

图 6.3 现代深层发酵酿醋罐（基于 Frings 技术）

他们的酿醋罐性能和维护，或将旧发电机和木罐转换为酿醋罐以进行快速深层食醋发酵。此类设备包括（Cetotec，2018；Frings，2018）：

（1）用于酿醋罐的通气器；

（2）消泡器；

（3）废气洗涤器/冷凝器；

（4）固定式和移动式专用泵；

（5）空气脉冲混合器；

（6）耗材；

（7）辅助材料。

6.3.2.1 通气器

通气器（转子-定子-涡轮机）是加速器的核心部件。氧气传递和分散是深层醋酸发酵最重要的因素，空气和任何添加物（乙醇、水、营养物质）的适当、密集和均匀混合是现代高性能食醋生产的基本原则（Cetotec，2018）。通气器可以以节能的方式设计，将来自环境的新鲜空气直接从环境中强烈吹入并均匀分散到酿醋罐中，而无须使用额外的空气压缩机（Frings，2018）。通气器将氧气输送到发酵液中的性能至关重要，因为如果没有足够的氧气供应，醋酸菌会立即死亡。因此，工业酿醋罐通气器的理想特性是：最佳的气泡分散和进入酿醋罐的氧气传递、良好的生产效率（高时空产率）、低能耗、低乙醇和乙酸损失（因蒸发所致）、可靠性、耐用性和对各种酿醋罐配置的适应性（Frings，2018）。

6.3.2.2 消泡器

消泡器对于深层醋酸发酵过程非常重要，因为必须快速有效地去除不可避免的泡沫。泡沫含有原材料中的不溶性物质、由于泡沫中营养物质的消耗而导致细菌死亡，以及可能导致发酵性能降低和污染问题的细菌代谢物（Cetotec，2018；Frings，2018）。发泡取决于原材料的类型。例如，麦芽、大米、苹果和梨泥会产生大量泡沫，这在许多情况下会导致发酵完全失败。消泡器是放置在酿醋罐顶部的立式机器，可以在需要时自动运行，将浓缩的泡沫从酿醋罐（通过施加上游压力）送入排放罐（Frings，2018）。

6.3.2.3 废气洗涤器/冷凝器

废气洗涤器或冷凝器用于净化废气并回收宝贵的资源，其功能基于物理吸收（Cetotec，2018）。它们是连接到自动化系统的吸收塔和吸收库的紧密排列结构。含有乙醇和乙酸的废气通过吸收器进行净化，从而实现高达60%~80%的资源回收率。与冷凝器（错流换热器）结合使用时，该百分比可以增加到95%。由废气洗涤器洗涤的资源被收集在洗涤液中，然后可以重新用于制备醪液或重新装入酿醋罐。

6.3.2.4 专用泵

固定式专用泵用于酿醋罐的装卸。它们必须可靠、坚固、耐酸，并且能够泵送与高比例气体混合的液体，就像酿醋罐的"排放泵"一样。移动泵，包括所需的吸入和压力软管，也可用于将液体泵入未配备固定安装管线的罐中，由于成本原因，大多数醋厂均使用这种设备（Frings，2018）。

6.3.2.5 空气混合器

空气脉冲混合器用于快速混合大量液体，以及混合成品醋以确保在填充储罐之前均质。空气脉冲混合器通过爆破大气泡（过滤后的）来运行，这些大气泡会在液体上升时引起剧烈的循环（Frings，2018）。

6.3.2.6 耗材和辅助材料

食醋工业生产过程中使用的耗材和辅料包括醋酸发酵营养盐、澄清和过滤介质、空气过滤介质和耗材（如过滤层、膜等过滤耗材）、去垢剂、化学分析试剂和消耗品、稳定介质等，下面将进行更为详细的讨论。

6.3.3 中试和实验室酿醋罐

食醋技术供应商也提供中试和实验室规模的酿醋罐。用户友好的自动化先导式酿醋罐是小型系统（6~1000L），用于生产高价的特种醋，如优质水果、葡萄酒、香草或蜂蜜醋。这些系统特别适用于葡萄园和特色食醋生产商，他们非常关注葡萄酒和食醋的发酵工艺。

中试酿醋罐通常包括（Cetotec，2018；Frings，2018）：

（1）带有内部冷却回路的不锈钢或塑料（透明）酿醋罐；

（2）高效通气系统；

（3）中央过程控制（PLC）单元；

（4）传感器/探头（乙醇、液位、压力、温度、在线乙醇和酸度监测）；

（5）垂直消泡器；

（6）进出料泵；

（7）包括空气过滤器的新鲜空气和回风管路。

一个 200L Frings 中试酿醋罐的年产能约为 20000L（Frings，2018），100L Cetotec 酿醋罐的年产能约为 157000L（乙酸含量为 10%）（Cetotec，2018）。

实验室酿醋罐可用于原材料测试、样品批量生产、作为预培养发酵罐为更大的酿醋罐生产提供活性菌体，以及用于食醋研究目的。自动运行的实验室酿醋罐通常包括（Frings，2018）：

（1）带有内部不锈钢冷却回路的透明容器；

（2）高效通气系统；

（3）中央过程控制（PLC）单元；

（4）乙醇、温度和压力测量电极；

（5）消泡桨；

（6）进出料管线及容器；

（7）带空气过滤器的新鲜空气管路。

一个 8L Frings 酿醋罐每年可生产约 840L 食醋，每天可生产 2~3L 食醋，而 6L Cetotec 酿醋罐每年可生产约 900L 食醋（乙酸含量为 10%）。

6.4 发酵过程

所有食醋发酵都涉及含乙醇的原材料（葡萄酒、苹果酒或烈酒）、醋酸菌培养物和营养物质。有专门设计的醋发酵单元和营养物质，以满足不同工业过程的要求，如基于添加营养盐的完全醪液的直接发酵或在过程中单独添加乙醇、水和营养盐（Frings，2018）。例如，Frings 技术可以支持各种类型的深层醋酸发酵生产工艺：①标准或重复分批发酵工艺；②高酸度发酵工艺；③连续发酵工艺（Frings，2018）。

6.4.1 标准或重复分批发酵工艺

"标准或重复分批发酵工艺"是一种简单的加料工艺，用于生产酸度高达 14.5% 的优质食醋。酒精原料被转移到醪液罐，醪液罐用于将适当体积的醪液转入含有一定量残留发酵液的酿醋罐中，以启动该过程。在每个批次过程中，乙酸浓度都会增加，当乙醇含量降至最低 0.3% 时，会排出一部分生产出的食醋，并以相同的方式开始新的批次。因此，标准工艺分为五个工艺步骤：①酒精发酵；②原料准备；③醋酸发酵；④过滤；⑤灌装（Frings，2018）。

标准 Frings 醋生产过程的简要概述如图 6.4 所示，其中酿醋罐（图 6.3）装入含有添加营养盐的酒醪。

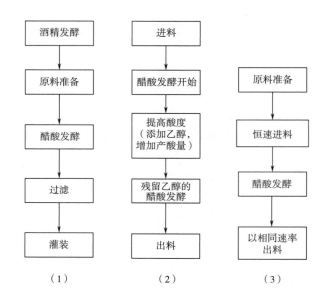

图 6.4　Frings 制醋步骤框架图

（1）标准工艺　　（2）高酸度发酵工艺　　（3）连续发酵工艺

6.4.2　高酸度发酵工艺

单阶段高酸度发酵工艺（sHAS）是 Frings 开发的一项技术，可以生产酸度高达17.5%的食醋，它也被称为"单阶段、高百分比发酵过程"（Frings，2018）。sHAS 过程还包括标准过程中的连续醋酸发酵批次，在此过程中，乙醇被氧化直到获得所需的乙酸浓度。主要区别在于，在初始批次之后，接下来是第二个步骤，称为"提升阶段"，在该阶段中添加高浓度乙醇，监控乙醇含量并保持恒定，从而显著提高食醋产量（图 6.4）。在接下来称为"发酵阶段"的步骤中，停止添加乙醇，残留的乙醇被转化，直到达到"排放"水平，此时发酵液从酿醋罐中排出，只留下必要体积的活性生物质，下一个生产周期以相同的方式开始，即在酿醋罐中"填充"水、乙醇和营养盐。

因此，高酸度发酵工艺分为五个连续的过程步骤，如图 6.4 所示：①进料；②醋酸发酵开始；③提高酸度；④残留乙醇的醋酸发酵；⑤出料（Frings，2018）。这个循环会连续进行几个月，尽管过程明显复杂，但所有阶段都可以自动编程和控制，所需的人工干预保持在最低限度。sHAS 过程以及下面描述的双重过程也被称为"重复分批投料过程"。

6.4.3　双重高酸度发酵工艺

双重高酸度发酵工艺（dHAS）是一种更复杂的机械和技术工艺，用于生产比sHAS 工艺更高酸度（高达 20.5%）的食醋（Frings，2018）。该过程涉及使用连接在一起作为单个功能单元的两个酿醋罐。第一个酿醋罐（称为供体酿醋罐）的工作方式与sHAS 工艺的情况相同，但排出食醋的浓度要高得多。从第一个酿醋罐排出的体积被装入第二个酿醋罐（称为受体酿醋罐），然后加入乙醇以形成额外的"提升阶段"。最后进行残留乙醇"发酵阶段"，然后完全清空和清洗受体酿醋罐。醋酸发酵所必需的活性生物质每次随着排放体积从供体转移到受体酿醋罐。

6.4.4 连续发酵工艺

食醋的连续发酵工艺包括将醪液连续装入（进料）到酿醋罐中，同时以相同的速率去除发酵液，从而形成持续数周或数月的"稳定状态"。虽然这是一个简单的过程，但它在食醋工业生产中并不常见，因为它不会达到高酸度（高达 9%），因此适用于低酒精度的葡萄酒或其他醪液（Frings，2018）。在连续工艺过程中，乙酸和乙醇的浓度以及其他工艺参数保持恒定。具体来说，酿醋罐中的乙醇浓度保持在较低水平（约 0.3%），乙酸浓度是可以得到的最大值。

6.5 消耗品和辅助材料

目前，世界各地的多家公司都在开发和销售适用于现代食醋工业生产的消耗品和辅助材料。下面提供了有关食醋行业的特定营养盐、澄清剂、净化剂和稳定剂等信息。

6.5.1 营养盐

市场上有完整的营养盐，可帮助高效生产各种类型的醋。营养盐对于醋酸菌在酿醋罐中的最佳生长至关重要。根据原材料类型选择营养盐组合，以提高其营养价值，从而提高产量（Vogelbusch，2018）。大多数营养盐包含：

（1）碳水化合物（葡萄糖、蔗糖等）；
（2）蛋白质和多肽（酵母提取物等）；
（3）N、P、S 矿物质（磷酸铵、磷酸钾、硫酸镁等）；
（4）微量元素；
（5）维生素混合物（硫胺素等）。

这些营养盐补充剂适应每个食醋生产过程的需求，对于提高发酵效率和更好的过滤至关重要（Cetotec，2018）。对于特殊工艺和地理位置，营养盐制造商会根据客户要求或法律法规制定特殊配方和生产程序（Frings，2018）。最优质的营养盐是那些确保最佳生产力、避免产品变色和良好储存稳定性的营养盐。这些属性可以通过复杂的配方以及通过适当的包装［例如，先进包装技术（APT）］（Frings，2018）来实现，以防止运输和储存过程中水分和氧气的渗透。

大多数营养盐都经过严格的生产和质量控制，以确保可靠和稳定的发酵，应根据供应商的剂量说明和现行法规使用。例如，为了在欧盟生产有机醋，根据 2007 年 6 月 28 日关于有机生产的理事会条例（EC）No 834/2007 开发了营养盐补充剂，并由当地控制机构或管理机构（例如 DE-ÖKÖ-013）进行控制，适用于在正常过程中生产乙醇、葡萄酒和果醋（Frings，2018）。

6.5.2 澄清和净化

澄清剂/净化剂用于澄清食醋中不溶性有机物质，避免最终瓶装产品中的浑浊，去除氧化和可氧化成分，如酚类物质（改善风味并去除苦味），并去除颜色。它们还用于提高消费者的味觉体验，加速澄清，改善酒糟压实并促进后续过滤，减少美拉德反应产物如5-羟甲基糠醛，去除农药、重金属和其他导致感官缺陷或健康问题的物质（如生物胺），稳定少量展青霉素和赭曲霉毒素含量，并优化储存过程中的稳定性。净化剂/澄清剂通常是基于以下物质的配方：

（1）膨润土/活性蒙脱石；

（2）活性炭；

（3）动物蛋白（酪蛋白、清蛋白、明胶等）；

（4）植物蛋白；

（5）胶体二氧化硅（硅溶胶）；

（6）聚乙烯聚吡咯烷酮（PVPP）。

为食醋行业开发或供应澄清介质的公司描述（或声称）其产品的特殊优势，并提供有关其成分的信息（通常是有限的），这些信息以描述产品功能的技术数据表的形式在网上提供配方、用途、用量、安全性、包装类型等。大多数产品的适当剂量由供应商指定，或者应根据预期用途（澄清、稳定、减少单宁和味道协调）在适当的介质预测试后确定。稳定和澄清能力受pH和温度影响以及待处理液体的浊度水平的影响（Erbslöh，2018）。

预溶胀和添加产品的方式对于成功的澄清/净化也很关键（图6.5）。所有澄清剂/净化剂在添加过程中都需要彻底搅拌，以将大絮凝物分解成更小的颗粒。然而，对于经常使用且具有非常细絮凝特征的产品，也可以进行连续投加（Erbslöh，2018）。因此，在选择合适的澄清剂时，还应考虑润湿性和悬浮性。它们的使用也应根据现行法律法规，如食品法典、国家食品法规、食品化学品法典等，也应允许使用它们。产品不含动物源成分、非转基因和非过敏性（如植物蛋白），适用于生产纯素食品且不受过敏原标签限制（Erbslöh，2018）。大多数产品对气味和水分非常敏感；因此，它们应该通过合适的包装和储存条件加以保护（Erbslöh，2018）。

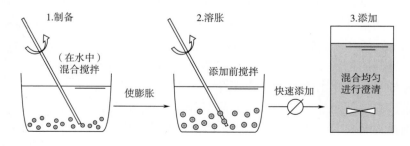

图6.5　澄清剂/净化剂的制备（预溶胀）和使用

6.5.2.1 膨润土

用于澄清和提纯液体食品（如葡萄酒、果汁、食醋等）的最常用净化剂是食品级膨润土。它用作蛋白质和其他不良物质的吸附剂和絮凝剂（AMCOL，2018）。膨润土悬浮液与溶解的盐结合，形成快速沉降的絮凝物，随着其他悬浮固体的沉淀而漂移。结合其他澄清剂（明矾、石灰、聚电解质等），膨润土可以提高沉淀率和酒糟的压实度（AMCOL，2018）。

有大量基于膨润土的澄清/净化商业产品，其技术信息可在网上检索到。例如，UltraBent PORE-TEC UF（Erbslöh，2018）被描述为一种高纯度和高效的颗粒状钠钙膨润土，设计用于结合特定的错流微滤系统吸附蛋白质。由于确定的粒度分布，它适合在预溶胀后直接加入中空纤维膜，有助于一步澄清和稳定过程。与传统膨润土相比，该产品宣称的优点是其纯度和高蛋白质吸附能力。推荐剂量范围为 25～200g/hL。NaCalit® PORE-TEC（Erbslöh，2018）也是一种颗粒状的钠钙膨润土，通过吸附蛋白质和其他胶体来满足饮料行业的最高质量要求。它可以与硅溶胶和蛋白质基澄清剂结合使用，以增强组分的絮凝，这可能会导致后期浑浊。此外，据称它对处理过的液体的感官特性有积极的影响。即使在高 pH 下，它也是一种有效的澄清剂。

CX 粒状膨润土（Corimpex，2018）是一种具有高脱蛋白能力的粒状膨润土，用于澄清葡萄酒、未发酵葡萄汁、食醋和果汁。特别推荐用于需要在装瓶前进行最终稳定澄清的葡萄酒的稳定澄清。用于澄清果汁和食醋的剂量范围为 50～150g/hL。

Volclay® 系列净化剂（AMCOL，2018）主要由黏土矿物蒙脱石组成的水合硅酸铝组成。它们用于葡萄酒、果汁、苹果酒和食醋的净化，以高效快速地去除悬浮固体和热敏性蛋白质并防止浑浊。它们是双八面体蒙脱石，一种膨胀层硅酸盐，化学式为 $(Na, Ca)_{0.33}(Al_{1.67}Mg_{0.33})Si_4O_{10}(OH)_2 \cdot nH_2O$，组成（不含水分）约为 63.02% SiO_2，21.08% Al_2O_3，3.25% Fe_2O_3，0.35% FeO，2.67% MgO，2.57% Na_2O，0.65% CaO，0.72% 痕量，5.64% 烧失量（LOI），5% 固含量时 pH 8.5～10.5（AMCOL，2018）。

另一种特殊活化的蒙脱石试剂是 Acetibent（Sofralab，2018），用于精制含有大量蛋白质的食醋。它是一种净化剂，具有出色的澄清和蛋白质吸附潜力，主要用于难处理的苹果酒或白葡萄酒醋，否则需要大量膨润土才能得到有效处理。对于已经清除或含有少量蛋白质的食醋，建议使用更低的剂量（20g/hL），对于由于有机物含量高而很难澄清的食醋，建议剂量可能会超过 50g/hL。用 Acetibent 处理会产生大量的酒糟（用20g/hL 约 4% 的体积处理，至少 4d 的沉降时间）。边搅拌边洒在液面上使用（25～30L水约 1kg），静置 1～2h，静置膨胀 12～24h，然后用计量泵快速有力地加入（图 6.5）。在上架或过滤之前，应该让酒醪沉淀几天，然后可以回收和过滤以减少它们的体积。

全球市场上有大量此类膨润土澄清剂，主要用于装瓶前葡萄酒的稳定；然而，膨润土也是现代食醋工业中最常用的净化剂之一。

6.5.2.2 活性炭

活性炭在预澄清液体中效果更好，因为要去除的物质部分与澄清过程中形成的沉积物结合。因此，处理滤液时可获得最佳结果。但是，如果要处理浑浊的液体以跳过过滤步骤，则必须在添加其他处理剂之前添加活性炭。还建议定期搅拌以提高处理效率，这也受待处理液体的 pH、温度和浊度的影响。根据预期的应用，必须通过预试验确定适当的剂量（Erbslöh，2018）。还有大量基于活性炭的澄清/净化商业产品，网络上提供了技术信息，其中一些（随机选择的）在下面进行讨论。

例如，Granucol®（Erbslöh，2018）产品是来源于植物的活性炭颗粒，具有相应不同的内表面，因此具有特定的吸附能力。据供应商称，特殊的生产工艺确保了优异的孔隙率分布。根据具体的处理，个别 Granucol® 类型用于吸附不受欢迎的异味，减少单宁和多酚，以及消除由于啤酒、果汁、葡萄酒和烈酒中的褐变反应引起的颜色。食醋的一般用量为 40~150g/hL，葡萄酒为 20~100g/hL。

Ercarbon SH（Erbslöh，2018）是一种活性炭，专为处理饮料而设计，用于在浓缩物生产过程中吸附最少的色素、异味和关键物质。它在预先澄清的液体中效果更好。但是，如果必须处理浑浊的果汁以跳过过滤步骤，则应在其他处理剂之前添加。还建议应在 45~55℃ 使用，并且糖度最高为 30°Bx（如果处理温度低于 20℃，则应低于 20°Bx）。通常，30~60min 的反应时间就足够了。同样，Ercarbon FA（Erbslöh，2018）是一种植物来源的化学活性（含磷酸）炭，在过滤液体中表现出更高的效率。它的特殊（声称）特性是对氧化多酚的高效吸附、优化的饮料储存稳定性以及对风味的低影响。

另一种酿酒活性炭是 CX Anti Color（Corimpex，2018），用于葡萄汁、食醋和苦艾酒的脱色，用于处理氧化，以及减少真菌毒素。适当的剂量由实验室试验确定，法定限制为 100g/hL。处理时间至少为 30min。

在研究层面，有各种研究调查使用废弃生物质产生的活性炭（生物炭）作为食醋的澄清剂。此类技术是由 Zhong 等（2012）提出的，用于利用醋渣。多孔碳的制备涉及在 N_2 中碳化和在 CO_2 中活化。活性炭具有较大的比表面积和微孔体积，其苯酚吸附能力远高于商业椰子壳活性炭。其他研究涉及提高活性炭的脱色能力。例如，Lopez 等（2003）通过在 350℃ 下用空气进行控制氧化来改进从橄榄核中获得的活性炭的表面活性和孔隙率，用于食醋处理。

6.5.2.3 蛋白质和硅溶胶

明胶等蛋白质对带负电荷的单宁和残留果胶具有很高的正吸附能力（EATON，2018）。明胶主要用于减少引起褐变反应，以及胶体和多酚浑浊的多酚的含量。为了消除可能的明胶残留，通常建议使用硅溶胶进行联合处理。二氧化硅溶胶是无定形二氧化硅（SiO_2）的水性胶体溶液，粒径为 1~100nm，在葡萄酒的 pH 下带有高度负电荷（Esseco，2018）。它们的净化能力基于其带负电的 SiO_2 颗粒与带正电的蛋白质颗粒的絮凝。絮凝物沉淀引起导致产品浑浊的其他悬浮物质沉淀。因此，蛋白质或姆鳔胶（鱼胶）与硅溶胶的组合改善和加速澄清，提高酒醪的压实度和过滤性，消除不稳定的多酚物质，并减少葡萄汁、果汁、葡萄酒和食醋精制的总体时间、精力和成本（Erbslöh，2018；Esseco，2018）。

商业二氧化硅类产品，是一种酸性特殊硅溶胶，通过引起蛋白质（包括澄清蛋白质）的络合而开发用于澄清葡萄酒、果汁、果酒和其他饮料。它迅速沉淀形成致密的细化沉积物。当用于具有高亲水胶体负载和低 pH 的液体时，它比碱性二氧化硅类型更有效。所需的饮料剂量范围为 20~250mL/hL。

一种液态硅胶溶液 Acetisol（30%硅酸）可用于澄清难处理的酒醋和富含黏液和胶体的醋。它是一种带负电荷的二氧化硅颗粒的水性悬浮液，只有通过与长分子链的蛋白质澄清剂［如 Acetigel（如下所述）］的相互作用才能絮凝。乙醚加速澄清，避免过度精制，改进滤饼压实度，并促进醋的后续过滤。它以 10~100mL/hL 的比率与 10~100mL/hL 的 Acetigel 结合使用。具体而言，在泵送过程中（至少 1/3 罐），在计量泵的帮助下，所需量的 Acetisol 被稀释为其体积的 10 倍。立即加入乙酰凝胶（使用前用少量冷水稀释）。

同样，硅溶胶产品 Sol Di Silice 与 CX Liquid Gel 协同作用效果最佳（Corimpex，2018）。混合时，可实现快速而完全的澄清并减少沉积量。剂量可为 25~100g/hL。

Acetigel 是一种部分水解的液体明胶制剂（分子结构以长链为特征），与 Acetisol 组合用于酒醋（Sofralab，2018）。由于其分子均一性、纯度、稳定性和可控的表面电荷密度，它是一种专为食醋精制而开发的高反应性试剂。Acetigel（用冷水稀释）可以单独与单宁红葡萄酒醋一起使用，在泵送时直接添加。强烈建议在添加过程中进行适当的均质化。絮凝作用发生得很快，反应一周后沉淀可以凝结成块。

ErbiGel 和 ErbiGel® Bio（Erbslöh，2018）是猪肉来源的明胶产品。ErbiGel 是一种经过酸处理的明胶，具有 90~100Bloom 值（凝胶强度测量值），是饮料处理的理想选择。由于酸性消化，它在典型的饮料介质中主要带正电荷，确保与多酚或硅溶胶的高反应性。典型剂量为 5~40g/hL。ErbiGel® Bio 是一种从有机猪皮中提取的有机食用明胶，并通过了欧盟第 834/2007 号法规的认证。它减少了单宁和多酚，由于其良好的凝胶能力，可用于沉降和浮选。根据预测试结果，减少单宁的剂量为 5~20g/hL 或更多。

另一方面，FloraClair®（Erbslöh，2018）是一种纯化的植物蛋白。与动物蛋白（明胶、酪蛋白、鱼胶）一样，它对单宁物质和悬浮物表现出良好的反应性，可改善果汁、果酒、食醋、茶提取物等中的雾度和颜色稳定性。它也适用于素食产品，用于葡萄汁的预澄清、单宁的调整和减少氧化产生的黄色/棕色。同样，Acetigreen（Sofralab，2018）是一种水溶性植物蛋白（豌豆），用于红白葡萄酒和苹果醋的澄清。植物蛋白被用作明胶的有效替代品，确保动物源性产品的安全性，消除消费者对其的疑虑。植物蛋白与食醋中存在的悬浮颗粒反应，特别是高分子质量的、最涩的单宁（如没食子单宁），形成大的聚集体，进而絮凝和沉淀。强烈建议进行预试验以确定适当的剂量，并且在泵送过程中均匀添加至适当体积的醋。

基于牛奶蛋白的产品也可用作澄清助剂。例如，Kal-Casin Leicht löslich（Erbslöh，2018）是一种基于纯牛奶蛋白成分的有效单宁吸附剂。它具有良好的分散性能，不需要配备溶解设备。它对于减少过多的单宁以及由高多酚含量引起的异味（苦味）特别有效（例如，在葡萄受到很大机械应力的情况下）。它还抑制美拉德反应并减少氧化的棕色色素。由于单宁酸通常与沉淀颗粒结合，因此最有效的处理方法是加入预澄清饮料中。在联合澄清的情况下，除非使用活性炭，否则通常先引入；然后应在 1~2h 后加入。用量为 5~20g/hL，用于去除单宁味，20~40g/hL 用于减少轻微的挥发性风味。

在研究方面，人们越来越有兴趣开发替代的饮料净化剂来取代可能引起过敏的动物或植物来源的蛋白质（Gazzola 等，2017）。例如，葡萄衍生的净化剂将是有益的，因为它们与葡萄酒和葡萄酒醋完全兼容。例如，葡萄籽粉（葡萄油种子工业的副产品）被用于制备提取物作为新型葡萄酒净化剂（Gazzola 等，2017）。将其效率与马铃薯块茎储藏蛋白、豌豆蛋白、聚乙烯聚吡咯烷酮（PVPP）、酪蛋白酸钾、卵清蛋白和明胶的效率进行比较，得出的结论是，葡萄籽提取物可以被认为是最常见的葡萄酒净化剂的有效无过敏原替代品。

6.5.2.4 聚乙烯聚吡咯烷酮

聚乙烯聚吡咯烷酮（PVPP）对于特定去除多酚、苦味和草本香气也非常有效（Esseco，2018）。纯食品级 PVPP 产品以白色的/发白的、精细、吸湿性粉末的形式提供，不溶于水和乙醇。例如，Stabyl（Esseco，2018）是去除可氧化和已氧化的多酚的有效助剂，用于处理或预防白葡萄酒的氧化。它减少酚类苦味，消除与 SO_2 结合的化合物，改善氧化葡萄酒的颜色，并减少可能导致蛋白质不稳定的单宁。根据预期应用，它还可以与膨润土和酪蛋白酸钾有效结合。

另一种产品 X PVPP（Corimpex，2018）也声称对单宁和氧化酚类物质具有高且特定的吸附能力。推荐用于处理著名的高级葡萄酒，以防止和处理酚类氧化的影响，但也可用于啤酒和食醋的澄清。

Stabyl Met（Enartis，2018）是聚乙烯咪唑/聚乙烯吡咯烷酮（PVI/PVP）和二氧化硅的共聚物，用于吸附重金属（与铜的高亲和力）和去除羟基肉桂酸和低分子质量儿茶素。它去除苦味，防止氧化，褐变和破坏品种硫醇，粉化和铜雾的形成。剂量范围为 20~50g/hL。

根据现行法律和法规，PVPP 是允许使用的。它们通常在使用前溶解在水中并使其膨胀，最好在不断搅拌下进行。根据供应商的使用说明应用产品/水比例和溶胀所需的时间。使用温水（40~50℃）可以加速溶胀（Esseco，2018）。在搅拌下，通过计量泵将所得悬浮液添加到待处理的液体中（图 6.5）。1~2h 的接触反应时间通常就足够了，残留的澄清产物和沉淀物可以通过过滤去除。EEC 立法允许的最高含量为 50g/hL（EC 606/2009）。

6.5.3 过滤

清澈是消费者对醋的首要要求。消费者不可避免地将瓶内出现浑浊或沉积物视为产品变质和变质的迹象。醋中存在悬浮颗粒或胶体颗粒，清澈度或雾度的形成很大程度上取决于它们的电荷（Sofralab，2018）。因此，需要过滤以澄清醋（澄清过滤）和/或消除微生物（过滤杀菌）。过滤是物理过程，包括使液体通过适当的过滤器，过滤器保留悬浮颗粒。

食醋过滤可以通过与葡萄酒、果汁和其他液体食品相同的方式方法来实现，即通过使用适当的添加剂（如硅藻土）沉积，或使用纤维素垫或其他适当材料，或通过多孔膜（微滤）（OIV，2017）。这些方法涉及基于以下产品的产品：

（1）硅藻土；

（2）纤维素纤维（长、中、短）；

（3）珍珠岩；

（4）结合矿物二氧化硅和纤维素；

（5）结合硅藻土和纤维素；

（6）结合珍珠岩和纤维素；

（7）膜。

这些过滤产品可用于各种浑浊或清澈液体的过滤（净化、精制、粗滤、预灭菌、灭菌和真空过滤）（DAL CIN，2018）。还有大量用于食醋过滤的市场化的介质、手段和集成系统，以及网络上提供的技术信息，其中一些（也是随机选择的）将在下面讨论。

所有过滤材料都必须符合2009年7月10日的委员会条例（EC）No 606/2009的要求，该条例规定了实施理事会条例（EC）No 479/2008关于葡萄产品类别、酿酒实践和适用的限制。它还应符合《国际酿酒法典》（OIV，2017）。

6.5.3.1　硅藻土

硅藻土（DE）是一种沉积岩，含有大量来自硅藻（微小褐藻）的水合无定形二氧化硅壳（化石残骸），这些硅藻作为浮游植物生活在水生栖息地（例如湖泊）中，并在死后沉积。（Sofralab，2018）。全世界有很多这样的矿床，主要在欧洲和南美洲，通过采矿从中收获硅藻土。硅藻土具有广泛的工业应用。它用作食品液体和其他水资源的过滤剂，也用作混凝土、牙膏、油漆、纸张、肥料、农药等的添加剂。欧盟有机生产技术咨询专家组（EGTOP）在其建议中得出结论，硅藻土符合有机目标和原则；因此，它应包含在法规（EC）No 889/2008的附件Ⅱ中，该法规规定了EC No 834/2007关于有机产品的生产、标签和控制的实施细则（EGTOP，2018）。

由于其结构，硅藻土具有非常好的过滤特性。所用硅藻土的数量和类型决定了成品的过滤效率和澄清度。其过滤性能还可通过与其他助滤剂结合使用，如珍珠岩、纤维素纤维、预涂过滤用滤片等。作为活性吸附物质，硅藻土还可以吸附水分和异味；因此，应将其存放在干燥、通风良好的地方（EATON，2018）。许多基于硅藻土的产品可以在网上找到，以技术数据列表的形式提供信息，描述功能、应用、优势、安全性、包装类型等。

例如，用于葡萄酒、食醋、橄榄油、果汁和其他营养液的硅藻土过滤器可从公司（Enomet，2018）购买。他们宣称的特点/优点是使用和维护非常简单，在过滤操作中断的情况下过滤板稳定性也非常高，并且可以快速打开以检查和清洗过滤网。

Kieselguhr C200（EATON，2018）是一种精细的硅藻土，声称可以为食醋和其他液体提供特别高的精细过滤效率。其声称的具体优点包括高澄清度、通过快速形成黏附滤饼进行可靠过滤、由于流速/澄清度的最佳比率而实现经济过滤以及最大纯度。它用于特定的过滤设备（带有可清洗支架的预涂板/框过滤器；带有水平或垂直筛网元件的预涂过滤器；带有垂直滤芯的筒式过滤器）（EATON，2018）。

用于板式过滤的 BECO 滤垫（Sofralab，2018）也可用于澄清食醋。标准垫系列用于 $0.1 \sim 4.0 \mu m$ 的分离范围，它们声称的优势包括由于理想的多孔结构、高水平的澄清度和更长的使用寿命，可以可靠地保留目标化合物。用于无菌过滤的 Steril 过滤垫系列具有很高的微生物截留能力，特别适用于食醋瓶装或液体冷藏。由于它们对胶体化合物的高吸附能力，这些垫可用作膜过滤前的预过滤器。精细过滤垫系列用于实现高水平的澄清，有效地保留最细小的颗粒并降低微生物的浓度。Clarifying Filtration 滤垫系列具有显著的肺泡结构，适用于有效吸附导致浑浊的颗粒（Sofralab，2018）。

国际市场上有各种各样类似的商业硅藻土过滤产品/设备，以满足不同食醋制造商的需求。

6.5.3.2 纤维素纤维

高纯度、精细原纤化的纤维素纤维用于形成具有大内表面的深层过滤片。此类过滤器可用于市场上所有过滤范围和澄清能力/除菌性能（EATON，2018）。纤维素纤维可以通过不同的技术和材料（例如，与珍珠岩或硅藻土结合）增强性能，以确保可变孔隙率和大容量。处理过的液体的细小颗粒被困在过滤器的交织纤维结构中，而微生物被电荷吸收并困在内部过滤器结构中（Erbslöh，2018）。可以根据特定的醋或酒过滤要求（澄清或除菌过滤）和经济处理量来非常准确地定制滤片。过滤纤维素应存放在干燥、无异味的地方（Erbslöh，2018）。

含有纯纤维素纤维和硅藻土的各种孔隙率范围的过滤片有较大的尺寸范围可供选择（例如，$0.2 \sim 10 \mu m$）。

6.5.3.3 珍珠岩

珍珠岩是一种玻璃质、无定形的流纹岩火山岩，由 $70\% \sim 75\%$ 的 SiO_2、$12\% \sim 15\%$ 的 Al_2O_3 和少量其他矿物质以及 $1\% \sim 2\%$ 的化学结合水组成。它在 150℃ 下干燥、研磨并在 $200 \sim 400$℃ 下加热"膨胀"到其尺寸的 $15 \sim 60$ 倍，然后在 $800 \sim 1100$℃ 下暴露后用于酿酒。珍珠岩是一种常见的葡萄酒过滤助剂，必须存放在通风良好的干燥处，防止异味和潮湿（OIV，2017）。珍珠岩的一个有趣特征是它不含结晶二氧化硅；因此，它不被视为危险材料（DAL CIN，2018）。

市场上有许多商业产品，网络上提供了满足饮料行业需求的信息，包括食醋过滤。Enoperlite 系列珍珠岩产品已开发用于真空转鼓过滤以及预涂过滤中硅藻土的替代品。它适用于涵盖从非常粗到非常细的所有过滤范围。典型的剂量是 $0.5 \sim 2.0 g/L$（作为主体加料）或 $1.0 \sim 1.5 kg/m^2$（对于真空转鼓过滤器）（DAL CIN，2018）。

Dicalite 珍珠岩系列（Erbslöh，2018）是在研磨后开发的，通过在 $800 \sim 1000$℃ 下加热退火至初始尺寸的 $15 \sim 20$ 倍，然后重新研磨以确定所需的细度和结构。粗珍珠岩用于在滤饼中形成空腔，而细珍珠岩用于使滤饼更致密，从而提高其澄清效率。剂量变化很大，取决于要过滤的产品的初始浊度和所需的最终透明度（Erbslöh，2018）。

6.5.3.4 微滤系统

微滤系统适用于过滤不同种类的食醋（酒精醋、葡萄酒醋和苹果醋）。根据 Lopez

等（2005）的说法，膜技术与错流微滤相结合已经并且可以带来重大创新，使得在质量、工厂规模、能源消耗和环境影响方面设计、开发和优化创新流程和产品成为可能。错流过滤主要涉及微孔中空纤维膜，醋液高速斜向通过该膜以防止形成涂层。

例如，用于食醋的 Cetotec 微滤系统（Cetotec，2018）基于错流原理与高性能膜的组合。具体而言，它们由嵌入聚砜（PES）外壳中的聚丙烯（PP）Liqui-Flux® 模块组成，适用于 300~3200L/h 的容量范围。这些系统通过集成过程控制实现全自动，包括用于清洁的自动反吹；它们被安排在一个小而紧凑的空间内，不需要消耗品（Cetotec，2018）。

同样，C-CUT 中空纤维模块（Bürkert，2018）可用于微滤应用，以正确去除食醋细菌和其他微生物。该膜由聚偏二氟乙烯（PVDF）、PES 和 PP 组成，专为需要高过滤性能和填充密度的应用而开发。C-CUT 毛细管模块因其高稳定性以及化学和反冲洗膜清洁的可能性而专门用于水、酒和食醋的过滤（Bürkert，2018）。

各种研究也涉及通过微滤净化醋的各个方面。例如，Tamai 等（1997）研究了使用中空纤维模块对醋酸发酵液进行错流过滤以优化操作参数（细胞浓度、进料速度和压力）和反冲洗操作。根据结果，他们能够计算出生物反应器所需的膜面积。Lopez 等（2005）使用 Permawine Mini（Permeare Srl，意大利米兰）研究了工业规模的错流微滤对白葡萄酒醋、桃红葡萄酒醋和红葡萄酒醋的澄清，该装置由一个四模块过滤器组成，每个过滤器的过滤面积为 24m²。膜材料为 PES（0.45μm 孔径）。该系统显著降低了所有类型食醋的浊度 [低于 0.5NTU（比浊度单位）]，对颜色和多酚含量的影响可以接受，得出的结论是微滤可同时用于澄清和冷杀菌食醋（Lopez 等，2005）。

6.5.4　稳定

6.5.4.1　添加二氧化硫

食醋终产品的稳定性（微生物和氧化稳定性）在储存于罐中或装瓶之前是必要的，以便产品进入市场时没有任何缺陷。最常用的稳定产品"含有"（释放）二氧化硫，作为防腐剂和抗氧化剂，通过快速清除氧气和其他氧化物质来防止褐变和变色。在使用释放二氧化硫的产品时应小心，避免处理后的产品中出现二氧化硫特有的气味（Sofralab，2018）。

市场上有各种用于释放 SO_2 的产品，如 Acetibak（亚硫酸氢钾、$KHSO_3$、E228）（Sofralab，2018）。具体产品中含有 150g/L 的 $KHSO_3$ 形式的 SO_2，处理液中释放 1.5g SO_2 所需的量为 10mL。

其他产品含有焦亚硫酸钾（或焦亚硫酸钾或亚硫酸氢钾；$K_2S_2O_5$，E224；白色粉末），如 Baktol P（Sofralab，2018），用于抑制葡萄汁和葡萄酒中的所有类型的发酵。它也广泛用于食醋。它是一种易于处理的产品，可在高达 400g 时轻松溶解，产生 200g SO_2。

6.5.4.2　添加阿拉伯树胶

对于胶体沉淀物，通常通过添加选定的阿拉伯树胶来实现稳定，阿拉伯树胶是一种常用于食品工业的高分子质量多糖（Corimpex，2018）。添加阿拉伯树胶是食醋胶体稳定的最终处理方法，可恢复在醋酸发酵和澄清过程中失去的初始胶体保护。一旦用阿拉伯树胶处理过，食醋就不能再澄清过滤，因为胶会堵塞过滤器，除非在过滤前至少 2h 添加（Sofralab，2018）。

在葡萄酒中，阿拉伯树胶等来自选定的塞内加尔金合欢结节（DAL CIN，2018）的商业 Délite 产品，主要用于通过软化涩味（红葡萄酒）和酸味（白葡萄酒）来改善感官特征。这些结果是通过减少单宁与唾液蛋白的相互作用以及分别增加丰满度和甜味感而获得的。阿拉伯树胶也会影响香气，使草本味变得不易察觉，从而展现出清新的果味。

Acetistab（Sofralab，2018）是一种阿拉伯树胶产品，适用于稳定红葡萄酒和苹果醋，以确保颜色稳定性并避免因冷藏而产生浑浊。它由特别挑选、溶解、纯化和消毒的树胶制成。典型用量为每 500 ~ 3000L 添加 1L，根据醋的稳定性要求通过冷试验（2℃下 4~6d）测定。

另一个例子是 CX Blanc Gum D（Corimpex，2018），这是一种阿拉伯树胶产品，用作葡萄酒中的胶体保护剂，并防止由铁、铜、蛋白质和磷酸铁以及着色剂沉淀引起的变化。同样，HydroGum（Erbslöh，2018）是一种液体阿拉伯树胶，从 Acacia Senegal 的干燥树液中获得，可防止胶体不稳定和重金属浑浊。与此同时，据称它可以改善葡萄酒的口感和复杂性。稳定和协调的剂量为 40 ~ 100g/100L。以上所有产品必须按照现行法律法规使用，并应进行实验室纯度和质量测试。

6.5.4.3　添加单宁

用于酿酒的单宁包括适用于处理葡萄酒（红葡萄酒和白葡萄酒）、食醋和蒸馏酒的产品。单宁可以先悬浮在少量水中，然后在剧烈搅拌下加入待处理的液体中。此外，建议对剂量、所需的透明度和对风味的影响进行初步测试，尤其是在随后使用含有蛋白质的澄清剂（如鱼胶或明胶）进行处理时。它们的稳定作用可以通过低氧吸收来增强。单宁产品应储存在密封容器中，远离异味、潮湿和光线，打开后应迅速用完（Erbslöh，2018）。

Tannivin® Galleol（Erbslöh，2018）是一种具有高电荷电势的没食子单宁，适用于果汁和葡萄酒的澄清和稳定，以改善结构并减少氧化。CX Tan Plus（Corimpex，2018）是一种鞣花单宁的混合物，从精选的栎木中提取，通过独特水醇提取，然后温和风干以保留原材料的特性。它用于处理红葡萄酒、白葡萄酒、食醋和蒸馏酒。CX Tan Skin（Corimpex，2018）具有成熟葡萄的单宁成分（原花青素和儿茶素来源），与蛋白质（包括多酚氧化酶和着色剂）具有高度反应性。CX Tan Stab（Corimpex，2018）也是一种通过水醇提取获得的鞣花单宁，用于葡萄酒浸渍处理、蛋白质稳定和防止氧化。最后，CX Tan Liqueur（Corimpex，2018）是一种精选法国和美国橡木单宁的水性制剂，在陈酿的早期阶段，于不再能够提供传统优雅单宁的旧桶中应用。上述 CX Tan 系列产品的食醋用量范围为 10 ~ 40 g/hL（Erbslöh，2018）。

根据现行法律法规，单宁稳定助剂也应被允许使用，并且还应符合国际葡萄与葡萄酒组织（OIV）的纯度要求。

6.6 案例：葡萄干精加工副产物生产食醋

葡萄干精加工副产物是希腊等葡萄干主要生产国用于工业醋生产的主要原料。葡萄干是通过阳光、阴凉或机械干燥生产的葡萄干。在希腊，著名的科林斯葡萄品种（小黑葡萄干，以下称"醋栗"）是一种古老的传统产品，作为重要的出口产品，在希腊国家的发展中发挥了重要作用。目前，希腊的醋栗产量约占全球总产量的80%，并出口到世界各地，而希腊市场吸收的总产量不到2%。醋栗是一种双重用途的葡萄品种，可以晒干后作为零食食用，也可以用来生产葡萄酒和食醋。

该产品分为三个主要子品种，*Gulf*、*Provincial* 和 *Vostitsa*（Chiou 等，2014），它们是希腊 Aeghion 周边地区独家生产的优质醋栗（纬度 38°14′54″N；经度 22°04′54″E），气候条件（土壤、海拔、海风和阳光的影响）理想。*Vostitsa* 是其中最高品质的葡萄干，因其独特的风味而引人注目。它是受保护的原产地名称（1993 年第 442597 号部长决定；1998 年第 1549/98 号委员会条例）。

近年来，使用该产品的公司取得了很多进步和创新，包括进行大量的研究工作以确定其营养价值。已发表的研究表明，*Vostitsa* 醋栗是：①极好的抗氧化剂来源（Chiou 等，2007；2014；Kaliora 等，2009）；②具有潜在益生元特性的膳食纤维；③它们具有较高的微量营养盐生物利用度（Kanellos 等，2013）；④它们具有抗癌特性（Kountouri 等，2013）；⑤适度的血糖指数。因此它们可以被糖尿病患者食用（Kanellos 等，2014）。

一家生产醋栗的公司会产生大量低质量的副产物（占总产量的5%），转化糖含量约为70%。在希腊，这种副产物主要用于食醋生产，在较小程度上用于葡萄干糖浆生产。该过程包括三个阶段：①同步酒精发酵提取葡萄干中的糖；②双阶段醋酸发酵过程；③发酵后处理。图 6.6 说明了葡萄干精加工副产物的综合醋生产过程。

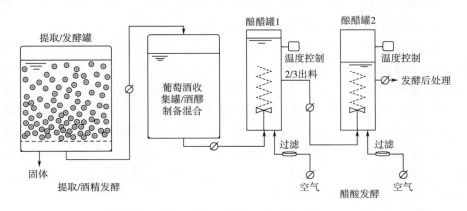

图 6.6　葡萄干或葡萄干精加工副产物工业生产食醋，
包括糖的提取和同步酒精发酵，双阶段醋酸发酵过程

6.6.1 提取/酒精发酵阶段

葡萄干精加工副产物在环境温度下用水提取，无须搅拌且无须添加 SO_2。如图 6.7 所示，提取在开放式水泥槽或封闭的卧式不锈钢葡萄酒旋转发酵罐中进行。

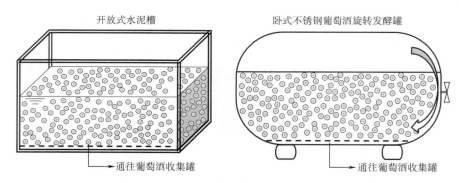

图 6.7　食醋生产中用于糖的提取和同步酒精发酵的发酵槽/罐

卧式旋转发酵罐设计用于传统的红葡萄酒酿造、碳酸浸渍、低温浸渍或用作储罐。这种工业发酵罐的特点包括：①生产不同类型葡萄酒的多功能性（例如，通过低温浸渍）；②一年中的各种利用；③提取时间非常短（超过 40%）；④更高的提取物，使葡萄酒更加丰满和醇厚；⑤几乎不产生渣滓（<3%）；⑥在罐子部分装载的情况下发酵的可能性；⑦通过控制温度调节和氧化来控制发酵的可能性；⑧自动卸载用尽的残渣；⑨可以堆叠排列多个发酵罐等（Desilla，2018；Fracchiolla，2018）。卧式发酵罐的基本部件是：①自动旋转混合器；②自动出料系统；③加热和冷却温度控制系统；④呼吸阀和取样阀；⑤入口/出口；⑥液位计等（Desilla，2018；Prettech，2018）。旋转发酵罐是葡萄酒和食醋生产商的一项创新技术，因为水平配置和旋转混合显著增加了原料醪液（如葡萄汁）与层之间的接触能力，从而最大限度地浸渍单宁和花青素并减少体力劳动而不影响提取物质量。与传统的开放式水泥罐相比，这些系统的另一个优点是它们在污染问题（微生物、昆虫等）方面更为安全。

葡萄干精加工副产物提取持续时间为 1~2d，直到获得 16°Bé 的提取物。在提取结束时，可以压榨葡萄干以接收所有包含的葡萄汁（尤其是那些在开放罐中提取的葡萄汁）。葡萄干精加工副产物的皮、茎、梗的含量越高，提取物的分离效果越好。提取过程中会发生自发的酒精发酵，生产出酒精度超过 10%（体积分数）的葡萄酒。纯酵母培养物可用作发酵剂，但出于成本原因，通常会避免使用。提取的固体残留物用作动物饲料。生产的葡萄酒被转移到酒罐（图 6.6）中，在那里它可以保存 1~2 个月，直到用于食醋发酵。在这个特定的过程中，葡萄酒在醋酸发酵前用水稀释，最高含量为 10%~10.5%，以免抑制醋酸菌的作用。

6.6.2 双阶段醋酸发酵

对于大约 5t/d 的生产能力，醋酸发酵过程包括两个串联的酿醋罐（每个 8t 容量），它们从酒罐中装入葡萄酒（图 6.6）。醋酸发酵在 28~30℃ 的严格温度范围内进行。在此范围之外（例如，由于技术问题），发酵停止并且特定氧化循环的可行性受到严重损害。具体而言，在发酵过程中，温度保持恒定在 29~30℃。降至 28℃ 表示发酵完成。如果温度达到严格的临界点 30.8℃，则必须立即循环冷却水。如果温度保持在这个水平超过 20s，很可能整批都将被破坏。

在这个系统中，每个酿醋罐每天产生大约 4%（体积分数）的乙酸。当第一个酿醋罐产生约 8%（体积分数）酸度的食醋时，2/3 的发酵液被排出并转移到第二个酿醋罐完成发酵，最终产生 10%（体积分数）的酸度。留在第一个酿醋罐中的 1/3 液体用作下一个醋酸发酵循环的起始剂。

对于该醋化过程，每立方米葡萄酒所需的空气流量为 3~4m^3/h。较低的氧气流量导致发酵损失。更多的氧气会导致发酵停止并将乙酸转化为二氧化碳和水。一个氧化循环持续时间约为 10d。如果由于技术原因扰乱正常发酵过程（例如温度和氧气控制有问题），则取消特定生产周期，工厂生产延迟约 10d。如果生产的醋的酸度低于 10%（体积分数），则必须通过添加 SO_2 进行稳定。

6.6.3　发酵后处理

从葡萄干精加工副产物生产的食醋在装瓶前用水稀释到至少 6% 的酸度（或至少 4.5% 的酸度进行批发分销）。正如《希腊食品法典》规定的那样，通过添加约 40mg/L（且不高于 170mg/L）的 SO_2 来稳定最终产品。如果需要，可以通过添加食品级过氧化氢来氧化过量的 SO_2。

食醋通过一到两个硅藻土过滤器澄清。装瓶前可能还需要纸或错流膜过滤。使用活性炭来进行白醋脱色。在所有精加工处理期间，食醋必须保持在恒定的低温下，并在装瓶前进行巴氏杀菌（例如，在 65℃ 下保持 3min）。最后，食醋通常在进入市场之前进行酸度、固体残留物、SO_2 含量和特定金属浓度（Fe、Cu）的分析。

致谢

感谢布菲亚斯（Boufeas）化学与基因组实验室的彼得罗斯·沃菲斯（Petros Boufeas）先生，以及位于希腊卡拉马塔的食醋生产公司（Dionysios P. Papadeas & Co. 和 Athanasios Vriosis & Co. G. P），感谢他们允许我（本章作者）访问其生产设施，并提供有关其食醋生产过程的有用信息，以帮助完成本章。

本章作者

阿吉罗·贝卡托鲁（Argyro Bekatorou）

参考文献

Adams, M. R., and Twiddy, D. R. 1987. Performance parameters in the quick vinegar process. *Enzyme and Microbial Technology* 9：369-373.

Chiou, A., Karathanos, V. T., Mylona, A., Salta, F. N., Preventi, F., and Andrikopoulos, N. K. 2007. Currants (*Vitis vinifera* L.) content of simple phenolics and antioxidant activity. *Food Chemistry* 102: 516-522.

Chiou, A., Panagopoulou, E. A., Gatzali, F., De Marchi, S., and Karathanos, V. T. 2014. Anthocyanins content and antioxidant capacity of Corinthian currants (*Vitis vinifera* L. , var. Apyrena) . *Food Chemistry* 146: 157-165.

Elmi, C. 2015. Relationship between sugar content, total acidity, and crystal by products in the making of Traditional Balsamic Vinegar of Modena. *European Food Research and Technology* 241: 367-376.

EGTOP, 2013. Expert Group for Technical Advice on Organic Production (EGTOP) . Final Report On Greenhouse Production (Protected Cropping) . European Commission- Directorate-General for Agriculture and Rural Development. Sustainability and Quality of Agriculture and Rural Development H. 3. Organic farming.

Falcone, P. M. 2010. Crystallization and jamming in the traditional balsamic vinegar. *Food Research International* 43: 2217-2220.

Gazzola, D., Vincenzi, S., Marangon, M., Pasini, G., and Curioni, A. 2017. Grape seed extract: the first protein-based fining agent endogenous to grapes. *Australian Journal of Grape and Wine Research* 23: 215-225.

Graziosi, R., Bertelli, D., Marchetti, L., Papotti, G., Rossi, M. C., and Plessi, M. 2017. Novel 2D-NMR approach for the classification of balsamic vinegars of Modena. *Journal of Agricultural and Food Chemistry* 65: 5421-5426.

Gullo, M., and Giudici, P. 2008. Acetic acid bacteria in traditional balsamic vinegar: phenotypic traits relevant for starter cultures selection. *International Journal of Food Microbiology* 125: 46-53.

Gullo, M., De Vero, L., and Giudici, P. 2009. Succession of selected strains of Acetobacter pasteurianus and other acetic acid bacteria in traditional balsamic vinegar. *Applied and Environmental Microbiology* 75: 2585-2589.

Ho, C. W., Lazim, A. M., Fazry, S., Zaki, U. K. H. H., and Lim, S. J. 2017. Varieties, production, composition and health benefits of vinegars: a review. *Food Chemistry* 221: 1621-1630.

Kaliora, A. C., Kountouri, A. M., and Karathanos, V. T. 2009. Antioxidant properties of raisins (*Vitis vinifera* L.) . *Journal of Medicinal Food* 12: 1302-1309.

Kanellos, P. T., Kaliora, A. C., Gioxari, A., Christopoulou, G. O., Kalogeropoulos, N. and Karathanos, V. T. 2013. Absorption and bioavailability of antioxidant phytochemicals and increase of serum oxidation resistance in healthy subjects following supplementation with raisins. *Plant Foods for Human Nutrition* 68: 411-415.

Kanellos, P. T., Kaliora, A. C., Tentolouris, N. K., Argiana, V., Perrea, D., Kalogeropoulos, N., Kountouri, A. M., and Karathanos, V. T. 2014. A pilot, randomized controlled trial to examine the health outcomes of raisin consumption in patients with diabetes. *Nutrition* 30: 358-364.

Kountouri, A. M., Gioxari, A., Karvela, E., Kaliora, A. C., Karvelas, M., and Karathanos, V. T. 2013. Chemopreventive properties of raisins originating from Greece in colon cancer cells. *Food Function* 4: 366-372.

Lalou, S., Capece, A., Mantzouridou, F. T., Romano, P., and Tsimidou, M. Z. 2016. Implementing principles of traditional concentrated grape must fermentation to the production of new generation balsamic vinegars. Starter selection and effectiveness. *Journal of Food Science and Technology* 53: 3424-3436.

Lopez, F., Medina, F., Prodanov, M., and Guell, C. 2003. Oxidation of activated carbon: application to vinegar decolorization. *Journal of Colloid and Interface Science* 257: 173-178.

Lopez, F., Pescador, P., Güell, C., Morales, M. L., García-Parrilla, M. C., and Troncoso, A. M. 2005. Industrial vinegar clarification by cross-flow microfiltration: effect on colour and polyphenol content. *Journal of Food Engineering* 68: 133-136.

Mas, A., Torija, M. J., García-Parrilla, M. C., and Troncoso, A. M. 2014. Acetic acid bacteria and the production and quality of wine vinegar. *The Scientific World Journal* 2014: 394671, 6 pages.

Mazza, S., and Murooka, Y. 2009. Vinegar through the ages. In Soliery, L. and Giudici, P. (Eds.),

Vinegars of the World. Springer-Verlag Italia, Milan, Italy, pp. 17-39.

Ministerial Decision No. 442597, 1993. Recognition of Protected Designation of Origin (PDO).

Murooka, Y. 2016. Acetic acid bacteria in production of vinegars and traditional fermented foods. In Matsushita, K., Toyama, H., Tonouchi, N., and Okamoto - Kainuma, A. (Eds.), *Acetic Acid Bacteria*. Springer, Tokyo, Japan, pp. 51-72.

Plessi, M. 2003. Vinegar. In Caballero, B., Trugo, L., and Finglas, P. M. (Eds.) *Encyclopedia of Food Sciences and Nutrition*. Academic Press, San Diego, CA, pp. 5996-6004.

Rios-Reina, R., Elcoroaristizabal, S., Ocana-Gonzalez, J. A., Garcia-Gonzalez, D. L., Amigo, J. M., and Callejon, R. M. 2017. Characterization and authentication of Spanish PDO wine vinegars using multidimensional fluorescence and chemometrics. *Food Chemistry* 230: 108-116.

Rios-Reina, R., Garcia-Gonzalez, D. L., Callejon, R. M., and Amigo, J. M. 2018. NIR spectroscopy and chemometrics for the typification of Spanish wine vinegars with a protected designation of origin. *Food Control* 89: 108-116.

Rogers, P., Chen, J. S., and Zidwick, M. J. 2013. Organic acid and solvent production: acetic, lactic, gluconic, succinic, and polyhydroxyalkanoic acids. In Rosenberg, E., DeLong, E. F., Lory, S., Stackebrandt, E., and Thompson, F. (Eds.), *The Prokaryotes*. Berlin, Heidelberg: Springer, pp. 3-75.

Solieri, L., and Giudici, P. 2008. Yeasts associated to Traditional Balsamic Vinegar: ecological and technological features. *International Journal of Food Microbiology* 125: 36-45.

Tamai, M., Maruko, O., and Kado, T. 1997. Improvement of the vinegar brewing process using bioreactor, part VII: filtration characteristics of acetic acid fermentation broth in a hollow fiber module. *Journal of the Japanese Societyfor Food Science and Technology- Nippon Shokuhin Kagaku Kogaku Kaishi* 44 (12): 896-904.

Tan, S. C. 2005. Vinegar fermentation. LSU Master's Theses. 1225.

Zhong, M., Wang, Y., Yu, J., Tian, Y. J., and Xu, G. W. 2012. Porous carbonfrom vinegar lees for phenol adsorption. *Particuology* 10: 35-41.

7

食醋生产中固定化生物催化剂技术研究进展

7.1 引言

许多细胞固定化技术已经被提出用于食品生产，特别是葡萄酒、啤酒、苹果酒、食醋、酒精（乙醇）的生产。这些技术涉及在各种过程中用作细胞固定化载体的各种材料和生物反应器的构造（Bekatorou 等，2015；Dervakos 和 Webb，1991；Gotovtsev 等，2015；Kosseva，2011；Kourkoutas 等，2004）。细胞固定化是指"在保持其所需的催化活性的情况下，将完整的细胞通过物理连接或定位到空间的某一区域"（Karel 等，1985）。与深层发酵过程（悬浮的、游离的细胞）相比，固定化细胞工艺模拟了微生物在自然环境中附着在不同表面的情况。与传统的深层发酵相比，这种工艺也为工业发展提供了许多优势和机会。如：①生物反应器中更高的细胞浓度；②更高的生产率和更短的反应时间；③保护细胞的完整性和提高存活率（例如，抵御 pH、温度、底物浓度、有毒产物、剪切力等压力）；④适用于连续工艺；⑤产物回收；⑥生物催化剂的可重复使用；⑦缩短陈酿时间；⑧降低生产成本等（Bekatorou 等，2015）。

在食品生产中被用作细胞固定化载体的固体材料包括：

（1）有机材料　如合成聚合物、纤维素和化学改性纤维素［例如，二乙氨基乙基纤维素（DEAE-纤维素）］和其他高分子碳水化合物和蛋白质、天然海绵、农用工业残留物（木屑、部分水果、谷类麸皮等）等。

（2）无机材料　如天然矿物和岩石（多孔钙钛矿、蒙脱石、浮石、氧化铝等）、多孔瓷器、多孔玻璃等。

其中一些材料还可以通过化学处理以改善其细胞或酶的结合特性。如果这些材料具有良好的抗剪切力，合适的比表面积和多孔性，且易于操作，则可以用于食品生产。此外，固定化技术应简单易行，成本低，适于扩大规模。最后，应用细胞固定化技术最重要的前提之一就是不能降低最终产品的质量。事实上，许多已发表的研究报告表明，细胞固定化改善了产品的营养和感官特性（Bekatorou 等，2015；Kourkoutas 等，2004）。然而，固定化细胞的工业化应用面临着诸多限制：放大过程的合理设计、处理难度、所需的人员培训、污染问题以及最重要的是工业生产者倾向于创新的程度。

现有的关于食品生产的活细胞固定技术的科学文献范围较广并且不断增加，主要与酒精饮料，用于食品、药品和燃料的乙醇，以及控释应用有关（Bekatorou 等，2015；Kourkoutas 等，2014；Mishra，2015）。在本章中，我们重点论述细胞固定化技术的主要特点和优势，以及用于食醋生产工艺开发的科学数据。

7.2 全细胞固定化技术

全细胞固定化通用类型如图 7.1 所示。全细胞固定化技术可以分为以下四大类（Bekatorou 等，2015；Gotovtsev 等，2015；Kourkoutas 等，2004；Mishra，2015）：

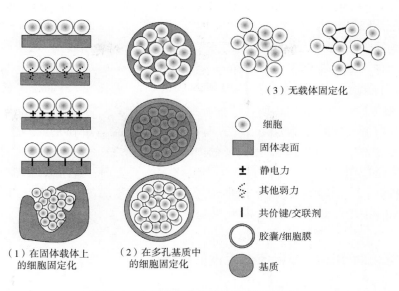

（3）无载体固定化

⊛　细胞

▮　固体表面

±　静电力

⋰　其他弱力

▮　共价键/交联剂

◯　胶囊/细胞膜

⬤　基质

（1）在固体载体上
的细胞固定化

（2）在多孔基质中
的细胞固定化

图 7.1　全细胞固定化通用类型示意图

（1）在固体载体上的细胞固定化　细胞通过细胞和固体载体表面之间的共价键连接，或被捕获到载体表面的空腔中，或者通过物理吸附、静电力和其他弱作用力保持连接（Bekatorou 等，2015）[图 7.1（1）]。在这种类型的固定化中，细胞可以生长和逸出，并且悬浮的游离细胞也可能存在于发酵培养基中。这种技术由于其简单性和低成本而被广泛使用。该技术通过将载体颗粒和细胞悬浮到营养培养基中并让细胞在合适的温度下生长，在有或没有搅动的情况下都易于使用（Bekatorou 等，2015；De Ory 等，2004；Kourkoutas 等，2004；Koutinas 等，2012）。

（2）在多孔基质中的细胞固定化　细胞可以穿透到多孔基质中，直到它们的移动被其他细胞阻碍，或者多孔基质在细胞悬液中原位固化，从而包裹细胞（Bekatorou 等，2015；Mishra，2015）[图 7.1（2）]。

多孔基质必须具备允许底物和产物有效扩散的特性。这种类型的细胞固定化是实验室规模研究中最受欢迎的，其主要优点是简单、与活细胞兼容和可在生物反应器中控制细胞密度（与通过自然捕获将细胞固定在固体载体上相比）。然而，该技术不太适合大规模应用。最常用的固定化基质是高分子材料，如天然多糖水凝胶（海藻酸盐、κ-卡拉胶、琼脂、果胶等），纤维素、壳聚糖、明胶、胶原蛋白，以及合成聚合物（聚丙烯酰胺、聚乙烯醇等）（Bekatorou 等，2015；Mishra，2015）。

（3）无载体固定化　细胞可以通过天然絮凝彼此附着，形成大的聚合体（自聚体），或通过人工交联 [图 7.1（3）]（Bekatorou 等，2015；Mishra，2015；Zhao 和 Bai，2009）相互连接。在这两种情况下，聚集体都可以用于批量和连续生产。自然絮凝是一种简单且经济高效的技术，主要缺点是细胞泄漏的风险和较难控制，这对工艺优化至关重要。另一方面，人工交联可以增强自聚集，或者可以帮助不会自然絮凝的细胞聚集。酵母絮凝机制及其对发酵工业的重要性得到了广泛研究（Bekatorou 等，

2015；Jin 和 Speers，1998；Kourkoutas 等，2004；Mishra，2015；Pilkington 等，1998；Zhao 和 Bai，2009）。

另一种简单且成本低的无载体固定化技术是生物包埋，其中固定基质包括一种要共固定的物种（如丝状真菌）（Bekatorou 等，2015；Garcia-Martinez 等，2015）。

（4）屏障限制　细胞被一种屏障所限制（可以生长），例如，半透膜［图7.1（2）］，或被包裹在微胶囊中，或在两种不混溶液体的相互作用表面。这些技术的主要缺点是传质限制和细胞过度生长导致的膜堵塞和/或破裂（Bekatorou 等，2015）。聚合物微球（1~1000μm）微囊化是最重要的屏障限制技术之一，在生物技术过程和食品生产中具有广泛应用（例如，发酵过程的固定化生物催化剂、益生菌的保护性传递、生物修复过程等），该技术可实现更好的传质，更容易从产品中分离细胞，以及更少的细胞泄漏（Mishra 等，2015；Rathore 等，2013）。

7.3　固定化对细胞生理和代谢活性的影响

细胞固定化对细胞生理和代谢活性有多种影响。这些影响在大多数情况下是需要的，也是固定化优于游离细胞的原因包括：①激活能量代谢；②改变生长速率；③改变细胞内 pH；④增加底物摄取和发酵产物和副产物（如风味形成）；⑤增加对抑制剂（乙醇、酸、溶剂等）和工艺条件（pH、温度、剪切力、冷冻干燥等）的耐受性。这些影响可能是由于传质限制、表面张力、渗透压、水分活度、细胞形态和膜通透性的变化以及其他前面讨论和综述过的变化引起的蛋白质的表达、多糖的储存、核酸含量等的变化造成的（Bekatorou 等，2015；Junter 等，2002；Junter 和 Jouenne，2004，2011）。

细胞固定化在食品生产中最重要的作用之一是改善发酵食品的风味。发酵食品中相当一部分与香气相关的化合物是在初级发酵过程中产生的（同源物）。以发酵饮料为例，这些化合物主要是高级醇的乙酸酯、脂肪酸的乙酯和其他具有极低气味阈值和令人愉悦的果香或花香的酯类。在发酵过程中也会产生高级醇、脂肪酸、羰基化合物以及硫化物（Bekatorou，2016；Jackson，2008；Mallouchos 和 Bekatorou，2008）。

酯类是酵母脂质代谢的副产物（乙酰辅酶 A 化合物的醇分解）或在陈酿过程中由醇和酸之间的缓慢酯化反应产生（图7.2）。发酵饮料如葡萄酒中重要的酯类有乙酸乙酯（果味低于 150mg/L）、乙酸异戊酯（香蕉味）、乙酸苄酯（苹果味）、己酸乙酯（苹果味、茴香味）、辛酸乙酯（果味、脂肪味）和癸酸乙酯（类似白兰地的香气）（Bekatorou，2016；Jackson，2014）。

高级醇是由酵母在酒精发酵过程中通过相应氨基酸的脱氨作用以及随后的脱羧和还原反应产生的（图7.2）。低浓度醇（低于 400mg/L）会增加香气的复杂性，否则它们被认为是异味（刺鼻），并可能掩盖其他香气挥发物的味道（Bekatorou，2016；Jackson，2014）。

醛和酮可能是①发酵副产物（例如，通过酒精发酵和不完全醋酸发酵产生的乙

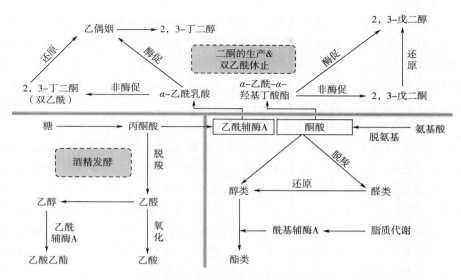

图 7.2 酒精发酵过程中香气相关挥发性化合物的产生

醛)，②加工副产物（例如，通过美拉德反应产生的 2-糠醛和 5-甲基糠醛）以及③陈酿副产物（例如，从成熟组织中提取的肉桂醛和香草醛），或④从原料中获得（例如，β-大马酮，α-紫罗兰酮等）（Bekaterou，2016；Giordano 等，2003；Jackson 等，2014）。在羰基化合物中，双乙酰（2,3-丁二酮）是主要的芳香化合物，主要对啤酒风味（黄油、坚果味或烤面包味）有显著影响。双乙酰具有非常低的阈值（大约 1mg/L），在某些产品中不应出现，如啤酒，它们必须在非常低的温度（大约 0℃）下熟化才能将双乙酰还原为乙偶姻。这种熟化过程是一个需要能量和空间的过程，通常被称为双乙酰休止（图 7.2）。

酸度通常分为挥发性的和不挥发性的。挥发性酸度通常指乙酸浓度，因为它是葡萄酒和食醋等发酵饮料中的主要挥发性酸，也可能还存在其他羧酸（甲酸、丁酸、丙酸和长链脂肪酸）。这些次要酸具有特异性气味，但通常仅在微生物腐败时，在可检测的水平上被发现（Bekatorou，2016；Jackson，2014）。

最后，发酵饮料中发现的有机硫化合物包括氨基酸（半胱氨酸、甲硫氨酸）、肽（谷胱甘肽）、维生素（硫胺素、生物素）、硫醇等，这些可能源于原料和发酵微生物的代谢活性，也可能源于在发酵和陈酿过程中的非酶促反应。由于 SO_2 是最常用的防腐剂和抗氧化剂，所以在添加 SO_2 的葡萄酒和食醋中也可以发现无机硫酸盐。虽然通常只有微量的挥发性含硫化合物，但由于它们具有非常低的阈值和令人不愉快的气味，因此具有很高的感官上的显著性（Bekatorou，2016；Jackson，2014）。

在酒精发酵过程中，同源物的形成不仅是原料和酵母所决定的，还受温度和 pH 以及固定技术的应用的影响。具体而言，许多公开的研究指出了细胞固定化对挥发性化合物形成的影响，特别是当其与非常低的发酵温度结合使用时。其中一个最重要的现象是初级发酵结束后酯与高级醇的比率提高和双乙酰含量降低，这都可以导致产品香气改善和陈酿时间缩短（Bekatorou，2016；Kourkoutas 等，2004；Mallouchos 和

Bekatorou，2008）。

食醋主要由葡萄酒和苹果酒或任何其他以前经过酒精发酵的原料制成。因此，食醋的香气直接受到酒精醪成分的影响。如本书的其他章节所述，食醋的风味是酒醪的成分、醋酸菌在醋化过程中产生的化合物、从木桶中提取的化合物以及陈酿过程中发生的化学转化的结果。因此，通过传统缓慢方法（如奥尔良工艺）生产的食醋具有更复杂的香气。醋化器工艺虽然比奥尔良工艺快，但涉及使用固定化细胞（如固定在木屑上），这也会影响最终产品的质量。

木屑（小木片）是食醋生产中醋酸菌固定化的载体，将在下面进行详细讨论。木屑的添加被广泛用于酒类研究以加速葡萄酒和食醋的陈酿（Cerezo 等，2014）。因此，开展了各种研究，来区分使用木桶中进行传统陈酿或使用木屑方法陈酿的食醋。Cerezo等（2014）评估了来自不同木材（金合欢、樱桃、栗子和橡木），烤制和非烤制处理的木屑在食醋陈酿过程中对酚类化合物释放的影响。他们在食醋中发现木材标记物柚皮素和山奈酚（樱桃）、刺槐素和黄颜木素（金合欢）以及异香草醛（橡木），而烘烤木屑会降低大多数类黄酮标记物的浓度。这些结果有助于区分采用不同陈酿方法的食醋，以及用于加速陈酿的木屑的木材种类。同样，Morales 等（2006）使用感官评价的分析方法评估了区分不同陈酿技术（传统或加速）处理条件下的食醋的可能性。

下面介绍并讨论了固定化生物催化剂（细胞和酶）在制作葡萄酒和苹果酒（用于食醋制造的最广泛的原材料）以及高效生产优质食醋方面的进展。

7.4 利用固定化生物催化剂生产葡萄酒和苹果酒

7.4.1 利用固定化细胞酿制葡萄酒

关于用固定化细胞酿酒的现有文献很多，但由于上述的缺点，以及消费者对传统、恒久不变的生产方式的创新方法的怀疑，固定化细胞在工业上的应用仍然受到限制。研究固定化细胞在葡萄酒酿造和一般的酒精饮料中使用的目的：①提高发酵生产效率和产量；②减少产品陈酿所需的时间；③降低生产成本和安装尺寸；④改善风味；⑤促进极低温发酵（0~10℃）；⑥增加酵母的乙醇耐受性（Bekatorou 等，2015；Kourkoutas 等，2004）；⑦利用连续性加工（Genisheva 等，2014）；⑧允许在批量处理中重复使用生物催化剂，以降低成本以及培养适应（Bekatorou 等，2015；Garciamartinez 等，2015）；⑨促进酒精和苹果酸乳酸同步发酵（Servetas 等，2013；Simo 等，2017）；⑩通过"香槟酒"方法生产起泡葡萄酒（Milielvic 等，2017）；⑪使用选定的固定化非酿酒酵母降低葡萄酒中的乙醇含量（Canonico 等，2016）；⑫生产具有独特特征的新产品（Bekatorou 等，2015）。

人们已经提出了多种材料和技术来固定化酵母、细菌和酶用于酿酒，这些材料包括有机、无机、天然或合成载体，并经过或不经过化学修饰以优化其性能。在葡萄酒酿造过程中用于固定化载体的无机材料包括熔岩泡沫玻璃、蒙脱石、多孔石和其他矿物和黏土材料、γ-氧化铝、瓷器、多孔玻璃等（Bekatorou 等，2015；Kourkoutas 等，

2004)。尽管这些材料在加工速率和产量方面具有优势，但由于这些残留物不挥发且不会被蒸馏，因此除非产品是用于蒸馏生产的，否则其使用会受限于最终产品中不良残留物（如 γ-氧化铝或熔岩泡沫玻璃）的潜在转移（Loukatos 等，2000）。

另一方面，人们发现天然的食品级材料作为酿酒和酿造过程中的细胞固定载体是非常有利的。这种载体可以从木材和其他类型的纤维素生物质、甲壳素、壳聚糖和其他天然多糖、麸质和其他蛋白质、κ-卡拉胶、海藻酸盐、淀粉和其他水凝胶、水果块、软木塞、葡萄籽、皮和茎、玉米棒、谷物、啤酒糟和其他固体废物制备（Bekatorou 等，2015；Benucci 等，2016；Bleeve 等，2016；Hettiarachchy 等，2018；Kourkoutas 等，2004；López de Lerma 等，2018）。这些材料制备的固定化生物催化剂价格低廉，制备简单，易于操作，所以易于被消费者接受。

基于这些载体，各种可行的脱水固定化生物催化剂已被研究，并用于轻质、易于储存、保存和商业化的产品，用于酿酒和酿造应用（Bekatorou 等，2015；Kandylis 等，2014；Kourkoutas 等，2004；Tsaousi 等，2011）。

7.4.2　利用固定化酶酿制葡萄酒

虽然大多数关于固定化技术的文献是指完整的、活细胞固定化，但最新的研究提出了基于固定化酶的酿酒技术的创新。最近已经对固定化酶的广泛使用（化工、食品生产、医药、生物燃料、废水处理、纺织、先进生物传感器等）进行了综述和讨论。在这些研究中，固定化酶生物催化剂相对于游离酶系统的广泛使用归因于易于使用、更好地控制反应过程、不含酶的最终产物、较低的成本、过程环保以及能够开发稳定的商用酶、新型微孔或纳米结构载体和新型技术等优点（Ferner 等，2018；Franssen 等，2013；Hettiarachchy 等，2018；Sirisha 等，2016）。

与全细胞固定化的情况一样，"固定化酶是物理上固定的或定位的酶，它们保持其催化活性，可用于重复和连续处理"（Franssen 等，2013）。酶固定化技术可分为以下几类：①通过氢键、离子结合或其他力（如疏水相互作用）而吸附到固体载体上；②在合适的载体基团上共价键合（如环氧基团）；③交联（如使用戊二醛等双功能试剂）；④在水凝胶（如海藻酸盐）、膜（如中空纤维反应器）、微乳液等中的包埋（Franssen 等，2013）。

图 7.3 所示为一些在酿酒研究中用于生产或处理目的的酶固定化技术。

例如，固定化酶已被用于在葡萄酒中释放重要的香气化合物，如萜类化合物。萜类化合物通常与各种糖结合在一起，这些糖构成了香气前体的重要来源。为了使这些糖苷酶的糖键断裂并释放萜烯，已经测试了各种各样的酶，如 β-葡萄糖苷酶、α-阿拉伯糖苷酶和 α-鼠李糖苷酶（Ferner 等，2018）。更具体地说，Ferner 等（2018）开发了一种简单且经济高效的技术，用于将多种黑曲霉糖苷酶（β-D-葡萄糖苷酶、α-L-阿拉伯糖苷酶、α-L-鼠李糖苷酶、β-D-吡喃木糖苷酶）固定在磁珠上。用于处理模型葡萄酒（对照组）和白葡萄酒［图 7.3（1）］。结果表明，经固定化糖苷酶处理的白葡萄酒中游离萜烯含量明显高于对照组的葡萄酒。

共价固定在固体载体上的蛋白水解酶也被用来降低白葡萄酒的浑浊度（Benucci

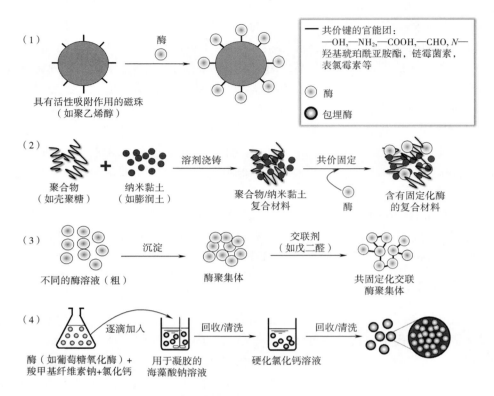

图7.3　在酿酒研究中酶固定化技术应用的示意图

等，2018）。具体地说，基于壳聚糖和纳米黏土［包括蒙脱石、海泡石和膨润土，相对于壳聚糖的质量为1%~5%（质量分数）］的创新复合载体是通过溶液浇铸法生产的，并作为菠萝茎菠萝蛋白酶（作为参照酶）在类似葡萄酒介质中的共价连接载体进行了评估［图7.3（2）］。结果显示了不同聚合物基质的相互作用和不同的酶负荷（Benucci等，2018）。

　　最近报道了用于麝香葡萄酒中芳香萜烯酶促释放的交联β-糖苷酶聚集体的共固定化［图7.3（3）］（Ahumada等，2016）。共固定化酶呈现出高稳定性和良好的技术潜力，可用于减少葡萄酒制造中的酶成本。在另一项研究中，使用来自地霉属的固定化的粗酶以降低红葡萄酒中的乙醇含量。最佳处理条件（35g/L 海藻酸钠，20g/L 氯化钙和3mL 粗酶）显著提高了葡萄酒的酯含量和整体感官品质（Lu 等，2017）。来自鸡蛋蛋白的溶菌酶也被共价固定在球形微生物壳聚糖载体上，用于开发一种白葡萄酒和红葡萄酒中乳酸菌（酒酒球菌，*Oenococcus Oeni*）连续酶促裂解的系统（Cappannaella 等，2016）。其目的是通过控制苹果酸发酵来限制 SO$_2$。在模型组葡萄酒样品分批过程中对固定化技术进行了优化，考虑了酶载量、化酶活和动力学，随后利用最佳条件对流化床生物反应器进行了优化。当将系统应用于真正的葡萄酒处理时，溶菌酶在固定化形式下更有效，表明共价固定增加了酶对葡萄酒黄烷抑制的耐受性（Cappannella 等，2016）。

从黑曲霉中提取的果胶酶使用多种固定化技术（吸附固定化、戊二醛活化载体吸附和共价键合）固定在壳聚糖包被的甲壳素载体上，以便用于果汁和葡萄酒工业。确定了固定化生物催化剂的最适 pH、热稳定性、酶浓度和可重复使用性，结果表明，固定化生物催化剂在 9 次重复循环利用后仍能保持 100%的原始催化活性（Ramirez 等，2016）。

最后，建议在海藻酸钙空心珠中用微囊化葡萄糖氧化酶（GOX）处理葡萄汁，作为生产低度葡萄酒的生物技术替代品（Ruiz 等，2018），以克服低 pH 对酶活性的抑制作用。用 22g/L 海藻酸钠、20g/L 羧甲基纤维素和 12g/L CaCl$_2$ 进行固定化，固定化率为 73%［图 7.3（4）］。包埋酶的初始活力在 pH 4.0 时保持在 92%左右。此外，GOX珠可以在模型葡萄汁中重复使用 7 个循环。固定化生物催化剂在酸性葡萄汁 pH 下保持活性，使固定化生物催化剂在低度葡萄酒生产中有很好的工业应用前景（Ruiz 等，2018）。

由于上述及许多其他创新旨在提高可用于食醋生产的葡萄酒和其他原材料的质量，因此这些技术可应用于食醋生产，或可能对食醋的质量产生影响。

7.4.3　利用固定化生物催化剂酿制苹果酒

苹果酒是另一种用于食醋生产的主要基质。苹果酒的生产是一个复杂的过程，先由酵母进行酒精发酵，然后由乳酸菌进行苹果乳酸发酵。传统的苹果酒是利用野生微生物群对苹果汁进行自然发酵而生产的，但是产品质量不稳定。关于世界各地苹果酒生产的信息、一般生产方法、微生物学、商业生产、病原菌和腐败微生物的控制以及发酵和陈酿过程中的生化转化，可以在 Jarvis（2014）最近的一篇综述中找到，也在第5 章和第 12 章中进行了更详细的讨论。

固定化技术在苹果酒生产中的应用旨在提高加工效率，缩短陈酿时间，提高产品的品质及稳定性。Nedovic 等（2015）最近回顾了固定化细胞技术对酒精饮料（包括苹果酒生产）的影响。重点介绍了载体材料，固定化方法，生物反应器设计、操作和放大潜力，以及对香气的影响。

最近关于固定化细胞生物催化剂用于苹果酒酿造的研究工作包括在不同的生物反应器配置中使用共固定化菌种（例如，贝酵母和酒明串珠菌的共固定化，或者混合的开菲尔微生物菌群）来同时进行酒精发酵和苹果乳酸发酵（Bleve 等，2016；Nikolaou 等，2017；Zhang 和 Lovitt，2006）。这些系统与传统的游离细胞系统相比具有许多优势，包括：①消除了非生产性细胞生长阶段；②连续加工的可行性；③生物催化剂的可重复使用性（Bleve 等，2016）。尽管大多数努力都是有效的，但固定化细胞在苹果酒生产中的工业应用还需要进一步的研究，对于葡萄酒和其他发酵产品的情况也如此。

7.5　利用固定化生物催化剂生产食醋

正如本书其他章节所总结的那样，目前食醋研究的趋势是将传统技术和新技术相结合，以提高食醋发酵效率，充分有效地利用可用的原材料，降低生产和安装成本，减少发酵和陈酿时间，而不会对最终产品的品质产生负面影响（在大多数情况下，品质会得到改善）。

建议的方法应该侧重于确保受控的工艺条件，主要包括使用精心选择的发酵剂和设计新的醋酸发酵系统（例如，发酵过程中回收底物，并使其循环使用的系统，连续分批发酵的应用，半连续和连续加工，以及固定化细胞或酶生物催化剂的使用）。工程方面的进步还包括设计具有改进氧扩散系统的放大式醋化器。此外，重点介绍和讨论了制醋固定化技术（酒精发酵、醋酸发酵和陈酿）、载体和微生物等方面的最新研究进展（与以前的研究相比）。

7.5.1 利用固定化细胞生产食醋

大多数早期通过固定化细胞应用于现代食醋工业的研究主要集中在海藻酸钙凝胶固定化醋杆菌属的使用上。然而，水凝胶作为细胞固定化基质的实际应用仍面临一些挑战，例如：①对氧气、底物和产物的扩散限制；②稳定性低（例如，由于剪切力引起的破坏，如大型反应器中的高静水压或由于对 Ca^{2+} 具有高亲和力的物质，如磷酸盐或柠檬酸盐等造成的破坏）；③孔隙率过高，可能导致营养物质流失等（Mishra，2015；Smidsrod 和 Skjak-Braek，1990）。为了避免细胞和营养物质的流失，或者允许固定一种以上的微生物物种，还开发了双层珠粒和海藻酸盐凝胶与其他材料的复合材料，用于饮料发酵。

Fumi 等（1992）是最早研究影响氧摄取、细胞生长和活力以及固定化醋杆菌属细胞从载体上释放的固定化技术因素的团队之一。这些因素包括海藻酸盐浓度、双层海藻酸盐凝胶层的使用、颗粒大小、凝胶中的细胞密度和凝胶在 $CaCl_2$ 溶液中凝胶孵育的时间。研究得出结论：①最大摄氧率和细胞渗漏率受凝胶中海藻酸盐和细胞浓度的影响；②与 $CaCl_2$ 接触的扩大减少了活细胞数量；③使用双层海藻酸盐凝胶层对细胞存活率和最大氧气摄取率没有影响，并可以防止细胞渗漏（Fumi 等，1992）。

将 α-氧化铝添加到海藻酸钠的水溶液中，可以产生更致密的珠子，从而可以更好地转移氧气，同时提高乙酸的产率。这一特性是由 Dabdoub Paz 等（1993）开发的用于固定从乙醇生产工厂分离的活醋杆菌属细胞。将所制备的生物催化剂用于循环三相流化床生物反应器中乙醇连续合成乙酸的反应。De Araujo 和 Santana（1996）以类似的方式研究了固定化醋杆菌属在流化床反应器中连续氧化乙醇（作为好氧细胞的模型系统），以评价凝胶颗粒密度对醋酸发酵的影响。通过向凝胶基质中加入不同量的 α-氧化铝制备密度不同的颗粒。具体地说，这些颗粒是由更致密的 α-氧化铝和海藻酸钠组成的核心，包裹着一层更薄的海藻酸钠。

醋杆菌属细胞被包裹在海藻酸钙凝胶中或吸附在预制的纤维素珠上，在不同的温度或 pH 条件下，细胞数量没有明显变化，而固定化细胞的乙酸产量比游离细胞略有增加（Krisch，1996）。另一方面，在较高温度下固定化基质会导致扩散障碍，从而减少氧的供应，降低乙醇的转化率。在 Krisch 和 Szajáni（1997）的后续研究中，酿酒酵母和醋酸菌细胞也被包裹在海藻酸钙珠中或吸附在预制的纤维素珠上，并用 0~20%（体积分数）乙醇和 0~10%（体积分数）乙酸处理，以评估包埋的、吸附的和游离的细胞的乙醇和乙酸耐受性。他们的结果表明，20%（体积分数）乙醇对游离酵母细胞是致命的，而包埋细胞的存活率为 62%~72%。此外，在 10%（体积分数）乙酸条件下，游离态和吸附态的醋酸菌均不能生长，但 69% 的吸附态细胞存活。因此，他们得出结论，与吸附相比，凝胶包埋可以更好地对抗食醋发酵过程中底物和产物的毒性。

Dias 等（2016）提出用海藻酸钙固定醋酸菌和氧化葡萄糖杆菌细胞生产嘉宝果（*Myrciaria jaboticaba*）醋，作为一种开发果实剩余价值的新方法。他们的方法包括：通过机械压榨果肉来提取嘉宝果，通过添加蔗糖将可溶性固形物含量调整到 16°Bx，添加二亚硫酸二钾（0.1g/L）作为防腐剂/抗氧化剂，以及用 1g/L 膨润土去除不可发酵的固形物。酿酒酵母菌株的酒精发酵可使嘉宝果酒的乙醇含量在 14d 左右达到 9.5%。经固定化混合培养醋酸发酵，乙酸产率为 74.4%，产量为 0.29g/（L·h）。生产的食醋口感和风味适宜，整个生产工艺被评为一项高附加值的可行技术，可作为开发嘉宝果剩余价值的一项新技术。

木屑是另一种被广泛研究的用于食醋生产细胞固定化的载体。例如，Garg 等（1995）以酿酒酵母为原料，采用酒精发酵生产芒果醋，再循环利用酿酒酵母以提高发酵率，然后用固定在木屑上的醋化醋杆菌进行半连续氧化。该工艺酸度为 5.3%（以乙酸计），转化率为 60%。以类似的方式，Koche 等（2006）提出用酿酒酵母将甘蔗汁发酵到 8%（体积分数）乙醇，然后用吸附在甘蔗渣、玉米棒和木屑上，或包埋在海藻酸钙中的醋酸菌进行醋酸发酵，从而生产甘蔗醋（图 7.4）。三种吸附式生物催化剂的性能相似，在大约 1 个月的深层发酵后，酸度达到 5.9%~6.7%。通过回收甘蔗渣吸附细胞，醋酸发酵时间缩短至 13d。用填充床柱将细胞吸附在甘蔗渣上进行半连续发酵，可使发酵时间进一步缩短至 80h。

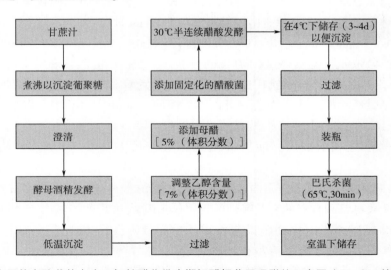

图 7.4　在固体多孔载体存在下初始醋化批次期间醋杆菌属吸附的示意图（De Ory 等，2004）

随后，Kocher 和 Dhillon（2013）以甘蔗汁（17°Bx）为原料，用酿酒酵母酒精发酵至 9.5%（体积分数）乙醇，然后在填充柱反应器中使用固定在木屑上的醋酸菌进行半连续醋酸发酵（2：1 细胞与吸附剂的比率）（图 7.5）。将初始酸度为 20g/L 的甘蔗酒（含有母醋）以 50mL/h、2.5L 规模提供给反应器，在批处理的 3d 内产生挥发性酸度为 41~68g/L 的醋（与批处理的 13d 相比；Kocher 等，2006）。产品在超过 25 个循环中保持一致，发酵效率为 53%~88%，醋化率为 2.8~5.8g/（L·d）。生产的食醋具有良好的口感和风味，因此该方法是一种经济、高效、环保的食醋生产方法，具有潜在的工业应用前景。

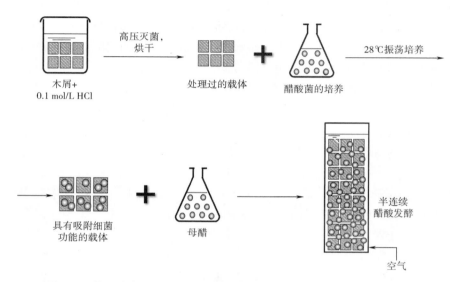

图 7.5　使用固定化醋酸菌生产甘蔗醋的流程图（Kocher 等，　2006）

De Ory 等（2004）开发了一套完整的实验设计方案用于研究固定化醋酸菌的三种不同固体载体的特性：Siran（商用烧结玻璃；1~2mm 球体；60% 孔隙度；10~300μm 孔径）、木材（15mm×1mm 芯片；96.7% 孔隙度；15μm 孔径）和聚氨酯泡沫（1cm³；97% 孔隙度；400μm 孔径）。在载体存在的情况下，在初始醋酸发酵批次期间进行固定化（图 7.6）。然后将固定化细胞用于连续的半连续发酵循环，以评价其醋酸发酵特性。聚氨酯泡沫是最成功的载体，因为它可以在短时间（300h）内获得大量的固定化细胞（大约 10.5×10^6 个/mg），并产生最高的醋酸发酵产率 [4.74g/（L·d）]。这些结果，再加上载体的惰性和低成本，使所提出的方法有可能适合工业应用（De Ory 等，2004）。

Kaur 等（2011）报道了使用固定化细胞在甘蔗渣上通过分批次和半连续发酵生产茶醋，以生产兼具茶和食醋的有益特性的产品。分批次过程的持续时间为 4~5 周，但若采用半连续或连续固定化细胞工艺所需的时间较短。具体地说，利用酿酒酵母对 1.0% 和 1.5% 的茶浸液进行酒精发酵，然后用醋化醋杆菌进行分批醋酸发酵，在 24d 内分别产生 4.5% 和 4.7% 的挥发性酸度。使用固定化醋化醋杆菌半连续发酵从 1.5% 的茶酒（8.9% 乙醇；1.0% 酸度）中以 50mL/h 的流速在 9 个连续循环（4h/循环）中产生 4.4% 挥发性酸。Jiang 等（2015）筛选了各种固定化醋酸菌的载体（蔗渣、木屑、玉米芯、花生壳、稻壳），优化了蓝莓醋的生产。结果表明，甘蔗渣固定化细胞（60.4g/L）经过 7d 的实验室规模发酵，酸度最高，发酵过程更加稳定，产品感官性能良好。

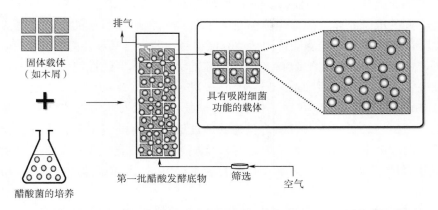

图 7.6　甘蔗醋生产中醋杆菌属在木屑上吸附的示意图（基于 Kocher 等，2006）

因此，甘蔗渣可作为蓝莓醋发酵的合适固定化载体。Kumar 和 Kocher（2017）使用三种类型的印度木屑，即 *Melona grandis* 大甜瓜（米林迪）、*Tectona grandis* 柚木（萨格旺）和 *Castania sativa* 甜栗（意大利柚木），生产用于优质甘蔗醋发酵的固定化生物催化剂。固定化技术包括用 0.1mol/L HCl 洗涤刨花，高压灭菌和在 60℃下干燥。为吸附细菌，将木屑与醋酸曲霉按 1∶2 比例混合，在 28℃下摇动培养 24h。将吸附了细胞的木屑用水轻轻洗涤，用于甘蔗汁［之前已经由酿酒酵母发酵至大约 9%（体积分数）的乙醇含量］的醋酸发酵。三种木屑的细胞吸附率分别为 66.6%、44.4% 和 21.4%。最佳醋酸发酵过程（6d 内 50g/L 的挥发性酸度）条件为：使用依次固定化在 15mm 的大甜瓜（米林迪）木屑，柚木（萨格旺）和甜栗（意大利柚木）木屑上的醋酸菌。在 6~10d 时间内，在 5L 和 50L 发酵罐中扩大生产分别产生了酸度为 70g/L 和 40g/L 的甘蔗醋（Kumar 和 Kocher，2017）。

Viana 等（2017）提出了开菲尔苹果醋的生产方法，并用生物斑点激光方法对发酵过程进行了评价。用巴西开菲尔粒接种发酵前的苹果汁（100g/L；在 28°C 静态条件下酒精发酵，搅拌进行醋酸发酵）酿造食醋。经 Matrix 辅助激光解吸电离飞行时间质谱（MALDI-TOF-MS）鉴定，培养物中含有酿酒酵母、副乳杆菌、植物乳杆菌、巴氏醋杆菌和聚合型醋杆菌。开菲尔粒可以利用苹果产生乙醇、乙酸、挥发醇和醛。制得的乙酸得率为大约 79%（41g/L）。这一技术被建议为一种新型的固定化细胞培养技术（固定化菌种在开菲尔粒多糖基质中）用于一步法食醋生产，省去了传统二步法发酵过程中需要离心的环节。

最后，Leonés 等（2019）建议直接从柠檬汁中生产柠檬醋。对于酒精发酵，他们使用了两种不同的酵母菌株（酿酒酵母）和两种工艺类型（游离细胞和海藻酸盐中的固定化细胞）。醋酸发酵工艺参数被优化以实现半连续发酵。当使用游离酿酒酵母（*S. cerevisiae* var. *Bayanus*）时，达到了酒精发酵的最佳条件。对于醋酸发酵，使用占总体积的 33.33% 的卸料量在 20~24h 中生产柠檬醋，测得酸度为 133g/L（以乙酸表示）。

各种已发表的研究也报道了细胞固定化在食醋生产中的应用，目的除了提高发酵效率，还有改善其他可能影响食醋技术的过程。例如，Kondo 与 Ikeda（1999）研制了用固定化的巴氏醋杆菌（*A. pasteurianus*）细胞修饰的碳糊电极，以 Fe（CN）$_6^{3-}$作为电极和细胞之间的电子介体，测量由完整细胞的底物氧化活性引起的电流。电流的大小很大程度上取决于固定化细胞的代谢活性，电极对乙醛、乳酸和乙醇都有很好的响应。

此外，为了评价固定化细胞在多孔膜覆盖的大孔载体上的性能，利用固定床生物反应器研究了弱氧化醋杆菌（*Acetobacter suboxydans*）催化 D-山梨醇氧化为 L-山梨糖的反应（Müh 等，1999）。对包被载体和非包被载体中的固定化细胞以及悬浮液中的游离细胞进行了比较。研究结果表明，包被载体能够以很高的速率催化生物转化，而氧气是关键的限制因素。因此，为了提高有效反应速率，提出了进一步研究供氧和细胞限制［减小载体尺寸、增加孔隙率（孔隙直径 1~30μm），和更薄的孔隙<0.2μm 的涂层］的问题。

Gandolfi 等（2004）在水溶液中用醋酸菌染色法将 2-苯基-1-乙醇氧化为苯乙酸，获得了较高的氧化产率，同时使用水和异辛烷的双液相体系可以生产相应的醛。与游离细胞相比，固定在海藻酸钙中的细胞具有更好的操作稳定性、比活力和底物耐受性。具体而言，在气升式反应器中采用固定化细胞的分批补料工艺，在 9d 内即可生产 23g/L 苯乙酸，且无泡沫形成。另一项有趣的研究是由两种单细胞微生物的共生关系而制造出活的软物质（Das 等，2016）。具体地说，这种材料是由细菌纤维素组成的，这种纤维素是在莱茵衣藻（一种光合微藻）存在的情况下由醋化醋杆菌原位产生的。生产的生物材料的微观结构取决于生长容器的形状和搅拌条件，这些因素影响氧的利用率。进行光合作用的莱茵衣藻细胞在醋杆菌属中产生的细菌纤维素基质蛋白中产生氧。因此，这种活性材料可用于固定化微藻应用，如生物制氢，或其他涉及具有重要商业价值的共生微生物的应用（Das 等，2016）。

Veeravalli 和 Mathews（2018）建议用乳清乳糖和乳清粉（含乳糖和蛋白质）生产乙酸和丙二醇（PG），以替代高成本的营养培养基。他们以棉质干酪布为固定化基质，对耐酸的布氏乳杆菌（*Lactobacillus buhneri*）进行高密度发酵。该菌株能以乳糖为碳源，在 pH 4.2 条件下将乳糖发酵成乙酸和丙二醇（产量分别为 25~30g/L），细胞固定化将乳清粉乳糖的转化率提高至 57%。

一种利用固定化细胞的食醋生产过程（包括初始酒精发酵、二次发酵/陈酿和醋酸发酵步骤）的整合图解，见图 7.7。

7.5.2 使用固定化酶生产食醋

关于固定化酶在食醋生产中的应用，目前只有少数已发表的研究成果。例如，Wang 等（2017）以海藻酸钠和黄原胶为载体，制备固定化酯化酶，用于促进山西陈醋的陈酿。结果表明，该酶活力可在 9d 内保持在 50% 左右，使食醋总酯提高 28.1% 以上。

固定化酶的其他应用包括开发基于串联固定化的醋酸激酶/丙酮酸激酶/乳酸脱氢酶的偶联反应的检测系统流程，用于测定 10~60mmol/L 范围内的乙酸。安装了两条相同的平行酶线，一条用于使用，另一条用于校准。这个方法对食醋样品的分析得到

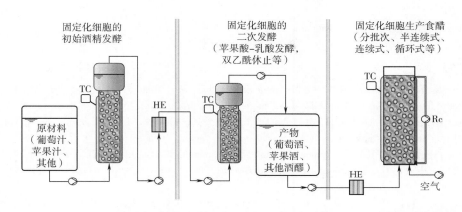

图 7.7 　一种使用固定化细胞的酒精发酵/二次发酵/食醋生产工艺的整合图解
(TC：温度控制；HE：热交换器；Rc：循环)

了可靠的结果，在 0.5~1.5mol/L 范围内，经过 40 倍稀释，比参考高效液相色谱法更可靠（Becker 等，1993）。

　　此外，由单壁碳纳米管（CNT）、离子溶液和耐热的 D-脯氨酸脱氢酶（DPDH）固定电极组成的碳纳米管凝胶也被用来测定食品中的 D-氨基酸（Tani 等，2009）。与碳纳米管、超导电炭黑和碳粉相比，CNT/DPDH 电极对 D-脯氨酸具有更高的灵敏度和更低的 D-脯氨酸检测限。将 CNT/DPDH 固定电极专门用于检测米酒和食醋样品中的 D-氨基酸，其浓度分别约为 0.02mmol/L 和 0.55mmol/L。

　　最后，在最近的一项研究中，开发了一种基于适配体的表面等离子共振（SPR）生物传感器来检测黄曲霉毒素，该传感器与黄曲霉毒素 B1 和 B2 显示出类似的相互作用，可用于同时检测这两种黄曲霉毒素（Wu 等，2018）。具体地说，在 SPR 系统中，链霉亲和素蛋白被固定在 CM5（羧甲基葡聚糖共价连接到表面）传感器芯片上作为交联剂，并通过链霉亲和素-生物素相互作用捕获生物素-适配体。该适配体传感器对黄曲霉毒素 B1 和 B2 有较高的特异性，但不能与其他类似毒素比如赭曲霉毒素 A 和 B、玉米赤霉烯酮还有 T-2 毒素结合。食醋中黄曲霉毒素 B1（AFB1）的测定回收率为 96%~118%，SPR 法是一种简单、快速、灵敏的检测方法，可用于检测食醋和普遍农产品中的黄曲霉毒素（Wu 等，2018）。

7.6　结论

　　目前，在酒精饮料生产中应用固定化技术的许多研究，以及在食醋生产中应用的研究，是由这种技术相关的许多优势所致。这些优势包括提高发酵速度和产量，连续加工的可行性，生物催化剂的回收能力，更容易的产品分离等。在食醋生产中，建议的方法主要包括使用固定化醋杆菌属细胞来促进分批次、半连续式和连续式醋酸发酵的操作。然而，利用固定化细胞进行食醋发酵的工业应用受到放大流程设计、氧气扩散、操作困难、缺乏训练有素的人员以及污染问题等问题的限制。

本章作者

阿吉罗·贝卡托鲁（Argyro Bekatorou）

参考文献

Ahumada, K., Martínez-Gil, A., Moreno-Simunovic, Y., Illanes, A., and Wilson, L. 2016. Aroma release in wine using co-immobilized enzyme aggregates. *Molecules* 21: 1485.

Becker, T., Kittsteiner-Eberle, R., Luck, T., and Schmidt, H.-L. 1993. Online determination of acetic acid in a continuous production of *Acetobacter aceticus*. *Journal of Biotechnology* 31: 267-275.

Bekatorou, A. 2016. Alcohol: Properties and Determination. In Caballero, B., Finglas, P., and Toldrá, F. (Eds.), *The Encyclopedia of Food and Health*, *Vol 1 (A-Che)*, pp. 88-96. Oxford: Academic Press.

Bekatorou, A., Plessas, S., and Mallouchos, A. 2015. Cell immobilization technologies for applications in alcoholic beverages. In *Handbook of Microencapsulation and Controlled Release*, pp. 933 - 955. Munmaya Mishra (ed.), CRC Press (Taylor & Francis Group), Boca Raton, FL.

Benucci, I., Liburdi, K., Cacciotti, I., Lombardelli, C., Zappino, M., Nanni, F., and Esti, M. 2018. Chitosan/clay nanocomposite films as supports for enzyme immobilization: an innovative green approach for winemaking applications. *Food Hydrocolloids* 74: 124-131.

Benucci, I., Lombardelli, C., Cacciotti, I., Liburdi, K., Nanni, F., and Esti, M. 2016. Chitosan beads from microbial and animal sources as enzyme supports for wine application. *Food Hydrocolloids* 61: 191-200.

Bleve, G., Tufariello, M., Vetrano, C., Mita, G., and Grieco, F. 2016. Simultaneous alcoholic and malolactic fermentations by *Saccharomyces cerevisiae* and *Oenococcus oeni* cells co-immobilized in alginate beads. *Frontiers in Microbiology* 7: 943.

Canonico, L. Comitini, F., Oro, L., and Ciani, M. 2016. Sequential fermentation with selected immobilized non-*Saccharomyces* yeast for reduction of ethanol content in wine. *Frontiers in Microbiology* 7: 278.

Cappannella, E., Benucci, I., Lombardelli, C., Liburdi, K., Bavaro, T., and Esti, M. 2016. Immobilized lysozyme for the continuous lysis of lactic bacteria in wine: bench-scale fluidized-bed reactor study. *Food Chemistry* 210: 49-55.

Cerezo, A. B., Álvarez-Fernández, M. A., Hornedo-Ortega, R., Troncoso, A. M., and García-Parrilla, M. C. 2014. Phenolic composition of vinegars over an accelerated aging process using different wood species (Acacia, Cherry, Chestnut, and Oak): effect of wood toasting. *Journal of Agricultural and Food Chemistry* 62: 4369-4376.

Dabdoub Paz, E. D., Santana, M. H. A., and Eguchi, S. Y. 1993. Enhancement of the oxygen transfer in a circulating three-phase fluidized bed bioreactor. *Applied Biochemistry and Biotechnology* 39- 40: 455-466.

Das, A. A. K., Bovill, J., Ayesh, M., Stoyanov, S. D., and Paunov, V. N. 2016. Fabrication of living soft matter by symbiotic growth of unicellular microorganisms. *Journal of Materials Chemistry B* 4: 3685-3694.

De Araújo, Á. A., and Santana, M. H. A. 1996. Aerobic immobilized cells in alginate gel particles of variable density. *Applied Biochemistry and Biotechnology - Part A Enzyme Engineering and Biotechnology* 57-58: 543-550.

De Ory, I., Romero, LE., and Cantero, D. 2004. Optimization of immobilization conditions for vinegar production. Siran, wood chips and polyurethane foam as carriers for *Acetobacter aceti*. *Process Biochemistry* 39: 547-555.

Dervakos, G. A., and Webb, C. 1991. On the merits of viable-cell immobilization. *Biotechnology Advances* 9: 559-612.

Dias, D. R., Silva, M. S., de Souza, A. C., Magalhães-Guedes, K. T., Ribeiro, F. S. R., and Schwan, R. F. 2016. Vinegar production from jabuticaba (*Myrciaria jaboticaba*) fruit using immobilized acetic acid bacteria. *Food Technology and Biotechnology* 54: 351-359.

Ferner, M. J., Mueller, G., Schumann, C., Shaikh, Y., Kmapeis, P., Ulber, R., and Raddatz, H. 2018. Immobilisation of glycosidases from commercial preparation on magnetic beads. Part 2: aroma enhancement in wine using immobilised glycosidases. *Vitis* 57: 129-136.

Franssen, M. C. R., Steunenberg, P., Scott, E. L., Zuilhof, H., and Sanders, J. P. M. 2013. Immobilised enzymes in biorenewables production. *Chemical Society Reviews* 42: 6491-6533.

Fumi, M. D., Silva, A., Battistotti, G., and Colagrande, O. 1992. Living immobilized *Acetobacter* in Ca-alginate in vinegar production: preliminary study on optimum conditions for immobilization. *Biotechnology Letters* 14: 605-608.

Gandolfi, R., Cavenago, K., Gualandris, R., Gago, J. V. S., and Molinari, F. 2004. Production of 2-phenylacetic acid and phenylacetaldehyde by oxidation of 2-phenylethanol with free immobilized cells of *Acetobacter aceti*. *Process Biochemistry* 39: 747-751.

García-Martínez, T., Moreno, J., Mauricio, J. C., and Peinado, R. 2015. Natural sweet wine production by repeated use of yeast cells immobilized on *Penicillium chrysogenum*. *LWT - Food Science and Technology* 61: 503-509.

Garg, N., Tandon, D. K., and Kalra, S. K. 1995. Production of mango vinegar by immobilized cells of *Acetobacter aceti*. *Journal of Food Science and Technology - Mysore* 32: 216-218.

Genisheva, Z., Teixeira, J. A. and Oliveira, J. M. 2014. Immobilized cell systems for batch and continuous winemaking. *Trends in Food Science & Technology* 40: 33-47.

Giordano, L., Calabrese, R., Davoli, E., and Rotilio, D. 2003. Quantitative analysis of 2-furfural and 5-methylfurfural in different Italian vinegars by headspace solid-phase microextraction coupled to gas chromatography-mass spectrometry using isotope dilution. *Journal of Chromatography A* 1017: 141-149.

Gotovtsev, P. M., Yuzbasheva, E. Y., Gorin, K. V., Butylin, V. V., Badranova, G. U., Perkovskaya, N. I., Mostova, E. B., Namsaraev, Z. B., Rudneva, N. I., Komova, A. V., Vasilov, R. G., and Sineokii, S. P. 2015. Immobilization of microbial cells for biotechnological production: modern solutions and promising technologies. *Applied Biochemistry and Microbiology* 51: 792-803.

Hettiarachchy, N. S., Feliz, D. J., Edwards, J. S., and Horax, R. 2018. The use of immobilized enzymes to improve functionality. In Yada, R. Y. (Ed.), *Proteins in Food Processing, Second Edition*, pp. 569-597. Duxford, UK: Woodhead Publishing.

Jackson, R. S. 2008. *Wine Science: Principles and Applications, Third Edition*. Elsevier, Oxford, UK.

Jarvis, B. 2014. Cider (Cyder; Hard Cider). In Batt, C. A., Tortorello, M. L. (Eds.), *Encyclopedia of Food Microbiology*, 2nd ed, pp. 437-443. Oxford: Academic Press.

Jiang, Y., Rong, Z., and Yan, T. 2015. The selection of immobilized carrier of blueberry vinegar fermentation and the optimization of processing conditions. *Journal of Chinese Institute of Food Science and Technology* 15: 150-157.

Jin, Y. - L., and Speers, A. R. 1998. Flocculation of *Saccharomyces cerevisiae*. *Food Research International* 31: 421-440.

Junter, G. - A., Coquet, L., Vilain, S., and Jouenne, T. 2002. Immobilized - cell physiology: current data and the potentialities of proteomics. *Enzyme and Microbial Technology* 31: 201-212.

Junter, G. - A., and Jouenne, T. 2011. 2. 36 - Immobilized viable cell biocatalysts: a paradoxical development. *Comprehensive Biotechnology, Second Edition* 2: 491-505.

Junter, G. - A., and Jouenne, T. 2004. Immobilized viable microbial cells: from the process to the proteome ⋯ or the cart before the horse. *Biotechnology Advances* 22: 633-658.

Kandylis, P., Dimitrellou, D., Lymnaiou, P., and Koutinas, A. A. 2014. Freeze-dried *Saccharomyces cerevisiae* cells immobilized on potato pieces for low - temperature winemaking. *Applied Biochemistry and Biotechnology* 173: 716-730.

Karel, S. F., Libicki, S. B., and Robertson, C. R. 1985. The immobilization of whole cells - engineering principles. *Chemical Engineering Science* 40: 1321-1354.

Kaur, P. , Kocher, G. S. , and Phutela, R. P. 2011. Production of tea vinegar by batch and semicontinuous fermentation. *Journal of Food Science and Technology − Mysore* 48: 755−758.

Kocher, G. S. , and Dhillon, H. K. 2013. Fermentative production of sugarcane vinegar byimmobilized cells of *Acetobacter aceti* under packed bed conditions. *Sugar Tech* 15: 71−76.

Kocher, G. S. , Kalra, K. L. , and Phutela, R. P. 2006. Comparative production of sugarcane vinegar by different immobilization techniques. *Journal of the Institute of Brewing* 112: 264−266.

Kondo, T. , and Ikeda, T. 1999. An electrochemical method for the measurements of substrate − oxidizing activity of acetic acid bacteria using a carbon − paste electrode modified with immobilized bacteria. *Applied Microbiology and Biotechnology* 51: 664−668.

Kosseva, M. R. 2011. Immobilization of microbial cells in food fermentation processes. *Food and Bioprocess Technology* 4: 1089−1118.

Kourkoutas, Y. , Bekatorou, A. , Banat, I. M. , Marchant, R. , and Koutinas, A. A. 2004. Immobilization technologies and support materials suitable in alcohol beverages production: a review. *Food Microbiology* 21: 377−397.

Koutinas, A. A. , Sypsas, V. , Kandylis, P. , Michelis, A. , Bekatorou, A. , Kourkoutas, Y. , Kordulis, C. , Lycourghiotis, A. , Banat, I. M. , Nigam, P. , Marchant, R. , Giannouli, M. , and Panagiotis, Y. 2012. Nano−tubular cellulose for bioprocess technology development. *Plos One* 7: e34350.

Krisch, J. 1996. Effects of immobilization on biomass production and acetic acid fermentation of *Acetobacter aceti* as a function of temperature and pH. *Biotechnology Letters* 18: 393−396.

Krisch, J. , and Szajáni, B. 1997. Ethanol and acetic acid tolerance in free and immobilized cells of *Saccharomyces cerevisiae* and *Acetobacter aceti*. *Biotechnology Letters* 19: 525−528.

Kumar, S. , and Kocher, G. S. 2017. Upscaled production of sugarcane vinegar by adsorbed cells of *Acetobacter aceti* under semi−continuous fermentation conditions. *Sugar Tech* 19: 409−415.

Leonés, A. , Durán − Guerrero, E. , Carbú , M. , Cantoral, J. M. , Barroso, C. G. , and Castro, R. 2019. Development of vinegar obtained from lemon juice: optimization and chemical characterization of the process. *LWT* 100: 314−321.

López de Lerma, N. , Peinado, R. A. , Puig − Pujol, A. , Mauricio, J. C. , Moreno, J. , and García− Martínez, T. 2018. Influence of two yeast strains in free, bioimmobilized or immobilized with alginate forms on the aromatic profile of long aged sparkling wines. *Food Chemistry* 250: 22−29.

Loukatos, P. , Kiaris, M. , Ligas, I. , Bourgos, G. , Kanellaki, M. , Komaitis, M. , and Koutinas, A. A. 2000. Continuous wine making by γ−alumina−supported biocatalyst. *Applied Biochemistry and Biotechnology* 89: 1−13.

Lu, Y. , Zhu, J. , Shi, J. , Liu, Y. , Shao, D. , and Jiang, C. 2017. Immobilized enzymes from *Geotrichum* spp. improve wine quality. *Applied Microbiology and Biotechnology* 101: 6637−6649.

Mallouchos, A. and Bekatorou, A. 2008. Wine fermentations by immobilized cells. Effect on wine aroma. In Psarianos, C. , and Kourkoutas, Y. (Eds.), *Microbial Implication for Safe and Qualitative Food Products*, pp. 121−136. Trivandrum, India: Research Signpost.

Milicevic, B. , Babic, J. , Ackar, D. , Milicevic, R. , Jozinovic, A. , Jukic, H. , Babic, V. , and Subaric, D. 2017. Sparkling wine production by immobilised yeast fermentation. *Czech Journal of Food Sciences* 35: 171−179.

Mishra, M. (ed.) . 2015. *Handbook of Microencapsulation and Controlled Release*. CRC Press (Taylor & Francis Group), Boca Raton, FL.

Morales, M. L. , Benitez, B. , Tesfaye, W. , Callejon, R. M. , Villano, D. , Fernandez − Pachón, M. S. , García−Parrilla, M. C. , and Troncoso, A. M. 2006. Sensory evaluation of Sherry vinegar: traditional compared to accelerated aging with oak chips. *Journal of Food Science* 71: S238−S242.

Müh, T. , Bratz, E. , and Rückel, M. 1999. Microorganisms immobilized by membrane inclusion: kinetic measurements in a fixed bed bioreactor and oxygen consumption calculations. *Bioprocess Engineering* 20: 405−412.

Nedovic, V. , Gibson, B. , Mantzouridou, T. F. , Bugarski, B. , Djordjevic, V. , Kalusevic, A. ,

Paraskevopoulou, A., Sandell, M., Smogrovicova, D., and Yilmaztekin, M. 2015. Aroma formation by immobilized yeast cells in fermentation processes. *Yeast* 32: 173-216.

Nikolaou, A., Galanis, A., Kanellaki, M., Tassou, C., Akrida-Demertzi, K., and Kourkoutas, Y. 2017. Assessment of free and immobilized kefir culture in simultaneous alcoholic and malolactic cider fermentations. *LWT-Food Science and Technology* 76: 67-78.

Pilkington, P. H., Margaritis, A., Mensour, N. A., and Russell, I. 1998. Fundamentals of immobilized yeast cells for continuous beer fermentation: a review. *Journal of the Institute of Brewing* 104: 19-31.

Ramirez, H. L., Brizuela, L. G., Iranzo, J. U., Arevalo - Villena, M., and Perez, A. I. B. 2016. Pectinase immobilization on a chitosan-coated chitin support. *Journal of Food Process Engineering* 39: 97-104.

Rathore, S., Desai, P. M., Liew, C. V., Chan, L. W., and Heng, P. W. S. 2013. Microencapsulation of microbial cells. *Journal of Food Engineering* 116: 369-381.

Ruiz, E., Busto, M. D., Ramos-Gomez, S., Palacios, D., Pilar-Izquierdo, M. C., and Ortega, N. 2018. Encapsulation of glucose oxidase in alginate hollow beads to reduce the fermentable sugars in simulated musts. *Food Bioscience* 24: 67-72.

Servetas, I., Berbegal, C., Camacho, N., Bekatorou, A., Ferrer, S., Nigam, P., Drouza, C., and Koutinas, A. A. 2013. *Saccharomyces cerevisiae* and *Oenococcus oeni* immobilized in different layers of a cellulose/starch gel composite for simultaneous alcoholic and malolactic wine fermentations. *Process Biochemistry* 48: 1279-1284.

Simo, G., Vila-Crespo, J., Fernandez-Fernandez, E., Ruiperez, V., and Rodriguez-Nogales, J. M. 2017. Highly efficient malolactic fermentation of red wine using encapsulated bacteria in a robust biocomposite of silica-alginate. *Journal of Agricultural and Food Chemistry* 65: 5188-5197.

Sirisha, V. L., Jain, A., and Jain, A. 2016. Chapter nine - Enzyme immobilization: an overview on methods, support material, and applications of immobilized enzymes. *Advances in Food and Nutrition Research* 79: 179-211.

Smidsrod, O., and Skjak - Braek, G. 1990. Alginate as immobilization matrix for cells. *Trends in Biotechnology* 8: 71-78.

Tani, Y., Itoyama, Y., Nishi, K., Wada, C., Shoda, Y., Satomura, T., Sakuraba, H., Ohshima, T., Hayashi, Y., Yabutani, T., and Motonaka, J. 2009. An amperometric D - amino acid biosensor prepared with a thermostable D - proline dehydrogenase and a carbon nanotube - ionic liquid gel. *Analytical Sciences* 25: 919-923.

Tsaousi, K., Velli, A., Akarepis, F., Bosnea, L., Drouza, C., Koutinas, A. A., and Bekatorou, A. 2011. Low-temperature winemaking by thermally dried immobilized yeast on delignified brewer's spent grains. *Food Technology and Biotechnology* 49: 379-384.

Veeravalli, S. S., and Mathews, A. P. 2018. Exploitation of acid - tolerant microbial species for the utilization of low - cost whey in the production of acetic acid and propylene glycol. *Applied Microbiology and Biotechnology* 102: 8023-8033.

Viana, R. O., Magalhães-Guedes, K. T., Braga, R. A., Jr., Dias, D. R., and Schwan, R. F. 2017. Fermentation process for production of apple-based kefir vinegar: microbiological, chemical and sensory analysis. *Brazilian Journal of Microbiology* 48: 592-601.

Wang, M., Wang, R., and Duan, G. 2017. Studies on process of accelerating maturity of Shanxi aged vinegar with immobilized esterification enzyme. *Journal of Chinese Institute of Food Science and Technology* 17: 69-76.

Wu, W., Zhu, Z., Li, B., Liu, Z., Jia, L., Zuo, L., Chen, L., Zhu, Z., Shan, G., and Luo, S. -Z. 2018. A direct determination of AFBs in vinegar by aptamer-based surface plasmon resonance biosensor. *Toxicon* 146: 24-30.

Zhang, D., and Lovitt, R. W. 2006. Strategies for enhanced malolactic fermentation in wine and cider maturation. *Journal of Chemical Technology and Biotechnology* 81: 1130-1140.

Zhao, X. Q., and Bai, F. W. 2009. Yeast flocculation: new story in fuel ethanol production. *Biotechnology Advances* 27: 849-856.

食醋固态发酵系统

8.1 食醋固态发酵

8.1.1 固态发酵简介

食醋可以由任何含有可发酵糖或含有能转化为可发酵糖的物质的原料制成（Xu 等，2010；Li 等，2015a），基于当地的历史、地理、自然资源和生活习惯，逐渐形成了许多具有特色的食醋生产技术。食醋的生产过程复杂，主要采用经验为主的自然发酵方式。20 世纪 40 年代以后，由于对深层发酵的适应，固态发酵在西方国家几乎完全废弃（Pandey，2003），而在亚洲和非洲国家却广泛使用。

欧洲的传统食醋多为深层发酵的果醋（Tesfave 等，2002）。另一方面，在亚洲，食醋的生产主要采用固态发酵体系（Xu 等，2011a）。由于其众多的优势，如较低的能源需求和资本投资，固态发酵也被用于农业和工业废弃物的加工（Pandey，2003），特别是丰富的、低成本的和优质的农作物。在中国，传统食醋主要是通过固态发酵生产的，中国在这一生产体系中处于领先地位，其中包括著名的食醋及生产工艺，如山西老陈醋、镇江香醋、四川麸醋、天津独流老醋等（Liu 等，2004；Nie 等，2013；Lu 等，2018）。由于这些产品具有悠久的历史、广泛和成功的应用，以及其独特的风味，中国传统食醋现已蜚声世界。

8.1.2 食醋生产的固态发酵体系

固态发酵体系使用不溶性固态基质，该体系含有一定的湿度，但很少或没有游离水。因此，食醋生产的固态发酵体系是一个以气相为连续相的生物转化过程（Liu 等，2004），固态基质不仅为微生物提供必需的营养物质，还为细胞提供固体支撑。

自然富集的固态发酵体系是一种自然存在微生物的富集混合发酵过程（Lu 等，2018）。传统食醋的发酵不需要微生物接种，而是依赖环境和原料的天然菌群，多种微生物进入到发酵体系的各自生态位，这最有利于生长、代谢和共生。

固态发酵食醋的工艺特点可归纳为以下几个方面：

（1）固态发酵培养基质中无自由水流动，且培养基质中水分含量低（Liu 等，2004）。水分活度低于 0.99，这有利于干水分活度介于 0.93~0.98 的微生物的生长。

（2）微生物从湿的固态基质中吸收营养物质。营养浓度的梯度导致发酵、细菌生长、营养吸收和代谢产物分泌的不均匀。

（3）固态发酵中培养基质与气相的接触面积大于深层发酵液与气泡的接触面积。因此，氧气的供应更加充足。

（4）在固体底物中，大分子底物的降解和发酵同时发生（Li 等，2015b）。这简化了工序，减少了能源消耗。

（5）产品机械化程度低，由于缺乏在线传感器，过程控制难度较大。

食醋固态发酵体系中的微生物主要包括真菌、酵母和细菌，并以乳酸菌和醋酸菌为主。其中，真菌主要分泌多种酶，如淀粉酶、蛋白酶、脂肪酶等。原料中的大分子被酶分解成可发酵的糖、氨基酸等小分子，为微生物提供营养物质和可发酵的底物。黑曲霉、根霉和毛霉是食醋生产中重要的真菌。酵母主要将可发酵糖转化为乙醇，包括酵母属、接合酵母属、假丝酵母属、汉逊酵母属等。在食醋的固态发酵体系中发现的乳酸菌包括乳杆菌属、片球菌属、魏斯氏菌属等。醋酸菌主要包括醋杆菌属和葡糖酸醋杆菌属（Li 等，2015b；Nie 等，2015）。

8.2　食醋固态发酵体系的生产指南

8.2.1　食醋固态发酵中的关键参数

食醋固态发酵的关键参数主要包括底物特性、水分活度、通风和传质、温度等。以下将介绍这些关键参数。

8.2.1.1　底物特性

微生物在基质上生长并产生代谢物，这种代谢受到基质物理因素（颗粒的大小、形状、孔隙率、纤维含量和粒子间扩散速率）和化学因素（聚合和电化学性质）的高度影响。颗粒大小、湿度或水分活度是固态发酵过程中微生物生长和活性的最重要参数。

颗粒的粒度不仅直接影响反应表面积，而且影响细菌生长、氧气供应和 CO_2 在底物颗粒间的迁移。一般来说，小的底物颗粒可以为微生物提供大的比表面积来攻击底物并促进固态发酵，因此被认为是理想的选择。但在很多情况下，颗粒过小容易导致底物结块，颗粒内的孔隙会减少，使底物难以被微生物攻击。热量和质传递也受到阻碍，微生物的通风受到抑制，导致生长不良。另一方面，大颗粒之间空间大，便于传热并为通风提供更好的条件。然而，它们为微生物攻击提供的比表面积较小。

下列因素决定了微生物对底物利用率：①微生物及其酶的类型；②微生物的生长状态及其发酵活性；③微生物攻击的基质有效区域；④底物不均匀性；⑤终产物的抑制。

8.2.1.2　水分活度

由于固态发酵具有无游离水的特点，体系含水量的变化可能会显著影响微生物的生长和代谢活性。因此，基质上的微生物生长是由固态发酵体系的水分活度（A_w）决定的。

A_w 是一个物理化学指标，代表微生物可获得的实际游离水分含量。它定义为在相同的温度和压力条件下，基质的水蒸气压（p）与纯水平衡蒸气压（p_0）之比。如果基质与空气处于平衡状态，那么 A_w 等于基质的平衡相对湿度（ERH）（即与基质平衡的大气相对湿度）：

$$A_w = \frac{p}{p_0} = \frac{ERH}{100}$$

微生物增殖生长所需的 A_w 一般在 0.6~0.998。不同类型微生物的最低 A_w 列于表 8.1。当 A_w 低于 0.60 时，除少数真菌外，大多数微生物无法生长。干燥的环境会抑制微生物的活性，使微生物进入休眠状态，甚至可能导致细胞脱水和蛋白质变性，结果导致微生物死亡。

食醋固态发酵作为一种典型的天然富集的固态发酵，涉及包括多种细菌和真菌的复杂微生物种群。不同微生物对 A_w 的要求不同，因此 A_w 是发酵过程中微生物演替的重要环境驱动力之一。A_w 在发酵过程中由于蒸发和温度升高而降低，为了保护细菌的正常生长，可以通过调节含水量来控制 A_w，通风或增加空气湿度可有效调节 A_w。

表 8.1   不同微生物生长的最低 A_w

微生物		最低 A_w
细菌	一般细菌	0.98~0.99
	耐盐细菌	0.75（约 5.5mol/L NaCl）
酵母	一般酵母	0.87~0.91
	高渗酵母	0.61~0.65
	鲁氏酵母	0.6
霉菌	一般霉菌	0.80~0.87
	抗旱霉菌	0.65~0.75
	双孢霉	0.6

8.2.1.3 通风和传质

食醋固态发酵涉及两个典型的过程，即酒精发酵和醋酸发酵（Li 等，2015b），酒精发酵是一个厌氧过程，然而，空气的通风在醋酸发酵过程中尤为重要，基质的表面湿度足以形成一层液膜，它是传质的控制因子。定期搅拌翻醅（翻倒基质）对于增加传质是必要的，这不仅可以为微生物提供氧气，还可以消除产生的生物反应热和 CO_2。搅拌的频率由发酵所需的氧气量、发酵过程中产生的热量和基质层的厚度（包括基质的孔隙度、基质的湿度和发酵罐的形状和大小）决定。

8.2.1.4 温度

温度是影响固态发酵食醋的重要因素。微生物生长需要适当的温度（真菌生长的最适温度范围是 20~30℃，酵母酒精发酵的最适温度范围是 18~25℃，醋酸菌的最适温度范围是 30~35℃，乳酸菌的最适温度范围是 30~40℃）。另一方面，微生物在生长和代谢过程中也会产生大量热量，由于固态发酵体系的传热效率较差可能导致床层温度急剧升高，真菌和细菌的致死温度分别为 50~60℃和 60~70℃。高温通过影响微生物的膜流动性、酶和蛋白质的活性以及 RNA 的结构和转录来干扰微生物的生存能力和活性。如果发酵热不能及时消散，温度会影响微生物的生长和代谢，并且影响产品的产量。

8.2.2 固态发酵案例：山西老陈醋

山西老陈醋是采用固态发酵工艺生产的典型代表食醋之一。主要生产流程如图 8.1 所示（详见第 10 章）。

（1）原料预处理　以高粱为主要原料，将其磨碎后每 100kg 加入 50kg 水搅拌均匀，充分吸水 12h 以上。然后原料蒸约 2h，随后转入酒精发酵罐（传统的缸），用热水（70~80℃）搅拌均匀，然后冷却。

（2）糖化和酒精发酵　将经过预处理的高粱与磨碎的大曲混合，加水（340kg 水/100kg 高粱/62.5kg 大曲），原料逐渐糖化发酵。在前三天每天进行耙平，发酵高峰在第四天，在缸上面盖上一块塑料布使其在厌氧条件下进行发酵。这个阶段持续 16d 左右。乙醇含量和酸度分别达到 6%~7% 和 1%~2.5%（Solieri 和 Giudici，2009；Wu 等，2012；Li 等，2015a）。

（3）醋酸发酵　高粱经酒精发酵产生的醪液（称为酒醪）与麦麸（73kg/100kg 高粱）和稻壳（73kg/100kg 高粱）均匀混合，这种被称为醅的混合物放入缸中，接种种子醋醅（前一批发酵醋醅）开启醋酸发酵。在某些情况下不接种种子醅，微生物来自环境。醋缸用草垫覆盖，由于微生物的新陈代谢使得温度升高，到第四天，温度将达到 45~48℃（Nie 等，2017）。醋缸的示意图和照片如图 8.2 所示。缸里的料每天都要翻一遍，大约 8d 后发酵完成。

（4）熏醅　在醋酸发酵结束时，在醋醅中加入盐以抑制微生物代谢，然后将醋醅的一半转移到熏缸中进行熏醅。将容器逐渐加热至 80~90℃，持续 5~6d。缸里的醅每天翻一次。熏醅的时间不能太久，否则最后的醋会有苦味。熏醅过后，醅变成了深色（Xie 等，2017）。

（5）淋醋　淋醋是通过加水将醋中任何可溶性成分溶解出来的过程（Chen 等，2009）。将未经过熏醅工艺的醋醅用热水浸出，得到淡醋；然后用淡醋浸泡熏过的醅，通常，醋醅应浸三次。最后，100kg 高粱能够获得 400kg 酸值为 6%~7% 的醋。

（6）陈酿　将新醋转移到一个容器中，在环境温度下暴露在阳光下进行陈酿。400kg 新醋经陈酿后只能生产 120~140kg 的陈醋，总酸含量大于 8%（挥发损失除外）。

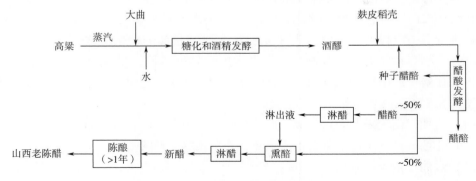

图 8.1　山西老陈醋生产流程

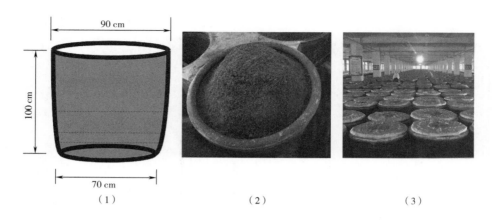

图 8.2　醋缸的示意图和照片
（1）结构图　　（2）外观图 1　　（3）外观图 2

8.3　食醋固态发酵中的原料及预处理

固态发酵食醋生产的原料包括主料、辅料、填料和添加剂。主要原料富含淀粉或糖，通常包括淀粉质谷物或可以转化为可发酵糖的如高粱、糯米、大米和玉米等谷物（Xu 等，2010）。辅料通常包括麦麸、大米或大豆壳，它们提供重要的营养物质和风味化合物（Chen 等，2009）。它们吸收水分，松醅，储存空气，促进醋酸发酵。除了提供营养外，这些固体基质还作为微生物细胞的支撑（Couto 和 Sanromán，2006）。

在发酵之前，原料通过研磨或破碎处理（Li 等，2015b），旨在分解原料，释放淀粉和糖，以增加吸水性，获得理想的物质凝聚力并扩大其与微生物的接触面积（Chen 等，2009；Zheng 等，2011）。在原料预处理过程中，重要的参数是粒度，它不仅影响与微生物的接触，而且影响传热传质（Krishna，2005；Couto 和 Sanromán，2006）。因此，必须为每个特定的工艺选择合适的粒度（Pandey 等，1999）。

在糖化之前，研磨或粉碎的原料先浸泡并蒸熟使淀粉糊化。此外，原料在蒸煮的同时也进行了一定程度的灭菌（表 8.2）。固态发酵食醋的糖化通常是由曲来触发的。曲由大米、小麦和豆类等谷物制成，根据生产厂家的不同，呈现松散或挤压的形态。中国传统食醋生产中所用的曲有许多种，如小曲、麸曲、麦曲、大曲和药曲等，其中一些如图 8.3 所示（详见第 10 章）。

（1）大曲　由大麦和豌豆制成，形状像砖，常用于中国北方食醋的生产。

（2）小曲　产于中国南方，由大米和谷壳做成鸡蛋形状。

（3）麸曲　由麦麸制成。

（4）麦曲　由小麦做成砖状。

（5）草药　曲由小麦或其他谷物和各种草药组成。

表 8.2　　　　　　　　　　　　　　　　　中国传统食醋生产原料

食醋	原料	产地
山西老陈醋	高粱、麦麸、稻壳、大麦、豌豆	山西省
镇江香醋	糯米、麦麸、稻壳	江苏省
四川麸醋	麦麸	四川省
天津独流老醋	高粱、小米、麦麸、稻壳	天津市
湟源陈醋	青稞、麦麸、中药材	青海省
喀左陈醋	高粱、麦麸	辽宁省
太源井陈醋	大米、麦麸、中药材	四川省
高桥陈醋	高粱、麦麸	辽宁省
禄丰香醋	糯米、麦麸、稻壳	云南省

图 8.3　中国传统食醋生产所用曲类型
（1）大曲，由大麦和豌豆组成，制成似砖块状　　（2）小曲，由大米和谷壳制成似鸡蛋状
（3）麦曲，由小麦制成似砖块状　　（4）草药曲，由小麦和草药制成似砖块状

　　不同曲的使用取决于醋的种类（Xu 等，2010）。在某些食醋的生产中，曲与主要原料的比例可以达到 0.6∶1。曲也可以看作是一种原料。

　　值得注意的是，曲也是一种发酵产品。图 8.4 展示了大曲的制作流程与曲厂照片。曲发酵所用的主要微生物有霉菌、酵母菌和乳酸菌（Chen 等，2009）。除微生物外，曲还含有微生物细胞产生的各种酶，包括 α-淀粉酶、葡萄糖淀粉酶、酸性蛋白酶、脂酶、纤维素酶和酯酶等（Steinkraus，2004；Xu 等，2010）。发酵前，应将曲磨成粉，再与原料混合。

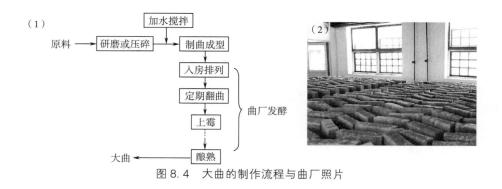

图 8.4　大曲的制作流程与曲厂照片

8.4　糖化和酒精发酵体系

酒精发酵与糖化同时进行。在这个过程中，占主导地位的微生物是霉菌和酵母。如上所述，通过蒸汽作用使得淀粉物料糊化，然后与曲粉和水混合。淀粉水解产生的糖会被酵母转化成乙醇。酒精发酵的醪液称作酒醪。

一般来说，酒精发酵需要在 20~30℃的可控温度范围内进行，分为开放式发酵和封闭发酵两个阶段（olieri 和 Giudici，2009；Li 等，2015a）。酒精发酵的整个过程在半固态状态下进行。曲是酒精发酵所用微生物的最重要来源，这些微生物在随后的过程中被富集（Wu 等，2012；Li 等，2015b）。霉菌能分泌多种酶，如淀粉酶、葡萄糖淀粉酶、蛋白酶和脂肪酶，它们在水解大分子中起着重要的作用。虽然在酒精发酵的初始阶段只有少数霉菌参与，但它们在食醋的最终品质中也发挥着关键作用，因为霉菌可以产生多种次级代谢物，包括风味和气味成分、色素和具有抗菌特性的化合物（Li 等，2015b）。酿酒酵母、异常汉逊酵母和假丝酵母属是与酒精发酵相关的主要酵母菌（Solieri 和 Giudici，2009）。此外，乳酸菌也对食醋的风味有所贡献。在酒精发酵过程中，微生物群落的组成和多样性发生了动态变化。在山西老陈醋发酵过程中，部分微生物被淘汰，如葡萄球菌属、糖多孢菌属、芽孢杆菌属、大洋芽孢杆菌属、肠杆菌属、链霉菌属、曲霉菌属、毕赤酵母属等，而有些微生物则被富集，如魏斯氏菌属、乳杆菌属、链球菌属、酵母属、覆膜孢酵母属等（Nie 等，2017）。

8.5　醋酸发酵体系

固态醋酸发酵过程中，酒精发酵结束后，添加麦麸、高粱或稻壳以补充营养并增加孔隙率，以便更利于供氧和散热。

混合物（醋醪）被转移至发酵缸中，并每天搅拌，以增加传质、降低热量。这一步骤一般持续 10~20d，发酵体系的温度和湿度分别维持在 40~46℃ 和 60%~70%。发酵谷物中的大部分水分被压缩并溶解在发酵物料中。基质的固、气、液相与固-气、固-液、气-液界面共存并显著影响微生物的生存和选择（Mitchell 等，2000）。

生产中应严格控制醋醅中的含水量。水过多会导致醋酸发酵中的气体量减少，热容量增大，热传导困难，并且氧化面积减少。之后，发酵周期会延长，且最终产品的颜色和味道也会受到影响。而当水位过低时，发酵谷物会急剧升温，迅速冷却，导致原料利用率低。温度由低到高变化，然后逐渐下降。当温度降至 36℃ 以下且醋酸含量不再增加时，醋酸发酵基本结束。

中国传统食醋的酿造过程通常为自发发酵，导致多样化的微生物生长（Li 等，2015b）。就山西老陈醋而言，酒精发酵开始后，丰度最高的细菌为乳杆菌属，其相对丰度达 70% 以上，但随着发酵的进行，它们的相对丰度降低，而醋杆菌属的丰度则从 18% 左右增加到 30%。许多其他微生物，如中华根瘤菌属、肠杆菌属和葡糖酸醋杆菌属，也发挥着非常重要的作用。某些细菌通常出现于醋酸发酵的初期。由于对乙酸的耐受性较低，片球菌属和大肠杆菌属在醋酸发酵第九天时消失。其他细菌属如类诺卡氏菌属、丙酸菌属和肠杆菌属在醋酸发酵早期自发富集，在醋酸发酵后期消失。不动杆菌属和假单胞菌属在整个醋酸发酵过程中均存在，但丰度均小于 0.1%。在某种程度上，醋杆菌属与乳杆菌属以及其他微生物之间会发生自主性竞争。其中，醋杆菌属在微生物群落演替中具有很强的竞争力。以覆膜酵母、座囊菌、酵母和丛梗孢为主的真菌参与了醋酸发酵过程，且主要由后两者主导（Nie 等，2015；Nie 等，2017）。

8.6 食醋固态发酵的创新发展

8.6.1 基本要素的研究

8.6.1.1 微生态研究

固态发酵技术的使用在中国已有数千年的历史，用此工艺酿制的醋香气独特，口感厚重，具有多种对人体有益的保健功能（Xu 等，2011；Liu 等，2016；Zhao 等，2018）。

固态发酵是一个非常复杂的体系，迄今为止，所涉及的发酵机制还没有完全阐明。微生物群落的复杂性、多样性和动态变化仍未被充分认识，微生物群落与风味形成的关系也不明确。整个过程以手工为主并高度依赖经验，如通过观察和感官评估。近年来，基因组学和高通量测序技术，特别是宏基因组学和宏转录组学的发展，为研究微生物群落的结构、多样性、进化和合作关系提供了强有力的研究工具（Lu 等，2018）。

8.6.1.2 风味形成的研究

食物的风味是人的各种感官（嗅觉、味觉、化学感知）对食物的综合感知。饮食不仅是对营养、健康、愉悦的生理需求，也是一种心理满足（Min 和 Choe，2003）。因此，食品中的风味物质是食品科学家和工程师的重要研究课题。

食醋的风味主要通过两种途径形成：一是通过发酵菌群的直接代谢；二是通过食醋成分之间的化学反应（Furukawa 和 Kuramitsu，2004）。正如在其他章节中所论述的，食醋的香气主要归因于高含量的酯类化合物和一些羰基化合物（醛和酮）以及缩醛。这些成分的种类和比例直接关系到香气类型和柔和程度。

为了深入了解食醋的风味，提高食醋的品质，必须对食醋发酵过程中风味物质的种类、微生物的演替及影响因素进行系统的研究。今后的研究应致力于在食醋中风味物质的分析鉴定、食醋中风味物质的形成机理、食醋中典型风味的分析以及现代化、准确的风味检测仪器所用方法的开发等方面进行创新。

8.6.2 技术和设备的创新

8.6.2.1 生物强化技术

生物强化技术发展于 20 世纪 70 年代中期，自 20 世纪 80 年代以来得到了广泛的研究和应用（Chapelle，1999）。生物强化技术最初应用于废水处理，为了提高处理效率，向其中加入一些高效的天然菌或基因工程菌。近年来，生物强化技术在食醋的发酵中也得到了广泛的研究，主要针对以下三个问题：①由于缺乏对食醋发酵微生物的研究数据，导致对优势菌群及其功能的认识有限；②越来越受到食品生产领域关注的食品安全问题。基于外源细菌或高效基因工程菌的生物增强研究存在的潜在安全问题尚未得到根本解决，制约了生物增强技术在传统发酵食品生产中的应用；③传统发酵食品普遍采用混菌固态发酵，这些食品的独特风味依赖于这些多菌种的协同代谢，以单菌种为基础的生物强化容易造成原有细菌群落的不平衡，从而可能对产品质量产生不利影响。这三个问题的研究将成为未来相关技术领域的核心。

8.6.2.2 人工微生物菌群

人工微生物菌群（人工菌群）是一种相对简单的微生物群落，由几种已知微生物在特定条件下共培养而成。在这样的体系中，微生物可以根据以功能为导向的要求进行组合。与天然菌群相比，人工菌群具有多方面的优点，如：①人工合成菌群中的微生物是已知的，培养相对不那么复杂，也更可控；②微生物可以相互响应，根据群落的反馈改变它们的性能，因此菌群的整体功能更加协调；③群落中不同的微生物可以协同作用，完成单个菌种无法完成的任务。

随着研究的深入，利用人工菌群开发高品质的食醋发酵体系成为可能。据报道，当乳酸含量低于 0.9% 时，乳酸菌与酵母菌混合发酵体系对酵母菌有一定的益处。特别地，由乳酸菌和酵母共培养生产的食醋含有更多的非挥发性酸和酯。目前，基于复合菌群的高品质发酵体系尚未应用于食醋工业中。尽管如此，随着筛选技术的不断发展和研究的深入，基于人工菌群的固态发酵酿醋技术有可能取得重要突破。

8.6.2.3 设备的发明

随着智能技术和设备的发展，食醋酿造设备的改造也取得了进展。固态发酵体系中现有的酿造设备只具备单一功能。固态发酵要求高强度的体力劳动，且原料利用率低，因此制约了企业的经济效益。实现设备的计算机自动控制，从而降低劳动强度、提高食醋品质，是今后研究的重要课题。

本章作者

夏梦雷，郑宇，张祥龙，谢三款，吴艳芳，夏婷，王敏

参考文献

Chapelle, F. H. J. G. 1999. Bioremediation of petroleum hydrocarbon – contaminated ground water: the perspectives of history and hydrology. *Ground Water* 37 (1): 122–132.

Chen, F., Li, L., Qu, J., and Chen, C. 2009. Cereal vinegars made by solid–state fermentation in China. In L. Soliery and P. Giudici (Eds.) *Vinegars of the World*. Springer – Verlag Italia, Milan, Italy, pp. 243–259.

Couto, S. R., and Sanromán, M. Á. 2006. Application of solid–state fermentation to food industry: a review. *Journal of Food Engineering* 76 (3): 291–302.

Furukawa, S., and Kuramitsu, R. 2004. Flavor of vinegars. In F. Shahidi, A. M. Spanier, C. –T. Ho, and T. Braggins (Eds.) *Quality of Fresh and Processed Foods*. Springer, pp. 251–263.

Krishna, C. 2005. Solid – state fermentation systems: an overview. *Critical Reviews in Biotechnology* 25 (1–2): 1–30.

Li, P., Aflakpui, F. W. K., Yu, H., Luo, L., and Lin, W. –T. 2015a. Characterization of activity and microbial diversity of typical types of Daqu for traditional Chinese vinegar. *Annals of Microbiology* 65 (4): 2019–2027.

Li, S., Li, P., Feng, F., and Luo, L. 2015b. Microbial diversity and their roles in the vinegar fermentation process. *Applied Microbiology and Biotechnology* 99 (12): 4997–5024.

Liu, D. R., Zhu, Y., Beeftink, R., Ooijkaas, L., Rinzema, A., Chen, J., and Tramper, J. 2004. Chinese vinegar and its solid–state fermentation process. *Food Reviews International* 20 (4): 407–424.

Liu, J., Gan, J., Yu, Y. J., Zhu, S. H., Yin, L. J., and Cheng, Y. Q. 2016. Effect of laboratory–scale decoction on the antioxidative activity of Zhenjiang aromatic vinegar: the contribution of melanoidins. *Journal of Functional Foods* 21: 75–86.

Lu, Z. M., Wang, Z. M., Zhang, X. J., Mao, J., Shi, J. S., and Xu, Z. H. 2018. Microbial ecology of cereal vinegar fermentation: insights for driving the ecosystem function. *Current Opinion in Biotechnology* 49: 88–93.

Min, D. B., and Choe, E. 2003. Effects of singlet oxygen oxidation on the flavor of foods and stability of vitamins. *Journal of Food Science and Biotechnology* 38 (1): 582–586.

Mitchell, D. A., Krieger, N, Stuart, D. M., and Pandey, A. 2000. New developments in solid– state fermentation II. Rational approaches to the design, operation and scale–up of bio reactors. *Cheminform* 35 (10): 1211–1225.

Nie, Z., Zheng, Y., Du, H., Xie, S., and Wang. M. 2015. Dynamics and diversity of micro bial community succession in traditional fermentation of Shanxi aged vinegar. *Food Microbiology* 47: 62–68.

Nie, Z., Zheng, Y., Xie, S., Zhang, X., Song, J., Xia, M., and Wang, M. 2017. Unraveling the correlation between microbiota succession and metabolite changes in traditional Shanxi aged vinegar. *Scientific Reports* 7 (1): 9240.

Nie, Z., Yu, Z., Min, W., Yue, H., Wang, Y., Luo, J., and Niu, D. 2013. Exploring microbial succession and diversity during solid–state fermentation of tianjin duliu mature vinegar. *Bioresource Technology* 148 (8): 325–333.

Pandey, A. 2003. Solid–state fermentation. *Biochemical Engineering Journal* 13 (2–3): 81–84.

Pandey, A., Selvakumar, P., Soccol, C. R., and Nigam, P. 1999. Solid state fermentation for the production of industrial enzymes. *Current Science* 77 （1）: 149–162.

Solieri, L., and Giudici, P. 2009. *Vinegars of the World.* Springer – Verlag Italia, Milan, Italy. Steinkraus, K. H. 2004. *Handbook of Indigenous Fermented Foods. 2nd Ed.* Marcel Dekker, New York.

Tesfaye, W., Morales, M. L., García–Parrilla, M. C., and Troncoso, A. M. 2002. Wine vin egar: technology, authenticity and quality evaluation. *Trends in Food Science and Technology* 13 （1）: 12–21.

Wu, J. J., Ma, Y. K., Zhang, F. F., and Chen, F. S. 2012. Biodiversity of yeasts, lactic acid bacte ria and acetic acid bacteria in the fermentation of "Shanxi aged vinegar", a traditional Chinese vinegar. *Food Microbiology* 30 （1）: 289–297.

Xie, X. L., Zheng, Y., Liu, X., Cheng, C., Zhang, X. L., Xia, T., Yu, S. F., and Wang, M. 2017. Antioxidant activity of Chinese Shanxi aged vinegar and its correlation with polyphenols and flavonoids during the brewing process. *Journal of Food Science* 82 （10）: 2479–2486.

Xu, W., Huang, Z., Zhang, X., Li, Q., Lu, Z., Shi, J., Xu, Z., and Ma, Y. 2011a. Monitoring the microbial community during solid – state acetic acid fermentation of Zhenjiang aromatic vinegar. *Food Microbiology* 28 （6）: 1175–1181.

Xu, W., Xu, Q. P., Chen, J. H., Lu, Z. M., Xia, R., Li, G. Q., Xu, Z. H., and Ma, Y. H. 2011b. Ligustrazine formation in Zhenjiang aromatic vinegar: changes during fermentation and storing process. *Journal of the Science of Food and Agriculture* 91 （9）: 1612–1617.

Xu, Y., Wang, D., Fan, W. L., Mu, X. Q., and Chen, J. 2010. Traditional Chinese biotechnology. *Advances in Biochemical Engineering/Biotechnology* 122: 189–233.

Zheng, X. W., Tabrizi, M. R., Robert Nout, M. J., and Han, B. Z. 2011. *Daqu* – a traditional Chinese liquor fermentation starter. *Journal of the Institute of Brewing* 117 （1）: 82–90.

Zhao, C. Y., Xia, T., Du, P., Duan, W. H., Zhang, B., Zhang, J., Zhu, S. H., Zheng, Y., Wang, M., and Yu, Y. J. 2018. Chemical composition and antioxidant characteristic of tradi tional and industrial Zhenjiang aromatic vinegars during the aging process. *Molecules* 23 （11）: 2949.

9

香脂醋的生产与研究进展

9.1 引言

香脂醋在意大利有着悠久的生产历史，主要分为两大类，即传统型和工业型。它们都是从煮熟的浓缩葡萄醪的酒精和醋酸发酵中获得的，这是香脂醋区别于其他醋的主要特征。传统香脂醋（traditional balsamic vinegar，TBV）产于意大利，是通过表面发酵法生产的一种高质量香脂醋，具有悠久的历史和完善的生产程序。正如第 2 章所介绍的那样，香脂醋的陈酿可以在各种木材（栗子、樱桃、杜松、桑树、橡木）制成的木桶中进行，而传统香脂醋的陈酿时间可达到 25 年。在本章中重点关注了香脂醋的生产与研究进展，并根据现有的科学文献对其进行了归纳整理。

9.2 香脂醋的生产与研究进展

9.2.1 香脂醋的生产

传统香脂醋生产的起源可以追溯到 18 世纪中叶。术语“香脂的”源于希腊语“βάλσαμο”（发音：válsamo），指的是一种可以舒缓、恢复或舒适的基质，因为这种食醋由于其药用特性而被使用。如今，术语“香脂醋”已经在全球范围内被用来描述这种食醋，以及各种以食醋为基础的具有特殊甜味的调味汁、调味品和调味料。

传统香脂醋的生产从葡萄开始，经过压榨，再经过一定的蒸煮、酒精发酵和醋酸发酵，最后陈酿。酒精发酵和醋酸发酵步骤由本土酵母和细菌在同一桶中进行，然后在一组桶中陈酿多年（详见第 2 章）。因此，传统香脂醋是由葡萄酒、醋和煮熟的葡萄醪混合制成的食醋，需经过长时间的陈酿期。葡萄醪直接在火上煮 12~24h，在加热过程中会发生各种物理化学变化，最值得注意的是：

①葡萄醪的浓度；

②葡萄醪成分的美拉德反应。

生产传统香脂醋的理想熟葡萄醪糖度约为 30°Bx。传统香脂醋生产的生物转化发生在葡萄醪蒸煮后的阶段，在这个阶段，仍然很热的葡萄醪被转移到一个特殊的桶里，称为“badessa”。在 badessa 里，葡萄醪被发酵。另一种方法是密封木桶，不做任何进一步处理。在 badessa 中，酵母和醋酸菌需要不同的生长和作用条件，这也取决于培养基的组成。具体来说，低浓度的挥发性酸有利于酒精发酵。虽然这个过程可能每年都会发生，但也可能发生不规则的发酵。最严重的问题出现在挥发性酸度较低的传统香脂醋中。为了避免这个问题，可添加鲜醋作为起始发酵剂。

放置香脂醋的木桶是由不同类型的木材制成的（栗子、桑树、槐树、樱桃和橡木）。所有的木桶都含有一定量的来自 badessa 的食醋。只从第一桶中取出一部分传统香脂醋，然后用下一桶中的食醋重新装满，最终每桶都含有不同年份的食醋。这个过程被称为“rincalzo”。在现代的传统香脂醋生产方法中，使用新的桶，装满葡萄酒醋，放置 6 个月，然后在传统香脂醋陈酿过程中使用。木桶的真正作用不是影响产品的感官特性，而是起到半渗透的作用，阻止比水更大的分子，如乙醇和乙酸通过木头。

组成和陈酿过程/时间的不同导致了世界各地产出各种香脂醋。具体地说，在意大利，有两种香脂醋可供选择：摩德纳香脂醋（BVM）和传统摩德纳香脂醋（TBVM）。它们都是典型的 PDO 的产品（Cocchi 等，2007）。这两种香脂醋都是由煮熟的浓缩葡萄醪经过酒精发酵和醋酸发酵而得到的。对于摩德纳香脂醋，生产商可以添加含量至少为 10%（体积分数）的葡萄酒醋，以及含量高达 2%（体积分数）的焦糖色。另一方面，传统摩德纳香脂醋中不允许添加这样的添加物，它是由煮熟的葡萄醪制备的，必须通过自然发酵完成，至少陈酿 12 年。摩德纳香脂醋必须在木桶中陈酿至少 60d（Cirlini 等，2009）。在这两种情况下，混合都在罐中进行，借助合适的混合设备，对于体积大且黏稠的产品来说，混合时间从几分钟到几小时不等。陈酿在一系列不同木材和大小的木桶中进行，最终产品在经过适当的政府管控后获得 BVM 认证。

目前香脂醋市场的发展趋势是以葡萄酒醋、葡萄干醋、苹果酒醋、蜂蜜醋、水果醋、苹果醋等为基础，生产调味品、釉料和奶油。香脂醋调味品的生产与传统香脂醋类似，但没有耗时的陈酿阶段。它们是通过简单的机械混合或更复杂的温度控制过程生产的，并且它们的最终价格与意大利香脂醋相比要实惠得多（Garcia - Parrilla 等，2017；Ho 等，2017；Torri 等，2017）。

由于添加了增稠剂和稳定剂，如淀粉（包括改性淀粉）、树胶（如黄原胶）和果胶，香脂釉料和奶油具有黏性和乳脂状。它们通常包装在可挤压的塑料容器中，以便在分装时轻松控制流量。它们含有香脂醋与浓缩葡萄醪、葡萄糖浆、龙舌兰糖浆、大米糖浆和其他甜味剂的混合物，如转化糖（葡萄糖和果糖的混合物）、蔗糖、果糖、甜菊糖苷等，以及各种各样的风味成分（果汁、果酱、香草、坚果、香料、蘑菇等）。

根据添加成分的颜色，可以选择白色产品（含白葡萄醋）、黄橙产品（含柑橘类水果）、红色或紫色产品（含草莓、树莓、血橙、石榴）、深红色和紫色产品（含无花果和李子）、绿色产品（含草药或薄荷）等。还有芥末、蜂蜜、番茄、香草等香料釉可供选择。

这些产品中常用的防腐剂和抗氧化剂包括焦亚硫酸钾（$K_2S_2O_5$，E224，也称为钾焦亚硫酸钾）和山梨酸钾。香脂醋中最常见的色素添加剂是亚硫酸铵焦糖（E150d，也称为防酸焦糖或软饮料焦糖）（Sengar 和 Sharma，2012）。根据《持久性市场研究报告：调味醋和调味品的全球市场研究》，苹果醋和葡萄酒醋细分市场预计在 2016—2024 年间获得较高的基点（BPS）份额，2017 年以后，香脂醋产品将受到消费者的广泛青睐。香脂醋将继续占全球调味醋收入的三分之一，而在预测期内，香脂醋将占全球调味品总量的 60% 以上（Market Watch，2019；Persistence Market Research，2019）。

9.2.2 香脂醋发酵酵母菌的研究进展

参与传统香脂醋发酵的酵母菌种类的数量很多且非常复杂。如 Solieri 和 Giudici（2008）所述，目前的物种包括拜耳接合酵母（*Zygosaccharomyces bailii*）、鲁氏接合酵母（*Z. rouxii*）、假鲁氏接合酵母（*Z. pseudorouxii*）、蜂蜜接合酵母（*Z. mellis*）、二孢接合酵母（*Z. bisporus*）、*Zygosaccharomyces lentus*、法尔皮有孢汉生酵母（*Hanseniaspora valbyensis*)、耐渗透压有孢汉逊酵母（*H. osmophila*）、浓缩乳假丝酵母（*Candida lactis-condensi*）、星形假丝酵母（*Candida stellata*）、路德类酵母（*Saccharomycodes ludwigii*）和酿酒酵母（*Saccharomyces cerevisiae*），还有许多其他生长缓慢的物种可能对煮熟的葡萄醪发酵有贡献。尽管传统香脂醋酵母菌微生物群的知识很丰富，但需要进一步的研究来筛选适合发酵的酵母菌种类，了解它们的代谢活动以及它们如何影响传统香脂醋的质量。选定的酵母菌株对高质量的传统香脂醋生产具有重要意义，因为它们的代谢导致了熟制葡萄醪的主要的物理化学变化。与其他发酵食品研究类似，传统的依赖于培养的方法只能从与传统香脂醋生产相关的大量酵母菌中获取一小部分菌种（Perin 等，2017；Solieri，2006；Solieri 和 Giudici，2008）。通过了解酵母菌的生态、它们的遗传和生理特性（Lalou 等，2018），每个酵母菌株在传统香脂醋生产中的具体作用以及它们与其他物种和每个地区或生产商的环境的相互作用，可以在传统香脂醋发酵过程方面提供新见解（Dakal 等，2018；Solieri 和 Giudici，2008）。

为了将传统浓缩型葡萄醪发酵原理贯彻到新型香脂醋的生产中，拉鲁等（2016）对浓缩型葡萄醪发酵中优势酵母菌的分离、分子鉴定、工艺特性和发酵性能进行了评价。具体来说，研究了对 5-羟甲基糠醛、糠醛、乙酸和葡萄糖浓度的耐受性，以及乙酸和硫化氢产物的产生量、发泡、絮凝能力、关键酶活性和关键挥发物的形成等酿酒特性进行了研究。对 5-羟甲基糠醛和糠醛的耐受性被发现与菌株和剂量有关；因此这些化合物减少被认为是酵母菌筛选的关键因素（Lalou 等，2016）。

最近，还有学者对发酵温度和接种策略对香脂醋发酵动力学的影响进行了研究（Hutchinson 等，2019）。一个由 5 株非酿酒酵母［美极梅奇酵母（*Metschikowia pulcherrima*）、泽普林假丝酵母（*Candida zemplinina*）、季也蒙有孢汉逊酵母（*Hanseniaspora guilliermondii*）、葡萄汁有孢汉逊酵母（*H. uvarum*）和拜耳结合酵母（*Z. bailii*）］和 13 株醋酸菌［巴氏醋杆菌（*Acetobacter pasteurianus*）、苹果酸醋杆菌（*A. malorum*）、巴里木崎氏菌（*Kozakia baliensis*）、蜡状葡糖杆菌（*Gluconobacter cerinus*）和氧化微杆菌（*G. oxydans*）等］组成的微生物菌群，在不同的发酵温度下，使用不同的接种策略（共同接种和顺序接种）进行了测试。通过 16S rRNA 和 18S rRNA 基因测序分析了发酵速度较快的食醋中菌群变化，结果表明在发酵结束时，约有 51% 的醋酸菌种类较为丰富，而约 40% 的醋酸菌是不可培养的。本研究结果的实际应用价值是，可以将质量较低的酿酒葡萄转换成价格较高的产品（香脂醋），技术投入要求低，有利于建立一个低资本投入和高经济收入的模式（Hutchinson 等，2019）。

Lalou 等（2018）采用一种系统方法（Taguchi 设计）优化了希腊葡萄（*Xinomavro*）浓缩汁的酒精发酵参数，使用表现最好的本地葡萄酒有孢汉逊酵母（*H. uvarum*）和酿酒酵母（*S. cerevisiae*）等菌株。通过优化 *H. uvarum/S. cerevisiae* 细胞比例、接种量和接种时间、发酵时间和温度的最佳组合，产出了乙醇含量为 79g/kg、残糖含量为 164g/kg 的葡萄酒，适合进一步用于生产香脂醋。同时，多菌种发酵对发酵浓缩汁的感官特性也有积极的影响，5-羟甲基糠醛含量被认为是该工艺标准化的一个关键因素（Lalou 等，2018）。

接合酵母属（*Zygosaccharomyces*）是在高浓度的糖（50%~60%）以及咸味食品中

生长的嗜渗酵母，是参与传统香脂醋的酒精发酵阶段的主要酵母（Dakal 等，2018；Sá-Correia 等，2014；Solieri 等，2013；Solieri 和 Giudici，2008）。除了这些重要的耐渗透和耐光照特性外，它们还表现出很强的发酵能力以及对低 pH 和某些食品防腐剂的抵抗力，如苯甲酸和山梨酸（常用于食醋产品）（Dakal 等，2018）。因此，部分嗜干接合酵母菌属于含糖发酵食品的潜在腐败菌种，例如在使用高糖的熟制葡萄醪生产传统香脂醋时，熟制葡萄醪的糖度范围一般是30%到50%（质量分数），腐败菌种会使水活性（A_w）降至0.9以下。大多数酵母菌要求最低的水活度为0.85，而嗜干腐败酵母菌可以在0.61~0.75的水分活度下继续生长（Solieri 和 Giudici，2008）。Solieri 等（2013年）从意大利摩德纳和雷焦艾米利亚的两个传统香脂醋样本中分离获得14株酵母，基于26S rRNA 基因 D1/D2 结构域的系统发育分析表明，这些菌株属于接合酵母属的新种，与鲁氏接合酵母（*Z. rouxii*）和蜂蜜接合酵母（*Z. mellis*）亲缘关系较近。进一步利用生理和形态学分析方法对耐盐、耐渗透、耐冷、麦芽糖发酵阴性的酵母菌株进行分类分析，并命名为一个新的种，即 *Zygosaccharomyces sapae* sp. nov.，来定义这些菌株（Solieri 等，2013）。

9.2.3　香脂醋发酵醋酸菌的研究进展

正如前几章所讨论的，食醋生产的主要物种为醋杆菌属（*Acetobacter*）、葡糖酸醋杆菌属（*Gluconacetobacter*）、葡糖杆菌属（*Gluconobacter*）和驹形杆菌属（*Komagataeibacter*），因为它们具有很强的将乙醇氧化成乙酸的能力，并且具有很好的耐酸性能（Gomes 等，2018）。在食醋生产中最常报道的物种是醋化醋杆菌（*Acetobacter aceti*）、啤酒醋杆菌（*A. cerevisiae*）、苹果酸醋杆菌（*A. malorum*）、奥氏醋杆菌（*A. oeni*）、巴氏醋杆菌（*A. pasteurianus*）、果实醋杆菌（*A. pomorum*）、内切葡糖酸醋杆菌（*Gluconacetobacter entanii*）、液化葡糖酸醋杆菌（*G. liquefaciens*）、氧化葡糖杆菌（*Gluconobacter oxydans*）、欧洲驹形杆菌（*Komagataeibacter europaeus*）、汉森驹形杆菌（*K. hansenii*）、中间驹形杆菌（*K. intermedius*）、美德林驹形杆菌（*K. medellinensis*）、温驯驹形杆菌（*K. oboediens*）及木糖驹形杆菌（*K. xylinus*）。Gomes 等（2018）最近综述了醋酸菌的分类历史、生化特性以及分离、鉴定和定量分析等方法，特别是与重要生物技术应用相关的方法。

许多研究注重使用选定的醋酸菌来改善传统香脂醋的生产（Gullo 和 Giudici，2008；Lalou 等，2018）。一般来讲，醋酸菌能够氧化糖和醇等底物。在传统香脂醋生产中，耐糖性是醋酸菌生长的一个重要因素，因为很少有物种能够在高糖浓度下生长。因此，选择合适的菌种是传统香脂醋生产中的一个关键因素，因为这种产品是由高糖浓度的葡萄醪制成的。据报道，少数物种能够在非常高的糖浓度下生长，例如，重氮营养葡糖酸醋杆菌（*Gluconobacter diazotrophicus*）能够在30%的 D-葡萄糖含量下生长（Gullo 等，2006）。为传统香脂醋生产选择合适的菌种必须考虑的另一个重要因素，是其对发酵过程中出现的酸性环境（pH 2.5~3.5）的耐受性（Gullo 等，2006）。Gullo 和 Giudici（2008）与传统香脂醋生产中起始发酵剂选择有关的醋酸菌表型性状进行了综述，他们指出，选育起始发酵剂是改进传统香脂醋生产过程所需的主要技术。选择标准应考虑到原料的组成、醋酸菌的代谢活性、应用技术和最终产品所需的特性。其主要特征是较好的乙醇含量、高效的乙醇氧化能力、乙酸化速度、对高乙酸浓度、高糖浓度和低 pH 的耐受性、避免过氧化作用和对温度范围的耐受性。

如上所述，Hutchinson 等（2019）研究了接种策略对香脂醋生产发酵动力学的影响，其中包括一个由 5 株非酿酒酵母菌和 13 株醋酸菌菌株组成的微生物菌群，采用了两种接种策略：第一种是在工艺开始时同时接种酵母和醋酸菌；第二种是在开始时只接种酵母，当乙醇含量达到 6%（体积分数）时再接种醋酸菌。共同接种和顺序接种的策略分别在 42d 和 56d 内完成了酒精发酵和醋酸发酵。除顺序接种策略外，在整个发酵过程中都观察到酵母和醋酸菌的生长，酵母和醋酸菌的生长动力学差异很小，表明它们可以按比例共存。在发酵结束时酵母菌数量很少，说明乙醇氧化已经完成。根据发酵周期，表明在 28℃ 下发酵使用共接种策略，可用于工业规模的发酵。Giudici 等（2016）研究了在不同糖度的葡萄培养基中，利用能够氧化葡萄糖的酵母菌和醋酸菌菌株，建立了提高香脂醋质量的发酵工艺。利用选定的路德类酵母（*S. ludwigii*）和巴氏醋杆菌（*A. pasteurianus*）进行熟制葡萄汁的起始发酵剂，分析其发酵过程理化参数对食醋中葡萄糖酸形成的影响。葡萄糖酸是一种非挥发性酸，已被证明是醋杆菌属（*Acetobacter*）和葡糖杆菌属（*Gluconobacter*）的主要氧化产物，对传统香脂醋质量起着重要作用。具体来说，葡萄糖酸盐具有酸味和温和的甜味，影响食醋的感官复杂度。因为葡萄糖酸不那么刺激，高葡萄糖酸盐含量的食醋有更高的物理化学稳定性，并被消费者所青睐（Giudici 等，2016）。在 Giudici 等（2016）的研究中，他们的假设基于两项证据：①酵母菌对葡萄糖或果糖表现出选择性偏好；②醋酸菌对葡萄糖的直接氧化有助于降低最终食醋中的葡萄糖含量，提高其固定酸度和感官特性。在整个过程中，从熟制葡萄醪到基础食醋，葡萄糖/果糖比率从 1.08 下降到 0.28，可滴定酸从 1.5 度上升到 6.06 度，pH 从 3.46 下降到 3.18。最终的可滴定酸度主要取决于葡萄糖酸和葡萄糖-δ-内酯的存在，其浓度是乙酸的 2 倍。使用的菌种和对整个生产过程的控制是获得具有所需特征葡萄醋的基础（Giudici 等，2016）。

9.2.4　香脂醋的结构

高质量传统香脂醋的结构也是研究的一个主题。在传统香脂醋的陈酿过程中，由于蒸发，密度增加，并发生各种其他变化，如组分的结晶和风味的变化。

各种研究人员已经调查了与这些改变有关的问题。根据 Falcone 等（2017）的报道，传统香脂醋的分子结构经历平衡相变和非平衡相变的固化，包括由于 α-D-葡萄糖分子的重排而产生的结晶，以及由于未知物质（包括具有很长弛豫时间的高分子大小的类黑精）的无定形胶体的自组装现象而引起的由剪切诱导的和依赖于时间的阻塞转变（12~25 年以上）。

Falcone（2010）用高分辨光学显微镜（HR-LM）和 X 射线衍射仪（XRD）研究了摩德纳传统香脂醋在陈酿过程中可能发生的体相结构变化。此外，还利用环境扫描电子显微镜（ESEM）和能量色散 X 射线能谱（EDS）两种无损技术研究了摩德纳液体和堵塞的传统香脂醋的微观结构和元素组成，用尺寸排除色谱（SEC）测定了它们的分子尺寸分布，并用应力控制流变仪测定了它们的剪切黏度（Falcone 等，2011）。堵塞状态下的传统香脂醋表现为假塑性流体，这是由于无氮聚合物的分子尺寸分散度低于液体传统香脂醋，而液体传统香脂醋表现为牛顿流体。接近堵塞转变的传统香脂醋内固体颗粒对液体传统香脂醋和堵塞传统香脂醋的 C/O 比分别为 2.5 和 3.7。堵塞的传统香脂醋中铁、镁含量较高，pH 较低。因此，认为传统香脂醋中的堵塞转变是由于无氮聚合物的本体黏度增加和结构弛豫之间的不平衡造成的，这是两种随时间变化的现象（Falcone 等，2011）。

Falcone 等（2012）还对摩德纳传统香脂醋进行了研究，考察了其微观结构和组成，以及在低剪切和高剪切极限下的流动性能。结果表明，食醋的浓度、温度和黏度是影响传统香脂醋凝固度的三个独立变量。在结构发展方面，做出聚合物介导机制和扩散限制动力学的假设，并根据胶体堵塞转变的概念，用三个主要的实验来证明在传统香脂醋中观察到的凝固现象：①同时存在分形聚合的胶体和多分散的生物聚合物；②在食醋浓度临界水平以上的非线性剪切依赖性；③改良的 Krieger-Dougherty 模型有效地描述了相对黏度的标度趋势，说明了堵塞结构的分形维数。传统香脂醋中的堵塞阈值是根据整体结构活性成分的临界浓度［72°Bx 和 40%（质量分数）的主要糖类］和对牛顿流动的最大阻力（在低剪切黏度约为 0.95Pa·s 的情况下实现剪切流动）定义的（Falcone 等，2012）。Falcone 等（2017）对流变特性（密度、流动行为和大范围剪切率下的动态黏度）、食醋的成分（糖、挥发性酸度、固定酸度、pH、糖度）以及根据官方感官协议对 PDO 传统香脂醋的感官特性进行了描述性和定量的评估。结果表明，传统香脂醋的流动行为在很大的剪切率范围内受到干扰特性的影响，在 $60s^{-1}$ 的剪切率以下产生流动不稳定。在中高剪切率下发现了均匀、连续的流动，估计结构缩放的共同起点发生在 1.32g/mL 密度左右。流变学、成分和感官特性的比较分析表明，醋中类黑精的胶体干扰主导了整个感官刺激，并决定了具有较高动态黏度但更均匀流动（最高商业质量类别）的食醋的分类（Falcone 等，2017）。

根据 Elmi（2015）的研究，结晶主要出现在家庭自制的香脂醋中，是其在桶中陈酿过程中甚至是装瓶时的一种不理想的现象。结晶的主要化学成分是葡萄糖，与果糖相比，它在高温下是一种更稳定的糖。食醋中葡萄糖的浓度主要与初始葡萄醪的烹调和葡萄糖/果糖的比例有关。具体来说，当烹调温度高于 80℃，烹调时间超过 10h 时，葡萄醪中的葡萄糖沉积量就会更高。此外，在陈酿过程中，水分由于不断蒸发减少，陈酿产品中葡萄糖的结晶时间延长。

Elmi（2015）使用 X 射线衍射（XRD）分析来识别传统香脂醋中的晶体副产品，描述了糖含量、总酸度（挥发性和非挥发性）和传统香脂醋陈酿过程中形成的晶体副产品之间的关系，以便提出控制结晶的最佳做法。XRD 图谱显示瓶底存在葡萄糖晶体，并得出结论，葡萄糖沉淀可能与基质（熟制葡萄醪）的高浓度、葡萄糖/果糖比例的不平衡以及陈酿过程中导致葡萄糖晶体生长的水分蒸发有关。晶体的出现可以通过考虑产品的高浓度糖和低总酸度来解释。结晶对食醋来说是一个严重的问题，因为它最终会影响感官特性，最终导致其完全丧失。根据 Elmi（2015）的研究工作，糖/总酸度的比例应该在 9.26（理想的甜味边界）和 6.74（理想的酸味边界）之间，以获得可接受的感官特性，避免最终产品中的葡萄糖结晶。对于自制传统香脂醋，过滤结晶块和添加发酵葡萄醪可以有效地抑制结晶，而不损失所需的感官特性（Elmi，2015）。

9.2.5 香脂醋的分类和认证

食品的认证是一个复杂的程序，因为它必须考虑许多方面，包括对传统生产流程和原产地的控制（Cocchi 等，2007）。此外，传统食品必须与工业食品以完全不同的方式加以考虑。同样，最近的许多研究涉及食醋的分类和认证，特别是为了保护高质量的 PDO 香脂醋的品牌，防止掺假和不公平竞争（Graziosi 和 Bertelli，2017；Rios-Reina 等，2017；Rios-Reina 等，2018；Rios-Reina 等，2019a，2019b），详见第 21 章。

多种技术被用于评估食醋的质量、真实性和分类，包括光谱技术（近红外光谱、多维荧光光谱或二维核磁共振光谱等）、化学计量技术及其组合。

例如，在 Chinnici 等（2016）的一项研究中，用二极管阵列检测器的高效液相色谱法对许多优质欧洲食醋中的 23 种氨基酸和 11 种胺进行了量化，包括摩德纳传统香脂醋、摩德纳香脂醋和赫雷斯醋，在用乙氧基甲基丙二酸二乙酯进行衍生化之后。脯氨酸、甘氨酸和 γ-氨基丁酸是主要的氨基酸，而异亮氨酸只在摩德纳香脂醋中发现。传统香脂醋的生物胺的含量最低。根据这些结果，通过主成分和聚类分析，对样品进行了成功分类。由于食醋中的氨基酸和胺的含量受生产工艺和原料的影响，它们有可能被用来描述优质食醋的特征，用于认证或反欺诈目的（Chinnici 等，2016）。

在最近的另一项研究中，用气相色谱-燃烧-同位素比质谱法（GC-C-IRMS）测定了甘油的化合物特异性 $^{13}C/^{12}C$ 同位素比值，该比值因产地、品种或出处而不同，用于对摩德纳的工业和 PDO 传统香脂醋进行分类（Sighinolfi 等，2018）。对几个适销的产品进行了测定，实验结果突出了两种不同生产工艺的特殊性，表明甘油的碳同位素比值的测定可以成为鉴定香脂醋的一个额外手段。

以类似的方式，Perini 等（2018）研究了 $^{13}C/^{12}C$ 乙醇（2H 位点特异性天然同位素分离-核磁共振）与少量糖（离子色谱结合脉冲安培和带电气溶胶检测）的联合检测方法是否可以检测摩德纳香脂醋中的糖添加情况。调查中使用了大量的正宗意大利葡萄汁和香脂醋，并增加了甜菜、甘蔗和糖浆的添加比例。还考虑了香脂醋基质中的糖类随时间变化可能发生的降解问题。虽然稳定同位素比值分析仍然是确定蔗糖和甜菜糖添加量的最佳方法，但事实证明，添加少量的糖（主要是麦芽糖）对检测糖的添加非常有用。基于他们的方法，Peirini 等（2018）设法从 27 种商业香脂醋中鉴定出 3 种掺假产品，并建议将稳定同位素比值和离子色谱法与脉冲安培法和带电气溶胶检测分析相结合，可以成为检测香脂醋真实性的有用工具。

最后，Consonni 和 Cagliani（2018）在最近的一项研究中介绍并讨论了高分辨率核磁共振（NMR）技术（通过特定的应用和使用不同的方法）在食品认证方面的巨大潜力，包括摩德纳香脂醋和传统香脂醋，特别是在地理起源特征、陈酿测定和欺诈检测方面的作用。

9.2.6 香脂醋的成分分析

由于在发酵和陈酿过程中发生了复杂的化学和生物修饰，传统香脂醋的化学组成非常复杂，目前还没有完全被研究出来。研究得最好的化合物是糖类和有机酸，其次是多酚、美拉德反应的最终产物和挥发性化合物。

在糖类中，果糖和葡萄糖是葡萄汁中的主要单糖，其比例大致相等（大约为1）。与葡萄糖相比，果糖的耐热性更差，主要供给耐渗透的非酿酒酵母发酵。另一方面，葡萄糖优先供给酿酒酵母发酵所需（Solieri 等，2006）。在传统香脂醋中，葡萄糖和果糖决定了最终产品的黏度，由于消费者更喜欢甜醋，因此目前追求增加香脂醋中的"R因子"（糖浓度/可滴定酸度），因为消费者喜欢更甜的食醋（Falcone 等，2007）。在传统香脂醋中也检测到了其他次要糖类，包括木糖、核糖、鼠李糖、半乳糖、甘露糖、阿拉伯糖和蔗糖（Cocchi 等，2007）。

葡萄酒醋的主要有机酸是乙酸。在传统香脂醋中，其他有机酸如酒石酸、葡萄糖酸、苹果酸和琥珀酸可能以类似的含量出现。这些酸决定了传统香脂醋的甜味，因为它们的刺激性比乙酸要小。用不同的技术（HPLC、GC、GC-MS、酶法）对食醋中的有机酸浓度进行了评估。结果表明，酒石酸在传统香脂醋中的浓度很低，可能是因为钾盐或钙盐的形成，特别是在陈酿过程中（Cocchi 等，2002；Sanarico 等，2003）。琥珀酸在新鲜传统香脂醋中含量较高，在陈酿过程中由于酯化反应，其浓度会下降。另一方面，葡萄糖酸一般可以在陈年的传统香脂醋中发现，并代表这些食醋的质量参数（Lalou 等，2015；Papotti 等，2015）。柠檬酸和苹果酸的含量在生产过程的各个阶段通常是恒定的（Cocchi 等，2002）。酸的来源也因传统香脂醋微生物区系对乙醇和糖的代谢而大不相同（Caligiani 等，2007；Lalou 等，2015）。

在具有抗氧化活性的分子中，多酚类和类黑精是最突出的。酚酸、儿茶素、聚合原花青素和黄酮类化合物可能存在于传统香脂醋样品中。单宁酸也可能以不同的数量存在（260~300mg/kg 传统香脂醋）。在陈醋中观察到的数量增加是由于从木桶中提取了多酚类物质（Piva 等，2008；Tagliazucchi 等，2007）。

关于类黑精，Falcone 等（2007）认为传统香脂醋可能含有分子质量从 0.2kDa 到 2000kDa 甚至以上的混合物。类黑精在陈酿过程中积累，与其他一些生物聚合物一起，它们可以作为传统香脂醋的陈酿标志物（Liu 等，2017）。

最后，在香脂醋中检测到了大量的挥发性化合物（除了乙醇和乙酸），包括醇（1-丙醇、1-丁醇、2-甲基丙醇、2-甲基丁醇、3-甲基丁醇、苯乙醇和许多其他化合物）、羧酸化合物（己酸、辛酸、癸酸、十一酸、2-甲基丁酸、3-甲基戊酸等）、醛（主要是乙醛）、酯（不同羧酸的乙基或乙基酯）等（Zeppa 等，2002）。在确定香脂醋中主要代谢物组成方面已经开展了许多研究工作。Pinu 等（2016）首次提出通过使用气相色谱-质谱联用（GC-MS）对香脂醋的代谢物组成进行代谢组学研究，对香脂醋的综合代谢物组成进行了表征。三种 GC-MS 方法的结合使得在食醋样品中可以检测到超过1500 种代谢物（准确识别的有 123 种，包括 25 种氨基酸、26 种羧酸、13 种糖和糖醇、4 种脂肪酸、1 种维生素、1 种三肽和超过 47 种芳香化合物）。此外，他们首次发现了5 种挥发性代谢物，即乙酸盐、2-甲基吡嗪、2-乙酰基-1-吡咯啉、4-茴香醚和 1,3-二乙酰氧基丙烷。这项研究证明了代谢组学检测和鉴定大量代谢物的能力，其中一些可用于根据食醋的来源和质量进行分类（Pinu 等，2016）。

为了评估食醋的抗氧化和代谢情况，并确定影响其类型和亚型的最适当的特征，Sinanoglou 等（2018）使用分光光度法、色谱法、比色法和光谱法的组合，对市面上的香脂醋进行了研究。对总酚含量和概况、抗氧化活性、自由基清除能力、颜色参数、傅里叶变换红外（FT-IR）吸收光谱和^{1}H NMR 光谱进行了比较研究。所有应用技术的结合提供了测试食醋之间成分差异的关键信息，并被建议作为类似发酵产品的重要应用工具（Sinanoglou 等，2018）。

Slaghenaufi 和 Ugliano（2018）使用顶空固相微萃取-气相色谱-质谱联用（HS-SPME-GC-MS）方法分析了葡萄酒中与烟草和香脂醋描述有关的挥发性化合物。结果显示，在相关的挥发性化合物中，倍半萜类化合物似乎对香脂醋和香辛料气味有很大的贡献。

Corsini 等（2019）采用检测频率法（修正频率，MF,%）通过气相色谱-嗅觉测定法（GC-O）测定了摩德纳传统香脂醋和 PGI 香脂醋中的气味活性化合物。主要化合物（平均 MF>60%）为 2,3-丁二酮（75%）、乙酸（70%）、呋喃-2-氨基醛（62%）、1-（呋喃-2-基）乙酮（62%）、2-甲基丙酸（66%）、丁酸（78%）、3-甲基丁酸（83%）、2-苯乙酸乙酯（65%）、2-羟基-3-甲基环戊-2-烯-1-酮（61%）、2-苯乙醇（84%），3-羟基-2-甲基吡喃-4-酮（60%）、5-甲酰呋喃-2-基乙酸甲酯（68%）、2-苯乙酸（69%）和 4-羟基-3-甲氧基苯甲醛（86%）。这些化合物根据其芳香特性被分为酸奶酪/酸奶油味、甜味、花香、清香、果香、化学类和杂味。与传统香脂醋相比，摩德纳香脂醋在甜味类别中的数值较低，在杂味和化学类中的数值较高。主成分分析表明，根据这些嗅觉数据，摩德纳的两种香脂醋都可以被明确地区分鉴定出来（Corsini 等，2019）。

9.2.7 香脂醋的健康益处

与大多数天然发酵产品一样，香脂醋长期以来与各种健康益处有关（Bhalang 等，2008；Pazuch 等，2015）。根据最近的许多科学研究，除了发酵产生的其他代谢物和生物活性化合物外，香脂醋中含有的乙酸可以对心血管疾病、高血压、糖尿病和癌症产生各种有益的健康影响，这些在第 18 章中有详细的介绍和讨论。例如，在传统香脂醋中发现的酚类化合物，如肉桂酸、没食子酸和儿茶素，可以改善脂质代谢或提供抗氧化作用（Cho 等，2010；Verzelloni 等，2007）。此外，据报道，香脂醋洗液适合用于减少食源性病原体（Ramos 等，2014），而香脂醋中发现的各种有机酸（乙酸、甲酸、乳酸、苹果酸、柠檬酸、琥珀酸和酒石酸）也可以作为抗菌剂（Caligiani 等，2007）。

本章作者

安东尼娅·特尔普（Antonia Terpou），伊安娜·曼佐拉尼（Ioanna Mantzourani），阿吉罗·贝卡托鲁（Argyro Bekatorou），阿萨纳修斯·亚历克索普洛斯（Athanasios Alexopoulos），斯塔夫罗斯·普莱萨斯（Stavros Plessas）

参考文献

Bhalang, K., Suesuwan, A., Dhanuthai, K., Sannikorn, P., Luangjarmekorn, L., and Swasdison, S. 2008. The application of acetic acid in the detection of oral squamous cell carcinoma. *Oral Surgery, Oral Medicine, Oral Pathology, Oral Radiology and Endodontology* 106 (3): 371-376.

Caligiani, A., Acquotti, D., Palla, G., and Bocchi, V. 2007. Identification and quantification of the main organic components of vinegars by high resolution [1] H NMR spectroscopy. *Analytica Chimica Acta* 585 (1): 110-119.

Cerezo, A. B., Tesfaye, W., Soria-Díaz, M. E., Torija, M. J., Mateo, E., Garcia-Parrilla, M. C., and Troncoso, A. M. 2010. Effect of wood on the phenolic profile and sensory prop erties of wine vinegars during ageing. *Journal of Food Composition and Analysis* 23 (2): 175-184.

Chinnici, F., Durán-Guerrero, E., and Riponi, C. 2016. Discrimination of some European vin-egars with protected denomination of origin as a function of their amino acid and bio genic amine content. *Journal of the Science of Food and Agriculture* 96 (11): 3762-3771.

Cho, A. S., Jeon, S. M., Kim, M. J., Yeo, J., Seo, K. I., Choi, M. S., and Lee, M. K. 2010. Chlorogenic acid exhibits anti-obesity property and improves lipid metabolism in high-fat diet-induced-obese mice. *Food Chemistry and Toxicology* 48 (3): 937-943.

Cirlini, M., Caligiani, A., and Palla, G. 2009. Formation of glucose and fructose acetates dur ing maturation and ageing of balsamic vinegars. *Food Chemistry* 112 (1): 51-56.

Cocchi, M., Durante, C., Marchetti, A., Armanino, C., and Casale, M. 2007. Characterization and discrimination of different aged 'Aceto Balsamico Tradizionale di Modena' prod ucts by head space mass spectrometry and chemometrics. *Analytica Chimica Acta* 589 (1): 96-104.

Cocchi, M., Lambertini, P., Manzini, D., Marchetti, A., and Ulrici, A. 2002. Determination of carboxylic acids in vinegars and in Aceto Balsamico Tradizionale di Modena by HPLC and GC methods. *Journal of Agricultural and Food Chemistrey* 50 (19): 5255-5261.

Consonni, R., and Cagliani, L. R. 2018. The potentiality of NMR-based metabolomics in food science and food authentication assessment. *Magnetic Resonance in Chemistry* 1-21. doi: 10. 1002/mrc. 4807.

Corsini, L., Castro, R., G. Barroso, C., and Durán-Guerrero, E. 2019. Characterization by gas chromatography-olfactometry of the most odour-active compounds in Italian balsamic vinegars with geographical indication. *Food Chemistry* 272: 702-708.

Daglia, M., Amoroso, A., Rossi, D., Mascherpa, D., and Maga, G. 2013. Identification and quantification of α-dicarbonyl compounds in balsamic and traditional balsamic vin egars and their cytotoxicity against human cells. *Journal of Food Composition and Analysis* 31 (1): 67-74.

Dakal, T. C., Solieri, L., and Giudici, P. 2018. Evaluation of fingerprinting techniques to assess genotype variation among *Zygosaccharomyces* strains. *Food Microbiology* 72: 135-145.

Elmi, C. 2015. Relationship between sugar content, total acidity, and crystal·by products in the making of traditional balsamic vinegar of Modena. *European Food Research and Technology* 241 (3): 367-376.

Falcone, P. M. 2010. Crystallization and jamming in the traditional balsamic vinegar. *Food Research International* 43 (8): 2217-2220.

Falcone, P. M., Boselli, E., and Frega, N. G. 2011. Structure-composition relationships of the traditional balsamic vinegar close to jamming transition. *Food Research International* 44 (6): 1613-1619.

Falcone, P. M., Chillo, S., Giudici, P., and Del Nobile, M. A. 2007. Measuring rheological properties for applications in quality assessment of traditional balsamic vinegar: Description and preliminary evaluation of a model. *Journal of Food Engineering* 80 (1): 234-240.

Falcone, P. M., Mozzon, M., and Frega, N. G. 2012. Structure-composition relationships of the traditional balsamic vinegar of Modena close to jamming transition (part II): Threshold control parameters. *Food Research International* 45 (1): 75- 84.

Falcone, P. M., Sabatinelli, E., Lemmetti, F., and Giudici, P. 2017. Rheological properties of traditional balsamic vinegar: New insights and markers for objective and perceived quality. *International*

Journal of Food Studies 6（1）：95-112.

Garcia – Parrilla, M. C., Torija, M. J., Mas, A., Cerezo, A. B., and Troncoso, A. M. 2017. Vinegars and Other Fermented Condiments. In J. Frias, C. Martinez–Villaluenga, and E. Peñas（Eds.）*Fermented Foods in Health and Disease Prevention*. Academic Press, Boston, MA, pp. 577-591.

Giudici, P., De Vero, L., Gullo, M., Solieri, L., and Lemmetti, F. 2016. Fermentation strategy to produce high gluconate vinegar. *Acetic Acid Bacteria* 5（1）：1-6.

Giudici, P., Gullo, M., Solieri, L., and Falcone, P. M. 2009. Technological and microbiologi cal aspects of traditional balsamic vinegar and their influence on quality and sensorial properties. *Advances in Food and Nutrition Research* 58：137-182.

Gomes, R. J., de Fatima Borges, M., de Freitas Rosa, M., Castro – Gómez, R. J. H., and Aparecida Spinosa, W. 2018. Acetic acid bacteria in the food industry：Systematics, characteristics and applications. *Food Technology and Biotechnology* 56（2）：139-151.

Graziosi, R., and Bertelli, D. 2017. Novel 2D – NMR approach for the classification of balsamic vinegars of Modena. *Journal of Agricultural and Food Chemistry* 65（26）：5421-5426.

Gullo, M., Caggia, C., De Vero, L., and Giudici, P. 2006. Characterization of acetic acid bacteria in "traditional balsamic vinegar". *International Journal of Food Microbiology* 106（2）：209-212.

Gullo, M., and Giudici, P. 2008. Acetic acid bacteria in traditional balsamic vinegar：Phenotypic traits relevant for starter cultures selection. *International Journal of Food Microbiology* 125（1）：46-53.

Ho, C. W., Lazim, A. M., Fazry, S., Zaki, U. K. H. H., and Lim, S. J. 2017. Varieties, production, composition and health benefits of vinegars：A review. *Food Chemistry* 221：1621-1630.

Hutchinson, U., Ntwampe, S., Ngongang, M. M., Chidi, B., Hoff, J., and Jolly, N. 2019. Product and microbial population kinetics during balsamic-styled vinegar production. Journal of Food Science 84（3）：1-8.

Lalou, S., Capece, A., Mantzouridou, F. T., Romano, P., and Tsimidou, M. Z. 2016. Implementing principles of traditional concentrated grape must fermentation to the production of new generation balsamic vinegars. Starter selection and effectiveness. *Journal of Food Science and Technology* 53（9）：3424-3436.

Lalou, S., Ferentidou, M., Mantzouridou, F. T., and Tsimidou, M. Z. 2018. Balsamic type varietal vinegar from cv. Xinomavro（Northern Greece）. Optimization and scale – up of the alcoholic fermentation step using indigenous multistarters. *Food Chemistry* 244：266-274.

Lalou, S., Hatzidimitriou, E., Papadopoulou, M., Kontogianni, V. G., Tsiafoulis, C. G., Gerothanassis, I. P., and Tsimidou, M. Z. 2015. Beyond traditional balsamic vinegar：Compositional and sensorial characteristics of industrial balsamic vinegars and regula tory requirements. *Journal of Food Composition and Analysis* 43：175-184.

Liu, J., Gan, J., Nirasawa, S., Zhou, Y., Xu, J., Zhu, S., and Cheng, Y. 2017. Cellular uptake and trans-enterocyte transport of phenolics bound to vinegar melanoidins. *Journal of Functional Foods* 37：632-640.

Market Watch. 2017. *Around 313, 671 Metric Tons of Dressing Vinegar & Condiments Will be Consumed Globally by 2024-end. PMR Forecast*. Press release.

Papotti, G., Bertelli, D., Graziosi, R., Maietti, A., Tedeschi, P., Marchetti, A., and Plessi, M. 2015. Traditional balsamic vinegar and balsamic vinegar of Modena analyzed by nuclear magnetic resonance spectroscopy coupled with multivariate data analysis. *LWT – Food Science and Technology* 60（2, Part 1）：1017-1024.

Pazuch, C. M., Siepmann, F. B., Canan, C., and Colla, E. 2015. Vinegar：Functional aspects. *Cientifica* 43：302-308.

Perin, L. M., Savo Sardaro, M. L., Nero, L. A., Neviani, E., and Gatti, M. 2017. Bacterial ecol ogy of artisanal Minas cheeses assessed by culture-dependent and -independent methods. *Food Microbiology* 65：160-169.

Perini, M., Nardin, T., Camin, F., Malacarne, M., and Larcher, R. 2018. Combination of sugar and stable isotopes analyses to detect the use of nongrape sugars in balsamic vinegar must. *Journal of Mass Spectrometry* 53 (9): 772–780.

Persistence Market Research. 2019. Global Market Study on Dressing Vinegar & Condiments: Apple Cider Vinegar and Red Wine Vinegar Segments Projected to Gain High BPS Shares During 2016–2024.

Pinu, F. R., De Carvalho–Silva, S., Uetanabaro, A. P. T., and Villas–Boas, S. G. 2016. Vinegar metabolomics: An explorative study of commercial balsamic vinegars using gas chromatography – mass spectrometry. *Metabolites* 6 (3): 22.

Piva, A., Di Mattia, C., Neri, L., Dimitri, G., Chiarini, M., and Sacchetti, G. 2008. Heat–induced chemical, physical and functional changes during grape must cooking. *Food Chemistry* 106 (3): 1057–1065.

Ramos, B., Brandão, T. R. S., Teixeira, P., and Silva, C. L. M. 2014. Balsamic vinegar from Modena: An easy and effective approach to reduce Listeria monocytogenes from lettuce. *Food Control* 42: 38–42.

Ríos–Reina, R., Callejón, R. M., Savorani, F., Amigo, J. M., and Cocchi, M. 2019a. Data fusion approaches in spectroscopic characterization and classification of PDO wine vinegars. *Talanta* 198: 560–572.

Ríos–Reina, R., Elcoroaristizabal, S., Ocaña–González, J. A., García–González, D. L., Amigo, J. M., and Callejón, R. M. 2017. Characterization and authentication of Spanish PDO wine vinegars using multidimensional fluorescence and chemometrics. *Food Chemistry* 230: 108–116.

Ríos–Reina, R., García–González, D. L., Callejón, R. M., and Amigo, J. M. 2018. NIR spectros–copy and chemometrics for the typification of Spanish wine vinegars with a protected designation of origin. *Food Control* 89: 108–116.

Ríos–Reina, R., Ocaña, J. A., Azcarate, S. M., Pérez–Bernal, J. L., Villar–Navarro, M., and Callejón, R. M. 2019b. Excitation–emission fluorescence as a tool to assess the presence of grape–must caramel in PDO wine vinegars. *Food Chemistry* 287: 115–125

Sá–Correia, I., Guerreiro, J. F., Loureiro–Dias, M. C., Leão, C., and Côrte–Real, M. 2014. *Zygosaccharomyces*. In C. A. Batt, and M. L. Tortorello (Eds.) *Encyclopedia of Food Microbiology*, Second Edition. Academic Press, Oxford, UK, pp. 849–855.

Sanarico, D., Motta, S., Bertolini, L., and Antonelli, A. 2003. HPLC determination of organic acids in traditional balsamic vinegar of Reggio Emilia. *Journal of Liquid Chromatography & Related Technologies* 26 (13): 2177–2187.

Sengar, G., and Sharma, H. K. 2012. Food caramels: A review. *Journal of Food Science and Technology* 51 (9): 1686–1696.

Sighinolfi, S., Baneschi, I., Manzini, S., Tassi, L., Dallai, L., and Marchetti, A. 2018. Determination of glycerol carbon stable isotope ratio for the characterization of Italian balsamic vinegars. *Journal of Food Composition and Analysis* 69: 33–38.

Sinanoglou, V. J., Zoumpoulakis, P., Fotakis, C., Kalogeropoulos, N., Sakellari, A., Karavoltsos, S., and Strati, I. F. 2018. On the characterization and correlation of compositional, antioxidant and colour profile of common and balsamic vinegars. *Antioxidants* 7 (10): 139.

Slaghenaufi, D., and Ugliano, M. 2018. Norisoprenoids, sesquiterpenes and terpenoids content of Valpolicella wines during aging: Investigating aroma potential in relationship to evolution of tobacco and balsamic aroma in aged wine. *Frontiers in Chemistry* 6: 66.

Solieri, L., Dakal, T. C., and Giudici, P. *Zygosaccharomyces sapae* sp. nov., isolated from Italian traditional balsamic vinegar. 2013. *International Journal of Systematic and Evolutionary Microbiology* 63 (1): 364–371.

Solieri, L., and Giudici, P. 2008. Yeasts associated to traditional balsamic vinegar: Ecological and technological features. *International Journal of Food Microbiology* 125 (1): 36–45.

Solieri, L., Landi, S., De Vero, L., and Giudici, P. 2006. Molecular assessment of indigenous yeast population from traditional balsamic vinegar. *Journal of Applied Microbiology* 101 (1): 63–71.

Tagliazucchi, D. , Verzelloni, E. , and Conte, A. 2007. Antioxidant properties of traditional balsamic vinegar and boiled must model systems. *European Food Research and Technology* 227 （3）: 835.

Torri, L. , Jeon, S. -Y. , Piochi, M. , Morini, G. , and Kim, K. -O. 2017. Consumer perception of balsamic vinegar: A cross - cultural study between Korea and Italy. *Food Research International* 91: 148-160.

Verzelloni, E. , Tagliazucchi, D. , and Conte, A. 2007. Relationship between the antioxidant properties and the phenolic and flavonoid content in traditional balsamic vinegar. *Food Chemistry* 105 （2）: 564-571.

Verzelloni, E. , Tagliazucchi, D. , and Conte, A. 2010. From balsamic to healthy: Traditional balsamic vinegar melanoidins inhibit lipid peroxidation during simulated gastric diges tion of meat. *Food and Chemical Toxicology* 48 （8）: 2097-2102.

Zeppa, G. , Giordano, M. , Gerbi, V. , and Meglioli, G. 2002. Characterisation of volatile com - pounds in three acetification batteries used for the production of " Aceto Balsamico Tradizionale di Reggio Emilia" . *Italian Journal of Food Science* 14 （3）: 247-266.

10

中国食醋的生产与
发展趋势

10.1 引言

食醋是世界上广泛存在的酸性调味品，由于含有多种营养和生物活性成分，其具有多种促进健康的特性（Tamang 等，2016；Xia 等，2018）。食醋在整个亚洲被广泛消费，并占有不可或缺的地位，尤其是在中国（Lim 等，2016）。中国是世界主要的食醋生产国之一，中国人均食醋年消费量超过 2.3kg（Li 等，2014；Zhou 等，2018）。

在中国，传统食醋可以从粮食作物中获得。由于不同地区的气候条件和主要种植农作物的不同，各地区的中国人都根据当地的特点和饮食习惯创造性地开发有特色的食醋酿造工艺。同时，各地区通过长期的实践和经验，建立了独特的原料选择和食醋酿造工艺。这就形成了各地种类多样的食醋，如山西老陈醋、镇江香醋、福建红曲（*Monascus*）醋、四川麸醋、陕西岐山醋、天津独流老醋、浙江玫瑰米醋、北京米醋、上海米醋和丹东白醋（Wu 等，2012a）。其中，前四种被认为是中国四大传统食醋（Chen 等，2013b）。

本章对中国食醋的原料、特性、质量特征、生产工艺、新趋势等方面进行概述，旨在更好地了解中国食醋的生产。

10.2 中国食醋发酵原料

理论上，任何含有淀粉、可发酵糖或酒精（乙醇）的原料都可以用来生产食醋（Solieri 和 Giudici，2018）。但为了经济和工业化，在原料选择上应考虑以下四个基本要求：①足够高的可发酵糖浓度，以保证最终产品中含有规定量酸度；②资源丰富和因地制宜的原则；③易于储存、加工和转化；④不含对人体健康和食醋品质有害的成分，符合食品卫生标准。一般来讲，中国食醋的常见原料分为以下几类。

10.2.1 主要原料

主要原料主要为微生物的生长和次级代谢提供营养，形成成品的饱满口感（Liu 等，2004）。它们按主要成分可分为三类：①淀粉类谷物和薯类（如大米、玉米、高粱、小麦、甘薯和木薯）；②糖类蔬菜（如甜菜）和水果（如苹果、甜枣和柿子）（Budak 等，2014）；③酒精质稀释的蒸馏酒和果酒。

一般来说，淀粉类材料是中国传统食醋（即谷物醋）发酵最常用的原料类型。它们主要来自当地农作物，如中国南方的水稻和中国北方的玉米、高粱、小麦和小米（Li，2010；Solieri 和 Giudici，2009）。更具体地来说：

（1）大米 淀粉含量 70% 以上、易糊化，是北京米醋的优质原料（Zhang 等，2006）。

（2）糯米 几乎完全由支链淀粉组成、糊化过程较慢，是镇江香醋和福建红曲醋的主料，其赋予陈醋醇厚饱满的风味（Sasaki 等，2009；Xu 等，2011；Zhang 等，2007）。

（3）高粱　山西老陈醋是用高粱、其他谷物和发酵剂大曲（约占原料的60%）混合发酵而成（Wu 等，2012a）。

（4）麦麸　以未煮过的纯麦麸（富含蛋白质、淀粉、纤维素、半纤维素）为唯一固体基质，结合独特的发酵药曲作为糖化发酵剂（曲醋母），是四川麸醋生产的发酵原料（Liu 等，2004；Zhang 等，2017）。

因此，主要原料在不同种类中国食醋的发酵中起着决定性的作用。

10.2.2　辅料和支撑材料

在中国传统谷物醋固态发酵（SSF）的酿造过程中，加入了大量的辅料，补充了重要的营养物质（如糖、矿物质或氨基酸）和水解酶（如 β-淀粉酶），以改善最终产品的色、香、味和外观（Solieri 和 Giudici，2009；Xu 等，2010；Yin 等，2017）。此外，辅料在维持稳态发酵中起着关键作用。因此，麸皮、麦麸、豆粕等辅料对食醋的品质有重要影响。一般以谷壳、稻壳、高粱壳、玉米秆、玉米芯等接触面大且纤维不易断裂的材料作为固态酿造食醋的支撑材料。此外，纤维素为基础的辅料和支撑材料在醋醅（食醋所有材料的混合物）中提供了一个松散的好氧介质，以促进微生物生长。此外，具有良好孔隙度和亲水性的稻壳和高粱壳是廉价的副产品，是首选的支撑材料（Kennedy 等，2004；Qiu 等，2017）。

10.2.3　添加剂

食盐、糖等添加剂是对于提高无盐可溶性固体含量比例，调整陈酿食醋的色泽和风味，进一步提高传统食醋品质必不可少的（Doyle 和 Glass，2010）。食盐是酿造食醋的关键添加剂，它可以调和风味，抑制腐败微生物的繁殖，并在一定发酵周期内防止乙酸被继续分解（Solieri 和 Giudici，2009）。糖通常用作甜味剂以调节食醋的味道（Mcdonald 等，2016）。此外，包括山药、大料、芝麻、生姜和其他天然调味物质在内的香料赋予食醋独特的香气。最后，焦糖色素可以为食醋增添色彩和风味，防腐剂（如苯甲酸）可用于延长食醋产品的使用期限（详见第16章）。

10.3　中国食醋的性质与质量特征

传统的中国食醋含有丰富的营养成分，包括有机酸、氨基酸、矿物质和多酚，有助于食醋的感官品质和功能活性（Li 等，2014；Ren 等，2017）。中国医学书籍《本草纲目》（由著名中医李时珍编著）描述了食醋的药用功能和对人体健康的好处（Solieri 和 Giudici，2009；Xu 等，2010）。现代科学研究进一步证实，食醋在改善食欲（Shahidi，2009）、软化血管张力（Setorki 等，2010）、减轻疲劳（Fushimi 等，2001）、调节血糖（Ostman 等，2005）、降低血压（Kondo 等，2001）、降低胆固醇和减轻肥胖（Fushimi 等，2006）等方面起着重要作用。

因此，食醋作为一种常见的调味食品，由于其功能特性，被许多营养研究者提倡经常食用。此外，中国食醋的质量评价和分级是基于标准的感官评价和理化性质。

10.3.1　中国食醋的理化性质

中国食醋的理化特性通常是鉴别食醋品质的重要指标，其主要通过相对密度、pH、总酸度、还原糖、总糖、可溶性固形物、总氮、盐分和灰分含量进行评价。但是，不同的食醋在这些指标上存在一定的差异（表 10.1），差异主要来自原料和生产工艺。

表 10.1　　　　　　　　　　　　　　主要中国食醋的组成　　　　　　　　　单位：g/100mL

谷物醋	相对密度	pH	总酸度	还原糖	总糖	可溶性固形物	总氮	盐分	灰分含量
陈醋	1.294	3.87	10.88	11.25	12.82	30.47	1.22	3.35	9.42
香醋	1.094	3.68	5.88	5.88	3.45	12.5	0.71	3.86	5.03
熏醋	1.056	3.87	6.15	6.15	0.83	9.73	0.64	0.84	1.87
米醋	1.072	3.65	5.13	5.13	3.91	12.79	0.32	0.02	1.14

10.3.2　中国食醋的营养特性

10.3.2.1　氨基酸

食醋中的总氮，其中氨基酸占 45%~50%（Alvarez-Caliz 等，2014）。在中国食醋中已经测定出超过 16 种游离氨基酸，它们是通过原料中蛋白质降解产生的（Chen 等，2013b；Li 等，2016b；Wang 等，2016）。这些氨基酸是中国食醋特色的营养价值、颜色和风味组成部分。首先，食醋中含有必需氨基酸，可以补充膳食营养需求（Chen 等，2013b；Wu 等，2013）。食醋在酿造过程中氨基酸（如赖氨酸、组氨酸、精氨酸）和糖类会通过美拉德反应生成类黑精，从而增加终产品的颜色（Morales 等，2012）。氨基酸是重要的味觉成分，如甘氨酸、丙氨酸和脯氨酸具有甜味，亮氨酸、精氨酸、甲硫氨酸和色氨酸具有苦味，天冬氨酸和谷氨酸具有酸味，天冬氨酸钠和谷氨酸钠具有鲜味（Chen 和 Zhang，2007；Ley，2008；Zhao 等，2003）。

此外，氨基酸中的谷氨酸、丙氨酸、缬氨酸、天冬氨酸、赖氨酸和脯氨酸是中国食醋的主要成分，具有醇厚、柔和的风味，也有助于区分不同品牌的原料和生产方法。采用灰色关联分析方法（GRA），发现丙氨酸、甘氨酸和脯氨酸是山西老陈醋中的特征氨基酸成分（Wang 等，2014）。镇江香醋中谷氨酸含量最高，山西老陈醋、四川麸醋和陕西岐山醋中的丙氨酸含量最高（Chen 等，2013b；Li 等，2016b；Wang 等，2016）。此外，前三个品牌的食醋以及天津独流老醋含有一定量的小分子寡肽（<1000Da），液相色谱质谱分析其占总蛋白质含量的 20%~40%（Chen 等，2009）。之前的一项研究也表明，四川保宁醋中氨基酸总量最高（3438.55mg/100mL），其次是镇江香醋（1682.36mg/100mL）、山西老陈醋（1346.54mg/100mL）和 3 年陈酿福建红曲醋（737.55mg/100mL），氨基酸总量随陈酿时间增加而增加（Zhang 等，2014）。

10.3.2.2　有机酸

传统食醋作为一种酸性调味品，含有大量有机酸，可分为挥发性酸和非挥发性酸

（Morales 等，1998）。挥发性酸占传统食醋中有机酸总量的 90% 左右，是构成食醋的香气核心，包括甲酸、乙酸、丙酸、丁酸、3-甲基丁酸、戊酸、己酸等。乙酸是最丰富的挥发性酸（Sossou 等，2009；Zhu 等，2016）。总有机酸中剩余的部分是非挥发性酸（如乳酸、酒石酸、柠檬酸、苹果酸、琥珀酸和富马酸），它们赋予食醋酸味和柔和的风味。此外，由于发生复杂的化学反应和水分蒸发，有机酸的含量会在陈酿过程中发生变化。例如，在 8 年陈酿山西老陈醋中，非挥发性酸占总酸的 60%（Chen 等，2013b）。

中国食醋中的有机酸主要是在醋酸发酵和制曲过程中形成的，通过培养的微生物［如乳酸菌（lactic acid bacteria，LAB）、醋酸菌（acetic acid bacteria，AAB）和酵母菌（yeasts）］的多种代谢途径，而小部分有机酸来自原料（Chen 等，2013b；Qi 等，2013；Xiao 等，2011）。自发的固态发酵产生的非挥发性酸含量高于液态深层发酵，这表明酿造工艺对食醋中有机酸组成有重要的影响（Ho 等，2017；Singhania 等，2009）。此外，据报道，传统酿造食醋中检测到 32 种不同的有机酸，山西老陈醋为 29 种，镇江香醋为 9 种，四川麸醋为 9 种，陕西岐山醋为 8 种，福建红曲醋为 7 种。其中，检出 7 种常见有机酸，即草酸、酒石酸、丙酮酸、乳酸、乙酸、柠檬酸和琥珀酸，其中乳酸和乙酸是总酸的主要来源（Nie 等，2017；Wu 等，2017）。

不同种类的食醋含有不同含量的有机酸，从而形成特殊的风味，如镇江香醋中较高的丙酮酸和琥珀酸含量，赋予其酸而不涩的味道。此外，山西老陈醋中柠檬酸和富马酸含量较高，酸味柔和，而四川麸醋中乳酸含量较高，酸味稍甜。

10.3.2.3 矿物质

食醋中的矿物质主要来自水、原料以及酿造过程中使用的设备和容器。根据之前报道，食醋中检出 40 种无机元素，包括 36 种金属元素（K、Ca、Na、Mg、Mn、Zn、Cu 等）和 4 种非金属元素（P、Se、B 和 As）（Chen 等，2009；Li 和 Dai，2015）。尽管食醋的味道呈酸性，一些研究将含有更多 K、Ca、Na 和 Mg 的传统食醋描述为碱性食品。在山西老陈醋和镇江香醋中，采用电感耦合等离子体质谱法（ICP-MS）和原子发射光谱法（ICP-AES）测定了 38 种矿物质（Zheng 等，2012）。镇江香醋与山西老陈醋的 12 种无机元素含量存在显著差异：镇江香醋中 Cd、Ba、Mn、Zn、Ni、Mo 的含量高于山西老陈醋，而 Al、Ca、Fe、Pb、Cs、As 的含量均低于山西老陈醋。其中，山西老陈醋中 Fe、Ca 含量较高的原因是山西的水硬度普遍高于镇江。

10.3.2.4 糖类

传统食醋中糖类的含量主要通过总糖或还原糖分析来确定（Chen 等，2013b）。虽然糖类大部分发酵成乙酸或其他发酵产品，但残留物仍留在最终产品中。与食醋的风味和密度有关的糖类包括葡萄糖、麦芽糖、甘露糖、阿拉伯糖、棉子糖和山梨糖，它们来源于在发酵过程中各种原料中所含低聚糖或多糖的降解。已建立的食醋核磁共振（NMR）指纹技术在酿造食醋中检测到葡萄糖、乳糖和蔗糖，而山西老陈醋中的乳糖含量高于镇江香醋（Li 等，2013）。

10.3.2.5 多元醇

多元醇是一种含有两个或多个羟基的醇类，主要由六元醇（如山梨糖醇、甘露糖醇和麦芽糖醇）、五元醇（如木糖醇和阿拉伯糖醇）和四元醇（如赤藓糖醇）组成，它们通常具有一定的生物学功能，而被当作健康食品的成分（Zheng 等，2010）。多元醇对食醋的风味有显著影响。例如，赤藓糖醇、阿拉伯糖醇和甘露糖醇与食醋的甜味有关。同时，食醋中的多元醇通常被认为是不同产区食醋的地理标志。使用气相色谱-质谱联用仪（GC-MS）检测山西老陈醋和镇江香醋中的赤藓糖醇、阿拉伯糖醇、木糖醇、肌醇、甘露醇和山梨糖醇，山西老陈醋中赤藓糖醇的含量（221mg/L）显著高于镇江香醋（73mg/L），而镇江香醋中肌醇和甘露醇的含量（分别为343mg/L 和 359mg/L）显著高于山西老陈醋（分别为251mg/L 和 224mg/L）（Zheng 等，2014）。

10.3.2.6 类黑精

类黑精是一种结构复杂、聚合度不同的大分子化合物的混合物，是碳水化合物（一般为糖类）与具有游离氨基的含氮化合物（如氨基酸、肽类、蛋白质）发生美拉德反应而得到的棕色物质。之前的研究表明，类黑精具有抗氧化、抗菌、抗肿瘤和其他生物活性（Echavarría 等，2012；Morales 等，2012；Wen 等，2018）。

研究发现熏醅工艺可以提高山西老陈醋的抗氧化活性，因为会产生大量不同分子质量的类黑精（Zhang 等，2016）。进一步的研究表明，类黑精的抗氧化活性与自由基清除和线粒体自噬相关（Yang 等，2014）。此外，由于其金属离子螯合性能，食醋中的类黑精成分，特别是分子质量为 3~5kDa 的类黑精，对大肠杆菌（*Escherichia coli*）、金黄色葡萄球菌（*Staphylococcus aureus*）和枯草杆菌（*Bacillus subtilis*）具有显著的抗菌活性（Guo 和 Yang，2016）。脂质活性测量结果进一步表明，分子质量为 3~5kDa 的类黑素成分具有最佳的降脂活性（Guo，2015）。此外，陈醋中类黑精的抗高血压特性是由于抑制体外血管紧张素转换酶（ACE）活性而表现出来的（Lu，2015；Mesías 和 Delgado-Andrade，2017）。

10.3.2.7 黄酮类化合物

黄酮类化合物是一种具有 15 个碳原子的多酚化合物，具有双键、芳香环和其他特殊结构。黄酮类化合物是传统醋中的主要抗氧化活性成分。人们认为它们与维持身体健康密切相关。

通过比较 26 种不同食醋，发现食醋中总黄酮含量差异较大。具体而言，山西老陈醋总黄酮含量为 1.12~2.14mg/mL，镇江香醋为 1.22~2.03mg/mL，其次是北京米醋（1.37mg/mL）和上海米醋（1.51mg/mL）（Xu 等，2006）。Zhai 等（2015）测定 5 年陈酿山西老陈醋中总黄酮含量为 3.03mg/mL。

关于食醋中黄酮成分结构的信息较少。基于标准品（芦丁、木犀草素、槲皮素和异鼠李素等 20 种黄酮类化合物）和保留时间（Chou 等，2015），采用高效液相色谱（HPLC）在日本糙米醋中只检测到一种黄酮类化合物：儿茶素。更新的山西老陈醋国家标准中增加了总黄酮含量的测定。但由于食醋中黄酮类成分的结构不明确，难以建立更特异性的 HPLC 分析方法，其结构有待进一步研究。

10.3.2.8　四甲基吡嗪

四甲基吡嗪（或川芎嗪）是川芎的主要活性成分之一，川芎是一种中药植物，用于治疗包括心血管功能在内的各种疾病（Zhao 等，2010）。食醋中四甲基吡嗪的形成机制尚不清楚。一般认为食醋中四甲基吡嗪的生成是由美拉德反应引起的，其机理可能为美拉德反应后期斯特雷克（Strecker）降解还原酮或脱氧酮导致四甲基吡嗪的生成。另一种假设是食醋中的氨基酸和糖产生的乙偶姻与氨结合生成中间产物，然后与乙偶姻缩合形成四甲基吡嗪（Chen 等，2013a）。

目前，四甲基吡嗪主要在山西老陈醋、镇江香醋和四川保宁醋中被检出，而在白醋和白米醋中未被检出（Song 等，2014）。Chen 等（2013a）报道中国 36 个食醋样品中四甲基吡嗪的含量范围为 0.02mg/kg 至 131.1mg/kg，其中镇江香醋和山西老陈醋的含量较高，表明四甲基吡嗪在不同种类的食醋中差异很大。其中，镇江香醋的含量范围为 4.60~131.1mg/L。此外，山西地理标志产品山西老陈醋中四甲基吡嗪的含量范围为 10.2~88.7mg/L，平均值显著高于非地理标志的山西醋和其他对照食醋（Song 等，2014）。

10.3.2.9　挥发性物质

食醋的挥发性物质主要在酒精发酵和醋酸发酵过程中产生，包括酯类、醇类、醛类、酚类和酚酸类、酮类和杂环化合物，这在本书的其他章节中有更详细的讨论。虽然它们只占食醋组成的一小部分，但这些化合物赋予了食醋特殊的风味。

中国著名食醋中含有丰富的果香或花香酯，如山西老陈醋中的乙酸乙酯（64.8mg/L）（Lv，2008）。在复杂的发酵系统中，有机酸和醇在酯酶的催化下整合形成酯类。在食醋中，酯类以乙酸乙酯和乳酸乙酯为主，同时含有微量的琥珀酸乙酯、乙酸异戊酯、乙酸丙酯、己酸异戊酯、己酸甲酯、乙酸丁酯和异戊酸乙酯。

乙醇是酵母发酵糖类底物的主要产物，在醋酸发酵前一阶段产生。它是各种食醋中的常见成分，虽然它很大程度上被氧化成乙酸，并在发酵阶段与酸发生酯化反应，它仍然是食醋中含量最高的醇类。除乙醇外，醇类还包括甲醇、β-苯乙醇异戊醇、2,3-丁二醇、丙醇、异丙醇、异丁醇等。其中一些可能会产生令人不愉快的气味，而过量的高级醇可能会产生苦味。

食醋中的醛类是由微生物发酵或氨基酸降解产生的，对食醋的品质有一定的影响。食醋中检出的醛类主要包括乙醛、3-甲基丁醛、香兰素、糠醛、甘油醛和苯乙醛。糠醛是由戊糖加热产生的，采用熏醅工艺酿制的食醋显示有较高的糠醛含量。微量的乙醛在风味的调和中起作用，然而，过量的醛类会对食醋的质量产生负面影响，主要是辛辣味和刺激感。

酚类和酚酸类通常与大分子化合物结合出现在植物组织中。传统食醋中含有一定量的酚酸类，这些酚酸类来源于食醋发酵过程中微生物对原料的分解。这些微量酚酸类和酚类包括丁香酚、香草酸、水杨酸和 4-乙基愈创木酚，它们的阈值低，对食醋的香气影响很大，使食醋具有柔和宜人的香气。

酮类通常由不饱和脂肪酸的热氧化降解、氨基酸降解或微生物氧化产生。它们散发出甜美的花香和果香，其主要作用的是甲基酮（$C_3 \sim C_{17}$），它赋予食醋独特的香气，尤其是长链酮。此外，少量的 3-羟基丁酮和 2,3-丁二酮（或双乙酰；香气阈值为 0.2mg/L）赋予食醋令人愉悦的蜂蜜般甜味；然而，过量的酮会给食醋带来难闻的味道。

食醋中的杂环化合物主要通过微生物发酵产生，也可以通过斯特雷克降解和美拉德反应产生，通常具有坚果、烧焦和烘烤的味道。目前，食醋中已确定的主要杂环化合物包括吡嗪类化合物和呋喃类化合物。它们的种类和比例直接关系到食醋的香气类型和品质。

在最近的研究中，镇江香醋中共鉴定出 360 种挥发性化合物（Zhou 等，2017）。食醋的复杂香气是由挥发性化合物形成的，这些化合物相互作用，赋予食醋独特的香气。微生物代谢产物的多样性对食醋产品的滋味和香气有很大贡献，全面了解所涉及的发酵微生物是选择菌株进行培养的前提条件。

10.3.3　中国食醋的功能特性

食醋具有保健特性，如抗菌、抗疲劳、抗氧化和降压功能，传统被认为具有预防疾病的作用（Budak 等，2014；Petsiou 等，2014）。历史上，中医书籍已经记载了食醋的药用作用。例如，1973 年出土的古书《五十二病方》就记载了用谷物醋治疗烧伤、疝气、癣和 11 种病毒的 17 个方剂（Chen 等，2016）。名医华佗用大蒜和食醋治疗蛔虫感染的严重病例，开创了食疗急症治疗的先例。此外，食醋可以提高免疫系统功能和维持血液酸碱平衡。具体来说，食醋的功能特性如下所述。

10.3.3.1　抗菌功能

食醋有很强的抗菌功能，这使得它适合于一系列的应用。在一定浓度下，食醋具有杀灭呼吸道病原体的能力，如肺炎球菌（*Pneumococcus*）、卡他微球菌（*Micrococcus catarrhalis*）、肺炎双球菌（*Diplococcus pneumoniae*）、甲型链球菌（α-*Streptococcus*）和流感细菌（flu bacteria）（Xin 等，2015；Xu 等，2003）。食醋溶液中的氢离子含量达到 5%~6% 就足以控制感冒病毒的生长（Xu 等，2003）。研究还表明，乙酸含量为 0.1%（体积分数）的食醋溶液对食源性病原体具有抑菌或杀菌作用，包括大肠杆菌 O157：H7、肠炎沙门氏菌（*Salmonella enteritidis*）、鼠伤寒沙门氏菌（*S. Typhimurium*）、副溶血性弧菌（*Vibrio parahaemolyticus*）和金黄色葡萄球菌（Chang 和 Fang，2007；Entani 等，1997；Entani 等，1998；Medina 等，2007；Sengun 和 Karapinar，2004）。

此外，消费者通常更喜欢安全的方法来抑制或根除食物中的食源性致病微生物。食醋作为一种天然消毒剂，通过将新鲜蔬菜浸泡在食醋中一段时间，可以有效消除新鲜蔬菜上的致病菌（Chang 和 Fang，2007）。合理的解释可能是食醋中的有机酸（主要是乙酸）进入微生物的细胞膜导致细菌细胞死亡。菌株类型、温度、pH、酸度、离子强度等因素也会影响有机酸的抑菌效果。

乙酸被明确认为是对大肠杆菌 O157∶H7 （一种食源性病原体）最具杀伤性的酸，其次是乳酸、柠檬酸和苹果酸（Budak 等，2014；Ryu 等，1999）。此外，与单独稀释的乙酸和其他有机酸相比，食醋的抗菌效果更高。最后，在乙酸含量为 0.2% 的食醋溶液中，黑曲霉的耐酸能力得到显著抑制，而其对其他有机酸的耐受能力高达 0.6% 酸度。

10.3.3.2　抗疲劳功能

现代医学研究证实，食醋可以缓解身体疲劳。摄入有机酸后，如食醋中的醋酸，人体中引起肌肉疲劳的乳酸和丙酮酸可以通过三羧酸循环分解，以达到缓解疲劳的效果。一项报告显示，镇江香醋胶囊在 600mg/（kg b. w. ·d）（600mg 每天每千克体重）的剂量下可缓解小鼠疲劳（Lu 和 Zhou，2002）。另一项动物研究表明，喂食桑葚醋的小鼠游泳时间明显高于对照组，表明桑葚醋在一定程度上对小鼠具有抗疲劳能力（Zhang 等，2007）。

10.3.3.3　抗氧化功能

在正常生理条件下，生物体中活性氧（ROS）的产生和消除保持在一个相对平衡的状态。然而，大量的胞内 ROS 不能被及时地清除，从而导致氧化应激（Rodriguez 和 Redman，2005）。氧化物质，如超氧化物、过氧化氢和羟基，在体内积累直接或间接诱导细胞成分的损伤（如基因突变、蛋白质变性和脂质过氧化）。这些损伤会加速机体衰老，并诱发一系列疾病，如动脉粥样硬化、肝损伤和肿瘤（Buonocore 等，2010；Maes 等，2011）。食醋中多酚、黄酮、类黑精和其他天然生物活性物质具有显著抗氧化活性，可以维持机体氧化平衡，并降低慢性和退行性疾病的发病率（Davalos 等，2005；Fernandez-Mar 等，2012；Ramadan 和 Al-Ghamdi，2012）。

近年来，大量的体外和体内实验证实了谷物醋或水果醋的抗氧化能力。例如，体外研究表明，山西老陈醋的抗氧化能力相当于 0.1% 的维生素 C（Chen 等，2016）。体内研究表明，中国传统食醋可以抑制胆固醇和不饱和脂肪酸的氧化，减少在动脉壁上胆固醇及其氧化物的沉积，促进不饱和脂肪酸的代谢，证明其可以在心血管疾病中发挥预防作用（Chen 等，2016；Xia 等，2017）。

与镇江香醋、四川保宁醋、山西老陈醋相比，传统的陕西岐山醋具有更高的 1,1-二苯-2-苦基肼（DPPH）自由基清除活性（广泛用于评价样品抗氧化能力的重要指标）（Feng，2009）。此外，喂食陕西岐山醋的小鼠的总胆固醇（TC）、甘油三酯（TG）和动脉粥样硬化指数均低于对照组，表明陕西岐山醋具有显著的降血脂作用。

谷物醋的 DPPH 自由基清除活性普遍高于果醋，这可能是由于谷物醋中总酚含量和黄烷醇含量较高，而谷物醋中山西老陈醋的自由基清除活性高于镇江香醋（陈酿时间小于 3 个月且未熏制）。猕猴桃醋在果醋中表现出最高的清除活性（Ren 等，2017）。之前的研究也表明，猕猴桃醋的酚类物质含量高于柿子醋和苹果醋（Du，2009）。

Xu 等（2005）表明，镇江香醋对 Cu^{2+} 诱导的低密度脂蛋白（LDL）的氧化修饰具有抑制作用，并阻断了修饰后 LDL 的氧化。此外，1% 的山西老陈醋冻干粉使高血脂小鼠 LDL、TG 和 TC 显著降低，发挥其降血脂和抗氧化作用（Liu 和 Yang，2015）。中国米醋和苦荞醋对链脲佐菌素诱导的糖尿病大鼠具有控制血糖的抗糖尿病作用也有报道（Gu 等，2012；Ma，2010；Wang 等，2012）。

Qiu 等（2010）研究表明，饲喂传统燕麦醋的小鼠肝组织和血清中抗氧化酶超氧化物歧化酶（SOD）和谷胱甘肽过氧化物酶的活性显著增加，这表明燕麦醋对肝脏受损的小鼠具有强烈的抗氧化作用。Zhang 等（2012）和 Du 等（2012）报道称，枸杞发酵醋可以通过降低血清和肝组织中的 TC 和 TG 含量以及肝细胞中的丙二醛水平来保护小鼠的肝脏。结果表明，食醋对乙醇致肝损伤有一定的保护作用。

高 ROS 水平会损伤 DNA 和 DNA 修复相关酶，激活原癌基因，导致细胞内信号传导分子及其调控因子异常，甚至在癌细胞中异常（Gorrini 等，2013）。传统食醋含有天然生物活性物质，可通过诱导肿瘤细胞分化和抑制肿瘤细胞增殖来防止和抑制肿瘤的发生（Wang 等，2008）。此外，山西老陈醋中的乙酸乙酯（0.01%）在体外显著抑制癌细胞增殖，表明该食醋具有抗癌功能（Chen 和 Gullo，2015）。

10.3.3.4　降压功能

食醋能促进钠从人体内排出，改善钠的异常代谢，抑制盐过量所引起的血压升高。在中国，一直以来传统的食醋浸泡花生或食醋浸泡大豆被用于控制高血压。高血压的机制与肾素-血管紧张素系统和神经系统有关，其中血管紧张素与 ACE 密切相关。食醋对降低血压的影响已在高血压大鼠中得到证实。米醋还能在体外抑制 ACE 活性和降低血压（Kondo 等，2001）。除了能降低血压外，食醋还能降低肾素活性，因此，食用食醋可以降低血浆肾素活性和血压。

10.3.4　中国食醋的质量控制与评价

食醋作为一种广泛使用的调味品，其质量直接影响人体健康，因此中国政府越来越重视传统食醋的质量控制（Zhang 等，2006）。中国国家质量技术监督局于 2002 年颁布食醋质量安全市场补贴政策，并于 2016 年对部分项目进行了修订。中国食醋国家卫生标准以大部分产品的整体质量为基础，严格限制游离无机酸、As、Pb、黄曲霉毒素 B1 的含量，以及总平板计数、大肠杆菌和病原体（沙门氏菌属，志贺氏菌属，和金黄色葡萄球菌）的数量。此外，中国国家标准委员会还颁布了相关标准，明确了食醋的技术要求、试验方法、检验规则以及标签、包装、运输、储存的要求，以保证食醋的质量和公众健康（图 10.1）

关于感官评价，它需要一个经验丰富的专家小组并每次品尝有限数量的食醋样品，以便准确地描述项目或做出决定（Tesfaye 等，2002）。目前，由于对化合物具有极高的灵敏度和辨别能力，感官评价仍是食品工业特别是酿造工业的关键技术（Zhang 等，2008）。然而，由于评估者的健康状况和情绪以及环境的影响，食醋感官评价的准确性和客观性无法始终确保，因此已经开发了各种化学分析方法，如 GC、GC-MS 和电子

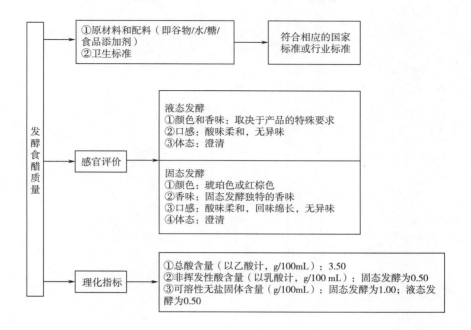

图 10.1　中国酿造食醋的质量标准

鼻来确定食醋化合物和控制食醋的质量（Cocchi 等，2004；Giordano 等，2003；Zhang 等，2008）。

理化指标，即总酸含量（TAC）、非挥发性酸含量（NVAC）和可溶性无盐固形物含量（SSFSC）三个重要质量指标，对中国食醋的质量评价有显著影响。一般来说，食醋中这三项指标含量越高，品质越好。TAC 和 NVAC 影响食醋的口感，SSFSC 是中国食醋风味和营养价值的重要指标，它反映食醋中所含的可溶性固形物（不含水和盐），包括糖、游离氨基酸、蛋白质和其他微量元素。

此外，镇江香醋、山西老陈醋、天津独流老醋、福建红曲醋（永春老醋）均采用国家地理标志产品相关标准，并根据理化指标进行分级（表 10.2）。

10.4　中国食醋的生产工艺

早在公元前 1058 年，中国一本名为《周礼》的书就简要介绍了食醋的酿造。据证实早在公元前 479 年，山西太原就有了一定规模和数量的食醋酿造车间。此外，公元 5 世纪，中国著名农业科学家贾思勰在《齐民要术》一书中明确描述了食醋的生产技术和原理以及 23 种不同的食醋酿造方法。公元 369 年至 404 年，中国的米醋制作技术传入日本。在明清时期，中国食醋生产技术的发展达到巅峰，并在太原建立了著名的生产宫廷醋的葡萄园。在前人经验的基础上，采用了夏季剧烈蒸发、冬季去冰、加烟熏醋的酿造方法，以提高食醋的酸味、色泽和风味。此外，以当地最好的高粱为原料，进行陈醋生产，并总结出一套高粱陈醋生产方法。

表 10.2　地理标志食醋分级标准

单位: g/100mL

理化指标	山西老陈醋	镇江香醋				天津独流老醋				福建红曲醋			
		极好	好	中等	一般	极好	好	中等	一般	极好	好	中等	一般
总酸①	≥6.00	≥6.00	≥5.50	≥5.00	≥4.50	≥5.00	≥4.00	≥3.50	≥3.00	≥6.50	≥6.00	≥5.50	≥5.00
不挥发酸②	≥6.00	≥1.60	≥1.40	≥1.20	≥1.00	≥1.00	≥0.6	≥0.50	≥0.40				
氨基酸态氮③	≥2.00	≥0.18	≥0.15	≥0.12	≥0.10	≥0.16	≥0.11	≥0.10	≥0.08	≥0.18	≥0.15	≥0.18	≥0.18
还原糖④	≥0.20	≥2.50	≥2.30	≥2.20	≥2.00	≥3.20	≥3.00	≥2.00	≥2.00	≥2.20	≥2.00	≥1.80	≥1.50
可溶性固形物	≥9.00	≥5.50	≥5.50	≥5.00	≥4.50	≥6.00				≥2.00	≥1.80	≥1.50	≥1.00
总醋⑤	≥2.50												
盐	≥2.50												

注: ①以乙酸计; ②以乳酸计; ③以氮计; ④以糖计; ⑤以乙酸乙醋计。

在食醋的酿造过程中会发生一些生化反应，通过这些反应，醋酸菌将糖和其他物质转化为乙酸。醋酸菌的存在以及醋酸菌增殖和发酵的适宜条件是食醋生产不可缺少的两个前提条件。千百年来，中国人民创造了各种具有地方特色的食醋工艺。中国谷物醋的酿造方法有两种：固态发酵（SSF）工艺和液态深层发酵（LSF）工艺（Liu等，2004）。与纯种微生物液态发酵制成的欧洲食醋不同，中国传统食醋的酿造一般涉及多种微生物采用自发式固态发酵工艺。这些丰富的微生物在固体基质中产生大量的酶和代谢物，这就类似于固态发酵过程中这些微生物的自然生活环境。

近几十年来，对液态发酵的研究发展迅速，大多数大型企业都采用这项技术来提高食醋的生产效率，以满足现代大规模生产的需求。此外，果醋的醋酸发酵过程通常是通过接种优选的醋酸菌菌株来进行的液态发酵或半固态发酵（Solieri和Giudici，2009）。

10.4.1　中国食醋的固态发酵

固态发酵（SSF）被定义为微生物在固体基质上生长和代谢的过程，这种固体基质缺乏或几乎缺乏游离水，但有足够水分来支持发酵（Singhania等，2009）。固态发酵在中国自古以来就被广泛用于生产食醋。这种食醋发酵是基于谷物原料和复杂的多种微生物的代谢（Wang等，2016）。

10.4.1.1　固态发酵基本技术

食醋酿造是一个复杂的生化过程，包括淀粉糖化、酒精发酵和醋酸发酵，以及蛋白质降解和风味物质成分的形成（Lu等，2018）。一般来说，传统的固态发酵工艺包括蒸煮淀粉原料、混合麸皮和稻壳、添加曲（一种发酵剂）等添加剂，调整发酵底物的湿度。此外，在传统的固态发酵中没有使用额外的酶制剂，因为所需的酶和微生物均来自曲和环境。发酵醪与麸皮和其他填料混合，使其达到适当的固态。此外，大多数食醋厂不向醋醅中补充醋酸菌，仍然采用自然醋酸发酵工艺。但也有一些厂家加入一定量成熟的新鲜醋液作为"种子"，以加快醋酸发酵速度，同时保持了食醋风味的一致性。

曲是中国传统食醋的谷物发酵剂，由多种微生物和酶系统组成（Brandt，2014）。它是一种重要的糖化发酵剂，被广泛用于加速和调控传统食醋的酿造过程（Li等，2015b）。中国有多种不同类型的曲，如"大曲""小曲""麸曲""红曲""麦曲"。

大曲也由一种古老的固态发酵技术制备，以单一小麦或混合小麦、大麦和豌豆为原料。大曲发酵过程主要分为三个步骤：①物料破碎、搅拌、成型；②具有受控温度控制的自发性固态发酵；③干燥、后熟（Li等，2017）。此外，成熟的大曲主要包括根霉菌、曲霉菌、酵母菌和乳酸菌。虽然生产周期长，但这种发酵剂产生的食醋味道鲜美，至今仍被山西老陈醋及其他著名食醋的生产所采用。

小曲是一种以米粉、稻壳或麦麸为原料，在适当的温度和湿度条件下，添加或不添加中草药，接种霉菌而制成的粒状发酵剂。小曲的主要微生物是根霉、毛霉和酵母，以提供糖化力。

麸曲以麦麸为主要原料，曲霉为纯培养物接种。该发酵剂成本低，糖化力强，能缩短生产周期，广泛应用于谷物醋的发酵剂。

红曲也有很强的糖化力，以大米为固态培养基，接种红曲。它广泛应用于红曲醋和玫瑰醋的酿造。

粉碎的小麦是麦曲的培养基，主要含有蛋白酶和淀粉酶两种酶。麦曲中富集米曲霉（*Aspergillus oryzae*）、根霉和酵母。

在固态发酵过程中，温度控制对食醋的生产至关重要，因为温度对微生物菌群和功能酶有至关重要的影响（Liu 等，2004；Yao 等，2006）。一般来说，在低温下将醋醅放在缸中或池中，以减缓污染菌的生长、保持淀粉酶和酵母活性并抑制醋醅的腐败。将醋醅放入缸中的初始温度控制基于两个因素：①淀粉浓度（较高的淀粉浓度要求较低的初始温度）；②气候条件（醋醅的初始温度在冬季最好不低于24℃，在夏季最好不高于28℃）。此外，通过翻醅使醋缸内的温度控制在38~46℃，以减少在醋酸发酵过程中乙醇的消耗速度，降低氧气供应和产生的热量（Li 等，2015c）。在醋酸发酵过程中，最典型的发酵温度曲线呈现先上升后下降的趋势。

10.4.1.2 固态发酵的特征

固态发酵因其能耗低、操作简单、废水排出量小、在较小的反应器体积内具有良好的产品特性，被认为是一种更适合于传统食醋生产的有效技术（Singhania 等，2009；Yao 等，2006）。固态发酵食醋的重要发酵特征是：

（1）原料多样性，营养成分丰富 固态发酵食醋的主要原料种类广泛且繁多。同时，大量可用的辅料赋予食醋发酵完整的营养物质组成。这些原料不仅有利于微生物的生长，而且可以使反应底物在乙酸生成、风味和颜色的形成以及黏度方面发挥作用。固态发酵过程所需的时间明显长于液态发酵过程，因此，固态发酵酿造的食醋由于形成醇和酯，从而风味得到提高。色泽呈深琥珀色或红褐色，澄清度好。另外，乙酸含量高，但含有丰富的氨基酸和非挥发性酸，使得食醋口感非常柔和。除此之外，传统固态发酵食醋的可溶性无盐固形物含量明显高于其他食醋。这些优良的品质使传统的固态发酵食醋生产技术具有独特的优势。

（2）多种发酵微生物和酶的共存 在醋酸菌、霉菌、酵母菌等微生物以及酶共存的开放式发酵模式下，固态发酵的食醋生产体系复杂多变。功能酶包括液化淀粉酶、糖淀粉酶、醇酶、蛋白酶、纤维素酶、果胶酶以及其他协同作用于淀粉糖化、酒精发酵、醋酸发酵等反应的酶（Huang 等，2017）。在固态发酵过程中，这些微生物和酶的协同作用不仅对食醋色、香、味、体的形成起着关键作用，而且为获得优良的最终产品奠定了良好的基础（Zhao 和 Li，2005）。

（3）复杂的制曲技术 醋曲是传统固态发酵食醋的发酵剂。尽管食醋的原料种类、产地和生产方法各不相同，但这些食醋的生产原理和科学依据是相似的。也就是经过长时间重复的制曲，在独特的生态环境（不同地区温度、湿度、光照等气候条件）和生产工艺条件下，特定的微生物得到了很好的富集和保留（Li 等，2016a）。在食醋酿造过程中，这些微生物在适当的条件下生长、繁殖和代谢，产生用于食醋发酵的多种酶。通过传统的多菌种混合发酵方法，最终产品在色、香、味、体各方面都具有优良的品质。

然而，固态发酵工艺在食醋生产中也存在一些缺点，如传热差、工艺参数难以控制、劳动强度大等。因此，工业生产中已经将这种技术与现代工业化和机械化相结合以克服这些缺点。

10.4.1.3 固态发酵的微生物群落

随着微生物生态学技术的发展，中国传统食醋发酵过程中微生物动力学和群落的研究工作越来越多（Bevilacqua 等，2016；Li 等，2015b；Wang 等，2015；Zhang 等，2017）。这些研究为传统食醋中微生物群落的作用和功能提供了重要信息。固态发酵过程中的微生物群落有不同来源，如非灭菌的谷物（Bevilacqua 等，2016）、曲（Li 等，2015b）、种醅（Wang 等，2015）和开放的环境，也证明了谷物醋微生物群落的多样性（Li 等，2016a）。

许多依赖培养的方法已被用于表征谷物醋固态发酵过程中微生物群落的多样性，已分离出的菌株包括乳酸菌（LAB）［乳杆菌（*Lactobacillus*）和片球菌（*Pediococcus*）］、醋酸菌（AAB）［醋杆菌（*Acetobacter*）、葡糖杆菌（*Gluconobacter*）和葡糖酸醋杆菌（*Gluconacetobacter*）］和芽孢杆菌属（*Bacillus* spp.），这些是谷物醋发酵过程中容易分离的主要菌属（Li 等，2015c；Wu 等，2010；Wu 等，2012a；Wu 等，2012b）。其中，醋杆菌和乳杆菌被公认为食醋生产中的功能微生物（Nie 等，2013；Wu 等，2012a）。

近年来，PCR 变性梯度凝胶电泳（DGGE）和基于扩增子的高通量测序等非培养方法的应用，为镇江香醋、山西老陈醋、四川阆中保宁醋、陕西岐山醋、天津独流老醋等食醋生态系统的微生物多样性提供了蓝图（Li 等，2016b；Nie 等，2015；Peng 等，2015；Wang 等，2016；Zhang 等，2017）。

例如，通过宏基因组测序，从镇江香醋醋醅中获得 951 种属的微生物多样性图谱（Wu 等，2017）。醋酸发酵是一个动态而复杂的过程，可以分为不同的阶段。Wang 等（2016）研究报道镇江香醋醋酸发酵不同生产阶段的群落聚集模式存在明显差异。具体来说，乳杆菌在醋酸发酵早期占主导地位，醋杆菌（*Acetobacter*）、乳球菌（*Lactococcus*）、葡糖酸醋杆菌（*Gluconacetobacter*）、肠球菌（Enterococcus）、芽孢杆菌（Bacillus）在醋酸发酵后期占优势（Wang 等，2016）。在种水平上，醋醅中乳杆菌共有 19 种，其中瑞士乳杆菌（*L. helveticus*）、哈氏乳杆菌（*L. hatiateri*）、桥乳杆菌（*L. pontis*）和面包乳杆菌（*L. panis*）分别占 74%、17%、7.7% 和 1.1%。其他乳酸菌种类所占比例均小于 0.5%。一项研究证实瑞士乳杆菌是一种具有较强蛋白质水解能力的益生菌，可产生多种氨基酸、生物活性肽等功能活性物质（Ong 和 Shah，2008）。

在镇江香醋的醋酸菌中检出 9 株醋杆菌，6 株葡糖酸醋杆菌。醋杆菌中巴氏醋杆菌（*A. pasteurianus*）占 93%，其次是马六甲蒲桃醋杆菌（*A. syzygii*）占 4.0%，葡糖酸醋杆菌中 *G. intermedius* 占 1.21%。真菌方面，曲霉菌在整个醋酸发酵过程中都存在，在醋醅共鉴定出隐球菌属（*Cryptococcus*）、德巴利酵母属（*Debaryomyces*）、念珠菌属（*Candida*）、酿酒酵母属（*Saccharomyces*）等 21 个酵母属。此外，基于双向正交偏最小二乘法（O2PLS）模型的相关分析揭示了微生物群落演替与风味动力学之间的关系。结果表明，镇江香醋醋酸发酵过程中醋杆菌、乳杆菌、肠杆菌（*Enhydrobacter*）、乳球菌、葡糖酸醋杆菌、芽孢杆菌和葡萄球菌（*Staphylococcus*）7 个属均参与了挥发性风味的变化，其中醋杆菌和葡萄球菌主要引起氨基酸的变化（Wang 等，2016）。

在山西老陈醋发酵过程中，与酒精发酵和醋酸发酵样品相比，大曲中具有更高的微生物多样性（Nie 等，2015；Nie 等，2017）。在属水平，大曲细菌和真菌群落分别为糖多孢菌属（*Saccharopolyspora*）、葡萄球菌属、芽孢杆菌属、乳杆菌属、魏斯氏菌属（*Weissella*）和复膜孢酵母属（*Saccharomycopsis*）、毕赤酵母属（*Pichia*）、冠突散囊菌属（*Eurotium*）、红曲霉菌属。一旦酒精发酵开始后，微生物的组成发生了明显的变化，在这一阶段微生物的多样性逐渐减少。乳杆菌属、魏斯氏菌属、酿酒酵母属、复膜孢酵母属和曲霉菌属是酒精发酵过程中的优势菌属，尤其是酿酒酵母（*Saccharomyces cerevisiae*）是这一阶段的主要产乙醇酵母。在醋酸发酵初始，属水平的数量增加，但随着醋酸发酵的进行，大量微生物消失。此外，醋酸菌和乳酸菌是两种优势菌群，在醋酸发酵中起重要作用。在山西老陈醋醋酸发酵过程中检测到克雷伯菌（*Klebsiella*）和埃希氏菌（*Escherichia*），但其功能作用尚不清楚，但这些细菌可能与食醋的风味有关。扣囊复膜酵母（*Saccharomycopsis fibuligera*）是整个发酵过程中唯一存在的真菌。

在实验室规模上，使用不同的药曲改变了四川保宁醋醋醅的细菌群落（Zhang 等，2017）。醋醅中除醋酸菌和乳酸菌两类优势菌外，还主要有芽孢杆菌属和海洋芽孢杆菌属（*Oceanobacillus*）（具有生物合成乙偶姻的能力）。与山西老陈醋和镇江香醋不同，麸皮醋醅中的优势菌是毕赤酵母属，地霉菌属（*Geotrichum*）和木霉菌属（*Trichoderma*），说明原料、大曲和发酵方式的差异会导致优势菌的变化。

在整个大曲发酵过程（用于启动陕西岐山醋发酵）中，肠杆菌目（Enterobacteriales）和乳杆菌目（Lactobacillales）以及酵母菌目（Saccharomycetales）和散囊菌目（Eurotiales）分别是主要的细菌和真菌（Gan 等，2017；Li 等，2015a）。此外，杆菌纲细菌和毛口纲真菌也是岐山大曲最终存活的微生物。在固态发酵过程中，岐山大曲的微生物群落进化出一种耐热和抗旱的群落结构（Li 等，2016a）。

乳杆菌目和红螺旋菌目（Rhodospirillales）是陕西食醋醋酸发酵过程中最常见的细菌群落，影响着陕西食醋的风味和口感（Li 等，2016b）。然而，肠杆菌目和芽孢杆菌目（Bacillales）只参与了最初的醋酸发酵过程。此外，醋酸发酵中期的总菌量远远高于初期和末期。总体而言，醋醅中醋杆菌属、乳杆菌属和假单胞菌属（*Pseudomonas*）均得到保留。

在天津独流老醋固态发酵工艺中，独流大曲的优势菌属为魏斯氏菌属、乳杆菌属、乳球菌属和链霉菌属（*Streptomyces*），其中链霉菌属［如仰光链霉菌（*S. rangoonensis*）、可可链霉菌（*S. acaoi*）、吉布森式链霉菌（*S. gibsonii*）、抗射线链霉菌（*S. radiopugnans*）和白色链霉菌（*S. albus*）］极为丰富（Nie 等，2013；Peng 等，2015）。与山西老陈醋大曲不同，独流大曲中没有发现醋酸菌，且复膜孢酵母菌属和毕赤酵母菌属相对较少。在醋酸发酵过程中，乳杆菌属，发莱菌属，醋杆菌属和葡糖酸醋杆菌属的总丰度约为95%，随着发酵过程，除乳杆菌属以外的三个属的相对丰度增强，表明它们是食醋发酵的主要功能微生物。通过醋酸发酵过程，乳酸菌的物种丰富度逐渐下降，但仍高于其他细菌，并且耐酸乳杆菌（*Lactobacillus acetotolerans*）和瑞士乳杆菌存在于醋酸发酵整个过程。与大曲的细菌群落不同，在醋醅样本中没有检测到乳球菌属和链霉菌属。

10.4.1.4　固态发酵的代表性食醋

在中国市场上有 20 多种手工食醋，每种具有当地特有特色的食醋都有自己的味道和风味。它们主要是由一种典型的有氧固态发酵技术产生的。中国著名的传统食醋，山西老陈醋、镇江香醋和四川麸醋，是该技术的代表产品（Chen 等，2013b；Nie 等，2015；Xu 等，2011；Zhang 等，2017）。

山西老陈醋是中国北方最著名和最有代表性的食醋，最著名的山西老陈醋来自太原清徐县。其酿造方法是采用优质高粱为主要原料（混合大量大曲）、低温酒精发酵、高温快速醋酸发酵、中温焙烧（熏醅）和包括夏暴晒（日照）、冬捞冰的长期陈酿过程，来增稠、平衡风味，并增加颜色和光泽 ［图 10.2 （1）］。

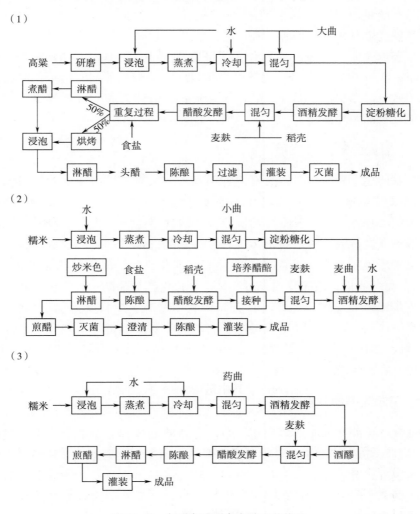

图 10.2　中国食醋固态发酵工艺流程

（1）山西老陈醋　　（2）镇江香醋　　（3）四川麸醋

此外，食醋固态发酵的三个步骤（淀粉糖化、酒精发酵和醋酸发酵）在一个发酵罐中一起进行。所制得的山西老陈醋色泽黑紫色，香气怡人，酸软而不涩。山西老陈醋大曲是以大麦和豌豆为原料，经微生物的自发生长和代谢而制成的。山西老陈醋的原料约占酿造食醋原料的60%，是山西老陈醋复杂风味和营养成分的重要组成部分。

镇江香醋在江南最受欢迎。这种醋的生产原料最初是黄酒酒糟，但由于酒糟的供应量有限，后来改用优质糯米作为原料。镇江香醋采用传统黄酒酿造工艺进行酒精发酵（即半固态糖化酒精发酵）与固态醋酸发酵，陈酿3个月以上［图10.2（2）］。此外，镇江香醋的发酵剂有小曲和麦曲两种，其他食醋如山西老陈醋、四川保宁醋的发酵只用一种曲剂。此外，在醋酸发酵过程中采用循环接种方式，将第7天的发酵培养物作为下一轮接种的种子（发酵剂），以繁殖微生物和有效利用原料（Wang等，2015）。这种独特的酿造工艺，使镇江香醋酸而不涩，香而甜，色泽和口感细腻，在国内外享有盛誉。

四川保宁醋是四川麸醋中最负盛名的食醋，以产地而得名，已有一千多年的历史。它是以未煮熟的麦麸为主要原料，在酿造过程中辅以辅料和填充材料制成。此外还采用传统中草药制作曲（源于小曲）作为发酵剂［图10.2（3）］，如高良姜、杜仲、砂仁等（Zhang等，2017）。此外，糖化、酒精发酵、醋酸发酵同时进行，使这些生化反应难以明确区分。四川保宁醋终产品色泽红褐色，酸味柔和，香气醇厚甘甜，是一种理想的功能性食品调味品。

10.4.2　中国食醋的液态发酵

如前几章所述，食醋液态发酵有两种明确的定义方法，即传统的静态表面发酵和现代的快速深层发酵，在这种发酵中不需要任何辅料（Haruta等，2006；Tesfaye等，2002；Xu等，2010）。静态表面发酵是最古老的食醋生产方法，醋酸发酵是在可发酵液体的气液界面进行的。它是用于传统东西方食醋的最常见生产技术。这种技术从工业投资角度来看廉价，尽管产品的高效发酵时间相当长，但产品质量也很好（Nanda等，2001）。另一方面，液态深层发酵法是工业化生产食醋的一种先进技术，与其他技术（固态发酵或表面发酵）相比，具有原料利用率高、产品质量稳定、劳动强度低、食醋产量高等优点。现代食醋工业得益于高效的深层发酵过程，并开发了各种优化工具（Gullo等，2014）；但与固态发酵生产的食醋相比，其成品质量仍存在一定的缺陷，如食醋的色、香、味较差。

10.4.2.1　液态发酵的基本技术

一般情况下，静态表面发酵是在适当的有盖的发酵容器中进行酒精发酵，这被认为是防止细菌污染的有效方法。当酒精发酵结束后进行醋酸发酵，随着发酵的进行，醋酸菌以薄膜方式覆盖在液体表面（Nanda等，2001）。在这一阶段，氧气的供应只依赖于液体表面和空气之间的最小接触。因此，尽量降低发酵罐内液体的高度，以增加单位液体量的表面积。

在中国，缸或罐是一种相对比较简单的发酵设备，通常选择表面发酵。在整个发酵过程中，没有采取严格的灭菌措施，也没有使用纯菌株；微生物来自曲、空气和容器（Murooka 和 Yamshita，2008）。此外，根据发酵液的组成，可以将静态表面发酵方法分为纯液态发酵和固液混合发酵。中国著名的富平小米醋，与法国传统醋、爱尔兰苹果醋、西班牙雪莉醋等一样，采用纯液态发酵工艺生产；而浙江玫瑰醋和福建红曲醋，与日本福山醋（一种黑米醋）一样，是固液混合发酵（Murooka 和 Yamshita，2008；Tesfaye 等，2002）。后一种工艺是将发酵液经糖化酒精发酵后，用水稀释至一定浓度，然后进行静态表面醋酸发酵，醋酸发酵完成后采用压滤工艺将发酵液分离得到食醋。

如前几章所述，食醋的工业化深层发酵过程包括在特定条件下，通过活性好的醋酸菌和向发酵液中提供无菌空气或氧气，将发酵醪中的乙醇转化为乙酸（Hromatka and Ebner，1959）。深层发酵主要在半连续模式下进行（重复的间歇补料过程），以获得尽可能高的食醋产量。这种操作模式降低了发酵过程中底物抑制和分解代谢抑制的风险（Gullo 等，2014）。一种广泛用于这种发酵的设备是福林斯醋化发酵罐，在第 6 章中有更详细的描述。该设备具有自动控制功能，以低吸气量来进行大量醋酸发酵（De Ory 等，1999；Sokollek 等，1998）。氧气供给、乙酸、乙醇和温度是成功进行深层发酵工艺的关键因素。通过对工艺条件的优化和控制，发展了这类发酵食醋的生产工艺（Gullo 等，2014）。然而，一个主要的缺点是由于蒸发所导致的挥发性化合物的损失，如乙醇、乙酸或乙酸乙酯，随后导致产量降低了 5%~10%。

10.4.2.2　液态发酵的微生物菌群

在浙江玫瑰醋整个酿造过程中，"发花"阶段（淀粉糖化）是微生物活性最强烈、最复杂的阶段（Qiu 等，2008）。霉菌是这一阶段早期的主要微生物，而在中间和后期以酵母和细菌为主。整个培养阶段霉菌主要分布在培养液表面。细菌和酵母菌在发酵前期主要在发酵液表面，在发酵中期和后期主要在发酵液中（Jiang 等，2008）。

此外，浙江玫瑰醋发酵过程中检测出有 43 株霉菌［包括冰岛青霉（*Penicillium icelandicum*）、红曲霉（*Monascus ruber*）、黄曲霉（*Aspergillus flavus*）和青霉菌（*Penicillium plicas*）］、9 株酵母菌［包括布拉氏酵母菌（*Saccharomyces boulardii*），酿酒酵母（*S. cerevisiae*）和克鲁维酵母（*Kluyveromyces marxianus*）］和 16 株细菌（其中 6 株为巴氏醋杆菌）。其他主要菌包括氧化葡糖杆菌（*Gluconobacter oxydans*）和乳酸菌［肠膜明串珠菌（*Leuconostoc mesenteroides*）和乳杆菌属的罗伊氏乳杆菌（*L. reuteri*），保加利亚乳杆菌（*L. bulgaricus*），嗜酸乳杆菌（*L. acidophilus*）和干酪乳杆菌（*L. casei*）］。此外，Jiang 等（2010）报道，在浙江玫瑰醋生产中增加植物乳杆菌（*L. plantarum*）和酿酒酵母（*S. cerevisiae*）可以大大提高酒精发酵阶段的乳酸含量，改善产品的风味。

据报道，在中国传统广东米醋的表面发酵过程中，使用木糖葡糖酸醋杆菌（*Gluconacetobacter xylinus*）可具有较高的乙酸产量，这可能因为这些细菌合成的纤维素膜结构支撑着靠近气液界面的细胞，从而促进氧的吸收（Fu 等，2014）。

对福建红曲醋（永春老醋）发酵过程中的微生物菌群进行研究，结果显示该食醋中的醋酸菌种类比玫瑰醋中的多，包括醋化醋杆菌（*Acetobacter aceti*），甲醇醋杆菌（*Acetobacter methanolica*），斯氏葡糖酸醋杆菌（*Gluconacetobacter swingsii*），欧洲葡糖酸醋杆菌（*Gluconacetobacter europaeus*，现在称为 *Komagataeibacter europaeus*），乳酸菌包括希氏乳杆菌（*Lactobacillus hilgardii*），干酪乳杆菌（*L. casei*）和瑞士乳杆菌（*L. helveticus*）（Yamada 等，2012；Yan 等，2017）。

根据以往的研究，在液态深层发酵过程中，酿造食醋的固有菌群具有较高的一致性，主要包括葡糖酸醋杆菌和醋杆菌，因为它们对高浓度乙酸具有很强的耐受性（Kittelmann 等，1989；Sievers 等，1992）。具体来说，从工业食醋生物反应器中分离出的欧洲葡糖酸醋杆菌（*G. europaeus*）可耐受高达 100g/L 的乙酸（Trcek 等，2007），而醋化醋杆菌（*A. aceti*）可在超过 70g/L 的乙酸下生长（Yong 等，1989）。然而，巴氏醋杆菌（*A. pasteurianus*）和醋化醋杆菌（*A. aceti*）对乙醇具有很强的氧化活性，但主要发现存在于低酸度的食醋中（6%）。欧洲葡糖酸醋杆菌（*G. europaeus*）是在乙酸含量恒定的条件下从低酸度的食醋中分离得到的。

10.4.2.3 液态发酵的著名食醋

传统的浙江玫瑰醋是以大米为原料，利用浙江地理环境中的天然微生物，采用固体"发花"阶段和液体静态表面发酵原理酿造，不添加任何色素［图 10.3（1）］。玫瑰醋发酵过程中微生物的来源主要来自容器的盖子（用干草制成，又称草盖）（Miao 等，2006）。这种食醋一般在当地气候适宜的温度和湿度季节，即 4 月中旬至 7 月中旬开始生产，陈酿期和生产周期较长，形成了典型的色泽和口感。

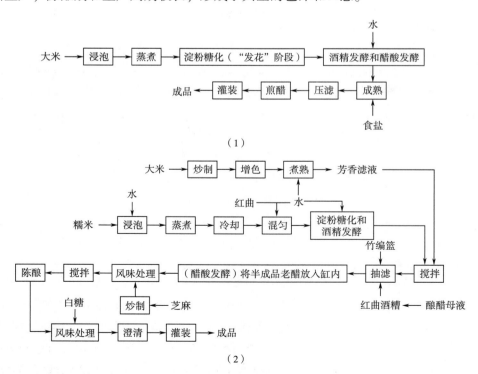

（1）

（2）

图 10.3　中国食醋液态发酵工艺流程

（1）浙江玫瑰醋　（2）福建红曲醋

　　玫瑰醋是江浙地区非常常见的一种食醋，它不同于普通的食醋，具有独特的鲜亮透明的玫瑰红色泽，纯正的醋香，酸味柔和持久，略带甜味。

　　福建红曲醋是以糯米、晚稻、红曲白糖、芝麻为原料，采用独特的液态循环工艺酿造而成［图 10.3（2）］。采用在蒸米饭中逐步添加大米和优质陈酿食醋，以富集各类微生物的技术，历时 3 年左右得到福建红曲醋的母液。福建红曲醋的液态循环酿造工艺是每年将陈酿的福建红曲醋从母液罐中不断去除，同时加入等量的福建红曲酒（酒精发酵产物）。在此酿造工艺的基础上，丰富了产生乙酸等香气物质的菌群，通过每天搅拌，稳定可靠的母液可以长期保存。这种连续酿造工艺可以生产出高品质的福建红曲醋。在长期陈酿过程中，将芝麻浸泡在食醋中，最终产物具有芝麻风味和芝麻木酚素。而且永春县生产的永春老醋口感甘酸，非挥发性酸含量高，享誉省内外和东南亚。

10.5　发展趋势

　　随着生活水平的提高，人们的健康保健意识逐渐提高。由于食醋作为调味品和原材料的产品受到市场青睐，市场对食醋的需求也在增长（Wu 和 Lan，2012）。但我国食醋行业是发展较慢的行业之一，在调味品行业中发挥着"小产品"的作用，传统生产过程仍存在一些缺陷有待解决。

10.5.1　食醋生产原理研究

　　虽然我国食醋产业规模有所扩大，但传统食醋的生产技术仍依赖于实践经验的积累。传统制醋工艺改造难点较多，关键技术需要重大突破。在传统的食醋酿造中，微生物群落的形成和功能机制的科学解析至关重要。目前对食醋生产的基本原理，包括食醋微生物群落的形态和功能以及食醋的风味产生机制等方面的深入研究较少。目前依赖和不依赖培养方法的应用为山西老陈醋、镇江香醋、天津独流老醋和陕西岐山醋等食醋生态系统的微生物多样性提供了蓝图（Li 等，2016b；Nie 等，2013，2015；Wu 等，2012a，2017）。通过宏基因组学、宏转录组学和宏蛋白质组学等方法进一步研究食醋发酵过程中微生物群落的功能，是解决其代谢贡献、促进食醋生产的趋势。此外，微生物对自然发酵参数的动态响应是另一个需要进一步研究的重要领域。近年来，越来越多的报道对食醋发酵过程中的环境因素进行了研究，以提高食醋生产的技术水平（Li 等，2015a，2016a）。

　　在我国，传统的食醋生产面临着原料利用率低、生产效率低等问题。高产纤维素酶的微生物筛选特别适用于固态发酵，有助于原料的充分利用。对于液态发酵，使用高产酸能力的纯种醋酸菌培养物也可以提高原料的利用率。然而，液态发酵一般生产质量较低的食醋。因此，必须进一步研究液态发酵的多菌种发酵，选育优良酵母和醋酸菌，提高食醋的产量和质量。

10.5.2　食醋生产中的质量评价及安全控制

　　随着人们逐渐追求优质安全食醋产品，中国食醋质量评价受到越来越多的重视。

中国国家标准规定了食醋的四种感官特征：色、香、味、体（Chen 等，2012）。显然，这些标准评价食醋尚不全面。就像建立中国白酒的"指纹库"一样，通过食醋的化学成分来描述食醋的特性，并通过精密的设备（如电子鼻）来识别不同品牌的食醋。食醋生产企业应引进先进的管理经验，逐步在原料、生产、加工、储存方法以及运输和销售中实施良好农业规范（GAP）、良好生产规范（GMP）、危害分析与关键控制点体系（HACCP）（Zhang 等，2015）。为了监督食醋生产的全过程，确保产品的质量和安全，需要根据中国食醋生产的实际情况建立"食品防御"体系。

10.5.3 关于食醋的功能研究

随着科学研究揭示食醋的功能特性，食醋的消费量也从调味醋，到饮料醋，再到保健醋。根据对传统谷物醋的功能成分和风味物质的研究报告，开发出了具有降血脂、降血压、增强免疫力、缓解疲劳等功能的食醋产品。

食醋产品的多样化是食醋行业的一个新趋势。近年来，国内许多厂家通过改进酿造工艺，采用当地特产动植物源原料和现代生物技术，生产出一大批新型功能性食醋产品，包括枣黑醋、低聚木糖樱桃醋、低聚糖玫瑰醋、发酵芦荟醋、苦荞麦醋、梨醋、苦瓜醋、猕猴桃醋、番茄醋、沙棘醋、无花果醋、洋葱醋、野枣保健醋、竹醋（Mao，2013）。食醋行业也因果醋生产规模的增加而受益。随着对食醋成分和应用价值的不断研究，相信食醋的功效在未来将被更充分地发掘，现代医药科学技术将进一步探索食醋的功效，对食醋的生产和保健市场产生影响。

10.5.4 食醋生产设备

食醋生产的提高离不开食醋设备的更新。我国传统的食醋生产设备主要有锅、桶、罐等，工业化程度低，产品单一（Liang 和 Li，2012）。随着食醋产业的快速发展，设备也在朝着机械化、大规模生产的方向发展（Zou 等，2017）。在过去的 30 年里，一些制造商逐步改进了不同发酵阶段的落后容器和工具，分别用池和罐（不锈钢）取代了桶（陶器）和池（混凝土）。此外，还采用了机械翻滚抓取设备、大型酒精发酵设备、高压熏醅设备等，进行了机械化改造（Wenfeng，2018）。

然而，生产放大的困难与固态发酵系统的大量产热和不均匀性有关。在有氧条件下，微生物生长产生相当大的热量，导致温度迅速上升。这种结果是不如人意的，特别在一些生物技术过程中涉及到热敏性微生物或酶。为了解决这些问题，人们设计了一些生物反应器，但只有少数得以大规模使用；预计将来会采用更多的大规模生物反应器。

应用于食品机械的先进技术包括微电子、光电子、真空、膜分离、挤压膨化、微波、超微粉碎、超临界萃取、杀菌和智能技术。这些技术有助于促进食醋工业的现代化。开发和引进先进技术、设备、新材料，开发国产自主创新设备和计算机控制设备，也是中国食醋产业的主要发展趋势。这些发展将使食醋生产企业加快计算机生产过程和自动化控制设备管理，促进生产效率的全面提高。

据一些报道，日本的人均食醋消费量约是中国的 3.5 倍（Zou 等，2017）。因此，中国食醋产业具有广阔的市场空间和发展前景。整合中小企业（SMEs）的规模，改变旧的生产模式和框架。进一步加快食醋企业集团的发展进程。此外，食醋行业将走向自动化、标准化和品牌化发展，并探索适合未来中国食醋行业发展的新模式。

本章作者

唐汉兰，宋建坤，罗立新

参考文献

Alvarez－Caliz C., I. M. Santos－Duenas, T. Garcia－Martinez, A. M. Canete－Rodriguez, M. C. Millan－Perez, J. C. Mauricio, and I. Garcia－Garcia. 2014. Effect of biological ageing of wine on its nitrogen composition for producing high quality vinegar. *Food and Bioproducts Processing* 92 (C3)：291–297.

Bevilacqua A., M. Sinigaglia, and M. R. Corbo. 2016. *Microbial Ecology of Cereal and Cereal－Based Foods.* John Wiley & Sons, Ltd.

Brandt M. J. 2014. Starter cultures for cereal based foods. *Food Microbiology* 37：41–43.

Budak N. H., E. Aykin, A. C. Seydim, A. K. Greene, and Z. B. Guzel－Seydim. 2014. Functional properties of vinegar. *Journal of Food Science* 79 (5)：R757–R764.

Buonocore G., S. Perrone, and M. L. Tataranno. 2010. Oxygen toxicity：Chemistry and biology of reactive oxygen species. *Seminars in Fetal and Neonatal Medicine* 15 (4)：186–190.

Chang J., and T. Fang. 2007. Survival of *Escherichia coli* O157：H7 and *Salmonella enterica serovars Typhimurium* in iceberg lettuce and the antimicrobial effect of rice vinegar against *E. coli* O157：H7. *Food Microbiology* 24 (7–8)：745–751.

Chen D., and M. Zhang. 2007. Non－volatile taste active compounds in the meat of Chinese mitten crab (*Eriocheir sinensis*). *Food Chemistry* 104 (3)：1200–1205.

Chen, H., Gui, Q., Shi, J. J., Wang, R., and Chen, F. 2015. Analyses of Shanxi aged vinegar constituents and their effects on anti－cancer activities. In Gullo, M. (Ed.), *4th International Conference on Acetic Acid Bacteria－Vinegar and other products (AAB 2015), vol. 4 (s1)*. Pavia, Italy：PAGEPress Publications, pp. 7.

Chen H., T. Chen, P. Giudici, and F. Chen. 2016. Vinegar functions on health：Constituents, sources, and formation mechanisms. *Comprehensive Reviews in Food Science and Food Safety* 15 (6)：1124–1138.

Chen J., J. He, W. Chengrong, P. Jie, and H. Guoqing. 2013a. Determination of tetramethylpyrazine in traditional vinegars by HPLC Method and preliminary studies on its formation mechanism. *Journal of Chinese Institute of Food Science and Technology* 13 (5)：223–229.

Chen Q., J. Ding, J. Cai, Z. Sun, and J. Zhao. 2012. Simultaneous measurement of total acid content and soluble salt－free solids content in Chinese vinegar using near－infrared spec troscopy. *Journal of Food Science* 77 (2)：C222–C227.

Chen S., J. Su, H. Zhang, Y. Heng, Y. Liu, B. Feng, and X. Wu. 2009. Research advances in functional compositions of Shanxi overmature vinegar. *Innovational Edition of Farm Products Processing* 12：45–49. (Available in Chinese)

Chen T., Q. Gui, J. Shi, X. Zhang, and F. Chen. 2013b. Analysis of variation of main components during aging process of Shanxi aged vinegar. *Acetic Acid Bacteria* 2 (1s)：6.

Chou C., C. Liu, D. Yang, Y. Wu, and Y. Chen. 2015. Amino acid, mineral, and polyphenolic profiles of black vinegar, and its lipid lowering and antioxidant effects in vivo. *Food Chemistry* 168：63–69.

Cocchi M., C. Durante, G. Foca, D. Manzini, A. Marchetti, and A. Ulrici. 2004. Application of a wavelet－based algorithm on HS－SPME/GC signals for the classification of balsamic vinegars. *Chemometrics and Intelligent Laboratory Systems* 71 (2)：129–140.

Davalos A., B. Bartolome, and C. Gomez－Cordoves. 2005. Antioxidant properties of commercial grape juices and vinegars. *Food Chemistry* 93 （2）: 325-330.

De Ory I. , L. E. Romero, and D. Cantero. 1999. Maximum yield acetic acid fermenter. *Bioprocess Engineering* 21 （2）: 187-190.

Doyle M. E. , and K. A. Glass. 2010. Sodium reduction and its effect on food safety, food quality, and human health. *Comprehensive Reviews in Food Science and Food Safety* 9 （1）: 44-56.

Du G. R. 2009. Study on the total antioxidant capacity and bioactive compounds of kiwi （Actinidia）, persimmon （*Diospyros kaki* L.) and apple （*Malus domesticam* Borkh.) fruits. Doctoral dissertation, Xianyang, Northwest A&F University. （Available in Chinese）

Du S. K. , X. Zhao, and Z. Li. 2012. Hepatoprotective, weight-reducing and hypolipidemic effects of *Hovenia dulcis* Thunb. fruit vinegar. *Food Science* 33 （1）: 235-238.

Echavarría A. P. , J. Pagán, and A. Ibarz. 2012. Melanoidins formed by Maillard reaction in food and their biological activity. *Food Engineering Reviews* 4 （4）: 203-223.

Entani E. , M. Asai, S. Tsujihata, Y. Tsukamoto, and M. Ohta. 1997. Antibacterial actin of vinegar against food-borne pathogenic bacteria including *Escherichia coli* O157 : H7 （Part 2）. Effect of sodium chloride and temperature on bactericidal activity. *Kansenshogaku zasshi. The Journal of the Japanese Associationfor Infectious Diseases* 71 （5）: 451-458.

Entani E. , M. Asai, S. Tsujihata, Y. Tsukamoto, and M. Ohta. 1998. Antibacterial action of vinegar against food-borne pathogenic bacteria including *Escherichia coli* O157 : H7. *Journal of Food Protection* 61 （8）: 953-959.

Feng X. 2009. *Comparative Study on the Functional Properties of Coarse Cereals Vinegar*. Northwest A&F University. （Available in Chinese）

Fernandez-Mar M. I. , R. Mateos, M. C. Garcia-Parrilla, B. Puertas, and E. Cantos-Villar. 2012. Bioactive compounds in wine: Resveratrol, hydroxytyrosol and melatonin: A review. *Food Chemistry* 130 （4）: 797-813.

Fu L. , S. Chen, J. Yi, and Z. Hou. 2014. Effects of different fermentation methods onbacterial cellulose and acid production by *Gluconacetobacter xylinus* in Cantonese-style rice vinegar. *Food Science and Technology International* 20 （5）: 321-331.

Fushimi T. , K. Suruga, Y. Oshima, M. Fukiharu, Y. Tsukamoto, and T. Goda. 2006. Dietary acetic acid reduces serum cholesterol and triacylglycerols in rats feda cholesterol-rich diet. *British Journal of Nutrition* 95 （5）: 916-924.

FushimiT. , K. Tayama, M. Fukaya, K. Kitakoshi, N. Nakai, Y. Tsukamoto, and Y. Sato. 2001. Acetic acid feeding enhances glycogen repletion in liver and skeletal muscle of rats. *Journal of Nutrition* 131 （7）: 1973-1977.

Gan X. , H. Tang, D. Ye, P. Li, L. Luo, and W. Lin. 2017. Diversity and dynamics stability of bacterial community in traditional solid-state fermentation of Qishan vinegar. *Annals of Microbiology* 67 （10）: 703-713.

Giordano L. , R. Calabrese, E. Davoli, and D. Rotilio. 2003. Quantitative analysis of 2-furfural and 5-methylfurfural in different Italian vinegars by headspace solid-phase micro extraction coupled to gas chromatography-mass spectrometry using isotope dilution. *Journal of Chromatography A* 1017 （1-2）: 141-149.

Gorrini C. , I. S. Harris, and T. W. Mak. 2013. Modulation of oxidative stress as an anticancer strategy. *Nature Reviews Drug Discovery* 12 （12）: 931-947.

Gu X. , H. -L. Zhao, Y. Sui, J. Guan, J. C. N. Chan, and P. C. Y. Tong. 2012. White rice vinegar improves pancreatic beta-cell function and fatty liver in streptozotocin-induced diabetic rats. *Acta Diabetologica* 49 （3）: 185-191.

Gullo M. , E. Verzelloni, and M. Canonico. 2014. Aerobic submerged fermentation by acetic acid bacteria for vinegar production: Process and biotechnological aspects. *Process Biochemistry* 49 （10）: 1571-1579.

Guo L. , and X. Yang. 2016. Separation of melanoidin from Shanxi aged vinegar and its anti-bacterial activity. *Food Science* 37 (13): 25-30. (Available in Chinese)

Guo M. 2015. *The Lipid Lowering Effect Research on Shanxi Aged Vinegar Xunpin*. Shanxi University. (Available in Chinese)

Haruta S., S. Ueno, I. Egawa, K. Hashiguchi, A. Fujii, M. Nagano, M. Ishii, and Y. Igarashi. 2006. Succession of bacterial and fungal communities during a traditional pot fermen tation of rice vinegar assessed by PCR-mediated denaturing gradient gel electrophore sis. *International Journal of Food Microbiology* 109 (1-2): 79-87.

Ho C. W., A. M. Lazim, S. Fazry, U. Zaki, and S. J. Lim. 2017. Varieties, production, composition and health benefits of vinegars: A review. *Food Chemistry* 221: 1621-1630.

Hromatka, O., and H. Ebner. 1959. Vinegar by submerged oxidative fermentation. *Industrial and Engineering Chemistry* 51 (10): 1279-1280.

Huang Y., Z. Yi, Y. Jin, M. Huang, K. He, D. Liu, H. Luo, D. Zhao, H. He, Y. Fang, and H. Zhao. 2017. Metatranscriptomics reveals the functions and enzyme profiles of the micro bial community in Chinese nong-flavor liquor starter. *Frontiers in Microbiology* 8: 1747.

Jiang Y., J. Guo, Y. Li, S. Lin, L. Wang, and J. Li. 2010. Optimisationof lactic acid fermentation for improved vinegar flavour during rosy vinegar brewing. *Journal of the Science of Food and Agriculture* 90 (8): 1334-1339.

Jiang Y., Q. Jiying, L. Sen, and L. Xinle. 2008. Studies on the growth and decline law of microbial flora in strew cover before and after sun drying and that in rosy vinegar's culture medium during the stage of fungus growing. *Journal of Chinese Institute of Food Science and Technology* 8: 42 - 46. (Available in Chinese)

Kennedy L. J., K. M. Das, and G. Sekaran. 2004. Integrated biological and catalytic oxidation of organics/inorganics in tannery wastewater by rice husk based mesoporous activated carbon-*Bacillus* sp. *Carbon* 42 (12-13): 2399-2407.

Kittelmann M., W. W. Stamm, H. Follmann, and H. G. Trüper. 1989. Isolation and classifi cation of acetic acid bacteria from high percentage vinegar fermentations. *Applied Microbiology and Biotechnology* 30 (1): 47-52.

Kondo S., K. Tayama, Y. Tsukamoto, K. Ikeda, and Y. Yamori. 2001. Antihypertensive effects of acetic acid and vinegar on spontaneously hypertensive rats. *Bioscience Biotechnology and Biochemistry* 65 (12): 2690-2694.

Ley J. P. 2008. Masking bitter taste by molecules. *Chemosensory Perception* 1 (1): 58-77.

Li A., Z. Li, X. Jie, L. Zhang, and X. Qin. 2013. Chemical characterization of different vin egars by NMR-based metabolomic approach. *Food Science* 34 (12): 247-253. (Available in Chinese)

Li H., and P. Dai. 2015. Simultaneous determination of ten inorganic elements in four kindsof commercial vinegar by ICP-AES. *China Condiment* 40: 106-108. (Available in Chinese)

Li P., F. W. K. Aflakpui, H. Yu, L. Luo, and W. T. Lin. 2015b. Characterization of activity and microbial diversity of typical types of Daqu for traditional Chinese vinegar. *Annals of Microbiology* 65 (4): 2019-2027.

Li P., S. Li, L. Cheng, and L. Luo. 2014. Analyzing the relation between the microbial diversity of DaQu and the turbidity spoilage of traditional Chinese vinegar. *Applied Microbiology and Biotechnology* 98 (13): 6073-6084.

Li P., H. Liang, W. T. Lin, F. Feng, and L. Luo. 2015a. Microbiota Dynamics associated with environmental conditions and potential roles of cellulolytic communities in tra ditional Chinese cereal starter solid-state fermentation. *Applied and Environmental Microbiology* 81 (15): 5144-5156.

Li P., W. Lin, X. Liu, X. Wang, and L. Luo. 2016a. Environmental factors affecting micro biota dynamics during traditional solid - state fermentation of Chinese Daqu starter. *Frontiers in Microbiology* 7: 1237.

Li P., W. Lin, X. Liu, X. Wang, X. Gan, L. Luo, and W. T. Lin. 2017. Effect ofbioaugmented inoc ulation on microbiota dynamics during solid-state fermentation of Daqu starter using autochthonous of

Bacillus, *Pediococcus*, *Wickerhamomyces* and *Saccharomycopsis*. *Food Microbiology* 61: 83-92.

Li S., P. Li, F. Feng, and L. X. Luo. 2015c. Microbial diversity and their roles in the vinegar fermentation process. *Applied Microbiology and Biotechnolology* 99 (12): 4997-5024.

Li S., P. Li, X. Liu, L. Luo, and W. Lin. 2016b. Bacterial dynamics and metabolite changes in solid-state acetic acid fermentation of Shanxi aged vinegar. *Applied Microbiology and Biotechnology* 100 (10): 4395-4411.

Liang Q., and Z. Li. 2012. The five major problems to be solved in the development of Chinese vinegar industry. *China Food News*. (Available in Chinese)

Lim J., C. J. Henry, and S. Haldar. 2016. Vinegar as a functional ingredient to improve post-prandial glycemic control - human intervention findings and molecular mechanisms. *Molecular Nutrition and Food Research* 60 (8): 1837-1849.

Liu D. R., Y. Zhu, R. Beeftink, L. Ooijkaas, A. Rinzema, J. Chen, and J. Tramper. 2004. Chinese vinegar and its solid-state fermentation process. *Food Reviews International* 20 (4): 407-424.

Liu L., and X. Yang. 2015. Hypolipidemic and antioxidant effects of freeze-dried powder of Shanxi mature vinegar in hyperlipidaemic mice. *Food Science* 36 (9): 141-145. (Available in Chinese)

Liu Q. 2010. Direct determination of mercury in white vinegar by matrix assisted photochemical vapor generation atomic fluorescence spectrometry detection. *Spectrochimica Acta Part B: Atomic Spectroscopy* 65 (7): 587-590.

Lu P., and Y. Zhou. 2002. Research on the antifatigue function of Hengshun vinegar capsule. *Chinese Condiment* 10: 8-13. (Available in Chinese)

Lu X. 2015. *Research on Antioxidant Effect and Anti-ACE Activity of Shanxi Aged Vinegar*. Shanxi University. (Available in Chinese)

Lu Z., Z. Wang, X. Zhang, J. Mao, J. Shi, and Z. Xu. 2018. Microbial ecology of cereal vinegar fermentation: Insights for driving the ecosystem function. *Current Opinion Biotechnology* 49: 88-93.

Lv L. 2008. *Research on Component Analysis and Liquid Fermentation Process of Shanxi Over Mature Vinegar*. Shanxi University. (Available in Chinese)

Ma T. 2010. Effects of Tartary buckwheat vinegar on blood glucose of diabetic mice. *Journal of the Chinese Cereals and Oils Association* 25 (5): 42-44, 48. (Available in Chinese)

Maes M., P. Galecki, Y. S. Chang, and M. Berk. 2011. A review on the oxidative and nitrosative stress (O&NS) pathways in major depression and their possible contribution to the (neuro) degenerative processes in that illness. *Progress in Neuro-Psychopharmacology and Biological Psychiatry* 35 (3): 676-692.

Mao L. 2013. *Study on the Brewing Technique and Component Analysis of Wild Jujube Vinegar*. Agricultural University of Hebei Province. (Available in Chinese)

Mcdonald S. T., D. A. Bolliet, and J. E. Hayes (Eds.). 2016. *Chemesthesis: Chemical Touch in Food and Eating*. Wiley-Blackwell.

Medina E., C. Romero, M. Brenes, and A. de Castro. 2007. Antimicrobial activity of olive oil, vinegar, and various beverages against foodborne pathogens. *Journal of Food Protection* 70 (5): 1194-1199.

Mesías M., and C. Delgado-Andrade. 2017. Melanoidins as a potential functional food ingredient. *Current Opinion in Food Science* 14: 37-42.

Miao Y., J. R. Li, J. Y. Qiu, Y. J. Jiang, and X. L. Liang. 2006. Zhejiang rose rice vinegar. *Modern Food Science & Technology* 22 (3): 266-268. (Available in Chinese)

Morales F. J., V. Somoza, and V. Fogliano. 2012. Physiological relevance of dietary melanoidins. *Amino Acids* 42 (4): 1097-1109.

Morales M. L., A. G. Gonzalez, and A. M. Troncoso. 1998. Ion-exclusion chromatographic determination of organic acids in vinegars. *Journal of Chromatography A* 822 (1): 45-51.

Murooka Y., and M. Yamshita. 2008. Traditional healthful fermented products of Japan. *Journal of Industrial Microbiology and Biotechnology* 35 (8): 791-798.

Nanda K. , M. Taniguchi, S. Ujike, N. Ishihara, H. Mori, H. Ono, and Y. Murooka. 2001. Characterization of acetic acid bacteria in traditional acetic acid fermentation of rice vinegar (komesu) and unpolished rice vinegar (kurosu) produced in Japan. *Applied Environmental Microbiology* 67 （2）：986-990.

Nie Z. , Y. Zheng, H. Du, S. Xie, and M. Wang. 2015. Dynamics and diversity of micro bial community succession in traditional fermentation of Shanxi aged vinegar. *Food Microbiology* 47：62-68.

Nie Z. , Y. Zheng, M. Wang, Y. Han, Y. Wang, J. Luo, and D. Niu. 2013. Exploring microbial succession and diversity during solid - state fermentation of Tianjin Duliu mature vin egar. *Bioresource Technology* 148：325-333.

Nie Z. , Y. Zheng, S. Xie, X. Zhang, J. Song, M. Xia, and M. Wang. 2017. Unraveling the cor relation between microbiota succession and metabolite changes in traditional Shanxi aged vinegar. *Scientific Reports* 7 （1）：1294.

Ong L . , and N. P. Shah. 2008. Influence of Probiotic *Lactobacillus acidophilus* and *L -helveticus* on proteolysis, organic acid profiles, and ACE-inhibitory activity of cheddar cheeses ripened at 4, 8, and 12 degrees C. *Journal of Food Science* 73 （3）：M111-M120.

Ostman E. , Y. Granfeldt, L. Persson, and I. Bjorck. 2005. Vinegar supplementation lowers glucose and insulin responses and increases satiety after a bread meal in healthy sub jects. *European Journal of Clinical Nutrition* 59 （9）：983-988.

Peng Q. , Y. Yang, Y. Guo, and Y. Han. 2015. Analysis of bacterial diversity during ace tic acid fermentation of Tianjin Duliu aged vinegar by 454 pyrosequencing. *Current Microbiology* 71 （2）：195-203.

Petsiou E. I. , P. I. Mitrou, S. A. Raptis, and G. D. Dimitriadis. 2014. Effect and mechanisms of action of vinegar on glucose metabolism, lipid profile, and body weight. *Nutrition Reviews* 72 （10）：651-661.

Qi W. , C. Wang, X. Cao, G. Zhao, C. Wang, and L. Hou. 2013. Flavour analysis of Chinese cereal vinegar. *IERI Procedia* 5：332-338.

Qiu J. , X. Liang, Y. Jiang, and J. Li 2008. Study on the microbial change rules in the brewing mass of Zhejiang Rosy Vinegar during "Fahua" phase. *China Condiment* 8 （2）：42-46. （Available in Chinese）

Qiu J. , C. Ren, J. Fan, and Z. Li. 2010. Antioxidant activities of aged oat vinegar in vitro and in mouse serum and liver. *Journal of the Science of Food and Agriculture* 90 （11）：1951-1958.

Qiu S. , M. P. Yadav, and L. Yin. 2017. Characterization and functionalities study of hemicel lulose and cellulose components isolated from sorghum bran, bagasse and biomass. *Food Chemistry* 230：225-233.

Ramadan M. F. , and A. Al-Ghamdi. 2012. Bioactive compounds and health-promoting prop erties of royal jelly：A review. *Journal of Functional Foods* 4 （1）：39-52.

Ren M. , X. Wang, C. Tian, X. Li, B. Zhang, X. Song, and J. Zhang. 2017. Characterization of organic acids and phenolic compounds of cereal vinegars and fruit vinegars in China. *Journal of Food Processing and Preservation* 41 （3）：e12937.

Rodriguez R. , and R. Redman. 2005. Balancing the generation and elimination of reactive oxygen species. *Proceedings of the National Academy of Sciences of the United States of America* 102 （9）：3175-3176.

Ryu J. H. , Y. Deng, and L. R. Beuchat. 1999. Behavior of acid-adapted and unadapted *Escherichia coli* O157：H7 when exposed to reduced pH achieved with various organic acids. *Journal of Food Protection* 62 （5）：451-455.

Sasaki T. , K. Kohyama, Y. Suzuki, K. Okamoto, T. R. Noel, and S. G. Ring. 2009. Physicochemical characteristics of waxy rice starch influencing the in vitro digestibil ity of a starch gel. *Food Chemistry* 116 （1）：137-142.

Sengun I. Y. , and M. Karapinar. 2004. Effectiveness of lemon juice, vinegar and their mix ture in the elimination of *Salmonella typhimurium* on carrots (*Daucus carota* L.) . *International Journal of Food Microbiology* 96 （3）：301-305.

Setorki M. , S. Asgary, A. Eidi, A. H. Rohani, and M. Khazaei. 2010. Acute effects of vinegar intake on some biochemical risk factors of atherosclerosis in hypercholesterolemic rab bits. *Lipids in Health and*

Disease 9：10.

　　Shahidi F. 2009. Nutraceuticals and functional foods：Whole versus processed foods. *Trends in Food Science and Technology* 20（9）：376-387.

　　Sievers M. , S. Sellmer, and M. Teuber. 1992. *Acetobacter europaeus* sp. nov. , a main component of industrial vinegar fermenters in central Europe. *Systematic and Applied Microbiology* 15（3）：386-392.

　　Singhania R. R. , A. K. Patel, C. R. Soccol, and A. Pandey. 2009. Recent advances in solid-state fermentation. *Biochemical Engineering Journal* 44（1）：13-18.

　　Sokollek S. J. , C. Hertel, and W. P. Hammes. 1998. Cultivation and preservation of vinegar bacteria. *Journal of Biotechnology* 60（3）：195-206.

　　Solieri L. , and P. Giudici. 2008. Yeasts associated to traditional balsamic vinegar：Ecological and technological features. *International Journal of Food Microbiology* 125（1）：36-45.

　　Solieri L. , and P. Giudici. 2009. *Vinegars of the World.* Springer-Verlag Italia, Milan, Italy.

　　Song Z. , Y. Cao, Z. Du, C. Wang, S. Li, Y. Dong, L. Zhang, and Z. Liu. 2014. Correlation analysis between the content of ligustrazine and storage period of different kinds of vinegar for processing. *Chinese Journal of Experimental Traditional Medical Formulae* 20（4）：29-31.（Available in Chinese）

　　Sossou S. K. , Y. Ameyapoh, S. D. Karou, and C. de Souza. 2009. Study of pineapple peelings processing into vinegar by biotechnology. *Pakistan Journal of Biological Sciences：PJBS* 12（11）：859-865.

　　Tamang J. P. , K. Watanabe, and W. H. Holzapfel. 2016. Review：Diversity of microorganisms in global fermented foods and beverages. *Frontiers in Microbiology* 7：28.

　　Tesfaye W. , M. L. Morales, M. C. Garcia-Parrilla, and A. M. Troncoso. 2002. Wine vinegar：Technology, authenticity and quality evaluation. *Trends in Food Science and Technology* 13（1）：12-21.

　　Trcek J. , K. Jernejc, and K. Matsushita. 2007. The highly tolerant acetic acid bacterium *Gluconacetobacter europaeus* adapts to the presence of acetic acid by changes in lipid composition, morphological properties and PQQ-dependent ADH expression. *Extremophiles* 11（4）：627-635.

　　Wang A. , J. Zhang, and Z. Li. 2012. Correlation of volatile and nonvolatile components with the total antioxidant capacity of Tartary buckwheat vinegar：Influence of the thermal processing. *Food Research International* 49（1）：65-71.

　　Wang Y. , H. Hong, Q. Zhang, and J. Liu. 2008. Health function of fermented vinegar and vinegar treatment food. *China Condiment* 9：31-35.（Available in Chinese）

　　Wang Z. , R. Li, L. Zhang, Q. Yang, G. Wu, X. Zhao, and H. Li. 2014. Componental analysis research on characteristics of amino acid in Shanxi aged vinegar. *Academic Periodical of Farm Products Processing* 10：52-57.（Available in Chinese）

　　Wang Z. , Z. Lu, J. Shi, and Z. Xu. 2016. Exploring flavour-producing core microbiota in multi-species solid-state fermentation of traditional Chinese vinegar. *Scientific Reports* 6：26818.

　　Wang Z. , Z. Lu, Y. Yu, G. Li, J. Shi, and Z. Xu. 2015. Batch-to-batch uniformity of bacterial community succession and flavor formation in the fermentation of Zhenjiang aromatic vinegar. *Food Microbiology* 50：64-69.

　　Wen D. , L. Xin, and D. Huang. 2018. Research progress on melanoidins in food. *Journal of Food Safety and Quality* 9（9）：2004-2009.（Available in Chinese）

　　Wenfeng Y. 2018. System development and research of multifunctional semi-enclosed solid state. *Food Science and Technology* 47-49.（Available in Chinese）

　　Wu G. , Z. Wu, Z. Dai, Y. Yang, W. Wang, C. Liu, B. Wang, J. Wang, and Y. Yin. 2013. Dietary requirements of "nutritionally non-essential amino acids" by animals and humans. *Amino Acids* 44（4）：1107-1113.

　　Wu J. , M. Gullo, F. Chen, and P. Giudici. 2010. Diversity of *Acetobacter pasteurianus* strains isolated from solid-state fermentation of cereal vinegars. *Current Microbiology* 60（4）：280-286.

　　Wu J. , Y. Ma, F. Zhang, and F. Chen. 2012a. Biodiversity of yeasts, lactic acid bacteria and acetic acid bacteria in the fermentation of "Shanxi aged vinegar", a traditional Chinese vinegar. *Food Microbiology* 30（1）：289-297.

Wu J., Y. Ma, F. Zhang, and F. Chen. 2012b. Culture-dependent and culture-independent analysis of lactic acid bacteria from Shanxi aged vinegar. *Annals of Microbiology* 62 (4): 1825-1830.

Wu L., Z. Lu, X. Zhang, Z. Wang, Y. Yu, J. Shi, and Z. Xu. 2017. Metagenomics reveals flavour metabolic network of cereal vinegar microbiota. *Food Microbiology* 62: 23-31.

Wu X., and C. Lan. 2012. The development status and trend of the vinegar industry in China. *China Condiment* 37 (9): 19-21. (Available in Chinese)

Xia T., J. Yao, Y. Zheng, and M. Wang. 2017. Progress in research on antioxidant effect and active components of traditional vinegar. *Food Science* 38 (13): 285-290. (Available in Chinese)

Xia T., J. Zhang, J. Yao, B. Zhang, W. Duan, M. Xia, J. Song, Y. Zheng, and M. Wang. 2018. Shanxi aged vinegar prevents alcoholic liver injury by inhibiting CYP2E1 and NADPH oxidase activities. *Journal of Functional Foods* 47: 575-584.

Xiang J., W. Zhu, Z. Li, and S. Ling. 2012. Effect of juice and fermented vinegar from Hovenia dulcis peduncles on chronically alcohol-induced liver damage in mice. *Food and Function* 3 (6): 628-634.

Xiao Z., S. Dai, Y. Niu, H. Yu, J. Zhu, H. Tian, and Y. Gu. 2011. Discrimination of Chinese vinegars based on headspace solid-phase microextraction-gas chromatography mass spectrometry of volatile compounds and multivariate analysis. *Journal of Food Science* 76 (8): C1125-C1135.

Xin Y., X. Sun, T. Tan, and Z. Shen. 2015. Research progress of nutritional value and health functions of vinegar. *China Condiment* 40 (2): 124-127. (Available in Chinese)

Xu Q., Z. Ao, and W. Tao. 2003. Progress in vinegar function study. *Chinese Condiment* 12: 11-12, 42. (Available in Chinese)

Xu Q., W. Tao, and Z. Ao. 2005. Effect of Hengshun aromatic vinegar on oxidative modification of low density lipoprotein (LDL). *Food Science* 26 (10): 216-219. (Available in Chinese)

Xu Q., W. Tao, and Z. Ao. 2006. The comparison of the antioxidant activity in 26 kinds of vinegar. *Food and Fermentation Industries* 32 (1): 95-98. (Available in Chinese)

Xu W., Z. Huang, X. Zhang, Q. Li, Z. Lu, J. Shi, Z. Xu, and Y. Ma. 2011. Monitoring the microbial community during solid-state acetic acid fermentation of Zhenjiang aromatic vinegar. *Food Microbiology* 28 (6): 1175-1181.

Xu Y., D. Wang, W.L. Fan, X.Q. Mu, and J.A. Chen. 2010. Traditional Chinese Biotechnology. In G.T. Tsao, P. Ouyang, and J. Chen (Eds.) *Biotechnology in China II: Chemicals, Energy and Environment*, Vol. 122. Springer-Verlag, Berlin, Germany, pp. 189-233.

Yamada Y., P. Yukphan, H.T.L. Vu, Y. Muramatsu, D. Ochaikul, and Y. Nakagawa. 2012. Subdivision of the genus *Gluconacetobacter* Yamada, Hoshino and Ishikawa 1998: The proposal of *Komagatabacter* gen. nov., for strains accommodated to the *Gluconacetobacter xylinus* group in the α-Proteobacteria. *Annals of Microbiology* 62 (2): 849-859.

Yan L., S. Jia, X. Menglei, M. Yinglun, and Z. Yu. 2017. Separation and purification of acid tolerant microorganisms from Yongchun aged vinegar and their application on grape vinegar fermentation. *China Brewing* 36 (10): 120-124.

Yang L., X. Wang, and X. Yang. 2014. Possible antioxidant mechanism of melanoidins extract from Shanxi aged vinegar in mitophagy-dependent and mitophagy-independent path-ways. *Journal of Agricultural and Food Chemistry* 62 (34): 8616-8622.

Yao H., Z. Zhang, and J. Liu. 2006. Application of solid-state fermentation to food industry-A review. *Chemical Technology Market* 76: 291-302.

Yin F., H. Dai, H. Li, T. Lu, W. Li, B. Cai, and W. Yin. 2017. Study of organic acids in Schisandrae Chinensis Fructus after vinegar processing. *Journal of Separation Science* 40 (20): 4012-4021.

Yong S.P., H. Ohtake, M. Fukaya, H. Okumura, Y. Kawamura, and K. Toda. 1989. Effects of dissolved oxygen and acetic acid concentrations on acetic acid production in continuous culture of *Acetobacter aceti*. *Journal of Fermentation and Bioengineering* 68 (2): 96-101.

Zhai S., X. Lei, and T. Chen. 2015. Study on determination methods of antioxidant activity in Shanxi aged vinegar. *Hubei Agricultural Sciences* 54 (24): 6372-6375. (Available in Chinese)

Zhang J. , M. Huang, and B. Sun. 2014. Study on free amino acid composition of 4 famous vinegars in China. *Journal of Food Safety and Quality* 5 (10): 3124–3131. (Available in Chinese)

Zhang J. , T. Li, X. Lu, L. Yang, and X. Yang. 2016. Correlation between polyphenol content and antioxidant activity of aged vinegar melanoidins. *Food and Fermentation Industries* 42 (7): 141–146. (Available in Chinese)

Zhang L. , J. Huang, R. Zhou, and C. Wu. 2017. Evaluating the feasibility of fermentation starter inoculated with *Bacillus amyloliquefaciens* for improving acetoin and tetramethylpyrazine in Baoning bran vinegar. *International Journal of Food Microbiology* 255: 42–50.

Zhang L. , Li, Z. , Du, S. , Yu, X. , Wei, Z. 2007. Study on the effects of mulberry vinegar on weight losing and antifatigue in rat. *Journal of Northwest A & F University (Natural Science Edition)* 35: 227–230 (Available in Chinese)

Zhang Q. , S. Zhang, C. Xie, D. Zeng, C. Fan, D. Li, and Z. Bai. 2006. Characterization of Chinese vinegars by electronic nose. *Sensors and Actuators B- Chemical* 119 (2): 538–546.

Zhang Q. , S. Zhang, C. Xie, C. Fan, and Z. Bai. 2008. Sensory analysis of Chinese vinegars using an electronic nose. *Sensors and Actuators B: Chemical* 128 (2): 586–593.

Zhang W. , H. Tao, and L. Fei. 2015. Discussion of food quality safety supervision on vinegar in China. *China Condiment* 40 (2): 137–140. (Available in Chinese)

Zhao G. , Y. Zhang, M. Hoon, J. Chandrashekar, I. Erlenbach, N. J. P. Ryba, and C. S. Zuker. 2003. The receptors for mammalian sweet and umami taste. *Cell* 115 (3): 255–266.

Zhao H. , D. Lü , W. Zhang, L. Zhang, S. Wang, C. Ma, C. Qin, and L. Zhang. 2010. Protective action of tetramethylpyrazine phosphate against dilated cardiomyopathy in cTnT (R141W) transgenic mice. *Chinese Journal of Pharmacology* 31 (3): 281–288.

Zhao L. , and L. Li. 2005. The history, present status, development trend of the production technology of Chinese vinegar. *Chinese Condiment* 1: 3–6. (Available in Chinese)

Zheng Y. , S. Hu, Y. Li, N. Zhang, and W. Bai. 2012. Classification of geographical indication vinegars based on the content of inorganic elements. *Food and Fermentation Industries* 38 (9): 167–169. (Available in Chinese)

Zheng Y. , Y. Li, X. Zhang, and B. Li. 2010. Simultaneous determination of polyols in vin egar by gas chromatography–mass spectrometry. *Food and Fermentation Industries* 7: 154–157.

Zheng Y. , G. Ruan, B. Li, C. Xiong, S. Chen, M. Luo, Y. Li, and F. Du. 2014. Multicomposition analysis and pattern recognition of Chinese geographical indication product: Vinegar. *European Food Research and Technology* 238 (2): 337–344.

Zhou A. , Z. Liu, C. Varrone, Y. Luan, W. Liu, A. Wang, and X. Yue. 2018. Efficient biore－finery of waste activated sludge and vinegar residue into volatile fatty acids: Effect of feedstock conditioning on performance and microbiology. *Environmental Science: Water Research and Technology* 4: 1819–1828.

Zhou Z. , S. Liu, X. Kong, Z. Ji, X. Han, J. Wu, and J. Mao. 2017. Elucidation of the aroma compositions of Zhenjiang aromatic vinegar using comprehensive two dimensional gas chromatography coupled to time–of–flight mass spectrometry and gas chromatography– olfactometry. *Journal of Chromatography A* 1487: 218–226.

Zhu H. , J. Zhu, L. Wang, and Z. Li. 2016. Development of a SPME－GC－MS method for the determination of volatile compounds in Shanxi aged vinegar and its analytical characterization by aroma wheel. *Journal of Food Science and Technology* 53 (1): 171–183.

Zou D. H. , F. Q. Zou, and H. W. Guo. 2017. Processing characteristics and equipment selection of vinegar and its prospect. *China Condiment* 42 (8): 67–70, 105. (Available in Chinese)

11

葡萄酒醋/葡萄干醋的
生产与发展趋势

11.1 引言

如前几章的详细论述，历史上食醋的生产与自然作物的自发发酵有关，这取决于世界各地的农业发展。起初，食醋是由水果或谷物等几种原材料自然生成的。成熟后的储存作物中，微生物富集生长，首先产生乙醇，然后产生乙酸。食醋被用作调味品和防腐剂，并兼具健康的特性。因此它一直被认为是一种有价值的产品，在一些国家，它被作为饮料来食用（Solieri 和 Giudici，2009）。

如今，《食品法典（1987）》将醋定义为"由农业来源的合适原料生产，含有淀粉、糖，或淀粉和糖，经过双重发酵（首先是酒精发酵，然后是醋酸发酵），适合人类食用的液体。"尽管如此，欧盟委员会在 2015 年承认用水稀释（4%～30%体积分数）过的乙酸可以以农业来源醋相同的方式用作食品或食品配料。然而，一些欧盟成员国仍然认为，只有从农产品发酵所得的醋才能被称为"醋"，而在其他国家，通过用水稀释乙酸或通过农产品发酵获得的两种产品都被接受为"醋"。根据美国食品与药物管理局（FDA）以及澳大利亚和新西兰食品标准的规定，天然食醋必须含有不少于 4%（体积分数）的乙酸（USFDA，1977；Food Standards Australia New Zealand Act，1991）。他们还考虑了由合成酒精生产的醋。

因此，世界各地用不同的原料生产的食醋种类繁多（Bamforth，2005；Solieri 和 Giudici，2009）。由此，根据每个国家可利用的作物，不同种类的食醋遍布世界各地。

来自农业的醋是通过两步生物过程生产的：酒精发酵和醋酸发酵第一次生物转化是酒精发酵，一旦从原料中提取出可发酵糖（如葡萄糖、果糖和蔗糖），酵母就会将糖转化为乙醇和二氧化碳。通过这种转化，酵母在厌氧条件下获得碳源和能量（ATP 形式）。随后，通过醋酸菌（AAB）的活动发生醋酸发酵（虽然不是真正的发酵过程）。在此过程中，乙醇转化为乙酸。这一过程高度依赖于氧作为最终电子受体的可用性。由于醋酸菌对氧的依赖性，其可被视为严格需氧微生物。

人们第一次有意识地制醋是以葡萄酒为原料。因此，根据最初的原料，葡萄酒醋可以被认为是葡萄醋。而其实，食醋这个词本身也源自葡萄酒（拉丁语中"*vinusaccrum*"是一种葡萄酒，衍生于法语的"*vin aigre*"或西班牙语的"*vino agrio*"）。因此，"葡萄酒醋"一词是有点赘述的。事实上，当葡萄酒暴露在空气中（例如，在酿酒的最后几个步骤），醋酸发酵可自然发生，这一直是葡萄酒腐败的主要原因（Joyeux 等，1984）。人们认为，过去大多数葡萄酒的乙酸浓度高于现今的葡萄酒，这是添加各种不同化合物（蜂蜜、海水、焦油、香料等）以使其更适于饮用的主要原因。在本章中，介绍了葡萄酒醋和葡萄干醋生产的现状，并提出了可改进的方面。

11.2 葡萄酒醋酸发酵的方法

11.2.1 葡萄酒醋酸发酵的传统方法

19 世纪之前，人们一直认为醋酸发酵是由于酒精与空气接触而发生的氧化反应。巴斯德在 1864 年首次报道了微生物在醋酸发酵过程中的作用，而这是一个转折点，既标志着食醋生产工程的不同，也促进了工业生产效率和食醋质量的提升（Llaguno 和 Polo，1991）。

根据不同地区的原料、环境特点和传统，人们开发出了不同的制食醋配方。西班牙、法国和意大利等葡萄酒酿造国家过去曾用变质或低质量的葡萄酒生产食醋。

将葡萄酒加工成食醋有几种方法，但它们遵循相同的原则（图 11.1）。在传统的小规模制食醋过程中，通常使用"醋母"作为发酵剂，采用倒灌法引发葡萄酒的醋酸发酵。"醋母"是一种微生物的混合物，主要是吸附在由其产生的纤维素基质中的醋酸菌（图 11.2），这在前面的章节中也有描述。几周乃至几个月后，葡萄酒的乙酸含量达到 4%~5%（体积分数），

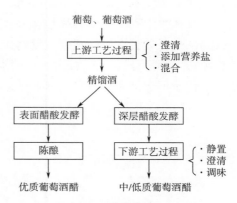

图 11.1 以葡萄为原料使用
不同加工体系生产食醋的示意图

由于细菌代谢，也会产生其他挥发性化合物。由此生成的产品被认为是食醋。在连续的醋酸发酵过程中，微生物混合物会长时间的保留下来，其中可适应高乙醇和高乙酸浓度的细菌会被自然地筛选出来。

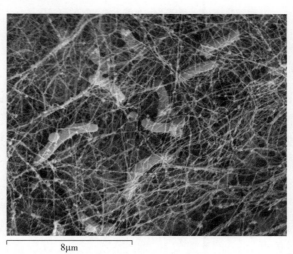

8μm

图 11.2 葡萄酒醋生产的表面醋酸发酵过程中被固定于纤维素基质中的醋酸菌

基于卢森堡工艺（Luxemburgish method）生产葡萄酒醋的过程在"Michäelis"木桶（酿醋罐）中进行，而木桶中的两个隔间通过它们之间的多孔表面交流。在木桶的顶部有木屑，定期添加葡萄酒以满足醋酸发酵过程的需要［图11.3（1）］。木桶底部的隔间收集流过木材的葡萄酒（Mecca等，1979）。Schützenbach将这个方法应用于蒸馏酒醋的工业生产（Llaguno和Polo，1991），此法被命名为德式工艺，在前面的章节中也有更为详细的描述。

传统奥尔良工艺在现代工业中被大量使用，它可生产高质量葡萄酒醋。食醋以一种静态的方式生产，微生物往往会在液体的表面积累（Tesfaye等，2002b；Vegas等，2010）。因此，相对比于细菌分散在发酵液中的深层发酵工艺，该过程也被称为表面工艺。在该工艺中，氧气的可利用率降低，因此这一工艺过程在带有开孔的木桶或容器中进行，从而使空气与液体表面接触［图11.3（2）］。为了维持醋酸发酵过程和醋酸菌的代谢活性，需要在达到预期酸度时定期释放一些食醋。而后将新葡萄酒添加到桶中，为醋酸发酵过程供给更多乙醇。根据这些特点，在奥尔良工艺中，桶没有被完全装满，它们也不会被完全清空，总是保持相当大空间的空气以保证与氧气的接触。

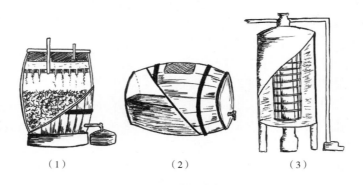

（1）　　　　　　（2）　　　　　　（3）

图 11.3　几种不同的酿醋罐

（1）卢森堡工艺使用的"Michäelis"酿醋罐　　（2）传统奥尔良工艺的
酿醋罐　　（3）快速深层醋酸发酵工艺的酿醋罐

11.2.2　葡萄酒醋酸发酵的工业方法

食醋生产的工业化通常是以快速醋酸发酵技术的发展为基础的。与传统的食醋生产不同，在工业规模的食醋生产中，通常有意接种醋酸菌，以使产品更均匀并获得更为快速的加工生产过程（Sellmer-Wilsberg，2009；Gullo等，2014）。虽然使用木屑固定细菌是一种常用策略，但此方法存在如下缺点：挥发性物质损失可达10%、支撑物质污染风险、细菌支撑的清洁过程和系统调节、木屑上醋酸菌的堆积、木屑上产纤维素细菌的生长、醋鳗污染和乙醇的蒸发（Llaguno和Polo，1991；Tesfaye等，2002b）。

有些食醋是用适应工业化规模的表面法并采用固定细胞生产的，在生产过程中使用泵将未制成的食醋再循环，便于通气和温度控制。这个过程直到生产结束，可能需要几个星期（Llaguno和Polo，1991）。

因此，在工业环境中生产食醋最常用的是深层发酵工艺（详见第 6 章）。醋酸菌被浸没在葡萄酒中，而不是被固定在表面［图 11.3（3）］。无论是否添加额外的氧气，该过程都在配备有温度控制和强制通气系统的发酵罐中进行。醋酸发酵系统设备由不锈钢制成，配有温度和 pH 控制系统、冷却装置、充气装置和消泡器（详见第 6 章）。目前已开发并获得专利的几种深层醋酸发酵系统，有 Fring 酿醋罐、空化器、鼓泡式发酵罐（bubble column fermenter）等（Adams，1998）。Fring 酿醋罐是食醋生产工业中应用最广泛的系统，因为它是一个完全自动化的发酵罐，可以实现快速醋酸发酵并获得均一的产品（Tesfaye 等，2002b）。因此，与固定化技术相比，使用这些系统可以减少挥发物的损失，并降低污染风险（Llaguno 和 Polo，1991；Tesfaye 等，2002b）。

在快速深层发酵工艺中，如果制成的食醋在每个醋酸发酵循环后被完全排出，则可以进行批量生产。而生产周期可以减少到低于工业食醋厂的常用周期——24h。另一方面，也可以进行连续发酵，在发酵罐内保持一部分醋酸发酵产物，以用于下一个周期的接种（Nieto 等，1993）。当乙醇含量降低时，细菌的生长速率减慢，因此连续发酵的乙酸含量最高可达 9%~10%（selmer-wilsberg，2009；Gullo 等，2014）。

醋酸发酵后，葡萄酒醋通过澄清处理以去除较高的浊度，这取决于所使用的葡萄酒原料和生产过程。此外，还要对食醋进行过滤，以提高最终产品的稳定性并得到理想的光泽（Mecca 等，1979；Llaguno 和 Polo，1991）。

采用快速生产技术生产葡萄酒醋对产品质量有直接影响。工业化生产的食醋香气复杂性较低。但另一方面，传统的食醋生产方法成本高，因为醋酸发酵过程需要很长时间才能获得所需的酸度，以及随后需要陈酿这一步骤以获得最终制成的食醋。然而，传统方法所得到的产品具有高质量和独特的感官特性。因此，深层醋酸发酵及随后在木质容器中的陈酿，是食醋工业生产的趋势，这两种方法可以分别缩短工艺时间和提高最终产品的质量（Tesfaye 等，2002b）。

11.3　葡萄酒醋和葡萄干醋的种类

葡萄酒醋是根据其生产所用的原料来分类的。它们主要由红葡萄酒、白葡萄酒、加强葡萄酒（fortified wine）或葡萄干酒酿制而成。一般来说，用于食醋生产的葡萄酒应具有以下特点：

（1）纯正通透，但其酸度可能高于直接食用的限度。

（2）酒精度小于 8%（体积分数）。然而，目前的技术允许使用酒精度在 10%~12%（体积分数）的葡萄酒。

（3）不含容易导致酵母污染的残糖。

（4）中等浓度的 SO_2，因为醋酸菌对高浓度的 SO_2 敏感。

（5）pH>3.5。

当温度可控时（深层发酵），醋酸发酵的温度通常保持在 30~31℃；当然也可以在 28~33℃ 的温度范围内进行，但效率较低。高温增加了乙醇和挥发性物质的损失，这对于醋酸菌是一种危险的环境。该过程的另一个关键因素是通气，因为醋酸菌的生长严格需氧。每种类型的酿醋罐都需要一个特定的通气比以正常行使功能（Llaguno 和 Polo，1991）。

《食品法典（1987）》确定了葡萄酒醋和其他原料来源的食醋之间的化学差异。葡萄酒醋必须至少含乙酸 60g/L，高于其他作物来源的食醋。此外，葡萄酒醋中的残醇可达 1%（体积分数），比其他食醋的允许量 0.5%（体积分数）略高。此外，与其他食醋（最高可达每酸度 2.0g/L）相比，葡萄酒醋的可溶性固形物（每酸度 1.3g/L）更少。

值得注意的是，葡萄酒醋中含有来自葡萄酒的未被代谢的组分。例如，在葡萄中，酒石酸和脯氨酸是含量较多的化合物，它们不会被酵母代谢，而大量存在于葡萄酒中。虽然在后面的醋酸发酵过程中醋酸菌可以代谢这两种物质，但它们仍大量存在。因此，它们的存在使人们很容易辨认出葡萄酒醋的天然起源（Llaguno 和 Polo，1991）。

11.3.1　白葡萄酒醋和红葡萄酒醋

葡萄酒醋是由葡萄的自然发酵或由接种了酿酒酵母（*Saccharomyces cerevisiae*）的葡萄醪发酵的葡萄酒生产的。在任何情况下，酒精发酵后的葡萄酒可直接用于制醋，发酵后和制醋前在木桶中陈酿会对其香气复杂性产生正面的影响。将醋酸发酵前的葡萄酒用水稀释，并加入母醋（作为发酵剂），从而形成一种含有合适数量细菌菌群和乙醇浓度的混合物，进而用于传统食醋生产（Vegas 等，2010）。

传统工艺流程可以同时进行醋酸发酵和陈酿，但需要很长时间才能达到所需的乙酸浓度（Tesfaye 等，2002b）。不过，出现了一种很新颖的方法，即通过修改桶形以增加表面积/体积比，这种方法可减少 40%～60% 的醋酸发酵时间，而食醋的质量没有任何下降（Hidalgo 等，2010b）。这也是"WINEGAR 项目（传统食醋生产中醋酸发酵时间过长的木质解决方案）"的目标之一。用于醋酸发酵的葡萄酒的质量和复杂性与生产的食醋的成分和香气有关（Raspor 和 Goranovic，2008）。应选择包含多菌种的混合物作为食醋生产的发酵剂。事实上，在"WINEGAR 项目"中，很明显，在食醋的生产过程中，醋酸菌菌种发生一系列的演变：一些适应低酸度，但能够启动醋酸发酵过程的菌种［一般是醋杆菌属（*Acetobacter* sp.），如巴氏醋杆菌（*A. pasteurianus*）］，和其他会在乙酸含量超过 40～50g/L 时占主导地位的适应高酸度的菌种，一般是驹形杆菌（*Komagataeibacter* sp.），如欧洲驹形杆菌（*K. europaeus*）（Gullo 等，2009；Torija 等，2009；Hidalgo 等，2010b；Vegas 等，2010）。

白葡萄和红葡萄通常被用来生产用于食醋生产的平静葡萄酒。同时，起泡酒也可被用作生产食醋的基质。香槟醋和卡瓦醋分别产于法国和西班牙地区。在某些情况下，食醋是在葡萄酒的第一次酒精发酵后产生的，或者是由在瓶子中进行第二次发酵后的分离产品制作的（Lefebvre，1999）。

与酒精醋生产相比，深层发酵工艺生产食醋是在 20～40m³ 的小发酵罐中进行的（Sellmer-Wilsberg，2009）。在这种情况下，以葡萄酒为原料，选用醋酸菌培养物作为接种物。由于在这些系统中使用强制通气，挥发性化合物的损失比传统方法高，但这个过程更快更有效（Tesfaye 等，2002b）。

在食醋的生产中，一种常见的做法是使用调味剂，为最终产品提供宜人的香味。根据《食品法典（1987）》，食醋可以用几种批准的物质调味，如药草、香料、乳清、糖、蜂蜜或盐。通常，在最终产品的陈酿过程中有一个浸渍步骤，这有助于食醋中香气的复杂性（Lefebvre，1999）。事实上，食醋的生产不仅与原料有关，还与参与该过程的醋酸菌的代谢、食醋与木桶的相互作用以及陈酿过程有关（Mas 等，2014）。在整个陈酿过程中，香气融合在一起。食醋与木料的相互作用及发生的化学反应（如酯的形成，并结合蒸发过程），是这一步骤的关键。在陈酿过程中，最终产品中的芳香和代谢物更好地结合使得乙酸的刺激性降低，从而产生更高质量的食醋（Mas 等，2014）。

11.3.2 甜葡萄酒醋和葡萄干醋

使用过熟或晒干的葡萄制作特殊食醋。法国苏玳葡萄酒醋，是用被灰霉病（*Botrytis*）侵染了的葡萄制成的，比用晒干的葡萄制成的食醋有更高的甜度和风味复杂度。事实上，葡萄干醋在希腊市场上已经很受欢迎（如第 6 章所述），主要是它们的刺激性低，而这一特点是被消费者所认可的（Lalou 等，2015）。葡萄醪的高初始糖浓度可能导致生产的葡萄酒有相当多的残糖。在醋酸发酵过程中，来自于原料的甜度与醋酸菌代谢产生的酸度相平衡。

另一方面，用于食醋生产的普通红葡萄酒和白葡萄酒可以补充不同糖浓度的葡萄醪（浓缩的或煮熟的葡萄醪，用葡萄干制成的焦糖或葡萄醪），以便为最终产品提供额外的甜味。这个过程不能与传统的香脂醋生产相混淆，在传统的香脂醋生产中，葡萄醪通过烹调来浓缩，以获得更高的糖含量，然后才开始酒精发酵和醋酸发酵（Giudici 等，2009）。

雪莉醋主要由两种不同的陈酿方法制成：静态法和动态法，后者也被称为索莱拉（solera）法。静态法包括在单个大酒桶中进行陈酿。相反，索莱拉法是基于将较不成熟的食醋填充到橡木桶中更为成熟的食醋中。每年要重新填充三到四次。索莱拉法是更常用的生产雪莉醋的方法，其醋酸发酵和陈酿的过程可同时发生。根据陈酿时间，这些食醋被区分为陈酿至少六个月的雪莉醋，陈酿至少两年的 *Reserva* 雪莉醋和陈酿至少十年的 *Gran Reserva* 雪莉醋。此外，根据用于生产这种特殊食醋的葡萄品种，还有两个额外的命名：

（1）*PedroXiménez* 雪莉醋 在陈酿过程中加入了一种来自 *Pedro Ximénez* 品种的葡萄所制的葡萄干酒。

（2）*Moscatel* 雪莉醋 在陈酿过程中加入一种来自莫斯卡托（*Moscatel*）葡萄品种的甜葡萄酒。

在这两种情况下，制成了可以呈现最大残留酒精度为 4%（体积分数）的半甜食醋。其余雪莉醋酒精度较低［最高可达 3%（体积分数）］，乙酸的含量更高。

11.4 葡萄酒醋的化学成分

葡萄酒醋，除了原料不同（葡萄或葡萄干），它们在化学成分和复杂性上也是有所不同的。除了原料外，所使用的发酵剂、生产方法和陈酿方法也会影响最终产品的组成（Mas 等，2014）。

11.4.1　乙酸

乙酸是食醋的主要有机物成分，其含量一般表示为酸度（每 100mL 食醋所含乙酸的克数）。乙酸对细菌有抑制作用。因此，在食醋生产过程中，醋酸菌能维持活性的最高乙酸含量为 12g/100mL（Llaguno 和 Polo，1991）。

在食醋中挥发性酸度主要是由于乙酸的存在。事实上，挥发性酸度与可溶性固形物之间的关系已被用作由葡萄酒所制食醋的标准（Llaguno，1972）。其他分析技术，如碳–14（^{14}C）测定，已被用于确定乙酸的有机来源。葡萄酒醋在葡萄生长过程中存在不稳定的 ^{14}C 同位素，可以通过液体闪烁光谱法检测到（Kaneko 等，1973）。

11.4.2　残醇

食醋生产企业的目标是乙醇的全面转化，以获得尽可能高的酸度。这一过程的控制很重要，因为在没有乙醇作为底物的情况下，醋酸菌可以降解乙酸，将其转化为二氧化碳和水。食醋的工业生产是以几乎所有的乙醇转化为乙酸为基础的；然而，传统制醋的残醇通常更高（2~3g/100mL）。事实上，少量乙醇的存在是必要的，原因有二：一方面，乙醇抑制乙酸参与的三羧酸循环；另一方面，如果产品必须经历陈酿过程，就需要乙醇的参与。在食醋的陈酿过程中，乙醇与乙酸或其他酸结合产生酯类，这为最终产品提供了丰富的香气（Llaguno 和 Polo，1991）。

在最终的葡萄酒醋中，除非有原产地名称法规的允许（如雪莉醋），否则乙醇含量都被限制在 1%（体积分数）以内。另外，乙醇的量（单位为 mL/100mL）与乙酸的量（单位为 g/100mL）相加，称为食醋的总含量。实际上，这是发酵过程完成后得到的最大乙酸含量（Gullo 等，2014）。醋酸发酵过程所产食醋的产量是醪液中食醋的含量与最终食醋含量关系的体现（Ebner 等，1996）。理论上，这个系数在整个过程中应该是恒定的，但实际上并不总是如此，因为在整个醋酸发酵过程中发生了代谢过程和蒸发。

11.4.3　乙偶姻

乙偶姻常存在于葡萄酒和食醋中，它的存在影响食醋的香气。这种物质可以被氧化成双乙酰，对食醋的香气特性有影响（详见第 7 章）。根据使用的工艺，葡萄酒醋中的乙偶姻含量在 100~400mg/L，在传统方法制作中其含量可能更高。葡萄酒醋中的乙偶姻含量是其质量和来源的重要指标（OIV，2000）。此外，乙偶姻是四甲基吡嗪（tetramethylpyrazine，TMP）的前体。四甲基吡嗪是一种在不同传统发酵食品中常见的风味物质（Zhao 和 Yun，2016）。

11.4.4　甘油

甘油通常在葡萄酒生产的酒精发酵过程中产生。甘油含量与葡萄醪中的糖浓度和发酵条件有关，如温度或亚硫酸盐浓度（Llaguno 和 Polo，1991）。通常，白葡萄酒或红葡萄酒含有 5~10g/L 甘油。然而，用被灰霉病侵染了的葡萄酿制的葡萄酒中的甘油含量可能更高，最高可达 20g/L。因此，食醋中甘油的含量与所使用的原料葡萄有关。通常，优质食醋的甘油含量为 0.6~6g/L（Suárez 等，1976）。

11.4.5　游离氨基酸和总氮含量

这个参数在不同类型的食醋中变化很大。但总氮和游离氨基酸的含量与食醋的高品质呈正相关。此外，葡萄酒醋的一个显著特征是以脯氨酸为主要氨基酸（Polo 等，1976）。

作为食醋生产原料，葡萄酒的陈酿过程会对最终产品中的氮含量产生显著影响。然而，Álvarez-Cáliz 等（2014）观察到，用生物陈酿的葡萄酒（在木桶中陈酿过程中，酵母在液体表面形成一层生物膜）制成的西班牙醋，其醋酸发酵率略低于用未陈酿的葡萄酒制成的食醋，其原因是生物陈酿的葡萄酒中有效氮的含量较低。尽管如此，两种食醋的氮组成非常相似，以脯氨酸和半胱氨酸为主要氨基酸。

11.4.6　多酚类化合物

多酚赋予食醋颜色和涩感。这些分子具有很高的抗氧化活性，普遍存在于植物产品中。在食醋中，由于醋酸菌进行有氧代谢，氧是醋酸发酵速率和效果的决定因素。醋酸发酵的速率与氧在介质中的溶解度有关，而溶解度对酚类物质的组成起着决定性的作用。深层发酵工艺使用过多的氧气来确保和加速醋酸发酵过程，而在表面工艺中，氧气的可用性一直受到限制，因为它不断被醋酸菌利用。每种多酚类化合物受氧的影响是不同的（García-Parrilla 等，1998），因此该生产工艺可以在食醋中产生不同的多酚类型物质。据报道，在红葡萄酒醋中，单个酚类化合物的含量下降了 50%，特别是单体花青素（Andlauer 等，2000；Cerezo 等，2008）。相反，在深层发酵系统中，当醋酸发酵的底物是雪莉酒时，酚类化合物在实验室或工业发酵罐中都没有显著变化（Morales 等，2001）。此外，与相同多酚含量的红葡萄酒相比，葡萄酒醋的抗氧化活性有所降低。因此，醋酸发酵过程降低了具有较高抗氧化活性的酚类化合物，并在此过程中产生了新的抗氧化活性较低的酚类化合物（Dávalos 等，2005）。此外，在以用生产葡萄干常用的土耳其品种乌鲁贝·卡拉西葡萄（*Ulugbey Karasi*）生产的食醋中，表面工艺和深层发酵工艺对葡萄酒醋的生物活性成分有影响。工业生产的食醋中儿茶素和表儿茶素的含量高于传统食醋（Budak 和 Guzel-Seydim，2010）。

在陈酿过程中，木材中化合物的聚合和释放以及蒸发损失是很正常的。影响该过程的因素有：液体体积与木材表面的接触比，木材的类型和焙烧，以及陈酿时间（Mas 等，2014）。在橡木桶陈酿 90d 的雪莉醋中，香兰素、丁香醛、针叶醛和肉桂酸的浓度存在显著差异（Tesfaye 等，2002a）。此外，在陈酿过程中，不同的木材会给食醋提供一定的类黄酮。例如通常从樱桃木中释放的（-）-黄杉素和从非烤刺槐木中释放的典型化合物（+）-二氢洋槐黄素（Cerezo 等，2009）。用于陈酿的木材类型导致了感官特性的差异，这也可以通过食醋的感官分析检测到（Cerezo 等，2008）。

11.4.7 挥发性芳香化合物

在高质量的食醋中，一个关键特征是香气组成。芳香来源于一些复杂的化学成分，包括各种不同挥发性、极性和浓度的化合物。值得注意的是，并非所有的挥发性化合物都有助于食醋的香气。例如，Charles 等（2000）利用气相色谱-嗅闻仪在工业生产的红葡萄酒醋中检测到 30 种与香气有关的挥发性化合物。这些化合物大部分是在醋酸发酵过程中产生的；然而，在红葡萄酒中也发现了一些。后来，Callejón 等（2009）报道了雪莉醋香气中存在的 100 多种化学物质，包括酸、醇、挥发性酯、醚、缩醛、内酯、酚和羰基化合物。为了研究每种挥发性化合物对最终香气的贡献，各种基于气相色谱的技术已经被开发（Callejón 等，2008）。

11.5 葡萄酒醋和葡萄干醋的品质及感官分析

食醋的质量取决于影响最终产品化学成分和理化参数的不同因素（Morales 等，2001）。通过研究这些因素与一些参数值的相关性，从而评估食醋的质量。获得一种有效的食醋鉴别方法的主要障碍之一，是主要的物理化学和感官参数的取值范围很广（Carnacini 和 Gerbi，1992）。

多元醇含量是食醋的一个表征参数，它被认为是一种来源鉴别指征。Antonelli 等（1997）使用毛细管气相色谱-质谱法测定多元醇（木糖醇、赤糖醇、阿糖醇、甘露醇、山梨糖醇、s-肌醇、m-肌醇）。结果表明，这种方法至少可以对白醋的原料进行鉴别，这可使白葡萄酒醋与酒精醋和苹果醋区分开来。此外，利用酚类物质的多元分析等统计方法对不同的葡萄酒醋进行了分类。这些方法可以区分葡萄酒醋的类型、陈酿时间、原料葡萄酒的产地，以及使用的生产方式（Guerrero 等，1994；García-Parrilla 等，1997；Tesfaye 等，2002b）。Morales 等（2001）建立了一种方法，根据香气特征和有机酸含量可将实验室规模发酵罐生产的雪莉醋与传统工艺生产的雪莉醋区分开来。

挥发性化合物组成已被用于区分高质量的和有缺陷或掺假的葡萄酒醋样品（Nieto 等，1993）。的确，食醋的挥发性成分的产生与所用细菌菌株和醋酸发酵过程高度相关（Gerbi 等，1995）。此外，Sáiz-Abajo 等（2006）通过近红外光谱分析对葡萄酒醋进行光谱测量，确定了 14 个参数，包括总酸、非挥发性和挥发性酸、有机酸、L-脯氨酸、固体物质、灰分和氯化物。这种方法被建议用于工业生产食醋的质量控制。

在任何情况下，与食醋质量有关的一个主要方面是感官特性。为了提供可靠的食醋评价和鉴别结果，有必要对该产品进行感官分析的标准化。因此，规范参数和命名法，培训品评食醋的专家小组等工作已经接连开展（Tesfaye 等，2010）。

另一方面，安全性也是评价食醋质量时必须考虑的一个参数。通常，食醋的组成为除醋酸菌之外的其他微生物的生长创造了一个恶劣的环境。然而，据报道，在来自地中海国家的商品化的红葡萄酒和食醋中，检测到了赭曲霉毒素 A（ochratoxin A，OTA）的存在。以前曾在希腊和土耳其的葡萄干和小葡萄干中检测到霉菌毒素

（MacDonald 等，1999；Akdeniz 等，2013）。赭曲霉毒素 A 很可能存在于原料中，其在食醋中的检出量根据环境条件每年有所不同（Markaki 等，2001）。

11.6 葡萄醋微生物学

传统上，食醋的生产是使用回流技术进行的，其中起始发酵剂是一种未定义和不受控制的菌株混合物。即使在工业醋酸发酵过程中，目前也使用尚未明确组分的醋酸菌培养物。尽管不同醋酸菌菌株存在差异（即使是属于同一物种）（Wu 等，2012），但在食醋生产中一般不选择纯种培养物。

为了选择用于生产的菌株，第一步是在固体培养基上分离菌株，并对其进行生态学研究及进一步鉴定和表征。因此，为了达到这个目的，基因型分析技术是必要的。此外，经过菌株筛选的过程，必须获得并保持所选菌株的纯培养物作为起始发酵剂。然而，醋酸菌的纯培养和维持也存在障碍。

如上所述，食醋代表了一种对于微生物生长而言复杂又恶劣的环境。醋酸菌可以在这些条件下存活；然而，它们在普通实验室培养基上的复壮并不总是成功的，因为这些培养基所代表的条件各不相同。来自高乙醇或乙酸浓度的极端环境的物种很难在常规固体培养基上生长（Sievers 等，1998；Sokollek 等，1998a；Millet 和 Lonvaud-Funel，2000）。因此，有几种实验室培养基专门用于醋酸菌的特殊平板生长，它们使用不同的碳源，如乙醇、葡萄糖或甘露醇（Entani 等，1985；Gullo 等，2006；Vegas 等，2013）。此外，为了从食醋样品中得到醋酸菌，一些含有乙酸的特殊固体培养基已经被开发出来（Entani 等，1985；Sokollek 和 Hammes，1997；Sokollek 等，1998a）。不过，基于葡萄糖和酵母提取物的培养基是最常用的，因为与特定的食醋培养基相比，使用这种培养基从葡萄酒或食醋中得到醋酸菌的概率更高（Du Toit 和 Lambrechts，2002；Vegas 等，2010；Barata 等，2012）。

非培养技术也可用于检测和识别食醋中的醋酸菌（Gullo 等，2009；Valera 等，2015）。这些技术是基于样品中能代表所有微生物多样性的高质量的 DNA。在食醋样本中，这也是非培养方法的主要困难之一（Streit 和 Schmitz，2004；Jara 等，2008）。葡萄酒或葡萄酒醋中常见的多酚、单宁和多糖等 PCR 抑制剂的存在，会对分离得到的 DNA 的数量和质量有影响，从而干扰分子生物学技术的效率（de Vero 等，2006；Ilabaca 等，2008；Jara 等，2008；Mamlouk 等，2011）。联合使用培养和非培养的方法，可以更好地了解具体生态位中存在的整个微生物群（Vegas 等，2013；Valera 等，2015）。

对葡萄干醋或葡萄酒醋进行的生态学研究很少。尽管如此，从葡萄或葡萄醪中分离出了不同种类的醋酸菌，主要属于葡糖杆菌属（*Gluconobacter*）和醋杆菌属（*Acetobacter*）（表 11.1）。葡萄的健康程度是影响样品中可被检测到的细菌数量的一个重要因素（Barbe 等，2001）。从健康的葡萄上通常不容易得到细菌，并且通常需要在培养基平板分离之前进行富集（Prieto 等，2007）。对来自法国的健康葡萄和被灰霉病（*Botrytis*）侵染了的葡萄中提取的醋酸菌进行比较，结果被侵染的葡萄中细菌菌群高出一个数量级（Barbe 等，2001）。这些结果与 Joyeux 等（1984）从来自法国的被灰霉病侵染的葡萄中获得的结果一致。

表 11.1　　　　　　　从葡萄、葡萄醪、葡萄酒和食醋中鉴定出的醋酸菌

阶段	样品	样品来源	检测到的醋酸菌	参考文献
葡萄和葡萄醪	新鲜葡萄	西班牙（加那利群岛）	醋杆菌属，葡糖杆菌属	Valera 等（2011）
		西班牙	醋杆菌属，葡糖杆菌属，柯扎克氏菌属	Navarro 等（2013）
		智利	醋杆菌属，葡糖杆菌属	Prieto 等（2007）
		澳大利亚	醋杆菌属，葡糖杆菌属，亚细亚菌属，雨山杆菌属	Mateo 等（2014）
	烂葡萄	澳大利亚	醋杆菌属，葡糖杆菌属，亚细亚菌属，雨山杆菌属	Mateo 等（2014）
	贵腐葡萄	法国	醋杆菌属，葡糖杆菌属	Joyeux 等（1984）
		法国	醋杆菌属，葡糖杆菌属	Barbe 等（1984）
葡萄酒发酵	红葡萄酒发酵	西班牙	醋杆菌属，葡糖杆菌属，葡糖酸醋杆菌属，驹形杆菌属	González 等（1984）
		南非	醋杆菌属，葡糖杆菌属，葡糖酸醋杆菌属，驹形杆菌属	Du Toit 和 Lambrechts（2002）
葡萄酒醋	传统葡萄醋	西班牙	醋杆菌属，葡糖杆菌属，驹形杆菌属	Vegas 等（2010）
		土耳其	醋杆菌属，葡糖杆菌属，葡糖酸醋杆菌属，驹形杆菌属	Yetiman 和 Kesmen（2015）
	深层发酵葡萄酒醋酿醋罐	德国	驹形杆菌属	Sokollek 和 Hummes（1997）
		西班牙	驹形杆菌属	Feruández-Pérez 等（2010）

从加那利群岛的健康葡萄中也分离和鉴定出醋杆菌属（*Acetobacter*）和葡糖杆菌属（*Gluconobacter*）（Valera 等，2011）。Prieto 等（2007）从智利的健康葡萄中主要获得了氧化葡糖杆菌（*Gluconobacter oxydans*）和啤酒醋杆菌（*Acetobacter cerevisiae*）。Navarro 等（2013）从西班牙葡萄醪中鉴定出 5 种不同的葡糖杆菌属和 3 种醋杆菌属，在此项研究中，作者还报导了巴里木崎氏菌（*Kozakia baliensis*）的存在。值得注意的是，Mateo 等（2014）在澳大利亚葡萄园的健康和变质葡萄上，除了检测到在这些环境中常见的亚细亚菌属（*Asaia*）和雨山杆菌属（*Ameyamaea*），还检测到葡糖杆菌属和醋杆菌属的菌种。

据 González 等（2004）报道，在从葡萄醪到葡萄酒的发酵过程中，氧化葡糖杆菌

（*G. oxydans*）主要存在于葡萄醪中，在发酵的第一天显著减少，随后消失。此外，醋杆菌数量在整个发酵过程中逐渐增加。Du Toit 和 Lambrechts（2002）在白葡萄酒和红葡萄酒发酵过程中，使用生化和生理检测进行鉴定后，报告了类似的结果。

在食醋深层发酵中，从工业酿醋罐中的白葡萄酒醋和红葡萄酒醋中获得的主要菌种是欧洲驹形杆菌（*Komagataeibacter europaeus*）（Fernández-Pérez 等，2010）。此外，在德国酿醋罐中首次发现并鉴定出温驯驹形杆菌（*Komagataeibacter oboediens*）（Sokollek 和 Hammes，1997）。另一方面，在传统的葡萄酒醋中，Vegas 等（2010）检测到巴氏醋杆菌（*Acetobacter pacteurianus*）作为主要的醋酸菌属，存在于作为底物的葡萄酒中以及食醋的整个醋酸发酵过程中，同时也在某些情况下获得了比例较小的欧洲驹形杆菌。在曲传统工艺生产的土耳其葡萄醋中也得到了类似的结果（Yetiman 和 Kesmen，2015）。这些作者发现在母醋中存在印度尼西亚醋杆菌（*Acetobacter indoensiensis*）、汉森驹形杆菌（*Komagataeibacter hansenii*）、欧洲驹形杆菌（*K. europaeus*）和食糖驹形杆菌（*Komagataeibacter saccharivorans*），以及在最后的成品食醋中除了这些菌种，还存在椰冻驹形杆菌（*Komagataeibacter nataicola*）等。

在有关食醋生产的醋酸菌生态学的有限信息中，一些研究利用选定的醋酸菌菌株对传统食醋的生产过程进行了高度控制（Gullo 等，2009；Hidalgo 等，2010a，2013a，2013b）。接种研究是利用先前生态学研究中选定的菌株进行的（Prieto 等，2007；Vegas 等，2010；Hidalgo 等，2013b），这一实践性研究增加对过程的控制，确保其正确的发展和终止（Kersters 等，2006；Hidalgo 等，2013b）。

基于这些研究获得的结果，他们提出在接种过程中使用多个醋酸菌菌株：一株属于醋杆菌属，确保醋酸发酵过程的快速开始；一个驹形杆菌菌种，来完成这一过程。因为一般来说，驹形杆菌能够在更高的乙酸浓度条件下生长，防止可能的醋酸发酵停滞（Gullo 等，2009；Hidalgo 等，2013b）。在高乙酸浓度的食醋中发现了诸如液化葡糖酸醋杆菌（*Gluconacetobacter liquefaciens*）、木糖驹形杆菌（*Komagataeibacter xylinus*）、中间驹形杆菌（*Komagataeibacter intermedius*）、欧洲驹形杆菌（*K. europaeus*）和温驯驹形杆菌（*K. oboediens*）等（*Joyeux* 等，1984；Sokollek 等，1998b；Schüller 等，2000；Du Toit 和 Lambrechts，2002）。另一方面，醋杆菌的数量通常在低酸度食醋生产过程中得到维持（Nanda 等，2001）。综上所述，食醋生产的优良发酵剂（特别是应用于工业生产），应该是一种高产、耐酸和低营养需求的菌株（Gullo 和 Giudici，2008；Gullo 等，2014）。

对一些与食醋生产中的氧化过程相关的酶的活性进行了研究，如泛素氧化酶（Yakushi 和 Matsushita，2010）及酶复合物：乙醇脱氢酶和乙醛脱氢酶。据报道，乙醇脱氢酶的改变会使醋酸菌失去对乙酸的抗性（Takemura 等，1991；Chinnawirotpisan 等，2003；Trcek 等，2006）。其他基因和蛋白质也可能在醋酸菌的乙酸抗性中发挥作用（Fukaya 等，1993；Matsushita 等，2005；Nakano 和 Fukaya，2008），但整个机制仍然未知。

11.7　发展趋势

食醋工业的一个主要问题是利用选定的醋酸菌菌种开发明确的发酵剂。食醋的生产不是固定不变的，它会受到全年醋酸发酵条件的变化的影响。在一年中所使用的葡萄酒成分的差异，由于技术失败而导致的不受控制的醋酸发酵参数，以及一些醋酸发酵循环后细菌培养中致命突变的积累，都可能导致存活率丧失，醋酸发酵过程停滞，以及其他意想不到的后果（Holzapfel，2002）。

此外，还应改进鉴定和基因型分析技术，特别是适合于醋酸菌的分离。如前所述，生态学研究的主要障碍之一是如何将醋酸菌通过固体培养基进行完全的恢复，这是对所有菌株进行分离和基因型分析的关键步骤。因此，努力的重点应该是改进这一步，因为目前涉及醋酸发酵过程的主要菌种的鉴定已做得非常充分。

对食醋样品中用于醋酸菌的特异性检测和鉴定的不同方法进行了比较。Vegas 等（2013）在传统的葡萄酒醋样品中，在不同的培养基和使用培养和非培养的技术条件下，获得了类似的结果，这可能是由于过去几年分子生物学技术的进步。这两种方法学在食醋生产的生态学研究中是互补的（Valera，2015）。

如上所述，醋酸菌被选为醋酸发酵的发酵剂，其主要特点是高产和耐高酸（Gullo等，2014）。如今，食醋的工业化生产主要是获得高酸度的食醋，然后将其稀释到人们食用所需的酸度。因此，从工业角度来看，在生产过程中获得更高的乙酸含量是很重要的，因为它代表了经济效益和产品的更高附加值。

在过去的几年中，不同的研究尝试去了解乙酸抗性机制和高酸度食醋的生产（Nakano 和 Fukaya，2008；Mullins 和 Kappock，2013）。一些驹形杆菌（*Komagataeibacter*）已被描述为对乙酸具有高度抗性（Gullo 等，2014）。此外，耐热性是醋酸菌菌株可以作为发酵剂的另一个值得关注的特性（Gullo 和 Guidici，2008；Gullo 等，2014）。对于工业生产条件，最佳温度约为30℃，但在此过程中温度会升高，因为醋酸发酵是一个热力学有利的好氧过程（Gullo 等，2014）。因此，不同的研究分离出能在高于最优温度下产生乙酸的醋酸菌菌株。具体来说，热带醋杆菌（*Acetobacter tropicalis*）和巴氏醋杆菌（*A. pasteurianus*）的一些菌株，分别在35℃和38℃下，对乙酸具有高度抗性（Ndoye 等，2006）。最近，通过循环递归培养获得了适热的巴氏醋杆菌菌株。这些菌株在40℃的乙酸生产过程中是稳定的（Matsutani 等，2013）。

选择发酵剂要考虑的另一个特征是菌株的有效储存和复壮。Sokollek 等 （1998a）的研究发现，在液氮中冷冻可获得100%的存活率。另一方面，冷冻干燥后的复苏率降低到90%。这项研究指出，必须在细菌处于指数生长阶段和样品中没有高乙酸含量时进行储存。然而，冷冻后表型性状会有所损失，一个明显的例子是乙酸抗性和产乙酸能力的丢失，而这是食醋工业中必须避免的（Ohmori 等，1982）。这种损失可能与自发突变有关（Okumura 等，1985），也可能与基因组中大量转座子的存在有关。最近，据Azuma 等（2009）报道，巴氏醋杆菌基因组中9%的基因是转座子，它们可能影响代谢和对环境刺激的反应。据报道，使用冷冻保护剂（如甘露醇），有助于保持冻干后菌种的表型稳定性（Ndoye 等，2007）。

醋酸菌产生的代谢物除了有助于最终食醋的感官特性外，还能够抑制不良微生物的生长，并具有潜在的营养特性（Gullo 等，2014）。因此，研究和选择具有最佳特性的特定菌种是食醋工业的一个很有前景的主题。

最后，质量控制和认证对于食醋行业来说同样非常重要，因为需要对食醋这一具有附加值的产品进行定价。因此，开发新技术来改善最终产品的特性势在必行。此外，必须改进检测掺假或欺诈的技术，以保护生产者和消费者的权益。

本章作者

玛丽亚·何塞·瓦莱拉（María José Valera），阿尔伯特·马斯（Albert Mas），玛丽亚·赫苏斯·托里亚（María Jesús Torija）

参考文献

Adams，M. R. 1998. Vinegar. In Wood，B. J. B. （Ed.），*Microbiology of Fermented Foods*，*Second edition*，*vol.* 1. London，UK：Blackie Academic and Professional，pp. 1-44.

Akdeniz，A. S.，Ozden，S.，and Alpertunga，B. 2013. Ochratoxin A in dried grapes and grape-derived products in Turkey. *Food Additives & Contaminants*：*Part B* 6（4）：265-269.

Álvarez-Cáliz，C.，Santos-Dueñas，I. M.，García-Martínez，T.，Cañete-Rodríguez，A. M.，Millán-Pérez，M. C.，Mauricio，J. C.，and García-García，I. 2014. Effect of biological ageing of wine on its nitrogen composition for producing high quality vinegar. *Food and Bioproducts Processing* 92：291-297.

Andlauer，W.，Stumpf，C.，and Fürst，P. 2000. Influence of the acetification process on phenolic compounds. *Journal of Agricultural and Food Chemistry* 48：3533-3536.

Antonelli，A.，Zeppa，G.，Gerbi，V.，and Carnacini，A. 1997. Polyalcohols in vinegar as an origin discriminator. *Food Chemistry* 60：403-407.

Azuma，Y.，Hosoyama，A.，Matsutani，M.，Furuya，N.，Horikawa，H.，Harada，T.，Hirakawa，H.，Kuhara，S.，Matsushita，K.，Fujita，N.，and Shirai，M. 2009. Whole-genome analyses reveal genetic instability of *Acetobacter pasteurianus*. *Nucleic Acids Research* 37：5768-5783.

Bamforth，W. C. 2005. *Food，Fermentation and Micro-Organisms*. Kundli：Blackwell Science.

Barata，A.，Malfeito-Ferreira，M.，and Loureiro，V. 2012. Changes in sour rotten grape berry microbiota during ripening and wine fermentation. *International Journal of Food Microbiology* 154：152-161.

Barbe，J. C.，De Revel，G.，Joyeux，A.，Bertrand，A.，and Lonvaud-Funel，A. 2001. Role of botrytized grape micro-organisms in SO_2 binding phenomena. *Journal of Applied Microbiology* 90：34-42.

Budak，H. N.，and Guzel-Seydim，Z. B. 2010. Antioxidant activity and phenolic content of wine vinegars produced by two different techniques. *Journal of the Science of Food and Agriculture* 90：2021-2026.

Callejón，R. M.，Morales，M. L.，Ferreira，A. C. S.，and Troncoso，A. M. 2008. Defining the typical aroma of Sherry vinegar：sensory and chemical approach. *Journal of Agricultural and Food Chemistry* 56：8086-8095.

Callejón，R. M.，Tesfaye，W.，Torija，M. J.，Mas，A.，Troncoso，A. M.，and Morales，M. L. 2009. Volatile compounds in red wine vinegars obtained by submerged and surface acetification in different woods. *Food Chemistry* 113：1252-1259.

Carnacini，A.，and Gerbi，V. 1992. Wine vinegar，a product to protect and exploit. *Industria delle Bevande* 21：465-478.

Cerezo，A. B.，Espartero，J. L.，Winterhalter，P.，Garcia-Parrilla，M. C.，and Troncoso，A. M. 2009.（+）-Dihydrorobinetin：a marker of vinegar aging in acacia（*Robinia pseudoaca cia*）wood. *Journal of Agricultural and Food Chemistry* 57：9551-9554.

Cerezo, A. B. , Tesfaye, W. , Torija, M. J. , Mateo, E. , García-Parrilla, M. C. , and Troncoso, A. M. 2008. The phenolic composition of red wine vinegar produced in barrels made from different woods. *Food Chemistry* 109: 606-615.

Charles, M. , Martin, B. , Ginies, C. , Etievant, P. , Coste, G. , and Guichard, E. 2000. Potent aroma compounds of two red wine vinegars. *Journal of Agricultural and Food Chemistry* 48: 70-77.

Chinnawirotpisan, P. , Matsushita, K. , Toyama, H. , Adachi, O. , Limtong, S. , and Theragool, G. 2003. Purification and characterization of two NAD-dependent alcohol dehydroge nases (ADHs) induced in the quinoprotein ADH-deficient mutant of *Acetobacter pas teurianus* SKU1108. *Bioscience, Biotechnology, and Biochemistry* 67: 958-965.

Codex Alimentarius Commission. 1987. *Draft European Regional Standard for Vinegar.* Geneva, Switzerland: World Health Organization.

Dávalos, A. , Bartolomé, B. , and Gómez-Cordovés, C. 2005. Antioxidant properties of commercial grape juices and vinegars. *Food Chemistry* 93: 325-330.

De Vero, L. , Gala, E. , Gullo, M. , Solieri, L. , Landi, S. , and Giudici, P. 2006. Application of denaturing gradient gel electrophoresis (DGGE) analysis to evaluate acetic acid bacteria in traditional balsamic vinegar. *Food Microbiology* 23: 809-813.

Du Toit, W. J. , and Lambrecs, M. G. 2002. The enumeration and identification of acetic acid bacteria from South African red wine fermentations. *International Journal of Food Microbiology* 74: 57-64.

Ebner, H. , Sellmer, S. , and Follmann, H. 1996. Acetic Acid. In Rehm, H. J. , and Reed, G. (Eds.), *Biotechnology, second edition, vol.* 6. Weinheim, Germany: Verlag Chemie, pp. 381-401.

Entani, E. , Ohmori, S. , Masai, H. , and Suzuki, K. I. 1985. *Acetobacter polyoxogenes* sp. nov. , a new species of an acetic acid bacterium useful for producing vinegar with high acidity. *The Journal of General and Applied Microbiology* 31: 475-490.

Fernández-Pérez, R. , Torres, C. , Sanz, S. , and Ruiz-Larrea, F. 2010. Strain typing of acetic acid bacteria responsible for vinegar production by the submerged elaboration method. *Food Microbiology* 27: 973-978.

Food Standards Australia New Zealand Act 1991. Australia New Zealand Food Standards Code-Standard 2. 10. 1-Vinegar and related products. Canberra, Australia: Food Standards Australia New Zealand.

Fukaya, M. , Takemura, H. , Tayama, K. , Okumura, H. , Kawamura, Y. , Horinouchi, S. , and Beppu, T. 1993. The aarC gene responsible for acetic acid assimilation confers acetic acid resistance on *Acetobacter aceti. Journal of Fermentation and Bioengineering* 76: 270-275.

Garcia-Parrilla, C. , Hereidia, F. J. , and Troncoso, A. M. 1998. The influence of the acetification process on the phenolic composition of wine vinegars. *Sciences des Aliments* 18: 211-221.

García - Parrilla, M. C. , González, G. A. , Heredia, F. J. , and Troncoso, A. M. 1997. Differentiation of wine vinegars based on phenolic composition. *Journal of Agricultural and Food Chemistry* 45: 3487-3492.

Gerbi, V. , Zeppa, G. , Antonelli, A. , and Natali, N. 1995. Vinegar: evolution of main components of wine and cider during acetification. *Industrie delle bevande* 24: 241-241.

Giudici, P. , Gullo, M. , Solieri, L. , and Falcone, P. M. 2009. Technological and microbiological aspects of traditional balsamic vinegar and their influence on quality and sensorial properties. *Advances in Food and Nutrition Research* 58: 137-182.

González, A. , Hierro, N. , Poblet, M. , Rozes, N. , Mas, A. , and Guillamón, J. M. 2004. Application of molecular methods for the differentiation of acetic acid bacteria in a red wine fermentation. *Journal of Applied Microbiology* 96: 853-860.

Guerrero, M. I. , Heredia, F. J. , and Troncoso, A. M. 1994. Characterisation and differentiation of wine vinegars by multivariate analysis. *Journal of the Science of Food and Agriculture* 66: 209-212.

Gullo, M. , Caggia, C. , De Vero, L. , and Giudici, P. 2006. Characterization of acetic acid bacteria in "Traditional Balsamic Vinegar" . *International Journal of Food Microbiology* 106: 209-212.

Gullo, M. , De Vero, L. , and Guidici, P. 2009. Succession of selected strains of *Acetobacter pasteurianus* and other acetic acid bacteria in traditional balsamic vinegar. *Applied and Environmental Microbiology* 75: 2585-2589.

Gullo M., and Giudici, P. 2008. Acetic acid bacteria in traditional balsamic vinegar: phenotypic traits relevant for starter cultures selection. *International Journal of Food Microbiology* 125: 46-53.

Gullo, M., Verzelloni, E., and Canonico, M. 2014. Aerobic submerged fermentation by acetic acid bacteria for vinegar production: process and biotechnological aspects. *Process Biochemistry* 49: 1571-1579.

Hidalgo, C., García, D., Romero, J., Mas, A., Torija, M. J., and Mateo, E. 2013a. *Acetobacter* strains isolated during the acetification of blueberry (*Vaccinium corymbosum* L.) wine. *Letters in Applied Microbiology* 57: 227-232.

Hidalgo, C., Mateo, E., and Cerezo, A. B. 2010a. Technological process for production of persimmon and strawberry vinegars. *International Journal of Wine Research* 2010: 55-61.

Hidalgo, C., Torija, M. J., Mas, A., and Mateo, E. 2013b. Effect of inoculation on strawberry fermentation and acetification processes using native strains of yeast and acetic acid bacteria. *Food Microbiology* 34: 88-94.

Hidalgo, C., Vegas, C., Mateo, Tesfaye, W., Cerezo, A. B., Callejón, R. M., Poblet, M., Guillamón, J. M., Mas, A., and Torija, M. J. 2010b. Effect of barrel design and the inoculation of *Acetobacter pasteurianus* in wine vinegar production. *International Journal of Food Microbiology* 141: 56-62.

Holzapfel, W. H. 2002. Appropriate starter culture technologies for small - scale fermentation in developing countries. *International Journal of Food Microbiology* 75: 197-212.

Ilabaca, C., Navarrete, P., Mardones, P., Romero, J., and Mas, A. 2008. Application of culture- independent molecular biology based methods to evaluate acetic acid bacteria diversity during vinegar processing. *International Journal of Food Microbiology* 126: 245-249.

Jara, C., Mateo, E., Guillamón, J. M., Torija, M. J., and Mas A. 2008. Analysis of several methods for the extraction of high quality DNA from acetic acid bacteria in wine and vinegar for characterization by PCR-based methods. *International Journal of Food Microbiology* 128: 336-341.

Joyeux, A., Lafon-Lafourcade, S., and Ribéreau-Gayon, P. 1984. Evolution of acetic acid bacteria during fermentation and storage of wine. *Applied and Environmental Microbiology* 48: 153-156.

Kaneko, T., Ohmori, S., and Masai, H. 1973. An improved method for the discrimination between biogenic and synthetic acetic acid with a liquid scintillation counter. *Journal of Food Science* 38: 350-353.

Kersters, K., Lisdiyanti, P., Komagata, K., and Swings, J. 2006. The Family *Acetobacteraceae*: The Genera *Acetobacter*, *Acidomonas*, *Asaia*, *Gluconacetobacter*, *Gluconobacter*, and *Kozakia*. In Dowrkin, M., Falkow, S., Rosenberg, E., Schleifer, K. - H., Stackebrandt, E. (Eds.), The Prokaryotes, third edition, vol. 5. New York: Springer, pp. 163-200.

Lalou, S., Hatzidimitriou, E., Papadopoulou, M., Kontogianni, V. G., Tsiafoulis, C. G., Gerothanassis, I. P., and Tsimidou, M. Z. 2015. Beyond traditional balsamic vinegar: compositional and sensorial characteristics of industrial balsamic vinegars and regulatory requirements. *Journal of Food Composition and Analysis* 43: 175-184.

Lefebvre, C. 1999. *Vinagre. Le Guide*. Paris, France: Éditions Hermé .

Llaguno, C. 1972. Aportación al estudio de los vinagres espaioles. *Revista de Agroquímicay Tecnolología de Alimentos* 12: 356-359.

Llaguno, C., and Polo, M. C. 1991. *El Vinagre de Vino*. Madrid, Spain: CSIC.

MacDonald, S., Wilson, P., Barnes, K., Damant, A., Massey, R., Mortby, E., and Shepaard, M. J. 1999. Ochratoxin A in dried vine fruit: method development and survey. *Food Additives and Contaminants* 16: 253-260.

Mamlouk, D., Hidalgo, C., Torija, M. J., and Gullo, M. 2011. Evaluation and optimisation of bacterial genomic DNA extraction for no-culture techniques applied to vinegars. *Food Microbiology* 28: 1374-1379.

Markaki, P., Delpont-Binet, C., Grosso, F., and Dragacci, S. 2001. Determination of ochratoxin A in red wine and vinegar by immunoaffinity high-pressure liquid chromatography. *Journal of Food Protection*

64: 533-537.

Mas, A., Torija, M. J., García-Parrilla, M. D. C., and Troncoso A. M. 2014. Acetic acid bacteria and the production and quality of wine vinegar. *The Scientific World Journal*: 1-6.

Mateo, E., Torija, M. J., Mas, A., and Bartowsky, E. J. 2014. Acetic acid bacteria isolated from grapes of South Australian vineyards. *International Journal of Food Microbiology* 178: 98-106.

Matsushita, K., Inoue, T., Adachi, O., and Toyama, H. 2005. *Acetobacter aceti* possesses a proton motive force-dependent efflux system for acetic acid. *Journal of Bacteriology* 187: 4346-4352.

Matsutani, M., Nishikura, M., Saichana, N., Hatano, T., Masud-Tippayasak, U., Theergool, G., Yakushi, T., and Matsushita, K. 2013. Adaptive mutation of *Acetobacter pasteurianus* SKU1108 enhances acetic acid fermentation ability at high temperature. *Journal of Biotechnology* 165: 109-119.

Mecca, F., Andreotti, R., Veronelli, L., and Marcora, G. 1979. *Laceto: tecnologia industriale e tradizionale, impiego nell' industria conserviera, utilizzazione in cucina.* Brescia, Italy: Edizioni AEB.

Millet, V., and Lonvaud-Funel, A. 2000. The viable but non-culturable state of wine micro-organisms during storage. *Letters in Applied Microbiology* 30: 136-141.

Morales, M. L., Tesfaye, W., García-Parrilla, M. C., Casas, J. A., and Troncoso, A. M. 2001. Sherry wine vinegar: physicochemical changes during the acetification process. *Journal of the Science of Food and Agriculture* 81: 611-619.

Mullins, E., and Kappock, T. J. 2013. Functional analysis of the acetic acid resistance (aar) gene cluster in *Acetobacter aceti* strain 1023. *Acetic Acid Bacteria* 2 (s1): e3.

Nakano, S., and Fukaya, M. 2008. Analysis of proteins responsive to acetic acid in *Acetobacter*: molecular mechanisms conferring acetic acid resistance in acetic acid bacteria. *International Journal of Food Microbiology* 125: 54-59.

Nanda, K., Taniguchi, M., Ujike, S., Ishihara, N., Mori, H., Ono, H., and Murooka, Y. 2001. Characterization of acetic acid bacteria in traditional acetic acid fermentation of rice vinegar (komesu) and unpolished rice vinegar (kurosu) produced in Japan. *Applied and Environmental Microbiology* 67: 986-990.

Navarro, D., Mateo, E., Torija, M., and Mas, A. 2013. Acetic acid bacteria in grape must. *Acetic Acid Bacteria* 2 (1s): 4.

Ndoye, B., Lebecque, S., Dubois-Dauphin, R., Tounkara, L., Guiro, A.-T., Kere, C., Diawara, B., and Thonart, P. 2006. Thermoresistant properties of acetic acids bacteria isolated from tropical products of Sub-Saharan Africa and destined to industrial vinegar. *Enzyme and Microbial Technology* 39: 916-923.

Ndoye, B., Weekers, F., Diawara, B., Guiro, A. T., and Thonart, P. 2007. Survival and preservation after freeze-drying process of thermoresistant acetic acid bacteria isolated from tropical products of Subsaharan Africa. *Journal of Food Engineering* 79: 1374-1382.

Nieto, J., Gonzalez-Viñas, M. A., Barba, P., Martín-Álvarez, P. J., Aldalve, L., García-Romero, E., and Cabezudo, M. D. 1993. Recent progress in wine vinegar R & D and some indicators for the future. *Developments in Food Science* 32: 469-500.

Ohmori, S., Uozumi, T., and Beppu, T. 1982. Loss of acetic acid resistance and ethanol oxidizing ability in an Acetobacter strain. *Agricultural and Biological Chemistry* 46: 381-389.

OIV. 2000. Wine vinegar. Measurement of the acetoin content. Compendium of methods of analysis of wine vinegars. Oeno 69/2000.

Okumura, H., Uozumi, T., and Beppu T. 1985. Biochemical characteristics of spontaneous mutants ofAcetobacter aceti deficient in ethanol oxidation. *Agricultural and Biological Chemistry* 49: 2485-2487.

Pasteur, L. 1864. Mémoire sur la fermentation acétique. *Annales Scientifiques de lEcole Normale Supérieure* 1: 113-158.

Polo, M. C., Suárez, M. A., and Llaguno C. 1976. Aportación al estudio de los vinagres españoles. I. Contenido en aminoácidos libres y nitrógeno total. *Revista de Agroquímicay Tecnolología de Alimentos* 16: 257-263.

Prieto, C., Jara, C., Mas, A., and Romero, J. 2007. Application of molecular methods for analysing the distribution and diversity of acetic acid bacteria in Chilean vineyards. *International Journal of Food Microbiology* 115: 348-355.

Raspor, P., and Goranovič, D. 2008. Biotechnological applications of acetic acid bacteria. *Critical Reviews in Biotechnology* 28: 101-124.

Sáiz-Abajo, M. J., González-Sáiz, J. M., and Pizarro, C. 2006. Prediction of organic acids and other quality parameters of wine vinegar by near-infrared spectroscopy. A feasibility study. *Food Chemistry* 99: 615-621.

Schüller, G., Hertel, C., and Hammes, W. P. 2000. *Gluconacetobacter entanii* sp. nov., isolated from submerged high - acid industrial vinegar fermentations. *International Journal of Systematic and Evolutionary Microbiology* 50: 2013-2020.

Sellmer-Wilsberg, S. 2009. Wine and Grape Vinegars. In L. Soliery and P. Giudici (Eds.) *Vinegars of the World*. Milan, Italy: Springer-Verlag Italia, pp. 145-156.

Sievers, M., Sellmer, S., and Teuber, M. 1992. *Acetobacter europaeus* sp. nov., a main component of industrial vinegar fermenters in central Europe. *Systematic and Applied Microbiology* 15: 386-392.

Sokollek, S. J., and Hammes, W. P. 1997. Description of a starter culture preparation for vinegar fermentation. *Systematic and Applied Microbiology* 20: 481-491.

Sokollek, S. J., Hertel, C., and Hammes, W. P. 1998a. Cultivation and preservation of vinegar bacteria. *Journal of Biotechnology* 60: 195-206.

Sokollek, S. J., Hertel, C., and Hammes, W. P. 1998b. Description of*Acetobacter oboediens* sp. nov. and *Acetobacter pomorum* sp. nov., two new species isolated from industrial vinegar fermentations. *International Journal of Systematic and Evolutionary Microbiology* 48: 935-940.

Solieri, L., and Giudici, P. 2009. *Vinegars of the World*. Milan, Italy: Springer-Verlag Italia.

Streit, W. R., and Schmitz R. A. 2004. Metagenomics - The key to the uncultured microbes. *Current Opinion in Microbiology* 7: 492-498.

Suárez, M. A., Polo, M. C., Llaguno, C., et al. 1976. Aportación al estudio de los vinagres españoles. III. Contenido en glicerol y ácido láctico. *Revista de Agroquimímicay Tecnolología de Alimentos* 16: 531-538.

Takemura, H., Horinouchi, S., and Beppu, T. 1991. Novel insertion sequence IS1380 from *Acetobacter pasteurianus* is involved in loss of ethanol - oxidizing ability. *Journal of Bacteriology* 173: 7070-7076.

Tesfaye, W., García-Parrilla, M. C., and Troncoso, A. M. 2002a. Sensory evaluation of Sherry wine vinegar. *Journal of Sensory Studies* 17: 133-144.

Tesfaye, W., Morales, M. L., Callejon, R. M., Cerezo, A. B., Gonzalez, A. G., Garcia - Parrilla, M. C., and Troncoso, A. M. 2010. Descriptive sensory analysis of wine vinegar: tasting procedure and reliability of new attributes. *Journal of Sensory Studies* 25: 216-230.

Tesfaye, W., Morales, M. L., García-Parrilla, M. C., and Troncoso, A. M. 2002b. Wine vinegar: technology, authenticity and quality evaluation. *Trends in Food Science & Technology* 13: 12-21.

Torija, M. J., Mateo, E., Vegas, C. A., Jara, C., González, A., Poblet, M., Reguant, C., Guillamon, J., and Mas, A. 2009. Effect of wood type and thickness on acetification kinetics in traditional vinegar production. *International Journal of Wine Research* 1: 155-160.

Trcek, J., Toyama, H., Czuba, J., Misiewicz, A., and Matsushita, K. 2006. Correlation between acetic acid resistance and characteristics of PQQ-dependent ADH in acetic acid bacteria. *Applied Microbiology and Biotechnology* 70: 366-373.

USFDA (The United States of America Food and Drug Administration). 1977. *CPG Sec. 525.825 Vinegar, Definitions - Adulteration with Vinegar Eels*. Silver Spring, USA: USFDA.

Valera, M. J., Laich, F., González, S. S., Torija, M. J., Mateo, E., and Mas A. 2011. Diversity of acetic acid bacteria present in healthy grapes from the Canary Islands. *International Journal of Food Microbiology* 151: 105-112.

Valera, M. J. , Torija, M. J. , Mas, A. , and Mateo, E. 2015. Acetic acid bacteria from biofilm of strawberry vinegar visualized by microscopy and detected by complementing culture- dependent and culture-independent techniques. *Food Microbiology* 46: 452-462.

Vegas, C. , González, Á. , Mateo, E. , Mas, A. , Poblet, M. , and Torija, M. J. 2013. Evaluation of representativity of the acetic acid bacteria species identified by culture-dependent method during a traditional wine vinegar production. *Food Research International* 51: 404-411.

Vegas, C. , Mateo, E. , González, A. , Jara, C. , Guillamón, J. M. , Poblet, M. , Torija, M. J. , and Mas A. 2010. Population dynamics of acetic acid bacteria during traditional wine vinegar production. *International Journal of Food Microbiology* 138: 130-136.

Wu, J. J. , Ma, Y. K. , Zhang, F. F. , and Chen, F. S. 2012. Biodiversity of yeasts, lactic acid bacte ria and acetic acid bacteria in the fermentation of "Shanxi aged vinegar", a traditional Chinese vinegar. *Food Microbiology* 30: 289-297.

Yakushi, T. , and Matsushita, K. 2010. Alcohol dehydrogenase of acetic acid bacteria: structure, mode of action, and applications in biotechnology. *Applied Microbiology and Biotechnology* 86: 1257-1265.

Yetiman, A. E. , and Kesmen, Z. 2015. Identification of acetic acid bacteria in traditionally produced vinegar and mother of vinegar by using different molecular techniques. *International Journal of Food Microbiology* 204: 9-16.

Zhao, H. , and Yun, J. 2016. Isolation, identification and fermentation conditions of highly acetoin-producing acetic acid bacterium from Liangzhou fumigated vinegar in China. *Annals of Microbiology* 66: 279-288.

12

苹果醋的生产与研究进展

12.1　引言

根据《食品法典》（FAO/WHO，2000），苹果醋或者苹果酒醋是由苹果汁通过醋酸发酵而成。也就是说，将苹果汁或浓缩苹果汁经酒精发酵后的苹果酒作为原料，加入醋酸菌进行发酵，最终生产出苹果醋（Joshi 和 Sharma，2009）。苹果醋在世界上许多国家均有消费和生产，主要集中在美国、英国和瑞士（Qi 等，2017）。

关于苹果醋中总酸含量的组成，《食品法典》（FAO/WHO，2000）中规定，除了葡萄酒醋以外，其他食醋的总酸含量不得低于 50g/L（以乙酸计），且不超过经生物发酵所得量。根据生产苹果醋所用苹果酒中酸和乙醇的浓度，Joshi 和 Sharma（2009）将苹果醋分为"低度苹果醋"和"高度苹果醋"。对于"低度苹果醋"，所用苹果酒中溶质含量为 8%~9%，而"高度苹果醋"中这一比例则达 13%。

苹果醋除了在食品产业中可用作风味强化剂和保鲜剂，其食用还与多种保健功能相关，如对预防心血管疾病、控制体重、降低血糖水平、降低氧化应激以及调节体内pH 平衡起到辅助作用（Halima 等，2018；Ho 等，2017）。此外，它对大肠杆菌、金黄色葡萄球菌和白色念珠菌等致病菌的抗菌特性已经得到证实（Yagnik 等，2018），这一发现对未来临床治疗应用具有重要价值。

12.2　苹果醋的生产工艺

从传统上来讲，苹果醋的生产既有工业规模，也有家庭规模（Stornik 等，2016）。传统的方法是利用存在于苹果表皮上的原始微生物或先前酿制的食醋进行接种。随后进行的自主发酵是漂浮于发酵表面的微生物生化作用的结果。非受控的条件和原料微生物群的随机性通常会导致发酵过程耗时以及产品不稳定。另一方面，现代工业使用生物反应器（也被称为酿醋罐，在前几章中有详述）以进行可控的深层发酵，并可连续通气供氧。这些过程减少了乙醇转化为乙酸的时间（Trček 等，2016）。然而，需要注意的是，改进后的传统方法也被某些行业所使用。在图 12.1 和图 12.3 至图 12.5 中描述了苹果醋生产的步骤。根据所要生产的最终产品的总酸度，可以进行两种发酵，一种是"低强度"发酵，另一种是"高强度"发酵。第一类发酵获得的低酸度产品可能会存在污染问题，而第二类发酵则会增加对醋酸菌的营养需求。

12.2.1　苹果加工处理的一般情况

制作苹果酒的第一步是生产苹果汁或浓缩苹果汁。苹果首先在不锈钢研磨机中进行清洗和研磨（图 12.1）。

苹果果肉中果汁的提取量受苹果果胶含量的影响。果胶是纤维状的甲氧基半乳糖醛酸聚合物，它会阻碍果汁的提取和澄清过程，也是苹果酒低温微滤过程中膜污染的主要原因（Kumar 和 Suneetha，2016；Zhao 等，2017）。污染情况直接取决于果汁/苹果酒中果胶的浓度。果胶与多酚和蛋白质结合，形成胶状薄雾，微粒表面电荷

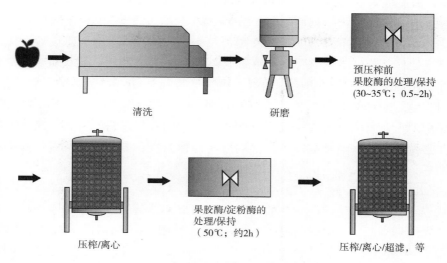

清洗　　　　研磨　　　　预压榨前
果胶酶的处理/保持
(30~35℃；0.5~2h)

压榨/离心　　果胶酶/淀粉酶的
处理/保持
（50℃；约2h）　　压榨/离心/超滤，等

图 12.1　苹果汁的生产（步骤 1）

低，这似乎是膜状污染的主要原因（Zhao 等，2017）。与储藏的水果相比，新鲜水果中的果胶通常不易溶解，因此更易进行压榨。而温度升高到约 50°C 可以加速和增强这一过程。

利用果胶酶可以改善苹果汁/苹果酒的提取和澄清，它作用于果胶的聚半乳糖醛酸光滑区，破坏苹果组织的细胞结构，从而促进果汁的释放，防止薄雾的形成。果胶酶根据其作用方式可分为不同的类别（Ramesh 和 Rosell，2017；Rebello 等，2017；Zhao 等，2017），例如：

（1）内切聚半乳糖醛酸酶（endo-PG）（EC.3.2.1.15）　一种水解酶，作用于果胶酸产生低聚半乳糖醛酸。

（2）外切聚半乳糖醛酸酶（exo-PG）（EC.3.2.1.67）　一种水解酶，作用于果胶酸产生单半乳糖醛酸。

（3）果胶甲酯酶（PME）（EC.3.1.1.11）　一种水解酶，作用于果胶产生果胶酸和甲醇。

（4）内切果胶裂解酶（PNL）（EC.4.2.2.10）　一种水解酶，通过反式消除作用于果胶酸产生不饱和甲基低聚半乳糖醛酸。

（5）内切果胶酸裂解酶（PL）（EC.4.2.2.2）　一种裂解酶，通过反式消除作用于果胶酸产生不饱和低聚半乳糖醛酸。

商品化果胶酶包括来自于解淀粉芽孢杆菌（*Bacillus amyloliquefaciens*）、枯草杆菌（*B. subtilis*）、黑曲霉（*Aspergillus niger*）、里氏木霉（*Trichoderma reesei*）和长枝木霉（*T. longibrachiatum*）［有/无基因供体；通常来自于曲霉属（*Aspergillus* sp. / *A. niger*）］的内切果胶酸裂解酶，来自黑曲霉（*A. niger*）、米曲霉（*A. oryzae*）、里氏曲霉（*T. reesei*）和长枝木霉（*T. longibrachiatum*）［有/无基因供体；通常来自于曲霉属（*Aspergillus* sp. / *A. niger*）］的果胶甲酯酶和来自于黑曲霉（*A. niger*），里氏曲霉

（*T. reesei*）和长枝木霉（*T. longibrachiatum*）［有/无基因供体；通常来自于曲霉属（*Aspergillus* sp.）］的聚半乳糖醛酸酶（AMFEP，2018）。

科研方面，许多工作都涉及通过曲霉属（*Aspergillus* sp.）的固态或液态深层发酵生产适用于处理苹果汁中的果胶酶。例如，Mahmoodi 等（2017）通过柑橘渣的固态发酵研究了分离自腐烂的柑橘中的一株野生型黑曲霉（*A. niger*）菌株的果胶酶的产生。他们特别优化了影响外切果胶酶和内切果胶酶活性的参数，如温度、湿度和碳氮比。最后，他们对所制备的果胶酶作用于天然苹果汁上的效果进行了评价，结果表明，所研究的果胶酶的酶水解显著提高了果汁的可溶性糖浓度、澄清度和黏度，并提高了果汁的提取率。

以类似的方式，Zheng 等（2017）利用固定化米根霉（*Rhizopus oryzae*）在烟草工业废水中通过摇瓶发酵生产高活性的内切和外切聚半乳糖醛酸酶，用于处理含有木质纤维素生物质的果胶。与游离细胞相比，固定化细胞提高了酶活性并缩短了生产时间，使酶在放大生物反应器中以重复批次模式进行半连续生产成为可能。Rebello 等（2017）发表的一篇综述提供更多关于微生物果胶酶生产和应用的最新进展的相关信息。其中讨论了针对果胶酶的高产、高催化效率和耐热性所采用的策略，它们的意义和工业应用，天然和重组微生物菌株的利用，宏基因组学方法，代谢工程，定向诱变以及在果胶酶研究领域采用的介质工程技术。

根据 Heena 等（2018）的研究，在苹果汁生产过程中，工业上会使用两次果胶酶（图 12.1）：①在预压榨的前处理中，在 30~35°C 下使用果胶酶处理苹果果肉，处理 30min 至 2h，以通过溶解果胶促进果汁提取；②在澄清过程中，用果胶酶处理过滤后的果汁，去除可溶性果胶。此外，用淀粉酶去除果汁中的淀粉，这是由于在储存过程中，淀粉会造成不希望的雾状浑浊和胶体形成。

根据提取方法的不同，优质原料的果汁提取率可达 85%~95%（以质量计）。苹果汁固形物含量通常为 11%（10~11°Bx），其中 90% 是碳水化合物，更具体地说，包含蔗糖、葡萄糖和果糖。果汁可以通过蒸发、冷冻浓缩、超滤等进行进一步加工，以生产浓缩苹果汁，其糖度通常在 70°Bx 左右。浓缩苹果汁一般可在 10~15°C 下安全存储，无变质风险；然而，浓度的高低决定了储存条件（Ashurst，2016）。在酒精发酵之前，果汁应被稀释到所需的浓度。可以用水或苹果汁来进行稀释。

目前，果汁的蒸发浓缩主要使用热加速短时蒸发器（TASTE）。蒸发过程中，果汁短时暴露于高温下，从而保持产品的感官特性（Cook，2018）。果汁必须保证是澄清的；因此，在浓缩苹果汁之前，果胶酶的预处理必不可少。另一种现代苹果汁浓缩系统是多级管状降膜蒸发器，一般适用于软果汁的浓缩。蒸发是通过果汁在一组加热管道里的分布（向下流动）形成一层沸腾蒸发的薄膜来实现的。这些系统可能适用于液体的单相和循环，以及在高度真空下操作。它们提供了短的处理时间/高蒸发率，使得热量对产品品质的影响较低，同时可以联合巴氏杀菌、香气溶出以及浓缩等步骤于同一个系统中（B&P，2018；Bucher，2018；Sulzer，2018）。

另一方面，冷冻浓缩是一种保留果汁挥发性风味成分的方法。它是基于在非常低的温度下冷却后从果汁中去除冰晶（通过分筛或离心）。具体来说，冷冻浓缩系统的步骤包括：在结晶器中将果汁中所含的水形成微晶，液体在结晶器和冰晶生长容器之间的连续循环以及在洗涤柱中去除大冰晶（图 12.2）（Ashurst，2016）。

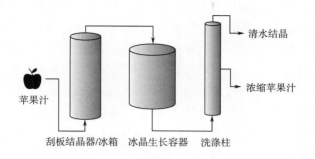

清水结晶

浓缩苹果汁

苹果汁

刮板结晶器/冰箱　冰晶生长容器　洗涤柱

图 12.2　苹果汁的低温浓缩

浓缩果汁的超滤通过选择性膜进行。根据果汁的成分和使用的膜，在这个过程中可能会失去一些风味成分（Ashurst，2016）。大多数工业果汁浓缩技术包含挥发性化合物回收系统，以便它们可以返回到产品中。与其他蒸发系统相比，超滤虽然效率较低，但在成本方面可能具有优势。

12.2.2　苹果酒的发酵

苹果汁的酒精发酵是在厌氧条件下进行的，其中糖被酵母转化为乙醇，所用菌种通常为酿酒酵母（*Saccharomyces cerevisiae*）（图 12.3）。酒精发酵可能是自发的，也可能是通过在醪液中加入纯培养物而进行的（Ho 等，2017）。自发性酒精发酵的初期，还发现了其他酵母的存在，如克勒克氏酵母属（*Kloeckera* sp.）和葡萄汁有孢汉逊酵母（*Hanseniaspora uvarum*）；在后熟阶段包含德克酵母属（*Dekkera* sp.）和酒香酵母属（*Brettanomyces* sp.）；而在发酵结束时，则由酿酒酵母（*S. cerevisiae*）主导（Morrissey 等，2004）。最终的乙醇含量取决于醪液的糖浓度和占主导地位的酵母菌株。发酵完成后，酵母细胞和果浆可以留在罐底沉淀，然后收集苹果酒，也可以用大多数制造商偏爱的离心方法将其去除。

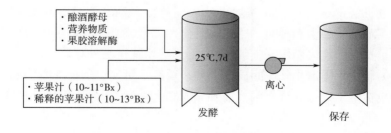

・酿酒酵母
・营养物质
・果胶溶解酶

25℃,7d

离心

・苹果汁（10~11°Bx）
・稀释的苹果汁（10~13°Bx）

发酵　　　　　保存

图 12.3　苹果酒酿造的酒精发酵（步骤 2）

12.2.3　苹果醋的发酵

将苹果酒转化为醋可以通过各种不同的方法来完成，这些方法在醋化率和产率方面存在着重要的差异。较缓慢的过程是传统奥尔良工艺［图12.4（1）］。天然存在于原料中的好氧细菌，或来自前一批生产的苹果醋［通常是木醋杆菌（*Acetobacter xylinum*）］，生长于苹果酒液体和空气界面。可用氧是这个过程的限制因素；因此，就像葡萄酒醋的情况一样，将发酵液装至木桶总容积的75%，留下足够的顶部空间与氧气接触。氧气也从木材的空隙中扩散进入苹果酒（Raspor和Goranovič，2008）。乙醇氧化成乙酸主要发生在液体表面，然后乙酸慢慢向桶底的发酵液扩散。醋化率约为每周1%乙酸。如此长生产周期增加了单位体积产品的成本，但是，由奥尔良工艺生产食醋品质高且设备成本低，使得以上缺点得以抵消。

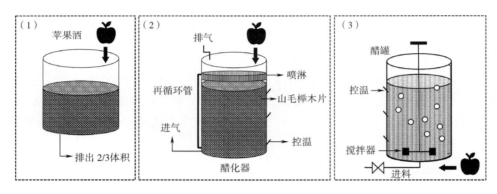

图12.4　苹果醋生产的醋酸发酵（步骤3）
（1）奥尔良工艺　　（2）生成器工艺　　（3）液态深层发酵工艺

因对更高效的生产的需求，发酵技术也随之演变，同时对发酵过程也逐渐有了更深的理解，这使得发酵醋化器的处理流程也有了进一步发展，正如前几章中所描述的。这些方法包括使用木制或不锈钢罐（50000~60000L）进行发酵，其基本工作原理是增加细菌与氧气的接触面积，利用装在罐（醋化器）中的一个醋酸菌固定化载体（通常为山毛榉木片）来完成［图12.4（2）］。苹果酒从醋化器的顶部喷射出来，而位于发电机底部的鼓风机提供所需的氧气（Raspor和Goranovič，2008）。该装置还集成了防止过热的冷却盘管和再循环系统。醋液重复循环，直到达到最佳的酸度。随后，约90%的醋液从发电机底部被转移，同时提供新的同等体积的苹果酒。与奥尔良方法相比，该方法减少了苹果醋的生产时间，达到每天约1%的产酸率（Lea，1989）。这种方法的另一个优点是长时间连续操作（连续批次），而且增加了被处理原料的体积。然而，这一工艺过程的瓶颈是固定化载体的成本，其必须经常更换以确保醋酸菌的活力。此外，其他缺点还包括由于细菌纤维素的产生而造成的堵塞风险，以及由于蒸发而造成的乙醇损失。

在葡萄酒醋生产中最快的方法，是基于现代食醋酿造罐的液态深层发酵，也是苹果醋工业的首选（Mazza和Murooka，2009；Tesfaye等，2002），如第6章所述。细菌自由地分散在发酵的苹果酒中，氧气经位于不锈钢酿醋罐底部的机械搅拌系统，通过一个高效准确的通气系统提供［图12.4（3）］。

12.2.4　陈酿和包装

苹果醋在陈酿过程中会发生许多理化指标的变化，这些变化会极大地影响最终产品的品质特性。在木制或不锈钢容器中（图 12.5），苹果醋陈酿 1 个月至 1 年，其中空气和氧气的存在导致食醋中化学成分的氧化和其感官特性的改善。具有果香味的乙酸乙酯，也可能由乙酸和残留乙醇的缓慢反应产生。此外，苹果醋的颜色也会在陈酿过程中发生变化。苹果醋在加工初期的鲜亮色泽是由苹果多酚氧化酶引起的，然而，随着多酚发生聚合反应，色泽也逐渐暗淡（Lea，1989）。

图 12.5　苹果醋的陈酿（步骤 4）和包装（步骤 5）

最后，工厂中苹果醋的包装可以在散装容器或瓶子中完成，供批发或零售分销（图 12.5）。包装前必须对产品进行巴氏杀菌，以确保微生物的稳定性。巴氏杀菌可以通过热交换器对醋进行直接加热（如在 66℃的条件下），或者在装瓶后，将容器浸入热水中，直到内容物温度达到 60℃（Joshi 和 Sharma，2009）（详见第 16 章）。

12.2.5　澄清

工业生产上，在包装之前有一个操作称之为"澄清"，如第 6 章和第 16 章所述。澄清对于获得一个清澈的苹果醋产品是必需的步骤，也是除巴氏杀菌之外提高微生物稳定性的另一个措施。食醋的浑浊主要是由原料残留、微生物细胞、絮凝的碳水化合物、蛋白质和多酚引起的（Joshi 和 Sharma，2009；K Onsekizoglu 等，2010）。

化学试剂如皂土、明胶、二氧化硅，或这些化合物的混合物被用于这一澄清过程。据 Onsekizoglu 等（2010）报道，不同的化学制剂均可达到醋液澄清的目的，澄清效果则取决于引起醋液浑浊的原因。例如，蛋白质在皂土中更稳定，而明胶在带负电荷的多酚中更有效，因为它在低 pH 中呈现相反的电荷。Joshi 和 Sharma（2009）特别提出了苹果醋澄清的两个标准流程，涉及明胶和皂土或二氧化硅和明胶的联合添加，详见第 16 章。

需要提及的是，去除多酚可能会对醋的香气和保健作用产生负面影响（Lea 和 Drilleau，2003），而皂土的添加会影响发酵菌群，降低发酵速率（Duenas 等，1997）。

最后，正如第 16 章所述，膜领域的科学和技术发展使得传统化学澄清法被采用集成膜进行超滤或微滤方法取代（Onsekizoglu 等，2010）。膜技术已被应用于各种产品的加工过程中，如食醋、啤酒、牛奶和果汁。此外，通过交叉流微滤的方法，澄清和灭菌可一步完成（López 等，2005）。

12.3 苹果醋的成分与质量情况

根据《食品法典》（FAO/WHO，2000）和相关文献（Joshi 和 Sharma，2009；Lea，1989），苹果醋的成分及品质特征列于表 12.1 中。苹果品种、栽培技术和苹果酒/苹果醋生产技术，在很大程度上影响最终产品的成分和品质。表 12.2 所示为苹果醋的分析方法。

表 12.1　　　　　　　　　　　苹果醋的成分及品质特征

特征	限量数值
总酸含量（以乙酸计）	不低于 50g/L 且不高于经生物发酵所得量
总糖	1.5~7g/L
残醇含量	不高于 1%（体积分数）
可溶性固形物	不低于 2.0g/L
相对密度	1.013~1.024
品质情况	
色泽	以由淡到中的琥珀色为参考样本
铜和锌的总量	10mg/kg
铁含量	10mg/kg
抗氧化添加剂	
二氧化硫	70mg/kg
L-抗坏血酸	400mg/kg
色素	
焦糖色Ⅰ-普通法	参照 GMP
焦糖色Ⅳ-亚硫酸铵法	参照 GMP
焦糖色Ⅲ-氨法	1g/kg
污染物	
砷	1mg/kg
铅	1mg/kg
稳定剂	
聚乙烯吡咯烷酮	40mg/kg
风味强化剂	
谷氨酸钠	5g/kg
谷氨酸钾	5g/kg
谷氨酸钙	5g/kg

表 12.2　　　　　　　　　　　　　　苹果醋的分析方法

特征	分析方法
总酸含量（以乙酸计）	滴定分析 I （AOAC 930.35J）
残醇含量	比重瓶测定法 I （AOAC 942.06）
残醇含量	比重瓶测定法 III （OIV Method A 2, 1990）
可溶性固形物	重量分析法 I （AOAC 930.35C）
砷	比色法（二乙基二硫代氨基甲酸酯） II （食品法典通用方法）（AOAC 952.13）
铜	原子吸收分光光度法 II （食品法典通用方法）（AOAC 971.20）
铁	光度测定法 IV （IFJU Method No 15, 1964）
铅	原子吸收分光光度法 I （食品法典通用方法）（AOAC 972.25）
二氧化硫	优化后的 Monier-Williams 方法 II （食品法典通用方法）（AOAC 990.28）
二氧化硫	滴定分析 III （OIV Method A 17, 1990）
二氧化硫	流动注射分析法 III （食品法典通用方法）（AOAC 990.29）
二氧化硫	离子排斥色谱法 III （食品法典通用方法）（AOAC 990.31）
锌	原子吸收分光光度法 II （食品法典通用方法）（AOAC 969.32）

12.4　研究进展

　　大多数现有的科学研究主要涉及苹果汁和苹果酒的生产和质量方面，而对苹果醋的研究非常有限。研究趋势如下。

　　（1）对苹果汁、苹果酒和苹果醋化学组分（挥发性物质、酚类物质等）、感官品质和保健功能的影响：

　　①苹果的成熟度（Laaksonen 等，2017；Venkatachalam 等，2018）；

　　②采摘方式（机械或手工）和储存条件（Alexander 等，2018）；

　　③苹果的品种、发酵类型和酵母菌株（Laaksonen 等，2017）；

　　④不同加工阶段二氧化硫的添加（dos Santos 等，2018）；

　　⑤通过体外实验研究了苹果品种总多酚含量和酶促褐变程度对致敏性的影响（Kschonsek 等，2019）等。

　　（2）苹果汁低温萃取和低温浓缩工艺的优化，及其对果汁品质的影响（Bedrinana 等，2019；Lobo 等，2018）。

　　（3）在 UV-C 光处理糖溶液和苹果酒时，通过添加抗氧化剂来抑制有毒物质的形成，如呋喃（Hu 等，2018）。

　　（4）使用微生物作为生物防治剂对抗真菌腐烂症状，这些症状可以直接影响苹果、苹果汁和苹果酒的质量（Nadai 等，2018）。

　　（5）苹果汁的营养补充策略（如氨基酸），以对后续生产的苹果酒中的挥发性化合物（如酯的形成）进行标准化（dos Santos 等，2016）。

（6）苹果酒品质控制与腐败检测新技术的发展（Mangas 等，2018；Pello-Palma 等，2017；Verissimo 等，2018）。

（7）内源微生物的筛选（Bedrinana 等，2017），或用于低温苹果酒发酵的耐低温重组微生物的研发［如真贝酵母（*Saccharomyces eubayanus*）与酿酒酵母（*S. cerevisiae*）］（Magalhaes 等，2017）。

（8）快速分析方法的使用（如紫外分光光度法）：①苹果酒的种类和成熟度分析（Girschik 等，2017）；②高价值特色产品的鉴定，如冰苹果酒（Clemen 等，2017）；③苹果酒发酵过程中多变量参数的监测与优化（如可见近红外光谱传感器）（Villar 等，2017）；④不同产品品牌的分类（如伏安法）（Gorski 等，2016）。

（9）混合微生物发酵剂的使用（共发酵），如酿酒酵母（*S. cerevisiae*）和土星拟威尔酵母（*Williopsis saturnus*）（Liu 等，2016），或日本酒曲 koji 和酿酒酵母（*S. cerevisiae*）（Li 等，2015），以及它们对生产的苹果酒的挥发性成分的影响。

（10）通过生产高附加值的特殊产品（如硬苹果酒）来扩大苹果的市场（Becot 等，2016）。

（11）对苹果酒和苹果醋的保健功能的研究，包括对如下指标的影响：①控制体重、内脏脂肪指数和血脂（Khezri 等，2018）；②黑色素细胞痣（Ashchyan 等，2018）；③氧化应激（Halima 等，2018）；④降血糖和降血脂作用（Halima 等，2018）；⑤过敏性皮炎（Lee 和 Jacob，2018）。

（12）为了开发高效、商业化的苹果酒冷微滤工艺，对果胶和薄雾颗粒在膜污染中的影响进行研究。例如，Zhao 等（2017）发现脱果皮作用有利于孔径小于 0.45μm 的膜过滤（其中污垢主要由滤渣层形成），而且对孔径在 0.8μm 以上的孔隙有负面影响。

特别地，关于苹果醋的生产，最近的研究如下。

（1）利用分子生物学技术对具有特定属性（如高耐酸性）的醋酸菌进行分离鉴定，以及监测不同类型苹果醋中的微生物群落及其在产品化学和感官特性中的作用（Stornik 等，2016；Trček 等，2016）。

（2）研究发酵营养供给策略，以寻找能显著影响苹果醋生产和品质的关键底物。例如，Qi 等（2017）认为，为优化苹果酒的营养成分，应详细考虑天冬氨酸、谷氨酸、脯氨酸和色氨酸。由于它们的加入，乙醇到乙酸的产量高于 93%，并提高了大多数挥发性风味化合物的浓度。

（3）用光谱数据鉴别不同食醋（Torrecilla 等，2016a 和 b）。

（4）通过添加从苹果渣中回收的酚类化合物，以改善苹果酒的感官特性、生物活性和整体品质（Benvenutti 等，2019）。

综上所述，苹果醋在世界范围内的生产使用了多种生产方法，从传统的方法到连续的自动化发酵。由于其多酚等生物活性成分及其抗菌活性，苹果醋具有多种用途，如食品添加剂、保鲜剂等。然而，应该进行更多的研究工作，以探索并充分利用其促进健康的特性，并开发低成本的生产工艺，从而生产出高质量和高附加值的产品。

本章作者

帕纳吉奥塔·查夫拉基杜（Panagiota Tsafrakidou）

参考文献

Alexander, T. R., Ross, C. F., Walsh, E. A., and Miles, C. A. 2018. Sensory comparison of ciders produced from machine- and hand-harvested 'brown snout' specialty cider apples stored at ambient conditions in Northwest Washington. *Horttechnology* 28: 35.

AMFEP. 2018. Association of Manufacturers and Formulators of Enzyme Products .

Ashchyan, H., Jen, M., Elenitsas, R., and Rubin, A. I. 2018. Surreptitious apple cider vin- egar treatment of a melanocytic nevus: Newly described histologic features. *Journal of Cutaneous Pathology* 45: 307.

Ashurst, P. R. (Ed.). 2016. *Chemistry and Technology of Soft Drinks and Fruit Juices*, Third Edition. Oxford: John Wiley & Sons, Ltd.

B&P. 2018. B&P Engineering.

Becot, F. A., Bradshaw, T. L., and Conner, D. S. 2016. Apple market expansion through value- added hard cider production: Current production and prospects in Vermont. *Horttechnology* 26: 220-229.

Bedrinana, R. P., Alonso, J. J. M., and Valles, B. S. 2017. Evaluation of autochthonous *Saccharomyces bayanus* strains under stress conditions for making ice ciders. *LWT- Food Science and Technology* 81: 217-225.

Bedrinana, R. P., Lobo, A. P., and Valles, B. S. 2019. Influence of the method of obtaining freeze- enriched juices and year of harvest on the chemical and sensory characteristics of Asturian ice ciders. *Food Chemistry* 274: 376-383.

Benvenutti, L., Bortolini, D. G., Nogueira, A., Zielinski, A. A. F., and Alberti, A. 2019. Effect of addition of phenolic compounds recovered from apple pomace on cider quality. *LWT* 100: 348-354.

Bucher. 2018. Bucher Unipektin AG, Switzerland .

Clement, A., Panneton, B., Bastien, R., and Fernandez, P. 2017. Ice cider fingerprinting using optical spectroscopy and simple laboratory measurements. *Journal of Food Engineering* 204: 55-63.

Cook. 2018. Cook Machinery Company, LLC .

dos Santos, C. M. E., Alberti, A., Pietrowski, G. D. M., Zielinski, A. A. F., Wosiacki, G., Nogueira, A., and Jorge, R. M. M. 2016. Supplementation of amino acids in apple must for the standardization of volatile compounds in ciders. *Journal of the Institute of Brewing* 122 (2): 334-341.

dos Santos, T. P. M., Alberti, A., Judacewski, P., Zielinski, A. A. F., and Nogueira, A. 2018. Effect of sulphur dioxide concentration added at different processing stages on volatile composition of ciders. *Journal of the Institute of Brewing* 124: 261-268.

Duenas, M., Irastorza, A., Fernandez, C., Bilbao, A., and Del Campo, G. 1997. Influence of apple juice treatments on the cider making process. *Journal of the Institute of Brewing* 103: 251-255.

FAO/WHO, Codex Alimentarius Commission. 2000. Proposed draft revised regional standard for vinegar.

Girschik, L., Jones, J. E., Kerslake, F. L., Robertson, M., Dambergs, R. G., and Swarts, N. D. 2017. Apple variety and maturity profiling of base ciders using UV spectroscopy. *Food Chemistry* 228: 323-329.

Gorski, L., Sordon, W., Ciepiela, F., Kubiak, W. W., and Jakubowska, M. 2016. Voltammetric classification of ciders with PLS-DA. *Talanta* 146: 231-236.

Halima, B., Sonia, G., Sarra, K., Houda, B., Fethi, B., and Abdallah, A. 2018. Apple cider vinegar attenuates oxidative stress and reduces the risk of obesity in high-fat-fed male wistar rats. *Journal of Medicinal Food* 21: 70-80.

Heena, V., Lokesh, K. N., Jyoti, S. J. 2018. Pectinase: A useful tool in fruit processing indus- tries. *Nutrition and Food Science International Journal* 5 (ID 555673): 1-4.

Ho, C. W. , Lazim, A. M. , Fazry, S. , Zaki, U. K. H. H, and Lim, S. J. 2017. Varieties, production, composition and health benefits of vinegars: A review. *Food Chemistry* 221: 1621-1630.

Hu, G. F. , Liu, H. Z. , Zhu, Y. , Hernandez, M. , Koutchma, T. , and Shao, S. Q. 2018. Suppression of the formation of furan by antioxidants during UV-C light treatment of sugar solutions and apple cider. *Food Chemistry* 269: 342-346.

Joshi, V. K. , and Sharma, S. 2009. Cider vinegar: Microbiology, technology and quality. In Soliery, L. and Giudici, P. (Eds.) *Vinegars of the World*. Springer-Verlag Italia, Milan, Italy, pp. 197-207.

Khezri, S. S. , Saidpour, A. , Hosseinzadeh, N. , and Amiri, Z. 2018. Beneficial effects of apple cider vinegar on weight management, Visceral Adiposity Index and lipid profile in over weight or obese subjects receiving restricted calorie diet: A randomized clinical trial. *Journal of Functional Foods* 43: 95-102.

Kschonsek, J. , Wiegand, C. , Hipler, U. C. , and Böhm, V. 2019. Influence of polyphenolic content on the in vitro allergenicity of old and new apple cultivars: A pilot study. *Nutrition* 58: 30-35.

Kumar, P. G. , and Suneetha, V. 2016. Microbial pectinases: Wonderful enzymes in fruit juice clarification. *International Journal of MediPharm Research* 2: 119-127.

Laaksonen, O. , Kuldjarv, R. , Paalme, T. , Virkki, M. , and Yang, B. R. 2017. Impact of apple cultivar, ripening stage, fermentation type and yeast strain on phenolic composition of apple ciders. *Food Chemistry* 233: 29-37.

Lea, A. G. H. 1989. Cider vinegar. In Downing, D. L. (Ed.) *Processed Apple Products*. Van Nostrand Reinhold, New York, pp. 279-301.

Lea, A. G. H. , and Drilleau, J. F. 2003. Cidermaking. In Lea, A. G. H. and Piggott, J. R. (Eds.) *Fermented Beverage Production*, Second Edition. New York: Kluwer Academic/Plenum Publishers, pp. 59-87.

Lee, K. W. , and Jacob, S. E. 2018. Apple cider vinegar baths. *Journal of the Dermatology Nurses Association* 10: 59.

Li, S. , Nie, Y. , Ding, Y. , Zhao, J. , Tang, X. 2015. Effectsof pure and mixed koji cultures with Saccharomyces cerevisiae on apple homogenate cider fermentation. *Journal of Food Processing and Preservation* 39: 2421-2430.

Liu, S. Q. , Aung, M. T. , Lee, P. R. , and Yu, B. 2016. Yeast and volatile evolution in cider cofermentation with *Saccharomyces cerevisiae* and *Williopsis saturnus*. *Annals of Microbiology* 66: 307-315.

Lobo, A. P. , Anton - Diaz, M. J. , Bedrinana, R. P. , Garcia, O. F. , Hortal - Garcia, R. , and Valles, B. S. 2018. Chemical, olfactometric and sensory description of single - variety cider apple juices obtained by cryo-extraction. *LWT-Food Science and Technology* 90: 193-200.

López, F. , Pescador, P. , Guell, C. , Morales, M. L. , Garcia - Parrilla, M. C. , and Troncoso, A. M. 2005. Industrial vinegar clarification by cross - flow microfiltration: Effect on colour and polyphenol content. *Journal of Food Engineering* 68: 133-136.

Magalhaes, F. , Krogerus, K. , Vidgren, V. , Sandell, M. , and Gibson, B. 2017. Improved cider fermentation performance and quality with newly generated *Saccharomyces cere visiae* × *Saccharomyces eubayanus* hybrids. *Journal of Industrial Microbiology & Biotechnology* 44: 1203-1213.

Mahmoodi, M. , Najafpour, G. D. , and Mohammadi, M. 2017. Production of pectinases for quality apple juice through fermentation of orange pomace. *Journal of Food Science and Technology-Mysore* 54: 4123-4128.

Mangas, J. J. , Rodriguez, R. , and Suarez, B. 2018. Validation of a gas chromatography - flame ionization method for quality control and spoilage detection in wine and cider. *Acta Alimentaria* 47 (1): 17-25.

Mazza, S. , and Murooka, Y. 2009. Vinegars through the ages. In Soliery, L. , and Giudici, P. (Eds.) *Vinegars of the World*. Springer-Verlag Italia, Milan, Italy, pp. 17-39.

Morrissey, W. F. , Davenport, B. , Querol, A. , and Dobson, A. D. W. 2004. The role of indigenous yeasts in traditional Irish cider fermentations. *Journal of Applied Microbiology* 97: 647-655.

Nadai, C. , Lemos, W. J. F. , Favaron, F. , Giacomini, A. , and Corich, V. 2018. Biocontrol activity of *Starmerella bacillaris* yeast against blue mold disease on apple fruit and its effect on cider fermentation. *Plos One* 13: e0204350.

Onsekizoglua, P., Bahceci, K. S., and Acar, M. J. 2010. Clarification and the concentration of apple juice using membrane processes: A comparative quality assessment. *Journal of Membrane Science* 352: 160-165.

Pello-Palma, J., Gonzalez-Alvarez, J., Gutierrez-Alvarez, M. D., de la Fuente, E. D., Mangas-Alonso, J. J., Mendez-Sanchez, D., Gotor-Fernandez, V., and Arias-Abrodo, P. 2017. Determination of volatile compounds in cider apple juices using a covalently bonded ionic liquid coating as the stationary phase in gas chromatography. *Analytical and Bioanalytical Chemistry* 409: 3033-3041.

Qi, Z., Dong, D., Yang, H., and Xia, X. 2017. Improving fermented quality of cider vinegar via rational nutrient feeding strategy. *Food Chemistry* 224: 312-319.

Ramesh, R. C., and Rosell, C. M. (Eds.). 2017. *Microbial Enzyme Technology in Food Applications*. CRC Press, Taylor & Francis Group, Boca Raton, FL, p. 149.

Raspor, P., and Goranovič, D. 2008. Biotechnological applications of acetic acid bacteria. *Critical Reviews in Biotechnology* 28: 101-124.

Rebello, S., Anju, M., Aneesh, E. M., Sindhu, R., Binod, P, and Pandey, A. 2017. Recent advancements in the production and application of microbial pectinases: An overview. *Reviews in Environmental Science and Bio-Technology* 16: 381-394.

Stornik, A., Skok, B., and Trček, J. 2016. Comparison of cultivable acetic acid bacterial microbiota in organic and conventional apple cider vinegar. *Food Technology and Biotechnology* 54: 113-119.

Sulzer. 2018. SulzerLtd.

Tesfaye, W., Morales, M. L., García-Prailla, M. C., and Troncoso, A. M. 2002. Wine vinegar: Technology, authenticity and quality evaluation. *Trends in Food Science & Technology* 13: 12-21.

Torrecilla, J. S., Aroca-Santos, R., Cancilla, J. C., and Matute, G. 2016a. Algorithmic modeling of spectroscopic data to quantify binary mixtures of vinegars of different botanical origins. *Analytical Methods* 8: 2786-2793.

Torrecilla, J. S., Aroca-Santos, R., Cancilla, J. C., and Matute, G. 2016b. Linear and non-linear modeling to identify vinegars in blends through spectroscopic data. *LWT-Food Science and Technology* 65: 565-571.

Trček, J., Mahnič, A., and Rupnik, M. 2016. Diversity of the microbiota involved in wine and organic apple cider submerged vinegar production as revealed by DHPLC analysis and next-generation sequencing. *International Journal of Food Microbiology* 223: 57-62.

Venkatachalam, K., Techakanon, C., and Thitithanakul, S. 2018. Impact of the ripening stage of wax apples on chemical profiles of juice and cider. *ACS Omega* 3: 6710-6718.

Verissimo, M. I. S., Gamelas, J. A. F., Simoes, M. M. Q., Eytuguin, D. V., and Gomes, M. T. S. R. 2018. Quantifying acetaldehyde in cider using a Mn (III) -substituted polyoxotungstate coated acoustic wave sensor. *Sensors andActuators B-Chemical* 255 (Part 3): 2608-2613.

Villar, A., Vadillo, J., Santos, J. I., Gorritxategi, E., Mabe, J., Arnaiz, A., and Fernandez, L. A. 2017. Cider fermentation process monitoring by Vis - NIR sensor system and chemometrics. *Food Chemistry* 221: 100-106.

Yagnik, D., Serafin, V., and Shah, A. J. 2018. Antimicrobial activity of apple cider vinegar against *Escherichia coli*, *Staphylococcus aureus* and *Candida albicans*: downregulating cytokine and microbial protein expression. *Scientific Reports* 8: 1732.

Zhao, D., Lau, E., Padilla-Zakour, O. I., Moraru, C. I. 2017. Role of pectin and haze particles in membrane fouling during cold microfiltration of apple cider. *Journal of Food Engineering* 200: 47-58.

Zheng, Y. X., Wang, Y. L., Pan, J., Zhang, J. R., Dai, Y., and Chen, K. Y. 2017. Semi-continuous production of high-activity pectinases by immobilized *Rhizopus oryzae* using tobacco wastewater as substrate and their utilization in the hydrolysis of pectin-containing ligno-cellulosic biomass at high solid content. *Bioresource Technology* 241: 1138-1144.

13

开菲尔醋的生产

13.1 引言

现代食醋制作几乎可以由任何可发酵的碳水化合物生产出来，包括葡萄酒、苹果、梨、葡萄、糖蜜、高粱、甜瓜、椰子、蜂蜜、枫糖浆、土豆、甜菜、麦芽、谷物、乳清等。用传统方法制造食醋（如用奥尔良工艺生产）需要在木桶中长时间陈酿，以获得合适的乙酸含量和风味，由此产生的产品普遍具有高品质和高价格。如今，新技术被用于生产高质量的食醋，其生产速度更快，生产成本更低。

本章主要介绍利用开菲尔粒生产食醋。开菲尔粒是一种天然的混合培养物，一种小的、类似菜花的、凝胶状的、白色或微黄色颗粒，通常用于酒精和乳酸混合发酵以生产乳饮料（Garofalo 等，2015）。而携带开菲尔微生物菌群（酵母和细菌）的基质是由一种称为"Kefiran"（Luang-In 和 Deeseenthum，2016）的胞外多糖组成。众所周知，食醋的生产要经历两个阶段的发酵过程，即酵母将可发酵的糖转化为乙醇，然后被醋酸菌（AAB）氧化，显然，含有两种菌种的开菲尔也可用于食醋的生产。

开菲尔醋的起始发酵剂和发酵基质使其拥有独特的化学和感官特性。食醋的主要成分乙酸是一种挥发性有机酸，是造成酸味和刺激性气味的原因（Mas 等，2014）。除了乙醇向乙酸的初级代谢转化之外，次级代谢转化也是造成典型的醋风味的原因。食醋生产过程中会形成少量的挥发性次级代谢物，这些次级代谢物因醋而异（取决于原料、培养物和工艺条件），会显著影响最终产品的感官特性（Raspor 和 Goranovic，2008）。

化学分析表明，开菲尔醋拥有高含量的有机酸和良好的感官特性，从而增加了产品的价值（Viana 等，2017）。因此，开菲尔醋可以被视为一种有高附加值的新产品，接下来将详细介绍开菲尔发酵剂在食醋生产中的具体作用以及其对于食醋品质的影响。

13.2 开菲尔简介

13.2.1 开菲尔及开菲尔风味饮品

自古以来，世界上最常见的发酵食品是发酵乳制品。特别是开菲尔（Kefir），作为一种发酵的乳饮料，拥有上千年的饮用史。它被认为起源于高加索、西藏或蒙古山脉和安纳托利亚地区（Guzel-Seydim 等，2011b）。开菲尔这个名字可能来自斯拉夫语单词"*Keif*"，意思是"生活得好"，可能是因为它的消费代表着健康和幸福（Rosa 等，2017）。开菲尔在世界不同地区也被称为 Kephir、Kiaphur、Kefer、Knapon、Kepi 和 Kippi（Rattray 和 O'Connell，2011）。

开菲尔是利用开菲尔粒的发酵活性生产的乳饮料，开菲尔粒中存在多种乳酸菌、酵母、醋酸菌和其他菌种，以完美的共生关系共存，包埋在多糖（kefiran）基质中。取决于颗粒的来源，开菲尔具有独特的泡沫，其酸味突出、清爽利口，主要归因于所含的乳酸、乙酸、CO_2、乙醇、乙醛、丙酮、双乙酰、胞外多糖和其他发酵产物

（Dertli 和 Çon，2017）。它的一个主要应用特点是开菲尔粒可以在发酵后回收，用于下一批发酵。

此外，开菲尔和开菲尔风味饮料具有许多益处，包括刺激免疫系统、降低胆固醇、减少乳糖不耐受症状、抗炎、抗菌和抗氧化等特性（Chen 等，2015；Rodrigues 等，2005；Sharifi 等，2017）。开菲尔还是益生菌的绝佳来源。近年来，为了开发开菲尔粒的用途，增加其有益健康的效果，科学研究集中在使用开菲尔培养物发酵非乳制品基质上，如水果、蔬菜、糖蜜等替代物（Fiorda 等，2017）。

Kefiran 被定义为开菲尔粒的多糖类物质，占谷物质量（干基）的 50%，它是一种胞外多糖，由乳酸菌群产生，能影响最终产品的流变特性（Guzel-Seydim 等，2011b）。开菲尔粒微生物菌群（细菌和酵母菌）主要是自溶型的，不能通过开菲尔基质。Kefiran 的产量受发酵温度的影响，但不受发酵时间的影响。开菲尔尼酸乳杆菌（*Lactobacillus kefiranofaciens*）主要用于 Kefiran 的生产（Dertli 和 Çon，2017；Zajšek 等，2011）。据研究，开菲尔乳杆菌（*Lactobacillus kefir*）、变异链球菌（*Streptococcus mutans*）、肠膜明串珠菌（*Leuconostoc mesenteroides*）和乳链球菌（*Streptococcus cremoris*）等其他菌种也参与了 Kefiran 的生产。此外，Kefiran 具有免疫调节、抗突变、抗溃疡、抗过敏和抗肿瘤的特性，并可作为益生元物质（Exarhopoulos 等，2018）。

开菲尔具有超多被证实的保健功效，目前被认为是最重要的功能性乳制品之一。因此，其生产和非乳制品应用在世界各地日益发展。

13.2.2　开菲尔中的微生物菌群

不同研究表明，开菲尔粒的微生物组成主要取决于来源、培养条件（培养基组成和温度）、储存和加工类型（原料、发酵时间、温度、搅拌程度）（Dertli 和 Çon，2017；Fiorda 等，2017）。开菲尔饮料和开菲尔粒中的微生物菌群包括乳酸菌和醋酸菌的菌群，以及酵母菌和丝状真菌，它们形成了复杂的共生组合。酵母包括乳糖发酵酵母［如克鲁维酵母属（*Kluyveromyces* spp.）］和非乳糖发酵酵母［如酵母菌属（*Saccharomyces* spp.）］。目前尚不清楚是否所有的开菲尔产品都来自同一原始培养物，有分析表明，不同地方的开菲尔产品的微生物，微生物种群明显不同（Chen 等，2009；Dertli 和 Çon，2017；Fiorda 等，2017）。牛奶发酵产生的开菲尔中的微生物量中（菌落形成单位；cfu），细菌种类应该至少为 10^7 cfu/mL，而酵母数量不应该低于 10^4 cfu/mL（Codex Alimentarius Commission，2011）。表 13.1 所示为在开菲尔和开菲尔粒中鉴定出的微生物种类。

还有一点也很重要，那就是开菲尔粒的微生物菌群的组成和稳定性，这是生产功能性开菲尔产品的关键（Nalbantoglu 等，2014；Vardjan 等，2013）。在开菲尔产品中，乳酸菌将乳糖转化为乳酸，导致酸碱度下降，从而有助于产品的储存。乳酸被丙酸杆菌进一步分解为丙酸，丙酸也是一种天然防腐剂。乳糖发酵酵母将乳糖转化为乙醇（高达 1%~2%）和 CO_2，导致产品起泡和碳酸化。至于开菲尔粒的其他微生物成分，包括非乳糖发酵酵母和醋酸菌。酵母产生维生素、氨基酸和其他对细菌重要的必需生长因子（Miguel 等，2010）。同样，细菌的代谢产物可以用作酵母的能源。文献中描述的开菲尔的微生物多样性差异很大（表 13.1），并且与最终产品的质量直接相关（Nalbantoglu 等，2014）。发酵后，开菲尔粒的生物量增加了约 5%，即在发酵过程中形成了新的菌群（Dertli 和 Çon，2017；Miguel 等，2010）。搅拌可以影响开菲尔的微生物组成，有利于同发酵乳球菌和酵母的生长。含糖发酵底物有利于酵母、乳酸菌和醋酸菌的生长。正如许多研究报道的那样，开菲尔粒中发现的某些菌种不能单独在牛奶或其他基质中生长，在某些情况下，它们的菌株活力会显著降低（Fiorda 等，2017；Viljoen，2001）。也就是说，由于不同物种之间的共生关系，开菲尔粒比单种群酵母更容易适应不同的基质。因此，为了开发新的功能性食品，最近的研究都集中在除牛奶之外的用于开菲尔发酵的新底物上（Kesenkaş 等，2017）。

表 13.1　　　　　　　　在开菲尔饮料和开菲尔谷物中检测到的微生物种类

菌种	参考文献
乳杆菌	
嗜酸乳杆菌（*Lactobacillus acidophilus*）	Jeong 等（2017）；Londero 等（2012）；Nalbantoglu 等（2014）
食淀粉乳杆菌（*Lactobacillus amylovorus*）	Leite 等（2012）；Jeong 等（2017）；Nalbantoglu 等（2014）
Lactobacillus apis	Dertli 和 Çon（2017）
短乳杆菌（*Lactobacillus brevis*）	Deng 等（2015）；Nalbantoglu 等（2014）
布氏乳杆菌（*Lactobacillus buchneri*）	Garofalo 等（2015）；Leite 等（2012）；Londero 等（2012）
德氏乳杆菌保加利亚亚种（*Lactobacillus delbrueckii* subsp. *bulgaricus*）	Jeong 等（2017）
干酪乳杆菌（*Lactobacillus casei*）	Zhou 等（2009）；Jeong 等（2017）；Nalbantoglu 等（2014）
卷曲乳杆菌（*Lactobacillus crispatus*）	Jeong 等（2017）；Londero 等（2012）；Nalbantoglu 等（2014）；Londero 等（2012）
德氏乳杆菌（*Lactobacillus delbrueckii*）	Nalbantoglu 等（2014）
福卡米利斯乳杆菌（*Lactobacillus fomicalis*）	Jeong 等（2017）
母鸡乳杆菌（*Lactobacillus gallinarum*）	Jeong 等（2017）；Nalbantoglu 等（2014）
加氏乳杆菌（*Lactobacillus gasseri*）	Jeong 等（2017）；Nalbantoglu 等（2014）
瑞士乳杆菌（*Lactobacillus helveticus*）	Miguel 等（2010）；Zhou 等（2009）；Londero 等（2012）；Jeong 等（2017）；Nalbantoglu 等（2014）
肠乳杆菌（*Lactobacillus intestinalis*）	Jeong 等（2017）
詹氏乳杆菌（*Lactobacillus jensenii*）	Londero 等（2012）；Nalbantoglu 等（2014）
约氏乳杆菌（*Lactobacillus johnsonii*）	
卡利克斯镇乳杆菌（*Lactobacillus kalixensis*）	Jeong 等（2017）
产马奶酒乳杆菌（*Lactobacillus kefiranofaciens*）	Dertli 和 Çon（2017）；Garofalo 等（2015）；Leite 等（2012）；Jeong 等（2017）；Londero 等（2012）
高加索酸奶粒乳杆菌（*Lactobacillus kefirgranum*）	Leite 等（2012）

续表

菌种	参考文献
高加索酸奶乳杆菌 (*Lactobacillus kefiri*)	Dertli 和 Çon (2017)；Garofalo 等 (2015)；Leite 等 (2012)；Londero 等 (2012)；Nalbantoglu 等 (2014)
北酸乳杆菌 (*Lactobacillus kitasatonis*)	Jeong 等 (2017)
肠系膜乳杆菌 (*Lactobacillus mesenteroides*)	Zhou 等 (2009)
大滝乳酸杆菌 (*Lactobacillus otakiensis*)	Garofalo 等 (2015)；Londero 等 (2012)
类布氏乳杆菌 (*Lactobacillus parabuchneri*)	Leite 等 (2012)
副干酪乳杆菌 (*Lactobacillus paracasei*)	Plessas 等 (2017)；Miguel 等 (2010)；Viana 等 (2017)；Nalbantoglu 等 (2014)
类高加索酸奶乳杆菌 (*Lactobacillus parakefiri*)	Leite 等 (2012)；Miguel 等 (2010)；Londero 等 (2012)；Korsak 等 (2015)
戊糖乳杆菌 (*Lactobacillus pentosus*)	Nalbantoglu 等 (2014)
植物乳杆菌 (*Lactobacillus plantarum*)	Gangoiti 等 (2017)；Miguel 等 (2010)；Viana 等 (2017)；Nalbantoglu 等 (2014)
路氏乳杆菌 (*Lactobacillus reuteri*)	Nalbantoglu 等 (2014)
鼠李糖乳杆菌 (*Lactobacillus rhamnosus*)	Nalbantoglu 等 (2014)
鼠乳杆菌 (*Lactobacillus rodentium*)	Jeong 等 (2017)
罗西氏乳杆菌 (*Lactobacillus rossiae*)	Nalbantoglu 等 (2014)
清酒乳杆菌 (*Lactobacillus sakei*)	Nalbantoglu 等 (2014)
唾液乳杆菌 (*Lactobacillus salivarius*)	Nalbantoglu 等 (2014)
红条乳杆菌 (*Lactobacillus satsumensis*)	Paiva 等 (2016)；Miguel 等 (2010)；Fiorda 等 (2016)
酸橘乳酸杆菌 (*Lactobacillus sunkii*)	Garofalo 等 (2015)；Londero 等 (2012)
厄尔纳拉乳杆菌 (*Lactobacillus ultunensis*)	Dertli 和 Çon (2017)；Jeong 等 (2017)
葡萄乳杆菌 (*Lactobacillus uvarum*)	Miguel 等 (2010)
乳球菌	
乳脂乳球菌 (*Lactococcus cremoris*)	Yüksekdağ 等 (2004)
格氏乳球菌 (*Lactococcus garvieae*)	Nalbantoglu et al. (2014)
乳酸乳球菌乳亚种 (*Lactococcus lactis* subsp. *lactis*)	Gangoiti 等 (2017)；Korsak 等 (2015)；Leite 等 (2013)；Londero 等 (2012)；Zhou 等 (2009)
乳酸乳球菌乳脂亚种 (*Lactococcus lactis* subsp. *cremoris*)	Leite 等 (2013)；Leite 等 (2012)；Londero 等 (2012)；Zhou 等 (2009)
链球菌	
乳脂链球菌 (*Streptococcus cremoris*)	Yüksekdağ 等 (2004)
耐久肠球菌 (坚韧链球菌) (*Streptococcus durans*)	Yüksekdağ 等 (2004)
粪肠球菌 (粪链球菌) (*Streptococcus faecalis*)	Yüksekdağ 等 (2004)

续表

菌种	参考文献
嗜热链球菌 (*Streptococcus thermophilus*)	Garofalo 等 (2015)；Yüksekdağ 等 (2004)
醋杆菌	
醋化醋杆菌 (*Acetobacter aceti*)	Fiorda 等 (2017)
可可豆醋杆菌 (*Acetobacter fabarum*)	Garofalo 等 (2015)
罗旺醋杆菌 (*Acetobacter lovaniensis*)	Garofalo 等 (2015)；Korsak 等 (2015)；Leite 等 (2013)
东方醋杆菌 (*Acetobacter orientalis*)	Garofalo 等 (2015)；Korsak 等 (2015)
巴氏醋杆菌 (*Acetobacter pasteurianus*)	Viana 等 (2017)
马六甲蒲桃醋杆菌 (*Acetobacter syzygii*)	Miguel 等 (2010)；Viana 等 (2017)
醋杆菌属 (*Acetobacter* sp.)	Londero 等 (2012)
日本葡糖杆菌 (*Gluconobacter japonicas*)	Miguel 等 (2010)
酵母菌	
水生哈萨克斯坦酵母 (*Kazachstania aquatic*)	Londero 等 (2012)
霍氏假丝酵母 (*Kazachstania exigua*)	Korsak 等 (2015)；Londero 等 (2012)
瑟氏哈萨克斯坦酵母 (*Kazachstania servazzii*)	Garofalo 等 (2015)
Kazachstani asolicola	Garofalo 等 (2015)
Kazachstania turicensis	Garofalo 等 (2015)；Londero 等 (2012)
单孢酿酒酵母 (*Kazachstania unispora*)	Garofalo 等 (2015)；Zhou 等 (2009)；Londero 等 (2012)
气生哈萨克斯坦酵母 (*Kazachstania aerobia*)	Garofalo 等 (2015)
Dekkera anomala	Garofalo 等 (2015)
葡萄酒有孢汉逊酵母 (*Hanseniaspora uvarum*)	Fiorda 等 (2016)
东方伊萨酵母 (*Issatchenkia orientalis*)	Fiorda 等 (2016)
乳酸克鲁维酵母 (*Kluyveromyces lactis*)	Cho 等 (2018)；Zhou 等 (2009)
马克思克鲁维酵母 (*Kluyveromyces marxianus*)	Cho 等 (2018)；Korsak 等 (2015)；Londero 等 (2012)；Zhou 等 (2009)
发酵拉钱斯氏酵母 (*Lachancea fermentati*)	Fiorda 等 (2016)
膜醭毕赤酵母 (*Pichia membranifaciens*)	Fiorda 等 (2016)
库德里阿兹威氏毕赤酵母 (*Pichia kudriavzevii*)	Fiorda 等 (2016)
里约酵母 (*Saccharomyces cariocanus*)	Garofalo 等 (2015)
酿酒酵母 (*Saccharomyces cerevisiae*)	Cho 等 (2018)；Garofalo 等 (2015)；Leite 等 (2013)；Zhou 等 (2009)；Fiorda 等 (2016)；Londero 等 (2012)；Viana 等 (2017)
瑟氏酵母 (*Saccharomyces servazzii*)	Londero 等 (2012)
发酵接合酵母 (*Zygosaccharomyces fermentati*)	Fiorda 等 (2016)

续表

菌种	参考文献
其他菌类	
肠球菌属 (*Enterococcus* sp.)	Garofalo 等（2015）
肠膜明串珠菌 (*Leuconostoc mesenteroides*)	Korsak 等（2015）；Fiorda 等（2016）；Leite 等（2013）；Zhou 等（2009）；Nalbantoglu 等（2014）
球形赖氨酸芽孢杆菌 (*Lysinibacillus sphaericus*)	Fiorda 等（2016）
克氏片球菌 (*Pediococcus claussenii*)	Nalbantoglu 等（2014）
有害片球菌 (*Pediococcus damnosus*)	Nalbantoglu 等（2014）
嗜盐片球菌 (*Pediococcus halophilus*)	Nalbantoglu 等（2014）
黑麦草片球菌 (*Pediococcus lolii*)	Nalbantoglu 等（2014）
戊糖片球菌 (*Pediococcus pentosaceus*)	Nalbantoglu 等（2014）

13.2.3 开菲尔的制作

许多乳制品都可以用来制作开菲尔，如牛奶、山羊奶、绵羊奶、羊奶，甚至豆奶、椰奶和米浆（Gul 等，2015）。制作开菲尔，要在室温（25℃）下将开菲尔粒在乳品中培养长达 24h，使其 pH 接近 4.6（Guzel-Seydim 等，2011a），最终产生一种独特的碳酸饮料，其味道类似于稀酸奶。发酵的各种产物如乳酸、乙醇、二氧化碳、生物活性肽、胞外多糖、抗生素和细菌素赋予产品最终的风味和功能特性（de Oliveira Leite 等，2013）。

开菲尔的生产有多种方法，同时也引入了许多现代工业技术。首先用于发酵底物的时间和温度有多种组合可以选择（例如，85℃/30min，90℃/15min，90~95℃/2~3min），然后在底物中接种开菲尔粒或"母"培养物（20~100g/L），接着在室温下进行约 24h 的发酵，发酵后将开菲尔粒过滤去除。

传统方法只能生产少量开菲尔，并且步骤烦琐。制作过程中很多因素都和微生物菌群的组成和活性密切相关（开菲尔粒的来源和质量、谷物与基质的比例、培养的持续时间和温度、卫生条件和储存）。并且，传统开菲尔的保质期相对较短（2~3d）（Guzel-Seydim 等，2011a）。此外，由于工艺或储存条件的变化，传统开菲尔的感官特性可能存在差异，即使在同一工艺的不同批次之间也是如此。因此，为了解决这些质量问题，需要开发更可控的生产工艺。

为了在工业规模上标准化开菲尔产品，已经研发出纯种发酵开菲尔的生产工艺。并且，冷藏（4℃）有助于将开菲尔产品的保质期延长至 10~15d（Singh 和 Shah，2017）。但在另一方面，工业化生产改变了开菲尔的传统特征，并可能导致野生开菲尔微生物菌群的消失，而野生开菲尔微生物菌群具有进一步开发和利用的巨大潜力，主要是由于其有益的保健特性。

13.2.4　可替代乳制品或非乳制品制成的开菲尔饮品

食醋是使用最广泛的食品配料之一，全球年产量约为 100 万 L，主要用作调味品来增强食物的风味和酸度，也可作为防腐剂（Ho 等，2017）。在世界各地，不同类型的食醋的发酵底物也各不相同，有些甚至是用优质葡萄酒生产的，经过精心陈酿，根据其独特的感官特性定价。

如前所述，食醋生产涉及两个主要的生物过程：酵母酒精发酵，随后醋酸菌将乙醇氧化成乙酸。因此，任何含乙醇的物质都可以作为醋发酵的底物。根据国际食品法典委员会（Codex Alimentarius Commission，1987），食醋中乙酸含量不得低于 50g/L。欧盟还制定了特定的范围标准，规定白色蒸馏醋的乙酸范围是 4%～7%，苹果酒或葡萄酒醋的乙酸范围为 5%～6%。遵循这些标准，人们开发出了各种各样的食醋生产工艺，在方法、原料和最终产品类型方面各不相同。

如上所述，开菲尔对人体健康有许多积极的影响，因此科学家对其在新型非乳制品中的应用产生了浓厚的兴趣（Corona 等，2016；Randazzo 等，2016）。例如一种易于制备且大受欢迎的非乳制品开菲尔饮料，被称为水开菲尔或糖开菲尔，它是通过水和糖与开菲尔粒的混合物发酵（室温下 48～96h）制备的，再加入适量的水果提取物（Laureys 等，2018）。蔗糖是水开菲尔生产中常用的糖。

众所周知，水果和蔬菜对人体健康有很多益处，因此也被尝试用作开菲尔饮料生产的基质。这些底物含有水、糖、蛋白质、氨基酸、维生素和矿物质，并且，在大多数情况下，它们不需要额外添加糖（Duarte 等，2010；Koutinas 等，2009）。最近的研究报告了水果和蔬菜的成功使用，如苹果、梨、葡萄、草莓、猕猴桃、可可豆、石榴、豆类、木瓜、胡萝卜、芹菜、甜瓜、洋葱和番茄，都可以用于开发新型、功能性、非乳制品开菲尔饮料（Fiorda 等，2016；Puerari 等，2012；Randazzo 等，2016）。

如果我们补充一定量的糖来刺激开菲尔微生物菌群的生长，那么其他底物，如豆奶（Liu 和 Lin，2000）、椰子（Limbad 等，2015）、核桃（Cui 等，2013）、大米（Deeseenthum 等，2018）、花生（Bensmira 和 Jiang，2015）和可可浆（Puerari 等，2012），也可用于非乳制品开菲尔生产。其他调味成分也可以添加到这些产品中，例如墨西哥菠萝/红糖开菲尔饮料"Tapache"中添加了肉桂（de la FuenteSalcido 等，2015）。开菲尔也可以由葡萄制成（Gaware 等，2011），如"Kefir d'uva"饮料，由稀释的葡萄醪发酵产生（避免乙醇含量过高）并且添加了各种香料。不仅如此，开菲尔发酵剂已被提议用于生产乳清饮料（Magalhães 等，2011）或其他基于乳清的产品，例如生产奶酪发酵剂（Kourkoutas 等，2006）、饮用酒精和面包酵母（Koutinas 等，2007）。一般来说，在开菲尔的发酵中，其产品呈酸性、清爽利口、轻微碳酸化、乙醇含量低，并且由于开菲尔粒中的各种共生菌种的作用，还可能含有乙酸（图 13.1）。

醋的种类是根据其所用的原料来划分的。例如，米醋"Komesu"和"Kurosu"分别是精米或糙米经过糖化、产生的糖的酒精发酵和乙醇氧化成乙酸生产而成（Nanda 等，2001）。由精米制成的 Komesu 是一种无色的食醋，味道平淡，主要用于制作寿司。另一方面，Kurosu 是一种黑色的食醋，含有更多的营养成分（维生素、氨基酸等），并

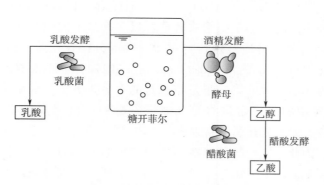

图 13.1 糖开菲尔醋生产中涉及的菌种/发酵过程

被用作健康饮料（Park，2018）。"*Elephant garlic*"是一种具有改良风味品质以及潜在健康益处的新型食醋产品，是通过米酒的醋酸发酵生产的（Kim 等，2018）；"*Sichuan*"是由 108 种不同的草药制成的食醋，蓼叶的液体提取物被用来启动食醋的发酵过程。以此类推，基于发酵的基质，还可以生产许多其他不同类型的食醋，如高粱醋、竹醋、番茄醋、洋葱汁醋、雪莉醋、苹果醋等（Ho 等，2017）。

　　现代食醋生产中应用的另一种方法是使用固定化细胞来提高食醋发酵产量（详见第 7 章）。固定化模拟了微生物在自然环境中生长时通常发生的细胞聚集。在食醋生产中，细菌主要固定在木片上（de Ory 等，2004；Kennedy 等，1980；Kourkoutas 等，2004）。食醋穿过木片固定床，被收集在发酵容器的底部，同时它可以被再循环到这个带有固定化细菌的木片固定床（Mas 等，2014）。

　　与醋酸菌固定化类似，有研究者提出从开菲尔粒中分离固定化混合培养物，以提高食醋的产量并降低生产和安装成本（例如，通过取消使用离心分离器）（Viana 等，2017）。固定化细胞技术可以在一周内产生理想的酸度，并生产出高质量的食醋。

13.3　开菲尔醋的生产

13.3.1　开菲尔醋的生产工艺

　　食醋的价格一般没有酒精饮料贵，但食醋在保障食品安全和提高食品质量方面做出了重要贡献。并且有研究表明，食醋中乙酸的抗菌作用使其具有一定的保健功效（Gullo 等，2014）。因此，开菲尔醋可以作为市场上的一种新型的具有更高保健价值的食醋。如图 13.1 所示，开菲尔醋生产主要涉及两个发酵过程：酵母的酒精发酵和醋酸菌的醋酸发酵。开菲尔乳制品中偶尔会发现醋酸菌，很可能是因为发酵容器中渗入的氧气触发了它们的生长。开菲尔粒中已鉴定出多种醋酸菌（表 13.1），因此在商业开菲尔醋生产中应对其有所取舍（Schlepütz 等，2013）。醋酸菌是严格好氧的革兰氏阴性细菌，属于 α 变形菌纲的醋杆菌科（Acetobacteraceae of Alphaproteobacteria）。如表 13.1 所示，开菲尔粒中最常见的醋酸菌是醋杆菌属的醋化醋杆菌（*A. aceti*）、洛瓦尼醋杆菌

（*A. lovaniensis*）、丝状醋杆菌（*A. syzygii*）、东方醋杆菌（*A. orientalis*）等。

用于开菲尔醋生产的开菲尔微生物菌群可以在许多不同的基质上进行培养，如蔬菜、水果和谷物。酒精发酵通常进行得很快，大部分糖在发酵的前 3 周内被消耗掉（Fiorda 等，2017；Randazzo 等，2016；Viana 等，2017）。酒精发酵的步骤必须在厌氧条件下进行。开菲尔醋发酵的第二步是在充足的溶氧条件下，由醋酸菌将乙醇氧化成乙酸。供应给醋酸菌的氧气含量将影响醋酸发酵的速度以及最终产品的感官品质（Ubeda 等，2011）。大多数开菲尔醋酸菌微生物菌群能够在中性和酸性（pH 3.0~4.0）环境中氧化乙醇，因此，它们是能够在高乙醇和食醋发酵的酸性条件下存活的主要物种（Li 等，2015；Viana 等，2017）。开菲尔醋的主要风味成分就是发酵产生的有机酸（乳酸和乙酸）（Randazzo 等，2016；Viana 等，2017）。

相比于其他培养物，使用开菲尔粒可以减少分离提取培养物的步骤（例如离心），因为开菲尔粒可以很容易地被回收和再利用（Viana 等，2017）。除其他因素外，在开菲尔醋的生产过程中，开菲尔菌群数量的增加是由醋酸的最终浓度决定的。

根据现有研究，人们提出了一个工业开菲尔醋生产的总体方案（图 13.2）（Randazzo 等，2016，Viana 等，2017）。该方案参考深层发酵食醋生产工艺，即将开菲尔培养物悬浮在醋化基质中，并给与强通风。其主要步骤有：①原料准备（压榨脱渣、研磨糖化等）；②加入适量水稀释并进行原料均质；③高温巴氏杀菌；④加入起始发酵剂（开菲尔粒）和发酵底物；⑤过滤澄清（图 13.2）。发酵装置由不锈钢发酵罐、供气系统、冷却系统和泡沫控制系统组成。

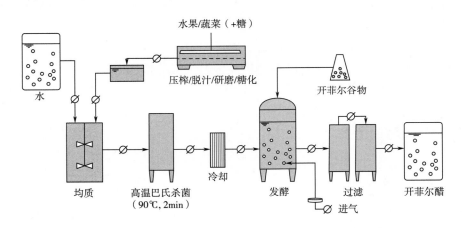

图 13.2　基于现有已发表研究成果提出的工业开菲尔醋生产的总体方案

食醋的工业生产主要通过溶解氧深层发酵来实现，使活性良好的醋酸菌能够在优化的条件下氧化乙醇并产生高乙酸产量。目前，在工业食醋生产中，深层发酵通常采用先前发酵批次的非选定的醋酸菌培养物，并且能够保持在重复培养周期中的细胞活性（Gullo 等，2014）。该技术的工业应用要点（图 13.2）在于促进深层发酵以获得高乙醇转化率和较高的产酸效率。

醋酸菌（表 13.1）是开菲尔醋生产的主要微生物，而乙酸是一种有效的抗菌化合物，可防止发酵食品中滋生致病微生物和腐败微生物（Gullo 等，2014）。所以乙酸的抗菌活性和活的开菲尔菌种可以提高开菲尔醋产品的安全性，延长保质期（Ho 等，2017；Krátký 等，2017；Viana 等，2017）。

13.3.2　开菲尔醋的感官及品质特性

和食醋一样，开菲尔醋的品质在很大程度上取决于其感官特性。感官分析是一种有价值的工具，人类可以通过感官分析食物和饮料的特性，消费者对产品的感知是一个重要因素。然而，品尝醋的困难之一是乙酸对整体感觉的强大冲击。高浓度的乙酸具有刺激性，掩盖了其他风味，为了进行适当的感官评估，要求评估人员对这种特定类型的产品有一定的熟悉程度。因此，可能需要额外的化学分析来评定食醋的质量。

正如本书其他章节中所讨论的，化学分析表明，在醋酸发酵之后，醋酸菌以类似于乙醇代谢的方式，开始代谢其他醇类物质，产生相应的酸，从而增加食醋中影响香气的挥发性化合物含量（Callejón 等，2009）。次级代谢形成了少量挥发性物质（低阈值），如乙烷、乙醛、乙酸乙酯、丁醇、甲基丁醇和3-羟基-2-丁酮等，在食醋中产生独特的风味和香气。这些化合物的成分和浓度在不同类型的食醋中有所不同，取决于其所用的培养物和原料（Plessi，2003）。近年来，在确定与醋的感官特性有关的化合物（包括羰基化合物、酯、内酯、酸、醇、酚和缩醛）方面的研究均取得了重大进展（Ho 等，2017）。

同样，在开菲尔醋中，由于开菲尔微生物菌群的多样性和代谢活性，可能会产生大量的挥发性化合物（Randazzo 等，2016）。其中，酯类是开菲尔酵母培养物中水果香味的主要来源（Nambou 等，2014）。因此，开菲尔醋的风味会受到乙醇原料、开菲尔菌群和发酵过程的影响。代表性产品是苹果开菲尔醋，它被评定为一种酸味（醋酸）饮品，外观清澈，呈半透明，且被消费者描述为95%的人会购买和消费的产品（Viana 等，2017）。

本章作者

安东尼娅·特尔普（Antonia Terpou），伊安娜·曼佐拉尼（Ioanna Mantzouani）

参考文献

Bensmira, M., and Jiang, B. 2015. Total phenolic compounds and antioxidant activity of a novel peanut-based kefir. *Food Science and Biotechnology* 24 (3): 1055-1060.

Callejón, R.M., Tesfaye, W., Torija, M.J., Mas, A., Troncoso, A.M., and Morales, M.L. 2009. Volatile compounds in red wine vinegars obtained by submerged and surface acetification in different woods. *Food Chemistry* 113 (4): 1252-1259.

Chen, T.H., Wang, S.Y., Chen, K.N., Liu, J.R., and Chen, M.J. 2009. Microbiological and chemical properties of kefir manufactured by entrapped microorganisms isolated from kefir grains. *Journal of Dairy Science* 92 (7): 3002-3013.

Chen, Z., Shi, J., Yang, X., Nan, B., Liu, Y., and Wang, Z. 2015. Chemical and physical characteristics and antioxidant activities of the exopolysaccharide produced by Tibetan kefir grains during milk fermentation. *International Dairy Journal* 43: 15-21.

Cho, Y.-J., Kim, D.-H., Jeong, D., Seo, K.-H., Jeong, H.S., Lee, H.G., and Kim,

H. 2018. Characterization of yeasts isolated from kefir as a probiotic and its synergic interaction with the wine byproduct grape seed flour/extract. *LWT − Food Science and Technology* 90: 535−539.

Codex Alimentarius Commission. 1987. *Draft European Regional Standard for Vinegar.* World Health Organization, Geneva, Switzerland.

Codex Alimentarius Commission. 2011. *Milk and Milk Products (CODEX STAN 243−2003)* , Second Edition, World Health Organization (WHO) and Food and Agriculture Organization of the United Nations (FAO), Rome, Italy, pp. 6−16.

Conner, H. A. , and Allgeier, R. J. 1976. Vinegar: Its history and development. In D. Perlman (Ed.) *Advances in Applied Microbiology*, vol. 20, Academic Press, pp. 81−133.

Corona, O. , Randazzo, W. , Miceli, A. , Guarcello, R. , Francesca, N. , Erten, H. , Moschetti, G. , and Settanni, L. 2016. Characterization of kefir−like beverages produced from vegetable juices. *LWT − Food Science and Technology* 66: 572−581.

Cui, X. −H. , Chen, S. −J. , Wang, Y. , and Han, J. −R. 2013. Fermentation conditions of walnut milk beverage inoculated with kefir grains. *LWT − Food Science and Technology* 50 (1): 349−352.

De la Fuente−Salcido, N. M. , Castañeda−Ramírez, J. C. , García−Almendárez, B. E. , Bideshi, D. K. , Salcedo−Hernández, R. , and Barboza−Corona, J. E. 2015. Isolation and characterization of bacteriocinogenic lactic bacteria from M−Tuba and Tepache, two traditional fermented beverages in México. *Food Science and Nutrition* 3 (5): 434−442.

De Oliveira Leite, A. M. , Miguel, M. A. L. , Peixoto, R. S. , Rosado, A. S. , Silva, J. T. , and Paschoalin, V. M. F. 2013. Microbiological, technological and therapeutic properties of kefir: A natural probiotic beverage. *Brazilian Journal of Microbiology* 44 (2): 341−349.

De Ory, I. , Romero, L. E. , and Cantero, D. 2004. Optimization of immobilization conditions for vinegar production. Siran, wood chips and polyurethane foam as carriers for *Acetobacter aceti. Process Biochemistry* 39 (5): 547−555.

Deeseenthum, S. , Luang−In, V. , and Chunchom, S. 2018. Characteristics of Thai pigmented rice milk kefirs with potential as antioxidant and anti−inflammatory foods. *Pharmacognosy Journal* 10 (1): 154−161.

Deng, Y. , Man, C. , Fan, Y. , Wang, Z. , Li, L. , Ren, H. , Cheng, W. , and Jiang, Y. 2015. Preparation of elemental selenium−enriched fermented milk by newly isolated *Lactobacillus brevis* from kefir grains. *International Dairy Journal* 44: 31−36.

Dertli, E. , and Çon, A. H. 2017. Microbial diversity of traditional kefir grains and their role on kefir aroma. *LWT − Food Science and Technology* 85: 151−157.

Duarte, W. F. , Dias, D. R. , Oliveira, J. M. , Teixeira, J. A. , de Almeida e Silva, J. B. , and Schwan, R. F. 2010. Characterization of different fruit wines made from cacao, cupuassu, gabiroba, jaboticaba and umbu. *LWT − Food Science and Technology* 43 (10): 1564−1572.

Exarhopoulos, S. , Raphaelides, S. N. , and Kontominas, M. G. 2018. Flow behavior studies of kefiran systems. *Food Hydrocolloids* 79: 282−290.

FAO/WHO Food Standards Program. 1987. Codex standards for sugars, cocoa products and chocolate and miscellaneous. Codex standard for vinegar. In Codex Alimentarius. Regional European Standard, Codex Stan 162. Ginebra.

Fiorda, F. A. , de Melo Pereira, G. V. , Thomaz−Soccol, V. , Medeiros, A. P. , Rakshit, S. K. , and Soccol, C. R. 2016. Development of kefir−based probiotic beverages with DNA protection and antioxidant activities using soybean hydrolyzed extract, colostrum and honey. *LWT − Food Science and Technology* 68: 690−697.

Fiorda, F. A. , de Melo Pereira, G. V. , Thomaz − Soccol, V. , Rakshit, S. K. , Pagnoncelli, M. G. B. , Vandenberghe, L. P. d. S. , and Soccol, C. R. 2017. Microbiological, biochemical, and func − tional aspects of sugary kefir fermentation −A review. *Food Microbiology* 66: 86−95.

Gangoiti, M. V. , Puertas, A. I. , Hamet, M. F. , Peruzzo, P. J. , Llamas, M. G. , Medrano, M. , Prieto, A. , Dueñas, M. T. , and Abraham, A. G. 2017. *Lactobacillus plantarum* CIDCA 8327: An α −

glucan producing-strain isolated from kefir grains. *Carbohydrate Polymers* 170: 52-59.

Garofalo, C., Osimani, A., Milanovic, V., Aquilanti, L., De Filippis, F., Stellato, G., Di Mauro, S., Turchetti, B., Buzzini, P., Ercolini, D., and Clementi, F. 2015. Bacteria and yeast micro-biota in milk kefir grains from different Italian regions. *Food Microbiology* 49: 123-133.

Gaware, V., Kotade, K., Dolas, R., and Dhamak, K. 2011. The magic of kefir: A review. *Pharmacology* 1: 376-386.

Gul, O., Mortas, M., Atalar, I., Dervisoglu, M., and Kahyaoglu, T. 2015. Manufacture and characterization of kefir made from cow and buffalo milk, using kefir grain and starter culture. *Journal of Dairy Science* 98 (3): 1517-1525.

Gullo, M., Verzelloni, E., and Canonico, M. 2014. Aerobic submerged fermentation by acetic acid bacteria for vinegar production: Process and biotechnological aspects. *Process Biochemistry* 49 (10): 1571-1579.

Guzel-Seydim, Z., Kok-Tas, T., Ertekin-Filiz, B., and Seydim, A. C. 2011a. Effect of different growth conditions on biomass increase in kefir grains. *Journal of Dairy Science* 94 (3): 1239-1242.

Guzel-Seydim, Z. B., Kok-Tas, T., Greene, A. K., and Seydim, A. C. 2011b. Review: Functional properties of kefir. *Critical Reviews in Food Science and Nutrition* 51 (3): 261-268.

Ho, C. W., Lazim, A. M., Fazry, S., Zaki, U. K. H. H., and Lim, S. J. 2017. Varieties, production, composition and health benefits of vinegars: A review. *Food Chemistry* 221: 1621-1630.

Jeong, D., Kim, D. -H., Kang, I. -B., Kim, H., Song, K. -Y., Kim, H. -S., and Seo, K. -H. 2017. Characterization and antibacterial activity of a novel exopolysaccharide produced by *Lactobacillus kefiranofaciens* DN1 isolated from kefir. *Food Control* 78: 436-442.

Kennedy, J. F., Humphreys, J. D., Alan Barker, S., and Greenshields, R. N. 1980. Application of living immobilized cells to the acceleration of the continuous conversions of ethanol (wort) to acetic acid (vinegar) -Hydrous titanium (IV) oxide-immobilized *Acetobacter* species. *Enzyme and Microbial Technology* 2 (3): 209-216.

Kesenkaş, H., Gürsoy, O., and Özbaş, H. 2017. Kefir. In J. Frias, C. Martinez-Villaluenga, and E. Peñas (Eds.) *Fermented Foods in Health and Disease Prevention*. Academic Press, pp. 339-361.

Kim, J. W., Jeong, D., Lee, Y., Hahn, D., Nam, J. O., Lee, W. Y., Hong, D. H., Kim, S. R., and Ha, Y. S. 2018. Development and metabolite profiling of elephant garlic vinegar. *Journal of Microbiology and Biotechnology* 28 (1): 50-58.

Korsak, N., Taminiau, B., Leclercq, M., Nezer, C., Crevecoeur, S., Ferauche, C., Detry, E., Delcenserie, V., and Daube, G. 2015. Short communication: Evaluation of the microbiota of kefir samples using metagenetic analysis targeting the 16S and 26S ribosomal DNA fragments. *Journal of Dairy Science* 98 (6): 3684-3689.

Kourkoutas, Y., Bekatorou, A., Banat, I. M., Marchant, R., and Koutinas, A. A. 2004. Immobilization technologies and support materials suitable in alcohol beverages production: A review. *Food Microbiology* 21 (4): 377-397.

Kourkoutas, Y., Kandylis, P., Panas, P., Dooley, J. S. G., Nigam, P., and Koutinas, A. A. 2006. Evaluation of freeze-dried kefir coculture as starter in feta-type cheese production. *Applied and Environmental Microbiology* 72 (9): 6124-6135.

Koutinas, A. A., Athanasiadis, I., Bekatorou, A., Psarianos, C., Kanellaki, M., Agouridis, N., and Blekas, G. 2007. Kefir-yeast technology: Industrial scale-up of alcoholic fermentation of whey, promoted by raisin extracts, using kefir-yeast granular biomass. *Enzyme and Microbial Technology* 41 (5): 576-582.

Koutinas, A. A., Papapostolou, H., Dimitrellou, D., Kopsahelis, N., Katechaki, E., Bekatorou, A., and Bosnea, L. A. 2009. Whey valorisation: A complete and novel technology development for dairy industry starter culture production. *Bioresource Technology* 100 (15): 3734-3739.

Krátkÿ, M., Vinšová, J., and Stolaříková, J. 2017. Antimicrobial activity of rhodanine-3-acetic acid derivatives. *Bioorganic and Medicinal Chemistry* 25 (6): 1839-1845.

Laureys, D., Aerts, M., Vandamme, P., and De Vuyst, L. 2018. Oxygen and diverse nutrients influence the water kefir fermentation process. *Food Microbiology* 73: 351-361.

Leite, A. M. O., Leite, D. C. A., Del Aguila, E. M., Alvares, T. S., Peixoto, R. S., Miguel, M. A. L., Silva, J. T., and Paschoalin, V. M. F. 2013. Microbiological and chemical characteristics of Brazilian kefir during fermentation and storage processes. *Journal of Dairy Science* 96 (7): 4149-4159.

Leite, A. M. O., Mayo, B., Rachid, C. T. C. C., Peixoto, R. S., Silva, J. T., Paschoalin, V. M. F., and Delgado, S. 2012. Assessment of the microbial diversity of Brazilian kefir grains by PCR - DGGE and pyrosequencing analysis. *Food Microbiology* 31 (2): 215-221.

Li, S., Li, P., Feng, F., and Luo, L. -X. 2015. Microbial diversity and their roles in the vinegar fermentation process. *Applied Microbiology and Biotechnology* 99 (12): 4997-5024.

Limbad, M. J., Gutierrez - Maddox, N., and Hamid, N. 2015. Coconut water: An essential health drink in both natural and fermented forms. In Owen, J. P. (Ed.), *Fruit and Pomace Extracts: Biological Activity, Potential Applications and Beneficial Health Effects*. New York: Nova Science Publishers Inc., pp. 145-156.

Liu, J. R., and Lin, C. W. 2000. Production of Kefir from soymilk with or without added glucose, lactose, or sucrose. *Journal of Food Science* 65 (4): 716-719.

Londero, A., Hamet, M. F., De Antoni, G. L., Garrote, G. L., and Abraham, A. G. 2012. Kefir grains as a starter for whey fermentation at different temperatures: Chemical and microbiological characterisation. *Journal of Dairy Research* 79 (3): 262-271.

Luang-In, V., and Deeseenthum, S. 2016. Exopolysaccharide-producing isolates from Thai milk kefir and their antioxidant activities. *LWT - Food Science and Technology* 73: 592-601.

Magalhães, K. T., Dragone, G., de Melo Pereira, G. V., Oliveira, J. M., Domingues, L., Teixeira, J. A., e Silva, J. B. A., and Schwan, R. F. 2011. Comparative study of the biochemical changes and volatile compound formations during the production of novel whey-based kefir beverages and traditional milk kefir. *Food Chemistry* 126 (1): 249-253.

Mas, A., Torija, M. J., García-Parrilla, M. d. C., and Troncoso, A. M. 2014. Acetic acid bacteria and the production and quality of wine vinegar. The Scientific World Journal 2014 (Article ID 394671): 1-6.

Miguel, M. G. d. C. P., Cardoso, P. G., Lago, L. d. A., and Schwan, R. F. 2010. Diversity of bacteria present in milk kefir grains using culture-dependent and culture-independent methods. *Food Research International* 43 (5): 1523-1528.

Nalbantoglu, U., Cakar, A., Dogan, H., Abaci, N., Ustek, D., Sayood, K., and Can, H. 2014. Metagenomic analysis of the microbial community in kefir grains. *Food Microbiology* 41: 42-51.

Nambou, K., Gao, C., Zhou, F., Guo, B., Ai, L., and Wu, Z. J. 2014. A novel approach of direct formulation of defined starter cultures for different kefir-like beverage production. *International Dairy Journal* 34 (2): 237-246.

Nanda, K., Taniguchi, M., Ujike, S., Ishihara, N., Mori, H., Ono, H., and Murooka, Y. 2001. Characterization of acetic acid bacteria in traditional acetic acid fermentation of rice vinegar (komesu) and unpolished rice vinegar (kurosu) produced in Japan. *Applied and Environmental Microbiology* 67: 986-990.

Paiva, I. M. d., Steinberg, R. d. S., Lula, I. S., Souza - Fagundes, E. M. d., Mendes, T. d. O., Bell, M. J. V., Nicoli, J. R., Nunes, Á. C., and Neumann, E. 2016. *Lactobacillus kefiranofaciens and Lactobacillus satsumensis* isolated from Brazilian kefir grains produce alpha- glucans that are potentially suitable for food applications. *LWT - Food Science and Technology* 72: 390-398.

Park, Y. O. 2018. Quality comparison of natural fermented vinegars manufactured with different raw materials. *Journal of the Korean Society of Food Science and Nutrition* 47 (1): 46-54.

Plessas, S., Nouska, C., Karapetsas, A., Kazakos, S., Alexopoulos, A., Mantzourani, I., Chondrou, P., Fournomiti, M., Galanis, A., and Bezirtzoglou, E. 2017. Isolation, characterization and evaluation of the probiotic potential of a novel *Lactobacillus* strain isolated from Feta - type cheese. *Food Chemistry* 226: 102-108.

Plessi, M. 2003. Vinegar. In B. Caballero, P. Finglas, and F. Toldra (Eds.) *Encyclopedia of Food Sciences and Nutrition*, *Second ed.* Academic Press, Oxford, UK, pp. 5996-6004.

Puerari, C. , Magalhães, K. T. , and Schwan, R. F. 2012. New cocoa pulp – based kefir beverages: Microbiological, chemical composition and sensory analysis. *Food Research International* 48 (2): 634-640.

Randazzo, W. , Corona, O. , Guarcello, R. , Francesca, N. , Germanà , M. A. , Erten, H. , Moschetti, G. , and Settanni, L. 2016. Development of new non – dairy beverages from Mediterranean fruit juices fermented with water kefir microorganisms. *Food Microbiology* 54: 40-51.

Raspor, P. , and Goranovic, D. 2008. Biotechnological applications of acetic acid bacteria. *Critical Reviews in Biotechnology* 28 (2): 101-24.

Rattray, F. P. , and O'Connell, M. J. 2011. Fermented milks – Kefir. In J. W. Fuquay, P. F. Fox, and P. L. H. McSweeney (Eds.) *Encyclopedia of Dairy Sciences*, Second Edition. Academic Press, San Diego, pp. 518-524.

Rodrigues, K. L. , Caputo, L. R. G. , Carvalho, J. C. T. , Evangelista, J. , and Schneedorf, J. M. 2005. Antimicrobial and healing activity of kefir and kefiran extract. *International Journal of Antimicrobial Agents* 25 (5): 404-408.

Rosa, D. D. , Dias, M. M. S. , Grześkowiak, L. M. , Reis, S. A. , Conceição, L. L. , and Peluzio, M. D. C. G. 2017. Milk kefir: Nutritional, microbiological and health benefits. *Nutrition Research Reviews* 30 (1): 82-96.

Schlepütz, T. , Gerhards, J. P. , and Büchs, J. 2013. Ensuring constant oxygen supply during inoculation is essential to obtain reproducible results with obligatory aerobic acetic acid bacteria in vinegar production. *Process Biochemistry* 48 (3): 398-405.

Sharifi, M. , Moridnia, A. , Mortazavi, D. , Salehi, M. , Bagheri, M. , and Sheikhi, A. 2017. Kefir: A powerful probiotics with anticancer properties. *Medical Oncology* 34: 183.

Singh, P. K. , and Shah, N. P. 2017. Other fermented dairy products: Kefir and Koumiss. In N. P. Shah (Ed.) *Yogurt in Health and Disease Prevention*. Academic Press, pp. 87-106.

Ubeda, C. , Callejón, R. M. , Hidalgo, C. , Torija, M. J. , Mas, A. , Troncoso, A. M. , and Morales, M. L. 2011. Determination of major volatile compounds during the production of fruit vinegars by static headspace gas chromatography—mass spectrometry method. *Food Research International* 44 (1): 259-268.

Vardjan, T. , Mohar Lorbeg, P. , Rogelj, I. , and Čanžek Majhenič, A. 2013. Characterization and stability of lactobacilli and yeast microbiota in kefir grains. *Journal of Dairy Science* 96 (5): 2729-2736.

Viana, R. O. , Magalhães – Guedes, K. T. , Braga, R. A. , Dias, D. R. , and Schwan, R. F. 2017. Fermentation process for production of apple – based kefir vinegar: Microbiological, chemical and sensory analysis. *Brazilian Journal of Microbiology* 48 (3): 592-601.

Viljoen, B. C. 2001. The interaction between yeasts and bacteria in dairy environments. *International Journal of Food Microbiology* 69 (1-2): 37-44.

Yüksekdağ, Z. N. , Beyatli, Y. , and Aslim, B. 2004. Determination of some characteristics coccoid forms of lactic acid bacteria isolated from Turkish kefirs with natural probiotic. *LWT – Food Science and Technology* 37 (6): 663-667.

Zajšek, K. , Kolar, M. , and Goršek, A. 2011. Characterisation of the exopolysaccharide kefiran produced by lactic acid bacteria entrapped within natural kefir grains. *International Journal of Dairy Technology* 64 (4): 544-548.

Zhou, J. , Liu, X. , Jiang, H. , and Dong, M. 2009. Analysis of the microflora in Tibetan kefir grains using denaturing gradient gel electrophoresis. *Food Microbiology* 26 (8): 770-775.

14

新型食醋产品

14.1 引言

食醋已经有四千多年的历史。例如，在几千年前的传统葡萄酒产区古希腊，葡萄酒醋在烹饪和医药方面都占有一席之地。科斯岛的希波克拉底（Hippocrates of Kos）是一名希腊医生，也被称为"医学之父"，他用醋来治疗各种健康问题，比如处理伤口（Johnston 和 Gaas，2006）。然而，直到近些年，醋还被一些人认为是一种低质量的产品，在某些情况下甚至不被视为一种食品，正如本书其他章节所讨论的，这个观点目前已经改变了，最近的几项科学研究已经揭示了食醋的众多健康益处，以及作为功能性食品的潜力（Samad 等，2016；Ali 等，2017；Ho 等，2017）。

几乎所有含有可发酵糖的原料都可以用来生产食醋，通过两步发酵过程：先由酵母菌进行酒精发酵以生产出乙醇，然后乙醇被醋酸菌氧化为乙酸（食醋）。除了雪莉醋、陈酿的香脂醋等一些特殊的食醋外，食醋一般都是价格较低的产品，因此，食醋的生产可以使用廉价的原材料，如不合格的水果蔬菜、农业余粮、食物废弃物等。此外，农业生产收获后的损失对发展中国家农民的收入和经济都非常重要。因此，将这些原料加工成食醋是减少这些损失和产生附加值的有效策略。

利用植物源的替代原料和农工副产品的另一个原因是生产具有更好的感官和营养特性的新型食醋，因为这些原料的风味或功能（生物活性）成分有望被保留并体现在最终的食醋产品中。

在本章中，介绍了主要用于科学研究的农业工业废物和副产品以及用于食醋生产的替代原料。重点关注的是水果和蔬菜，不包括传统的葡萄酒醋/葡萄干醋、香脂醋、苹果醋和淀粉/谷物为基础的食醋。

14.2 食品废弃物作为食醋生产的原料

如今，农业生产方式的不断改进及其集约化已经导致世界范围内粮食供应的显著改善；然而，这也导致了大量食品废弃物的产生（Matharu 等，2016）。食品废弃物有几种不同的来源。所谓的"食品供应链废弃物"源自供应链从生产到零售的不同阶段；但其主要原因是全球经济的发展和消费意识的日益高涨。这种生活趋势产生了仍可食用且具有营养价值的食品废弃物，是由零售商和消费者丢弃的（Aschemann-Witzel 等，2015）。联合国粮农组织（FAO）的一项研究结果表明，全球范围内供人类消费的粮食中，有近三分之一被损失或浪费。这个数字相当于每年约13亿t，其碳足迹约为33亿t二氧化碳当量（FAO，2011年）。食物浪费的来源也可以根据每个国家的经济状况来区分。因此，工业化国家在消费阶段产生的食物浪费是这样的，而低收入国家的大部分食品废弃物是在食品供应链的第一阶段产生（Ong 等，2018）。

食品废弃物中含有碳水化合物、蛋白质、脂类和无机成分，这些成分可以被进一步消化为葡萄糖、氨基酸、脂肪酸等更简单的有机化合物，其组成取决于来源（Lin 等，2013）。因此，食品废弃物可用生物炼制的方法，以环境可持续发展的方式用于生产能源、化学、制药、化妆品、食品和其他高附加值产品（Ong 等，2018）。根据这一趋势，一些食品废弃物被用作食醋生产的原料，如表14.1所示。

表 14.1　以农业食品废弃物为原料生产食醋及发酵条件的研究

原材料	糖	酒精发酵		醋酸发酵		参考文献
		条件	乙醇/% （体积分数）	条件	乙酸/（g/L）	
香蕉皮	天然糖+蔗糖	酵母；环境温度；7d	13.0	醋；28d	60	Byarugaba-Bazirake 等（2014）
菠萝（皮和核）	酶法水解浓缩	酿酒酵母；25℃；72~96h	6.0	A. aceti；32℃；30d	50	Roda 等（2017）
橄榄油厂废水	天然糖+蔗糖	酒醋	—	酒醋；28d	56	De Leonardis 等（2017）
蔬菜废弃物（南瓜、土豆、南瓜和胡萝卜皮）	天然糖（热浓缩）	酿酒酵母；32℃；3d	7.6	醋化醋杆菌；30℃；90d	60	Chakraborty 等（2017）
洋葱废弃物	天然糖（热浓缩）	持续的；酿酒酵母；30℃；200r/min	4.0	连续填料床生物反应器—炭球固定醋酸菌	38	Horiuchi 等（2004）

14.2.1 橄榄油厂的废水

在最近的一项研究中，研究人员将橄榄油研磨废水（OMW）作为原料，在实验室规模下生产一种新型富酚醋（De Leonardis 等，2018），为橄榄油废弃物的开发提供了一种新的替代选择。橄榄油加工（尤其是传统方法）会产生大量的废水和废渣形式的废弃物，丢弃后对环境的影响很大。另一方面，这些废物具有高含量的酚类和其他化合物，可以被回收或转化为高营养和药用价值的物质（De Leonardis 等，2007；2009）。De Leonardis 等（2018）使用富含蔗糖（200g/L）和酵母营养补充剂（0.5g/L）的灭菌或粗橄榄油研磨废水进行自然发酵，或通过选定的酵母和葡萄酒醋接种物发酵。30℃发酵28d，置于阴凉处保存15个月。15个月后，新型 OMW 醋呈现出与其他商业食醋类似的特征，如苹果醋或葡萄酒醋。其最重要的特点是高酚含量（>3600mg/L），特别是羟基酪醇（1019mg/L），一种被认为具有重要抗氧化性能的化合物（De Leonardis 等，2007；2009）。欧盟已经正式认可羟基酪醇的营养重要性，准许健康声明："橄榄油多酚有助于保护血脂免受氧化应激"，每20g 橄榄油中至少含有 5mg 羟基酪醇及其衍生物（欧盟委员会，2012）。在生产的新型食醋中，羟基酪醇达到了所要求的含量（De Leonardis 等，2018），这表明了新型食醋具有作为功能性食品甚至是保健品的潜力。

14.2.2 蔬菜废弃物

另一种被用作新型食醋生产原料的废物是蔬菜废弃物。例如，土豆、南瓜、胡萝卜和豆腐的废料煮沸后用于酒精发酵和之后的食醋的生产（Chakraborty 等，2017）。与 OMW 的情况一样，这项工作的背景是，蔬菜废物含有大量具有显著营养价值和潜在健康益处的化合物，如植物化学物质、多糖和果胶，如果转移到新型食醋中，将提供潜在的功能特性。结果表明，酒精发酵3d，醋酸发酵3.5d，可制得乙酸含量为57g/L 的新型食醋。

洋葱废弃物也作为一种新型食醋的原料来进行了研究（Horiuchi 等，1999；Horiuchi 等，2004；González-Sáiz 等，2008）。这种新型洋葱醋具有独特的特性，极有可能成为高矿物质、氨基酸和高有机酸含量的功能性产品（González-Sáiz 等，2008）。生产过程分为三个步骤：将洋葱废料分离为固体残留物（占洋葱废料质量的40%），经过适当处理后可以用作堆肥（Horiuchi 等，2004），以及得到的洋葱汁（占洋葱废料质量的60%）。以洋葱汁为底物，采用酒精发酵和醋酸发酵两步法生产新型食醋。不同洋葱品种的乙酸含量在29.4~37.9g/L。此外，为了确保洋葱醋的有效生产，并控制酒精发酵和醋酸发酵过程，还开发了一个基于近红外光谱的监测系统（González-Sáiz 等，2008）。

14.2.3 菠萝废弃物

另一种被用作新型食醋生产原料的废弃物是菠萝加工业的废料。据估计，菠萝加工产生的固体废弃物约占水果的75%（主要是剥皮、果核、冠端等）（Abdullah，

2007）。如此高的废弃物量占比，再加上菠萝产量在世界所有热带水果中排名第二（FAO，2017 年），导致大量废弃物产生。菠萝加工废弃物中含有丰富的糖类（蔗糖、葡萄糖和果糖）和其他营养物质（矿物质和维生素），因此，它们被用来发酵生产乙醇、乳酸和柠檬酸等多种产品（Abdullah 和 Mat，2008；Upadhyay 等，2010）。此外，菠萝废料，尤其是果皮（Huang 等，2011），含有大量不溶性纤维，主要是纤维素、果胶物质、半纤维素和木质素，经过适当的预处理工艺可以转化为可发酵糖。因此，菠萝废弃物的成分使其成为生产食醋的理想基质。此外，菠萝废弃物中含有酚类化合物等生物活性物质（Huang 等，2011），这些物质在发酵过程中可能转化为食醋或转化为新的抗氧化分子，从而提高食醋的功能特性（Shahidi 等，2008）。

利用菠萝废弃物生产食醋的技术主要包括四个阶段：①预处理；②酶糖化；③酒精发酵；④醋酸发酵。预处理步骤是必要的，以提高纤维素分解酶对其底物（纤维素）的可及性，以便后续糖化。

在最近的一项研究中，研究了四种物理预处理方法，以降低菠萝废弃物生物量的抗降解：微波加热、煮沸、高压锅和高压灭菌器高压烹饪（Roda 等，2016）。高压灭菌器的使用被证明是提高糖产量的最有效的预处理方法，这是由于压力对菠萝皮和果核的纤维基质诱导的结构改变，促进酶的可及性和水解的步骤（Alvira 等，2010）。高压灭菌器预处理后，水解产物仅含有葡萄糖和果糖（总计超过 60g/kg），且不含非酶褐变反应产生的化合物（Roda 等，2016）。适当预处理后，糖化以增加以下发酵步骤的可发酵糖含量。菠萝渣酶解的最佳条件为：纤维素酶、半纤维素酶和果胶酶在 50℃ 水解 24h，转化酶培养 3h。在没有预处理的情况下使用酶可以获得高达 30g/kg 废物的产糖量（Roda 等，2014），而在高压釜预处理后应用酶水解时，糖产量最高达到 72.8g/kg（Roda 等，2016）。该水解产物在 25℃ 的需氧条件下由酿酒酵母（$Saccharomyces\ cerevisiae$）发酵 7~10d，产生 7% 的乙醇，随后由醋化醋杆菌（$Acetobacter\ aceti$）在 32℃ 下进行 30d 的醋酸发酵，以获得 5% 的乙酸（Roda 等，2017）。最终的菠萝醋呈现出的 L-赖氨酸、甜蜜素和没食子酸的含量明显高于原酒。另一种提高菠萝醋质量的方法是利用菠萝汁分离出的酵母和醋酸菌（Sossou 等，2009）。

根据 Praveena 和 Estherlydia（2014）的研究，菠萝醋的颜色从菠萝果渣的浅黄色到菠萝皮渣的浅棕色不等，而其香气的特点是温和的水果味和醋酸味。菠萝皮醋液中抗氧化剂含量达 2077mg/100mL。

最后，对菠萝醋生产的成本进行了分析，结果表明，糖化是整个生产过程中成本最高的部分（占总成本的90%以上）；然而，考虑到全世界每年产生的大量菠萝废弃物以及菠萝醋的价格，这一不利因素可以被忽略（Roda 等，2017）。

14.2.4　香蕉皮

此前还报道过使用香蕉皮作为原料生产新型食醋的情况（Byarugaba-Bazirake 等，2014）。香蕉皮是香蕉生产加工过程中产生的主要废弃物，香蕉皮中含有淀粉，因此可用于食醋生产，最初将香蕉皮在水中煮沸提取糖分，回收约 7°Bx 的溶液。之后，添加蔗糖以增加含糖量，随后进行酒精发酵和醋酸发酵，在 28d 后，得到香气宜人的食醋

（根据消费者的评价），乙酸含量为 60g/L，糖含量为 5.0°Bx，pH 为 2.9。

14.2.5 椰子水

热带、亚热带地区大面积种植椰子（*Cocos nucifera L.*）。椰子的品种较多，市场规模不断扩大，椰子产业产生大量废弃物，包括成熟椰子水。超过 20 万 t 的过熟椰子的椰子水经过脱壳处理来生产椰子油或椰子奶（Unagul 等，2007）。利用成熟椰子水发酵生产有价值的产品是一个非常有前景的方法，如有机酸（Unagu 等，2007）和食醋（Truong 和 Marquez，1987）。

例如，在巴氏杀菌之前，在椰子水中添加蔗糖以将糖含量增加至 14°Bx（Othaman等，2014）。然后用酿酒酵母进行酒精发酵，7d 后得到 6%（体积分数）的乙醇，4 周后用醋化醋杆菌生产含 40g/L 乙酸的食醋。在类似的研究中，添加蔗糖（120g/L 糖）的椰子水由面包酵母（4g/L）和醋化醋杆菌（5g/L）发酵，酒精发酵 1d 产生约 6%（体积分数）的乙醇，醋酸发酵 18d 后产生 62.7g/L 的酸度。生产出的食醋在外观、气味、酸味和整体接受度等属性方面均表现不俗（Ngoc 等，2016）。

14.2.6 降解水果和果皮

目前已经进行了一些研究，以评估水果废料作为乙酸生产基质或作为乙酸生产微生物的来源，在食醋生产中的潜在用途。如上所述，利用果皮和蔬菜皮生产食醋是经济的，因为它们含有大量的碳水化合物，可由产有机酸的微生物进行转化。在最近的一项研究中，对几种水果皮（橘子、香蕉、芒果、石榴和番木瓜）通过高压灭菌、煮沸和酸水解制备的水解产物的总糖含量进行了筛选。将水解产物用于醋化醋杆菌生产乙酸。香蕉皮的含糖量最高，石榴皮的含糖量最低。香蕉水解液分别以燕麦和椰子油饼为碳源和氮源，具有良好的抗菌和抗氧化作用，是一种理想的生产醋酸的培养基（Preethi 等，2017）。

在另一项研究中，腐烂的水果，如葡萄、芒果、菠萝、橙子等，被用于分离醋酸菌，以备在食醋生产中使用。结果重点指出了几种分离的细菌用于食醋生产的潜力，因为它们即使在高温下也能产生大量的乙酸（Diba 等，2015）。

在类似的研究中，来自伊朗杏、桃、白红樱桃的醋杆菌菌株被分离和鉴定出来（Maal 和 Shafiee，2009；Maal 等，2010；Maal 和 Shafiee，2010）。从杏中分离得到的菌株表现出最佳的工艺特性，即对高浓度乙醇的耐受性（即使在培养 4d 后）和高醋酸产量（144h 后高达 85.3g/L）。这些特性表明，该菌株可作为利用杏子或杏渣生产新型食醋的适宜工业菌株（Maal 等，2010）。

14.3 食醋生产的替代原料

在本节中，介绍了食醋生产中使用的替代原材料，重点关注的是水果和蔬菜来源，不包括传统葡萄酒醋/葡萄干醋、香醋、苹果醋、淀粉/谷物醋（表 14.2）。

表14.2　食醋生产的替代原料及发酵条件

原材料	糖	乙醇发酵		醋酸发酵		参考文献
		条件	乙醇/%（体积分数）	条件	乙酸/（g/L）	
蜂蜜	天然糖/用水浸泡	酿酒酵母；室温；84h	8.0	醋；20-28℃；72h	90	Ilha 等 (2000)
蓝莓	天然糖+蔗糖	酿酒酵母；30℃；3d	—	醋杆菌 KCCM 40085；30℃；12d；200r/min	53	Hong 等 (2018)
黑树莓	天然糖+蔗糖	醋；23℃	—	醋；144d；23℃	44	Song 等 (2016)
黑莓	天然糖+蔗糖	酿酒酵母；28℃；36h	8.1	醋；30℃；104h	52	Cunha 等 (2016)
腰果	天然糖+蔗糖	酿酒酵母；48h	12.6	醋（1∶1）；50h	40	Silva 等 (2007)
嘉宝果	天然糖+蔗糖	酿酒酵母；22℃；168h	9.5	乙酸/葡萄糖酸，28℃；0.05L/min O$_2$；264h	78	Dias 等 (2016)
芒果	自然（热富集）	酿酒酵母；30℃；144h	—	分离的乙酰胆碱；30℃；15d	47	东方醋杆菌 等 (2010)
洋葱	自然（热富集）	酿酒酵母；30℃；200r/min；12h	3.9	连续填料床生物，反应器-炭球固定醋酸菌	38	Horiuchi 等 (2000)
洋葱	天然糖+蔗糖	酿酒酵母；28℃；36h；100r/min；提供氧气	5.0	东方醋杆菌；氧气供应；28℃；96h；300r/min；分批处理	>40	Lee 等 (2017)
洋葱	天然糖+蔗糖	酿酒酵母；28℃；36h；100r/min；提供氧气	5.0	东方醋杆菌；氧气供应；28℃；96h；300r/min；半连续	45~49	Lee 等 (2017)
橙子	天然糖	天然酿酒酵母；28℃；36h；100r/min；提供氧气	13~14（稀释至6.0）	橙子中的天然醋杆菌	60	Davies 等 (2017)

（续表）

| 原材料 | 乙醇发酵 | | | 醋酸发酵 | | | 参考文献 |
	糖	条件	乙醇/%（体积分数）	条件	乙酸/（g/L）		
橙子	天然糖+蔗糖	贝酵母；22℃	9.8	雪莉醋（1：1）；通气；深层培养	86		Cejudo-Bastante 等（2018）
橙子	天然糖+蔗糖	贝酵母；22℃	9.8	表面培养	50		Cejudo-Bastante 等（2018）
橙子	天然糖	60mg/L 二氧化硫；3mL/L 果胶溶解酶；贝酵母	5.0	雪莉醋；25d	40		Cejudo-Bastante 等（2016）
棕榈	天然糖+蔗糖	酵母；32℃；72h	—	乙酸；30℃；72h；150r/min	71		Ghoshet 等（2014）
柿子	天然糖（热富集）	酿酒酵母；28℃；7d	5.2	巴氏醋杆菌；30℃；7d；通气陈酿3个月	33		Zou 等（2017）
玫瑰茄	天然糖+葡萄糖	酿酒酵母；室温；3d	8.0	酿酒酵母和醋化醋杆菌；30℃；50r/min；7d	43~47		Kongkittikajom（2014）
草莓	天然糖	产于草莓的酿酒酵母；29℃；250r/min	—	混合醋酸菌；31℃；500；溶解氧70%	—		Hornedo-Ortega 等（2017）
番茄	天然糖+苹果提取物	酿酒酵母；30℃；2d	4.6~5.8	醋杆菌；30℃；8d；200r/min	56		Lee 等（2013）
西瓜	天然糖+蔗糖	酿酒酵母；30℃；2d	9.5	巴氏醋杆菌；30℃；7d；180r/min	53		Chen 等（2017）

14.3.1 西瓜醋

西瓜（*Citrulus lanatus*）是一种很受欢迎的夏季水果，年产量很高。它是一种富含维生素、矿物质和特定氨基酸的高营养水果（Liu 等，2018）。更具体地说，它是维生素 C 的重要来源，是维生素 A 和 B 族维生素的良好来源，尤其是富含维生素 B_1 和维生素 B_6，以及钾和镁等矿物质（Quek 等，2007）。此外，西瓜汁是类胡萝卜素，即番茄红素的理想来源。它所含的番茄红素几乎比番茄（番茄红素最广为人知的来源）多40%（Holden 等，1999）。因此，西瓜及其制品作为一种功能性食品有着巨大的市场潜力，因此它也被评价为生产一种新型食醋的原料。

在最近的一项研究中，新鲜过滤的西瓜汁被用于食醋生产（Chen 等，2017）。在果汁中加入糖以增加含糖量，这是使用果汁生产食醋的常见做法。在 30℃ 下进行 5d 的酒精发酵，得到 9.45%（体积分数）乙醇含量。将生产的西瓜"酒"用于醋酸发酵，得到乙酸含量约为50g/L 的食醋。食醋是透明的，没有雾状和沉淀物，呈淡黄色。食醋中主要挥发性成分为乙酸苯乙酯和苯乙醇，食醋的味道以酸为主，甜和鲜味次之，而后微苦，这主要是由于食醋中含有较高的甜味和鲜味游离氨基酸以及较高的酯类含量所致。

14.3.2 番茄醋

番茄是世界上生产和消费最广泛的新鲜水果，2017 年全球产量约为 1.77 亿 t（Statista，2017）。因此，也产生了大量的剩余物、废弃物和副产品。因此，番茄也被用作生产食醋的原料。例如，开发了两种类似方法来生产番茄醋：第一种方法是在发酵前将番茄汁与苹果提取物混合（Lee 等，2013；Seo 等，2014），而在第二种方法，只使用番茄汁（Koyama 等，2017）。

更具体地说，在第一种方法中（Lee 等，2013），将没有茎的成熟番茄压碎，与蒸馏水混合，并用苹果提取物强化（图 14.1）。采用两步发酵法：首先是利用酿酒酵母的酒精发酵，30℃ 发酵 2d，然后在 30℃ 和 200r/min 的摇动培养箱中用醋杆菌属（*Acetobacter* sp.）进

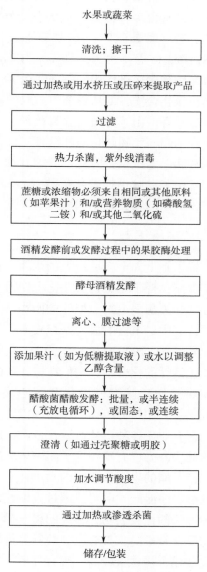

水果或蔬菜

| 清洗；擦干 |

| 通过加热或用水挤压或压碎来提取产品 |

| 过滤 |

| 热力杀菌，紫外线消毒 |

| 蔗糖或浓缩物必须来自相同或其他原料（如苹果汁）和/或营养物质（如磷酸氢二铵）和/或其他二氧化硫 |

| 酒精发酵前或发酵过程中的果胶酶处理 |

| 酵母酒精发酵 |

| 离心、膜过滤等 |

| 添加果汁（如为低糖提取液）或水以调整乙醇含量 |

| 醋酸菌醋酸发酵：批量，或半连续（充放电循环），或固态，或连续 |

| 澄清（如通过壳聚糖或明胶） |

| 加水调节酸度 |

| 通过加热或渗透杀菌 |

| 储存/包装 |

图 14.1 不同水果和蔬菜来源的食醋生产步骤

行醋酸发酵 8d，得到总酸度为 56g/L 的番茄醋。

第二种方法（Koyama 等，2017）遵循了日本味滋康有限公司（Mizkan）的流程。该方法以番茄汁为原料，经酒精发酵和醋酸发酵制成食醋。用水（2.5kg 番茄/L）压碎番茄，过滤和热灭菌后，将生的、澄清的番茄汁用于酒精发酵（30℃，96h）。以酿酒酵母为发酵剂，果胶酶为发酵促进剂，得到酒精含量为 3.6%（体积分数）的番茄果酒，将制得的番茄果醋和未灭菌的番茄果醋按 7∶3 的比例混合，在 32℃下进行 110h 醋酸发酵。在最终产品中，加入水将酸含量调节到 40g/L。

在这两种情况中，番茄醋的一些健康益处都与功能性化合物相关，这些功能性化合物要么来自番茄，要么是发酵产物（Koyama 等，2017）。事实上，如上所述，番茄及其制品富含多种促进健康的化合物，如有机酸、氨基酸、矿物质、酚类化合物、类胡萝卜素（番茄红素、β-胡萝卜素）和维生素 A、维生素 C、维生素 E（Beecher，1998；Boggio 等，2000；Alarcon-Flores 等，2016；Siddiqui 等，2016）。因此，番茄醋具有多种健康促进作用。例如，在 Koyama 等（2017）的一项研究中，发现番茄醋含有抗高血压化合物，如从番茄中提取的 γ-氨基丁酸和钾，以及发酵过程中产生的醋酸和焦谷氨酸等。由于番茄中含有酚酸、黄酮和谷胱甘肽等化合物，这种食醋比商品醋具有更强的超氧化物歧化酶样活性。此外，番茄醋降低了高脂饮食诱导肥胖小鼠的脂肪堆积和胰岛素抵抗，降低了肝脏甘油三酯和胆固醇水平，降低了血浆低密度脂蛋白胆固醇水平和动脉粥样硬化指数（Lee 等，2013；Seo 等，2014）。因此，番茄醋可以作为一种有效的膳食补充剂来调节体重，对心血管疾病和肥胖具有潜在的预防作用。

14.3.3　橙子醋

橙子是世界上产量最大的水果，由于产量过剩和营养价值高，橙子也被提议用于生产食醋。橙子是生物活性化合物的重要来源，如抗坏血酸（维生素 C）、叶酸、酚类化合物和类胡萝卜素。橙汁的酚类成分包括酚酸，主要是阿魏酸和没食子酸，以及黄烷酮，其中最丰富的成分是橙皮苷（Kelebek 等，2009），而抗坏血酸含量则因橙汁品种而异（20~100mg/100mL）（Davies 等，2017）。众所周知，上述所有物质都是具有高抗氧化活性的化合物，它们在橙汁中的存在与减少 DNA 损伤、预防癌症以及预防退行性疾病（如动脉粥样硬化和冠心病）有关（Keli 等，1996；Tripoli 等，2007；Rech Franke 等，2013；Davies 等，2017）。此外，橙汁的酒精发酵会导致褪黑素水平的增加，这有益于各种生物过程（Fernández-Pachón 等，2014）。所有这些与橙汁和橙酒有关的健康益处也有望在橙子醋中体现出来。

橙子醋的生产和传统的食醋生产一样，遵循两步发酵工艺。利用酵母菌株进行酒精发酵；而醋酸发酵可以通过表面或深层培养来进行（Cejudo-Bastante 等，2018）。这两种方法的比较表明，最终的橙子醋呈现出不同的特性。表面发酵制得的食醋中多酚类物质含量较高，具有较高的营养价值。而深层发酵食醋的酸度较高，获得时间较短，挥发性化合物含量较高，感官分析得分较高。

在另一项研究中，评估了不同原材料的效果（Cejudo-Bastante 等，2016）。更具体地说，采用挤压榨汁、去皮橙汁和未去皮橙汁作为橙子醋的原料。榨汁去皮橙汁酒精发酵 4d，乙醇含量 5%，未去皮橙汁酒精发酵 30d，乙醇含量 2%。采用表面发酵法进行醋酸发酵，榨汁去皮橙汁的酸度为 40g/L，未去皮橙汁的酸度小于 20g/L。在原料中使用橙皮提高了成品醋的多酚和挥发组分含量，而为了获得最佳的橙子醋风味，应该对初始原料进行甜化处理。

最后，为了验证橙汁中存在的抗氧化化合物也存在于橙子醋中的假设，其在储存 6 个月后与橙子醋进行了比较（Davies 等，2017）。结果表明，脱碳过程中抗氧化活性降低，可能是氧含量过多所致，而储藏期间则没有显著差异，更具体地说，醋酸发酵后抗坏血酸降低了 50%，总酚含量高达 55%，类胡萝卜素含量高达 45%。

综上所述，橙子是一种很有前途的原料，用于生产新颖、优质的食醋。根据 Coelho 等（2017）的研究，橙子可用于生产乙醇含量相对较高（11.5%±2.0%）的葡萄酒和总酸度为（53±3）g/L 的食醋。此外，橙子醋具有相对较高的抗氧化活性（11.0±1.7mmol/L，表示为硫酸铁的当量）和良好的挥发性化合物特征，特别是单萜醇的存在，如芳樟醇、α-松油醇和 β-香茅醇，与橙子味和柠檬味相关。

14.3.4 蜂蜜醋

蜂蜜具有多种保健功效，也是开发食醋制品的理想原料。在一项初步研究中（Ilha 等，2000），使用蜂蜜制成的食醋与传统的葡萄酒类似，这说明了它很容易被消费者接受。更具体地说，在感官评价中，蜂蜜醋的所有属性（外观、颜色、气味和风味）都得到高度的评价。从工艺角度看，从 1kg 蜂蜜中获得约 5L 含 90g/L 乙酸的蜂蜜醋。将蜂蜜在蒸馏水中稀释至总固体含量的 21% 制备原料，在室温下发酵 84h，得到乙醇含量为 8% 的蜂蜜酒。采用混合醋酸菌发酵生产食醋，乙酸含量可达 90g/L，乙醇残留量约为 1%。

14.3.5 乳清醋

食醋的另一个来源是乳清，乳清是乳品工业的主要液体副产品。乳清产量巨大，在世界范围内不断增加，而目前研究最多的开发途径是发酵法。在这方面，乳清也被评价为新的乳清醋生产基质。例如，Parrondo 等（2003）以水稀释的甜乳清粉并添加乳糖以达到所需的糖含量。乳糖的最终含量为 139g/L。乳糖的转化需要具有 β-半乳糖苷酶活性的微生物；因此，用乳糖发酵酵母（*Kluyveromyces fragilis*）代替常用的酿酒酵母（*S. cerevisiae*）进行酒精发酵。酒精发酵后，乙醇含量为 5%~6%（体积分数），残余乳糖为 10g/L。在此基础上，将从传统苹果醋中分离的醋酸菌用于 30℃ 和 250r/min 下的醋酸发酵。所得食醋的乙酸含量为 5%~6%（体积分数）（Parrondo 等，2003）。

14.3.6 杨桃醋

另一种被用于食醋生产的水果是杨桃。传统上种植于印度次大陆和东南亚以及世界其他地区。建议将这种水果用于食醋生产，是因为其富含维生素 C、维生素 A、铁和纤维（Minh，2014）。生产杨桃醋的第一步是去除单宁，以促进酵母和醋酸菌在随后的酒精和醋酸发酵中的生长和代谢活动。已经提出了几种去除单宁的方法，其中氯化钠与明胶的结合被证明是最有效的。去除单宁后，需要添加糖蜜以增加糖含量（Minh，2014）。

14.3.7 棕榈醋

在热带地区，棕榈也被用作食醋生产的基质。根据各地种植的品种不同，已经使用了几个品种的棕榈。例如，原产于泰国、马来西亚、印度尼西亚和印度的棕榈（*Borasus flabelifer*）的果汁是甜的，pH 为中性，牡蛎白色，半透明（Naknean 等，2010）。它还含有 110~130g/L 的碳水化合物、150~190mg/L 的蛋白质、0.4~0.8g/L 的脂质、30~40mg/L 的抗坏血酸，以及矿物质（钠、钾、钙和铁）、维生素 A、B 族维生素、氨基酸、膳食纤维和多酚（Barh 和 Mazumdar，2008；Ghosh 等，2012）。用酿酒酵母在 32℃下持续发酵 72h（Ghosh 等，2014），生产得到的棕榈酒用于食醋的生产。为了增加乙酸的含量，棕榈酒中添加了碳源（葡萄糖、蔗糖和甘油的比例为 12∶15∶2）和氮（磷酸氢二铵和尿素的比例为 3∶1），然后再添加乙酸，该方法产生的乙酸含量高达 71g/L（Ghosh 等，2014）。

另一种棕榈，即尼帕棕榈（NYPA *Fruticans Wurmb.*），在东亚地区传统上也被用来通过发酵"尼拉"（一种尼帕棕榈汁）来生产食醋（Yusoff 等，2015）。食用这种醋对健康有一些好处，例如，一种水提取物具有显著的降血糖作用，可使血清胰岛素水平提高 80%。由于其降血糖作用与二甲双胍相当，尼帕醋被认为适合 2 型糖尿病患者食用（Yusoff 等，2015；Samad 等，2016）。

最后，在尼日利亚最近的一项研究中，有人提议使用从腐烂的香蕉果实中分离出来的棕榈汁和醋化醋杆菌来生产棕榈醋。棕榈汁中的酵母在 30℃下发酵 7d，最终乙醇含量为 10.0%，随后用醋化醋杆菌进行 4 周的醋酸发酵，得到了 pH 为 3.5、乙酸含量为 71g/L 的食醋（Samuel 等，2016）。

14.3.8 李属植物果醋

李属植物以其美味的果实而闻名，然而，它们的保质期很短（5~7d）。由此，最近提出利用剩余或成熟水果作为固态发酵生产食醋的基质（Zhao 等，2017）。这种新型食醋的生产过程包括：成熟果实的清洗 [仁用杏（*Prunus armeniaca*）×西伯利亚杏（*P. sibirica*）和欧洲李（*P. domestica*）×仁用杏（*P. armeniaca*）]，紫外线消毒，粉碎，向果肉中添加蔗糖（2∶5）和酿酒酵母（0.2%），添加醋酸菌（1.0mg/100mL）并在 33℃下进行 5d 的醋酸发酵或在 25℃下进行 45d 的醋酸发酵（图 14.1）。采用上述方法生产了三种不同类型的食醋。蛋白质、脂肪和非必需氨基酸含量低于仁用杏醋，但必需氨基酸含量显著高于仁用杏醋。这些结果表明，发酵方法对从原料中回收营养物质非常重要。仁用杏（*P. armeniaca*）×西伯利亚杏（*P. sibirica*）培育品种中仁壹号食醋中富含矿物质和微量元素（铁、镁、锌、钙），而欧洲李（*P. domestica*）×仁用杏（*P. armeniaca*）培育品种风味玫瑰食醋富含氨基酸（200mg/L），尤其是非必需氨基酸（188mg/L）。将上述果肉按 1∶1 比例组合，可生产出特性温和、营养均衡的食醋（Zhao 等，2017）。

14.3.9 洛神花醋

木槿提取物（苹果科）（*Hibiscus sabdariffa L.*，*Malvaceae*）的花被用来生产软饮料和食醋（Kongkiattikajorn，2014）。木槿干花，俗称"洛神花"，在中草药中用于治疗高血压、发热和肝病（Tseng 等，1997）。在食醋生产中，将干洛神花粉加入蒸馏水中，并添加葡萄糖。利用酿酒酵母（*S. cerevisiae*）进行酒精发酵，乙醇含量达 63.5g/L，而后利用醋化醋杆菌（*A. aceti*）和酿酒醋杆菌（*Acetobacter cerevisiae*）混合培养物进行醋酸发酵，产出乙酸含量 65.2g/L 的食醋。与洛神花提取物和洛神花酒相比，洛神花醋增加了生物活性化合物的含量和抗氧化能力（Kongkiattikajorn，2014）。

14.3.10 洋葱醋

洋葱是全球产量最高的蔬菜之一（2017 年约 9300 万 t），仅次于番茄（Statista，2017）。然而，由于质量标准的要求或生产过剩，约 15% 的产品作为废物处理（Lee 等，2017）。食用洋葱与许多健康益处相关，如癌症和心脏病的预防，以及减轻与衰老或糖尿病相关的影响（Griffiths 等，2002；El-Demerdash 等，2005；Lee 等，2017）。然而，它们独特的感官特性（催泪、酸、辣、苦、酸）不利于转化为消费者容易接受的产品。为了将洋葱的众多健康益处与可接受的感官特性结合起来，提出了洋葱发酵制品的生产方法，其中还对洋葱醋的生产进行了评价。

例如，Lee 等（2017）生产洋葱醋的第一步是制备提取物，将洋葱在 121℃ 下加热 15min（图 14.1）。过滤和灭菌后，添加蔗糖以增加提取物的含糖量（至 12°Bx）。使用酿酒酵母（*S. cerevisiae*）（1% 接种量）在 28℃ 下以 100r/min 和 0.1vvm（air volume/culture volume/min）的氧气供应进行 12h 的酒精发酵。经离心和膜过滤后，将洋葱汁加入发酵液中，调节乙醇含量至 5%，加入东方醋杆菌（*Acetobacter orientalis*）（5%）。醋化反应在 28℃、300r/min 和 0.2vvm 供氧条件下进行。通过去除 75% 的发酵液并添加相同量的乙醇洋葱汁（初始乙酸含量为 10g/L，初始乙醇含量为 4%~5%），以半连续模式（三个循环充–排）进行发酵。最终发现洋葱醋含有 43.5g/L 的乙酸（发酵48h 时达到），含有大量的黄酮和多酚，抗氧化活性和改善感官性能比商业洋葱醋更强。

在另一项研究中（Horiuchi 等，2000），红洋葱被用于两步发酵体系中，该体系结合了重复分批过程、絮凝酵母和填充床炭颗粒生物反应器，不添加任何糖。与添加蔗糖相比，建议使用天然洋葱糖来生产更优质的食醋（Shin 等，2002）。木炭颗粒是由废蘑菇制成的。具体而言，通过使用酿酒酵母重复分批操作，将总糖为 67.3g/L 的红洋葱汁顺利转化为洋葱醇（30.6g/L）。该系统在超过 50d 的运行中是稳定的，所得最大乙酸含量为 37.9g/L（Horiuchi 等，2000）。

14.3.11 石榴醋

石榴（*Punica granatum L.*）是原产于中东的一种水果，广泛种植于世界许多地区（中东、高加索、北非和热带非洲、中亚和南亚、地中海盆地和美国加利福尼亚州），因其众多的健康益处而闻名，并被广泛用作保健品的来源（Ok 等，2013）。石榴提取物已被用作食醋生产的基质，结果表明，新的石榴醋会对肥胖产生有益的影响，这是在体外研究（Kim 等，2013b）以及高脂饮食诱导的肥胖大鼠（Ok 等，2013）和超重妇女相关研究中被证实的（Park 等，2014）。

在 Kharchoufi 等（2018）最近的一项研究中，他们对石榴醋的生产进行了研究。将水果清洗干净，仔细去皮，用家用榨汁机榨汁，并添加 100mg/L 焦亚硫酸钠（50mg/L 二氧化硫）以防止变质。通过添加 1g/L 酒石酸将初始 pH 固定在 3.5，在 25℃ 条件下利用一株商业酿酒酵母进行酒精发酵，发酵时间为 6d。乙醇发酵液（乙醇含量 55~63g/L）在 30℃、搅拌（450r/min）、供气（60L/h）的半连续深层发酵实验室醋酸罐中进行醋酸发酵。用雪莉醋作第一个循环的发酵剂，与石榴酒按 50% 的比例混合，当乙酸含量达到 50g/L 时，排出 50% 的体积，用等量的石榴酒代替。在 10d 内进行 10 个周期。该产品的抗氧化能力可与陈年葡萄酒的抗氧化能力相媲美，甚至优于陈年葡萄酒的抗氧化能力，且挥发性成分富含 50% 的酯，感官分析表明该产品具有红色水果的特征（Kharchoufi 等，2018）。

14.3.12 浆果醋

浆果是另一种被用来生产食醋的水果，生产的食醋对健康有潜在的好处。具体而言，蓝莓（*Vaccinium corymbosum L.*）因其抗糖尿病（Broca 等，1999）、抗氧化（Kim 等，2013b）和抗炎特性（Pervin 等，2016）而被用于传统医学。Hong 等（2018）采用两步发酵工艺制备蓝莓醋。在他们的研究过程中，蓝莓被切碎，粉碎，加入水和糖，直到获得 15°Bx。然后由酿酒酵母（*S. cerevisiae*）进行酒精发酵，之后由醋杆菌（*Acetobacter* sp.）进行醋酸发酵，得到总酸度为 53g/L，pH 为 0.98 的食醋。蓝莓醋对东莨菪碱诱导的小鼠失忆模型的认知功能具有预防作用（Hong 等，2018）。

黑树莓也与许多健康益处相关，在一些亚洲国家传统上被用于食醋的生产。例如，在韩国，传统的 Muju 黑树莓醋是通过自发的微生物过程生产的，该过程使用前一批工艺中的"种醋"。在这个过程中，还添加了糖，通常会有长达 1.5 年的陈酿期（Song 等，2016）。黑莓也被用于添加糖的食醋生产，以增加乙醇含量（Cunha 等，2016）。与其他浆果一样，黑莓醋具有高抗氧化特性（Hong 等，2012，Cunha 等，2016）。

草莓是一种被广泛用于食醋生产的浆果，主要是因为它的产量高，在世界各地的消费者中很受欢迎，而且它的营养和健康益处已被一些研究所证实。草莓和草莓衍生产品富含维生素（主要是维生素 C、维生素 E 和叶酸）、矿物质、纤维和植物化学物质，如鞣花酸、花青素、槲皮素和儿茶素（Ubeda 等，2013；Hornedo-Ortega 等，2017）。草莓中所含的酚类化合物具有很强的抗氧化性，具有潜在的健康益处，如对癌细胞的抗增殖作用（Olsson 等，2006）、降低心血管疾病风险的抗氧化和抗炎作用（Hannum，2004）。

有几项研究评估了草莓作为食醋生产基质的用途。在其中的大多数研究中，使用了草莓泥（purée），因为研究结果表明，从技术角度来看，应避免水果压榨（Cerezo López 等，2010）。制作草莓醋的简单方法只需要对草莓泥（含糖量约为 34g/L）进行巴氏杀菌，不添加任何其他添加剂，以及两步发酵过程（Hornedo-Ortega 等，2017）。

在更复杂的工艺中，为了生产具有更好性状的食醋，在草莓泥中添加亚硫酸盐（60mg/L）和果胶酶（3g/hL）（Hidalgo 等，2013；Ubeda 等，2013）。在某些情况下，添加蔗糖以增加糖含量，并在橡木桶或樱桃桶中进行醋酸发酵。然而，通常添加蔗糖不是首选的，通过浓缩草莓泥（例如，在 80℃ 下加热 10h）可使得糖含量增加（Ubeda 等，2013）。然而，这样一个过程，虽然被发现会得到更高的抗氧化活性和总酚指数值，但正如中试实验所揭示的那样，这一过程可能会在工业规模上造成实际的问题（Ubeda 等，2013）。在食醋生产过程开始时使用二氧化硫和果胶酶有助于提高抗氧化活性、总酚和单体花青素的含量（Hidalgo 等，2013；Ubeda 等，2013）。

醋酸发酵的类型对食醋的最终香气有很大影响。例如，木桶的使用，特别是樱桃木桶的使用，对上述所有参数都有积极的影响，且会对食醋的香气产生显著的影响。具体地说，木桶的使用增加了食醋的香气复杂性，与保存在玻璃容器中的具有"青草"特性的食醋相比，增加了甜味和水果的味道（Ubeda 等，2016）。最后，酒精发酵的类型（自然发酵或接种发酵）也会对食醋的最终香气产生影响，接种发酵的食醋呈现出更好的特性（Ubeda 等，2012）。

通过消费者可接受性测试评估了草莓醋的可接受性及其市场潜力，其中草莓醋的得分高于商业白葡萄酒醋（Ubeda 等，2017）。

14.3.13 柿子醋

柿子（*Diospyros kaki*）是日本、韩国、中国和巴西和几个地中海国家以及美国加利福尼亚最重要的水果之一（Hidalgo 等，2012；Zou 等，2017）。柿子腐烂很快，因此很难长期保存。出于这个原因，评估了其开发的替代用途，包括食醋生产。

在添加亚硫酸盐（60mg/L）和果胶酶（3g/hL）后，通过压碎柿子浆的两步发酵工艺生产柿子醋（Hidalgo 等，2013）。进行了两种不同的发酵过程：自发酒精发酵，随后进行自发醋酸发酵；以及接种酿酒酵母（*S. cerevisiae*）酒精发酵，然后在不接种醋酸菌的情况下进行醋酸发酵。结果表明，从工艺角度看，柿子酒和柿子醋的果品应避免压榨，而应改用果浆。此外，建议接种而不是自发的酒精发酵。

食用柿子水果与许多健康益处相关（Giordani 等，2011）。因此，一些研究专注于确定柿子醋的潜在健康益处。压碎的柿子果肉具有很高的抗氧化能力，经酒精发酵和醋酸发酵后，抗氧化能力进一步增强（Zou 等，2017）。此外，柿子醋还具有抗肥胖（Moon 等，2010）和抗炎活性（Lee 等，2016）、防止细胞氧化应激和抑制脂质氧化（Zou 等，2018）。

14.3.14 腰果醋

腰果作为众所周知所对应的坚果，然而，果实的主要部分（多汁的部分或花梗）并不被使用。因此，处理它的另一个选择是用于食醋生产。在 Silva 等（2007）的一项研究中，在洗涤、粉碎和过滤花梗汁液后，添加明胶（以 10%的比例）通过去除果胶来使汁液澄清。果胶也应该被去除，因为在发酵过程中，果胶甲基酯酶的作用会导致过量甲醇的产生。酒精发酵前，在果汁中添加硫酸铵和磷酸钾，并添加焦亚硫酸钾作为防腐剂。为避免蔗糖抑制，在发酵过程中连续添加蔗糖。用商业酿酒酵母（*S. cerevisiae*）菌株（20g/L）进行酒精发酵48h，得到乙醇含量为102.9g/L，蔗糖含量为7.12g/L的腰果酒。腰果酒经过真空过滤，用于醋酸发酵，得到乙酸含量超过40g/L的腰果醋（Silva等，2007）。

14.3.15 嘉宝果醋

嘉宝果树（*Myrciaria jaboticaba* Berg.）是原产于巴西的桃金娘科植物。它是一种浆果状的水果，成熟时果皮光滑黑紫色，富含抗氧化酚和维生素C。嘉宝果传统上用于治疗多种疾病（Santos 和 Meireles，2009）。然而，它的保质期短是造成浪费的原因，因此，有人提出了替代的方法，如用于食醋生产。

例如，Dias等（2016）在洗涤、粉碎和向果肉中添加蔗糖后，使用嘉宝果将糖度调节至16°Bx，亚硫酸氢钾（0.1g/L）作为抗氧化剂和消毒剂，并使用膨润土进行澄清。酿酒酵母（*S. cerevisiae*）在22℃进行酒精发酵，168h后得到乙醇含量约为9.5%的葡萄酒。葡萄酒在10℃下培养40d，以促进沉淀；采用硅藻土和纤维素过滤器真空过滤，用于食醋生产。采用醋化醋杆菌（*A. aceti*）和氧化葡糖杆菌（*Gluconobacter oxydans*）的混合培养，在受控条件下（28℃，0.05L/min 供氧，初始 pH 5.0，无搅拌），产生78g/L乙酸。此外，还产生了其他几种酸，如柠檬酸、苹果酸和琥珀酸，这些酸对发展特色食醋的口感和风味非常重要（Dias等，2016）。

14.3.16 芒果醋

芒果是另一种被评估为食醋生产基质的水果，芒果果实在收获后由于变质而损失，所以有必要开发芒果果实的替代品。商业芒果醋通常是葡萄酒醋或其他类型的食醋，与芒果泥或芒果汁混合并调味。在早期的一项研究中，为了提高芒果的食醋产量并缩短发酵时间，提出了固定化细胞和半连续工艺（Garg等，1995）。更具体地说，回收酿酒酵母（*S. cerevisiae*），提高酒精发酵率。将醋酸菌固定在木屑上，用于半连续醋酸发酵，得到酸度为53g/L的食醋。

后来，根据Ameyapoh等（2010）开发的一种方法，芒果被清洗、去皮和切割，果汁通过机械压力提取。果汁在80℃下加热以防止微生物生长并增加糖含量（糖度高达20°Bx）。酒精发酵在30℃下发酵144h，而随后的醋酸发酵在相同温度下发酵15d，得到47g/L乙酸。

最后，在 Adebayo Oyetro等（2017）最近的一项研究中，芒果被加工成果汁，果汁分为两部分：一部分添加20%的糖，另一部分不添加糖。酿酒酵母（*S. cerevisiae*）用于在30℃下对两种果汁进行15d的酒精发酵，然后加入从葡萄酒中分离出来的醋酸菌在30℃下进行15d的醋酸发酵。结果表明，该工艺生产的食醋的 pH 为 4.02，乙醇含量为6.17g/mL，没食子酸含量为0.513g/mL。该工艺是以芒果汁为原料生产食醋的有效方法。制得的食醋与市售食醋相比，具有良好的理化性能，储存期可达7个月以上。

14.3.17 姜醋

生姜（*Zingiber officinale Rosc.*）是一种著名的香辛料，也是世界上用于食品和饮料调味中最广泛的香料之一。此外，在一些亚洲国家，生姜被用于传统医学，以治疗感冒、消化障碍、风湿、神经痛、绞痛和晕动病等症状。生姜根茎含有姜酚（一组挥发性酚类化合物）和姜酚脱水衍生物，它们是生姜特有的辛辣味道的来源，并具有抗癌、抗氧化、抗菌、抗炎和抗过敏等生物活性（Yeh 等，2014；Leonel 等，2015；Semwal 等，2015）。在生姜的其他用途中，也有人提出姜醋的生产主要是为了将这些生物活性和健康益处传递到食醋中，并开发低质量的根茎来作为附加值产品的原料。商业姜醋通常是苹果、椰子、甘蔗或其他加入姜汁的食醋。

在研究层面，Leonel 等（2015）研究了各种工艺参数对高效生产姜醋的影响。具体而言，他们使用含有 12%淀粉的姜根茎悬浮液，对其进行酶水解以获得含有 8.56%葡萄糖的溶液。水解底物经酿酒酵母（1.5%）在 28℃下放置 48h，得到乙醇含量为 4.03%的葡萄酒。姜酒的后续醋酸发酵采用完全随机因子设计，分为三个因素两个水平，自变量为：温度、营养素添加量、浓醋和酒液的比例（初始酸度）。结果表明，总酸度变化范围为 22.7~48.2g/L，乙醇残留量小于 1%。此外，生产的姜醋在所有处理中都含有乙酸、柠檬酸、苹果酸和琥珀酸（Leonel 等，2015）。

基于上述示例，图 14.1 所示为从不同水果和蔬菜来源（包括其废弃物）生产食醋可能涉及步骤的总体方案。

14.4　食醋生产趋势

通过上述努力得出的结论是，食醋市场，或者说整体的食品和饮料市场，正转向开发与传统产品不同且具有改良特性的新产品。此外，消费者对健康产品消费意识的提高，使得开发具有功能特性的新产品成为必要。顺应这一趋势，食醋生产和研究采用了新的方法来生产具有改善感官和功能特性的新型食醋产品。这些技术除了使用上文所述的水果和农业食品废弃物等新型原料外：①用水果浸泡传统食醋产品；②以水果、香料和蔬菜生产芳香醋；③用膳食纤维强化食醋；④以及开发提高发酵效率和缩短发酵时间的方法，甚至模拟桶中储存，从而加速陈酿过程。

14.4.1　水果浸渍

将几种传统饮料与水果相结合以生产具有改善感官特性和有益健康的新产品正受到关注。同样的发展趋势也适用于食醋，用水果浸泡可以增加健康特性，改变感官特性，总体上会对食醋的质量产生积极的影响（Cejudo-Bastante 等，2013a，2010）。最终食醋产品的香气由传统食醋中已经存在的挥发性化合物和从添加的水果中提取的挥发性化合物组成，产生了一种全新的产品。这种改善食醋特性的方法在亚洲国家很长时间以来一直是一种普遍做法，有些产品可以在市场上找到，但在世界其他地区仍然有限（Wu 等，2007；Cejudo-Bastante 等，2013a）。

在 Cejudo Bastante 等（2013a）的一项研究中，浸渍过程包括在室温或加热至 40℃的条件下，将水果加入新鲜醋中长达 7d。只有果皮或果皮与果肉的组合被建议添加到食醋中。具体地说，对雪莉醋与几种水果（如橙子、柠檬、草莓、柚子和青柠）的浸渍进行了评估，考察了最终产品的挥发性特征和感官特征。结果表明，水果用量不同，制得的食醋具有不同的特点。一般情况下，使用柠檬、青柠和橙子会增加果实的挥发性特征，其中萜类化合物含量较高。另一方面，草莓的使用不影响食醋的挥发性香气结构。感官评估显示，在浸泡过程中使用了最高量的水果会导致评价者对食醋的偏好得分更高。这项工作的结论就是，使用水果浸泡可以产生全新的食醋产品，只需增加4~7d 的加工时间，这可能会拓宽食醋的市场（Cejudo-Bastante 等，2013a）。

14.4.2 增香醋

一种类似于用水果浸泡醋的方法是通过添加不同来源的提取物和浸液使其芳香化，以生产出具有更好的感官特性、不同的味道和更好的生物活性（如抗氧化剂）特性的食醋。国际市场上有几种食醋产品，用水果、香料、草药、蔬菜和蘑菇的提取物进行芳香化（CejudoBastante 等，2013b）。例如，白松露、黑松露、覆盆子、大蒜、柠檬、迷迭香、龙蒿、覆盆子、月桂叶、欧芹、百里香、丁香、茴香、罗勒、山柑、红辣椒和青椒、洋葱、番茄、胡萝卜、辣椒等。这些原料的选择主要是为了提高食醋中酚类化合物的含量和抗氧化活性。具体来说，以黑松露和迷迭香为香料的食醋抗氧化活性最高，其次是柠檬、龙蒿、香草和蔬菜。黑松露醋中 5-羟甲基糠醛含量较高，反式咖啡酸和反式香豆酸次之，迷迭香醋中主要酚类化合物为酪醇和咖啡酸。因此，可以得出结论，食醋的抗氧化活性取决于同时存在的各种酚类化合物（CejudoBastante 等，2013b）。对这些食醋的香气分析表明，每种不同的食醋都呈现出独特的挥发性化合物特征，这表明在同一种果醋的基础上开发新的独特产品的潜力。

14.4.3 高膳食纤维醋

由于食品和酿酒市场对多样化和提高营养价值的需求日益增加，人们也提出了用膳食纤维来丰富食醋品种的建议。Marrufo Curtido 等（2015）提出了一种类似于前面讨论的方法，即在雪莉酒中添加水果纤维，尤其是柑橘类水果。丰富后的食醋呈现出更好的多酚和风味特征。具体而言，橙子纤维的加入导致挥发性化合物含量增加，柠檬纤维的加入导致多酚含量增加。与传统食醋相比，新型食醋特有的柠檬酸风味提高了其感官评价的可接受性。

14.4.4 食醋发酵工艺的优化

在食醋生产中，醋酸发酵是最重要的一步，这一步涉及到转化率和比率，而酒精发酵易于控制，且通常以较高的转化率进行。与醋酸发酵相关的主要问题是酸度对醋酸菌的生长和活性的抑制作用，这可能导致发酵黏滞和低酸度食醋的高残糖含量。酸度水平高达 10g/L 允许醋酸菌生长，高于 20~40g/L 的水平具有抑制作用，高于 60g/L 的水平则限制了细菌的生长（De Ory 等，2002）。为了提高醋酸发酵速率和产量，改善食醋品质，人们采用了多种方法来降低这种抑制作用。根据 Tesfaye 等（2002），这些方法可分为三类：①设计更好的醋酸发酵系统；②选择更高产的细菌（耐高温、底物密度和产品浓度）；③优化工艺参数。

　　将醋酸菌悬浮在基质中，采用强通气的深层醋酸发酵是目前生产商品醋的主要方法。深层醋酸发酵系统可分批、半连续和连续运行，如前几章所述，已设计并获得多项专利，如弗林斯酿醋罐、空化器、鼓泡塔发酵罐和带有不同通气系统的醋化器，如喷气式或燃气轮机（Tesfaye 等，2002）。

　　为了寻找和优化高效醋酸发酵过程的理想条件，也进行了一些研究。例如，在半连续系统中，为获得理想的细胞生长条件且提高发酵速率而研究的参数包括监测耗氧量（Qi 等，2013）与产酸量的比率和最佳放电/充电比率（Qi 等，2014a）。对醋酸菌的酶系进行了研究，以优化醋酸发酵工艺。更具体地说，位于细胞膜上的醋酸菌的酒精呼吸链直接决定了醋发酵的效率。因此，通过添加乙醇呼吸链相关因子的前体，如亚铁离子和 β-羟基苯甲酸，以及通过增加通气率来增强醋酸发酵过程（Qi 等，2014b）。在另一项研究中，确定了负责乙醇氧化途径的限速酶［吡咯喹啉醌（PQQ）依赖的乙醛脱氢酶（ALDH）］，并添加了几种辅酶 Q 前体以提高发酵速率，其中异戊醇提供了最佳结果。以类似的方式，Gómez-Manzo 等（2015）提出了证据表明重氮营养葡糖酸醋杆菌（*Gluconacetobacter diazotrophicus*）的膜基乙醇脱氢酶（ADHa）是一种双功能能酶，能够使用初级 $C_2 \sim C_6$ 醇和相应的醛类作为底物。他们还提出了一种机制，可以将乙醇大量转化为乙酸，而不会中间积累剧毒的乙醛。

　　最后，对几种食醋生产中醋酸菌的最佳营养补料策略进行了研究。例如，在用巴氏醋杆菌（*Acetobacter pasteurianus*）生产苹果醋的体系中，关键营养素是天冬氨酸、谷氨酸、脯氨酸和色氨酸。通过正交试验设计，确定了最佳的营养补料方案，即同时添加 0.02g/L 脯氨酸、0.03g/L 谷氨酸、0.01g/L 天冬氨酸和 0.005g/L 色氨酸，可使乙醇中乙酸的产率达到 93.3%，并提高了苹果醋中的挥发性风味物质化合物的浓度（Qi 等，2017）。

14.4.5 食醋的陈酿

　　陈酿是传统葡萄酒生产中的常用方法。通常使用木桶，如雪莉醋、香脂醋等。陈酿过程可能会持续 6 个月到几年，从而生产出特性更好、价格更高的食醋（Tesfaye 等，2004）。在木桶陈酿过程中，食醋发生了一些变化，最重要的是水分通过木材孔隙流失，从而导致乙酸浓度增加，酚类化合物从木材中被提取到食醋中，主要通过醇和酸之间缓慢的酯化反应生成酯而形成了芳香化合物（Tesfaye 等，2004）。

　　关于最近的研究文献，为了加速陈酿过程，Martínez Gil 等（2018）提出添加橡木或其他木屑，这一做法也成功应用于葡萄酒陈酿。木屑的使用有望通过提高提取率和提取量（如酚类、5-羟甲基-2-呋喃甲醛和挥发性化合物）来缩短陈酿时间，并在现有化合物之间诱导化学反应和缩合（Góamez 等，2006）。已经进行了几项研究，通过添加木片来加速食醋的陈酿，从而使食醋具有更好的风味和其他感官特性（Morales 等，2004；Tesfaye 等，2004；Góamez 等，2006；Guerrero 等，2011）。

　　在 Wang 等（2017）的另一项研究中，研究了固定化酯化酶系统，使总酯含量提高 28.1%以上。

14.5　结论

食醋是一种在全球市场上广泛存在的酸性液体产品，主要通过两步发酵过程制备：由酵母进行酒精发酵，然后由醋酸菌进行醋酸发酵。传统上，它是以葡萄酒为原料生产的；然而，正如本章所讨论的，它也可由世界各地可用的各种原材料（如水果和蔬菜）生产，根据底物的不同，使用相似或不同的方法。此外，在农产品生产速度不断提高的今天，由于最敏感的产品在从生产到消费的过程中变质，造成了废物、副产品、剩余物和损失的积累。为了减少这些损失和废物的产生，创造附加值，通过发酵对其进行开发，包括生产食醋，已越来越受到研究人员和工业界的重视。

传统上，食醋用于食品调味和保存食物；然而，一些研究已经证明了它对健康的潜在益处，将食醋描述为一种功能性食品。这些发现，再加上消费者对健康产品消费的认识的提高，使得开发具有功能性的新型食醋产品成为必然。食醋产品的功能特性主要取决于所用原料。为这些原料的发酵设计高效的工业系统，以及技术经济研究也是必要的。最后，同样重要的是对新型食醋对人类健康的潜在益处的研究。

本章作者

帕纳约蒂斯·坎迪利斯（Panagiotis Kandylis）

参考文献

Abdullah, A. 2007. Solid and liquid pineapple waste utilization for lactic acid fermentation. *Reaktor* 11 (1): 50–52.

Abdullah, A., and Mat, H. 2008. Characterisation of solid and liquid pineapple waste. *Reaktor* 12 (1): 48–52.

Adebayo – Oyetoro, A. O., Adenubi, E., Ogundipe, O. O., Bankole, B. O., and Adeyeye, S. A. O. 2017. Production and quality evaluation of vinegar from mango. *Cogent Food and Agriculture* 3 (1): 1278193.

Alarcón–Flores, M. I., Romero–González, R., Martínez Vidal, J. L., and Garrido Frenich, A. 2016. Multiclass determination of phenolic compounds in different varieties of tomato and lettuce by ultra high performance liquid chromatography coupled to tandem mass spectrometry. *International Journal of Food Properties* 19 (3): 494–507.

Ali, Z., Wang, Z., Amir, R. M., Younas, S., Wali, A., Adowa, N., and Ayim, I. 2017. Potential uses of vinegar as a medicine and related in vivo mechanisms. *International Journal for Vitamin and Nutrition Research* 86: 127–151.

Alvira, P., Tomás–Pejó, E., Ballesteros, M. J., and Negro, M. J. 2010. Pretreatment technologies for an efficient bioethanol production process based on enzymatic hydrolysis: A review. *Bioresource Technology* 101 (13): 4851–4861.

Ameyapoh, Y., Leveau, J. Y., Karou, S. D., Bouix, M., Sossou, S. K., and Souza, C. D. 2010. Vinegar production from togolese local variety mangovi of mango mangifera indica linn. (Anacardiaceae). *Pakistan Journal of Biological Sciences* 13 (3): 132.

Aschemann–Witzel, J., deHooge, I., Amani, P., Bech–Larsen, T., andOostindjer, M. 2015. Consumer–related food waste: Causes and potential for action. *Sustainability* 7 (6): 6457–6477.

Barh, D., and Mazumdar, B. C. 2008. Comparative nutritive values of palm saps before and after their partial fermentation and effective use of wild date （*Phoenix sylvestris* Roxb.） sap in treatment of anemia. *Research Journal of Medicine and Medical Sciences* 3 （2）：173−176.

Beecher, G. R. 1998. Nutrient content of tomatoes and tomato products. *Proceedings of the Society for Experimental Biology and Medicine* 218 （2）：98−100.

Boggio, S. B., Palatnik, J. F., Heldt, H. W., and Valle, E. M. 2000. Changes in amino acid composition and nitrogen metabolizing enzymes in ripening fruits of *Lycopersicon esculentum* Mill. *Plant Science* 159 （1）：125−133.

Broca, C., Gross, R., Petit, P., Sauvaire, Y., Manteghetti, M., Tournier, M., Masiello, P., Gomis, R., and Ribes, G. 1999. 4−Hydroxyisoleucine：Experimental evidence of its insulinotro− pic and antidiabetic properties. *American Journal of Physiology − Endocrinology and Metabolism* 277 （4）：E617−E623.

Byarugaba− Bazirake, G. W., Byarugaba, W., Tumuslime, M., and Kimono, D. A. 2014. The technology of producing banana wine vinegar from starch of banana peels. *African Journal of Food Science and Technology* 5 （1）：1−5.

Cejudo−Bastante, C., Castro−Mejías, R., Natera−Marín, R., García−Barroso, C., and Durán− Guerrero, E. 2016. Chemicalandsensorycharacteristicsof orange based vinegar. *Journal of Food Science and Technology* 53 （8）：3147−3156.

Cejudo−Bastante, C., Durán−Guerrero, E., García−Barroso, C., and Castro−Mejías, R. 2018. Comparative study of submerged and surface culture acetification process for orange vinegar. *Journal of the Science of Food and Agriculture* 98 （3）：1052−1060.

Cejudo− Bastante, M. J., Durán, E., Castro, R., Rodríguez−Dodero, M. C., Natera, R., and García− Barroso, C. 2013a. Study of the volatile composition and sensory characteristics of new Sherry vinegar−derived products by maceration with fruits. *LWT − Food Science and Technology* 50 （2）：469−479.

Cejudo− Bastante, M. J., Durán − Guerrero, E., Natera − Marín, R., Castro − Mejías, R., and García− Barroso, C. 2013b. Characterisation of commercialaromatisedvinegars：Phenolic compounds, volatile composition and antioxidant activity. *Journal of the Science of Food and Agriculture* 93 （6）：1284−1302.

Cerezo López, A. B., Mas, A., Torija, M. J., Mateo, E., and Hidalgo, C. 2010. Technological process for production of persimmon and strawberry vinegars. *International Journal of Wine Research* 2：55−61.

Chakraborty, K., Saha, S. K., Raychaudhuri, U., and Chakraborty, R. 2017. Vinegar produc− tion from vegetable waste：Optimization of physical condition and kinetic modeling of fermentation process. *Indian Journal of Chemical Technology* 24：508−516.

Chen, Y., Bai, Y., Li, D., Wang, C., Xu, N., and Hu, Y. 2017. Improvement of the flavor and quality of watermelon vinegar by high ethanol fermentation using ethanol − tolerant acetic acid bacteria. *International Journal of Food Engineering* 13 （4）．doi：10. 1515/ ijfe−2016−0222.

Coelho, E., Genisheva, Z., Oliveira, J. M., Teixeira, J. A., and Domingues, L. 2017. Vinegar production from fruit concentrates：Effect on volatile composition and antioxidant activity. *Journal of Food Science and Technology* 54 （12）：4112−4122.

Cunha, M. A. A. D., Lima, K. P. D., Santos, V. A. Q., Heinz, O. L., and Schmidt, C. A. P. 2016. Blackberry vinegar produced by successive acetification cycles：Production, characterization and bioactivity parameters. *Brazilian Archives of Biology and Technology* 59：e16150136.

Davies, C. V., Gerard, L. M., Ferreyra, M. M., Schvab, M. D. C., and Solda, C. A. 2017. Bioactive compounds and antioxidant activity analysis during orange vinegar production. *Food Science and Technology* 37 （3）：449−455.

De Leonardis, A., Macciola, V., Iorizzo, M., Lombardi, S. J., Lopez, F., and Marconi, E. 2018. Effective assay for olive vinegar production from olive oil mill wastewaters. *Food Chemistry* 240：437−440.

De Leonardis, A., Macciola, V., Lembo, G., Aretini, A., and Nag, A. 2007. Studies on oxida− tive stabilisation of lard by natural antioxidants recovered from olive−oil mill wastewater. *Food Chemistry* 100

(3): 998-1004.

De Leonardis, A., Macciola, V., and Nag, A. 2009. Antioxidant activity of various phenol extracts of olive-oil mill wastewaters. *Acta Alimentaria* 38 (1): 77-86.

De Ory, I., Romero, L. E., and Cantero, D. 2002. Optimum starting-up protocol of a pilot plant scale acetifier for vinegar production. *Journal of Food Engineering* 52 (1): 31-37.

Dias, D. R., Silva, M. S., de Souza, A. C., Magalhães – Guedes, K. T., de Rezende Ribeiro, F. S., and Schwan, R. F. 2016. Vinegar production from Jabuticaba (*Myrciaria jaboticaba*) fruit using immobilized acetic acid bacteria. *Food Technology and Biotechnology* 54 (3): 351-359.

Diba, F., Alam, F., and Talukder, A. A. 2015. Screening of acetic acid producing microorganisms from decomposed fruits for vinegar production. *Advances in Microbiology* 5: 291-297.

El-Demerdash, F. M., Yousef, M. I., and El-Naga, N. A. 2005. Biochemicalstudyonthe hypoglycemic effects of onion and garlic in alloxan-induced diabetic rats. *Food and Chemical Toxicology* 43 (1): 57-63.

European Union Commission. 2012. Commission Regulation (EU) No 432/2012 establishing a list of permitted health claims made on foods, other than those referring to the reduction of disease risk and to children's development and health. *Official Journal of European Communities L* 136: 1-40.

FAO. 2011. *Global Food Losses and Food Waste – Extent, Causes and Prevention*. FAO, Rome, Italy.

FAO. 2017. Food outlook: Biannual report on global food markets. November 2017.

Fernández – Pachón, M. S., Medina, S., Herrero – Martín, G., Cerrillo, I., Berná, G., Escudero- López, B., Ferreres F., Martín F., García-Parrilla M. C., and Gil-Izquierdo, A. 2014. Alcoholic fermentation induces melatonin synthesis in orange juice. *Journal of Pineal Research* 56 (1): 31-38.

Garg, N., Tandon, D. K., and Kalra, S. K. 1995. Production of mango vinegar by immobilized cells of *Acetobacter aceti*. *Journal of Food Science and Technology-Mysore* 32: 216-218.

Ghosh, S., Chakraborty, R., Chatterjee, A., and Raychaudhuri, U. 2014. Optimization of media components for the production of palm vinegar using response surface method- ology. *Journal of the Institute of Brewing* 120 (4): 550-558.

Ghosh, S., Chakraborty, R., and Raychaudhuri, U. 2012. Optimizing process conditions for palm (*Borassus flabelliffer*) wine fermentation using response surface methodology. *International Food Research Journal* 19 (4): 1633-1639.

Giordani, E., Doumett, S., Nin, S., and Del Bubba, M. 2011. Selected primary and secondary metabolites in fresh persimmon (*Diospyros kaki* Thunb.): A review of analytical methods and current knowledge of fruit composition and health benefits. *Food Research International* 44 (7): 1752-1767.

Góamez, M. L. M., Bellido, B. B., Tesfaye, W., Fernandez, R. M. C., Valencia, D., Fernandez- Pachón, M. S., García – Parrilla, M. D. C., and González, A. M. T. 2006. Sensory evalu – ation of Sherry vinegar: Traditional compared to accelerated aging with oak chips. *Journal of Food Science* 71 (3): S238-S242.

Gómez- Manzo, S., Escamilla, J. E., González – Valdez, A., López – Velázquez, G., Vanoye – Carlo, A., Marcial-Quino, J., de la Mora-de la Mora, I., Garcia-Torres, I., Enríquez- Flores, S., Contreras-Zentella, M. L., Arreguín-Espinosa, R., Kroneck, P. M. H., and Sosa-Torres, M. E. 2015. The oxidative fermentation of ethanol in *Gluconacetobacter diazotrophicus* is a two-step pathway catalyzed by a single enzyme: Alcohol – aldehyde dehydrogenase (ADHa). *International Journal of Molecular Sciences* 16 (1): 1293-1311.

González-Sáiz, J. M., Esteban-Díez, I., Sánchez-Gallardo, C., and Pizarro, C. 2008. Monitoring of substrate and product concentrations in acetic fermentation processes for onion vinegar production by NIR spectroscopy: Value addition to worthless onions. *Analytical and Bioanalytical Chemistry* 391 (8): 2937-2947.

Griffiths, G., Trueman, L., Crowther, T., Thomas, B., and Smith, B. 2002. Onions – A global benefit to health. *Phytotherapy Research* 16 (7): 603-615.

Guerrero, E. D., Mejías, R. C., Marín, R. N., Bejarano, M. J. R., Dodero, M. C. R., and

Barroso, C. G. 2011. Accelerated aging of a Sherry wine vinegar on an industrial scale employing micro-oxygenation and oak chips. *European Food Research and Technology* 232 (2): 241-254.

Hannum, S. M. 2004. Potential impact of strawberries on human health: A review of the science. *Critical Reviews in Food Science and Nutrition* 44 (1): 1-17.

Hidalgo, C., Mateo, E., Mas, A., and Torija, M. J. 2012. Identification of yeast and acetic acid bacteria isolated from the fermentation and acetification of persimmon (Diospyros kaki). *Food Microbiology* 30 (1): 98-104.

Hidalgo, C., Torija, M. J., Mas, A., and Mateo, E. 2013. Effect of inoculation on strawberry fermentation and acetification processes using native strains of yeast and acetic acid bacteria. *Food Microbiology* 34 (1): 88-94.

Ho, C. W., Lazim, A. M., Fazry, S., Zaki, U. K. H. H., and Lim, S. J. 2017. Varieties, production, composition and health benefits of vinegars: A review. *Food Chemistry* 221: 1621-1630.

Holden, J. M., Eldridge, A. L., Beecher, G. R., Buzzard, I. M., Bhagwat, S., Davis, C. S., Douglass, L. W., Gebhardt, S., Haytowitz, D., and Schakel, S. 1999. Carotenoid content of US foods: An update of the database. *Journal of Food Composition and Analysis* 12 (3): 169-196.

Hong, S. M., Kang, M. J., Lee, J. H., Jeong, J. H., Kwon, S. H., and Seo, K. I. 2012. Production of vinegar using *Rubus coreanus* and its antioxidant activities. *Korean Journal of Food Preservation* 19 (4): 594-603.

Hong, S. M., Soe, K. H., Lee, T. H., Kim, I. S., Lee, Y. M., and Lim, B. O. 2018. Cognitive improv- ing effects by highbush blueberry (*Vaccinium crymbosum* L.) vinegar on scopolamine - induced amnesia mice model. *Journal of Agricultural and Food Chemistry* 66 (1): 99-107.

Horiuchi, J. I., Kanno, T., and Kobayashi, M. 1999. New vinegar production from onions. *Journal of Bioscience and Bioengineering* 88 (1): 107-109.

Horiuchi, J. I., Kanno, T., andKobayashi, M. 2000. Effective onion vinegar production by a two-step fermentation system. *Journal of Bioscience and Bioengineering* 90 (3): 289-293.

Horiuchi, J. I., Tada, K., Kobayashi, M., Kanno, T., and Ebie, K. 2004. Biological approach for effectiveutilizationofworthlessonions - vinegarproductionandcomposting. *Resources, Conservation and Recycling* 40 (2): 97-109.

Hornedo-Ortega, R., Álvarez-Fernández, M. A., Cerezo, A. B., Garcia-Garcia, I., Troncoso, A. M., and Garcia-Parrilla, M. C. 2017. Influence of fermentation process on the antho-cyanin composition of wine and vinegar elaborated from strawberry. *Journal of Food Science* 82 (2): 364-372.

Huang, Y. L., Chow, C. J., and Fang, Y. J. 2011. Preparation and physicochemical properties of fiber-rich fraction from pineapple peels as a potential ingredient. *Journal of Food and Drug Analysis* 19 (3): 318-323.

Ilha, E. C., Sant Anna, E., Torres, R. C., Porto, A. C. S., and Meinert, E. M. 2000. Utilization of bee (Apis mellifera) honey for vinegar production at laboratory scale. *Acta Científica Venezolana* 51 (4): 231-235.

Johnston, C. S., and Gaas, C. A. 2006. Vinegar: Medicinal uses and antiglycemic effect. *Medscape General Medicine* 8 (2): 61.

Kharchoufi, S., Gomez, J., Lasanta, C., Castro, R., Sainz, F., andHamdi, M. 2018. Benchmarking laboratory-scale pomegranate vinegar against commercial wine vinegars: antioxidant activity and chemical composition. *Journal of the Science of Food and Agriculture* 98: 4749-4758.

Kelebek, H., Selli, S., Canbas, A., and Cabaroglu, T. 2009. HPLC determination of organic acids, sugars, phenolic compositions and antioxidant capacity of orange juice and orange wine made from a Turkish cv. Kozan. *Microchemical Journal* 91 (2): 187-192.

Keli, S. O., Hertog, M. G., Feskens, E. J., and Kromhout, D. 1996. Dietary flavonoids, anti-oxidant vitamins, and incidence of stroke: The Zutphen study. *Archives of Internal Medicine* 156 (6): 637-642.

Kim, J. G., Kim, H. L., Kim, S. J., and Park, K. S. 2013a. Fruit quality, anthocyanin and total phenolic contents, and antioxidant activities of 45 blueberry cultivars grown in Suwon, Korea. *Journal of Zhejiang University Science B* 14 (9): 793–799.

Kim, J. Y., Ok, E., Kim, Y. J., Choi, K. S., and Kwon, O. 2013b. Oxidation of fatty acid may be enhanced by a combination of pomegranate fruit phytochemicals and acetic acid in HepG2 cells. *Nutrition Research and Practice* 7 (3): 153–159.

Kongkiattikajorn, J. 2014. Antioxidant properties of roselle vinegar production by mixed culture of *Acetobacter aceti* and *Acetobacter cerevisiae*. *Kasetsart Journal (Natural Science)* 48: 980–988.

Koyama, M., Ogasawara, Y., Endou, K., Akano, H., Nakajima, T., Aoyama, T., and Nakamura, K. 2017. Fermentation–induced changes in the concentrations of organic acids, amino acids, sugars, and minerals and superoxide dismutase–like activity in tomato vinegar. *International Journal of Food Properties* 20 (4): 888–898.

Lee, H. M., Park, M. Y., Kim, J., Shin, J. H., Park, K. S., and Kwon, O. 2016. Persimmon vinegar and its fractions protect against alcohol–induced hepatic injury in rats through the sup–pression of CYP2E1 expression. *Pharmaceutical Biology* 54 (11): 2437–2442.

Lee, J. H., Cho, H. D., Jeong, J. H., Lee, M. K., Jeong, Y. K., Shim, K. H., and Seo, K. I. 2013. New vinegar produced by tomato suppresses adipocyte differentiation and fat accumulation in 3T3–L1 cells and obese rat model. *Food Chemistry* 141 (3): 3241–3249.

Lee, S., Lee, J. A., Park, G. G., Jang, J. K., and Park, Y. S. 2017. Semi–continuous fermentation of onion vinegar and its functional properties. *Molecules* 22 (8): 1313.

Leonel, M., Suman, P. A., and Garcia, E. L. 2015. Production of ginger vinegar. *Ciência e Agrotecnologia* 39 (2): 183–190.

Lin, C. S. K., Pfaltzgraff, L. A., Herrero–Davila, L., Mubofu, E. B., Abderrahim, S., Clark, J. H., Koutinas, A. A., Kopsahelis, N., Stamatelatou, K., Dickson, F., Thankappan, S., Mohamed, Z., Brocklesby, R., and Luque, R. 2013. Food waste as a valuable resource for the production of chemicals, materials and fuels. Current situation and global per–spective. *Energy and Environmental Science* 6 (2): 426–464.

Liu, Y., He, C., and Song, H. 2018. Comparison of fresh watermelon juice aroma characteristics of five varieties based on gas chromatography–olfactometry–mass spectrometry. *Food Research International* 107: 119–129.

Maal, K. B., and Shafiee, R. 2009. Isolation and identification of an *Acetobacter* strain from Iranian white–red cherry with high acetic acid productivity as a potential strain for cherry vinegar production in food and agriculture biotechnology. *World Academy of Science, Engineering and Technology – International Journal of Biotechnology and Bioengineering* 3 (6): 280–283.

Maal, B. K., and Shafiee, R. 2010. Characterization of an *Acetobacter* strain isolated from Iranian peach that tolerate high temperature and ethanol concentrations. *WorldAcademy of Science, Engineering and Technology – International Journal of Biotechnology and Bioengineering* 4 (2): 146–150.

Maal, K. B., Shafiee, R., and Kabiri, N. 2010. Production of apricot vinegar using an iso–latedAcetobacter strain from Iranian apricot. *WorldAcademy of Science, Engineering and Technology – International Journal of Nutrition and Food Engineering* 4 (11): 810–813.

Marrufo–Curtido, A., Cejudo–Bastante, M. J., Rodríguez–Dodero, M. C., Natera–Marín, R., Castro–Mejías, R., García–Barroso, C., andDurán–Guerrero, E. 2015. Novel vinegar–derived product enriched with dietary fiber: Effect on polyphenolic profile, volatile composition and sensory analysis. *Journal of Food Science and Technology* 52 (12): 7608–7624.

Martínez–Gil, A. M., del Alamo–Sanza, M., Gutiérrez–Gamboa, G., Moreno–Simunovic, Y., and Nevares, I. 2018. Volatile composition and sensory characteristics of Carménère wines maceratingwith Colombian (*Quercushumboldtii*) oakchipscomparedto wines macerated with American (*Q. alba*) and European (*Q. petraea*) oak chips. *Food Chemistry* 266: 90–100.

Matharu, A. S., de Melo, E. M., and Houghton, J. A. 2016. Opportunity for high value–added chemicals from food supply chain wastes. *Bioresource Technology* 215: 123–130.

Minh, N. P. 2014. Utilization of ripen star fruit for vinegar fermentation. *International Journal of New Innovation in Science and Technology* 2（2）：40-55.

Moon, Y. J. , Choi, D. S. , Oh, S. H. , Song, Y. S. , and Cha, Y. S. 2010. Effects of persimmon-vinegar on lipidandcarnitine profiles in mice. *Food Science and Biotechnology* 19（2）：343-348.

Morales, M. L. , Benitez, B. , and Troncoso, A. M. 2004. Accelerated aging of wine vinegars with oak chips：Evaluation of wood flavour compounds. *Food Chemistry* 88（2）：305-315.

Naknean, P. , Meenune, M. , and Roudaut, G. 2010. Characterization of palm sap harvested in Songkhlaprovince, SouthernThailand. *InternationalFoodResearchJournal* 17（4）：977-986.

Ngoc, T. N. T. , Masniyom, P. , and Maneesri, J. 2016. Preparation of vinegar from coconut water using baker's yeast and *Acetobacter aceti* TISTR 102 starter powder. *Asia - Pacific Journal of Science and Technology* 21（2）：385-396.

Ok, E. , Do, G. M. , Lim, Y. , Park, J. E. , Park, Y. J. , and Kwon, O. 2013. Pomegranate vinegar attenuates adiposity in obese rats through coordinated control of AMPK signaling in the liver and adipose tissue. *Lipids in Health and Disease* 12（1）：163.

Olsson, M. E. , Andersson, C. S. , Oredsson, S. , Berglund, R. H. , and Gustavsson, K. E. 2006. Antioxidant levels and inhibition of cancer cell proliferation in vitro by extracts from organically and conventionally cultivated strawberries. *Journal of Agricultural and Food Chemistry* 54（4）：1248-1255.

Ong, K. L. , Kaur, G. , Pensupa, N. , Uisan, K. , and Lin, C. S. K. 2018. Trends in food waste valorization for the production of chemicals, materials and fuels：Case study South and Southeast Asia. *Bioresource Technology* 248：100-112.

Othaman, M. A. , Sharifudin, S. A. , Mansor, A. , Kahar, A. A. , and Long, K. 2014. Coconut water vinegar：New alternative with improved processing technique. *Journal of Engineering Science and Technology* 9（3）：293-302.

Park, J. E. , Kim, J. Y. , Kim, J. , Kim, Y. J. , Kim, M. J. , Kwon, S. W. , andKwon, O. 2014. Pomegranate vinegar beverage reduces visceral fat accumulation in association with AMPK activation in overweight women：A double-blind, randomized, and placebo-controlled trial. *Journal of Functional Foods* 8：274-281.

Parrondo, J. , Herrero, M. , García, L. A. , and Díaz, M. 2003. A note-Production of vinegar from whey. *Journal of the Institute of Brewing* 109（4）：356-358.

Pervin, M. , Hasnat, M. A. , Lim, J. H. , Lee, Y. M. , Kim, E. O. , Um, B. H. , and Lim, B. O. 2016. Preventive andtherapeuticeffectsof blueberry（*Vacciniumcorymbosum*）extract against DSS-induced ulcerative colitis by regulation of antioxidant and inflammatory mediators. *The Journal of Nutritional Biochemistry* 28：103-113.

Praveena, R. J. , and Estherlydia, D. 2014. Comparative study of phytochemical screening and anti-oxidant capacity of vinegar made from peel and fruit of pineapple（*Ananas comosus* L. ）. *International Journal of Pharma and Bio Sciences* 5：394-403.

Preethi, K. , Maha Lakshmi, G. , Umesh, M. , Priyanka, K. , and Thazeem, B. 2017. Fruit peels：A potential substrate for acetic acid production using *Acetobacter aceti*. *International Journal of Applied Research* 3（4）：286-291.

Qi, Z. , Dong, D. , Yang, H. , and Xia, X. 2017. Improving fermented quality of cider vinegar via rational nutrient feeding strategy. *Food Chemistry* 224：312-319.

Qi, Z. , Yang, H. , Xia, X. , Quan, W. , Wang, W. , and Yu, X. 2014b. Achieving high strength vinegar fermentation via regulating cellular growth status and aeration strategy. *Process Biochemistry* 49（7）：1063-1070.

Qi, Z. , Yang, H. , Xia, X. , Wang, W. , and Yu, X. 2014a. High strength vinegar fermentation by *Acetobacter pasteurianus* via enhancing alcohol respiratory chain. *Biotechnology and Bioprocess Engineering* 19（2）：289-297.

Qi, Z. , Yang, H. , Xia, X. , Xin, Y. , Zhang, L. , Wang, W. , and Yu, X. 2013. A protocol for optimization vinegar fermentation according to the ratio of oxygen consumption versus acid yield. *Journal of*

Food Engineering 116 （2）：304-309.

Quek, S. Y. , Chok, N. K. , and Swedlund, P. 2007. The physicochemical properties of spray-dried watermelon powders. *Chemical Engineering and Processing: Process Intensification* 46 （5）：386-392.

Rech Franke, S. I. , Guecheva, T. N. , Henriques, J. A. P. , and Prá , D. 2013. Orange juice and cancer chemoprevention. *Nutrition and Cancer* 65 （7）：943-953.

Roda, A. , De Faveri, D. M. , Dordoni, R. , and Lambri, M. 2014. Vinegar production from pineapple wastes-Preliminary saccharification trials. *Chemical Engineering Transactions* 37：607-612.

Roda, A. , De Faveri, D. M. , Giacosa, S. , Dordoni, R. , and Lambri, M. 2016. Effect of pretreatments on the saccharification of pineapple waste as a potential source for vinegar production. *Journal of Cleaner Production* 112：4477-4484.

Roda, A. , Lucini, L. , Torchio, F. , Dordoni, R. , De Faveri, D. M. , and Lambri, M. 2017. Metabolite profiling and volatiles of pineapple wine and vinegar obtained from pineapple waste. *Food Chemistry* 229：734-742.

Samad, A. , Azlan, A. , and Ismail, A. 2016. Therapeutic effects of vinegar: A review. *Current Opinion in Food Science* 8：56-61.

Samuel, O. , Lina, J. , and Ifeanyi, O. 2016. Production of vinegar from oil - palm wine using *Acetobacter Aceti* isolated from rotten banana fruits. *Universal Journal of Biomedical Engineering* 4 （1）：1-5.

Santos, D. T. , and Meireles, M. A. A. 2009. Jabuticaba as a source of functional pigments. *Pharmacognosy Reviews* 3 （5）：127-132.

Semwal, R. B. , Semwal, D. K. , Combrinck, S. , and Viljoen, A. M. 2015. Gingerols and shogaols: Important nutraceutical principles from ginger. *Phytochemistry* 117：554-568.

Seo, K. I. , Lee, J. , Choi, R. Y. , Lee, H. I. , Lee, J. H. , Jeong, Y. K. , Kim, M. J. , and Lee, M. K. 2014. Anti-obesity and anti-insulin resistance effects of tomato vinegar beverage in diet-induced obese mice. *Food and Function* 5 （7）：1579-1586.

Shahidi, F. , McDonald, J. , Chandrasekara, A. , and Zhong, Y. 2008. Phytochemicals of foods, beverages and fruit vinegars: Chemistry and health effects. *Asia Pacific Journal of Clinical Nutrition* 17 （S1）：380-382.

Shin, J. S. , Lee, O. S. , and Jeong, Y. J. 2002. Changesin the components of onion vinegars by two stages fermentation. *Korean Journal of Food Science and Technology* 34 （6）：1079-1084.

Siddiqui, M. W. , Chakraborty, I. , Homa, F. , and Dhua, R. S. 2016. Bioactive compounds and antioxidant capacity in dark green, old gold crimson, ripening inhibitor, and normal tomatoes. *International Journal of Food Properties* 19 （3）：688-699.

Silva, M. E. , Torres Neto, A. B. , Silva, W. B. , Silva, F. L. H. , and Swarnakar, R. 2007. Cashew wine vinegar production: Alcoholicandacetic fermentation. *Brazilian Journal of Chemical Engineering* 24 （2）：163-169.

Song, N. E. , Cho, S. H. , and Baik, S. H. 2016. Microbial community, and biochemical and physiological properties of Korean traditional black raspberry （*Robus coreanus* Miquel） vinegar. *Journal of the Science of Food and Agriculture* 96 （11）：3723-3730.

Sossou, S. K. , Ameyapoh, Y. , Karou, S. D. , and Souza, C. D. 2009. Study of pineapple peelings processing into vinegar by biotechnology. *Pakistan Journal of Biological Sciences* 12 （11）：859-865.

Statista. 2017. Statista, Inc. , New York, United States.

Tesfaye, W. , Morales, M. L. , Benltez, B. , Garc1a-Parrilla, M. C. , and Troncoso, A. M. 2004. Evolution of wine vinegar composition during accelerated aging with oakchips. *Analytica Chimica Acta* 513 （1）：239-245.

Tesfaye, W. , Morales, M. L. , Garc1a - Parrilla, M. C. , and Troncoso, A. M. 2002. Wine vinegar: Technology, authenticity and quality evaluation. *Trends in Food Science and Technology* 13 （1）：12-21.

Tripoli, E. , La Guardia, M. , Giammanco, S. , Di Majo, D. , and Giammanco, M. 2007. Citrus flavonoids: Molecular structure, biological activity and nutritional properties: A review. *Food Chemistry* 104

（2）：466-479.

Truong, V. D. , and Marquez, M. E. 1987. Handling of coconut water and clarification of coco vinegar for small-scale production. *Annals of Tropical Research* 9：13-23.

Tseng, T. H. , Kao, E. S. , Chu, C. Y. , Chou, F. P. , Wu, H. W. L. , and Wang, C. J. 1997. Protective effects of dried flower extracts of *Hibiscus sabdariffa* L. against oxidative stress in rat primary hepatocytes. *Food and Chemical Toxicology* 35（12）：1159-1164.

Ubeda, C. , Callejón, R. M. , Hidalgo, C. , Torija, M. J. , Troncoso, A. M. , and Morales, M. L. 2013. Employment of different processes for the production of strawberry vinegars：Effects on antioxidant activity, total phenols and monomeric anthocyanins. *LWT - Food Science and Technology* 52（2）：139-145.

Ubeda, C. , Callejón, R. M. , Troncoso, A. M. , and Morales, M. L. 2017. Consumer acceptance of new strawberry vinegars by preference mapping. *International Journal of Food Properties* 20（11）：2760-2771.

Ubeda, C. , Callejón, R. M. , Troncoso, A. M. , Moreno-Rojas, J. M. , Peña, F. , and Morales, M. L. 2012. Characterization of odour active compounds in strawberry vinegars. *Flavour and Fragrance Journal* 27（4）：313-321.

Ubeda, C. , Callejón, R. M. , Troncoso, A. M. , Moreno-Rojas, J. M. , Peña, F. , and Morales, M. L. 2016. A comparative study on aromatic profiles of strawberry vinegars obtained using different conditions in the production process. *Food Chemistry* 192：1051-1059.

Unagul, P. , Assantachai, C. , Phadungruengluij, S. , Suphantharika, M. , Tanticharoen, M. , and Verduyn, C. 2007. Coconut water as a medium additive for the production of docosahexaenoic acid（C22：6 n3）by *Schizochytrium mangrovei* Sk-02. *Bioresource Technology* 98（2）：281-287.

Upadhyay, A. , Lama, J. P. , and Tawata, S. 2010. Utilization of pineapple waste：A review. *Journal of Food Science and Technology Nepal* 6：10-18.

Wang, M. , Wang, R. , and Duan, G. 2017. Studies on process of accelerating maturityof Shanxi aged vinegar with immobilized esterification enzyme. *Journal of Chinese Institute of Food Science and Technology* 17：69-76.

Wu, B. , Wang, R. , Wang, J. , and Jia, Z. 2007. New-type aromatic vinegar beverage. *Zhongguo Tiaoweipin* 10：44-47.

Xia, X. , Zhu, X. , Yang, H. , Xin, Y. , and Wang, W. 2015. Enhancement of rice vinegar production by modified semi-continuous culture based on analysis of enzymatic kinetic. *European Food Research and Technology* 241（4）：479-485.

Yeh, H. Y. , Chuang, C. H. , Chen, H. C. , Wan, C. J. , Chen, T. L. , and Lin, L. Y. 2014. Bioactive components analysis of two various gingers（*Zingiber officinale* Roscoe）and antioxidant effect of ginger extracts. *LWT - Food Science and Technology* 55（1）：329-334.

Yusoff, N. A. , Yam, M. F. , Beh, H. K. , Razak, K. N. A. , Widyawati, T. , Mahmud, R. , Ahmad, M. , and Asmawi, M. Z. 2015. Antidiabetic and antioxidant activities of *Nypa fruticans* Wurmb. vinegar sample from Malaysia. *Asian Pacific Journal of Tropical Medicine* 8（8）：595-605.

Zhao, H. , Zhou, X. , Luo, Y. , Huang, Y. , Wuyun, T. , Li, F. , and Zhu, G. 2017. Two types of new natural materials for fruit vinegar in *Prunus* plants. *MATEC Web of Conferences* 100：04006.

Zou, B. , Wu, J. , Yu, Y. , Xiao, G. , and Xu, Y. 2017. Evolution of the antioxidant capacity and phenolic contents of persimmon during fermentation. *Food Science and Biotechnology* 26（3）：563-571.

Zou, B. , Xiao, G. , Xu, Y. , Wu, J. , Yu, Y. , and Fu, M. 2018. Persimmon vinegar polyphenols protect against hydrogen peroxide-induced cellular oxidative stress via Nrf2 signalling pathway. *Food Chemistry* 255：23-30.

15

醋酸发酵的建模与优化

15.1 引言

生物技术，特别是生物过程工程，目前正在许多国家（特别是在较发达的国家）产生重大的经济影响。从现有的大量生物技术企业及其对这些国家的国内生产总值等指标的巨大贡献来看，这是一个不可否认的事实（OECD，2018）。生物技术已经在传统的农业食品和医疗保健领域扮演了各种各样的角色，其应用范围最近已经扩展到能源生产和环境等其他优先目标（OECD，2011）。

许多生物过程都会在某个阶段利用微生物，因此为微生物提供适宜的生存和生长条件对其发展、控制和优化尤为重要。然而，底层机制的高度复杂性使这项任务变得困难，需要为此使用有效的工具。在这方面，模拟尤其有用，因为它们允许目标变量（通常是底物和产物浓度）的时间变化，以及一些产量指标可以通过计算机算法进行预测。这使得人们可以从营养物质或原料的供应模式（系统输入）来预测生物过程的每一步性能，以便比较进料策略或便于工艺设计、控制或尺寸标定（Julian 和 Whitford，2007）。

然而，一个过程只能基于先前发展起来的数学表达方式，以模型的形式精确地反映其特定目的的预期性能（Agger 和 Nielsen，2001）。数学模型特别适用于生物过程的设计和控制，以及从数据中获取和集成复杂生物系统的定量信息，不论是实验数据还是其他数据（Agger 和 Nielsen，2001）。

通常，生物转化是非常复杂的过程，涉及复杂的反应网络。模拟它们所需要的数学模型的复杂性取决于它们的特定目的（Bogaerts 和 Hanus，2001）。在许多情况下，一个简单的模型在限定的条件范围内对目标变量提供一个合理且良好的近似定量就足够了。因此，所要使用的模型的性质和复杂性将取决于它的预期用途，除此之外，最优的选择需要考虑以下因素：

（1）描述一般细胞功能（如底物摄取、产物形成）的精准度。

（2）细胞是单独处理还是整体处理。

（3）是否使用稳定或非稳定状态取决于过程的操作模式（Agger 和 Nielsen，2001）。

为此，一般有三类数学模型（Bogaerts 和 Hanus，2001），即：机理（白箱）模型、经验（黑箱）模型、混合（灰箱）模型。

机理模型，也称为第一原理模型，通常通过整合质量和能量平衡、细胞和/或反应动力学以及平衡关系，从系统的元素和机制中提供数学公式（Gernaey 等，2010）。这些模型通常是根据基本的物理化学和生物学原理构建的，这些原理通过联系生物量、底物和产物浓度的变化来控制相关过程（Julian 和 Whitford，2007）。因此，机理模型比经验模型具有更高的外推能力，并提供更好的过程控制；然而，这也需要对特定问题更深入的理解。除了细胞动力学的代数方程外，机理模型还使用常微分方程（ODEs）或偏微分方程（PDEs）来描述各方面的平衡（Jiménez-Hornero，2007；Julian 和 Whitford，2007；Jiménez-Hornero 等，2009a）。根据目标过程背后机制的描述方式，机理模型可以分为以下几种类型（Agger 和 Nielsen，2001）：

（1）非常详细的模型　用于表示代谢途径或基因转录等关键细胞过程。

（2）全细胞模型　是描述细胞整体行为的模型，对其代谢过程没有太多的细节。这种类型的模型可以是结构化的，也可以是非结构化的，这取决于它是否打算解释目标进程是由于特定细胞室中的活动造成的。

（3）非分离或分离式模型　例如，前者假设细胞行为一致，而后者考虑亚群或细胞周期之间的差异。

非结构化和非分离的机理模型明显比它们各自的对应模型简单。为此，它们常被用于状态估计或控制生物反应器等目的（Bogaerts 和 Hanus，2001）。除平衡方程外，这些模型还使用宏观数学近似将设计变量与操作变量联系起来（如描述底物对特定细胞生长速率的影响的 Monod 动力学）（Chhatre，2012）。构建这些模型面临的最大挑战之一是选择要使用的数学结构来描述动力学或伪随机过程，这些结构通常是事先未知的。事实上，一个给定的表观行为可以用一个以上的数学结构来描述（Jiménez-Hornero，2007；Jiménez-Hornero 等，2009a）。此外，这些模型通常是非线性的，因此需要为模拟目的进行数值积分（Jiménez-Hornero，2007）。此外，确定它们的参数（Bang 等，2003；Gutiérrez，2003）需要知道它们是否可以被唯一地估算（即是否能够准确地确定它们），这个问题又有两种不同的互补方法：结构可辨识性（Jiménez-Hornero 等，2008）和实际可辨识性（Jiménez-Hornero 等，2009b）。结构可辨识性只涉及模型的数学结构，而实际可辨识性包括用于估计的实验数据的数量和质量以及模型参数的灵敏度分析。适当的实验设计可以更容易地检验模型是否实际可辨识，从而更精确地估计模型的参数（Box 等，1978）。一般来说，涉及多个参数的模型存在着频繁的可辨识性问题，需要大量的数据进行估计。

经验（黑箱）模型从实验数据中描述了一个过程的输入和输出之间的函数关系，而没有提供内在机制（Ljung，1987）。这种关系背后的数学结构被先验地定义，然后通过优化确定其参数。参数不必具有物理意义，也不必与过程的任何状态变量重合。因此，经验模型不依赖于已有的关于目标系统的知识，外推能力有限，很少能够提供系统的物理解释，这可能对某些用途有重大限制（Chhatre，2012）。然而，它们通常会对构造它们所用的实验数据范围提供高精度的预测。经验模型有两大类，即：

（1）回归模型　通常使用多项式，其系数估计可与实验数据拟合。多项式中的自变量和因变量分别称为"因子"和"响应变量"。采用考虑因子间交互作用的实验设计（如完全或分数阶析因设计）来检验因子对响应变量的影响。优化设计需要确定关键因子（即预期对目标进程影响最大）（Miller 和 Miller，2002；Santos-Durnas，2009）。

（2）人工神经网络　人工神经网络（artificial neural networks，ANNs）（Jiménez-Hornero 等，2009a）是一种通用的非线性逼近器和最常见的黑箱模型。从拓扑上看，人工神经网络由平行运行的元素处理单元组成，这些元素处理单元在层状结构上相互连接（图 15.1）。从数学上讲，人工神经网络是在被称为"神经元"的处理单元中实现的基本函数的简单组合（Bogaerts 和 Hanus，2001）。网络中的神经元分布在连接过程输入的"输入层"和传递响应变量的"输出层"之间，在赋予人工神经网络黑箱特性的输入层和输出层之间存在数量可变的"隐藏层"。不同层次的神经元之间有关联的权值，反映它们之间相互影响的程度。

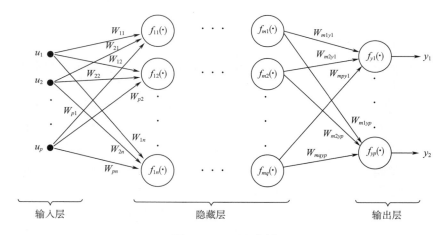

图 15.1　ANN 实例

圆圈表示神经元，u_i 是输入，y_i 是输出，W 表示连接权值，f_{ij} 是基函数。

人工神经网络必须为其特定的任务（如建模过程）进行"训练"。训练或学习过程通常涉及估计神经连接的权值。这就要求以定义期望行为（监督学习）的输入/输出数据的形式向网络提供训练模式，并使用优化算法调整连接权值，以最小化网络输出与训练模式之间的误差（如广泛使用的反向传播算法）（Rumelhart 等，1986）。

生物过程建模最常用的神经网络结构是前馈网络，信息只从输入流到输出，或者是递归网络，输出可以作为输入反馈来建模动态系统（Norgaard 等，2000）。动态网络是一些过去的输入和输出作为新的输入的前馈神经网络。神经模糊结构将模糊逻辑系统和神经网络结合起来，使得模型具有更强的稳健性和外推能力（Nelles，2001）。

最后，混合模型结合了第一原理模型的结构（从而利用已有的关于过程的知识）和经验模型的特性作为未知参数（通常是动力学方程和伪随机模型）的估计。因此，采用适当的优化算法，从实验数据中确定了若干参数，从而迫使可识别性分析得以进行。

15.2　醋酸发酵建模与优化

食醋的工业生产是一个典型的生物过程，其建模方法有多种（Jiménez-Horneroet 等，2009a，2009b；Santos-Dutñas 等，2015），尤其是生物转化阶段。虽然存在多种食醋类型和操作方式（Valero 等，2005；Maestre 等，2008；García-García 等，2009），但大多数工业生产的食醋是在带有自吸式涡轮的发酵罐中通过半连续工艺得到的。该方法提高了产率、稳定性和重现性。一般来说，复杂、严格好氧的微生物将培养基中的乙醇转化为乙酸。在所采用的半连续循环（图 15.2）中，当培养基中的乙醇已被使用到预设的程度时，循环结束，然后将发酵罐部分卸下，剩余含量作为接种物，待发酵罐补充新鲜培养基后进行下一个循环。

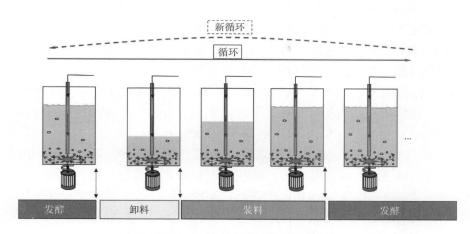

图 15.2　食醋生产中典型的半连续循环

实际上，该过程提供了四个操作变量的控制，即：培养基中乙醇的初始浓度、待完成一个循环乙醇的用量，卸载的培养基体积，发酵罐装新鲜培养液的速率。醋酸菌工作环境的平均性质会因这 4 个变量而发生较大变化，乙醇的平均浓度和一个周期内乙酸的产量也会随之变化（Baena-Ruano 等，2010；Álvarez-Cáliz 等，2014）。由于醋酸菌对两种化合物都高度敏感，其浓度和活性会受到发酵条件的强烈影响（Baena-Ruano 等，2006，2010a，b；García－García 等，2007；Jiménez－Hornero 等，2009a；Álvarez-Cáliz 等，2012）。

由于种种原因，半连续循环模式已成为食醋生产的首选。该模式允许每个循环产生的部分生物量快速启动下一部分发酵，也可以利用操作变量将平均底物和产物浓度维持在合适的范围内供醋酸菌操作，进而便于对特定培养基进行自选择和调整。

在这种情况下产生一个问题，即所使用的操作条件是否最佳。显然，答案将取决于特定的目标，而且从工业上看，这样做的目标通常是生产率最大化。不管情况是否是这样，只有在优化前对目标系统建模才能得到对策。

下面以一个非结构化和非分离的机理模型和多项式黑箱模型为例，说明这些系统建模的难点及其优缺点。前一类模型通常适用于更广泛的操作条件，但它往往更为复杂（例如，在建立动力学方程时，特别是确定动力学参数方面）。另一方面，黑箱模型不需要对建模过程背后的物理化学原理做任何规定，而只需要找到尽可能简单的方法来关联目标变量。

15.2.1　机理模型

机理模型要求如下：

（1）对所有试图评估潜在影响目标系统行为的变量进行先验分析，从而要求纳入动力学方程中使用。

（2）动力学参数的估计。

（3）通过定义适当的目标函数来优化模型。

　　许多动力学方程被提出来对醋酸发酵机理进行建模（Jiménez-Hornero 等，2009a）。有些人认为细胞的生长只受培养基中氧气供应的影响，而另一些人则另外考虑乙醇和乙酸的影响及其协同效应。还有一些人考虑了活细胞、非活细胞和死细胞的存在以及活细胞向非活细胞转化的速度的影响。虽然无法存活的细胞不能生长，但假定它们会使用某种底物，然而这一点尚未被确切地证明。有些方程考虑了所有这些影响，而另一些方程仅限于那些被认为实际影响结果的因素。关于这些方程和其他方程的详细讨论可以在其他文章中找到（Jiménez Hornero 等，2009a）。

　　值得注意的是，许多已报道的方程都是由在广泛不同条件下进行的有限次实验结果发展而来的，通常与工业过程中专门使用的方程相背离。一个更为通用且尽可能模拟醋的工业化生产的实验方案，揭示了对新模型的需求，这个新模型整合了所有主要变量影响及一个之前未被考虑的因素：细胞裂解。关于后续模型如何发展的详细讨论超出了本章的范围，但可以在其他文章找到（Jiménez Hornero，2007；Jiménez Hornero 等，2009a）。基本上，模型依赖于以下假设：

　　（1）无生命力的生物量不使用任何底物。

　　（2）细胞的总浓度是活细胞与非活细胞的总浓度。

　　（3）与以前的模型不同，考虑细胞裂解是因为细胞总浓度的变化只能基于它的存在来解释。

　　（4）乙醇在低浓度时作为限制底物，在高浓度时作为细胞生长抑制剂。

　　（5）假定发酵过程受培养基中氧气供应的限制。事实上，发酵速率随着氧气传递的增加而增加，这使得考虑氧气作为营养物质对细胞生长的限制作用是有意义的。此外，在所研究的实验条件下，氧气对生长没有抑制作用。

　　（6）细胞死亡受乙醇和乙酸含量的影响。

　　（7）乙酸影响细胞生长和死亡。

　　如果假设全部符合，则在半连续模式下的过程的质量平衡可用公式表示如下：

$$V \cdot \frac{\mathrm{d}X_v}{\mathrm{d}t} + X_v \cdot \frac{\mathrm{d}V}{\mathrm{d}t} = V \cdot (r_{X_c} - r_{X_d}) \tag{15.1}$$

$$V \cdot \frac{\mathrm{d}X_d}{\mathrm{d}t} + X_d \cdot \frac{\mathrm{d}V}{\mathrm{d}t} = V \cdot (r_{X_d} - r_{lisis}) \tag{15.2}$$

$$V \cdot \frac{\mathrm{d}E}{\mathrm{d}t} + E \cdot \frac{\mathrm{d}V}{\mathrm{d}t} = F_i \cdot E_0 - V \cdot r_E \tag{15.3}$$

$$V \cdot \frac{\mathrm{d}A}{\mathrm{d}t} + A \cdot \frac{\mathrm{d}V}{\mathrm{d}t} = V \cdot r_A \tag{15.4}$$

$$V \cdot \frac{\mathrm{d}O}{\mathrm{d}t} + O \cdot \frac{\mathrm{d}V}{\mathrm{d}t} = F_i \cdot O^0 + V \cdot [\beta(O^0 - O) - r_{OE}] \tag{15.5}$$

$$\frac{\mathrm{d}V}{\mathrm{d}t} = F_i \tag{15.6}$$

式中　X_v——活细胞质量浓度，g/L；

　　　　X_d——死细胞质量浓度，g/L；

　　　　E——乙醇质量浓度，g/L；

　　　　A——乙酸质量浓度，g/L；

O——溶解氧质量浓度，g/L；

V——平均体积，L；

F_i——原料进料率，L/h；

E_0——原料进料中乙醇的质量浓度，g/L；

O^0——氧饱和度质量浓度，g/L；

β——常数，包含因子 K_La、进气率和体积，h^{-1}；

r_{Xc}——细胞生长率，g 活细胞/（L·h）；

r_{Xd}——细胞死亡率，g 死细胞/（L·h）；

r_{lisis}——细胞裂解率，g 裂解细胞/（L·h）；

r_E——乙醇消耗速率，g 乙醇/（L·h）；

r_A——乙酸（产物）生成率，g 乙酸/（L·h）；

r_{OE}——溶解氧消耗速率，g 氧气/（L·h）。

由于该过程在等温条件下运行，不需要能量平衡。由此得到的动力学方程如下：

$$r_{X_c} = \mu_c \cdot X_c \tag{15.7}$$

$$\mu_c = \mu_{max} \cdot f_e \cdot f_a \cdot f_o \tag{15.8}$$

$$f_e = \frac{E}{E + K_{SE} + \dfrac{E^2}{K_{IE}}} \tag{15.9}$$

$$f_a = \frac{1}{1 + \left(\dfrac{A}{K_{IA}}\right)^4} \tag{15.10}$$

$$f_o = \frac{O}{O + K_{SO}} \tag{15.11}$$

$$r_{X_d} = \mu_d \cdot X_v \tag{15.12}$$

$$\mu_d = \mu_d^0 \cdot f_{dE} \cdot f_{dA} \tag{15.13}$$

$$f_{dE} = \left[1 + \left(\frac{E}{K_{mE}}\right)^4\right] \tag{15.14}$$

$$f_{dE} = \left[1 + \left(\frac{A}{K_{mA}}\right)^4\right] \tag{15.15}$$

$$r_{lysis} = \mu_{lysis}^0 \cdot X_d \tag{15.16}$$

$$r_E = a_{E/X} \cdot r_X \tag{15.17}$$

$$r_A = \frac{r_E}{Y_{E/A}} \tag{15.18}$$

$$r_{OE} = \frac{r_E}{Y_{E/O}} \tag{15.19}$$

$$\beta = \frac{K_La}{1 + \dfrac{K_La}{V \cdot V_m} \cdot \dfrac{R \cdot T}{H}} \tag{15.20}$$

$$V \cdot V_m = \frac{Q}{V} \tag{15.21}$$

式中 μ_c——细胞比生长率，h^{-1}；

                   μ_{max}——最大比生长率，h^{-1}；

                   f_e——表示乙醇对细胞生长的影响；

                   f_a——表示乙酸对细胞生长的影响；

                   f_0——表示溶解氧对细胞生长的影响；

                   K_{SE}——乙醇饱和常数，g 乙醇/L；

                   K_{IE}——乙醇抑制常数，g 乙醇/L；

                   K_{IA}——乙酸抑制常数，g 乙酸/L；

                   K_{SO}——溶解氧饱和常数，g 氧气/L；

                   μ_d——比细胞死亡率，h^{-1}；

                   μ_d^0——最低比细胞死亡率，h^{-1}；

                   K_{mE}——乙醇引起的细胞死亡率，g 乙醇/L；

                   K_{mA}——乙酸引起的细胞死亡率，g 乙酸/L；

                   μ_{lysis}^0——比裂解率，h^{-1}；

                   K_La——液相传质的总体积系数，h^{-1}；

                   $V \cdot V_m$——进气率与平均容积之比同，h^{-1}；

                   R——通用气体常数，$R = 8308.65\text{Pa} \cdot \text{L} / (\text{K} \cdot \text{mol})$；

                   T——温度，K；

                   H——亨利常数，$\text{atm} \cdot \text{L/mol}$；

                   Q——进气率，L/h；

$a_{E/X}$，$Y_{E/A}$，$Y_{E/O}$——产量相关术语。

该模型包括以下 9 个参数：μ_{max}，K_{SE}，K_{IE}，K_{IA}，K_{SO}，μ_d^0，K_{mE}，K_{mA}，与 μ_{lysis}^0。

尽管该模型是非结构化、非分离式的，但它包含 6 个微分方程和 6 个动力学方程，其中有 9 个动力学参数和 3 个产量相关因子。用当今强大的软件工具解决这样的系统相当容易，问题是从实验数据中估计动力学参数。

15.2.1.1 模型参数的估计

利用优化技术估算动力学参数是生物技术模型发展的关键步骤之一。理想情况下，人们应该获得一组独特的参数，使得实验结果能够被准确地预测，以便能够给参数赋予一定的物理意义。然而，这并不总是可能的情况，特别是对于复杂的模型。事实上，准确估计一个模型的参数需要考察它们的可识别性，不论是结构的还是实际的。

（1）结构可识别性和实际可识别性   为使动力学模型能够用于验证，其参数应易于以明确的方式估计，即模型在结构上（理论上）和实际方面应"可识别"（Jiménez-Hornero 等，2008）。结构可别识性建立在数学结构的唯一基础上，而实际可识别性则需要考虑用于确定动力学参数的实验数据的数量和质量。因此，动力学模型可以是：

①在结构上和实际上都是可识别的。

②结构上可识别，但实际上不可识别。

③结构上不可识别，因此实际上也不可识别（与使用的实验数据数量及其质量无关）。

（2）结构可识别性　评估模型中理论（结构）可识别性的方式取决于模型在其参数上是线性型还是非线性型。拉普拉斯变换、泰勒级数展开、马尔可夫的参数矩阵近似等都适用于线性模型（Jiménez-Hornero 等，2008），但用于生物过程的线性模型很少。

相比之下，非线性动力学模型的可用选择更为复杂、数量更少，而且需要使用提供符号计算和/或强大硬件的软件工具来实现。符号法包括泰勒级数展开（Pohjanpalo，1978）、生成级数（Dochain 和 Vanrolleghem，2001）、局部状态同构（Vajda 和 Rabitz，1989）和微分代数（Ljung 和 Glad，1994）。即使采用小到中型或相当复杂的模型，这些方法仍然计算代价较高，难以实施。另一方面，数值方法更容易使用，但只允许验证局部可识别性。

有研究团队使用了泰勒级数展开、生成级数和局部状态同构（Jiménez-Hornero 等，2008），但没有给出关于目标模型结构可识别性的结论，主要原因是方法的运算复杂度较高。举例来说，泰勒级数展开需要检查输出变量（即可获得数据的实验变量）的系数组合，以便明确确认存在结构可识别性。然而，由于潜在的组合数较多，以及计算系数的计算代价较高，极大地阻碍了该方法的应用，以及关于模型结构可识别性的结论的得出。

Dochain 和 Vanrolleghem（2001）发现利用基于 Lie 导数与非线性可观性关系的生成级数能满足类似问题。

局部状态同构方法，又称"相似变换"，要求确认可控性秩条件（CRC）和可观测性秩条件（ORC）都满足（Tunali 和 Tarn，1987；Vajda 等，1989）。然而，由于类似于阻碍前一种方法应用的原因，这些条件无法得以检查。

这些困难使得我们使用了数值方法，从而能以合理的计算成本评估高度复杂模型的可辨识性（Braems 等，2001；Sedoglavic，2002；Walter 等，2004；Gerdin，2006）。Gerdin（2006）提出的方法允许确认目标模型中的局部可识别性。

（3）实际可识别性　评估实际可识别性需要考虑用于估计模型参数的实验数据的一些特征（特别是它们的数量和分散性，以及测量变量之间缺乏相关性）。估计模型参数需要优化目标函数，对变量和参数进行一次（模型方程）和二次限制，如最高限和最低限。这通常需要建立一个具有各种微分和代数限制的非线性规划问题，其中决策变量是要估计的参数。

实际可识别性的核心是 Fisher 信息矩阵（Fisher information matrix，FIM），该矩阵基本上以紧凑的形式提供测量不确定度和模型参数灵敏度的信息。实际可识别性可以通过计算 FIM 等级来初步评估。如果矩阵不是满秩的，则模型不能实际识别。然而即使是这样，参数也可能难以识别。模型参数及其相关性的灵敏度可以用各种工具进行评估，其中最有效的是参数估计的相关矩阵，它可以揭示它们之间的线性相关关系。因此，评估局部实际可识别性最适合的方法是结合灵敏度函数的分析和参数估计的相关矩阵。

灵敏度分析至关重要，因为它评估了参数值的变化对模型输出（测量变量）的影响。由于生物过程的非线性特性，分析依赖于灵敏度函数，且通常是局部的。对灵敏度函数进行图形化分析，可以使特定参数对待识别输出影响最强，函数越大，其参数的影响越强，反之亦然。同样，如果不同参数的灵敏度函数对输出变量具有相似的轮廓，则有关参数可能高度相关。

即使参数估计的相关矩阵揭示了任何相关性，也不可能明确识别所有参数。即便如此，为了开发一个精确校准的模型，识别那些可以用明确的方式估计的参数也是有用的。然而，不可识别参数取值的模糊性，排除了物理意义的赋值。

可识别参数的子集可以通过各种方式识别。为此，研究团队使用了改进版本的 FIM 与参数估计相结合。

（4）对建议模型的应用　采用上述方法对目标动力学模型中的可识别性进行评估，并对其参数进行估计。关于其理论可识别性的结论见上文。实际可识别性的研究需要实验数据，如 Jiménez-Hornero 等进行的一系列实验之一的 X 点云（即细胞总数浓度）（Jiménez-Hornero 等，2009b）（图 15.3）。

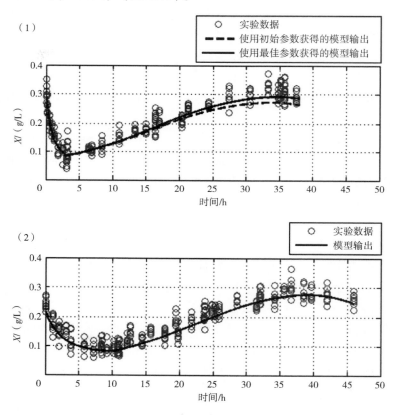

图 15.3　实验数据与模型输出

（1）通过使用初始（虚线）和最佳参数值（实线）获得的模型输出与来自一个校准实验的总细胞浓度（X）的实验数据（圆圈）的比较　（2）将使用最佳参数集的模型输出与一项验证实验的总细胞浓度（X）的实验数据（圆圈）进行比较（Jiménez-Hornero 等，2009b）（经允许转载）

然后，在下一步中，必须建立每个参数的最高和最低限制。例如，根据式（15.7）至式（15.11），比生长率 μ_c 取决于因子 f_e、f_a 和 f_o，如果最大比生长率为 μ_{max}，其值应

在 $0\sim1$ 范围内。$\mu_{\max}$ 的最低值显然为 0，但其最高值没有限制，但由于许多没有生长限制或抑制的细菌的 $\mu_{\max}$ 为 $2h^{-1}$，因此可将此值设为 $\mu_{\max}$ 的最高值。

此外，如图 15.4 所示的模拟是必要的，它说明了 K_{IA} 的变化对不同乙酸浓度时 f_a 的影响。首先，用参数 K_{IA} 表示醋酸菌对培养基中乙酸浓度的敏感性。从图中可以看出，如果 K_{IA} 的最低值很小，即使在低浓度下，乙酸也会对细菌的生长有很强的抑制作用，这在实际未发生过（Jiménez-Hornero 等，2009a；Sellmer-Wilsberg，2009）。但为了使拟合算法有一定的自由度，采用了最低的 K_{IA}，乙酸含量为 20g/L，从图中可以看出，大于 120g/L 的值对 f_a 的影响不大，因此将此作为该参数的上限。

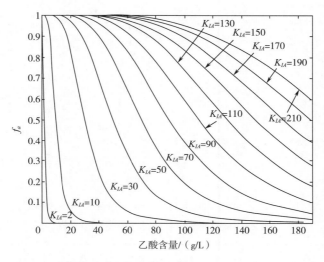

图 15.4　不同 K_{IA} 下 f_a 随乙酸含量的变化（Jiménez-Hornero 等，2009b）（授权转载）

采用类似的方法确定了其他参数的最高值和最低值（Jiménez-Hornero 等，2009b）。

一旦定义了每个参数的取值范围，利用增广拉格朗日遗传算法（ALGA）对每个用于标定动力学模型的实验参数值进行估计，得到的估计值作为用灵敏度函数评估局部实际可识别性的起点，由 FIM 得到参数估计的相关矩阵。例如，从图 15.5 可以看出，参数 K_{SE} 和 K_{IA} 对目标输出变量（细胞总浓度）的影响较小，而 K_{SO} 和 μ_d^0 的影响较强。此外，$\mu_{\max}$ 和 K_{IE} 剖面的相似性表明这两个参数是相关的。为了验证模型的实际最大可识别性，更详细的描述超出了本章的范围，但可以在其他文章中找到（Jiménez-Hornero 等，2009b），证实实际中只有 μ_d^0 和 μ_{lysis} 可识别。如前所述，这个过程必须适用于全部实验数据。表 15.1 所示为最终的实验结果，各参数对于实验体的均值，具体描述见 Jiménez-Hornero 等（2009b）；图 15.3（1）还显示了实验数据和模型输出与初始和最终估计参数之间的比较。这些结果需要对一组不用于估计动力学参数的实验进行验证，这就需要根据实验数据评估预测的残差。在所研究的实验条件下，发现模型具有可接受的预测能力 [图 15.3（2）]。

一旦建立了生物过程的动力学模型，下一步通常是优化该过程的操作条件。

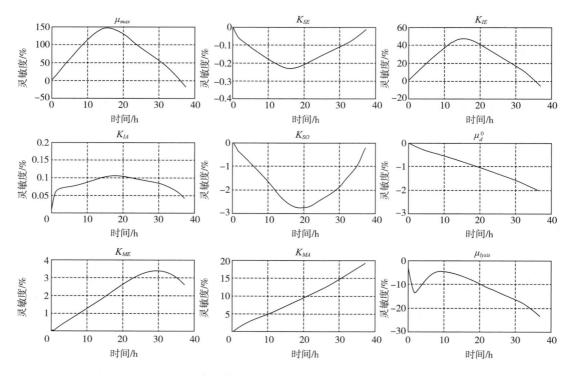

图 15.5   一次校准实验（Jim é nez–Hornero 等，2009b）
中总细胞浓度的灵敏度函数随时间的变化（授权转载）

表 15.1 **最优参数值**

参数	数值	参数	数值
μ_{max}/h^{-1}	0.61	μ_d^0/h^{-1}	2.56×10^{-5}
$K_{SE}/$（g 乙醇/L）	3.73	$K_{mE}/$（g 乙醇/L）	37.63
$K_{IE}/$（g 乙醇/L）	10.9	$K_{mA}/$（g 乙酸/L）	12.69
$K_{IA}/$（g 乙酸/L）	100.14	$\mu_{lisis}/$（h^{-1}）	0.48
$K_{SO}/$（g 氧气/L）	$3.28\cdot10^{-4}$		

15.2.1.2   动态优化

众所周知，生物反应器的整体性能和所得产品的质量在很大程度上取决于所用的操作条件。确定导致最佳可能结果的具体操作通常需要使用优化程序。通过动态优化，获得控制变量的时间曲线，以优化给定的目标函数，如发酵生产率的目标函数。

动态优化方法主要是动态规划、间接或直接类型。由于具有简单性，直接方法通常比其他两种类型的方法更有效。它们使用离散化过程将无限维的问题转换为有限维的问题，该问题受到目标系统的动力学和特定问题所需的任何其他因素的限制，以便能够使用标准参数化算法。直接方法可以使用两种不同类型的参数化过程，即：

（1）完全参数化（CP）　也称为"同时逼近策略"，它将状态变量和控制变量离散化。

（2）控制变量参数化（CVP）　又称"顺序参数化策略"，它只离散控制变量，是本团队使用的一种策略（Jiménez-Hornero 等，2009c）。

食醋生产过程可以根据各种目标函数进行优化。然而，通常该方法的工业（和经济）利益要求最大化反应器生产率。半连续系统中的食醋产量可通过下式估算：

$$P = \frac{\rho(HAc)_{cycle} \cdot V_{unloaded}}{t_{cycle}} \tag{15.22}$$

式中　$\rho(HAc)_{cycle}$——生产周期结束时的乙酸质量浓度，g/L；

　　　V_{unload}——周期结束时的平均卸料体积，L；

　　　t_{cycle}——周期的总持续时间，h；

　　　P——生产率，g 乙酸/h。

由此得到的生产率将强烈依赖于操作变量的值，即：循环开始时的培养基体积（它将是上一个循环卸载的培养基体积的函数）、反应器的加载速率以及乙醇卸料浓度。如前所述，这些变量对活细胞的活性和浓度有很强的影响（Jiménez-Hornero 等，2009a，2009b，2009c），进而影响生产周期的持续时间。

应用所使用的优化方法（CVP），以可作为决策变量的参数来表示反应器加载速率，并为每个决策变量确定最低值和最高值。该过程在其他文章中有详细描述（Jiménez-Hornero 等，2009c）。通过求解操作变量的不同值组合的模型，可以预计产量 P 将如何变化。我们使用了增广拉格朗日遗传算法，然后采用序列二次规划（SQP）算法，便于模拟达到 P 的最佳值。在半连续模式下最大化产量的操作条件是循环结束时乙醇质量浓度不超过 30g/L（约为反应器进料的 30%），卸载约 10% 的培养液。在此条件下，反应器加载速率对生产几乎没有影响。通过使用决策变量的备选值，可以考虑需要优化的额外目标函数，例如，不仅最大化产量，而且最大化其他变量，如最大底物摄取。

15.2.2　黑箱模型——多项式模型

如前所述，黑箱模型比机理模型更容易开发；此外，它们不需要预先的可识别性分析，因此在优化和控制过程方面更加实用。这种类型的模型从不同操作条件下获得的实验数据中找到实验变量和过程变量之间尽可能简单的关系。然而，由于对操作变量的限制，随后的模型只在有限的范围内有效。

基于变阶多项式的线性和非线性模型在实际中应用最为广泛（Bezerra 等，2008；Nguyen 和 Borkowski，2008）。大多数使用一阶或二阶多项式，二阶多项式由于考虑了因子（操作变量）之间的相互作用而更加精确和广泛适用（Packett 和 Burman，1946；Abilov 等，1975；Box 等，1978）。

在一阶和二阶多项式模型中，值得特别注意的分别是 Packett-Burman 和 Box-Behnken 模型。后者［式（15.24）］考虑了因子之间的相互作用，而前者［式（15.23）］没有。

$$Y = b_0 + \sum_{i=1}^{n} b_i \cdot X_i \qquad\qquad (15.23)$$

$$Y = b_0 + \sum_{i=1}^{n} b_i \cdot X_i + \sum_{\substack{i=1 \\ i<j}}^{n} b_{ij} \cdot X_i \cdot X_j + \sum_{i=1}^{n} b_{ii} \cdot X_i^2 \qquad (15.24)$$

式中　Y——因变量（响应）；

b_0——独立回归系数；

b_i——变量 i 的一阶（线性）回归系数；

b_{ij}——变量 i 与 j 相互作用的回归系数；

b_{ii}——变量 i 的二阶（二次）回归系数；

X_i——自变量 i；

X_j——自变量 j，$i<j$；

n——考虑的自变量数目。

确定模型中所有系数所需的实验数量将取决于模型的性质。因此，拟合一个线性模型需要 k^n 次实验，拟合一个非线性模型需要（k^n+kn+1）次，其中 k 是每个变量的个数，n 是自变量的个数。

多项式模型的精度取决于它包含的项数和它的系数值；然而，确保高精度需要使用大量数据来确定系数。要使用的实验可以不根据特定的标准来选择，可以通过遵循预设的实验设计来选择，如下所示，这具有若干优点。

15.2.2.1　实验设计

实验设计旨在促进同时评估过程中所有因子的影响（Miller 和 Miller，2002）及其交互作用（Brereton，1990；Morgan，1991），以及最小化估计目标多项式系数所需的实验次数（Castro Mejías 等，2002）。

析因设计是应用最广泛的实验设计策略之一。与任何其他策略一样，确定要考虑的因子数量及其水平（值）至关重要，这将决定其变化范围。通常，因子从-1（最低可能水平）到+1（最高水平）（Ramis-Ramos 和 García，2001）。析因设计使用一系列与因子水平的特定组合相对应的实验点（设计矩阵）。因此，所需实验的次数随着变量和水平的增加而显著增加。然而，在有三个或更多因子的情况下，可以通过忽略三阶和高阶相互作用来简化模型，因为它们的影响通常比一阶和二阶相互作用弱得多（Miller 和 Miller，2002）。

最广泛使用的析因设计之一是 Box-Behnken 或 Doehlert 中心组合设计，也称为面心立方设计（Ramis-Ramos 和 García，2001）。本设计采用三种不同类型的实验点，即：

（1）对于一个完全设计，每个因子有两个水平，它提供 2^n 个点（n 为变量个数）。因此，一个三变量的设计使用八个点对应一个立方体的顶点，其坐标是因子的最高级（+1）和最低级（-1）的组合（图15.6）。

（2）中心点的坐标对应于所有因子的0级。

（3）设计平面（面）上中心点的投影，这再度增加了 2^n 个点。

因此，这种析因设计的总实验点数将为 2^n+1+2n，适合于拟合一个非线性二次多项式的系数。图 15.6 给出了三个自变量的非线性析因设计中实验点的几何位置，表 15.2 给出了每个实验所用因子的归一化值。

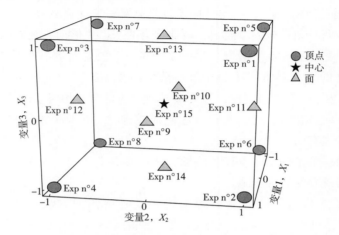

图 15.6　用于模拟目标操作变量的中心组成设计图

表 15.2　　　　　　　　　　**实验设计中三个变量的归一化值**

实验	变量 1（X_1）	变量 2（X_2）	变量 3（X_3）
1	(+1)	(+1)	(+1)
2	(+1)	(+1)	(−1)
3	(+1)	(−1)	(+1)
4	(+1)	(−1)	(−1)
5	(−1)	(+1)	(+1)
6	(−1)	(+1)	(−1)
7	(−1)	(−1)	(+1)
8	(−1)	(−1)	(−1)
9	(+1)	(0)	(0)
10	(−1)	(0)	(0)
11	(0)	(+1)	(0)
12	(0)	(−1)	(0)
13	(0)	(0)	(+1)
14	(0)	(0)	(−1)
15	(0)	(0)	(0)

实验的结果用来确定多项式不同项的系数，也用来识别那些实际有意义的项。

使用这些方法需要对实验数据进行方差分析（ANOVA），以揭示给定概率水平（通常为 99.9%）下的显著差异，并验证给定变量取决于所考虑的操作条件，从而可以纳入多项式回归。

通常，确定多项式系数的方法将残差平方和（即预测值与实测值的差值或预测误差）最小化。这是最小二乘法的基础。

大多数可用的统计软件（SigmaPlot、SPSS、BMDP）都可以用于此目的。因此，SigmaPlot 允许通过使用三种不同类型的统计拟合算法来计算多项式项，即：最佳子集回归、反向逐步回归和正向逐步回归。最佳子集回归算法根据多元回归决定系数（R^2）建立最佳预测因变量的自变量组合，并一次合并一个独立变量，直至全部纳入多项式。随后的帕累托分析能识别那些具有统计显著性的多项式项（Grierson，2008），这些项将是统计 t 与学生 t 的临界值之比，并提供多项式的自由度和期望概率。

另一方面，向前和向后逐步回归方法包括或排除了模型中的自变量，这取决于变量是否以显著方式有助于预测。

包含和排除决策是基于多重相关系数（R）或决定系数（R^2）的，两者都是描述实验数据的回归模型的适宜措施。

一旦知道了要包含的项及其系数，就可以使用各种方法优化模型。其中之一（Karush，1939；Kukn 和 Tucker，1951）涉及使用卡罗需–库恩–塔克条件（Karush-Kuhn-Tucker，KKT）来满足非线性约束优化问题的最优点：

$$
\begin{aligned}
&\text{Max} f(x_1,\ x_2,\ \cdots,\ x_n) \\
&s.\,t.\ g_1(x_1,\ x_2,\ \cdots,\ x_n) \leqslant 0 \\
&\quad\ g_2(x_1,\ x_2,\ \cdots,\ x_n) \leqslant 0 \\
&\quad\ g_3(x_1,\ x_2,\ \cdots,\ x_n) \leqslant 0 \\
&\quad\quad\quad\quad \cdots \\
&\quad\ g_m(x_1,\ x_2,\ \cdots,\ x_n) \leqslant 0
\end{aligned}
\tag{15.25}
$$

其中，x_i 表示决策变量，g_i 表示不等式约束。确实潜在最大值需要构建拉格朗日函数：

$$
\mathcal{L} = -f + \sum_{i=1}^{m} \lambda_i g_i
\tag{15.26}
$$

其中 λ_i 为 KKT 乘子，并求解如下方程组：

$$
\nabla_x \mathcal{L} = -\nabla_x f + \sum_{i=1}^{m} \lambda_i\ \nabla_x g_i = 0
\tag{15.27}
$$

$$
\lambda_i g_i = 0,\ i = 1,\ \cdots,\ m
\tag{15.28}
$$

其中 ∇_x 是决策变量的梯度算子。只保留 $\lambda_i \geqslant 0$（其中 $\lambda_i > 0$ 表示所有有效限制）和 $g_i \leqslant 0$ 的解。这两个条件，以及方程系统施加的条件［式（15.27）］，都是一阶必要 KKT 条件。若 f 是可微凹函数，且 g_i 是可微凸函数，则满足必要条件的点是极大点。一个函数是凹的还是凸的，取决于它对决策变量的黑塞矩阵在操作范围内是半负定还是半正定，这可以简单地通过检查相应的特征值来判断。

15.2.2.2　黑箱模型在醋酸发酵中的应用

其他研究（Santos-Duñas 等，2015）详细介绍了在半连续模式的完全自动化实验工厂中，系统且严格地模拟了三个操作变量对工业醋生产的影响。考虑的三个变量如下：

（1）反应器卸料时培养基中乙醇浓度（E）　反应进行到乙醇浓度（体积分数）降至 3.5%、2.0%或 0.5%时停止，分别代表最高（+1）、中心（0）和最低水平（-1）。

（2）卸料体积（V）　迅速卸载 25%、50%或 75%的培养基体积（即 2L、4L 或 6L，因为反应器装有 8L）。这些比例分别对应于水平-1、0 和+1。

（3）装载率（C）　反应器以 0.01L/min、0.035L/min 或 0.06L/min 的恒定速率加入新鲜培养基，这分别对应于-1、0 和+1 的标准水平。

变量 E、V 和 C 分别对应表 15.2 中的 X_1、X_2 和 X_3。

利用已有的实验数据，结合上述过程，可以得到待建模因变量的不同多项式（即平均发酵速率、乙酸产量、周期持续时间、周期内平均体积、乙醇和乙酸的平均浓度、乙酸发酵周期内总细胞和活细胞的平均浓度）。举例来说，下面的等式显示了前两个变量的结果：

$$(r_A)_{est} = 0.160 + 0.0443 \cdot E + 3.47 \cdot 10^{-4} \cdot V - 5.84 \cdot 10^{-3} \cdot E^2$$
$$- 3.468 \cdot C^2 - 2.33 \cdot 10^{-4} \cdot E \cdot V \qquad (15.29)$$

$$P_{Aest} = 10.36 + 3.344 \cdot E + 0.118 \cdot V - 0.413 \cdot E^2 - 1.01 \cdot 10^{-3} \cdot V^2 - 0.02 \cdot E \qquad (15.30)$$

平均速率和产量均随操作条件的不同而显著不同，只有方程中的项对操作变量有统计显著性影响。因此，从第二个方程可以看出，乙酸产量取决于反应器卸料时乙醇的比例和卸料体积，而与装料速率无关。

目标变量的多项式一旦建立，就可以用来寻找最优点。虽然有许多方法可用于此目的，但只有三个变量的简单三维响应面图可以得出关于变量对过程影响的有用结论并找到其最佳值。另一方面，那些包含更多维度的响应面需要使用上述更复杂的方法。举例来说，图 15.7 说明了 V、E 和 C 对产量的影响 $[(P_A)_{est}]$。忽略其他可能目标，主要目的是使产量最大化，通常需要在乙醇含量为 3.5%时卸载 25%的初

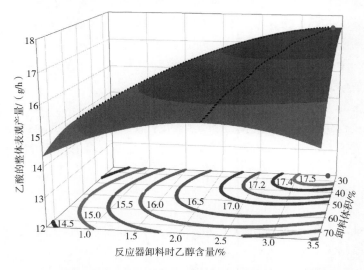

图 15.7　反应器卸料时估计的乙酸产量与卸料体积和乙醇含量的函数关系

始体积；在此条件下，乙酸产量将达到 17.6g/h。此外，如前所述，反应器加载速率对因变量没有影响。如果以产量和底物吸收量最大化为目标，则最终乙醇含量应为 0.5%（体积分数），在此条件下，最大乙酸产量约为 14.8g/h，可在大范围的卸料体积（35%~65%）下获得。感兴趣的读者可以参考 Santos-Durñas 等（2015）的详细分析。

15.3　结论

生物过程不仅在当前极其重要，也是未来极具发展前景的可扩展领域。正确地实施生物过程需要深入分析其基本原理和用于设计和优化的方法。在解决随后的多学科问题时，所遇到的复杂的相互关系只能通过来自不同知识和专业领域的专业人员的密切合作来解决。只有这样，模型才能精巧到足以解释观察到的行为，并且操作简单到足以在实践中有用。这种行为可以用基于固有的基本生物学和物理化学原理的机理模型来估计，也可以用简单的黑箱模型来预测系统在各种操作条件下的响应。

前几节描述了乙醇转化为乙酸的过程，这在定量方面是酒制醋的主要转化方式，可以用两类方法建模。

上面讨论的非结构、非分离的机理模型利用质量、能量平衡与动力学方程相结合，用于所涉及的产生和消失反应，以及潜在的平衡关系。随后的方程式系统旨在简单地描述目标生物反应的一些主要方面（即底物摄取、产物形成、细胞生物量的变化）。模型的发展直到有关的动力学参数可以明确估计（即直到模型在理论上和实际上是可识别的）才结束，这是机理模型要解决的最大问题。事实上，在模型中验证可识别性涉及复杂的数学计算，但很少提供完全可靠的答案；通常，它们只允许估计某些参数。因此，如果使用机理模型的主要原因之一是解释生物过程的基本原理，并确定可附加于某些生物或理化意义的具体参数，那在许多情况下，验证可识别性的困难使其不切实际。例如，如果问题出现在涉及相对少量目标参数的相对简单的模型上，开发更结构化的模型来明确解释一些代谢反应，可以预见将是一项更加艰巨的任务。这暗示了数学问题在这一领域的重要性，例如，随着解释生物化学过程或辨别细胞行为的详细程度的增加，数学问题的重要性会增加。

由于上述情况，以及需要开发有效的方法来优化生物过程，黑箱模型越来越多地被用来对底层过程建模。多项式模型和实验设计是这方面最常见的选择，在实际应用中，它们更容易识别需要考虑的具体项及其系数，也更容易用标准方法进行优化。

致谢

作者十分感谢西班牙科学和创新部通过几个研究项目对本研究提供了部分资助，感谢安达卢西亚议会（研究小组 RNM271）和科尔多瓦大学在计划：2016 Mod. 4-1 和 2018 Mod. 4-2 框架内提供帮助。

本章作者

伊西多罗·加西亚-加西亚（Isidoro García-García），豪尔赫·E·吉姆内兹-霍内罗（Jorge E. Jiménez-Hornero），伊内斯·玛丽亚·桑托斯-杜纳斯（Inés María Santos-Dueñas），佐伊洛·冈萨雷斯-格拉纳多斯（Zoilo González-Granados），安娜·玛丽亚·卡涅特-罗德里格斯（Ana María Cañete-Rodríguez）

参考文献

Abilov, A. G., Aliev, V. S., Rustamov, M. I., Aliev, N. M., and Lutfaliev, K. A. 1975. Problems of control and chemical engineering experiment. In IFAC 6th Triennial World Congress, Boston/Cambridge, MA, pp. 1-7.

Agger, T., and Nielsen, J. 2001. Mathematical modelling of microbial processes – motivation and means. In Hofman M., and Thonart P. (Eds.) *Engineering and Manufacturing for Biotechnology. Focus on Biotechnology*, vol. 4. Springer, Dordrecht, the Netherlands, pp. 61-75.

Álvarez-Cáliz, C., Santos-Dueñas, I. M., Cañete-Rodríguez, A. M., García-Martínez, T., Maurico, J. C., and García-García, I. 2012. Free amino acids, urea and ammonium ion contents for submerged wine vinegar production: influence of loading rate and air-flow rate. *Acetic Acid Bacteria* 1: 1-6.

Álvarez-Cáliz, C., Santos-Dueñas, I. M., García-Martínez, T., Cañete-Rodríguez, A. M., Millán-Pérez, M. C., Maurico, J. C., and García-García, I. 2014. Effect of biological ageing of wine on its nitrogen composition for producing high quality vinegar. *Food and Bioproducts Processing* 92: 291-297.

Baena-Ruano, S., Jiménez-Ot, C., Santos-Dueñas, I. M., Cantero-Moreno, D., Barja, F., and García-García, I. 2006. Rapid method for total, viable and nonviable acetic acid bacteria determination during acetification process. *Process Biochemistry* 41: 1160-1164.

Baena-Ruano, S., Jiménez-Ot, C., Santos-Dueñas, I. M., Jiménez-Hornero, J. E., Bonilla-Venceslada, J. L., Álvarez-Cáliz, C., and García-García, I. 2010a. Influence of the final ethanol concentration on the acetification and production rate in the wine vinegar process. *Journal of Chemical Technology and Biotechnology* 85: 908-912.

Baena-Ruano, S., Santos-Dueñas, I. M., Maurico, J. C., and García-García, I. 2010b. Relationship between changes in the total concentration of acetic acid bacteria and major volatile compounds during the acetic acid fermentation of white wine. *Journal of the Science of Food and Agriculture* 90: 2675-2681.

Banga, J. R., Balsa-Canto, E., Moles, C. G., and Alonso, A. A. 2003. Improving food processing using modern optimization methods. *Trends in Food Science and Technology* 14 (4): 131-144.

Bezerra, M. A., Santelli, R. E., Oliveira, E. P., Villar, L. S., and Escaleira, L. A. 2008. Response surface methodology (RSM) as a tool for optimization in analytical chemistry. *Talanta* 76: 965-977.

BMDP (BioMeDical Program). Software BMDP Statistical Software, Inc. Bogaerts, P., and Hanus, R. 2001. Macroscopic modelling of bioprocesses with a view to engineering applications. In Hofman M., and Thonart P. (Eds.) *Engineering and Manufacturingfor Biotechnology. Focus on Biotechnology*, vol. 4. Springer, Dordrecht, the Netherlands, pp. 77-109.

Box, G. E., Hunter, W. G., and Hunter, J. S. 1978. *Statistics for Experimenters. Through Description of Experimental Planning with Linear Models*. John Wiley and Sons, New York.

Braems, I., Jaulin, L., Kieffer, M., and Walter, E. 2001. Guaranteed numerical alternatives to structural identifiability testing. In Proceedings of the 40th IEEE Conference on Decision and Control, Orlando, CA.

Brereton, R. G. 1990. *Chemometrics: Applications of Mathematics and Statistics to Laboratory Systems*. Ellis Horwood, Chichester, UK.

Castro Mejías, R., Natera Marín, R., García Moreno, M. V., and García Barroso, C. 2002. Optimisation of headspace solid-phase microextraction for analysis of aromatic compounds in vinegar. *Journal of Chromatography A* 953 (1-2): 7-15.

Chhatre, S. 2012. Modelling approaches for bio-manufacturing operations. In Mandenius, C. F., and Titchener-Hooker, N. (Eds.) *Measurement, Monitoring, Modelling and Control of Bioprocesses. Advances in Biochemical Engineering/Biotechnology*, vol. 132. Springer, Berlin/Heidelberg, Germany, pp. 85-107.

Dochain, D., and Vanrolleghem, P. A. 2001. *Dynamical Modelling and Estimation in Wastewater Treatment Processes*. IWA Publishing, London, UK.

García-García, I., Cantero-Moreno, D., Jiménez-Ot, C., Baena-Ruano, S., Jiménez-Hornero, J., Santos - Dueñas, I. M., Bonilla - Venceslada, J. L., and Barja, F. 2007. Estimating the mean acetification rate via on-line monitored changes in ethanol during a semi-continuous vinegar production cycle. *Journal of Food Engineering* 80: 460-464.

García - García, I., Santos - Dueñas, I. M., Jiménez - Ot, C., Jimenez - Hornero, J. E., and Bonilla- Venceslada, J. L. 2009. Vinegar engineering. In Soliery, L., and Giudici, P. (Eds.) *Vinegars of the World*. Springer-Verlag Italia, Milan, Italy, pp. 97-120.

Gerdin, M. 2006. Using DAE solvers to examine local identifiability for linear and nonlinear systems. In Proceedings of the 14th IFAC Symposium of System Identification (SYSID-2006).

Gernaey, K. V., Lantz, A. E., Tufvesson, P., Woodley, J. M., and Sin, G. 2010. Application of mechanistic models to fermentation and biocatalysis for next-generation processes. *Trends in Biotechnology* 28 (7): 346-354.

Grierson, D. E. 2008. Pareto multi - criteria decision making. *Advanced Engineering Informatics* 22 (3): 371-384.

Gutiérrez, C. 2003. Optimización global de procesos de la industria alimentaria y biotecnológica. PhD Thesis, Universidad de Vigo.

Jiménez-Hornero, J. E. 2007. Contribuciones al modelado y optimización del proceso de fermentación acética. PhD Thesis, Universidad Nacional de Educación a Distancia, Madrid.

Jiménez-Hornero, J. E., Santos-Dueñas, I. M., and Garcia-Garcia, I. 2008. Structural identifiability of a model for the acetic acid fermentation process. *Mathematical Biosciences* 216: 154-162.

Jiménez-Hornero, J. E., Santos - Dueñas, I. M., and Garcia - Garcia, I. 2009a. Optimization of biotechnological processes. The acetic acid fermentation. Part I: The proposed model. *Biochemical Engineering Journal* 45: 1-6.

Jiménez-Hornero, J. E., Santos - Dueñas, I. M., and Garcia - Garcia, I. 2009b. Optimization of biotechnological processes. The acetic acid fermentation. Part II: Practical identifiability analysis and parameter estimation. *Biochemical Engineering Journal* 45: 7-21.

Jiménez-Hornero, J. E., Santos - Dueñas, I. M., and Garcia - Garcia, I. 2009c. Optimization of biotechnological processes. The acetic acid fermentation. Part III: Dynamic optimization. *Biochemical Engineering Journal* 45: 22-29.

Julian, C., and Whitford, W. 2007. Bioreactor monitoring, modeling, and simulation. *BioProcess International* 5 (01): Supplement.

Karush, W. 1939. Minima of functions of several variables with inequalities as side constraints. Master's Thesis, Department of Mathematics, University of Chicago, IL.

Kukn, H., and Tucker, A. 1951. Nonlinear programming. In Proceedings of the 2nd Berkeley Symposium on Mathematical Statistics and Probability, pp. 481-492.

Ljung, L. 1987. *System Identification: Theory for the User*. New Jersey: Prentice Hall.

Ljung, L., and Glad, T. 1994. On global identifiability for arbitrary model parametrizations. *Automatica* 30 (2): 265-276.

Maestre, O., Santos - Dueñas, I. M., Peinado, R., Jiménez - Ot, C., García - García, I., and Mauricio, J. C. 2008. Changes in amino acid composition during wine vinegar production in a fully automatic pilot acetator. *Process Biochemistry* 43: 803-807.

Miller, N. , and Miller, C. 2002. *Estadística y quimiometria para quimica analitica*. Edit. Pearson Educación SA, Madrid, Spain.

Morgan, E. 1991. *Chemometrics: Experimental Design*. Wiley, Chichester, UK.

Nelles, O. 2001. *Nonlinear System Identification*. Springer – Verlag, Berlin/Heidelberg, Germany; London, UK.

Nguyen, N. K. , and Borkowski, J. J. 2008. New 3 – level response surface designs constructed from incomplete block designs. *Journal of Statistical Planning and Inference* 138: 294–305.

Norgaard, M. , Ravn, O. , Poulsen, N. K. , and Hansen, L. K. 2000. *Neural Networks for Modelling and Control of Dynamic Systems*. Springer, London, UK.

OCDE. 2011. *Future Prospects for Industrial Biotechnology*. OCDE Publishing, Paris, France.

OCDE. 2018. Key Biotechnology Indicators.

Packett, R. L. , and Burman, J. P. 1946. The design of optimum multifactorial experiments. *Biometrika* 33: 305–325.

Pohjanpalo, H. 1978. System identifiability based on the power series expansion of the solution. *Mathematical Biosciences* 41 (1–2): 21–33.

Ramis–Ramos, G. , and García Álvarez–Coque, M. C. 2001. *Quimiometría*. Ed. Síntesis, Madrid, Spain.

Rumelhart, D. E. , Hinton, G. E. , and Williams, R. J. 1986. Learning representations by back – propagating errors. *Nature* 323: 533–536.

Santos–Dueñas, I. M. 2009. Modelización polinominaly optimización de la acetificación de vino. PhD Thesis, Universidad de Córdoba .

Santos–Dueñas, I. M. , Jimenez–Hornero, J. E. , Cañete–Rodríguez, A. M. , and García–García, I. 2015. Modeling and optimization of acetic acid fermentation: A polynomial – based approach. *Biochemical Engineering Journal* 99: 35–43.

Sedoglavic, A. 2002. A probabilistic algorithm to test local algebraic observability in polynomial time. *Journal of Symbolic Computation* 33 (5): 735–755.

Sellmer–Wilsberg, S. 2009. Wine and grape vinegars. In Soliery L. and Giudici P. (Eds.), *Vinegars of the World*. Milan: Springer–Verlag Italia, pp. 145–156.

Tunali, E. , and Tarn, T. J. 1987. New results for identifiability of nonlinear systems. *IEEE Transactions on Automatic Control* 32 (2): 146–154.

Vajda, S. , Godfrey, K. R. , and Rabitz, H. 1989. Similarity transformation approach to identifiability analysis of nonlinear compartmental models. *Mathematical Biosciences* 93 (2): 217–248.

Vajda, S. , and Rabitz, H. 1989. State isomorphism approach to global identifiability of nonlinear systems. *IEEE Transactions on Automatic Control* 34 (2): 220–223.

Valero, E. , Berlanga, T. M. , Roldán, P. M. , Jiménez, C. , García – García, I. , and Mauricio, J. C. 2005. Free amino acids and volatile compounds in vinegars obtained from different types of substrate. *Journal of the Science of Food and Agriculture* 85: 603–608.

Walter, E. , Braems, I. , Jaulin, L. , and Kieffer, M. 2004. Guaranteed numerical computation as an alternative to computer algebra for testing models for identifiability. In Alt, R. , Frommer, A. , Kearfott, R. B. , and Luther, W. (Eds.), *Numerical Software with Result Verification. Lecture Notes in Computer Science, vol 2991*. Berlin, Heidelberg: Springer, pp. 124–131.

16

食醋发酵后处理

16.1 引言

各种发酵方式生产的食醋都会存在或产生浑浊，因为其含有醋酸菌和来自原料的悬浮物，如不稳定的酚类化合物、果胶和微量蛋白质，可能会形成浑浊或沉积物。因此，工业上食醋的澄清和/或稳定处理通常是必不可少的。传统方法包括添加澄清剂，如膨润土，以促进从产品中去除不稳定化合物。表面发酵法制得的食醋通常悬浮有少量细菌，而深层发酵法制得的食醋则含有大量细菌。食醋的质量也可能受到化学以及微生物、酵母和醋线虫的作用的影响。因此，建议在上市前对食醋进行处理，以便在到达消费者手中之前达到最佳的颜色、透明度和外观效果。

16.2 食醋的变化

食醋生产工艺复杂，可能出现化学缺陷或微生物污染。在化学缺陷中，应突出显示所谓的"鞣酸与铁盐溶液相遇生成蓝色沉淀"（鞣酸）、"白色沉淀"（磷酸铁）和"使溶液变暗或变棕色"。此外，微生物污染（如发霉、弱化和发黏的现象）必须与其他生物（如醋线虫、苍蝇和螨虫）产生的缺陷区分开。下面，将更详细地描述一些常见的食醋变化。

铁或蓝色沉淀是由过量的铁产生的，铁与单宁反应形成沉淀物。过量铁的存在也会影响食醋的味道。当磷酸盐含量超过单宁含量时，出现白色或粉末状的沉淀；然后，铁与磷酸盐反应形成白色沉淀。变黑或变棕色的特征是食醋与空气接触或醋未充分硫化时产生的棕色（Casale 等，2006）。导致褐变的酶是烯醇氧化酶或多酚氧化酶（PPOs），在有氧的情况下将多酚氧化成醌，随后，黄酮类物质导致浑浊和褐变（Waterhouse 和 Nikolantonaki，2015）。

关于微生物引起的生物源缺陷，应强调所谓的"弱化"。弱化是由于同一醋酸菌和/或其他可能存在的细菌（如木醋杆菌）引起的过度氧化现象（乙酸转化为二氧化碳和水）（LeFevre，1924；Mas 等，2014）。由于发霉或发黏的过程，也会产生"弱化"或"酸度降低"的醋。另外，防腐作用也会随着乙酸的损失而减弱，导致产品的稳定性降低。

霉菌会生长在食醋的表面，随后蔓延到整个醋体。半知菌（*Deuteromycetes*）、易絮凝酵母和乳酸菌会通过氧化破坏稀释后的乙酸。乙酸被破坏是低乙醇含量或过度通风的结果。其他的变化可能是由微生物引起的，比如乳杆菌，它将苹果酸转化为乳酸和二氧化碳，从而降低食醋的酸度（Bartowsky，2009）。幸运的是，这些微生物几乎不致病。最后是丁酸细菌（梭菌属，产芽孢，需氧）将可溶性碳水化合物转化为乙酸、丁酸、CO_2 和 H_2（Murali 等，2017）。

关于其他能引起食醋变化的生物，醋线虫（*Turbatrix aceti*；同义词 *Anguillula aceti*）需要被特别关注。醋线虫是无处不在的线虫，栖息在受损的水果上，如葡萄和苹果，因此，经常可以看到它们在醋的表面游动。人们对醋线虫在食醋生产中的作用和影响知之甚少，只有少数研究阐明了这一问题（Rainieri 和 Zambonelli，2009）。醋线虫是一种小蠕虫，胎生，对人类无害，但它能引起食醋的浑浊（在背光下完全可见）和风味改变。它们通常出现在表面醋酸发酵方法（Orléans 和 Shützenbach）生产的食醋中，以醋母为食。当醋线虫变得足够大时，它甚至可以破坏细菌层，使其下沉并干扰醋酸发酵过程。而且，它们尸体的腐烂分解会在食醋中产生难闻的气味，此时醋已不再适合食用。

醋蝇，又称果蝇（*Drosophila* spp.），在腐烂水果的汁液中繁殖，也可以在醋容器的开口周围或发现醋暴露在空气中的任何地方生存。在醋蝇过多的情况下，幼虫可以进入反应器，毁坏醋母。它们也可能是引入木醋杆菌（一种不受欢迎的醋酸菌）的原因。

最后，在没有保持适当的清洁和消毒措施的醋厂，可能会出现小而多的螨虫。螨虫在醋化器的木质结构裂缝中繁殖，那里环境温和潮湿，可用热水或蒸汽将其消灭（LeFevre，1924）。

16.3　食醋的处理

首先，区分"澄清"和"净化"很方便。澄清可以定义为通过去除固体颗粒来降低液体产品浊度的处理，而净化是从胶体的角度来保持醋的长期稳定性的处理。在欧洲，对食醋生产过程中采用的处理方法加以管制。例如，西班牙法律允许所有在第661/2012 号皇家法令第 4 条中指出的发酵后处理的做法。

16.3.1　储藏和后熟

食醋的后熟是开发高质量、风味宜人的产品所必需的。传统上，醋醪液（即醋酸发酵后的液体）可以在木桶中储存 1~2 年，而今天的食醋在装瓶前最多只能在木桶或不锈钢罐中储存 1~2 个月（Lea，1989；Heikefelt，2011）。在 1~2 个月的陈酿期，食醋含有较多的乙酸和少量的乙醇，这会产生酯类物质。这些化合物的浓度对食醋的独特风味和气味有很大的影响。此外，以麦芽醋为例，此时 pH 已降至 3 以下，各种多酚和其他化合物将慢慢从溶液中消失，使最终食醋的性质更加稳定（Grierson，2009）。

在这个行业中，食醋的后熟时间缩短是因为生产和储存成本较高。在某些工厂，生产商可能在生产的初始阶段进行粗过滤。

食醋在储存过程中会发生许多变化。例如，在苹果醋的生产过程中，由于空气通过木材的毛孔进入食醋进行氧化作用，使食醋的刺鼻的味道变得更为宜人的香气和花香。在陈酿过程中，乙酸和残留的乙醇反应生成乙酸乙酯，具有水果的味道。陈酿过程中食醋的颜色也会发生变化（Joshi 和 Sharma，2009）。

对于高质量的产品，食醋的陈酿通常在木制容器中进行。在赫雷斯或摩德纳等传统食醋的生产过程中，陈酿过程得到了很好的规范。然而，近年来为了加速食醋的后熟和陈酿，人们进行了各种各样的研究。例如，Wang 等（2017）应用超声波加速镇江香醋的成熟。在他们的研究中，超声波处理（最佳条件）被确定为相当于 2~3 年的天然陈酿镇江香醋。这项研究表明，超声波不仅在缩短陈酿时间和降低制醋成本方面，而且在生产优质食醋方面，都是一种很有前途的技术。

16.3.2 食醋的澄清

在食醋酿造过程中最重要的处理方法之一就是澄清以改善产品的外观和稳定性。浑浊是由于较大的颗粒，如植物碎屑、酵母和细菌细胞，以及较小的物质，如碳水化合物、多酚和蛋白质聚集体（García-García 等，2009；Heikefelt，2011）。

16.3.2.1 自发澄清

澄清可以自发完成，称为自发澄清或自我澄清。这种方法包括让食醋在罐底通过重力沉淀悬浮颗粒。为了获得最佳性能，可以方便地避免浑浊。这个过程很慢，需要大容量的接收容器。此外，通过沉淀进行自我澄清取决于食醋的酸度和熟化时间（Ormaechea Landa，1991）。低酸度的苹果醋即使在长期储存后通常也不会澄清，而高酸度的食醋通常会在几个月内澄清（Joshi 和 Sharma，2009）。不受控制的自我澄清可能有产生令人不悦的气味和味道的风险，有时通过使用合适的佐剂进行沉淀来帮助和加速澄清是很方便的做法，如第 6 章所述。

16.3.2.2 机械澄清

另一种澄清食醋的方法是采用离心技术，通过离心力的作用加速颗粒的沉积。这可以通过不同类型的设备来实现，如水力旋流器、离心沉降器或澄清器（板式分离器）。

水力旋流器（或称旋风分离器）是基于自由落体原理，根据自由落体原理，液体沿着旋风筒的锥形体沿螺旋线自由流动。固体颗粒从液体中分离出来，黏附在管壁上。然后它们在重力作用下下落，并被收集在一个厚的富集槽中，而澄清的液体则上升到顶部。旋风分离器的优点是维护和运行成本相对较低，通常不需要很大的空间，具有较高的容量和坚固的结构，并且可以在短时间内启动和在高温高压条件下运行（Razmi 等，2019）。

离心沉降器是分离固体和回收液体的有用设备。它们是连续工作的机器，使用内部螺杆将湿饼从机器中输送出来。待澄清的悬浮液轴向流入机器，并加速至大约圆周的速度（Gleiss 等，2018）。离心沉降器对于粗颗粒的分离特别有效，它们是获得完全澄清产品的一个障碍；但如果这是限制阶段，它们可以用作预过滤处理（Mushtaq，2018）。然而，现代离心沉降器在精细食品和饮料工业中有几个优点，如排放固体中的水分低、易于清洗、分离成本低、最终产品质量高、功耗低和自动化控制。

立式离心澄清器，也称为板式离心机，是获得良好醋液澄清效果的最合适设备，因为它们可以快速去除悬浮固体。产品的损失和产生的废物较少，可以通过旋转速度调节食醋的浊度。这些机器的优点是可以连续自动操作，不需要辅料，可迅速作用于待澄清的食醋。值得注意的是，立式离心澄清器用途广泛，因为如果必要的话，它们可以在醋酸发酵前用于澄清葡萄酒，也可以用于处理废物，浓缩或从沉淀物中回收食醋。该设备体积小，占地面积小，运行成本相对较低。然而，它的投资成本很高（Hagel 等，2008）。

一般来说，据制造商所言，现代高速离心分离机有几个优点：例如，在发酵前和发酵后步骤中温和、有效地去除各种液体中不需要的悬浮颗粒；它们不需要使用澄清剂（与浮选相比），确保性能一致；它们不需要使用助滤剂（与真空过滤相比），因此更环保；它们可用于快速、按需抛光（如装瓶前），增加错流过滤能力；最重要的是，它们不会引起产品质量的变化（Alfa Laval，2005）。

16.3.2.3 过滤澄清

最后，可用过滤法澄清食醋。板框过滤是澄清粗醋的另一种方法。这个过程包括将过滤粉（通常是硅藻土）与醋液混合，然后用泵通过过滤器。粉末在板上形成一个细滤层（深度滤层），以提高食醋的澄清度（Grierson，2009）。关于目前可用的商业食醋助滤剂的更多细节详见第 6 章。

膜过滤器也可用于产生所需的澄清度。在切向流过滤中使用膜技术改进了食醋生产过程，减少了对环境的影响，并使冷杀菌成为可能，从而将食醋处理减少到最低限度，保持了食醋本身的质量，并最大限度地降低了生产成本（López，2012）。然而，将膜技术应用于食醋的研究却很少。膜过滤在食醋中的应用主要是由膜制造商报道的。

在工业生产中，用于横流膜过滤的过滤组件使用的是有机材料（例如聚砜或再生纤维素）制造的中空纤维膜或螺旋缠绕膜，以及用各种材料（如氧化锆或氧化铝）制造的陶瓷管膜。最常用的孔径为 0.2μm、0.45μm 和 0.65μm，但目前的趋势是使用 0.2μm。然而，超滤（典型的分界点为分子质量 50000）被用来代替苹果醋中的常规的过滤和杀菌程序。为了将细菌污染的风险降到最低，在装瓶前要对食醋进行过滤。超滤不能防止非微生物装瓶后浑浊的形成，因为浑浊物前体分子（如原花青素）的分子质量在 500～2500，因此，即使是最小的超滤膜也很容易通过（Joshi 和 Sharma，2009）。

López 等（2005）在工业规模上对交叉流膜过滤澄清食醋（白色、玫瑰色和红色）进行了研究，主要结论如下：

（1）三种食醋的浊度均显著降低；过滤后的食醋，浊度小于 0.5NTU。

（2）悬浮液中总固体的减少得以完成。

（3）膜过滤可用于同时澄清和冷杀菌食醋。

（4）膜过滤对颜色和多酚含量的影响是可以接受的。

（5）颜色的减弱，表现为改进后的颜色强度的降低，对于白醋来说几乎可以忽略不计，玫瑰醋为 11%，红葡萄酒醋为 37%。

（6）在所有食醋中，多酚含量的减少量不到 15%。

（7）过滤后的食醋的多酚成分与初始醋的成分非常相似。

16.3.3 食醋的精制

精制是澄清的替代或补充，可用于小规模和大规模。这种处理进一步提高了透明度并降低了储存过程中出现浑浊的风险（Lea，1989；Heikefelt，2011）。

物理化学稳定基于使用澄清添加剂，通常需要通过过滤进行后续处理（Joshi 和 Sharma，2009）。在这种处理中，第一阶段包括澄清剂的分散，然后是聚集，这会导致浊度增加，最后是絮凝，这包括增加颗粒尺寸，促进罐底沉淀（另见第 6 章）。处理温度必须低，因为它有利于颗粒的凝结和絮凝。为了实现这种处理，储罐必须适合操作，特别是具有光滑的壁。另一个重要特征是形成的絮凝物密度高。

从感官的角度来看，使用的澄清剂必须是惰性的，以免将奇怪的气味和味道传递给食醋。要考虑的另一个方面是产品的酸度，因为它会影响澄清度。据观察，葡萄酒中酸度的增加（低 pH）会导致 pH 低于 3.2 时澄清有缺陷（Molina-Úbeda，2000）。如果葡萄酒是酸性的，则明胶等佐剂的作用就会降低（Brugirard，1997）。但是，每种澄清剂都有其最佳 pH 范围。例如，在 pH 为 4 时，明胶效果很好；然而，在 pH 为 3 时，更适合使用清蛋白、酪蛋白和酪蛋白酸钾等澄清剂（Brugirard，1997；Molina-Úbeda，2000）。

在澄清剂中，可以区分两种类型：有机和无机。有机澄清剂通常是有效的，但会改变食醋的成分，因此建议监控处理剂量（如第 6 章中关于特定当前可用的商业澄清剂）。有机澄清剂包括传统澄清剂，如明胶、清蛋白、酪蛋白、酪蛋白酸钾、复合澄清剂、抗氧化澄清剂（具有双重澄清和稳定作用）、酶促澄清剂、单宁、聚乙烯聚吡咯烷酮（PVPP）等（Guzmán-Chozas，1998；详见第 6 章）。

Joshi 和 Sharma（2009）提出了一种苹果醋的澄清程序，包括添加明胶、膨润土和/或液体二氧化硅，遵循以下描述的两个主要方案：

（1）每 1000L 苹果醋加入 260g 明胶和 400g 膨润土，搅拌悬浮液并静置至少 1 周，然后上架。

（2）将液体二氧化硅（5000L 苹果醋使用 5L 30% 的二氧化硅溶液）和明胶（每 5000L 使用 1kg）加入苹果醋中并静置。为了完全去除悬浮物质和细菌细胞，可能需要进行最终过滤。

无机澄清剂的作用基于凝胶的形成，该凝胶将颗粒捕获在悬浮液中并有利于它们的去除。它们通常不会改变食醋的成分。膨润土和硅胶是最著名的无机澄清剂，通常一起使用以提高处理效果。通常，澄清剂的选择和用量应在实验室测试中确定（Ormaechea-Landa，1991；详见第 6 章）。

16.3.4 微生物稳定性

由于其特殊性，食醋是一种通常法律上不严格要求注明保质期的产品。然而，即使冷藏储存，它也可能与保质期和有限的稳定性有关。此外，未经加工的产品可能含有潜在危险的微生物，这些微生物没有腐败迹象但可能存在。可以使用多种方法来消除不需要的微生物，包括巴氏杀菌、无菌过滤和添加各种防腐剂（Heikefelt，2011）。

（1）巴氏杀菌　巴氏杀菌是一种旨在破坏细菌和灭活酶的操作，这些酶可能会导致食醋的后期变化。这种处理也可用于杀死醋线虫，然后过滤以消除它们。处理必须避免改变食醋的感官特性；然而，加热可能会影响食醋的颜色和味道，从而降低感官质量（Choi 和 Nielsen，2005）。

巴氏杀菌过程可以区分为不同的步骤，包括在 50~85℃ 的温度范围内加热食醋，并根据所选温度应用不同的处理时间（Ormaechea-Landa，1991）。标准程序包括将食醋加热到 65~70℃，然后依次装瓶、密封和缓慢冷却。或者，食醋可以先装瓶密封，然后加热到 65~70℃。对细菌浓度高的深层发酵法生产的食醋进行消毒可能需要更高的巴氏杀菌温度（77~80℃）（Webb，2007）。

Joshi 和 Sharma（2009）描述了一种特殊的化学巴氏杀菌，称为"银过程"，基于将苹果醋流过含银颗粒，约 2mg/kg 的银离子含量足以对食醋进行消毒。

（2）膜除菌（无菌过滤） 膜技术，例如冷无菌法，也已应用于食品。具体来说，错流微滤是一种有用的技术，因为澄清和除菌可以同时进行（López，2012）。通过孔径小于 $0.2\mu m$ 的膜进行冷无菌过滤是巴氏杀菌的有效替代方法。但是，这种方法只适用于澄清产品；否则精密的膜可能会堵塞（Heikefelt，2011）。尽管如此，食醋工业中膜的应用可以避免巴氏杀菌步骤，这在该生产领域仍然有用（Ormaechea-Landa，1991）。

（3）亚硫酸盐的添加 亚硫酸化是灭活微生物的有效方法。这种化学稳定性通常是通过添加 SO_2 达到最大允许剂量 170mg/L［法规（EC）No 1333/2008］来实现的。通常以气体（E220）或焦亚硫酸氢钾（E224）的形式引入；然而，它的效率降低了一半，并且难以像焦亚硫酸氢钾一样冷溶解。它在使用中是一种自限性添加剂，因为超过一定剂量它会改变产品的味道特征（Ormaechea-Landa，1991）。最后，它在酸性介质中特别有效，抑制细菌和霉菌，并在较小程度上抑制酵母菌（杀菌作用高达 5~10mg/L）。

（4）其他防腐剂 在某些 PDO 产品中，其他抗氧化剂，如防止氧化褐变的抗坏血酸（E-300）和在葡萄酒工业中用作二次发酵抑制剂的山梨酸钾（E-202），可以使 SO_2 的剂量减少。

抗坏血酸是一种抗氧化剂，除非使用量非常高（>250mg/kg），否则不如 SO_2 有效。然而，抗坏血酸（脱氢抗坏血酸和二酮古洛糖酸）的分解产物是羰基，已发现它们是有效的促氧化剂，除非存在过量的抗坏血酸，否则会促进褐变反应和浑浊形成。在食醋中添加少量抗坏血酸（<100mg/kg）可能是没有用的（Joshi 和 Sharma，2009）。

山梨酸盐的毒性很低，与其他防腐剂相比是最低的，这就是为什么它们的使用在世界范围内得到批准。山梨酸（E-200）是一种天然存在于某些蔬菜中的不饱和脂肪酸，但用作食品添加剂时，它是通过化学合成制造的。它用于保存酸性食品和饮料，因为它在中性 pH 下的作用几乎为零。它具有在低酸介质中有效且几乎没有风味的技术优势。山梨酸的主要缺点是费用比较昂贵，并且在产品煮沸时会部分损失。它对霉菌和酵母特别有效，对细菌的作用较小，通常与 SO_2 或其他防腐剂一起用于酿酒。目前它未被授权用于食醋，但它存在于调味品中。

16.3.5 其他处理

（1）食醋着色 食醋的颜色通常来自原料的天然颜色。焦糖（E150a、b、d：原味焦糖，腐蚀性亚硫酸盐焦糖和亚硫酸氢焦糖）是唯一获得授权的着色剂，通常添加它是为了为最终产品提供香脂特性。授权剂量通常是量子满足［法规（EC）No 1333/2008］，即它可以用于达到预期结果所需的量，因为它通常被认为是无害的。例如，黑麦芽醋的深色源自在麦芽醋中添加大麦提取物或焦糖，麦芽醋通常具有淡稻草般的颜色（Grierson，2009）。摩德纳香脂醋是一种调味的葡萄酒醋，通过将煮熟的葡萄醪与葡萄酒醋混合而成，在某些情况下，还添加了少量焦糖（Giudici 等，2009）。

（2）食醋脱色　食醋行业的常见做法是将一小部分食醋脱色并将其与有色醋混合，以获得具有标准特性和质量的最终产品。食醋的全部或部分脱色通常使用粉状酿酒用活性炭（植物来源）进行，将其添加到食醋中使其沉降，然后过滤（另见第6章）。这种类型的处理通常需要很长时间（48~72h）来沉淀碳颗粒。通常情况下，活性炭的消耗量较高，脱色过程可能需要10~20g/L的活性炭用量，这会增加生产成本和食醋的损失，并会产生大量的残留物（Achaerandio 等，2002a，b；López 等，2003）。

粉状活性炭对食醋脱色的另一种替代方法是在颗粒中使用活性炭，这些活性炭可以装在柱子中，使该过程能够连续进行，从而最大限度地减少产品损失和废物的产生（Achaerandio 等，2002a；López 等，2003）。

在苹果醋中，颜色在陈酿环节中会发生变化。具体来说，在碾磨和压榨过程中因多酚氧化酶（苹果的一种组成酶）的活性而增强的颜色，在发酵和陈酿阶段会褪色，这可能是由于原花青素和其他多酚的聚合。通常的做法是使用聚乙烯聚吡咯烷酮和碳通过去除氧化和聚合的原花青素来减少颜色（Joshi 和 Sharma，2009）。

另一种替代方法是使用交换树脂（目前未经授权）（Achaerandio 等，2003，2007）或使用切向纳滤。在食醋脱色中，纳滤可以作为使用活性炭的传统工艺的替代处理技术。Güell 和 López（2001）在一个小型中试工厂中对食醋进行脱色，该工厂使用二氧化钛膜融合在多孔陶瓷管上，标称分子截止值为1kDa。红醋和白醋的脱色效率分别为88.2%和35.5%。还观察到膜处理影响了产品的固定酸度和干物质含量，但其他参数几乎不受影响。该研究表明，纳米过滤可以成功地用于减少食醋的颜色。

（3）食醋除臭　除臭是使用除臭木炭完全或部分消除给食醋带来难闻气味的物质。处理过程与活性炭粉对食醋脱色的处理过程类似。

柠檬酸（E-330）与铁和铜等金属形成稳定的络合物，催化多酚的氧化聚合，并作为食醋的颜色、香气和维生素含量的保护剂（Joshi 和 Sharma，2009）。通常，柠檬酸用于酿酒以增强低酸产品（葡萄酒）的酸味。还通过突出果味来增加"活泼"或"新鲜"的感觉，还可以帮助调整酸度，使发酵更加活跃。然而，它的主要缺点是微生物不稳定性，因此可能会促进不良细菌的生长。

也可以添加果胶和阿拉伯胶来稳定食醋，防止形成沉淀（Joshi 和 Sharma，2009），第6章中有更详细的描述。

最后，亚铁氰化钾用作澄清剂（蓝色澄清）以去除食醋中的铁（Joshi 和 Sharma，2009）。具体来说，亚铁氰化钾与三价铁（Fe^{3+}）反应生成亚铁氰化铁沉淀物 $Fe_4[Fe(CN)_6]_3$（普鲁士蓝或柏林蓝）的蓝色不溶性沉淀物，可通过与明胶或膨润土絮凝分离（Popescu-Mitroi 和 Radu，2017）。

本章作者

弗朗西斯科·洛佩斯（Francisco López）

参考文献

Achaerandio, I., Güell, C., and López, F. 2002a. Continuous vinegar decolorization with exchange resins. *Journal of Food Engineering* 78: 991-994.

Achaerandio, I., Güell, C., and López, F. 2007. New approach to continuous vinegar deco-lourisation with exchange resins. *Journal of Food Engineering* 51: 311-317.

Achaerandio, I., Güell, C., Medina, F., Lamuela-Raventós, R., and López, F. 2002b. Vinegar decolourization by re-activated carbon. *Food Science and Technology International* 7: 1-4.

Alfa Laval. 2005. Winemaking - an art built on technology. Improving wine processing with high speed separators. Alfa Laval Corporate AB, Sweden.

Bartowsky, E. J. 2009. Bacterial spoilage of wine and approaches to minimize it. *Letters in Applied Microbiology* 48: 149-156.

Brugirard, A. 1997. *Aspects pratiques du collage des moûts et des vins.* Collection Avenir Oenologie, Oenoplurimedia, Chaintré, France.

Casale, M., Sáiz-Abajo, M. J., González-Sáiz, J. M., Pizarro, C., and Forina, M. 2006. Study of the aging and oxidation processes of vinegar samples from different origins during storage by near-infrared spectroscopy. *Analytica Chimica Acta* 557: 360-366.

Choi, L. H., and Nielsen, S. S. 2005. The effect of thermal and nonthermal processing methods on apple cider quality and consumer acceptability. *Journal of Food Quality* 28: 13-29.

García-García, I., Santos-Dueñas, I. M., Jiménez-Ot, C., Jiménez-Hornero, J. E., and Bonilla-Venceslada, J. L. 2009. Vinegar engineering. In L. Soliery and P. Giudici (Eds.) *Vinegars of the World.* Springer-Verlag Italia, Milan, Italy, pp. 97-120.

Giudici, P., Gullo, M., and Solieri, L. 2009. Traditional balsamic vinegar. In L. Soliery and P. Giudici (Eds.) *Vinegars of the World.* Springer-Verlag Italia, Milan, Italy, pp. 157-177.

Gleiss, M., Hammerich, S., Kespe, M., and Nirschl, H. 2018. Development of a dynamic process model for the mechanical fluid separation in decanter centrifuges. *Chemical Engineering & Technology* 41: 19-26.

Grierson, B. 2009. Malt and distilled malt vinegar. In L. Soliery and P. Giudici (Eds.) *Vinegars of the World.* Springer-Verlag Italia, Milan, Italy, pp. 135-143.

Güell, C., and López, F. 2001. Vinegar decolorization using nanofiltration. In S. Luque and J. R. Álvarez (Eds.) *Engineering with Membranes.* Servicio Publicaciones, Universidad de Oviedo, Oviedo, Soaub, pp. II-85-II-88.

Guzmán-Chozas, M. 1998. *El Vianagre. Características, Atributos y Control de Calidad.* Ediciones Díaz de Santos, S. A., Madrid (Spain).

Hagel, L., Jagschies, G., and Sofer, G. 2008. Separation technologies. In L. Hagel, G. Jagschies and G. Sofer (Eds.) *Handbook of Process Chromatography. Development, Manufacturing, Validation and Economics* (2nd edition). Academic Press, London, UK, pp. 81-125.

Heikefelt, C. 2011. Chemical and sensory analyses of juice, cider and vinegar produced from different apple cultivars. MSc Thesis in Horticulture. SLU, Swedish University of Agricultural Sciences, Alnarp, Sweden.

Joshi, V. K., and Sharma, S. 2009. Cider vinegar: microbiology, technology and quality. In L. Soliery and P. Giudici (Eds.) *Vinegars of the World.* Springer-Verlag Italia, Milan, Italy, pp. 197-207.

Lea, A. G. H. 1989. Cider vinegar. In Downing, D. L. (Ed.) *Processed Apple Products.* Van Nostrand Reinhold, New York, pp. 279-301.

LeFevre, E. 1924. Making vinegar in the home and on the farm. U. S. Department of Agriculture,

Farmer's Bulletin No. 1424.

López, F. 2012. Application of membrane technology in vinegar. In A. Y. Tamime (Ed.) *Membrane Processing: Dairy and Beverage Applications* (1st Edition) . Blackwell Publishing Ltd. , Oxford, UK, pp. 334-338.

López, F. , Medina, F. , Prodanov, M. , and Güell, C. 2003. Oxidation of activated carbon: application to vinegar decolorization. *Journal of Colloid and Interface Science* 257: 173-178.

López, F. , Pescador, P. , Güell, C. , Morales, M. L. , Garcíla-Parrilla, M. C. , and Troncoso, A. M. 2005. Industrial vinegar clarification by cross-flow microfiltration: effect on colour and polyphenol content. *Journal of Food Engineering* 68: 133-136.

Mas, A. , Torija, M. J. , García-Parrilla, M. C. , and María Troncoso, A. M. 2014. Acetic acid bacteria and the production and quality of wine vinegar. *The Scientific World Journal* Article ID 394671, 6 pages.

Molina-Úbeda, R. 2000. *Teoría de la clarificación de mostosy vinosy susaplicaciones prácticas.* AMV Mundi Prensa, Madrid, Spain.

Murali, N. , Srinivas, K. , and Ahring, B. K. 2017. Biochemical production and separation of carboxylic acids for biorefinery applications. *Fermentation* 3: 22.

Mushtaq, M. 2018. Extraction of fruit juice: an overview. In G. Rajauria and B. K. Tiwari (Eds.) *Fruit Juices. Extraction, Composition, Quality and Analysis.* Academic Press, London, UK, pp. 131-159.

Ormaechea-Landa, A. R. 1991. Proceso industrial de elaboración del vinagre. In C. Llaguno and M. C. Polo (Eds.) *El vinagre de vino.* CSIC, Madrid, Spain, pp. 49-67.

Popescu-Mitroi, I. , and Radu, D. 2017. Potassium ferrocyanide wine treatment: A contro- versial, yet necessary operation. *Scientific and Technical Bulletin, Series: Chemistry, Food Science and Engineering* 14: 4-8.

Rainiri, S. , and Zambonelli, C. 2009. Organisms associated with acetic acid bacteria in vin- egar production. In L. Soliery and P. Giudici (Eds.) *Vinegars of the World.* Springer- Verlag Italia, Milan, Italy, pp. 73-95.

Razmi, H. , Goharrizi, A. S. , and Mohebbi, A. 2019. CFD simulation of an industrial hydro- cyclone based on multiphase particle in cell (MPPIC) method. *Separation and Purification Technology* 209: 851-862.

Real Decreto 661/2012, de 13 de abril, por el que se establece la norma de calidad para la elaboración y la comercialización de los vinagres. Boletín Oficial del Estado (BOE) No. 100, de 26 de abril de 2012. Spain, pp. 32031-32036.

Regulation (EC) No. 1333/2008 of the European Parliament and the Council of 16 December 2008, on food additives.

Wang, Z. , Li, T. , Liu, F. , Zhang, C. , Ma, H. , Wang, L. , and Zhao, S. 2017. Effects of ultra- sonic treatment on the maturation of Zhenjiang vinegar. *Ultrasonics - Sonochemistry* 39: 272-280.

Waterhouse, A. L. , and Nikolantonaki, M. 2015. Quinone reactions in wine oxidation. In Ebeler, S. B. , Sacks, G. , Vidal, S. and Winterhalte, P. (Eds.) *Advances in Wine Research.* ACS Symposium Series; American Chemical Society, Washington, DC, pp. 291-301.

Webb, A. D. 2007. Vinegar. In Kirk-Othmer (Ed.) *Food and Feed Technology,* 2 Volume Set. John Wiley and Sons, Inc. , Hoboken, New Jersey, pp. 539-553.

17

食醋挥发性成分及其分析

17.1 引言

香气是食品最重要的感官特性之一，也是评价食品质量的重要指标。香气是由挥发性物质组成的，这些物质可以通过刺激鼻中的嗅觉感受器使人感觉到气味。此外，其他不提供特征气味的食品挥发性化合物可以通过增强或掩盖其他芳香化合物来增加香气（Gamero 等，2014）。因此，食品的挥发性成分是挥发性化合物的复杂混合物，只有其中一部分直接影响其气味。香气取决于芳香化合物的浓度和不同挥发性化合物之间的相互作用，以及挥发性化合物和非挥发性化合物之间的相互作用（Polášková 等，2008）。

食醋的挥发性成分与其香气的相关性在于它被用作调味品来增加食物的味道。因此，食醋的价值和品质与其独特而复杂的挥发性成分有关。定义食醋挥发性成分的主要变量是所使用的原料和生产工艺（深层或表面醋酸发酵、陈酿工艺等）（Callejón 等，2009，2010）。到目前为止，参与发酵过程的微生物对食醋挥发性成分影响的研究还很少（Callejón 等，2009；Wang 等，2005；Wu 等，2017；zhang 等，2017）。进一步研究微生物在食醋挥发性成分中的作用具有重要意义。

17.2 食醋挥发性成分

17.2.1 食醋中的特征挥发性成分

食醋是经过酒精发酵和醋酸发酵两阶段的发酵产物。食醋的挥发性成分主要是由这两个发酵过程中产生的挥发性化合物形成的（Callejón 等，2009）。然而，必须考虑到高通气量的发酵过程可能会导致高挥发性化合物的损失（Morales 等，2001b）。尽管食醋发酵过程中发生了较大的变化，但一些食醋仍保留了原料中的挥发性化合物（Cejudo-Bastante 等，2016）。最后，高品质食醋的后熟和陈酿过程增加了其挥发性成分的复杂性。在这些过程中，会发生化学变化。当食醋在桶内进行陈酿时，会同时从木头中提取化合物（Callejón 等，2010）；提高了产品附加值。

食醋的挥发性物质主要包括醇、羧酸、乙酯和乙酸酯，根据食醋的类型，还有不同比例的醛、酮、缩醛、内酯、萜烯、挥发酚或吡嗪（表 17.1）。食醋中特有的挥发性化合物，如乙酸、乙偶姻和乙酸乙酯，比其他物质含量更高。在陈醋中，乙偶姻和乙酸乙酯的含量分别可达 1000mg/L 和 3500mg/L 以上（Callejón 等，2008b；Guerrero 等，2007）。

表 17.1		食醋中挥发性化合物的测定		
特征挥发性化合物	食醋的种类	来源	气味描述	参考文献
		缩醛		
乙醛缩二乙醇	BVM, JV, RWV, WWV	葡萄酒原料	化学，酒精，草，塑料	Callejón et al.（2008b）；Callejónet al.（2010）

续表

特征挥发性化合物	食醋的种类	来源	气味描述	参考文献
2-甲氧基甲基-2，4,5-三甲基-1,3-二氧杂戊烷	ZAV	可能是酒精发酵	—	Yu et al.（2012）
2,4,5-三甲基-1,3-二氧戊环	CV，JV，MMV，PXV，ZAV	酒精发酵	—	Ríos-Reina et al.（2018）；Yu et al.（2012）
乙酸酯				
乙酸烯丙酯	BVM，JV，TBVM	可能是醋酸发酵，陈酿	—	Chinnici et al.（2009）
乙酸苄酯	BBV，BVM，CTIV，CV，JV，MMV，PXV，PTIV，RWV	醋酸发酵，陈酿	新鲜，薄荷，青草香	Callejón et al.（2008b）；Cirlini et al.（2011）；Marrufo-Curtido et al.（2012）；Ozturk et al.（2015）；Su and Chien（2010）
乙酸丁酯	TBVM，BVM，CCV，ZAV，JV，CV，MMV，PXV，RWV，WWV，AV	醋酸发酵，陈酿	樱桃，草莓	Del Signore（2001）；Guerrero et al.（2007）；Jo et al.（2013）；Ríos-Reina et al.（2018）；Xiong et al.（2016）
乙酸异丁酯	CHSV，CV，JV，MMV，PXV	醋酸发酵，陈酿	水果，香蕉味，化学	Ríos-Reina et al.（2018）；Xiao et al.（2011）
2,3-丁二醇乙酸酯（同分异构体）	BVM，JV，CV，MMV，PXV，RWV，TBVM，ZAV	醋酸发酵，陈酿	烤玉米，炸鸡，烧焦	Callejón et al.（2008b）；Cirlini et al.（2011）；Marrufo-Curtido et al.（2012）；Ríos-Reina et al.（2018）；Lu et al.（2011）
乙酸乙酯	几乎存在于所有研究过的醋中	醋酸发酵，陈酿	胶水	—
1,1-乙二醇二乙酸酯	少数 ZAV	可能是醋酸发酵	绿色植物，花香	Lu et al.（2011）；Yuet al.（2012）
(E)-2-己烯-1-醇乙酸酯	JV，TBVM	醋酸发酵，陈酿	绿色植物	Marrufo-Curtido et al.（2012）
(Z)-3-己烯-1-醇乙酸酯	AV，BVM，JV，PXV，RWV，TBVM，WWV	醋酸发酵，陈酿	绿色植物	Guerrero et al.（2007）；Marrufo-Curtido et al.（2012）
乙酸香叶酯	BVM，JV，TBVM	初级陈酿	玫瑰，花香	Marrufo-Curtido et al.（2012）
乙酸己酯	AV，BVM，CCV，CV，JV，MMV，PXV，RWV，TBVM，WWV，ZAV	醋酸发酵，陈酿	水果，绿色植物，新鲜	Guerrero et al.（2007）；Marrufo-Curtido et al.（2012）；Jo et al.（2013）；Ríos-Reina et al.（2018）

续表

特征挥发性化合物	食醋的种类	来源	气味描述	参考文献
乙酸甲酯	BBV，BVM，CHSV，CV，JV，MMV，PV，PXV，RWV，WWV	醋酸发酵，陈酿	化学	Blanch et al.（1992）；Callejón et al.（2008b）；Del Signore（2001）；Ríos-Reina et al.（2018）；Su and Chien（2010）；Ubeda et al.（2011）；Xiao et al.（2011）
乙酸-2-甲基丁酯	BVM，CV，JV，MMV，PXV	醋酸发酵，陈酿	水果，熟透水果	Pinu et al.（2016）；Ríos-Reina et al.（2018）
乙酸-3-甲基丁酯	几乎存在于所有研究过的醋中	醋酸发酵，陈酿	香蕉	—
乙酸-2-甲基丙酯	所有食醋（除了BBV，SBV，BBV，TIV 和 THMV）	醋酸发酵，陈酿	塑料，药物，化学	—
橙花醇乙酸酯	BVM，JV，TBVM	醋酸发酵，特别是陈酿阶段	薰衣草、水果花香	Marrufo-Curtido et al.（2012）
二乙二醇二乙酸酯	少数 ZAV	—	—	Lu et al.（2011）；Yu et al.（2012）
乙酸戊酯	JV，少数 ZAV	醋酸发酵，特别是陈酿阶段	水果，香蕉	Callejón et al.（2008b）；Yu et al.（2012）
乙酸-2-苯乙酯	几乎存在于所有研究过的醋中	醋酸发酵，特别是陈酿阶段	玫瑰，甜味，蜂蜜味	—
乙酸苯丙酯	SEAV	可能在陈酿阶段	—	Xiong et al.（2016）
乙酸丙酯	AV，BVM，CCHV，CV，JV，MMV，PXV，RWV，TBVM，WWV	醋酸发酵，陈酿	梨，水果	Callejón el al.（2010）；Del Signore（2001）；Guerrero et al.（2007）；Ríos-Reina et al.（2018）；Xiao et al.（2011）
乙酸异丙酯	BVM、TBVM	醋酸发酵	—	Del Signore（2001）
1,2,3-丙三醇单乙酸酯	BVM，TBVM，CV，JV，MMV，PXV，RWV	醋酸发酵，特别是陈酿阶段	—	Charles et al.（2000）；Chinnici et al.（2009）；Ríos-Reina et al.（2018）
1,2,3-丙三醇二乙酸酯	BVM，JV，RWV，TBVM	醋酸发酵，特别是陈酿阶段	—	Charles et al.（2000）；Chinnici et al.（2009）

续表

特征挥发性化合物	食醋的种类	来源	气味描述	参考文献
1,2,3-丙三醇三乙酸酯	BVM, JV, TBVM	陈酿	—	Chinnici et al.（2009）
酸类				
乙酸	所有醋	醋酸发酵	辛辣刺激	
苯甲酸	BBV, BVM, JV, TBVM, ZAV		尿	Lu et al.（2011）；Marrufo-Curtido et al.（2012）；Su and Chien（2010）
丁酸	AV, BVM, CCHV; CV, JV, MMV, PXV, RWV, WWV, ZAV	醋酸发酵	奶酪，呕吐物	Guerrero et al.（2007）；Marrufo-Curtido et al.（2012）；Ríos-Reina et al.（2018）；Xiao et al.（2011）；Xiong et al.（2016）；Yu et al.（2012）
癸酸	所有食醋（SBV除外），在ZAV中很少见	醋酸发酵	腐臭味	—
月桂酸	BBV, CV, JV, MMV, OV, PXV	可能是醋酸发酵	蜡味，脂肪味	Cejudo-Bastante et al.（2017）；Ríos-Reina et al.（2018）；Su and Chien（2010）
2-乙基丁酸	少数ZAV	可能是醋酸发酵	—	Yu et al.（2012）
2-乙基己酸	AV, BVM, CV, JV, MMV, PXV, WWV	醋酸发酵		Guerrero et al.（2007）；Ríos-Reina et al.（2018）
甲酸	BVM, TBVM	—	辛辣刺激	Marrufo-Curtido et al.（2012）
2-呋喃甲酸	BVM, JV, TBVM	香脂桶中的浓缩果汁（陈酿期间增加）	—	Chinnici et al.（2009）；Pinu et al.（2016）
庚酸	BBV, BVM, RWV, WWV, 少数ZAV	醋酸发酵	臭味，汗味	Callejón et al.（2008b）；Callejón et al.（2010）；Su andChien（2010）；Yu et al.（2012）
己酸	所有的醋	醋酸发酵	奶酪，酸，脂肪味，汗味	—
十六酸	BVM, CV, JV, MMV, OV, PXV, TBVM	—	蜡味、脂肪味	Cejudo-Bastante et al.（2017）；Marrufo-Curtido et al.（2012）；Ríos-Reina et al.（2018）

续表

特征挥发性化合物	食醋的种类	来源	气味描述	参考文献
9-十六碳烯酸	JV, TBVM	—	—	Marrufo-Curtido et al. (2012)
4-己基-2,5-二氢-2,5-二氧代-3-呋喃乙酸	BVM	美拉德反应, 果汁煮熟过程	—	Pinu et al. (2016)
α-羟基苯丙酸	ZAV	—	—	Yu et al. (2012)
2-甲基丁酸	CV, JV, MMV, PXV, ZAV	醋酸发酵	奶酪、汗味	Ríos-Reina et al. (2018); Xiong et al. (2016)
3-甲基丁酸	所有的醋（一些土耳其醋除外）	醋酸发酵	奶酪	—
2-甲基丙酸	所有食醋（OV、THMV 和 TIV 除外）	醋酸发酵	奶酪，脚臭，发臭的黄油	—
4-甲基戊酸	ZAV	可能是醋酸发酵	辛辣刺激，奶酪	Lu et al. (2011)
壬酸	BBV, BVM, CV, JV, MMV, OV, PXV, RWV, WWV, TBVM, 少数 ZAV	醋酸发酵	蜡味，奶酪	Callejón et al. (2010); Cejudo-Bastante et al. (2017); Marrufo-Curtido et al. (2012); Ríos-Reina et al. (2018); Su and Chien (2010); Yu et al. (2012)
辛酸	所有食醋（SBV 和 CCHV 除外）	醋酸发酵	汗味，奶酪	—
十八烷酸	TBVM		脂肪味	Marrufo-Curtido et al. (2012)
9-十八碳烯酸	TBVM		猪油味	Marrufo-Curtido et al. (2012)
戊酸	BVM, CV, JV, MMV, PXV, TBVM, WWV, ZAV	醋酸发酵	腐臭味，奶酪	Blanch et al. (1992); Chinnici et al. (2009); Ríos-Reina et al. (2018); Yu et al. (2012)
十五烷酸	BVM, CV, JV, MMV, OV, PXV, TBVM	—	蜡味	Cejudo-Bastante et al. (2017); Ríos-Reina et al. (2018)
2-苯乙酸	BBV, BVM, JV, RWV, SBV, TBVM, ZAV	可能是因为原材料	玫瑰，蜂蜜味	Charles et al. (2000); Chinnici et al. (2009); Ubeda et al. (2016); Su and Chien (2010); Yu et al. (2012)
丙酸	BVM, CCHV, CV, JV, MMV, PXV, RWV, SEAV, TBVM, THMV, WWV	醋酸发酵	腐臭味，奶酪，脚臭	Blanch et al. (1992); Callejón et al. (2008b); Charles et al. (2000); Chinnici et al. (2009); Ozturk et al. (2015); Ríos-Reina et al. (2018); Xiao et al. (2011); Xiong et al. (2016)

续表

特征挥发性化合物	食醋的种类	来源	气味描述	参考文献
山梨酸	CV，JV，MMV，PXV，一些 THMV		—	Ozturk et al.（2015）；Ríos-Reina et al.（2018）
十四酸	BVM，CV，JV，MMV，OV，PXV，TBVM		蜡味，脂肪味，肥皂味	Cejudo-Bastante et al.（2017）；Marrufo-Curtido et al.（2012）；Ríos-Reina et al.（2018）
醇类				
2-氨基丙醇	CCV			Jo et al.（2013）
苯甲醇	所有食醋（OV，THMV 和 TIV 除外）	原料，酒精发酵	割下的青草，花，金属味	Callejón et al.（2008b）；Guerrero et al.（2007）；Marrufo-Curtido et al.（2012）；Su and Chien（2010）
1,3-丁二醇	ZAV	酒精发酵	—	Lu et al.（2011）
2,3-丁二醇	BBV，BVM，CCHV，JV，RWV，SEAV，ZAV	酒精发酵	水果，洋葱，黄油，奶油味	Charles et al.（2000）；Cirlini et al.（2011）；Morales et al.（2001b）；Su and Chien（2010）；Xiao et al.（2011）；Xiong et al.（2016）；Yu et al.（2012）
正丁醇	AV，BVM，JV，RWV，PXV，WWV	酒精发酵	药物，杂醇油，甜味，酒精	Chinnici et al.（2009）；Guerrero et al.（2007）
2-丁醇	CHSV，WWV，ZAV	酒精发酵	葡萄酒，酒精	Blanch et al.（1992）；Lu et al.（2011）；Xiao et al.（2011）
环己醇	CCV	—	樟脑	Jo et al.（2013）
2,5-二甲基-己醇	ZAV	—	—	Xiong et al.（2016）
乙醇	BVM，CCHV，CCV，JV，RWV，SEAV，TBVM，WWV，ZAV	酒精发酵	酒精	Blanch et al.（1992）；Callejón et al.（2008b）；Del Signore（2001）；Jo et al.（2013）；Xiong et al.（2016）
异辛醇	CHSV，CV，JV，MMV，PXV	酒精发酵	玫瑰，绿色植物，新鲜，花香	Ríos-Reina et al.（2018）；Xiao et al.（2011）
4-乙基间苯二酚	BVM，JV，TBVM	—	—	Marrufo-Curtido et al.（2012）
茴香醇	ALTHMV，ATIV，BVM，JV，TBVM	—	樟脑，松木，木头	Marrufo-Curtido et al.（2012）；Ozturk et al.（2015）
糠醇	BVM，CHSV，CV，JV，MMV，PXV，RWV，WWV	原料，美拉德反应	焦糊味，烧焦的头发	Blanch et al.（1992）；Callejón et al.（2010）；Ríos-Reina et al.（2018）；Xiao et al.（2011）
正己醇	AV，BVM，CCV，CCHV，CV，JV，MMV，PXV，RWV，TBVM	原料	绿色植物，草本	Del Signore（2001）；Guerrero et al.（2007）；Jo et al.（2013）；Ríos-Reina et al.（201）；Xiao et al.（2011）

续表

特征挥发性化合物	食醋的种类	来源	气味描述	参考文献
叶醇	AV, BVM, JV, PXV, RWV, SBV, WWV	原料	烤土豆, 蘑菇, 苔藓, 新鲜	Calleón et al. (2008b); Guerrero et al. (2007); Ubeda et al. (2012)
2-己烯醇	AV, PXV	原料	绿色植物, 树叶, 核桃	Guerrero et al. (2007)
甲醇	BVM, JV, PV, RWV, SBV, WWV	原料	化学, 酒精	Blanch et al. (1992); Callejón et al. (2008b); Callejón et al. (2010); Ubeda et al. (2011)
2-甲基-1-丁醇	AV, BVM, CV, JV, MMV, PV, PXV, RWV, SBV, TBVM, WWV, 少数 ZAV	酒精发酵	葡萄酒, 洋葱, 化学	Guerrero et al. (2007); Marrufo-Curtido et al. (2012); Ríos-Reina et al. (2018); Ubeda et al. (2011)
3-甲基-1-丁醇	所有食醋(BBV, CCV, 大多数 THMV 和 TIV 除外)	酒精发酵	腐臭味, 橡胶, 化学, 麦芽威士忌	—
异丁醇	AV, BVM, CCHV, JV, PV, PXV, RWV, SBV, TBVM, WWV, ZAV	酒精发酵	橡胶, 汗味, 乳胶, 化学	Del Signore (2001); Guerrero et al. (2007); Ubeda et al. (2011); Xiao et al. (2011); Yu et al. (2012)
3-甲硫基丙醇	BVM, 少数 CCHV, JV, RWV, WWV	酒精发酵	煮蔬菜或土豆	Blanch et al. (1992); Callejón et al. (2008b); Charles et al. (2000); Pinu et al. (2016); Xiao et al. (2011)
辛醇	BVM, TBVM	酒精发酵	化学, 蜡味	Del Signore (2001)
1-辛烯-3-醇	ZAV		蘑菇, 土味	Zhou et al. (2017)
2-苯乙醇	所有醋	酒精发酵	玫瑰, 蜂蜜	
1-丙醇	BVM, 少数 CCHV, JV, PV, TBVM, RWV, SBV, WWV	酒精发酵	酒精, 辛辣的	Del Signore (2001); Callejón et al. (2008b); Callejón et al. (2010); Ubeda et al. (2011); Xiao et al. (2011)
异丙醇	BVM, TBVM	酒精发酵	酒精	Del Signore (2001)
醛类				
乙醛	BVM, CCHV, SBV, JV, PV, RWV, TBVM, WWV	酒精发酵和醋酸发酵	辛辣的, 醚样的	Blanch et al. (1992); Callejón et al. (2008b); Del Signore (2001); Ubeda et al. (2011); Xiao et al. (2011)

续表

特征挥发性化合物	食醋的种类	来源	气味描述	参考文献
5-乙酰氧基甲基-2-呋喃醛	AV, BVM, CV, JV, MMV, PXV, TBVM, WWV	果汁煮熟过程、葡萄晒干过程、桶内陈酿（美拉德反应）	—	Guerrero et al. （2007）；Marrufo-Curtido et al. （2012）；Ríos-Reina et al. （2018）
2-乙酰基-5-甲基呋喃	AV, BVM, JV, PXV, WWV	果汁煮熟过程、葡萄晒干过程、桶内陈酿（美拉德反应）	坚果味	Guerrero et al. （2007）
苯甲醛	几乎存在于所有研究过的食醋中	原料，在醋酸发酵或陈酿过程中氧化，桶	阿司匹林，桑葚，水果	—
正丁醛	BVM, JV, PXV, TBVM	醋酸发酵或陈酿过程中的氧化	辛辣的，绿色植物，可可豆	Durán-Guerrero et al. （2015）
巴豆醛	BVM, JV, PXV, TBVM	醋酸发酵或陈酿过程中的氧化	花香	Durán-Guerrero et al. （2015）
肉桂醛	CCHV	—	甜味，辛辣的，肉桂味	Xiao et al. （2011）
癸醛	BVM, JV, PXV, TBVM	醋酸发酵或陈酿中的氧化	肥皂，橙皮，甜的	Durán-Guerrero et al. （2015）
十二醛	BVM, JV, PXV, TBVM	醋酸发酵或陈酿中的氧化	肥皂，蜡质，百合，脂肪，柑橘	Durán-Guerrero et al. （2015）
5-乙氧基甲基糠醛	BVM, JV, T BVM	乙醇和5-羟甲基糠醛缩合	香料和咖喱	Marrufo-Curtido et al. （2012）
2-糠醛	所有食醋（除了OV、SBV 和一些 THMV）	美拉德反应，桶内陈酿	面包，杏仁，甜的	—

续表

特征挥发性化合物	食醋的种类	来源	气味描述	参考文献
2,5-呋喃二甲醛	BVM, TBVM	果汁煮熟过程（美拉德反应）	—	Chinnici et al.（2009）
庚醛	BVM, JV, PXV, TBVM	醋酸发酵或陈酿中的氧化	脂肪，柑橘，腐臭	Durán-Guerrero et al.（2015）
己醛	AV, BVM, CCV, CCHV, JV, PXV, RWV, TBVM	原材料，陈酿时氧化	青草香，动物脂，脂肪	Callejón et al.（2008b）；Durán-Guerrero et al.（2015）；Guerrero et al.（2007）；Jo et al.（2013）；Xiao et al.（2011）
2-己烯醛	AV, BVM, CCV, JV, PXV, RWV, WWV	原材料	绿色植物，甜味，苦杏仁	Durán-Guerrero et al.（2015）；Guerrero et al.（2007）；Jo et al.（2013）
4-羟基苯甲醛	BVM, JV, TBVM	—	—	Chinnici et al.（2009）
5-羟甲基-2-糠醛	AV, CV, JV, MMV, PXV, RWV, WWV, 少数ZAV	果汁煮熟过程，葡萄晒干处理，陈酿桶内（美拉德反应）	纸板，脂肪	Ríos-Reina et al.（2018）；Yu et al.（2012）
3-（甲硫基）-丙醛	BVM, JV, PXV, SBV, TBVM, ZAV	氨基酸降解	蔬菜，发霉的，土豆，泥土	Durán-Guerrero et al.（2015）；Ubeda et al.（2016）；Zhou et al.（2017）
2-甲基丁醛	BVM, CCHV, JV, PXV, TBVM, ZAV	醋酸发酵或陈酿中的氧化	可可，杏仁	Durán-Guerrero et al.（2015）；Lu et al.（2011）；Xiaoet al.（2011）；Zhou et al.（2017）
3-甲基丁醛	BVM, CCHV, JV, PXV, TBVM, ZAV	醋酸发酵或陈酿中的氧化	麦芽，醚样的，巧克力	Durán-Guerrero et al.（2015）；Xiao et al.（2011）；Zhou et al.（2017）
2-甲基戊醛	BVM, JV, PXV	醋酸发酵或陈酿中的氧化	醚样的，水果，绿色植物	Durán-Guerrero et al.（2015）
2-甲基丙醛	BVM, CCHV, JV, PXV, TBVM, ZAV	醋酸发酵或陈酿中的氧化	辛辣的，新鲜，麦芽，绿色植物	Durán-Guerrero et al.（2015）；Xiao et al.（2011）；Zhou et al.（2017）

续表

特征挥发性化合物	食醋的种类	来源	气味描述	参考文献
5-甲基-2-糠醛	AV、BVM、CCHV、CV、JV、MMV、PXV、RWV、SEAV、TBVM、WWV、ZAV	果汁煮熟过程，葡萄晒干过程，桶中陈酿（美拉德反应）	杏仁、黄油、奶糖、焦糖、辛辣	Callejón et al.（2010）；Guerrero et al.（2007）；Marrufo-Curtido et al.（2012）；Ríos–Reina et al.（2018）；Xiao et al.（2011）；Xiong et al.（2016）
壬醛	BVM、JV、PXV、TBVM	醋酸发酵或陈酿中的氧化	脂肪、蜡味、柑橘、绿色植物、新鲜	Aceña et al.（2011）；Durán Guerrero et al.（2015）
2-壬烯醛	BVM、JV、PXV、TBVM	醋酸发酵或陈酿中的氧化	脂肪，绿色植物，蜡味	Durán-Guerrero et al.（2015）
4-甲氧基苯甲醛	CCHV	—	甜味，茴香，薄荷	Xiao et al.（2011）
辛醛	BVM、JV、PXV、TBVM、ZAV	醋酸发酵或陈酿中的氧化	脂肪、肥皂、柠檬、绿色植物、醛味	Aceña et al.（2011）；DuránGuerrero et al.（2015）；Zhou et al.（2017）
2-吡咯甲醛	BVM、TBVM	—	—	Chinnici et al.（2009）
戊醛	BVM、JV、PXV、TBVM	醋酸发酵或陈酿中的氧化	杏仁、麦芽、辛辣、烤面包味	Durán-Guerrero et al.（2015）
苯乙醛	BVM、JV、PXV、SBV、TBVM、WWV、ZAV	原料，醋酸发酵	玫瑰，蜂蜜	Blanch et al.（1992）；DuránGuerrero et al.（2015）；Lu et al.（2011）；Ubeda et al.（2016）
丙醛	BVM、JV、PXV、TBVM	醋酸发酵或陈酿中的氧化	溶剂味，辛辣刺激的，泥土气息的，酒精味	Durán-Guerrero et al.（2015）
丁香醛	BVM、JV、TBVM	原料，在桶中陈酿	绿色植物，木质味	Chinnici et al.（2009）
十一醛	BVM、JV、PXV、TBVM	醋酸发酵或陈酿中的氧化	蜡味，辛辣刺激的，甜味，肥皂味，花香	Durán-Guerrero et al.（2015）
香草醛	BVM、JV、RWV、SBV、TBVM、WWV	原料，在桶中陈酿	香草味，焦糖	Callejón et al.（2010）；Chinnici et al.（2009）；Ubeda et al.（2016）

续表

特征挥发性化合物	食醋的种类	来源	气味描述	参考文献
C$_{13}$-降异戊二烯衍生物				
β-大马烯酮	JV，SBV	原料	烤苹果，楹桲果酱	Aceña et al.（2011）；Ubeda et al.（2016）
1，1，6-三甲基-1，2-二氢萘	BVM，CV，JV，MMV，PXV，RWV，TIV（葡萄和柑橘）	原料，陈酿	煤油味，汽油味	Callejón et al.（2008b）；Ozturk et al.（2015）；Ríos-Reina et al.（2018）
葡萄烯	—	原料	花香，水果，樟脑/木质味	Ozturk et al.（2015）
乙酯				
苹果酸二乙酯	TBVM，CV，JV，PXV	酒精发酵，在桶中陈酿	葡萄酒，焦糖，红糖，甜味	Chinnici et al.（2009）
丁二酸二乙酯	所有食醋（CCM、OV、大部分THMV和TIV除外）	酒精发酵	葡萄酒，甜味，水果	
乙酰乙酸乙酯	BVM	—	新鲜的，水果，绿色植物	Cirlini et al.（2011）
苯甲酸乙酯	BBV，CCHV，CV，JV，MMV，PXV，RWV*，部分THMV	原料，酒精发酵，陈酿，樱桃桶内陈酿*	甜味，水果，洋甘菊，花香	Callejón et al.（2009）；Ozturk et al.（2015）；Ríos-Reina et al.（2018）；Su and Chien（2010）；Xiao et al.（2011）
丁酸乙酯	AV，BBV，BVM，CCV，CV，JV，MMV，PXV，RWV，SBV，TBVM，WWV	原料，酒精发酵，陈酿	草莓，香蕉，水果	Callejón et al.（2010）；Guerrero et al.（2007）；Jo et al.（2013）；Marrufo-Curtido et al.（2012）；Ríos-Reina et al.（2018）；Su and Chien（2010）；Ubeda et al.（2016）
癸酸乙酯	BVM，CV，JV，MMV，PXV，TBVM，WWV	酒精发酵，陈酿	葡萄，甜味，蜡味，水果	Blanch et al.（1992）；MarrufoCurtido et al.（2012）；Ríos-Reina et al.（2018）
月桂酸乙酯	CV，JV，MMV，PXV，SBV，TIV（葡萄和苹果）	酒精发酵，陈酿	蔬菜味，蜡味，花香，叶片	Ozturk et al.（2015）；RíosReina et al.（2018）；Ubeda et al.（2016）
3-乙氧基丙酸乙酯	CV，JV，MMV，PXV	酒精发酵，陈酿	—	Ríos-Reina et al.（2018）

续表

特征挥发性化合物	食醋的种类	来源	气味描述	参考文献
糠酸乙酯	CV，JV，MMV，PXV，RWV，WWV	陈酿	水果，花香	Callejón et al.（2010）；RíosReina et al.（2018）
庚酸乙酯	CV，JV，PXV	酒精发酵，陈酿	水果，菠萝，科涅克白兰地	Ríos-Reina et al.（2018）
己酸乙酯	AV，BVM，CCHV，CV，JV，MMV，PXV，TBVM，RWV，SBV，WWV	酒精发酵，陈酿	苹果，香蕉，水果，桑葚	Callejón et al.（2010）；Guerrero et al.（2007）；Marrufo-Curtido et al.（2012）；Ríos－Reina et al.（2018）；Ubeda et al.（2016）；Xiao et al.（2011）
棕榈酸乙酯	CV，JV，MMV，PXV	酒精发酵，陈酿	蜡味，水果，奶油味	Ríos-Reina et al.（2018）
3-己烯酸乙酯	THMV 和 TIV（除了葡萄和苹果）	—	—	Ozturk et al.（2015）
3-羟基丁酸乙酯	BVM，JV，RWV，TBVM，少数 ZAV	酒精发酵，陈酿	香蕉，桑葚，棉花糖，葡萄	Callejón et al.（2008b）；Charles et al.（2000）；Chinnici et al.（2009）；Yu et al.（2012）
对香豆酸乙酯	BVM	原料，桶内陈酿	花香	Pinu et al.（2016）
2-羟基-3-苯基丙酯乙酯	少数 ZAV	—	黑胡椒	Yu et al.（2012）
琥珀酸单乙酯	BVM，CV，JV，MMV，PXV，TBVM，少数 ZAV	酒精发酵，陈酿	花香，香料	Chinnici et al.（2009）；RíosReina et al.（2018）；Yu et al.（2012）
乳酸乙酯	AV，BVM，CCHV，PXV，RWV，TBVM，WWV，ZAV	酒精发酵，陈酿	奶油味，黄油味，水果	Callejón et al.（2010）；Chinnici et al.（2009）；Guerrero et al.（2007）；Xiao et al.（2011）；Yu et al.（2012）
戊酮酸乙酯	BVM，JV，TBVM	—	甜味，水果，花香，浆果	Marrufo-Curtido et al.（2012）
2-甲基丁酸乙酯	CV，JV，MMV，PXV，SBV	酒精发酵，陈酿	水果，香蕉，草莓	Ríos-Reinaet al.（2018）；Ubeda et al.（2016）
3-甲基丁酸乙酯	AV，BVM，CV，JV，MMV，PXV，RWV，SBV，TBVM，WWV，少数 ZAV	酒精发酵，陈酿	草莓，水果，香蕉	Callejón et al.（2010）；Guerrero et al.（2007）；Marrufo-Curtido et al.（2012）；Ríos－Reina et al.（2018）；Yu et al.（2012）；Ubeda et al.（2016）

续表

特征挥发性化合物	食醋的种类	来源	气味描述	参考文献
2-甲基丙酸乙酯	AV, BVM, CV, JV, MMV, PXV, RWV, WWV	酒精发酵, 陈酿	草莓, 甜味, 橡胶, 辛辣刺激的	Callejón et al. (2010); Guerrero et al. (2007); Ríos-Reina et al. (2018)
辛酸乙酯	AV, BVM, CCHV, CV, JV, MMV, OV, PXV, 水果 THMV, TBVM, 水果 TIV, WWV	酒精发酵, 陈酿	草莓, 香蕉, 水果	Cejudo-Bastante et al. (2017); Guerrero et al. (2007); Marrufo-Curtido et al. (2012); Ozturk et al. (2015); Ríos-Reina et al. (2018); Xiao et al. (2011)
戊酸乙酯	AV, BVM, CV, JV, MMV, PXV, RWV, WWV	酒精发酵, 陈酿	甜味, 水果, 苹果, 菠萝, 酵母	Callejón et al. (2010); Guerrero et al. (2007); Ríos-Reina et al. (2018)
苯乙酸乙酯	AV, BBV, BVM, CV, JV, MMV, PXV, RWV, 少数 SEAV, TBVM, WWV, 少数 ZAV	陈酿	橡皮泥, 蜡味, 水果, 甜味	Guerrero et al. (2007); Marrufo-Curtido et al. (2012); Ríos-Reina et al. (2018); Su and Chien (2010); Xiong et al. (2016); Yu et al. (2012)
丙酸乙酯	BVM, CCV, CCHV, CV, JV, MMV, PXV, RWV, SBV, WWV	酒精发酵, 陈酿	塑料, 合成剂, 青草香	Callejón et al. (2008b); Callejón et al. (2010); Jo et al. (2013); Ríos-Reina et al. (2018); Ubeda et al. (2016); Xiao et al. (2011)
山梨酸乙酯	CV, JV, MMV, PXV	—	—	Ríos-Reina et al. (2018)
琥珀酸乙酯	CCHV, SEAV, ZAV	酒精发酵, 陈酿	—	Xiong et al. (2016)
香兰酸乙酯	BVM, JV, TBVM	桶内陈酿	香草味, 花香, 水果, 甜味	Marrufo-Curtido et al. (2012)
酮类				
苯乙酮	JV, RWV*, ZAV	陈酿, 樱桃桶内陈酿*	甜味, 樱桃	Callejón et al. (2008b); Callejón el al. (2010); Zhou et al. (2017)
香草酮	BVM, JV, TBVM	陈酿	香草味, 甜味	Chinnici et al. (2009)
2-乙酰氧基-3-丁酮	CV, JV, MMV, PXV, RWV	陈酿	辛辣刺激的, 甜味, 奶油味, 黄油味	Charles et al. (2000); RíosReina et al. (2018)

续表

特征挥发性化合物	食醋的种类	来源	气味描述	参考文献
2-乙酰呋喃	BVM, CHSV, CV, JV, MMV, PXV, RWV, TBVM	陈酿	香脂味，甜味，扁桃仁，烤面包味	Callejón et al. (2008b)；Marrufo-Curtido et al. (2012)；Ríos-Reina et al. (2018)；Xiao et al. (2011)
2-甲基-5-乙酰基呋喃	BVM, JV, TBVM	陈酿	甜味，霉味，坚果，焦糖	Marrufo-Curtido et al. (2012)
2-乙酰吡咯	SAEV	美拉德反应	坚果，核桃，面包	Xiong et al. (2016)
二苯甲酮	BVM, JV, TBVM	—	香脂味，玫瑰，金属味	Marrufo-Curtido et al. (2012)
2,3-丁二酮	BVM, CCHV, CV, JV, MMV, PXV, RWV, SBV, SEAV, TBVM, WWV, ZAV	醋酸发酵，陈酿（乙偶姻氧化）	黄油味	Callejón et al. (2010)；Del Signore (2001)；Ríos-Reina et al. (2018)；Ubeda et al. (2016)；Xiao et al. (2011)；Xiong et al. (2016)
2-丁酮	CHSV	—	乙醚，化学制品	Xiao et al. (2011)
甲基环戊烯醇酮	TBVM	美拉德反应，桶内陈酿	甜味，焦糖，枫糖	Marrufo-Curtido et al. (2012)
2,3-二氢-3,5 二羟基-6-甲基-4H-吡喃-4-酮	TBVM	美拉德反应	—	Marrufo-Curtido et al. (2012)
3,5-二羟基-2-甲基-4H-吡喃-4-酮（5-羟基麦芽酚）	BVM, JV, TBVM	美拉德反应，桶内陈酿	—	Chinnici et al. (2009)
二氢-3-甲基-2,5-呋喃二酮	一些 BVM	—	—	Pinu et al. (2016)
2,5-二甲基呋喃	BVM, TBVM	美拉德反应	肉味，化学制品，醚样的	Del Signore (2001)
2,6-二甲基-4 庚酮	BVM, JV, TBVM	—	绿色植物，醚样的，水果	Marrufo-Curtido et al. (2012)
3-乙基-2-羟基-2-环戊烯-1-酮	TBVM	抗坏血酸热降解	焦糖，甜味，烧焦的糖	Marrufo-Curtido et al. (2012)
呋喃醇	SBV	原料	焦糖，烧焦的糖	Ubeda et al. (2016)

续表

特征挥发性化合物	食醋的种类	来源	气味描述	参考文献
糠羟甲基甲酮	BVM，TBVM	果汁煮熟过程原料	—	Chinnici et al.（2009）
3-羟基-2-丁酮	所有食醋（除了OV，THMV 和 TIV）	醋酸发酵	黄油味，奶油	
4-羟基-2-丁酮	少数 ZAV	—	—	Yu et al.（2012）
3-羟基-3-甲基-2丁酮	BVM，JV，TBVM	—	—	Chinnici et al.（2009）
4-羟基-4-甲基-2-戊酮	BVM，JV，TBVM	—	—	Chinnici et al.（2009）
3-羟基-2-甲基-4吡喃酮（麦芽酚）	SBV，JV，TBVM	美拉德反应，桶内陈酿	棉花糖，焦糖，甜味	Callejón et al.（2008b）；Marrufo-Curtido et al.（2012）；Ubeda et al.（2016）
2-羟基-3-戊酮	RWV	—	松露，泥土气息的，坚果味	Charles et al.（2000）
3-羟基-2-戊酮	RWV	—	草本，松露	Charles et al.（2000）
1-羟基-2-丙酮	CV，JV，MMV，PXV	葡萄酒	甜味，咖啡，霉味，麦芽	Ríos-Reina et al.（2018）
甲硫呋喃醇	SBV	原料	焦糖，甜味，棉花糖	Ubeda et al.（2016）
3-甲基-2-丁酮	JV，WWV	—	樟脑	Blanch et al.（1992）
6-甲基-5-庚酮	BVM	—	胡椒，橡胶，蘑菇	Cirlini et al.（2011）
5-甲基-3-己酮	BVM，JV，TBVM	—	—	Marrufo-Curtido et al.（2012）
4-甲基-2-戊酮	CV，JV，MMV，PXV	—	溶剂味，绿色植物，草本	Ríos-Reina et al.（2018）
5-甲基-2-丙基呋喃	BVM，JV，TBVM	—	绿色植物，榛子，坚果味	Marrufo-Curtido et al.（2012）
3-壬酮	CV，JV，MMV，PXV		花香，新鲜的，甜味，茉莉	Ríos-Reina et al.（2018）
香柏酮	OV	原料	柑橘，葡萄、水果皮	Cejudo-Bastante et al.（2017）
1-辛烯-3-酮	ZAV	—	草本，蘑菇，泥土气息	Zhou et al.（2017）
2,4-戊二酮	WWV	—	—	Blanch et al.（1992）

续表

特征挥发性化合物	食醋的种类	来源	气味描述	参考文献
1-苯基-1-丙酮	少数 CHSV	—	花香，山楂，丁香	Xiao et al.（2011）
2-丙酰基呋喃	SEAV	—	水果	Xiong et al.（2016）
3-氯-1*H*-吡唑并［3,4-D］嘧啶-4,6-二胺	ZAV	—	—	Xiong et al.（2016）
1-（2,3,6-三甲基苯基）-3-丁烯-2-酮	BVM，JV，TBVM	—	—	Marrufo-Curtido et al.（2012）
内酯				
当归内酯	BVM，JV，TBVM	发酵过程中的羟酸循环，糖降解	甜味，溶剂味，坚果味	Chinnici et al.（2009）
γ-丁内酯［二氢-2（3H）呋喃酮］	BVM，JV，RWV，TBVM，WWV	葡萄酒，原料	奶油味，焦糖甜味	Callejón et al.（2010）；Chinnici et al.（2009）
己内酯（6-己内酯）	BVM，JV，TBVM	发酵过程中的羟酸循环，糖降解	—	Chinnici et al.（2009）
巴豆酸内酯［2（5H）呋喃酮］	CV，JV，MMV，PXV	—	黄油味	Ríos-Reina et al.（2018）
δ-癸内酯（4-羟基-6-戊基-2H-吡喃-2-酮）	BVM，JV，TBVM	木桶内陈酿	椰子，新鲜的，甜味	Marrufo-Curtido et al.（2012）
γ-癸内酯［5-己基二氢-2（3H）呋喃酮］	SBV	原料	桃子，成熟的水果，甜味	Ubeda et al.（2016）
δ-2-癸内酯（5,6-二氢-6-戊基-2H-吡喃-2-酮）	BVM，JV，TBVM	—	甜味，奶油味，椰子	Marrufo-Curtido et al.（2012）
4-甲基-5,6-二氢吡喃酮（5,6-二氢-4-甲基-2H-吡喃-2-酮）	BVM，JV，TBVM	—	—	Chinnici et al.（2009）

续表

特征挥发性化合物	食醋的种类	来源	气味描述	参考文献
γ-庚内酯 [二氢-5-丙基-2-（3H）呋喃酮]	BVM, JV, TBVM	木桶内陈酿	甜味，椰子，坚果味，焦糖	Marrufo-Curtido et al.（2012）
顺式橡木内酯 [5-丁基二氢-4-甲基-2（3H）呋喃酮，顺式]	BVM, JV, RWV, TBVM, WWV	在木桶中陈酿	椰子，甜味，香料，香草味	Callejón et al.（2010）；Marrufo-Curtido et al.（2012）
反式橡树内酯 [5-丁基二氢-4-甲基-2（3H）呋喃酮，反式]	BVM, JV, RWV, TBVM, WWV	在木桶内陈酿	椰子，香料	Callejón et al.（2010）；Marrufo-Curtido et al.（2012）
γ-辛内酯 [二氢-5-丁基-2（3H）呋喃酮]	ZAV	发酵或陈酿过程中的羟酸循环	甜味，椰子	Zhou et al.（2017）
γ-壬内酯 [二氢-5-戊基-2（3H）呋喃酮]	BBV, CCHV, SEAV, ZAV	原料，发酵或陈酿过程中的羟酸循环	椰子，奶油味，甜味	Su and Chien（2010）；Xionget al.（2016）；Yu et al.（2012）
泛酸内酯 [二氢-3-羟基-4,4-二甲基2（3H）呋喃酮]	BVM, JV, SBV, TBVM	葡萄酒原料，陈酿	棉花糖	Chinnici et al.（2009）；Ubeda et al.（2016）
5-氧代-4-羟基己酸内酯 [5-乙氧基二氢（3H）呋喃酮]	BVM, JV, TBVM	葡萄酒原料，陈酿	—	Chinnici et al.（2009）
糖内酯 [3-羟基4,5-二甲基-2（5H）呋喃酮]	JV, SBV	葡萄酒原料，陈酿（美拉德反应）	甘草，咖哩	Callejón el al.（2008b）；Ubeda et al.（2016）
δ-戊内酯 [二氢-5-甲基-2（3H）呋喃酮]	BVM, JV, TBVM	发酵过程中的羟酸循环，糖降解	—	Marrufo-Curtido et al.（2012）
甲酯				
茉莉酸二羟基甲酯	BVM, JV, TBVM			Marrufo-Curtido et al.（2012）

续表

特征挥发性化合物	食醋的种类	来源	气味描述	参考文献
甲基丁酸己酯	SBV	酒精发酵或者醋酸发酵	草莓，甜味，水果	Ubeda et al.（2016）
肉桂酸甲酯	CCHV	—	甜味，香脂味，草莓	Xiao et al.（2011）
2-糠酸甲酯	BVM	—	蘑菇，霉菌，水果	Pinu et al.（2016）
己酸甲酯	JV，TBVM	陈酿	水果，新鲜的，甜味，菠萝	Marrufo-Curtido et al.（2012）
十六酸甲酯	CV，JV，MMV，PXV	陈酿	脂肪，蜡味	Ríos-Reina et al.（2018）
2-羟基-4-甲基戊酸	ZAV	—	甜味，水果，霉味	Yu et al.（2012）
苯乙酸甲酯	BBV	带皮醋酸发酵	甜味，蜂蜜，花香	Su and Chien（2010）
水杨酸甲酯	BBV，BVM，CV，JV，MMV，PXV，TBVM		薄荷，冬青油	Marrufo-Curtido et al.（2012）；Ríos-Reina et al.（2018）；Su and Chien（2010）
其他酯类				
糠酸环丁酯	CCHV，SEAV，ZAV	—	—	Xiong et al.（2016）
异硫氰酸异丁酯	BVM，JV，TBVM	—	辛辣刺激的，芥末	Marrufo-Curtido et al.（2012）
2-正戊基呋喃	ZAV	—	水果，绿色植物，泥土气息的	Zhou et al.（2017）
2-丁酸丙酯	BBV	带皮醋酸发酵	辛辣刺激的，甜味，水果	Su and Chien（2010）
2,3,5-三甲基吡嗪	CHSV，SEAV，ZAV	美拉德反应	烘焙，土豆，坚果类味，泥土气息的，可可	—
十四酸-2-丙酯	CV，JV，MMV，PXV	—	脂肪	Ríos-Reina et al.（2018）
丙酸异丙酯	WWV	—	—	Blanch et al.（1992）
挥发性酚				
4-羟基-3-甲基苯乙酮	BVM，JV，TBVM	桶内陈酿	—	Marrufo-Curtido et al.（2012）
1,4-苯二醇	BVM	—	—	Pinu et al.（2016）

续表

特征挥发性化合物	食醋的种类	来源	气味描述	参考文献
1,2,3-苯三酚	BVM	—	—	Pinu et al.（2016）
2,3-二氢苯并呋喃	BVM	桶内陈酿	—	Pinu et al.（2016）
4-乙基愈创木酚（4-乙基-2乙氧基苯酚）	BBV*，BVM，CV，JV，MMV，PXV，RWV，TBVM，WWV*	原料*，桶内陈酿	香料，丁香，烟熏	Guerrero et al.（2007）；Marrufo-Curtido et al.（2012）；Ríos-Reina et al.（2018）；Su and Chien（2010）
4-乙基苯酚	AV，BVM，CCHV‡，PXV，RWV，SBV，SEAV‡，TBVM，WWV	桶内陈酿，细菌污染	苯酚，香料，蛋彩画颜料，塑料	Callejón et al.（2010）；Guerrero et al.（2007）；Marrufo-Curtido et al.（2012）；Ubeda et al.（2016）；Xiong et al.（2016）
丁子香酚（4-烯丙基-2甲氧基苯酚）	AV*，BBV*，BVM，少数 CCHV‡，JV，PXV，RWV，SBV*，少数SEAV‡，WWV*	原料*，桶内陈酿	丁香，甜味	Guerrero et al.（2007）；Su and Chien（2010）；Ubeda et al.（2016）；Xiong et al.（2016）
愈创木酚（2-甲氧基苯酚）	BVM，CCHV‡，JV，RWV，SBV*，SEAV‡，ZAV	原料*，桶内陈酿‡，木质素解聚或氧化的热降解	河水，橄榄，丁香，烧烤，香料	Callejón et al.（2008b）；Xiao et al.（2011）；Xiong et al.（2016）；Zhou et al.（2017）
高香草醇	BVM，JV，TBVM	桶内陈酿	—	Chinnici et al.（2009）
异丁子香酚（2-甲氧基-4-丙烯基苯酚）	BBV	原料	花香，甜味，香料，丁香	Su and Chien（2010）
4-甲基愈创木酚（2-甲氧基-4-甲基苯酚）	CCHV，SEAV，ZAV	木质素解聚或氧化的热降解	香料，丁香，香草味	Xiao et al.（2011）；Xiong et al.（2016）；Yu et al.（2012）
对羟基苯乙醇（对羟基苯乙醇）	BVM，JV，TBVM	桶内陈酿	甜味，花香，水果	Chinnici et al.（2009）
4-乙烯基愈创木酚	JV，OV*，SBV*，ZAV‡	原料*，桶内陈酿	丁香，香草味，椰子，香料	Callejón et al.（2008b）；Cejudo-Bastante et al.（2017）；Ubeda et al.（2016）；Zhou et al.（2017）
吡嗪				
2,5-二甲基-3-乙基吡嗪	CHSV	美拉德反应	土豆，可可，烘焙，坚果味	Xiao et al.（2011）
2,3-二甲基吡嗪	SAEV	美拉德反应	坚果味，坚果皮，可可，花生黄油味，咖啡	Xiong et al.（2016）

续表

特征挥发性化合物	食醋的种类	来源	气味描述	参考文献
2,6-二甲基吡嗪	ZAV	美拉德反应	烤坚果，可可，烤牛肉	Zhou et al.（2017）
2,3,5-三甲基吡嗪	CHSV, SEAV, ZAV	美拉德反应	烘焙，土豆，坚果味，泥土气息的，可可	Xiao et al.（2011）；Xiong et al.（2016）；Yu et al.（2012）
2,3,5,6-四甲基吡嗪	CCHV, SEAV, ZAV	美拉德反应	坚果味，霉味，巧克力，咖啡	Xiong et al.（2016）；Yu et al.（2012）
萜烯				
对烯丙基茴香醚（对丙烯基苯酚甲醚）	CCHV, SEAV, ZAV	原料	甘草，茴芹	Xiong et al.（2016）
茴香烯	CCHV	原料	甜味，茴芹，甘草	Xiao et al.（2011）
莰烯	BVM	原料	樟脑，木质味，草本	Cirlini et al.（2011）
反式-香苇醇	OV	原料	香菜，溶剂味，绿薄荷	Cejudo-Bastante et al.（2016）
香茅烯（二氢月桂烯）	TBVM	原料	花香，玫瑰，草本	Marrufo-Curtido et al.（2012）
香茅醇（β-香茅醇）	BBV, OR	原料	玫瑰，花香	Cejudo-Bastante et al.（2016）；Su and Chien（2010）
伞花烃	BVM, JV, TBVM	原料	新鲜的，柑橘，溶剂味	Marrufo-Curtido et al.（2012）
6,7-二氢-7-羟基芳樟醇	SBV	原料	柠檬，洗衣粉，绿色植物	Ubeda et al.（2016）
3,7-二甲基-1,6-辛二烯-3,4-二醇	SBV	原料	薄荷，洋甘菊，青草香	Ubeda et al.（2016）
桉油精	BVM, JV, TBVM	原料	薄荷，甜味，草本，桉树	Marrufo-Curtido et al.（2012）
香叶醇（反式香叶醇）	BVM, JV, OV, TBVM	原料	玫瑰，天竺草	Cejudo-Bastante et al.（2016）；Marrufo-Curtido et al.（2012）
脱氢芳樟醇	BBV	原料	风信子，甜瓜，甜味	Su and Chien（2010）
柠檬烯	BVM, CCHV, JV, TBVM	原料	柠檬，橘子	Marrufo-Curtido et al.（2012）；Xiao et al.（2011）
芳樟醇	BBV, BVM, JV, OV, SBV, TBVM	原料	花香，新割的青草，塑料，薰衣草	Cejudo-Bastante et al.（2016）；Marrufo-Curtido et al.（2012）；Su and Chien（2010）；Ubeda et al.（2016）

续表

特征挥发性化合物	食醋的种类	来源	气味描述	参考文献
反式芳樟醇氧化物	BBV, CV, JV, MMV, PXV	原料	木质味, 花香, 水果	Ríos-Reina et al. (2018); Su and Chien (2010)
月桂烯醇	BBV	原料	新鲜的, 花香, 薰衣草	Su and Chien (2010)
橙花醇	BVM, JV, TBVM	原料	甜味, 花香	Marrufo-Curtido et al. (2012)
橙花叔醇	SBV	原料	肥皂, 花香, 蔬菜味	Ubeda et al. (2016)
橙花醚	BBV	原料	新鲜的, 花香, 绿色植物	Su and Chien (2010)
橙花基丙酮	BVM	原料	脂肪, 金属味	Cirlini et al. (2011)
玫瑰醚	BBV	原料, 表皮	新鲜的, 绿色植物	Su and Chien (2010)
紫苏醛	BVM, TBVM	原料	香料, 新鲜的, 绿色植物, 草本	Marrufo-Curtido et al. (2012)
δ-芹子烯	TBVM	原料	—	Marrufo-Curtido et al. (2012)
γ-松油烯	TBVM	原料	油味, 木质味, 萜烯, 柠檬, 松节油	Marrufo-Curtido et al. (2012)
4-萜品醇	BVM, JV, OV, TBVM, THMV (除了葡萄)	原料, 陈酿	松节油, 肉豆蔻, 发霉, 木质味, 香料	Cejudo-Bastante et al. (2016); Marrufo-Curtido et al. (2012); Ozturk et al. (2015)
α-松油醇	AV, BBV, BVM, JV, OV, PXV, RWV, SBV, TBVM, THMV (除了葡萄), 一些 TIV, WWV	原料	松油, 新割下来的青草, 薄荷, 茴香	Cejudo-Bastante et al. (2016); Guerrero et al. (2007); Marrufo-Curtido et al. (2012); Ozturk et al. (2015); Su and Chien (2010); Ubeda et al. (2016)
其他				
N-乙酰基酪胺	BVM	酒精发酵	—	Pinu et al. (2016)
二甲基三硫醚	JV	葡萄酒, 原料	洋葱	Aceña et al. (2011)
甲硫醇	ZAV	—	硫黄, 蒜味	Zhou et al. (2017)
4-甲氧基-2-甲基苯胺	ZAV	—	—	Yu et al. (2012)
2-十五烷基-1,3-二氧六环	ZAV	—	—	Yu et al. (2012)

续表

特征挥发性化合物	食醋的种类	来源	气味描述	参考文献
2-戊烯	CCV	—	化学制品	Jo et al.（2013）
2,4,5-三甲基噁唑	SEAV，ZAV	—	坚果味，坚果皮，烘焙，蔬菜味	Xiong et al.（2016）；Yu et al.（2012）

注：同一行中的相同符号（＊或‡）表示相应类型食醋中每种化合物的原产地。ALTHMV：土耳其自制苹果柠檬醋；ATIV：土耳其工业苹果醋；AV：苹果醋（西班牙）；BBV：蓝莓醋；BVM：摩德纳香脂醋（意大利）；CCV：商业苹果醋；CHSV：中国固态发酵食醋；CCHV：中国食醋（无 PGI 认证）（Xiong 等，2016），或中国商业固态发酵或液态发酵食醋（Xiao 等，2011）；CTIV：土耳其工业酸樱桃树；CV：来自韦尔瓦县 PDO 的食醋（西班牙）；JV：来自赫雷斯 PDO 的食醋（西班牙）；MMV：来自蒙的亚-莫利莱斯 PDO 的食醋（西班牙）；OV：橘子醋；PTIV：土耳其工业石榴醋；PV：柿子醋；PXV：来自德罗-门西内葡萄（西班牙）的食醋；RWV：红葡萄酒醋（西班牙）；SEAV：山西老陈醋（PGI）（中国）；SBV：草莓醋（西班牙）；TBVM：传统摩德纳香脂醋（意大利）；THMV：土耳其自制醋；TIV：土耳其工业醋；WWV：白葡萄醋（西班牙）；ZAV：镇江香醋（中国）。

目前，大多数关于食醋挥发性化合物分析的文献，都将结果表示为相对于内标的相对峰面积或相对浓度。这使得我们很难对这些食醋的真正挥发性成分得出结论。因此，本章首先用文献中的真实数据描述食醋的挥发性成分，然后用半定量的数据对食醋的挥发性成分进行讨论。

本章主要包括或讨论了红葡萄酒醋和白葡萄酒醋、摩德纳香脂醋和雷焦艾米利亚香脂醋（传统的和非传统的）、不同种类的雪莉醋，以及苹果、菠萝和草莓醋等水果醋的挥发性成分的真实数据（Callejón 等，2008b；Del Signore，2001；Guerrero 等，2007；Roda 等，2017；Ubeda 等，2011）。

17.2.2　酸

在醋酸发酵中，醋酸菌将乙醇转化为乙酸；除了传统的香脂醋外，乙酸是这个发酵过程的主要产物（Giudici 等，2009）。此外，醋酸菌还可以将其他醇类转化为相应的脂肪酸，使食醋含有其他特别的酸，包括异戊酸、异丁酸和己酸。

17.2.3　醇

虽然食醋中的乙醇会被醋酸菌代谢，但在某些食醋中仍然存在残留的乙醇，特别是在那些通过表面醋酸发酵获得的食醋中。在这些情况下，乙醇是食醋中主要的醇类（Callejón 等，2008b）。残留的乙醇有利于乙酯的形成，从而提高了食醋的香气（Callejón 等，2008b）。如上所述，其他醇类也是由醋酸菌代谢的，因此这些醇的数量取决于底物含量和发酵类型。Callejón 等（2009）观察到异丁醇仅在表面醋酸发酵中减少。因此，在不考虑乙醇的情况下，3-甲基-1-丁醇是大多数情况下含量最高的醇类（Callejón 等，2008b；Guerrero 等，2007）。香脂醋中的异丙醇（Del Sgnore，2001）和菠萝醋中的 2-苯乙醇（Roda 等，2017），果醋（Ubeda 等，2011）和红葡萄酒醋（Callejón 等，2008b）中的甲醇含量通常都很高。

17.2.4　酯

乙酸酯在酯类中特别突出，主要是由于食醋中乙酸含量高，容易形成乙酸酯。在雪莉醋或香脂醋这类在桶内陈酿的传统食醋中，乙酸乙酯是食醋中主要的酯类（Callejón 等，2008b；Morales 等，2001a）。虽然乙酸乙酯闻起来像胶水，且含量很高，但它有很高的感知阈值（Tesfaye，2001），所以不被认为是香气缺陷。除了乙酸乙酯，食醋还含有其他乙酸酯，主要是乙酸异戊酯、2-苯乙酯和乙酸异丁酯，其数量取决于其前体醇的丰度。乙酸酯通常提供水果香味（Callejón 等，2008b）。

食醋中也含有乙酯，但其浓度通常低于乙酸酯（Callejón 等，2008b）。这可能是由于醋酸发酵过程中醋酸菌持续消耗乙醇引起了乙酯的水解（Callejón 等，2009）。在一些食醋中，乳酸乙酯和琥珀酸二乙酯（Guerrero 等，2007），以及其他提供水果香味的酯类含量尤为突出，如异丁酸乙酯、丁酸乙酯和异戊酸乙酯（Callejón 等，2008b），或菠萝醋中的苯甲酸乙酯（Roda 等，2017）。

17.2.5　羰基化合物

正如上面提到的，在食醋中，乙偶姻是含量最丰富的一种酮类物质，为食醋提供了乳制品的香味（Callejón 等，2008b），在醋酸发酵过程中其含量通过醋酸菌对 α-乙酰乳酸的脱羧反应而增加（Asai，1968）。此外，经过陈酿的食醋，如香脂醋和雪莉醋的双乙酰含量非常高，最高含量分别为 44.15mg/L 和 197mg/L（Callejón 等，2008b；Del Signore，2001）。如第 7 章所述，这种化合物是由乙酸乙酯氧化产生的（Mecca 等，1979）。

食醋中最重要的醛是乙醛，是由酵母产生的作为酒精发酵的副产物（Bosso 和 Guaita，2008）。特别是雪莉醋，当食醋酿造的原料是在 flor velum 酵母的生物作用下进行陈酿的葡萄酒时，将会产生大量的乙醛。乙醛是这种酵母的一种特征代谢物（Zea 等，2015）。因此，雪莉醋的乙醛含量可能高达 98mg/L（Callejón 等，2008b）。此外，乙醛也是醋酸菌和化学氧化将乙醇转化为乙酸的中间产物（Ubeda 等，2011）。在草莓醋中也发现了大量乙醛（Ubeda 等，2011）。另一方面，当在开放的环境中进行醋酸发酵时，可能会损失这种易挥发的化合物（Morales 等，2001b，Valero 等，2005）。因此，表面发酵法生产的食醋比深层发酵法生产的食醋含有更多的乙醛。

食醋中还有其他醛类，其中值得注意的是雪莉醋和香脂醋中的 2-糠醛、香兰素和 5-羟甲基糠醛，特别是香脂醋中的 5-羟甲基糠醛（Callejón 等，2008b；Chinnici 等，2009；Guerrero 等，2007）。这些化合物可能来自木材（Tesfaye 等，2002），但那些被归类为呋喃的化合物也可能来自雪莉醋中合法添加的焦糖果酱，或者来自香脂醋中作为原料的煮熟的果汁。

17.2.6　其他化合物

一些食醋中含有其他呋喃、吡喃和吡嗪类化合物，这是原料或食醋的热处理的特点，如香脂醋和传统中国食醋的生产。这些化合物主要是美拉德反应的产物（Chinnici 等，2009；Zhou 等，2017）。

有些化合物是用于食醋生产的植物源原料的特征化合物。例如，萜烯存在于果醋的挥发性成分中，特别是橙子醋（Cejuo-Bastante，2016；Coelho 等，2017；Ozturk 等，2015）以及草莓醋和芒果醋中的内酯（Coelho 等，2017；Ubeda 等，2016）。此外，Guerrero 等（2007）观察到 C_6 挥发性化合物是苹果醋的特征化合物。

在桶内陈酿的过程中，食醋会提取木材中化合物并失去水分。因此，食醋中会富集挥发性酚和内酯，如丁香酚以及 β-甲基-γ-辛内酯（Callejón 等，2010）。

最后，优质食醋如雪莉、传统香脂醋（来自摩德纳和雷焦艾米利亚）和中国传统食醋（山西老陈醋或镇江香醋）由于其特殊的生产工艺而呈现出特有的挥发性化合物。其中，葫芦巴内酯可以被认为是雪莉醋的一种特征挥发性化合物，陈酿时间越久其浓度越高（Callejón 等，2008b）。综上所述，传统香脂醋中含有大量呋喃和吡嗪，中国传统食醋也是如此（Chinnici 等，2009；Zhou 等，2017）。

虽然提取方法不同，但图 17.1 比较了不同食醋的挥发性成分。这张图采用半定量数据描述。可以看出，受原产地保护的西班牙醋和摩德纳香脂醋中的酯含量很高，果醋和中国深层发酵的食醋中的酸以及中国固态发酵食醋和传统摩德纳香脂醋中的呋喃类化合物含量都很高。

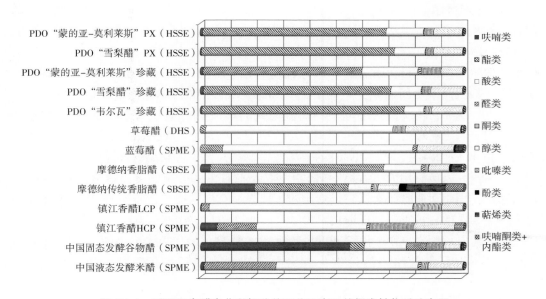

图 17.1 以不同食醋中化学组分的百分比表示的挥发性物质分布图

［来自西班牙的 PDO 食醋（Ríos Reina 等，2018）、水果醋（Su 和 Chien，2010；Ubeda 等，2016），具有欧洲地理标志的摩德纳香脂醋（Marrufo Curtido 等，2012）和中国食醋（Xiao 等，2011；Yu 等，2012）］

LCP：低吡嗪；HCP：高吡嗪；PX：含一定比例佩德罗·希门尼斯（Pedro Ximénez）葡萄酒的食醋。

17.3 食醋挥发性成分分析

17.3.1 气相色谱分析的提取/制样方法

采用气相色谱（GC）对食醋挥发性成分进行分析。目前，广泛使用的气相色谱质谱联用仪（GC-MS）需要在分析之前进行提取步骤。在食醋挥发性成分分析中，已经使用了不同的提取方法，如液-液萃取法（LLE）（Zhong，2011），同时蒸馏萃取法（SDE）（Fu-xian 等，2014；Yun-qing，2013），固相萃取法（SPE）（Durán-Guerrero 等，2008），固相微萃取法（SPME）（Cocchi 等，2008；Zhu 等，2016），搅拌棒（SB）吸附萃取法（SBSE）（Guerrero 等，2006）或顶空萃取法（HSSE）（Callejón 等，2008a）。

为了避免使用的溶剂造成污染及其带来的健康风险，液-液萃取已被更多的"绿色"方法取代，不过最近使用了一种新型的液-液萃取方法，其中使用了非常少量的溶剂（仅 400μL）（Coelho 等，2017）。

蒸馏萃取法是最传统的提取方法之一，Blanch 等于 1992 年首次将其应用于食醋中，用于测定传统葡萄酒醋和雪莉醋中的挥发性化合物。该方法使用一种特殊的仪器，当水和有机溶剂在冷管上凝结在一起时，用水蒸气从基质中提取挥发性分析物，并将其转移到萃取溶剂中。冷凝后，水和溶剂被收集并返回到相应的烧瓶中，从而能够实现连续提取（Augusto 等，2003）。Lickens 和 Nickerson 设计了第一台蒸馏萃取法仪器，后来其他研究人员进行了改进，以改进提取过程。因此，有不同的设备进行蒸馏萃取法，有些甚至可以使用非常少量的溶剂（Chaintreau，2001）。但蒸馏萃取法的方法有几个缺点，例如，由于蒸馏过程中的高温而人为形成的产物（Chaintreau，2001）。该方法仍用于测定荔枝醋（Zhencheng 等，2011）、凤梨麸醋（Yun-qing，2013）、山西老陈醋（Jinrong，2013）、杏渣醋（Fu-xian 等，2014）等不同食醋的挥发性成分。

一些研究人员利用液-液萃取和固相萃取技术对山西老陈醋香气成分进行了研究，得出结论：固相萃取是测定低沸点物质的一种很好的提取技术，而液-液萃取技术是测定高沸点物质的一种很好的提取技术（Zhong 和 Zhebin，2011）。

由于需要用到真空泵，溶剂辅助风味蒸发（SAFE）是一种低温蒸馏方法。这种方法很少被用于测定食醋中的挥发性化合物，特别是用于进行嗅闻分析（Liang 等，2016）。

在固相萃取方法中，分析物保留在吸附柱中，然后使用溶剂从吸附柱中洗脱。根据所研究的分析物的种类，可以使用不同类型的色谱柱。Zeppa 等（2002）使用的是 C_{18} 柱，用于测定来自雷焦艾米利亚（意大利）的三个乙酸化系列中的挥发性化合物。Chinnini 等（2009）使用 LiChrolut EN 萃取柱对传统的摩德纳香脂醋（TBVN）、意大利的摩德纳香脂醋（BVM）和西班牙的雪莉醋进行了表征和比较。在这两种类型中，检测到的化合物数量相似：分别超过 100 种和 93 种。Morales 等（2004）曾使用后一种类型的萃取柱测定食醋中来自木头的特征挥发性化合物。在固相萃取方法中，该过程分几个阶段进行，通常以浓缩步骤结束，该步骤可以在真空或氮气气流下进行。此外，固相萃取结合衍生化已经被应用于分析高品质食醋中的醛（Durán-Guerrero 等，2015）。

上述方法均存在使用有机溶剂的缺点，有些方法费时费力，而且可以同时处理的样品数量不是很多。目前，人们对使用符合绿色化学理念的提取方法越来越感兴趣。此外，使用有机溶剂的另一个缺点是它们会产生色谱干扰，使得正确测定沸点与溶剂沸点相近的化合物变得困难。

用于食醋挥发性成分研究的无溶剂萃取方法有静态顶空（SHS）、动态顶空（DHS）、固相微萃取（SPME）、吸附萃取法（SBSE）和顶空萃取法（HSSE）（表17.2）。

表 17.2　无溶剂萃取法在食醋挥发分分析中的应用

分析方法	食醋种类	化合物数量/种	参考文献
SHS-GC-MS	草莓醋	9（主要挥发物）	Ubeda at al.（2011）
DHS-GC-MS	山西老陈醋	33	Zhu et al.（2016）
	草莓醋	55［包括34种强挥发性物质（已公布数据）和21种弱挥发性物质（未公布数据）］	Ubeda et al.（2016）
	来自保护设计的醋：雪莉葡萄酒醋、胡尔瓦县醋和蒙蒂拉·莫里莱斯醋	61	Rios-Reina et al.（2018）
HS-SPME-GC-MS	蓝莓醋	37	Su and Chien（2010）
	菠萝醋	40	Roda et al.（2017）
	土耳其人自制水果和蔬菜醋	61	Ozturk et al.（2015）
	苹果酒	17	Jo et al.（2013）
	摩德纳香脂醋	33	Cirlini et al.（2011）
	镇江香醋	58	Yu et al.（2012）
	中国食醋	56	Xiao et al.（2011）
HS-SPME-GC×GC-MS	镇江香醋	360（TI）	Zhou et al.（2017）
SBSE-GC-MS	香脂醋、苹果醋、雪莉醋、红葡萄酒醋、白葡萄酒和佩德罗·希门尼斯葡萄醋	47	Guerrero et al（2007）
	摩德纳的传统香脂醋、摩德纳的香脂醋和雪莉醋	113	Marrufo-Curtido et al.（2012）
	橘子醋	25	Cejudo-Bastante et al.（2016）

续表

分析方法	食醋种类	化合物数量/种	参考文献
HSSE-GC-MS	红葡萄酒醋、香脂醋、雪莉醋	52	Callejón et al.（2008）
	红葡萄酒醋	41	Callejón et al.（2009）
	受保护的"德赫雷斯（de Jerez）醋、康达多·德韦尔瓦（Condado de Huelva）醋和德蒙蒂利亚-莫里莱斯（de Montilla-Moriles）醋	62	Ríos-Reina et al.（2018）

注：TI 为暂且确定。

　　一般来说，这些方法比之前的方法更容易使用。静态顶空是一种简单的取样方法，在平衡状态下对样品上方的气相进行取样（Ettre，2002）。在大多数情况下，分析设备会自动执行静态顶空提取。但是，这种方法有几个缺点，如灵敏度低，并且只适用于挥发性高的物质。因此，当不能直接注射样品时，该方法可用于确定主要挥发性化合物（Ubeda 等，2011）。静态顶空几乎没有应用于食醋的分析。

　　与之相反，作为一种类似的用于研究挥发性化合物的提取技术，动态顶空技术已经开始用于食醋研究中。在此方法中，挥发性物质和半挥发性物质通过惰性气流从样品顶部空间连续提取并保留在捕集器中。然后将它们解吸到分析设备中。动态顶空是一种高容量的提取方法，因此它提供了较低的检测限（Soria 等，2015）。但是，这种方法有一个缺点，就是当要分析的样品是液体时，在萃取阶段会保留水分。尽管如此，这种采样方法已经成功地应用于传统摩德纳香脂醋中糠醛的分析（Manzini 等，2011）和山西老陈醋发酵过程中挥发性成分的变化的研究（Zhu 等，2016），以及用于比较不同草莓醋的挥发性物质（Ubeda 等，2016）。

　　萃取方法的另一个重要趋势是萃取装置的小型化，从而减少萃取相的用量。其中，固相微萃取是应用最广泛的食醋取样或提取方法。固相微萃取是使用一种特殊的装置进行的，该装置由一根纤维组成，表面涂有一层薄薄的提取相，并固定在类似注射器装置的针头内（Wardencki 等，2007）。该方法主要应用于从食醋顶空（HS-SPME）中挥发性化合物的提取。萃取纤维上积累的挥发性物质通过进样口的热解吸直接引入气相色谱仪。有不同的聚合物用作萃取相，在食醋分析中最常用的是 75μm 的羧基-聚二甲基硅氧烷（CAR-PDMS）纤维。HS-SPME 已用于研究不同葡萄酒醋和苹果醋（Pizarro 等，2008），以及从不同水果中获得的食醋，如蓝莓醋（Su 和 Chien，2010）和菠萝醋（Roda 等，2017），或主要从水果中获得的传统自制土耳其醋（Ozturk 等，2015）的挥发性成分。该方法还用于研究陈酿过程对传统摩德纳香脂醋（Cocci 等，2008）和摩德纳香脂醋（Cirlini 等，2011）挥发性成分的影响，可以用于区分中国食醋（Xiao 等，2011），并测定中国传统镇江香醋的特征挥发性成分（Yu 等，2012）。虽然固相微萃取法是食醋挥发性成分分析中应用最广泛的萃取技术，但由于萃取相量较少，与动态顶空或吸附萃取法相比，其灵敏度较低。

　　吸附萃取法或顶空萃取法是快速、易用和小型化的提取方法，其中使用到涂有提取聚合物的搅拌棒进行提取。虽然涂有新萃取相的搅拌棒最近已经商业化，但到目前为止，PDMS 搅拌棒是唯一用于食醋的搅拌棒。通过将吸附搅拌棒直接浸入样品（Marrufo-curtido 等，2012）或将其放入顶空（HSSE）（Callejón 等，2008b），该萃取技术已被用于研究优质食醋的挥发性成分。几位作者强调了吸附萃取法相对于固相微萃取法（Guerrero 等，2006），或顶空萃取法相对于动态顶空和固相微萃取法在挥发性物质研究中的优势（Ríos-Reina 等，2018）。

通过上述方法提取的挥发性化合物会被注入到气相色谱系统。对于这类样品，最常用的是极性相分析柱。为了进行化合物的明确鉴定，除其他要求外，质谱检测器是必要的。这样可以获得化合物的质谱，并使用标准质谱库初步鉴定该化合物。然后计算线性保留指数（LRI）或 Kováts 指数（I）值，并与使用极性与固定相相似的色谱柱分析的标准品进行比较，以确认鉴定。

全二维气相色谱（GC×GC）是分析复杂样品的一种强大而有效的分析技术。应用该方法对镇江香醋的挥发性成分进行研究，初步鉴定出 360 种化合物（Zhou 等，2017）。到目前为止，这一最新的分析技术很少被使用，但这项技术对于深入了解高品质食醋复杂的挥发性成分有很大的作用。

17.3.2　嗅闻技术

香气是许多挥发性化合物组成的复杂混合物，它们在基质中的浓度高于其气味感知阈值（Delahunty 等，2006）。事实上，食物基质可能含有数百种挥发性化合物，但只有一小部分对食物的香味有直接贡献。因此，挥发性化合物对基质整体香气的贡献取决于其气味活性值（OAV），即其浓度除以气味感知阈值是否大于 1。气味感知阈值很低的化合物尽管浓度很低，但可能在很大程度上起到了作用。同样，由于气味感知阈值的提高，高浓度物质可能不会对样品的整体香气做出贡献。在这种情况下，重要的是要有一种方法来定义或分配每种挥发性化合物的相对重要性，以便识别香气的来源（Delahunty 等，2006）。对整体香气贡献最大的化合物被命名为"关键香气化合物"。分析时采用气相色谱（GC），气相色谱嗅闻测量仪（GC-O）为检测器。气相色谱能够分离样品中存在的不同挥发性化合物，当这些化合物被洗脱时，它们可以被人的鼻子察觉（或不察觉）和识别（Blank，2002）。

香气的测定可以通过位于色谱柱末端的特殊设备——嗅觉检测口来实现。值得一提的是，除了嗅闻测量仪之外，气相色谱通常还连接到另一个检测器，通常是质谱仪或火焰离子化检测器（FID）（Pluowska 和 Wardencki，2008）。因此，GC-O 是一种混合技术，因为它既可以确定化合物的化学结构，又可以确定其香气（Brattoli 等，2013）（图 17.2）。

如前所述，通过每个化合物的线性保留指数（LRI）进行化合物的鉴定。在与样品分析相同的条件下，通过在气相色谱中注入混合烷烃来计算这些值。

目前不同嗅闻技术都是基于人类鼻子测量气味的持续时间（从嗅觉到气味消失）、描述气味质量和量化气味强度的能力。这些技术包括：

（1）稀释到阈值　这些技术用于根据香气强度与其在空气中的感知阈值之间的关

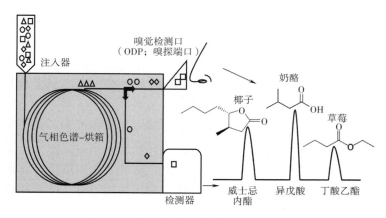

图 17.2 气相色谱-嗅闻仪（GC-O）分析

系来量化化合物的香气效力（Acree，1993）。在应用最广泛的技术中，香气提取物稀释分析（AEDA）和联合嗜好性香气响应测量分析（CHAME）的不同之处主要在于数据记录的方式不同。

（2）AEDA　这项技术确定了萃取物的最大稀释度，在该稀释度下，仍然可以感觉到所分析的化合物的气味。这个值被用来计算稀释因子（van Ruth，2001）。另一方面，联合嗜好性香味回应测量分析记录了香气物质生成可记录色谱峰的长度（Pluowska 和 Wardencki，2008）。

（3）时间强度　这些技术记录了气味的存在或不存在，以及气味被感知的强度。为了测量气味感知的强度，将使用不同的测量尺度。

这三种技术的不同之处在于分别用滞后强度（later intensity）、香气强度（OSME）和指距（Finger-Span）法记录强度。通常，为了获得可重复的结果，小组成员需要进行高强度的训练，这也是时间强度技术的主要缺点。

（4）频率检测，也称为鼻腔撞击频率（NIF）　在这些技术中，专家小组分析样品的相同提取物，注意气味的缺失或存在，并描述其香气。然后计算出在特定保留时间内能够检测到气味的专家小组成员的百分比（Pollien 等，1997）。通常认为，最常被检测到的化合物是那些对样品的香气有较大相对重要性的化合物。此外，还推测获得的结果与萃取物中分析物存在的浓度所感受到的气味强度有关（van Ruth，2001）。因此，整个专家小组检测到的气味的强度值将为 100%。此外，通常还通过修正频率（MF）使用强度和检测频率的组合，修正频率是芳香区的检测频率（以百分比表示）和平均强度（以最大强度的百分比表示）的几何平均值（San-Juan 等，2010）。这些技术的基本优势是它们简单；与其他技术相比，它们耗时较少，获得了良好的重复性，小组成员不需要太多培训（Pluowska 和 Wardencki，2008）。

到目前为止，还没有通用的方法或技术来确定"活性香气"的挥发性化合物的相对重要性，因为每种嗅闻技术都有必须考虑的优点和缺点，为了应用最适合的技术，我们必须考虑这些优缺点。

一般来说，所有这些技术都使用样品提取物来进行分析，这是一个需要考虑的重要问题。样品所呈现的食品风味轮廓与分离程序密切相关（d'Acampora Zellner 等，2008）。根据食品的性质，提取过程可能包括离心、溶剂提取（SE）、顶空（HS）技术和固相微萃取（SPME）（d'Acampora Zellner 等，2008）。

食醋的嗅闻分析如下所述。

嗅闻分析已被广泛应用于咖啡、奶酪、肉类和草莓等几种食品基质中（Drake 等，2001；Guth 和 Grosch，1994；Semmelroch 等，1995；Ubeda 等，2012）。然而，它在食醋香气分析中的应用还很少。

使用 GC-O 技术研究最多的是雪莉醋。Callejón 等（2008b）定义了这种食醋的典型香气，并确定了双乙酰、乙酸异戊酯、异戊酸、葫芦巴内酯和乙酸乙酯是雪莉醋中特征香气活性化合物。根据在木桶内陈酿时间的不同，所用的食醋是来自三种现有品质的具有代表性的样品：*Vinagre de Jerez*（至少 6 个月）、*Reserva*（至少 2 年）和 *Gran Reserva*（至少 10 年）。在该研究中，采用不同溶剂（己烷、醚和二氯甲烷）和频率检测方法获得了 GC-O 的提取物。后来，同样是这些作者，将雪莉醋的典型香气，双乙酰（黄油），乙酸乙酯（胶水）和葫芦巴内酯（咖喱/甘草），限定为三种化合物，强调它们对香气的重要贡献（Callejón 等，2008c）。在这种情况下，他们采用了香气提取稀释分析（AEDA）和来自 *Reserva* 类别的代表性雪莉醋样本。

之后，Aceña 等（2011）使用 HS-SPME 技术提取在木桶内陈酿 6 个月的食醋中的香气化合物，并使用 AEDA 方法获取数据，确定 OAV 大于 1 的化合物是：异戊酸乙酯、异丁酸乙酯、乙酸异戊酯、乙酸异苯乙酯、2-苯乙醇、4-乙基愈创木酚、4-乙基苯酚、异戊酸、2-甲基丁酸和异丁酸。差异主要归因于提取方法的不同。除了雪莉醋之外，还对红葡萄酒醋进行了研究，采用固相萃取技术和频率检测法的代表性提取物（Charles 等，2000）。在这种情况下，2-苯基乙醇，2,3-丁二酮，2-/3-甲基丁醇的混合物，3-羟基-2-戊酮，3-（甲基硫）-1-丙醛和乙酸，3-甲基丁酸，丁酸，2-甲基丁酸被定义为红葡萄酒醋香气的最重要贡献者。

GC-O 不仅应用于葡萄酒醋中，也应用于其他水果原料生产的食醋中。对蓝莓醋的 GC-O 分析中，Su 和 Chien（2010）发现乙酸、2-/3-甲基丁酸、2-苯乙酸乙酯、2-苯乙醇、辛酸、丁香酚和苯乙酸是蓝莓醋香气的最重要的贡献者。他们使用 HS-SMPE 分析提取挥发性化合物，并进行一个 OSME 程序，该程序提供了气味、时间、气味强度和时间-气味强度图的峰面积的描述。

此外，Ubeda 等（2012）还对草莓醋进行了分析，寻找终产品中存在的典型草莓香气，并寻找通过自发酒精发酵生产的草莓醋与接种发酵生产的草莓醋之间的差异。共有 12 个气味带被描述为草莓醋中的具冲击性气味物质：乙酸、丁酸和异戊酸、甲醇、3-壬烯-2-酮、2-苯乙醇、泛内酯+呋喃醇（草莓中的强烈气味物质）、对乙烯基愈创木酚、葫芦巴内酯、苯乙酸和香草醛。为了研究其对草莓醋香气的影响，该研究团队分析了不同容器中生产的草莓醋（Ubeda 等，2016）。异戊酸、泛内酯+呋喃醇、对乙烯基愈创木酚、苯乙酸和香草醛是草莓醋中最重要的香气活性化合物。

除了水果基质，研究人员还分析了其他由谷物制成的醋，如由大米、曲（一种含有霉菌、酵母和细菌的发酵谷物）和麦麸制成的镇江香醋。在这项研究中，他们指出甲硫醇、2-甲基丙醛、2-和3-甲基丁醛、辛醛、1-辛烯-3-酮、二甲基三硫醚、三甲基吡嗪、乙酸、3-（甲硫基）-丙醛、糠醛、苯乙醛、2-和3-甲基丁酸和2-苯乙酸乙酯为这种食醋最强的气味物质。

17.4 结论

食醋是一种调味品，通常用于食物的调味。因此，挥发性成分和香气的质量都很重要。食醋中复杂挥发性成分的表征需要高灵敏度的分析方法，如气相色谱-质谱联用。为此，食醋样品要先进行提取处理。为了确定食醋的挥发性，最广泛使用的提取技术是SPME。然而，最近，几位作者通过使用PDMS搅拌棒浸泡以及在顶部空间中显示了更好的结果。

食醋的挥发性成分主要包括醇、羧酸、乙酯和乙酸酯，根据食醋的类型，还可以发现不同比例的醛、酮、内酯、萜烯、挥发性酚或吡嗪。大多数食醋的主要成分是乙酸、丙酮和乙酸乙酯。虽然大多数食醋都有相同的挥发性化合物，但它们的含量不同。此外，由于其特定的生产方法，传统的香脂醋富含呋喃，中国传统的食醋富含吡嗪，那些在木桶中陈酿的食醋富含木质化合物。因此，从以上所述可以推断，来自相同原料的食醋的挥发性分布主要取决于生产方法。

在食醋中存在的所有挥发性化合物中，只有部分对食醋的香气有重要作用。目前用嗅闻测量分析方法描述食醋香气的研究还很少。结果表明，所研究的食醋具有一些共同的影响气味，如醋酸或异戊酸和乙酸2-苯乙酯，以及每种食醋所特有的其他气味，如中国谷物醋中的甲硫醇、2-甲基丙醛或三甲基吡嗪、或草莓醋中的呋喃酚等。

因此，有必要利用嗅闻分析方法对更多种类的食醋的香气以及香气对食醋风味的影响进行进一步的研究。此外，未来应用二维色谱将能够进一步深入了解不同食醋的挥发性特征。

本章作者

克里斯蒂娜·乌贝达（Cristina Úbeda），罗西奥·里奥斯-雷纳（Rocío Ríos-Reina），玛丽亚·德尔·皮拉尔·塞古拉-博雷戈（María del Pilar Segura-Borrego），雷切尔·玛丽亚·卡莱扬（Raquel María Callejón），玛丽亚·卢尔德·莫拉莱斯（María Lourdes Morales）

参考文献

Aceña, L., L. Vera, J. Guasch, O. Busto, and M. Mestre. 2011. Chemical characterization of commercial sherry vinegar aroma by headspace solid phase microextraction and gas–chromatography–olfactometry. *Journal of Agricultural and Food Chemistry* 59: 4062-4070.

Acree, T. E. 1993. Gas–chromatography–olfactometry in flavor analysis. In C. T. Ho, and C. H. Manley (eds.) *Flavor Measurement*. Marcel Dekker, New York, pp. 77-94.

Asai, T. 1968. *Acetic Acid Bacteria: Classification and Biochemical Activities*. University of Tokyo Press, Baltimore, MD.

Augusto, F., A. Leite e Lopes, and C. Alcaraz Zini. 2003. Sampling and sample preparation for analysis of aromas and fragrances. *Trends in Analytical Chemistry* 22: 160-169.

Blanch, G. P., J. Tabera, J. Sanz, M. Herraiz, and G. Reglero. 1992. Volatile composition of vinegars. Simultaneous distillation-extraction and gas chromatographic-mass spectrometric analysis. *Journal of Agriculture and Food Chemistry* 40: 1046-1049.

Blank, I. 2002. Gas chromatography-olfactometry in food aroma analysis. In R. Marsili (ed.) *Flavour, Fragrance and Odor analysis*. Marcel Dekker, New York, pp. 297-331.

Bosso, A., and M. Guaita. 2008. Study of some factors involved in ethanal production during alcoholic fermentation. *European Food Research and Technology* 227: 911-917.

Brattoli, M., E. Cisternino, P. R. Dambruoso, G. de Gennaro, P. Giungato, A. Mazzone, J. Palmisani, and M. Tutino. 2013. Gas chromatography analysis with olfactometric detection (GC-O) as a useful methodology for chemical characterization of odorous compounds. *Sensors* 13: 16759-16800.

Callejón, R. M., A. G. Gonzalez, A. M. Troncoso, and M. L. Morales. 2008a. Optimization and validation of headspace sorptive extraction for the analysis of volatile compounds in wine vinegars. *Journal of Chromatography A* 1204: 93-103.

Callejón, R. M., M. L. Morales, A. C. Silva Ferreira, and A. M. Troncoso. 2008b. Defining the typical aroma of sherry vinegar: sensory and chemical approach. *Journal of Agriculture and Food Chemistry* 56: 8086-8095.

Callejón, R. M., M. L. Morales, A. M. Troncoso, and A. C. Silva Ferreira. 2008c. Targeting key aromatic substances on the typical aroma of sherry vinegar. *Journal of Agricultural and Food Chemistry* 56: 6631-6639.

Callejón, R. M., W. Tesfaye, M. J. Torija, A. Mas, A. M. Troncoso, and M. L. Morales. 2009. Volatile compounds in red wine vinegars obtained by submerged and surface acetifica- tion in different woods. *Food Chemistry* 113: 1252-1259.

Callejón, R. M., M. J. Torija, A. Mas, M. L. Morales, and A. M. Troncoso. 2010. Changes of volatile compounds in wine vinegars during their elaboration in barrels made from different woods. *Food Chemistry* 120: 561-571.

Cejudo-Bastante, C., R. Castro-Mejías, R. Natera-Marín, C. García-Barroso, and E. Durán-Guerrero. 2016. Chemical and sensory characteristics of orange based vinegar. *Journal of Food Science and Technology* 53: 3147-3156.

Chaintreau, A. 2001. Simultaneous distillation-extraction: from birth to maturity—review. *Flavour and Fragrance Journal* 16: 136-148.

Charles, M., B. Martin, C. Ginies, P. Etiévant, G. Coste, and E. Guichard. 2000. Potent aroma compounds of two red wine vinegars. *Journal of Agricultural and Food Chemistry* 48: 70-77.

Chinnici, F., E. Durán Guerrero, F. Sonni, N. Natali, R. Natera Marín, and C. Riponi. 2009. Gas chromatography-mass spectrometry (GC-MS) characterization of volatile compounds in quality vinegars with protected European geographical indication. *Journal of Agriculture and Food Chemistry* 57: 4784-4792.

Cirlini, M., A. Caligiani, L. Palla, and G. Palla. 2011. HS-SPME/GC-MS and chemometrics for the classification of Balsamic Vinegars of Modena of different maturation and ageing. *Food Chemistry* 124: 1678-1683.

Cocchi, M., C. Durante, M. Grandi, D. Manzini, and A. Marchetti. 2008. Three-way principal component analysis of the volatile fraction by HS-SPME/GC of aceto balsamico tradizionale of Modena. *Talanta* 74: 547-554.

Coelho, E., Z. Genisheva, J. M. Oliveira, J. A. Teixeira, and L. Domingues. 2017. Vinegar pro-duction from fruit concentrates: effect on volatile composition and antioxidant activity. *Journal of Food Science and Technology* 54: 4112-4122.

d'Acampora Zellner, B., P. Dugo, G. Dugo, and L. Mondello. 2008. Gas chromatography-olfactometry in food flavour analysis. *Journal of Chromatography A* 1186: 123-143.

Delahunty, C. M., G. Eyres, and J. P. Dufour. 2006. Gas chromatography-olfactometry. *Journal of Separation Science* 29: 2107-2125.

Del Signore, A. 2001. Chemomatric analysis and volatile compounds of traditional balsamic vinegars from

Modena. *Journal of Food Engineering* 50: 70-90.

Drake, M. A., S. C. McIngvale, P. D. Gerard, K. R. Cadwallader, and G. V. Civille. 2001. Development of a descriptive language for cheddar cheese. *Journal of Food Science* 66: 1422-1427.

Durán-Guerrero, E., F. Chinnici, N. Natali, R. Natera, and C. Riponi. 2008. Solid-phase extraction method for determination of volatile compounds in traditional balsamic vinegar. *Journal of Separation Science* 31: 3030-3036.

Durán-Guerrero, E., F. Chinnici, N. Natali, R. Natera, and C. Riponi. 2015. Evaluation of volatile aldehydes as discriminating parameters in quality vinegars with protected European geographical indication. *Journal of the Science of Food and Agriculture* 95: 2395-2403.

Ettre, L. S. 2002. The beginning of headspace. *LCGC North America* 20: 1120-1129.

Fu-Xian, Z., A., Mahemuti, X. Ming-jun, Y. Bing-bo, and F. Li. 2014. Analysis of aroma composition in apricot dreg vinegar. *Xinjiang Nongye Kexue* 51: 1519-1525.

Gamero, A., V. Ferreira, I. S. Pretorius, and A. Querol. 2014. Wine, beer and cider: unravelling the aroma profile. In J. Piškur and C. Compagno (eds.) *Molecular Mechanisms in Yeast Carbon Metabolism*. Springer-Verlag, Berlin/Heidelberg, Germany, pp. 261-297.

Giudici, P., M. Gullo, and L. Solieri. 2009. Traditional balsamic vinegar. In L. Soliery and P. Giudici (eds.) *Vinegars of the World*. Springer-Verlag Italia, Milan, Italy, pp. 157-178.

Guerrero, E. D., R. N. Marín, R. C. Mejías, and G. G. Barroso. 2006. Optimisation of stir bar sorptive extraction applied to the determination of volatile compounds in vinegars. *Journal of Chromatography A* 1104: 47-53.

Guerrero, E. D., R. N. Marín, R. C. Mejías, and G. G. Barroso. 2007. Stir bar sorptive extraction of volatile compounds in vinegar: Validation study and comparison with solid phase microextraction. *Journal of Chromatography A* 1167: 18-26.

Guth, H., and W. Grosch. 1994. Identification of the character impact odorants of stewed beef juice by instrumental analyses and sensory studies. *Journal of Agricultural and Food Chemistry* 42: 2862-2866.

Jinrong, B. 2013. Metabolomics analysis of volatile components in four kinds of Shanxi mature vinegar. *Shanxi Nongye Daxue Xuebao, Ziran Kexueban* 33: 218-220.

Jo, D., G. R. Kim, S. H. Yeo, Y. J. Jeong, B. S. Noh, and J. H. Kwon. 2013. Analysis of aroma compounds of commercial cider vinegars with different acidities using SPME/ GC-MS, electronic nose, and sensory evaluation. *Food Science and Biotechnology* 22: 1559-1565.

Liang, J., J. Xie, L. Hou, M. Zhao, J. Zhao, J. Cheng, S. Wang, and B. G. Sun. 2016. Aroma constituents in Shanxi aged vinegar before and after ageing. *Journal of Agriculture and Food Chemistry* 64: 7597-7605.

Lu, Z. M., W. Xu, N. H. Yu, T. Zhou, G. Q. Li, J. S. Shi, and Z. H. Xu. 2011. Recovery of aroma compounds from Zhenjiang aromatic vinegar by supercritical fluid extraction. *International Journal of Food Science and Technology* 46: 1508.

Manzini, S., C. Durante, C. Baschieri, M. Cocchi, S. Sighinolfi, S. Totaro, and A. Marchetti. 2011. Optimization of a dynamic headspace-thermal desorption-gas chromatography/mass spectrometry procedure for the determination of furfurals in vinegars. *Talanta* 85: 863-869.

Marrufo-Curtido, A., M. J. Cejudo-Bastante, E. Durán-Guerrero, R. Castro-Mejías, R. Natera-Marín, F. Chinnici, and C. García-Barroso. 2012. Characterization and differentiation of high quality vinegars by stir bar sorptive extraction coupled to gas chromatography-mass spectrometry (SBSE-GC-MS). *LWT-Food Science and Technology* 47: 332-341.

Mecca, F., R. Andreotti, and L. Veronelli. 1979. *L'Aceto*. Aeb, Brescia, Italy.

Morales, M. L., G. A. González, J. A. Casas, and A. M. Troncoso. 2001a. Multivariate analysis of commercial and laboratory produced Sherry wine vinegars: influence of acetification and ageing. *European Food Research and Technology* 212: 676-682.

Morales, M. L., W. Tesfaye, M. C. García-Parrilla, J. A. Casas, and A. M. Troncoso. 2001b. Sherry wine vinegar: physicochemical changes during the acetification process. *Journal of the Science of Food and Agriculture* 81: 611-619.

Morales, M. L., B. Benitez, and A. M. Troncoso. 2004. Accelerated ageing of wine vinegars with oak chips: evaluation of wood compounds. *Food Chemistry* 88: 305-315.

Ozturk, I., O. Caliskan, F. Tornuk, N. Ozcan, H. Yalcin, M. Baslar, and O. Sagdic. 2015. Antioxidant, antimicrobial, mineral, volatile, physicochemical and microbiological characteristics of traditional home-made Turkish vinegars. *LWT-Food Science and Technology* 63: 144-151.

Pinu, F. R., S. de Carvalho-Silva, A. P. Trovatti Uetanabaro, and S. G. Villas-Boas. 2016. Vinegar metabolomics: An explorative study of commercial balsamic vinegars using Gas Chromatography – Mass Spectrometry. *Metabolites* 6: 22.

Pizarro, C., I. Esteban – Díez, C. Sáenz – González, and J. M. González – Sáiz. 2008. Vinegar classification based on feature extraction and selection from headspace solid – phase microextraction/gas chromatography volatile analyses: a feasibility study. *Analytica Chimica Acta* 608: 38-47.

Plutowska, B., and W. Wardencki. 2008. Application of gas chromatography-olfactometry (GC-O) in analysis and quality assessment of alcoholic beverages: a review. *Food Chemistry* 107: 449-463.

Polášková, P., J. Herszagea, and S. E. Ebeler. 2008. Wine flavor: chemistry in a glass. *Chemical Society Review* 37: 2478-2489.

Pollien, P., A. Ott, F. Montigon, M. Baumgartner, R. Muñoz – Box, and A. Chaintreau. 1997. Hyphenated headspace gas chromatography-sniffing technique: screening of impact odorants and quantitative aromagram comparisons. *Journal of Agricultural and Food Chemistry* 45: 2630-2637.

Ríos-Reina, R., M. L. Morales, D. L. García-González, J. M. Amigo, and R. M. Callejón. 2018. Sampling methods for the study of volatile profile of PDO wine vinegars. A comparison using multivariate data analysis. *Food Research International* 105: 880-896.

Roda A., L. Lucini, F. Torchio, R. Dordoni, D. M. De Faveri, and M. Lambri. 2017. Metabolite profiling and volatiles of pineapple wine and vinegar obtained from pineapple waste. *Food Chemistry* 229: 734-742.

San-Juan, F., J. Pet'ka, J. Cacho, V. Ferreira, and A. Escudero. 2010. Producing headspace extracts for the gas chromatography-olfactometric evaluation of wine aroma. *Food Chemistry* 123: 188-195.

Semmelroch, P., P. Laskawy, G. Blank, and W. Grosch. 1995. Determination of potent odourants in roasted coffee by stable isotope dilution assays. *Flavour and Fragrance Journal* 10: 1-7.

Soria, A. C., M. J. Garcia – Sarrio, and M. L. Sanz. 2015. Volatile sampling by headspace tech – niques. *Trends in Analytical Chemistry* 71: 85-99.

Su, M. S., and P. J. Chien. 2010. Aroma impact components of rabbiteye blueberry (Vacciniumashei) vinegars. *Food Chemistry* 119: 923-928.

Tesfaye, W. 2001. Efectos de las condiciones de acetificacion, tratamientoy envejecimiento sobre la calidad final de los vinagres de vino. PhD diss., University of Seville.

Tesfaye, W., M. L. Morales, M. C. García-Parrilla, and A. M. Troncoso. 2002. Evolution of phe-nolic compounds during an experimental ageing in wood of Sherry vinegar. *Journal of Agriculture and Food Chemistry* 50: 7053-7061.

Ubeda, C., R. Callejón, A. M. Troncoso, J. M. Moreno – Rojas, F. Peña, and M. L. Morales. 2012. Characterization of odour active compounds in strawberry vinegars. *Flavour and Fragrance Journal* 27: 313-321.

Ubeda, C., R. Callejón, A. M. Troncoso, J. M. Moreno – Rojas, F. Peña, and M. L. Morales. 2016. A comparative study on aromatic profiles of strawberry vinegars obtained using different conditions in the production process. *Food Chemistry* 192: 1051-1059.

Ubeda, C., R. M. Callejón, C. Hidalgo, M. J. Torija, A. Mas, A. M. Troncoso, and M. L. Morales. 2011. Determination of major volatile compounds during the production of fruit vinegars by static headspace gas chromatography-mass spectrometry method. *Food Research International* 44: 259-268.

Ubeda, C., F. San – Juan, B. Concejero, R. M. Callejón, A. M. Troncoso, M. L. Morales, V. Ferreira, and P. Hernández-Orte. 2012. Glycosidically bound aroma compounds and impact odorants of four strawberry varieties. *Journal of Agriculture and Food Chemistry* 60: 6095-6102.

Valero, E., T. M. Berlanga, P. M. Roldán, C. Jiménez, I. García, and J. C. Mauricio. 2005. Free amino acids and volatile compounds in vinegars obtained from different types of substrate. *Journal of the Science of Food and Agriculture* 85: 603–608.

Van Ruth, S. M. 2001. Methods for gas chromatography – olfactometry: a review. *Biomolecular Engineering* 17: 121–128.

Wang, Z. M., Z. M. Lu, Y. J. Yu, G. Q. Li, J. S. Shi, and Z. H. Xu. 2015. Batch – to – batch uniformity of bacterial community succession and flavor formation in the fermentation of Zhenjiang aromatic vinegar. *Food Microbiology* 50: 64–69.

Wardencki, W., J. Curyło, and J. Namiesnik. 2007. Trends in solventless sample preparation techniques for environmental analysis. *Journal of Biochemical and Biophysical Methods* 70: 275–288.

Wu, L. H., Z. M. Lu, X. J. Zhang, Z. M. Wang, Y. J. Yu, J. S. Shi, and Z. H. Xu. 2017. Metagenomics reveals flavour metabolic network of cereal vinegar microbiota. *Food Microbiology* 62: 23–31.

Xiao, Z. P., S. P. Dai, Y. W. Niu, H. Y. Yu, J. C. Zhu, H. X. Tian, and Y. B. Gu. 2011. Discrimination of Chinese vinegars based on headspace solid–phase microextraction–gas chromatography mass spectrometry of volatile compounds and multivariate analysis. *Journal of Food Science* 76 (8): C1125–C1135.

Xiong C., Y. Zheng, Y. Xing, S. Chen, Y. Zeng, and G. Ruan. 2016. Discrimination of two kinds of geographical origin protected Chinese vinegars using the characteristics of aroma compounds and multivariate statistical analysis. *Food Analytical Methods* 9: 768–776.

Yu, Y. J., Z. M. Lu, N. H. Yu, W. Xu, G. Q. Li, J. S. Shi, and Z. H. Xu. 2012. HS–SPME/GC–MS and chemometrics for volatile composition of Chinese traditional aromatic vinegar in the Zhenjiang region. *Journal of the Institute of Brewing* 118: 133–141.

Yun – qing, S. 2013. Processing technology of pineapple bran vinegar and detection of flavoring substances in the vinegar in postmaturation period. *Zhongguo Tiaoweipin* 38: 21–25.

Zea, L., M. P. Serratosa, J. Mérida, and L. Moyano. 2015. Acetaldehyde as key compound for the authenticity of sherry wines: a study covering 5 decades. *Comprehensive Reviews in Food Science and Food Safety* 14: 681–693.

Zeppa, G., M. Giordano, V. Gerbi, and G. Meglioli. 2002. Characterisation of volatile compounds in three acetification batteries used for the production of "Aceto Balsamico Tradizionale di Reggio Emilia". *Italian Journal of Food Science* 14: 247–266.

Zhang, Q., N. Huo, Y. Wang, Y. Zhang, R. Wang, and H. Hou. 2017. Aroma–enhancing role of Pichia manshurica isolated from Daqu in the brewing of Shanxi aged vinegar. *International Journal of Food Properties* 20: 2169–2179.

Zhencheng, L., G. Yuhuan, L. Guoji, Z. Benshan, and L. Fen. 2011. Separation and identifi – cation of volatile compounds in lychee vinegar. *Shipin Yu Fajiao Gongye* 37: 170–174.

Zhong, Y. 2011. Liquid–liquid extraction and GC/MS by analysis of aroma components of Shanxi lipid–lowering vinegar. *Zhongguo Tiaoweipin* 36: 97–99.

Zhong, Y., and L., Zhebin. 2011. Gas chromatography/mass spectrometry analysis of aroma components in Shanxi mature vinegar. *Zhongguo Tiaoweipin* 36: 105–108.

Zhou, Z., S. Liu, X. Kong, Z. Ji, X. Han, J. Wu, and J. Mao. 2017. Elucidation of the aroma compositions of Zhenjiang aromatic vinegar using comprehensive two dimensional gas chromatography coupled to time–of–flight mass spectrometry and gas chromatography– olfactometry. *Journal of Chromatography A* 1487: 218–226.

Zhu, H., A. Wang, J. Qiu, and Z. Li. 2016. Changes of aroma compounds in Shanxi aged vin– egar during its fermentation determined by dynamic headspace–gas chromatography. *Zhongguo Shipin Xuebao* 16: 264–271.

Zhu, H., J. Zhu, L. Wang, and Z. Li. 2016. Development of a SPME – GC – MS method for the determination of volatile compounds in Shanxi aged vinegar and its analytical characterization by aroma wheel. *Journal of Food Science and Technology* 53: 171–183.

18

食醋的保健功效

18.1 引言

食醋的保健功效不断地被研究证实，并因其有益健康而被广泛应用。食醋的功能性和医疗作用来源于固有的生物活性成分。这些物质如乙酸、没食子酸、儿茶素、表儿茶素、绿原酸、咖啡酸、对香豆酸、阿魏酸等，起到了诸如抗氧化、降血糖、抗菌、抗肿瘤、抗肥胖、降血压和调节胆固醇的作用（Budak 等，2014）。

据报道，食醋能够帮助调节血压，改善消化系统功能、刺激食欲、降低血脂水平、缓解疲劳等（Fushimi 等，2001；Qui 等，2010）。此外，食醋中的多酚类物质已被证实能够预防高血压、炎症、高血脂、脂质过氧化、DNA 损伤甚至癌症等（Chou 等，2015；Osada 等，2006；Prior 和 Cao，2000）。这些生物活性与抗衰老（主要归功于抗氧化作用）等几种有益健康的作用有关。尽管食醋的主要成分是乙酸，但是食醋也包含了来自原料和生产工艺而带来的多种其他生物活性成分，这些生物活性成分可以对人类健康产生各种影响。本书的很多章节都提到了食醋对健康的好处。本章主要对食醋的这些功能和有关的生物活性成分，以及当前的研究进展进行更详细的介绍。

18.2 食醋的抗氧化活性

食物中的抗氧化成分能够清除如过氧化氢（H_2O_2）和羟自由基（·OH）等活性氧基团（ROS），从而降低健康衰退的速度。这些活性氧基团对 DNA、蛋白质和脂类有损害作用，能够导致脑退行性疾病、衰老和癌症等（Budak 等，2014；Maes 等，2011）。流行病学研究表明，摄取含有花青素、黄酮或者其他含有酚类物质的食物具有抵抗疾病的作用（Almeida 等，2011）。食物在消化过程中，膳食中的抗氧化物质能够减少餐后血脂氢过氧化物的升高，然而食物中低水平的抗氧化物会引起人体内的氧化应激（Candido 等，2015；Verzelloni 等，2007）。氧化应激和餐后高血脂是已被确认的引起一些疾病的风险因素包括动脉粥样硬化、炎症、慢性疾病以及加速衰老进程的退行性疾病。

最近研究表明，多酚和维生素是食醋中已被证实的抗氧化活性成分，能够降低退行性疾病风险（Pandey 和 Rizvi，2009）。更特别地，类胡萝卜素、植物甾醇、酚类物质以及维生素 C 和维生素 E 是贡献食醋抗氧化功能的生物活性成分。因此，检测和分析食醋中的这些生物活性成分也是必要的。根据文献报道（Etherton 等，2004），食醋中的活性成分通过潜在地影响细胞生理代谢发挥有益健康的作用。此外，多酚类物质可以作为食醋抗氧化活性的质量监测指标，也影响食醋的风味（收敛性）和颜色（Mas 等，2014）。

测定食醋抗氧化能力的方法主要包括：①DPPH 自由基（1,1-二苯-2-苦基肼自由基）清除实验（测定 DPPH 试剂与样品中的多酚反应后在 517nm 处的吸光度）；②ABTS 自由基［2,2'-连氮基-双-（3-乙基苯并二氢噻唑啉-6-磺酸）］清除实验（测定 ABTS 试剂与样品中的多酚反应后在 734nm 处的吸光度）；③铜离子还原能力

（CUPRAC）实验［测定样品中抗氧化物质与 Cu^{2+} 和新亚铜试剂（2,9-二甲基-1,10-菲啰啉，一种杂环有机化合物）反应后在 450nm 处的吸光度）］。采用这些方法测定的结果一般以抗坏血酸或 Trolox（6-羟基-2,5,7,8-四甲基色烷-2-羧酸）为对照，表示为抗坏血酸当量（mg 抗坏血酸/mL 食醋）或 Trolox 当量（mg Trolox/mL 食醋）。此外，铁离子还原能力（FRAP）法也是常用的抗氧化能力评价方法之一（FRAP 中的 Fe^{3+} 被样品中的抗氧化物还原为 Fe^{2+}，测定 594nm 处的吸光度）。结果表示为 Fe^{2+} 当量（μmol/L）或者铁离子还原能力值。

食醋中的总酚测定一般采用福林酚试剂（Folin-Ciocalteu 试剂，磷钼酸盐和磷钨酸盐的混合物进行测定。多酚与福林酚试剂反应后在 750~765nm 处有最大吸收值）。总酚结果一般表示为：mg 没食子酸/mL 食醋。

食醋中总黄酮含量的测定也采用比色法进行测定［黄酮与 $NaNO_2$、$Al(NO_3)_3$ 在碱性环境（NaOH）下反应，测定 510nm 处的吸光度］。结果表示为 mg 芦丁/mL 食醋（Xia 等，2018a）。

食醋中单独的酚类物质多采用反相 HPLC 方法，最常见的方法是使用二极管阵列检测器，UV 波长设置为 278~280nm，并且使用反相柱（如 C_{18} 型）（Chung 等，2017）。此外，采用固形萃取后也可在衍生化（硅烷化）后采用 GC-MS 方法进行测定（Sinanoglou 等，2018）。

食醋中的维生素 E 在有机溶剂适当萃取后，可以采用气相色谱（GC）结合火焰离子化检测器（FID）进行测定（Chung 等，2017）。食醋中的维生素 C 通过比色法进行测定，如靛酚法（深蓝色染料），包括抗坏血酸和偏磷酸在食醋中的反应并滴定靛酚染料，直到形成玫瑰粉色作为终点（Ho 等，2017a）。在酒和食醋中，维生素 C 的总量还可与二硫苏糖醇［或克莱兰试剂；(2S, 3S)-1,4-双（磺胺基）丁烷-2,3-二醇］和 N-乙基马来酰亚胺（1-乙基吡咯-2,5-二酮），通过添加三氯乙酸、磷酸、2,2'-联吡啶和 $FeCl_3$ 显色，测定在 525nm 处吸光度（Xiang 等，2013）。

最后，通常通过超滤、洗涤（渗滤）和干燥提取后分析高分子质量类黑精（美拉德反应终产物），它们对热处理的食醋（香脂醋）的抗氧化也有很大贡献。被分离的类黑精特征，如它们在蛋白质、酚类物质、总碳水化合物、葡萄糖、果糖和羟甲基糠醛中的含量被评估（Verzelloni 等，2010）。

食醋的抗氧化活性研究进展：

大量研究集中在食醋的生物活性和促进健康特性与抗氧化成分及抗氧化活性有关。在早期的研究中主要通过体外实验（in vitro）进行评价，现阶段主要通过体内实验（in vivo）进行评价。研究人员对用糙米和米糠制成的日本传统米醋（Kurosu），对其与用精米制成的普通米醋比较。结果显示由糙米发酵而成的日本传统米醋比由精米发酵而成的米醋含有更多的二氢阿魏酸和二氢芥子酸。与普通米醋相比，Kurosu 的强抗氧化活性是由这些酸引起的。实验数据显示，Kurosu 对于 DPPH 自由基的清除能力比普通精米发酵而成的米醋高 1.95 倍（Shimoji 等，2002）。

有研究还表明 Kurosu 能够剂量依赖地抑制胸腺癌、肺癌、结肠癌、膀胱癌和前列腺癌等人类癌细胞的生长（Nanda 等，2004）。来源于米糠的一种抗氧化酚类化合物的阿魏酸能够抑制人类乳腺癌和结肠癌细胞的生长。此外，体外实验表明 Kurosu 的乙酸乙酯提取成分对人类癌细胞也具有抑制作用（Shimoji 等，2004）。乙酸乙酯提取组分有助于提高谷胱甘肽 S-转移酶（GST）和醌还原酶的活性，阻碍结肠癌前病变隐窝病灶的形成，这些结果提示 Kurosu 的乙酸乙酯提取组分能够抑制结肠癌的发生。

此外，Kibizu（一种日本的甘蔗醋）的研究发现，Kibizu 能够抑制人类白血病细胞的生长，是由于潜在的自由基清除能力（Mimura 等，2004）。

一项来自 Su 和 Chien（2007）的研究显示用带皮的兔眼蓝莓发酵得到的发酵产品中含有更多来自于果皮的花青素，从而表现出更高的抗氧化活性。

红葡萄酒醋、普通香脂醋以及意大利传统香脂醋的抗氧化活性与总酚的含量呈现出正相关。然而，研究指出普通香脂醋及意大利传统香脂醋的抗氧化活性主要归功于多酚类物质，而非黄酮和美拉德反应产物类黑精（Verzelloni 等，2007，2010）。美拉德反应终产物类黑精是一类分子质量分布广泛（2~>2000kDa）的有色聚合物。但也有研究指出意大利香脂醋陈酿过程中形成的高分子类黑精对食醋整体抗氧化能力的贡献占到 40%~50%（Verzelloni 等，2010）。

研究人员对食醋的抗氧化功能和其他功能进行了综述（Budak 等，2014）。以下内容对近年来的研究进展作一介绍。

Pyo 等研究了大豆醋提取物对草酰钾诱导的高尿酸小鼠降尿酸和抗氧化功能（Pyo 等，2018）。这种醋由大豆经从毛红曲菌（Monascus pilosus）发酵而成。含有异黄酮、泛醌、γ-氨基丁酸、没食子酸和乙酸等成分的大豆醋提取物能够抑制黄嘌呤氧化酶活性，提高尿酸酶的活性，从而促进尿酸的排泄而减少尿酸的含量。除此之外，大豆醋提取物能够增加肝脏中抗氧化酶的活性，表明大豆醋能够用来抑制高尿酸血症。

Zhao 等（2018）研究了工业和传统镇江香醋陈酿过程中的化学组成和抗氧化活性差异。镇江香醋是我国著名的固态发酵调味品。结果发现有机酸、总酚、总黄酮和单个酚类物质的含量以及总抗氧化能力随着陈酿时间的增加而增加。当陈酿时间在 3 年以上时，传统镇江香醋中的总酚、总黄酮含量，以及总抗氧化能力比工业镇江香醋更高。并且，只在传统镇江香醋中检测出芦丁和对香豆酸。这些发现也为镇江传统和工业香醋的特性鉴定提供一种手段。

山西老陈醋是另外一种著名的中国食醋，在发酵过程中产生了大量的营养物质和生物活性成分。Xia 等（2018a）对山西老陈醋陈酿过程中的营养成分（蛋白质、脂肪、碳水化合物、有机酸、氨基酸）和抗氧化活性成分的变化进行了研究，结果表明在陈酿过程中基本营养成分（蛋白质、脂肪、碳水化合物）含量变化不大，但是氨基酸总量（主要为丙氨酸）以及有机酸（主要为乙酸和乳酸）总量随着陈酿时间的增加而有所增高。随着陈酿时间的增加，山西老陈醋中的总酚、总黄酮和褐变指数以及总抗氧化活性也相应有所增加。酚类物质和类黑精对于抗氧化活性的贡献相近（总酚贡献 49%，类黑精贡献 48% 抗氧化活性）。这些发现被评价为对新型食醋这类功能性食品的开发具有重要意义。

此外，研究人员结合光谱法、色谱法、比色法和光谱学分析法对普通和传统香脂醋的总酚、抗氧化活性和颜色等参数进行评估，结果显示采用红葡萄发酵生产的传统香脂醋具有最高的抗氧化活性。结合所有使用的分析技术为提供有关葡萄和类似发酵产品之间成分差异提供关键信息（Sinanoglou 等，2018）。

有研究人员比较了一种新型功能的石榴醋、西班牙雪莉醋（Sherry wine vinegar）和里奥哈葡萄酒醋（Rioja red wine vinegar）的抗氧化特性（ABTS 和 DPPH 自由基清除能力）、酚类物质和挥发性物质组成，结果显示新型石榴醋具有和另外两种醋相似甚至更高的抗氧化活性。这种石榴醋的总酚含量与红葡萄酒醋相似，比大多数白葡萄酒醋要高（Kharchoufi 等，2018）。

Zou 等（2018）对柿子醋多酚组成和多酚对 H_2O_2 诱导的 HepG2 细胞（一种人类肝癌细胞）氧化应激的保护作用进行研究，结果显示黄酮-3-醇是柿子醋中含量最多的一种多酚；柿子醋多酚能够显著降低 H_2O_2 诱导的 HepG2 细胞损伤，呈浓度依赖性。并且降低乳酸脱氢酶外漏、转氨酶活性、ROS 积累，上调抗氧化酶表达，增加谷胱甘肽水平。这些结果表明柿子醋多酚通过激活核因子红细胞 2-相关因子 2（Nrf2，一种调节抗氧化蛋白表达的蛋白质，可防止氧化损伤）有效保护 HepG2 细胞免受氧化损伤。

以类似的方式，研究人员检测了竹醋粉在猪血液和肝脏中的抗氧化酶活性，以及抗氧化酶和 Nrf2 信号的基因表达（Yu 等，2018）。结果发现添加竹醋粉可通过激活 Nrf2 抗氧化反应元件（Nrf2-Are）途径，提高一些抗氧化酶活性，降低氧化应激酶的活性，从而提高机体的抗氧化能力。

人工合成的抗氧化剂表现出与膳食中天然抗氧化剂不一致的抗氧化特性，膳食中天然抗氧化剂通常表现出对氧化应激、血压和血脂组成调节等方面的有益效果。曾有研究人员研究了每天摄入苹果醋是否会影响心血管风险因子。因此，对高脂饮食（HDF）诱导的高脂血症肥胖大鼠进行了试验。结果发现苹果醋能够显著改善高血脂肥胖模型大鼠所有相关因素 [血清总胆固醇（TC）、甘油三酯（TG）、低密度脂蛋白（LDL）胆固醇、极低密度脂蛋白等水平，显著降低致动脉粥样硬化指数和氧化应激]。此外，苹果醋的摄入还能够显著改变高脂模型大鼠常规的生化和代谢指标（如抗氧化酶活性、维生素 E 水平、脂质过氧化水平）。实验结果表明，摄入苹果醋可以通过调节抗氧化防御系统有效抑制肥胖诱导的氧化应激和动脉粥样硬化风险（Halima 等，2018）。

最后，Xia 等（2018b）研究了山西老陈醋对乙醇诱导的肝损伤的保护作用及其潜在的分子机制。结果显示山西老陈醋能够缓解乙醇诱导的 LO2 细胞（一种人类肝癌细胞）毒性和小鼠肝损伤。每天摄入食醋量在 2.500mL/kg 体重时，能够显著降低乙醇诱导的 ROS，进而抑制小鼠肝脏的细胞凋亡和丙二醛水平；并能够通过下调细胞色素 P450 2E1 酶和 NADPH 氧化酶（NOX）的表达水平来改善乙醇诱导的氧化应激和炎症。这些结果表明山西老陈醋是一种促进健康的抗氧化食品，可以表现出与减轻乙醇诱导的氧化应激相关的肝脏保护作用。

18.3　食醋的抗菌特性

自古以来，食醋就因药用价值而被使用。例如，在古希腊，希波克拉底用食醋来治疗伤口。早在 10 世纪的中国，就有人用食醋作为洗手剂，以减少感染的传播。在美国，医生也用食醋来治疗许多疾病，如毒藤、高烧和水肿。食醋也用于清洁和治疗指甲真菌、头虱、疣和耳朵感染。因此，几个世纪以来，食醋在世界各地有许多应用，因为它对多种生物具有抗菌特性（Budak 等，2014；Cortesia 等，2014；Johnston，2009）（另见第 1 章）。

此外，食醋还可以作为一种天然防腐剂来抑制食源性病原微生物的生长，还可以用于水果和蔬菜的腌制，以及蛋黄酱、沙拉调味料和各种其他食品调味品的生产（Budak 等，2014；Pooja 和 Soumitra，2013；Tan，2005）。

一般来说，由于有机酸成本低、使用简单、快速、处理效果显著，在食品中使用有机酸作为防腐剂是一种常见的做法，有机酸，如乙酸、苹果酸、酒石酸、柠檬酸、乳酸、琥珀酸和丙酸，被 FDA 批准为 GRAS（generally recognized as safe，通常被认为是安全的），其中大多数对于人类的日常摄入没有限制。然而，也应该考虑食物的感官变化（对色和味的影响）（Mani-López 等，2012；Zhitnitsky 等，2017）。有机酸及其盐类被认为是弱酸，在水中不能完全解离。它们的解离依赖于 pH；因此，当食物 pH 低于它们的解离常数（pK_a）时，它们的抗菌活性更强。具体来说，pH 越低，质子酸的浓度越高，这就增强了分子通过微生物细胞膜扩散到细胞质。然而，质子酸和它们的阳离子取代形式（Na^+，K^+，Ca^{2+}）之间应保持平衡，因为后者更易溶于水体系（Mani-López 等，2012）。

有机酸的抗菌活性主要与两种机制有关：①细胞质酸化，导致能量产生和调节解偶联；②游离酸阴离子的积聚，在一定水平产生细胞毒性。当一个未解离的酸扩散通过细胞膜进入一个高 pH 的细胞质中（碱性的环境），被解离而形成跨膜梯度。细胞反应是通过主动运输阳离子（Na^+，K^+）而增加自由质子的排出，以维持细胞质内的 pH 稳态。另一种理论认为电子传递与氧化呼吸的不耦合；然而，没有理论完全解释有机酸的抗菌作用。解耦效应的存在表明，其他抑制效应可能随着未解离穿过细胞膜的扩散而产生，如酸性阴离子在细胞质中的积累，以及对酶活性、蛋白质和 DNA/RNA 合成的不利影响，增加细胞膜的渗透性以及对膜蛋白的干扰（Mani-López 等，2012）。

含有大量乙酸的食醋对细菌和真菌都有很强的抗菌活性。有机酸（包括食醋中的乙酸）的抑菌活性一般受温度、pH、酸度、目标微生物类型和离子强度的影响（Wu 等，2000；Rhee 等，2003；Budak 等，2014；Chang 和 Fang，2007；Entani 等，1998；Mani-Lopez 等，2012；Zhitnitsky 等，2017；Medina 等，2007；Pinto 等，2008；及其他）。下面将介绍近年来食醋的抗菌活性和应用方面的研究成果和发展趋势。

食醋的抗菌特性的研究进展：

各项研究报道了食醋对蔬菜和新鲜水果上的致病菌的抑制作用，以及食醋与其他抗菌酸如乳酸、柠檬酸、苹果酸、柠檬汁等的比较或协同作用。例如，在相同的 pH 和浓度下，与盐酸（HCl）相比，乙酸能够抑制大多数细菌（Entani 等，1998）。其中，0.1% 的乙酸有强的抑菌活性，副溶血性弧菌（*Vibrio parahaemolyticus*）除外，当与氯化钠（NaCl；盐）或葡萄糖一起使用时效果增强。因为盐和葡萄糖都是烹饪中必不可少的配料，所以对盐和葡萄糖的存在下的影响进行了研究。食醋和盐的组合已被发现对微生物的灭活具有高协同作用。

食醋和柠檬汁是常用的调味料，也是有效的消毒剂，可以去除蔬菜（芝麻、大葱和胡萝卜）中的有害病原体，如鼠伤寒沙门氏菌（*Salmonella typhimurium*）（Sengun 和 Karapinar，2004，2005）。单独用柠檬汁或食醋处理胡萝卜样品，可以显著减少菌落形成单位（CFU），而柠檬汁和食醋联合处理 30min，病原体数量减少到无法检出的水平。

据报道，乙酸对大肠杆菌 O157：H7 的致死率最高，其次是乳酸、柠檬酸和苹果酸（Budak 等，2014；Chang 和 Fang，2007）。用含 50g/L 乙酸（pH 3.0）的市售食醋处理接种生菜 5min 后，25℃时大肠杆菌 O157：H7 的数量减少了 3 个对数值（Chang 和 Fang，2007）。

根据 Ozturk 等（2015）的研究，约 90% 的传统和工业食醋样品在不同程度上对蜡样芽孢杆菌（最敏感的菌株）表现出抗菌活性。

在去除生菜中的单核细胞增生李斯特氏菌（*Listeria monocytogenes*）方面，摩德纳的香脂醋与家用或零售的氯基消毒剂效果相似，甚至更好（Ramos 等，2014）。特别建议，食醋与水（1∶5）混合，仅需浸泡 15min 就足以清洗蔬菜。香脂醋 pH 范围较低（3.26~3.38），可以抑制食品表面的食品病原菌。香脂醋具有更强的抗菌作用也归因于其他化合物的存在，它们来自葡萄或发酵过程。例如，许多葡萄酚类物质以其抗菌作用被认识，如白藜芦醇、香草酸、咖啡酸、没食子酸和类黄酮（芦丁和槲皮素）（Oliveira 等，2013；Plessi 等，2006；Vaquero 等，2007）。

食醋对念珠菌属（*Candida* spp.）也有抑制作用（Mota 等，2015；Pinto 等，2008）。例如，苹果醋和红葡萄酒醋被发现适用于抑制白色念珠菌（*Candida albicans*）引起的义齿相关性口腔炎。

为了保证产品质量和消费者的喜好，在不改变产品的营养成分和感官特性的情况下，食醋和乙酸溶液可以抑制肉（Rhee 等，2003）和生菜（Oramahi 和 Yoshimura，2013）中的大肠杆菌（*E. coli*）、鼠伤寒沙门氏菌（*S. typhimurium*）和单核细胞增生李斯特氏菌（*L. monocytogenes*）。

一般来说，水果很容易被真菌腐蚀。研究结果表明，果实收获后最好的处理方法是用食醋熏蒸（Sholberg 等，2000），其作用是使蒸发的未解离酸穿透真菌分生孢子的细胞膜，从而抑制微生物的生长。研究还表明，液体和气体食醋都能减少蔬菜叶片上的肺炎克雷伯氏菌（*Klebsiella pneumoniae*）（Krusong 等，2015）。另一个例子是 Tzortzakis 等（2011）用食醋蒸气对番茄进行消毒，处理后保持了番茄的硬度和酸度。因此，食醋熏蒸水果或蔬菜可能是一种潜在的替代普通液体杀菌剂的方法。

所有这些工作已经在一些早期关于食醋的抗菌效果的综述中进行了回顾和讨论（Ho 等，2017b；Ali 等，2016；Budak 等，2014）。

在最近的一项研究中，Campos 等（2019）观察了从人类和食品样本（生菜、火鸡肉、苹果和梨）中分离出来的不同不动杆菌属（*Acinetobacter* spp.）是否能够抵抗食醋以及其他处理方法。不动杆菌，如鲍氏不动杆菌（*A. baumanni*）和鲁氏不动杆菌（*A. lwoffii*），被认为是医院感染的重要病原体。食醋对所有临床和食物分离物均有效。由于在这一领域的知识有限，该研究结果对于理解不动杆菌暴露于常规食品处理（如食醋处理）时很重要。

在另一项研究（Yagnik 等，2018）中，基于寻找可替代的抗菌手段以避免全球抗生素耐药性升级的概念，研究人员评估了苹果醋对大肠杆菌（*E. coli*）、金黄色葡萄球菌（*S. aureus*）和白色念珠菌（*C. albicans*）的抗菌能力。食醋对微生物的最小有效稀释倍数因目标菌的不同而不同，以对抗大肠杆菌（*E. coli*）的能力为最强，其次是金黄色葡萄球菌（*S. aureus*）和白色念珠菌（*C. albicans*）（最低有效稀释倍数分别为 1/50、1/2 和 1/25）。此外，微生物与食醋共培养导致炎症细胞因子（TNF-α，IL-6）的剂量依赖性下调，细胞完整性、细胞器和蛋白质表达受损，表明苹果醋有多种抗菌潜力，在未来可能具有临床治疗意义。

Stratakos 和 Grant（2018）研究了多种物理、生物和自然干预对生牛肉中致病性大肠杆菌（*E. coli*）的抗菌效果。在自然干预中，用食醋和乳酸（5%）清洗 5min 后可立即导致菌数减少约 1lgCFU/g，而乳铁蛋白和乳酸链球菌素单独或联合处理的抗菌效果不显著。这些发现表明，食醋与其他处理方法类似，如冷血浆、噬菌体、乳酸、香芹酚（一种存在于牛至、百里香和其他植物的精油中的单萜酚）和百里香油纳米乳剂，有可能用于牛肉工业以控制致病性大肠杆菌（*E. coli*）的污染。

有研究对食醋、H_2O_2 和碳酸氢钠溶液对安抚奶嘴的消毒效果进行了评价（Pedroso 等，2018）。在浮游生物和生物膜中筛选不同类型和浓度的抗菌剂对变形链球菌（*Streptococcus mutans*）、酿脓葡萄球菌（*Staphylococcus pyogenes*）、金黄色葡萄球菌（*S. aureus*）和大肠杆菌（*E. coli*）的抗菌活性。为了模拟在奶嘴中发现的多物种定植，对抗多种微生物生物膜的最有效物质也被测试。在琼脂扩散试验的基础上，选择 70% 的苹果醋和 70% 的 H_2O_2 作为最低抑菌浓度和最低杀菌剂浓度。测试溶液能够显著降低生物膜中酿脓葡萄球菌（*S. pyogenes*）、变形链球菌（*S. mutans*）和大肠杆菌（*E. coli*）的活细胞。与其他处理相比，用 70% 苹果醋处理后金黄色葡萄球菌（*S. aureus*）生物膜的活细胞数量显著减少。

Lee 等（2018）将番茄酒和使用巴氏醋杆菌（*Acetobacter pasteurianus*）制成的马格利种子培养物按不同比例混合生产番茄醋。番茄红素（番茄四萜、类胡萝卜素、色素）含量在番茄醋中高于番茄酒，但随着种子培养量的增加而降低。然而总酚含量随种子培养量的增加而增加，抗氧化活性呈下降趋势。结果表明，番茄红素含量对番茄抗氧化活性的影响较大。当种子培养物含量为 40% 时，食醋的抑菌活性最高，其抑菌活性与总酸度有关。

有研究含有壳聚糖和竹醋的可食性涂层溶液，对在 4℃ 下储存 12d 的即食猪排的质量和保质期的影响（Zhang 等，2018）。其中对脂质氧化的抗氧化作用和总活菌数、乳酸菌、肠杆菌科（Enterobacteriaceae）和假单胞菌属（*Pseudomonas* spp.）进行了分析。结果表明，壳聚糖和竹醋液涂层通过抑制硫代巴比妥酸反应物质（TBARS）的增加而延缓脂质氧化，并将保质期分别提高了 3d 和 6d。因此，竹醋为基础的可食性涂层处理可以应用于猪肉制品中，以延长其保质期和提高安全性。

最后一个例子是 Kadiroğlu（2018）的研究工作，根据抗菌活性、总酚含量、抗氧化活性和颜色参数，对商业苹果醋、大米醋、香醋、红酒醋、玫瑰酒醋、白葡萄酒醋、葡萄酒醋和石榴醋进行了鉴别，并利用红外光谱预测其质量特征。结果表明，香脂醋中总酚含量最高，而米醋中最低。食醋的抗氧化活性与总酚类物质含量有关。以葡萄为基础的食醋对金黄色葡萄球菌（*S. aureus*）、大肠杆菌（*E. coli*）和铜绿假单胞菌（*P. aeruginosa*）均有较高的抑菌活性，但各种食醋间无显著差异。结果表明，红外光谱可用于快速测定食醋的抑菌活性、总酚含量、色泽和抗氧化活性。

在最近关于食醋的抗菌特性的研究文献中可以找到许多这样的例子。这些努力的目的和趋势显示了科学家、消费者和行业对以下方向的重大关注：①开发有效的收获后处理方法，确保新鲜农产品的微生物安全；②寻找替代的抗菌手段，以避免全球抗生素耐药性升级；③用食醋等安全产品代替食品和保健消毒中的合成消毒剂；④采用可食用涂料和纳米乳剂等现代技术来实现上述目的。

18.4　食醋的抗糖尿病作用

糖尿病是一种慢性疾病，其特征是胰腺不能产生足够的胰岛素（胰岛 B 细胞产生的一种肽激素，它调节碳水化合物、脂肪和蛋白质的代谢），使患者在进食后处于饥饿状态或血糖水平较高的状态。1 型糖尿病的特点是由于胰腺细胞受损导致胰岛素分泌不足，从而导致高血糖。2 型糖尿病是胰岛素在体内使用无效，导致血糖浓度升高（WHO，2014）。许多人要么选择减少碳水化合物的摄入量，要么选择食用低血糖指数（GI）的食物。然而，另一种可能性是通过食用醋等补充食物来降低饮食中的血糖负荷来降低饭后血糖（饭后血糖）（Johnston 和 Buller，2005；Johnston 和 Gaas，2006）。补充食物是一种简单的改善饮食的方法，无须避免或减少摄入碳水化合物。慢性饭后高血糖是 2 型糖尿病和糖尿病前期心血管疾病风险的一个强有力的预测因子，因为它会损害血管（Bonora 和 Muggeo，2001）。

食醋有抗糖尿病的作用，可以提高人和动物的胰岛素敏感性。这一效应的几个机制已经被提出，例如：

（1）干扰对复合碳水化合物酶解（抑制双糖酶活性）。

（2）延迟胃排空。

（3）增强外周葡萄糖摄取和糖原的转化（Fushimi 等，2001；Liljeberg 和 Björck，1998；Salbe 等，2009）。研究还表明，睡前摄入醋可以降低第二天早上的空腹血糖水平，从而得出结论，食醋可能会改变肝脏中的糖酵解/糖异生循环。

（4）摄入食醋可能会增强饱腹感，这可以从随后一餐摄入的能量减少看出（Salbe 等，2009）。

食醋的抗糖尿病效果的研究进展：

各种类型的食醋，包括葡萄酒醋、香脂醋、苹果醋（Hlebowicz 等，2007）、人参醋（Yun 等，2007）和番茄醋（Lee 等，2018；Seo 等，2014），被发现能够降低餐后血糖，减轻胰岛素抵抗，并提高胰岛素的分泌（Darzi 等，2014；Derakhshandeh-Rishehri 等，2014；Kohn，2015；Petsiou 等，2014；Russell 等，2016）。另外，许多安慰剂对照实验也证实了食醋的抗血糖作用（Johnston 等，2004；Leeman 等，2005；

Liljeberg 和 Björck，1998）。例如，食醋在对照组和胰岛素抵抗组的餐后葡萄糖和胰岛素的水平都有明显的减少（Johnston 等，2013）。乙酸被证明可以抑制高血糖负荷食物在小肠上皮中的二糖酶活性，还可以增加骨骼肌中葡萄糖-6-磷酸的浓度（Johnston 和Buller，2005；Mitrou 等，2015）。

研究人员还指出，在包括面包、黄油和酸奶的测试餐中，食用腌制黄瓜（1.6g 乙酸）而不是新鲜黄瓜（0g 乙酸）后，健康受试者的餐后血糖可以降低 30% 以上（Östman 等，2001）。对于患有 2 型糖尿病和糖尿病前期的人来说，补充食醋的疗法分别提高了 19% 和 34% 的胰岛素敏感性（Johnston 等，2004）。Fushimi 等（2001）也发现含有乙酸的饮食有助于增强肝脏和骨骼肌的糖原补给。具体来说，乙酸一经口服就能立即被吸收。而摄取发生在肝脏和外周组织，乙酸通过增加柠檬酸盐浓度，抑制糖酵解，来增加葡萄糖-6-磷酸流入糖原合成途径，从而促进糖原合成。

Östman 等（2005）研究了食醋的降低人群受试者餐后血糖和胰岛素反应，同时增加其饱腹感。他们解释说，乙酸能够通过降低小肠上部的淀粉水解速度来降低面包餐的葡萄糖反应。乙酸水平越高，代谢反应就越低。Liatis 等（2010）认为，在高血糖指数膳食中加入食用食醋可以降低餐后高血糖，但在低血糖指数膳食中则不能。Mitrou 等（2015）则支持在高、低血糖指数膳食中同时食用食醋可以提高胰岛素敏感性。此外，Johnston 等（2010）指出，与食用 2g 或 20g 的食醋相比，食用 10g 的食醋能更好地降低餐后血糖。另外，研究还发现，在餐前 2h 食用食醋比餐前 5h 食用食醋有更好的反应。

Salbe 等（2009）假设，通过抑制内源性胰岛素分泌，他们可以估算口服碳水化合物后的葡萄糖吸收率，并确定食醋对该吸收率的影响。为此，他们测试了在土豆餐后接受安慰剂和苹果醋的受试者。在进餐开始时，开始进行口服奥曲肽/胰岛素抑制试验（奥曲肽是一种八肽，可抑制生长激素、胰高血糖素和胰岛素），抑制内源性胰岛素的分泌。在测试时间内，摄取食醋后的葡萄糖上升速度不大，但明显较安慰剂更高，这表明食醋通过干扰肠道碳水化合物的吸收不会起到降低血糖的作用。该研究还认为，需要进一步改进奥曲肽/胰岛素抑制试验，以证实其作为研究口服碳水化合物后葡萄糖吸收的有效工具。

在另一项试验中，也对 2 型糖尿病患者进行了研究，以了解在睡前摄入食醋是否会改变清醒时的葡萄糖浓度（White 和 Johnston，2007）。在向参与者提供包括苹果醋或水在内的标准化饮食后，每天早上记录空腹葡萄糖浓度。与饮用水相比，饮用食醋 2d 可明显降低空腹血糖水平，这表明食醋的抗血糖作用除了吃饭时间外也可以表现出来。

Hlebowicz 等（2007）研究了苹果醋对糖尿病性胃轻瘫患者的延迟胃排空率的影响，该影响是用标准化的实时超声检测的。结果显示，食醋对胃排空率的影响具有统计学意义。这项研究表明，食醋有可能通过进一步降低胃排空率来影响胰岛素依赖型糖尿病患者；然而，这可能是关于他们血糖控制的一个缺点。

根据 Johnston 等（2004）的研究，食醋可能与用于治疗 2 型糖尿病的抗糖尿病药物表现出同等效力，如阿卡波糖（抑制 α-葡萄糖苷酶，从较大的碳水化合物中释放葡萄糖）和二甲双胍（一种双胍类化合物，减少肝脏产生葡萄糖，增加身体组织的胰岛素敏感性)。Johnston 等 (2013) 的研究也表明,每天两次在吃饭时服用一汤匙食醋,可以最大限度地降低空腹血糖水平。

水椰醋的水提物可以明显地扩大胰岛 B 细胞的生长,促进胰岛 B 细胞的分化,从而提高血清胰岛素的浓度 (Yusoff 等,2015)。还有人认为,食醋可以用来中和化学物质链脲霉素 (一种天然存在的烷基化抗肿瘤剂),链脲霉素通过破坏哺乳动物胰腺中产生胰岛素的胰岛 B 细胞而诱发糖尿病。Yusoff 等 (2017) 还发现,尼帕棕榈醋的水提取物对糖尿病大鼠发挥肝脏保护作用,显示出对链脲霉素诱导的肝损伤组织结构的整体恢复。

Mohamed 等 (2018) 最近进行了一项研究,调查乙酸对诱导的糖尿病大鼠血糖、甘油三酯和高密度脂蛋白 (HDL) 水平以及体重的影响。结果显示,乙酸组大鼠的体重、血糖水平和血清甘油三酯水平明显下降。然而,高密度脂蛋白水平没有明显差异。结果表明,乙酸 (和食醋) 可以作为一种辅助治疗手段。

Ali 等 (2018) 进行了一项双盲、随机、安慰剂对照研究,以评估食用枣醋对 2 型糖尿病患者的血液生化和血液学参数的影响。具体来说,测试期间分析了糖化血红蛋白、空腹血糖、高密度脂蛋白、低密度脂蛋白、总胆固醇、肌酐、尿素、全血细胞计数、丙氨酸转氨酶、天冬氨酸转氨酶、碱性磷酸酶、钾和叶酸水平。食醋明显改善了总胆固醇,而其他测试因素也得到了改善,但并不显著。

Karim 等 (2018) 重点研究了来自山竹 (*Garcinia mangostana*) 的山竹皮果醋对高脂 (HFD) 饮食/链脲霉素诱导的雄性糖尿病小鼠的抗血糖和抗肝毒作用。用山竹醋和格列本脲 (一种抗糖尿病药物,可引起胰岛 B 细胞的细胞膜去极化,导致细胞内钙增加,刺激胰岛素释放) 治疗,可显著降低小鼠的血浆葡萄糖、血脂和肝脂状况。肝糖原含量的增加表明胰岛素敏感性的改善。此外,与糖尿病对照组相比,两个诱导的糖尿病组中氧化损伤标志物也得到改善。

Karta 等 (2018) 分析了蛇皮果 (棕榈) 醋的活性成分,以评估其在抗糖尿病和抗癌中的潜力。结果显示,蛇皮果醋含有高水平的酸 (6.68%),以及相当数量的总酚、总单宁、黄酮类化合物、抗氧化剂和维生素 C,可用于降低血糖水平、清除自由基、缓解胰岛 B 细胞损伤并保护其免受氧化损伤。Zubaidah 等 (2017) 还探究了由各种印度尼西亚蛇皮果实提取物制成的蛇皮果醋缓解链脲霉素诱导的糖尿病大鼠高血糖和血脂异常潜力。评估了血糖、总胆固醇、高密度脂蛋白、低密度脂蛋白、甘油三酯、丙二醛、超氧化物歧化酶和胰腺组织病理学等参数。结果表明,所有蛇皮果醋都能够增加高密度脂蛋白,并降低诱导的糖尿病大鼠的所有其他参数。此外,一些蛇皮果醋能够使胰腺细胞再生。其中,蛇鳞果醋调控高血糖和血脂异常的能力更佳;因此,该食醋被认为是应对处理这些情况的潜在治疗剂。

Takao 等 (2018) 研究了含有潜在生物活性化合物 6-O-咖啡酰低聚糖的无乙酸红醋在自发性糖尿病大鼠中的抗糖尿病潜力。在 28 周龄的大鼠中,每天摄入食醋导致空腹血糖水平明显下降,而在 27 周龄开始喂养的大鼠中没有获得抗糖尿病的效果。这些结果表明,无乙酸红醋具有抑制糖尿病的生理潜能,但不能改善发病的情况。

最后,Lim 等 (2016) 基于人类干预的发现和分子机制,回顾了将食醋作为一种功能性成分来改善餐后血糖控制。讨论的分子机制包括，食醋可以改善血糖控制，而且在健康受试者中似乎比在糖尿病患者中更有效，包括：①激活定位于肠腔内分泌 L 细胞的游离脂肪酸受体 2，导致胰高血糖素样肽 1 分泌增加；②增强单磷酸腺苷激活蛋白激酶（AMPK）的激活，导致脂肪酸氧化的增加和肝脏葡萄糖生成的减少；③降低循环中的游离脂肪酸，从而改善胰岛素敏感性；④增加流向周围组织的血流量；⑤增加饱腹感，从而降低食物摄入。

18.5　食醋的抗内脏肥胖特性

正如上一节所讨论的，摄入食醋也可能有抗肥胖的作用，通过减少膳食的血糖效应，引起的饱腹感来减少食物摄入（Mermel，2004；Salbe 等，2009）。腹腔内的内脏脂肪组织沉积是一种与 2 型糖尿病、高脂血症、高血压和冠心病等疾病相关的肥胖症。通过心脏代谢改变、炎症、氧化应激、内脏脂肪过多、心脏纤维化和肥大等机制，心脏的结构和功能变化（称为肥胖性心肌病）与肥胖密切相关（Bounihi 等，2017）。内脏脂肪通过激活许多免疫调节因子，如肿瘤坏死因子-α（TNF-α）、瘦素和其他循环炎症生物标志物，而促进肥胖性心肌病（Bounihi 等，2017）。

不同的研究者已经研究并提出了食醋影响肥胖减轻的可能机制。Bounihi 等（2017）的解释是，AMPK 是一种在脂质平衡中发挥重要作用的激酶，随着食醋导致的 AMP/ATP 比率增加而增加。AMPK 的磷酸化诱导过氧化物酶体增殖物激活受体-α（PPAR-α）上调，该受体调节脂肪酸氧化酶的 mRNA 表达，如乙酰 CoA 氧化酶和肉毒碱棕榈酰转移酶-1A（CPT-1A），这可能增强脂肪酸 β-氧化。AMPK 还影响脂肪分解，因为它诱导激素敏感性脂肪酶（HSL）的上调，促进脂肪分解。因此，食醋可以通过促进脂肪酸氧化、增强脂肪分解和抑制脂肪生成来作为一种天然的抗肥胖剂（Bounihi 等，2017；Yamashita 等，2007；Yamashita，2016）。

食醋的抗内脏肥胖特性的研究进展：

虽然乙酸被认为是食醋中有助于其抗肥胖作用的主要成分，但研究表明，食醋具有不同程度的生物活性（Beh 等，2017）。食醋可以减少内脏脂肪的重量，而不改变热量的摄入量，通过干扰前脂肪细胞的增殖和脂质积累。此外，通过持续摄入食醋可以降低脂肪垫重量，而不减少骨骼肌重量（Chou 等，2015；Park 等，2014；Park 和 Lee，2013；Petsiou 等，2014；Seo 等，2014）。

Östman 等（2005）测试了食用面包和食醋的受试者，发现单独食用面包时，饱腹感评分最低，而且饱腹感与测试餐中的乙酸含量之间存在线性关系。Kondo 等（2009）报道说，用高脂饮食喂养的小鼠在接受高剂量（1.5%）和低剂量（0.3%）的乙酸补充后，体重以及肠系膜、肾周和腹膜后白色脂肪组织都明显减少。

根据 Fushimi 等（2006）的研究，富含胆固醇和乙酸的饮食能显著降低血清胆固醇、甘油三酯、肝脏 ATP 柠檬酸酯酶（ATP-CL）活性、肝脏 3-羟基-3-甲基戊二酰-CoA、肝脏甾醇调节元件结合蛋白-1、ATP-CL 和脂肪酸合成酶的 mRNA 水平。另一方面，胆固醇和乙酸喂养组大鼠的血清分泌素水平、肝脏酰基-CoA 氧化酶表达和粪便胆汁酸含量都明显高于胆固醇喂养组。结果表明，饮食中的乙酸降低了血清总胆固醇和三酰甘油，是由于抑制了肝脏中的脂肪生成，以及增加了粪便中的胆汁酸排泄。

Lim 等（2009）评估了人参醋提取物对胰岛素抵抗肥胖大鼠的抗肥胖作用。他们发现，摄入人参醋提取物组比对照组的大鼠，有更低的体重和更低的空腹、餐后血糖和血浆胰岛素浓度。

Moon 等（2010）报道，柿子醋可以改善血脂状况。与对照高脂饮食组相比，所有柿子醋组的血清和肝脏甘油三酯和总胆固醇的浓度都明显下降。肝脏中的酸性不溶性酰基肉碱在柿子醋高剂量组（2mL/kg 体重）中明显增加。在所有柿子醋组中，乙酰-CoA 羧化酶 mRNA 水平趋于降低。这些结果表明，柿子醋具有抗肥胖的特性。

根据 Lee 等（2013）的研究，通过对高脂饮食诱导的肥胖大鼠的实验表明，经常食用番茄醋可以减少内脏脂肪总量。Lee 等（2018）还研究了由不同数量的马格利种子培养物制成的番茄醋的抗肥胖效果，基于 3T3-L1 脂肪细胞的脂质积累，并通过油红 O 染色评估。试验显示，3T3-L1 脂肪细胞中的脂质积累被越来越多的种子培养物所抑制，进一步表明马格利番茄醋是一种健康的食品。

Bounihi 等（2017）研究了三种阿尔及利亚水果醋（刺梨、石榴和苹果）对肥胖引起的心肌病的预防作用及其潜在机制。食醋处理明显减弱高脂饮食引起的体重增加和内脏脂肪组织，增加血浆中 C 反应蛋白、纤维蛋白原、瘦素、TNF-α、天冬氨酸氨基转移酶、肌酸激酶-MB（CK-MB）同工酶和乳酸脱氢酶（LDH）的水平，而心肌结构和减弱的心脏纤维化维持原状。石榴醋巨大的抗肥胖潜力也被报道，通过降低血浆和肝脏中甘油三酯水平，上调 PPAR-α 和 CPT-1A mRNA 表达，包括 AMPK 的磷酸化（Kim 等，2013；Ok 等，2013）。

Samad 等（2016）回顾了关于食醋健康特性的科学研究，包括这些健康作用的可能机制，据报道，每天摄入 15mL 醋（750mg 乙酸）可以有效改善与生活方式相关的疾病，如高血压、高脂血症和肥胖症。

在最近的一项研究中，用红枣醋和大蒜汁开发了一种新的饮料（Ali 等，2018）来减少肥胖，让成年肥胖受试者每天饮用该饮料或安慰剂，为期 10 周。分析了体重、体重指数、腰围、内脏脂肪面积、血清脂质谱、血清瘦素、丙氨酸转氨酶、天冬氨酸转氨酶、尿素和肌酐水平。结果表明，这种新饮料降低了体重、体脂比例和血清瘦素，因此可以在预防代谢综合征方面发挥关键作用，代谢综合征是以肥胖伴随高血压、血脂异常和葡萄糖不耐受等心血管风险因素增加为特征的一种疾病综合征（Halima 等，2018）。

Halima 等（2018）研究了苹果醋是否能影响与高脂饮食（HFD）诱导的高脂血症大鼠肥胖相关的心血管危险因素，这些大鼠呈现出血清总胆固醇、甘油三酯、低密度脂蛋白、极低密度脂蛋白和致动脉粥样硬化指数水平的增加。苹果醋明显改善了所有这些参数。每日剂量的食醋能显著减少 6 周的 HFD 后产生的氧化应激。此外，食醋的使用使其他各种生化和代谢变化正常化，如减少丙二醛水平、增加硫醇组浓度和抗氧化状态（超氧化物歧化酶、谷胱甘肽过氧化物酶和过氧化氢酶活性和维生素 E 浓度）。这些发现表明，苹果醋可以通过增强抗氧化防御系统和减少肥胖相关疾病风险，来抑制肥胖引起的氧化应激。

此外，Kherzi 等（2018）进行了一项随机临床试验，研究苹果醋是否可以通过饮食调整来便于管理肥胖者的体重和血清代谢情况。食醋能显著降低体重、体重指数、臀围、内脏脂肪指数和食欲评分。食醋组的血浆甘油三酯和总胆固醇水平明显下降，高密度脂蛋白浓度明显增加。因此，苹果醋和限制卡路里的饮食共同被视为改善超重或肥胖者的有效策略，包括降低的人体测量参数、甘油三酯和总胆固醇水平、内脏脂肪指数和食欲，提高高密度脂蛋白-胆固醇浓度。

Beh 等（2017）比较了乙酸合成的醋和尼帕醋对高脂饮食小鼠的抗肥胖和抗炎作用。尽管合成醋和天然醋都减少了食物摄入量和体重，但高剂量的尼帕醋在减少脂质堆积、改善血清脂质状况、增加脂肪因子表达（由脂肪组织分泌的细胞因子）和抑制肥胖小鼠的炎症方面更为有效。

最后，Yatmaz 等（2017）通过 LC-MS/MS 在多重反应监测模式下对食醋中的一种新的功能性成分，即 5-羟基-4-苯基-丁烯内酯（Fraglide-1）进行了量化。Fraglide-1 是一种丁烯内酯化合物。这类化合物已知具有抗癌、杀菌、杀真菌、抗病毒、抗炎、抗肿瘤和抗肥胖的特性。在镇江香醋（*Kozu*）中发现的 Fraglide-1 被认为是在长期陈酿过程中（6 个月至 8 年）从黏稠的稻壳转移到 *Kozu*。在所有测试的 *Kozu* 样品、以及糙米醋（*Kurosu*）样品和用于生产 *Kozu* 的中国糯米壳中都发现了这种物质。

18.6 食醋的降血压活性

高血压是一个主要的全球公共卫生问题，也是冠状动脉疾病、中风、心力衰竭、房颤、外周血管疾病和动脉粥样硬化等心血管疾病及慢性肾病的一个重要危险因素（Yousefian 等，2019）。遗传因素和环境因素都与高血压相关（Na 等，2016）。某些食品成分，如天然酚类化合物，已被发现对血压有调节作用。

众所周知，血压是由肾素-血管紧张素-醛固酮系统（RAAS）调节的，其中血管紧张素Ⅱ（Ang Ⅱ）对血压的影响是由 Ang Ⅱ1 型受体（AT1Rs）介导的。抑制或阻断 AT1Rs 可降低血压（Na 等，2016）。研究还表明，PPAR-γ 在 AT1R 影响的血液调节中起着重要作用。特别来说，PPAR-γ 的激活剂会降低 AT1R 的表达水平。另一方面，PPAR-γ 上游激动剂 AMPK 的激活可上调 PPAR-γ 的表达。上面已提到，乙酸盐已经被证实能够在糖尿病动物受试者中诱导 AMPK 磷酸化和使之激活，这表明乙酸盐/AMPK/PPAR-γ/AT1R 途径促进血压控制（Na 等，2016）。

此外，强有力的证据表明，产生过量 ROS 的 NADPH 氧化酶（NOX）是在高血压方面的重要物质（Yousefian 等，2019）。NOX 会在其他促高血压因子（如 Ang Ⅱ）存在的情况下增加血压。血管扩张剂如一氧化氮（NO）可以与心血管细胞中的 ROS（如 O_2^- 和 H_2O_2）相互作用；因此，ROS 降低了 NO 的生物利用度，影响心血管系统的内皮功能。抗氧化物剂，如谷胱甘肽过氧化物酶、维生素 E 或超氧化物歧化酶，对 ROS 起到保护作用。为了寻找天然的治疗方法，以避免长期使用抗高血压药物及其对健康的不利影响，天然酚类化合物已被越来越多的研究，以了解它们对高血压的潜在机制（Yousefian 等，2019）。

食醋降压活性的研究进展：

在之前的几项关于动物的研究中，血管紧张素转换酶（ACE）被发现能够被食醋抑制。例如，米醋在体外试验中已经被发现能够抑制 ACE 活性和降低血压。（Kondo 等，2001；Nishikawa 等，2001）。此外，除了乙酸外，潜在的降压活性还可归因于传统香脂醋生产中美拉德反应最后阶段形成的类黑精（Kondo 等，2001）。摄入食醋（含 0.57mmol 乙酸）有助于降低血浆肾素活性和减少血浆醛固酮，而这种变化与大鼠血管收缩相关（Honsho 等，2005）。在日本，柿子汁和柿子醋（*Kakisu*）和 *Kurosu* 醋已被用于降低血压（George，2008；Tong 等，2010）。许多其他的研究也已经表明了定期摄入食醋能够影响 ACE 浓度，降低血浆 Ang Ⅱ 水平，促进血管舒张，改善患者的血压（Johnston，2009；Kondo 等，2009；Nakamura 等，2010；Nandasiri 和 Rupasinghe，2013；Samad 等，2016）。

最近，Na 等（2016）研究了食醋是否通过激活自发性高血压大鼠的 AMPK 途径发挥抗高血压作用。在口服食醋、乙酸、硝苯地平（一种用于控制高血压的钙通道阻断剂药物）、硝苯地平+食醋和蒸馏水后，食醋和乙酸可以降低血压，降低血清肾素和血管紧张素转换酶（ACE）活性，以及 Ang Ⅱ 和醛固酮的浓度，增加 AMP/ATP 比率、PPAR-γ 辅激活剂-1α（PGP-1α）和 PPAR-γ 的表达水平，同时抑制 AT1R 的表达。研究结果表明，食醋通过增加 AMP/ATP 比率来激活 AMPK；从而，它增加了 PGC-1α 和 PPAR-γ 的表达，并抑制了 AT1R 的表达，而乙酸被认为是食醋降压作用的原因。

Lee 等（2016）制备了一种富含降压成分的红参配方，柿子醋与红人参的比例为 12∶1；在 80℃下反应 18h，并评估了其改善自发性高血压大鼠高血压的能力。该配方（含有 4 倍以上的人参皂苷 Rg3 和 24 倍以上的精氨酸-果糖）导致收缩压和舒张压以及肾素活性的降低，而 Ang Ⅱ 不受影响。然而，ACE 抑制作用和 NOX 水平显著增加，这表明该配方有可能被用作具有降压特性的功能性食品生产的新材料。

Yousefian 等（2019）综述了天然酚类物质（如小檗碱、百里香醌、儿茶素、雷公藤红素、夹竹酚、白藜芦醇、姜黄素、橙皮苷和葡糖基橙皮苷、槲皮素）是高血压中 NOX 抑制剂的科学证据。与其他植物酚类物质相比，黄酮类化合物的结构变化对高血压的氧化应激产生了不同的影响，如抑制 NOX 和清除自由基。最活跃的 NOX 抑制剂是带有羟基的黄酮类化合物基团，在第二个芳香环的正向位置上有一个甲氧基基团，和第三环上有一个饱和的 2,3-键。特别是，橙皮苷和葡糖基橙皮苷作为 NOX 抑制剂具有高潜力，通过干扰 NADPH 复合物组装来阻止 ROS 的产生，主要是指 p47phox（吞噬细胞氧化酶），因此，在预防高血压等心血管疾病中发挥着重要作用。

18.7　食醋的保健特性

食醋中存在的生物活性化合物，在前面的章节中已经描述过，也可能对食醋的各种保健作用有贡献（Samad 等，2016）。上面讨论了食醋的几种保健应用。例如，据报道，食醋能够改善氧化应激、高血压和血脂状况，并预防心血管疾病（Budak 等，2011；Estruch 等，2013；Halima 等，2018；Kondo 等，2009；Lee 等，2013；Pazuch

等，2015；Zubaidah 等，2017），改善脂质代谢，控制肥胖者的体重和内脏脂肪指数（Cho 等，2010；Khezri 等，2018；Seo 等，2015），延迟糖尿病患者的胃排空，并对糖尿病普遍表现出改善作用（Hlebowicz 等，2007；Petsiou 等，2014；Yusoff 等，2015），对各种病原体 [大肠杆菌（*E. coli*）、金黄色葡萄球菌（*S. aureus*）和白葡萄球菌（*C. albicans*）等] 发挥抗菌活性（Mota 等，2015；Yagnik 等，2018）并显示出抗癌特性（Baba 等，2013；Bhalang 等，2008）。

此外，经常食用食醋，可以帮助平衡体内的 pH（Brown 和 Jaffe，2000）。也有研究表明，醋酸菌（acetic acid bacteria）可以产生碱稳定的脂质，这可以作为几种鞘磷脂的前体（如神经节苷脂），从而大大影响认知能力（Fukami 等，2010）。这些鞘磷脂是由唾液酸和神经酰胺结合的低聚糖组成的，据报道，在改善阿尔茨海默病的症状方面有不错的效果。

Nakhaee 等（2015）通过一项随机交叉临床试验，比较了燕麦、稀释醋和羟嗪（一种抗组胺药物）对减少尿毒症瘙痒的效果，这是慢性肾脏病患者的一种常见并发症。结果表明，燕麦、稀释醋和羟嗪都能有效减少瘙痒。因此，稀释的食醋和燕麦可以作为羟嗪的补充治疗。

Shen 等（2016）研究了食醋 [5%（体积分数）] 和乙酸 [0.3%（体积分数）] 对小鼠溃疡性结肠炎的预防作用。他们发现，在硫酸葡聚糖钠诱导的小鼠结肠炎模型中，食醋能显著降低疾病活动指数和组织病理学评分，减轻体重损失，并缩短由硫酸葡聚糖钠诱导的小鼠结肠炎模型的结肠长度。进一步的机理分析表明食醋抑制炎症可通过以下方式：抑制 Th1 和 Th17 的反应（T 辅助细胞通过释放 T 细胞细胞因子在免疫系统中发挥重要作用）、NLRP3（NLR 炎症体家族的一个子集；负责激活炎症反应的多蛋白寡聚体）和丝裂原活化蛋白激酶信号激活（MAPK；一种丝氨酸/苏氨酸特异性蛋白激酶，影响各种细胞反应，包括促炎症反应）。食醋还抑制了内质网压力介导的细胞凋亡。结果表明补充食醋可能是预防溃疡性结肠炎的良好饮食策略。

食醋产品如 *Kibizu*、*Kurosu* 和 *Izumi*（分别由甘蔗、大米和糙米制成）的抗癌特性通过干扰人类癌细胞的分化、程序性坏死（*necroptosis*）和细胞凋亡而得到证明（Baba 等，2013；Johnston，2009；Mimura 等，2004；Nanda 等，2004）。Budak 等（2014）还指出，*Kurosu* 醋可以帮助阻碍细胞增殖；因此，它可以被用作各种癌细胞的辅助治疗。Bhalang 等（2008）提出，由于乙酸的特异性、可靠性和敏感性，它可以在口腔癌检查中应用，仅需 5%。此外，食醋可以用于癌症诊断，因为它的成本低，与通常用的甲苯胺蓝和偏色染料相比没有副作用。以同样的方式，Limpaphayom 等（2014）提出使用 5% 的乙酸进行宫颈癌的目视检查。

在最近的一项研究中，用醋制甘遂被证明对恶性腹水有很好的生物活性，与粗制甘遂的相比，毒性降低（Zhang 等，2018）。通过基于 UPLC-qTOF/MS 的大鼠血清和尿液代谢组学策略，结合网络药理学，解释了这种活性的机制。共有 17 个化合物被认为是醋制甘遂的潜在活性成分。代谢组学揭示这种醋制甘遂可以成为排泄腹水的一种有前景的安全治疗药物。

醋制柴胡（VBRB）源于伞形科柴胡（北柴胡）或狭叶柴胡（南柴胡），是一种广泛使用的传统中药。据报道，与柴胡相比，醋制柴胡在缓解肝脏郁结的影响方面表现出更高的潜在活性（Lei 等，2017）。在体外研究中观察了醋制柴胡对谷胱甘肽 S-转移酶（GST）活性的抑制作用，并选择了一种有效的提取物，口服后可以有效地提高结合有 10-羟基喜树碱（DNA 拓扑异构酶 I 抑制剂；针对广泛癌症的细胞毒性抗肿瘤化合物）的聚合物胶束的肝靶向效率（Wu 等，2018）。这个简单的策略可能启发了经络引导药物的潜在用途，连同现代药物输递系统，以优化药物靶向。此外，通过行为研究、生化评估以及 ^{1}H NMR 分析海马和肝脏，以用来系统地评估抑郁的病理和柴胡及醋制柴胡的治疗效果（Lei 等，2017）。行为研究表明用醋制柴胡比柴胡的抗抑郁效果更好。

最后，据 Lee 等（2016）报道，皮肤表面的酸化已被建议作为皮肤疾病（如特应性皮炎）的一种治疗策略。因此，一项动物研究评估了酸化角质层（由角质化细胞组成的皮肤外层）对抑制特应性皮炎的作用，以及食醋的效果是否归因于除乙酸外的其他成分。受试小鼠用对照组和食醋或含有不同 pH 的盐酸药膏治疗 3 周。结果表明局部酸化的应用，无论其来源如何，都能抑制小鼠模型中特应性皮炎损伤的进展。

致谢

本书的这一章受到马来西亚国立大学提供的 INDUSTRI-2014-005 和 GP-K020181 研究资助。作者还要感谢帕特雷大学的副教授阿吉罗·贝卡托鲁博士在完成这本书章节时给予了我们的巨大支持。

本章作者

金伟玲（Jin Wei Alvin Ling），苏里昂·门（Sue Lian Mun），沙兹鲁·法兹里（Shazrul Fazry），阿兹万·马特·拉齐姆（Azwan Mat Lazim），圣乔·林（Seng Joe Lim）

参考文献

Ali, Z. , Ma, H. , Rashid, M. T. , Ayim, I. , and Wali, A. 2018. Reduction of body weight, body fat mass, and serum leptin levels by addition of new beverage in normal diet of obese subjects. *Journal of Food Biochemistry* 42 (5): Article number e12554.

Ali, Z. , Ma, H. , Wali, A. , Ayim, I. , Rashid, M. T. , and Younas, S. 2018. A double-blinded, ran- domized, placebo-controlled study evaluating the impact of dates vinegar consumption on blood biochemical and hematological parameters in patients with type 2 diabetes. *Tropical Journal of Pharmaceutical Research* 17 (12): 2463-2469.

Ali, Z. , Wang, Z. , Amir, R. M. , Younas, S. , Wali, A. , Adowa, N. , and Ayim, I. 2016. Potential uses of vinegar as a medicine and related in vivo mechanisms. *International Journal for Vitamin and Nutrition Research* 86 (3-4): 127-151.

Almeida, M. M. B. , Sousa, P. H. M. , Arriaga, A. M. C. , Prado, G. M. , Magathaes, C. E. C. , Maia, G. A. , and Lemos, T. L. G. 2011. Bioactive compounds and antioxidant activity of fresh exotic fruits from Northeastern Brazil. *Food Research International* 44 (7): 2155-2159.

Baba, N. , Higashi, Y. , and Kanekura, T. 2013. Japanese black vinegar "Izumi" inhibits the proliferation of human squamous cell carcinoma cells via necroptosis. *Nutrition and Cancer* 65 （7）: 1093-1097.

Beh, B. K. , Mohamad, N. E. , Yeap, S. K. , Ky, H. , Boo, S. Y. , Chua, J. Y. H. , Tan, S. W. , Ho, W. Y. , Sharifuddin, S. A. , Long, K. , and Alitheen, N. B. 2017. Anti-obesity and anti-inflammatory effects of synthetic acetic acid vinegar and Nipa vinegar on high-fat-diet-induced obese mice. *Scientific Reports* 7 （1）: 6664.

Bhalang, K. , Suesuwan, A. , Dhanuthai, K. , Sannikorn, P. , Luangjarmekorn, L. , and Swasdison, S. 2008. The application of acetic acid in the detection of oral squamous cell carcinoma. *Oral Surgery, Oral Medicine, Oral Pathology, Oral Radiology, and Endodontology* 106 （3）: 371-376.

Bonora, E. , and Muggeo, M. 2001. Postprandial blood glucose as a risk factor for cardio-vascular disease in type II diabetes: the epidemiological evidence. *Diabetologia* 44 （12）: 2107-2114.

Bounihi, A. , Bitam, A. , Bouazza, A. , Yargui, L. , and Koceir, E. A. 2017. Fruit vinegars atten- uate cardiac injury via anti-inflammatory and anti-adiposity actions in high-fat diet-induced obese rats. *Pharmaceutical Biology* 55 （1）: 43-52.

Brown, S. E. , and Jaffe, R. 2000. Acid-alkaline balance and its effect on bone health. *International Journal of Integrative Medicine* 2 （6）: 1-12.

Budak, N. H. , Aykin, E. , Seydim, A. C. , Greene, A. K. , and Seydim, Z. B. G. 2014. Functional properties of vinegar. *Journal of Food Science* 79 （5）: 757-764.

Budak, N. H. , Kumbul Doguc, D. , Savas, C. M. , Seydim, A. C. , Kok Tas, T. , Ciris, M. I. , and Guzel-Seydim, Z. B. 2011. Effects of apple cider vinegars produced with different techniques on blood lipids in high-cholesterol-fed rats. *Journal of Agricultural and Food Chemistry* 59 （12）: 6638-6644.

Campos, A. , Lopes, M. S. , Carvalheira, A. , Barbosa, J. , and Teixeira, P. 2019. Survival of clinical and food *Acinetobacter* spp. isolates exposed to different stress conditions. *Food Microbiology* 77: 202-207.

Candido, T. L. N. , Silva, M. R. , and Agostini-Costa, T. S. 2015. Bioactive compounds and antioxidant capacity of buriti （*Mauritia flexuosa* L. f. ） from the Cerrado and Amazon biomes. *Food Chemistry* 177: 313-319.

Chang, J. M. , and Fang, T. J. 2007. Survival of *Escherichia coli* O157 : H7 and *Salmonella enterica* serovars Typhimurium in iceberg lettuce and the antimicrobial effect of rice vinegar against *E. coli* O157 : H7. *Food Microbiology* 24 （7-8）: 745-751.

Cho, A. S. , Jeon, S. M. , Kim, M. J. , Yeo, J. , Seo, K. I. , Choi, M. S. , and Lee, M. K. 2010. Chlorogenic acid exhibits anti-obesity property and improves lipid metabolism in high-fat diet-induced-obese mice. *Food and Chemical Toxicology* 48 （3）: 937-943.

Chou, C. H. , Liu, C. W. , Yang, D. J. , Wu, Y. H. S. , and Chen, Y. C. 2015. Amino acid, mineral, and polyphenolic profiles of black vinegar, and its lipid lowering and antioxidant effects in vivo. *Food Chemistry* 168: 63-69.

Chung, I. M. , Oh, J. Y. , and Kim, S. H. 2017. Comparative study of phenolic compounds, vita-min E, and fatty acids compositional profiles in black seed-coated soybeans （Glycine Max （L. ） Merrill） depending on pickling period in brewed vinegar. *Chemistry Central Journal* 11: 64.

Cortesia, C. , Vilchèze, C. , Bernut, A. , Contreras, W. , Gómez, K. , De Waard, J. , and Takiff, H. 2014. Acetic acid, the active component of vinegar, is an effective tuberculocidal disinfectant. *MBio* 5 （2）: e00013-14.

Darzi, J. , Frost, G. S. , Montaser, R. , Yap, J. , and Robertson, M. D. 2014. Influence of the toler- ability of vinegar as an oral source of short-chain fatty acids on appetite control and food intake. *International Journal of Obesity* 38 （5）: 675.

Derakhshandeh-Rishehri, S. M. , Heidari-Beni, M. , Feizi, A. , Askari, G. R. , and Entezari, M. H. 2014. Effect of honey vinegar syrup on blood sugar and lipid profile in healthy subjects. *International Journal of Preventive Medicine* 5 （12）: 1608.

Entani, E. , Asai, M. , Tsujihata, S. , Tsukamoto, Y. , and Ohta, M. 1998. Antibacterial action of vinegar against food – borne pathogenic bacteria including *Escherichia coli* O157: H7. *Journal of Food Protection* 61 （8）: 953–959.

Estruch, R., Ros, E., Salas-Salvadó, J., Covas, M. I., Corella, D., Arós, F., and Lamuela-Raventos, R. M. 2013. Primary prevention of cardiovascular disease with a Mediterranean diet. *New England Journal of Medicine* 368 （14）: 1279–1290.

Etherton, P. M. K., Lefevre, M., Beecher, G. R., Gross, M. D., Keen, C. L., and Etherton, T. D. 2004. Bioactive compounds in nutrition and health–research methodologies for establishing biological function: the antioxidant and anti–inflammatory effects of flavonoids on atherosclerosis. *Annual Review of Nutrition* 24: 511–538.

Fukami, H., Tachimoto, H., Kishi, M., Kaga, T., and Tanaka, Y. 2010. Acetic acid bacteria lipids improve cognitive function in dementia model rats. *Journal of Agriculture Food Chemistry* 58: 4084–4089.

Fushimi, T., Suruga, K., Oshima, Y., Fukiharu, M., Tsukamoto, Y., and Goda, T. 2006. Dietary acetic acid reduces serum cholesterol and triacylglycerols in rats fed a cholesterol–rich diet. *British Journal of Nutrition* 95 （5）: 916–924.

Fushimi, T., Tayama, K., Fukaya, M., Kitakoshi, K., Nakai, N., Tsukamoto, Y., and Sato, Y. 2001. Acetic acid feeding enhances glycogen repletion in liver and skeletal muscle of rats. *The Journal of Nutrition* 131 （7）: 1973–1977.

George, A. P., and Redpath, S. 2008. Health and medicinal benefits of persimmon fruit: a review. *Advances in Horticultural Science* 22: 244–249.

Halima, B. H., Sonia, G., Sarra, K., Houda, B. J., Fethi, B. S., and Abdallah, A. 2018. Apple cider vinegar attenuates oxidative stress and reduces the risk of obesity in high-fat-fed male Wistar rats. *Journal of Medicinal Food* 21 （1）: 70–80.

Hlebowicz, J., Darwiche, G., Björgell, O., and Almér, L. O. 2007. Effect of apple cider vinegar on delayed gastric emptying in patients with type 1 diabetes mellitus: a pilot study. *BMC Gastroenterology* 7 （1）: 46.

Ho, C. W., Lazim, A. M., Fazry, S., Hussain Zaki, U. M. K. H., and Lim, S. J. 2017a. Effects of fermentation time and pH on soursop （*Annona muricata*） vinegar production towards its chemical compositions. *Sains Malaysiana* 46 （9）: 1505–1512.

Ho, C. W., Lazim, A. M., Fazry, S., Zaki, U. K. H. H., and Lim, S. J. 2017b. Varieties, production, composition and health benefits of vinegars: a review. *Food Chemistry* 221: 1621–1630.

Honsho, S., Sugiyama, A., Takahara, A., Satoh, Y., Nakamura, Y., and Hashimoto, K. 2005. A red wine vinegar beverage can inhibit the renin–angiotensin system: experimental evidence in vivo. *Biological and Pharmaceutical Bulletin* 28 （7）: 1208–1210.

Johnston, C. S. 2009. Chapter 22–Medicinal uses of vinegar. In Watson, R. R. （Ed.）, *Complementary and Alternative Therapies and the Aging Population*. San Diego: Academic Press, pp. 433–443.

Johnston, C. S., and Buller, A. J. 2005. Vinegar and peanut products as complementary foods to reduce postprandial glycemia. *Journal of the American Dietetic Association* 105 （12）: 1939–1942.

Johnston, C. S., and Gaas, C. A. 2006. Vinegar: medicinal uses and antiglycemic effect. *Medscape General Medicine* 8 （2）: 61.

Johnston, C. S., Kim, C. M., and Buller, A. J. 2004. Vinegar improves insulin sensitivity to a high-carbohydrate meal in subjects with insulin resistance or type 2 diabetes. *Diabetes Care* 27 （1）: 281–282.

Johnston, C. S., Quagliano, S., and White, S. 2013. Vinegar ingestion at mealtime reduced fasting blood glucose concentrations in healthy adults at risk for type 2 diabetes. *Journal of Functional Foods* 5 （4）: 2007–2011.

Johnston, C. S., Steplewska, I., Long, C. A., Harris, L. N., and Ryals, R. H. 2010. Examination of the antiglycemic properties of vinegar in healthy adults. *Annals of Nutrition and Metabolism* 56 （1）: 74–79.

Kadiroğlu, P. 2018. FTIR spectroscopy for prediction of quality parameters and antimicrobial activity of commercial vinegars with chemometrics. *Journal of the Science of Food and Agriculture* 98 （11）: 4121–4127.

Karim, N. , Jeenduang, N. , and Tangpong, J. 2018. Anti–glycemic and anti–hepatotoxic effects of mangosteen vinegar rind from *Garcinia mangostana* against HFD/STZ– induced type II diabetes in mice. *Polish Journal of Food and Nutrition Sciences* 68 （2）: 163–169.

Karta, I. W. , Sundari, C. D. W. H. , Susila, L . A. N. K. E . , and Mastra, N. 2018. Analysis of active content in "Salacca Vinegar" in Sibetan village with potential as antidiabetic and anticancer. *Indian Journal of Public Health Research and Development* 9 （5）: 424–428.

Kharchoufi, S. , Gomez, J. , Lasanta, C. , Castro, R. , Sainz, F. , and Hamdi, M. 2018. Benchmarking laboratory–scale pomegranate vinegar against commercial wine vin– egars: antioxidant activity and chemical composition. *Journal of the Science of Food and Agriculture* 98 （12）: 4749–4758.

Khezri, S. S. , Saidpour, A. , Hosseinzadeh, N. , and Amiri, Z. 2018. Beneficial effects of apple cider vinegar on weight management, visceral adiposity index and lipid profile in overweight or obese subjects receiving restricted calorie diet: a randomized clinical trial. *Journal of Functional Foods* 43: 95–102.

Kim, J. Y. , Ok, E. , Kim, Y. J. , Choi, K. S. , and Kwon, O. 2013. Oxidation of fatty acid may be enhanced by a combination of pomegranate fruit phytochemicals and acetic acid in HepG2 cells. *Nutrition Research and Practice* 7 （3）: 153–159.

Kohn, J. B. 2015. Is vinegar an effective treatment for glycemic control or weight loss? *Journal of the Academy of Nutrition and Dietetics* 115 （7）: 1188.

Kondo, S. , Tayama, K. , Tsukamoto, Y. , Ikeda, K. , and Yamori, Y. 2001. Antihypertensive effects of acetic acid and vinegar on spontaneously hypertensive rats. *Bioscience, Biotechnology and Biochemistry* 65 （12）: 2690–2694.

Kondo, T. , Kishi, M. , Fushimi, T. , Ugajin, S. , and Kaga, T. 2009. Vinegar intake reduces body weight, body fat mass, and serum triglyceride levels in obese Japanese subjects. *Bioscience, Biotechnology, and Biochemistry* 73 （8）: 1837–1843.

Krusong, W. , Teerarak, M. , and Laosinwattana, C. 2015. Liquid and vapor–phase vinegar reduces *Klebsiella pneumoniae* on fresh coriander. *Food Control* 50: 502–508.

Lee, H. –B. , Oh, H. H. , Jun, H. –I. , Jeong, D. Y. , Song, G. –S. , and Kim, Y. –S. 2018. Functional properties of tomato vinegar manufactured using Makgeolli seed culture. *Journal of the Korean Society of Food Science and Nutrition* 47 （9）: 904–911.

Lee, J. H. , Cho, H. D. , Jeong, J. H. , Lee, M. K. , Jeong, Y. K. , Shim, K. H. , and Seo, K. I. 2013. New vinegar produced by tomato suppresses adipocyte differentiation and fat accumulation in 3T3–L1 cells and obese rat model. *Food Chemistry* 141 （3）: 3241–3249.

Lee, N. R. , Lee, H. – J. , Yoon, N. Y. , Kim, D. , Jung, M. , and Choi, E. H. 2016. Application of topical acids improves atopic dermatitis in murine model by enhancement of skin barrier functions regardless of the origin of acids. *Annals of Dermatology* 28 （6）: 690–696.

Leeman, M. , Östman, E. , and Björck, I. 2005. Vinegar dressing and cold storage of potatoes lowers postprandial glycaemic and insulinaemic responses in healthy subjects. *European Journal of Clinical Nutrition* 59 （11）: 1266.

Lei, T. , Wang, Y. , Li, M. , Zhang, X. , Lv, C. , Jia, L. , Wang, J. , and Lu, J. 2017. A comparative study of the main constituents and antidepressant effects of raw and vinegar–baked Bupleuri Radix in rats subjected to chronic unpredictable mild stress. *RSC Advances* 7 （52）: 32652–32663.

Liatis, S. , Grammatikou, S. , Poulia, K. A. , Perrea, D. , Makrilakis, K. , Diakoumopoulou, E. and Katsilambros, N. 2010. Vinegar reduces postprandial hyperglycaemia in patients with type II diabetes when added to a high, but not to a low, glycaemic index meal. *European Journal of Clinical Nutrition* 64 （7）: 727.

Liljeberg, H. , and Björck, I. 1998. Delayed gastric emptying rate may explain improved gly–caemia in healthy subjects to a starchy meal with added vinegar. *European Journal of Clinical Nutrition* 52 （5）: 368.

Lim, J. , Henry, C. J. , and Haldar, S. 2016. Vinegar as a functional ingredient to improve post–prandial glycemic control–human intervention findings and molecular mechanisms. *Molecular Nutrition & Food*

Research 60 （8）：1837-1849.

Lim, S., Yoon, J. W., Choi, S. H., Cho, B. J., Kim, J. T., Chang, H. S., Park, H. S., Park, K. S., Lee, H. K., Kim, Y. B., and Jang, H. C. 2009. Effect of ginsam, a vinegar extract from Panax ginseng, on body weight and glucose homeostasis in an obese insulin-resistant rat model. *Metabolism* 58 （1）：8-15.

Limpaphayom, K. K., Eamratsameekool, W., and Chumworathayi, B. 2014. Thailand experiences on cervical cancer prevention using vinegar. *Journal of Clinical Oncology* 32：2318.

Maes, M., Galecki, P., Chang, Y. S., and Berk, M. 2011. A review on the oxidative and nitrosa-tive stress （OandNS） pathways in major depression and their possible contribution to the （neuro） degenerative processes in that illness. *Progress in NeuroPsychopharmacology and Biological Psychiatry* 35 （3）：676-692.

Mani-López, E., García, H. S., and López-Malo, A. 2012. Organic acids as antimicrobials to control *Salmonella* in meat and poultry products. *Food Research International* 45 （2）：713-721.

Mas, A., Torija, M. J., García-Parrilla, M. C., and Troncoso, A. M. 2014. Acetic acid bacteria and the production and quality of wine vinegar. The Scientific World Journal 2014 （Article ID 394671）：1-6.

Medina, E., Romero, C., Brenes, M., and de Castro, A. 2007. Antimicrobial activity of olive oil, vinegar, and various beverages against foodborne pathogens. *Journal of Food Protection* 70 （5）：1194-1199.

Mermel, V. L. 2004. Old paths new directions：the use of functional foods in the treatment of obesity. *Trends in Food Science and Technology* 15 （11）：532-540.

Mimura, A., Suzuki, Y., Toshima, Y., Yazaki, S. I., Ohtsuki, T., Ui, S., and Hyodoh, F. 2004. Induction of apoptosis in human leukemia cells by naturally fermented sugar cane vinegar （kibizu） of Amami Ohshima Island. *Biofactors* 22 （1-4）：93-97.

Mitrou, P., Petsiou, E., Papakonstantinou, E., Maratou, E., Lambadiari, V., Dimitriadis, P., Spanoudi, F., Raptis, S. A., and Dimitriadis, G. 2015. The role of acetic acid on glucose uptake and blood flow rates in the skeletal muscle in humans with impaired glucose tolerance. *European Journal of Clinical Nutrition* 69 （6）：734.

Mohamed, M. A. T., Nor, A. M., Nur, H. A. F., and Osama, B. 2018. Effect of acid load （Acetic acid） on diabetes-induced rats. *International Journal of Medical Toxicology and Legal Medicine* 21 （3-4）：265-268.

Moon, Y. J., Choi, D. S., Oh, S. H., Song, Y. S., and Cha, Y. S. 2010. Effects of persimmon-vinegar on lipid and carnitine profiles in mice. *Food Science and Biotechnology* 19 （2）：343-348.

Mota, A. C. L. G., de Castro, R. D., de Araújo Oliveira, J., and de Oliveira Lima, E. 2015. Antifungal activity of apple cider vinegar on *Candida* species involved in denture stomatitis. *Journal of Prosthodontics* 24 （4）：296-302.

Na, L., Chu, X., Jiang, S., Li, C., Li, G., He, Y., Liu, Y., Li, Y., and Sun, C. 2016. Vinegar decreases blood pressure by down-regulating AT1R expression via the AMPK/PGC-1α/PPARγ pathway in spontaneously hypertensive rats. *European Journal of Nutrition* 55 （3）：1245-1253.

Nakamura, K., Ogasawara, Y., Endou, K., Fujimori, S., Koyama, M., and Akano, H. 2010. Phenolic compounds responsible for the superoxide dismutase-like activity in high-Brix apple vinegar. *Journal of Agricultural and Food Chemistry* 58 （18）：10124-10132.

Nakhaee, S., Nasiri, A., Waghei, Y., and Morshedi, J. 2015. Comparison of *Avena sativa*, vinegar, and hydroxyzine for uremic pruritus of hemodialysis patients：a crossover randomized clinical trial. *Iranian Journal of Kidney Diseases* 9 （4）：316-322.

Nanda, K., Miyoshi, N., Nakamura, Y., Shimoji, Y., Tamura, Y., Nishikawa, Y., Uenakai, K., Kohno, H., and Tanaka, T. 2004. Extract of vinegar "Kurosu" from unpolished rice inhibits the proliferation of human cancer cells. *Journal of Experimental and Clinical Cancer Research* 23 （1）：69-76.

Nandasiri, R., and Rupasinghe, H. V. 2013. Inhibition of low density lipoprotein oxidation and angiotensin converting enzyme in vitro by functional fruit vinegar beverages. *Journal of Food Processing and Beverages* 1：1-5.

Nishikawa, Y., Takata, Y., Nagai, Y., Mori, T., Kawada, T., and Ishihara, N. 2001.

Antihypertensive effects of Kurosu extract, a traditional vinegar produced from unpolished rice, in the SHR rats. *Nippon Shokuhin Kagaku Kogaku Kaishi* 48: 73-75.

Ok, E., Do, G. M., Lim, Y., Park, J. E., Park, Y. J., and Kwon, O. 2013. Pomegranate vinegar attenuates adiposity in obese rats through coordinated control of AMPK signaling in the liver and adipose tissue. *Lipids in Health and Disease* 12 (1): 163.

Oliveira, D. A., Salvador, A. A., Smânia Jr, A., Smânia, E. F., Maraschin, M., and Ferreira, S. R. 2013. Antimicrobial activity and composition profile of grape (*Vitis vinifera*) pomace extracts obtained by supercritical fluids. *Journal of Biotechnology* 164 (3): 423-432.

Oramahi, H. A., and Yoshimura, T. 2013. Antifungal and antitermitic activities of wood vinegar from *Vitex pubescens* Vahl. *Journal of Wood Science* 59 (4): 344-350.

Osada, K., Suzuki, T., Karakami, Y., Senda, M., Kasai, A., Sami, M., Ohta, Y., Kanda, T., and Ikeda, M. 2006. Dose-dependent hypocholesterolemic actions of dietary apple phenol in rats fed cholesterol. *Lipids* 41: 133-139.

Östman, E., Granfeldt, Y., Persson, L., and Björck, I. 2005. Vinegar supplementation lowers glucose and insulin responses and increases satiety after a bread meal in healthy subjects. *European Journal of Clinical Nutrition* 59 (9): 983.

Östman, E. M., Liljeberg Elmst åhl, H. G., and Björck, I. M. 2001. Inconsistency between glyce-mic and insulinemic responses to regular and fermented milk products. *The American Journal of Clinical Nutrition* 74 (1): 96-100.

Ozturk, I., Caliskan, O. Z. N. U. R., Tornuk, F., Ozcan, N., Yalcin, H., Baslar, M., and Sagdic, O. 2015. Antioxidant, antimicrobial, mineral, volatile, physicochemical and microbiological characteristics of traditional home-made Turkish vinegars. *LWT-Food Science and Technology* 63 (1): 144-151.

Pandey, K. B., and Rizvi, S. I. 2009. Plant polyphenols as dietary antioxidants in human health and disease. *Oxidative Medicine and Cellular Longevity* 2 (5): 270-278.

Park, J. E., Kim, J. Y., Kim, J., Kim, Y. J., Kim, M. J., Kwon, S. W., and Kwon, O. 2014. Pomegranate vinegar beverage reduces visceral fat accumulation in association with AMPK activation in overweight women: a double-blind, randomized, and placebo-controlled trial. *Journal of Functional Foods* 8: 274-281.

Park, K. M., and Lee, S. H. 2013. Anti-hyperlipidemic activity of *Rhynchosia nulubilis* seeds pickled with brown rice vinegar in mice fed a high-fat diet. *Nutrition Research and Practice* 7 (6): 453-459.

Pazuch, C. M., Siepmann, F. B., Canan, C., and Colla, E. 2015. Vinegar: functional aspects. *Cientifica* 43: 302.

Pedroso, J. D. F., Sangalli, J., Brighenti, F. L., Tanaka, M. H., and Koga-Ito, C. Y. 2018. Control of bacterial biofilms formed on pacifiers by antimicrobial solutions in spray. *International Journal of Paediatric Dentistry* 28 (6): 578-586.

Petsiou, E. I., Mitrou, P. I., Raptis, S. A., and Dimitriadis, G. D. 2014. Effect and mechanisms of action of vinegar on glucose metabolism, lipid profile, and body weight. *Nutrition Reviews* 72 (10): 651-661.

Pinto, T. M. S., Neves, A. C. C., Leão, M. V. P., and Jorge, A. O. C. 2008. Vinegar as an antimicrobial agent for control of *Candida* spp. in complete denture wearers. *Journal of Applied Oral Science* 16 (6): 385-390.

Plessi, M., Bertelli, D., and Miglietta, F. 2006. Extraction and identification by GC-MS of phe-nolic acids in traditional balsamic vinegar from Modena. *Journal of Food Composition and Analysis* 19 (1): 49-54.

Pooja, S., and Soumitra, B. 2013. Optimization of process parameters for vinegar production using banana fermentation. *International Journal of Research in Engineering and Technology* 2 (9): 501-514.

Prior, R. L., and Cao, G. 2000. Flavonoids: Diets and health relationships. *Nutrition in Clinical Care* 3: 279-288.

Pyo, Y. H., Hwang, J. Y., and Seong, K. S. 2018. Hypouricemic and antioxidant effects of soy vinegar extracts in hyperuricemic mice. *Journal of Medicinal Food* 21（12）：1299-1305.

Qui, J., Ren, C., Fan, J., and Li, Z. 2010. Antioxidant activities of aged oat vinegar in vitro and in mouse serum and liver. *Journal of the Science and Food Agriculture* 90（11）：1951-1958.

Ramos, B., Brandão, T. R., Teixeira, P., and Silva, C. L. 2014. Balsamic vinegar from Modena：An easy and effective approach to reduce *Listeria monocytogenes* from lettuce. *Food Control* 42：38-42.

Rhee, M. S., Lee, S. Y., Dougherty, R. H., and Kang, D. H. 2003. Antimicrobial effects of mustard flour and acetic acid against *Escherichia coli* O157：H7, *Listeria monocytogenes* and *Salmonella enterica* serovar Typhimurium. *Applied and Environmental Microbiology* 69（5）：2959-2963.

Russell, W. R., Baka, A., Björck, I., Delzenne, N., Gao, D., Griffiths, H. R., and Loon, L. V. 2016. Impact of diet composition on blood glucose regulation. *Critical Reviews in Food Science and Nutrition* 56（4）：541-590.

Salbe, A. D., Johnston, C. S., Buyukbese, M. A., Tsitouras, P. D., and Harman, S. M. 2009. Vinegar lacks antiglycemic action on enteral carbohydrate absorption in human subjects. *Nutrition Research* 29（12）：846-849.

Samad, A., Azlan, A., and Ismail, A. 2016. Therapeutic effects of vinegar：A review. *Current Opinion in Food Science* 8：56-61.

Sengun, I. Y., and Karapinar, M. 2004. Effectiveness of lemon juice, vinegar and their mixture in the elimination of *Salmonella typhimurium* on carrots（*Daucus carota* L.）. *International Journal of Food Microbiology* 96（3）：301-305.

Sengun, I. Y., and Karapinar, M. 2005. Effectiveness of household natural sanitizers in the elimination of *Salmonella typhimurium* on rocket（*Eruca sativa* Miller）and spring onion（*Allium cepa* L.）. *International Journal of Food Microbiology* 98（3）：319-323.

Seo, H., Jeon, B. D., and Ryu, S. 2015. Persimmon vinegar ripening with the mountain-cultivated ginseng ingestion reduces blood lipids and lowers inflammatory cytokines in obese adolescents. *Journal of Exercise Nutrition and Biochemistry* 19（1）：1.

Seo, K. I., Lee, J., Choi, R. Y., Lee, H. I., Lee, J. H., Jeong, Y. K., Kim, M. J., and Lee, M. K. 2014. Anti-obesity and anti-insulin resistance effects of tomato vinegar beverage in diet-induced obese mice. *Food and Function* 5（7）：1579-1586.

Shen, F., Feng, J., Wang, X., Qi, Z., Shi, X., An, Y., and Yu, L. 2016. Vinegar treatment prevents the development of murine experimental colitis via inhibition of inflammation and apoptosis. *Journal of Agricultural and Food Chemistry* 64（5）：1111-1121.

Shimoji, Y., Kohno, H., Nanda, K., Nishikawa, Y., Ohigashi, H., Uenakai, K., and Tanaka, T. 2004. Extract of Kurosu, a vinegar from unpolished rice, inhibits azoxymethane-induced colon carcinogenesis in male F344 rats. *Nutrition and Cancer* 49（2）：170-173.

Shimoji, Y., Tamura, Y., Nakamura, Y., Nanda, K., Nishidai, S., Nishikawa, Y., and Ohigashi, H. 2002. Isolation and identification of DPPH radical scavenging compounds in Kurosu（Japanese unpolished rice vinegar）. *Journal of Agricultural and Food Chemistry* 50（22）：6501-6503.

Sholberg, P., Haag, P., Hocking, R., and Bedford, K. 2000. The use of vinegar vapor to reduce postharvest decay of harvested fruit. *HortScience* 35（5）：898-903.

Sinanoglou, V. J., Zoumpoulakis, P., Fotakis, C., Kalogeropoulos, N., Sakellari, A., Karavoltsos, S., and Strati, I. F. 2018. On the characterization and correlation of compositional, antioxidant and colour profile of common and balsamic vinegars. *Antioxidants* 7（10）：139.

Stratakos, A. C., and Grant, I. R. 2018. Evaluation of the efficacy of multiple physical, biological and natural antimicrobial interventions for control of pathogenic *Escherichia coli* on beef. *Food Microbiology* 76：209-218.

Su, M. S., and Chien, P. J. 2007. Antioxidant activity, anthocyanins and phenolics of rabbiteye blueberry（*Vaccinium ashei*）fluid products as affected by fermentation. *Food Chemistry* 104：182-187.

Takao, K., Morishita, N., Terahara, N., Fukui, K., and Matsui, T. 2018. Anti-diabetic effect of acetic acid-free red vinegar in spontaneously diabetic Torii rats. *Nippon Shokuhin Kagaku Kogaku Kaishi* 65

（12）：552-558.

Tan, S. C. 2005. Vinegar fermentation ［Master of Science Thesis］. Department of Food Science, Louisiana State University, Baton Rouge, LA.

Tong, L. T., Katakura, Y., Kawamura, S., Baba, S., Tanaka, Y., Udono, M., Kondo, Y., Nakamura, K., Imaizumi, K., and Sato, M. 2010. Effects of Kurozu concentrated liquid on adipocyte size in rats. *Lipids in Health and Disease* 9：134.

Tzortzakis, N. G., Tzanakaki, K., and Economakis, C. D. 2011. Effect of origanum oil and vinegar on the maintenance of postharvest quality of tomato. *Food and Nutrition Sciences* 2 （09）：974.

Vaquero, M. J. R., Alberto, M. R., and de Nadra, M. C. M. 2007. Influence of phenolic compounds from wines on the growth of *Listeria monocytogenes*. *Food Control* 18 （5）：587-593.

Verzelloni, E., Tagliazucchi, D., and Conte, A. 2007. Relationship between the antioxidant properties and the phenolic and flavonoid content in traditional balsamic vinegar. *Food Chemistry* 105：564-571.

Verzelloni, E., Tagliazucchi, D., and Conte, A. 2010. From balsamic to healthy：traditional balsamic vinegar melanoidins inhibit lipid peroxidation during simulated gastric digestion of meat. *Food and Chemical Toxicology* 48 （8-9）：2097-2102.

White, A. M., and Johnston, C. S. 2007. Vinegar ingestion at bedtime moderates waking glucose concentrations in adults with well-controlled type 2 diabetes. *Diabetes Care* 30 （11）：2814-2815.

World Health Organization. 2014. Diabetes Programme.

Wu, F. M., Doyle, M. P., Beuchat, L. R., Wells, J. G., Mintz, E. D., and Swaminathan, B. 2000. Fate of *Shigella sonnei* on parsley and methods of disinfection. *Journal of Food Protection* 63 （5）：568-572.

Wu, H., Yu, T., Tian, Y., Wang, Y., Zhao, R., and Mao, S. 2018. Enhanced liver - targeting via coadministration of 10 - Hydroxycamptothecin polymeric micelles with vinegar baked Radix Bupleuri. *Phytomedicine* 44：1-8.

Xia, T., Yao, J. H., Zhang, J., Duan, W. H., Zhang, B., Xie, X. L., Xia, M. L., Song, J., Zheng, Y., and Wang, M. 2018a. Evaluation of nutritional compositions, bioactive compounds, and antioxidant activities of Shanxi aged vinegars during the aging process. *Journal of Food Science* 83 （10）：2638-2644.

Xia, T., Zhang, J., Yao, J., Zhang, B., Duan, W., Xia, M., Song, J., Zheng, Y., and Wang, M. 2018b. Shanxi aged vinegar prevents alcoholic liver injury by inhibiting CYP2E1 and NADPH oxidase activities. *Journal of Functional Foods* 47：575-584.

Xiang, J., Guo, X., Fan, J., Zhu, W., and Li, Z. 2013. Changes in vitamin C, total pheno- lics and antioxidant capacity during liquid fermentation of *Hovenia dulcis* peduncle. *International Conference on Advanced Mechatronic Systems*, ICAMechS, Article number 6681759：106-111.

Yagnik, D., Serafin, V., and Shah, A. J. 2018. Antimicrobial activity of apple cider vinegar against *Escherichia coli*, *Staphylococcus aureus* and *Candida albicans*；downregulat- ing cytokine and microbial protein expression. *Scientific Reports* 8 （1）：1732.

Yamashita, H. 2016. Biological function of acetic acid-improvement in obesity and glucose tolerance by acetic acid in type 2 diabetic rats. *Critical Reviews in Food Science and Nutrition* 56：S171-S175.

Yamashita, H., Fujisawa, K., Ito, E., Idei, S., Kawaguchi, N., Kimoto, M., Hiemori, M., and Tsuji, H. 2007. Improvement of obesity and glucose tolerance by acetate in type 2 diabetic Otsuka Long- Evans Tokushima Fatty （OLETF） rats. *Bioscience, Biotechnology, and Biochemistry* 71 （5）：1236-1243.

Yatmaz, A. H., Kinoshita, T., Miyazato, A., Takagi, M., Tsujino, Y., Beppu, F., and Gotoh, N. 2017. Quantification of Fraglide-1, a new functional ingredient, in vinegars. *Journal of Oleo Science* 66 （12）：1381-1386.

Yousefian, M., Shakour, N., Hosseinzadeh, H., Hayes, A. W., Hadizadeh, F., and Karimi, G. 2019. The natural phenolic compounds as modulators of NADPH oxidases in hypertension. *Phytomedicine* 55：200-213.

Yu, L. , Peng, Z. , Dong, L. , Wang, S. , Ding, L. , Huo, Y. , and Wang, H. 2018. Bamboo vinegar powder supplementation improves the antioxidant ability of the liver in finishing pigs. *Livestock Science* 211: 80-86.

Yun, S. N. , Ko, S. K. , Lee, K. H. , and Chung, S. H. 2007. Vinegar-processed ginseng radix improves metabolic syndrome induced by a high fat diet in ICR mice. *Archives of Pharmacal Research* 30 (5): 587.

Yusoff, N. A. , Lim, V. , Al-Hindi, B. , Razak, K. N. A. , Widyawati, T. , Anggraini, D. R. , Ahmad, M. , and Asmawi, M. Z. 2017. *Nypa fruticans* wurmb. vinegar's aqueous extract stimulates insulin secretion and exerts hepatoprotective effect on STZ-induced diabetic rats. *Nutrients* 9 (9): 925.

Yusoff, N. A. , Yam, M. F. , Beh, H. K. , Razak, K. N. A. , Widyawati, T. , Mahmud, R. , and Asmawi, M. Z. 2015. Antidiabetic and antioxidant activities of *Nypa fruticans* Wurmb. vinegar sample from Malaysia. *Asian Pacific Journal of Tropical Medicine* 5: 462-471.

Zhang, H. , He, P. , Kang, H. , and Li, X. 2018. Antioxidant and antimicrobial effects of edible coating based on chitosan and bamboo vinegar in ready to cook pork chops. *LWT* 93: 470-476.

Zhang, Y. , Gao, J. , Zhang, Q. , Wang, K. , Yao, W. , Bao, B. , Zhang, L. , and Tang, Y. 2018. Interpretation of *Euphorbia kansui* stirfried with vinegar treating malignant ascites by a UPLC-qTOF/MS based rat serum and urine metabolomics strategy coupled with network pharmacology. *Molecules* 23 (12): E3246.

Zhao, C. Y. , Xia, T. , Du, P. , Duan, W. H. , Zhang, B. , Zhang, J. , Zhu, S. H. , Zheng, Y. , Wang, M. , and Yu, Y. J. 2018. Chemical composition and antioxidant characteristic of traditional and industrial Zhenjiang aromatic vinegars during the aging process. *Molecules* 23 (11): 2949.

Zhitnitsky, D. , Rose, J. , and Lewinson, O. 2017. The highly synergistic, broad spectrum, anti-bacterial activity of organic acids and transition metals. *Scientific Reports* 7: 44554.

Zou, B. , Xiao, G. , Xu, Y. , Wu, J. , Yu, Y. , and Fu, M. 2018. Persimmon vinegar polyphenols protect against hydrogen peroxide-induced cellular oxidative stress via Nrf2 signalling pathway. *Food Chemistry* 255: 23-30.

Zubaidah, E. , Rukmi Putri, W. D. , Puspitasari, T. , Kalsum, U. , and Dianawati, D. 2017. The effectiveness of various Salacca vinegars as therapeutic agent for management of hyperglycemia and dyslipidemia on diabetic rats. *International Journal of Food Science* 2017 (ID 8742514): 1-7.

19

食醋生产工业用水

19.1 引言

在食品或饮料行业中，水质的好坏直接影响成品的质量（Cribb，2005a，2005b；Lachenmeier 等，2008；Platikanou 等，2013；Karapanagioti 和 Bekatorou，2014；Karapanagioti，2016）。然而在实际生产中，耗水量比水质更受关注（Valta 等，2015）。根据最终产品的类型和数量、工厂的产能、所使用的工艺类型、使用的设备、自动化水平以及工厂清洗系统的不同，耗水量存在着很大差异。食品和饮料行业总用水量以最终每种产品的耗水量或每种加工原材料的耗水量来表示。

在某些情况下，在水中发现的金属物质被重新认定为增味剂，其对成品的自身风味特征尤为重要。在其他情况下，大型生产企业希望避免与自来水中的盐分相关的包装问题，或者是由于天气条件变化可能导致水质的变化，进一步引起味道的变化。因此，企业会对水进行处理以确保水质的稳定。通常来说，企业倾向于对水进行去离子化处理。在食醋中，由于原料中含有大量盐，所以其作用方式不同，这些盐是发酵产物而不是蒸馏产物。例如，葡萄酒的电导率可以达到 $3300\mu S/cm$（Henriques 等，2019）。此外，SO_2 通常作为防腐剂和抗氧化剂被添加到成品中（详见第 6 章），并且亚硫酸盐的形成可能会增加成品的电导率。尽管如此，人们公认食醋中的次要成分在产品味道和防腐能力方面发挥着重要作用，它不仅来源于原料和添加的营养物质，还来源于用于稀释的水（Sellmer-Wilsberg，2009）。

本章旨在讨论食醋是一种通过乙醇氧化成乙酸而获得的酸性液体（pH 一般为 2~3）。普通食醋的乙酸含量为 50~80g/L，但是天然醋中也含有较低浓度的酒石酸和柠檬酸（European Commission，2014）。

19.2 食醋生产工业用水

食醋生产过程和大多数食品和饮料行业一样，有几个步骤需要用到水。在所有这些步骤中，水并不是作为产品的成分添加的。在某些步骤中，水作为加热或冷却工艺的介质，甚至用作水封。食醋生产过程中有两个或三个需要加入水的步骤。作为一种成分，水主要用来浸泡原料和稀释最终产品以达到所需的乙酸含量。食醋生产酿造过程中用水详见表 19.1。

表 19.1 食醋生产工业用水

食醋类别	发酵前	终产品
葡萄酒醋	当乙醇含量高于 12%，需要用水稀释	是
葡萄酒与蒸馏酒醋	乙醇与水和营养物质混合	是
葡萄干醋	葡萄干用水浸泡	是
米醋	大米和酵母需用水拌匀	
麦芽醋	用热水磨好的谷物混合	是

续表

食醋类别	发酵前	终产品
苹果汁醋	用水稀释浓缩苹果汁	是
苹果酒醋	加水稀释高浓度的乙醇含量至7%~8%	是
芒果醋	加水稀释芒果果肉后过滤	
高粱醋	磨碎后高粱和酵母需用水拌匀	
香蕉醋	需用水泡煮香蕉	
枣醋	需用水泡煮枣	
谷物醋	需添加水浸泡碾碎的谷物	

19.2.1 加热和冷却用水

有时水被用于对生产使用的器具进行清洁、消毒或作为发酵罐中的气闸使用（Hailu 等，2012）。在麦芽醋生产过程中，糖化容器应通过用热水覆盖穿孔底板，并通过蒸汽加热容器的其余部分来预热（Grierson，2009）。在开始糖化过程之前，立即通入热水。热水对瓶装醋进行巴氏杀菌，方法是将瓶装醋浸入装有 60°C 热水的容器中（Joshi 和 Sharma，2009）。在麦芽醋蒸馏过程中，采用水冷却式冷凝器降温（Grierson，2009）。在发酵期间，温度升高 2~3℃ 会导致乙酸转化率和转化效率严重下降。在深层液态发酵过程中，会产生大量的热量，因此冷却成本变得相当高。生物发酵罐（通常使用普通水）的冷却增加了食醋生产的总成本。这种情况在水资源短缺的非洲国家尤为突出（González 和 De Vuyst，2009）。

19.2.2 发酵前添加的水

作为产品的一部分，如果乙醇含量高于 12%，则生产食醋所需的微生物可能会由于过高的乙醇含量而被杀死，所以需要向原料中加入水以降低乙醇含量。例如，根据希腊法规，生产醋的工厂中乙醇含量必须用水稀释至 15%。如果用葡萄干做原料，葡萄干要用水浸泡。在发酵过程中，还要进行水的添加。

对于米醋发酵也是同样的；在一个陶瓷锅中，将蒸好的米饭、发酵剂（如清酒酒曲）和水混合并发酵（Murooka 等，2009）。对于在糖化过程中的麦芽醋，需要将磨碎的谷物与热水混合来促使谷物中淀粉转化为糖类（Grierson，2009）。葡萄酒醋和烈酒醋发酵过程需要将酒液、水和营养物质混合后开始发酵（Sellmer-Wilsberg，2009）。苹果醋发酵前需要将浓缩苹果汁用水稀释或通过加水将乙醇含量调节到 7%~8%（Joshi 和 Sharma，2009）。

芒果醋在发酵前通常将芒果浆用水稀释（浆水比例 1:5），并通过滤布过滤获得果汁（González 和 De Vuyst，2009）。高粱醋在发酵前磨碎的谷物与水和酵母发酵剂混合。对于香蕉醋或枣醋，将香蕉片或枣片与水混合并煮沸，然后过滤。

谷类醋是将玉米、小麦、大麦等淀粉类原料粉碎成块状，夏季浸泡 12h 左右，冬季浸泡 24h 左右。原料用蒸汽蒸制，将淀粉颗粒变成糊状，使淀粉更易水解。并且原材料在蒸煮过程中进行了部分消毒（Chen 等，2009）。谷类醋生产还涉及一个叫浸出醋的步骤。将水添加到谷物醋中以溶解所有可溶性成分，例如，酸，氨基酸、糖和其他代谢物。该工序包括三步，需要用陈醋浸出，并且第三步只用水浸泡残渣，得到三级醋。

19.2.3　稀释用水

某些发酵方法的终产物中乙酸含量非常高，一般高达 14%，需要加水稀释使乙酸含量达到 50~60g/L（Hailu 等，2012）。在正常的生产过程中，加水稀释后制成的醋，通常所含乙酸的平均值是 50~80g/L，在特殊情况下，产品中乙酸最高可达 200g/L。食醋是一种常见的商业化食品。由于制醋没有特殊的方式，欧盟委员会（2014）仅对水中稀释方法进行了描述。当醋（50~100g/L 乙酸）用水稀释时，所需稀释度为原醋的 50% 时，稀释比例按 1∶1 操作（即 1L 醋和 1L 水），并且生产的乙酸含量为 25~50g/L。

其他食醋在发酵的最后一步也需要稀释，例如，清酒酒粕醋（*Kasuzu*）需要酒粕陈酿 2 年，然后再加水稀释（Murooka 等，2009）。麦芽醋和葡萄醋发酵需要加入水将酸度调节到总酸度的 5%（Grierson，2009；Sellmer-Wilsberg，2009）。

希腊法案中关于食醋的生产加工和成品质量中并未对稀释用水的质量标准进行说明。但是仍有确定饮用水质量的一般准则和条例。在 Solieri 和 Giudici（2009）的关于描述全世界食醋种类的书籍中提到用于制备浆/果汁的水必须是无菌、透明、无色、无味的，并且没有任何沉淀物或悬浮颗粒。在要求极为严格的情况下，水必须脱盐或者通过添加所需的矿物质。尤其是对于非洲国家来说，可用水的质量也是食醋生产的技术关键因素。

19.2.4　配制醋中的水

水对配制（合成）醋，或者换句话说，对乙酸溶液（食品添加剂清单 E260）非常重要。配制醋是食醋的替代品，可以通过用水稀释乙酸（按体积计算 4%~30%）和/或用原醋来生产，并且配制醋适于人们食用。在韩国，食品药品安全部将这种用饮用水稀释冰醋酸或乙酸制成的溶液称为合成醋（Ho 等，2017）。

19.3　城市供水与处理工艺

通常，食品工业使用的水来源于城市供水。它既可以直接使用也可进一步处理后使用。市政供水通常遵循每个地区或国家有效的饮用水标准。根据不同的水源，在供水之前会有不同的处理工序。城市饮用水包括地下水（泉水或井水），地表水（河流和湖泊）和海水（Katsanou 和 Karapanagioti，2016；Katsanou 和 Karapanagioti，2017）。下面将介绍常用的基本处理工艺。Gil 等（2019）的著作中描述了仍处在实验室测试阶段的水处理的创新方法。

19.3.1　城市饮用水——地下水

如果饮用水源来自地下水，则其处理过程通常很有限。最常见的处理方法，也是在大多数情况下唯一的处理方法就是用氯化法对水中的微生物（包括细菌、原生动物和某些病毒）进行消毒。最常用的氯化法的是引入氯气（Cl_2），少量次氯酸钠（NaClO）原液，次氯酸钙片 [$Ca(ClO)_2$]，混合氯气和氨气产生氯胺，或混合氯气和亚氯酸钠（$NaClO_2$）产生二氧化氯（ClO_2）。氯气在供水管道网络中应持续发挥作用。氯的浓度应该有一个最高浓度值，以便靠近水处理厂的用户得到的水是可饮用的且不含高浓度的氯。同时，氯也应该有最低浓度值，使水能到达供水网络的末端还有足够的氯对其进行消毒。如果供水网络太长，可能需要在供水中间过程中重复加氯。

处理地下水的其他处理工序是去除硬度（软化），通气或金属的化学沉淀，通常是铁（Fe）或锰（Mn）。通过这些技术也能够去除水的气味和味道。地下水中可能含有更多的金属元素，如铬（Cr）或砷（As）。在这种情况下，需要使用先进的处理技术来降低有毒金属的浓度或必要时需改变饮用水的水源。

19.3.2　城市饮用水——地表水

如果饮用水源来自地表水，如湖泊或河流，则比处理下水需要更多的工序。所有情况下常见的水处理方法是消毒，最常见的是如上所述的氯化法。地表水通常没有地下水硬且不需要软化，但是它通常含有大量需要去除的悬浮物。由于重力作用，一些悬浮物很容易通过沉淀去除，但大多数悬浮物粒径都很小，仅凭重力难以沉淀。

这些悬浮物称作胶体。由于它们表面有相同的电荷会互相排斥。因此，在这种情况下，需要利用混凝作用来破坏胶体表面的稳定性，并帮助它们彼此絮凝以形成更大的颗粒，这些颗粒会在重力作用下更容易沉淀。最常使用的混凝剂是铝或铁的无机盐，如硫酸铝 [$Al_2(SO_4)_3$]，三氯化铁（$FeCl_3$），硫酸铁 [$Fe_2(SO_4)_3$] 以及硫酸亚铁 [$FeSO_4 \cdot xH_2O$]。混凝需要一个具有高混合率的混合罐，例如，需要一个沉淀池让颗粒产生絮凝，然后沉淀到池底。经过沉淀池后，通常需要用砂滤器进行过滤，例如，让水在装满砂子的箱子里垂直流动。这些砂滤器能够去除在沉淀池中形成但未沉淀的微小絮凝物，以及已经受混凝剂影响并准备与砂颗粒絮凝的不稳定颗粒。为了去除所有溶解在水中的有机物，会在砂滤器后进行通气，或砂滤器使用一层活性炭来去除溶解的有机化合物。在处理工序的最后阶段，常常会有如上所述对地下水进行消毒的步骤。

19.3.3　城市饮用水——海水

如果饮用水源是海水，与处理地表水源相比，需要更多的工序来处理水。悬浮物需要以与地表水相似的方式去除（Simonic，2009）。然后，水流经反渗透膜过滤器，过滤器允许水分子通过膜并将盐保留在另一侧（更多详情见下文）。这样的处理可以从1L海水中提取约300mL清水，而剩下的水随着盐浓度的增加可以回流到海里。但大多数消费者不习惯由海水淡化而来的水的味道。

19.4　当地供水与处理工艺

在大多数情况下，城市供水可以获得优质水，但是维护不善的供水系统会受到微生物污染。细菌会在供水网络系统中繁殖，尤其是在当水长时间存储在罐中或不经常使用的管道中。如果水系统网络污染，那么所导致的问题将更加严重。由此产生的微生物污染会扩散到系统的其他部分并转移到食物上。在这种情况下，当地水供给包括私人水井或泉水更适合食醋生产行业，但是必须进行当地水处理。对于一些食品，例如软饮料，在用于制造过程之前，必须进行当地水处理以达到产品质量要求（Ait Hsine，2005）。在任何情况下都需要对水进行消毒，但是由于水不一定都要通过供水系统，所以除氯化外也可以应用其他技术对水资源进行消毒。紧凑型工业系统的一个常见的工序是过滤，通常用于从水中分离固体和悬浮物。所使用的两种常用技术是：过滤床和膜过滤器。常见的水处理工艺及处理对象汇总见表 19.2。

表 19.2　水处理工艺及处理对象汇总

水处理工艺	处理对象
消毒杀菌	细菌，原生动物，病毒
滤床过滤	$5 \sim 1000 \mu m$ 的颗粒
活性炭过滤	氯气，微生物，铅，藻类，气味/味道，杀虫剂，纤维，多芳香烃等
去离子	阳离子，阴离子，水的硬度
微孔过滤	粒径>$0.1 \mu m$，胶体和悬浮物
超滤	粒径范围 $0.01 \sim 0.1 \mu m$，腐植酸，染料，病毒
纳滤	粒径范围 $0.001 \sim 0.01 \mu m$，盐，有机化合物，细菌，原生动物，病毒
反渗透	粒径范围 $0.001 \sim 0.01 \mu m$，水中可溶固体，有机化合物，胶体，细菌，病毒
电解	阴离子和阳离子
蒸馏	盐

19.4.1　消毒

如果担心用作食品配料的水里有细菌，那么则使用臭氧、氯气、紫外线对其进行消毒处理（Bowser，2016）。其中氯气消毒产生难闻的气体和味道需要进一步用活性炭过滤器去除。

19.4.2　过滤床

过滤床或砂滤是由不同材料层构成的过滤类型。在入口处，砂滤池的底部装有堆积松散的高粒度材料，也有其他的给料方案来尽量减少反洗（Simonic，2009）。上层填充了粒度更细的材料且填料更密实。这种类型的过滤通常用于粒径大小在 $5 \sim 1000 \mu m$ 的颗粒过滤（Simonic，2009）。

表层过滤可使用金属筛、布料或合成薄膜，表层过滤可用于去除悬浮沉积物。

19.4.3　活性炭过滤器

活性炭过滤器通常用于去除自来水中的氯。水流穿过活性炭床达到去除氯的目的。其中颗粒材料通常在 1~2mm 的粒度范围内。去除机理基本上是利用氯气的氧化性使活性炭表面氧化，在其形成表面基团带有氯离子与氧的物质。去除机理也可能涉及材料表面的吸附。活性炭过滤器可以同时吸附微生物和微污染物，毋庸置疑，这是一种非常有效的除氯方式。

通常，生产商建议除了去除氯外，这种过滤器也可以去除铅、藻类、气味/味道、杀虫剂、石棉纤维和多环芳烃。活性炭过滤器还可用于处理水污染后续处理，如去离子化或反渗透。这些过滤器通常由政府或国际机构认证。

这种技术的问题是该材料有一定的使用寿命，到期后，过滤器需要新的填充材料。使用寿命是由在特定时间段或通过过滤器的水量决定的。如果没有定期更换填充材料，则表面可能形成生物膜同时微生物将开始生长繁殖并最终扩散进入水中。因此为了避免上述情况出现，应严格遵循填充材料的使用指南。

对于这种过滤器的新填充材料已经研制出来并且可以在市场上找到，这些新型材料包括可以对水进行消毒或防止材料生物污染的混合材料，最常见的抑菌剂是银（EPA，2005）。

19.4.4　去离子作用

另一种使用合适材料的床式过滤器是去离子过滤器。该过滤器的工作原理是滤材表面存在的离子与水中存在的离子进行交换。这种材料可以是天然的，如沸石，或是合成的，如高分子树脂，它们可以选择性地去除阳离子或阴离子。对于水处理，上述两种类型树脂都可用于去除阳离子或阴离子，尤其是去除那些使水的硬度升高的离子。通过这种技术生产的水叫作去离子水，其电导率大概是 $17\mu S/cm$（Karapanagioti 和 Bekatorou，2014）。通过床层的水流通常是向下的，但反冲洗向上进行。水再生是在任何一个流动方向进行。

该技术的问题是一段时间后或一定水量通过后，滤材会被不断消耗，需要通过用易交换的离子补充至其表面来进行再生，例如，氢或氢氧化物。为了延长过滤器的使用寿命并避免过滤床堵塞，应使用悬浮物浓度低的水通过离子交换过滤器，这表明应该在离子交换过滤器之前设置一个去除悬浮固体的步骤。

19.4.5　膜过滤器

对于去除较小的杂质颗粒（$10^{-3} \sim 10^{-1}\mu m$）可采用微滤、超滤和纳滤工艺（Ibanez 等，2007）。这些过程有助于软化水质并且去除胶体、藻类、细菌、原生动物、病毒、颜色、固体和微小污染物（Bowser，2016）。目前这类技术在食品工业的各种分离和净化过程中均得到了广泛应用（Kotsanopoulos 和 Arvanitoyannis，2015）。膜过滤器通过利用两侧的压差作为驱动力，大于膜孔的颗粒被保留在膜的一侧，净水则可以通过膜到达另一侧。

微滤和超滤可以作为纳滤和反渗透（见下文）的预处理。微滤用于去除残留的胶体和悬浮物，其常用于粒径大于 $10^{-1}\mu m$ 的颗粒。超滤用于去除如腐植酸、染料和病毒的大分子，该过滤通常用于去除粒径在 $10^{-2}\sim10^{-1}\mu m$ 范围内的颗粒。

纳滤用来去除一些盐类、有机化合物、细菌、原生动物和病毒。这是一种消毒方法，通常用于 $10^{-3}\sim10^{-2}\mu m$ 颗粒的过滤。

19.4.6 反渗透

反渗透是最终的过滤方法。它通常用来去除海水中的盐分（海水淡化）以生产饮用水。渗透作用描述了水分子通过从膜浓度低一侧向较高一侧运动的趋势。一般情况下水分子会从低压侧穿过薄膜到高压侧来平衡两侧水的压力差。反渗透技术通过从高压侧施加压力，水分子将在相反的方向穿过薄膜，因此可以从膜的另一侧获得干净的水。反渗透可以用来去除水中的溶解固体，有机化合物，胶体，细菌以及病毒。这种类型的过滤常常用于粒径在 $10^{-3}\sim10^{-2}\mu m$ 的颗粒。通过该技术生产的水被认为是超纯水，并应用于许多工业生产中，如食醋生产工艺中。

所有过滤工序最常见的问题是由于废料堆积造成的堵塞，通常可以用反冲洗来解决这个问题。另一个问题是生物膜上的微生物生长，这个问题可以通过在水中使用消毒剂来解决。然而，为了保护价格昂贵的薄膜需要额外的工序以防止悬浮物包括沉积物和/或藻类的对其造成损坏。这些工序包括混凝，絮凝和沉积或者根据原水水质进行砂滤。此外，根据所需的 pH 以及生产出水的味道，可能需要添加不同的化学品。

19.4.7 电渗析

电渗析可以称为是一种利用电结合滤膜的过滤工艺。水中的离子在电压的作用下通过离子交换膜转移。阳离子向负电极移动，阴离子向正电极移动。由于离子不能渗透薄膜，后者会积聚在膜的两侧。因此，这种技术用于海水淡化，与此技术相关的主要问题是膜孔堵塞以及相对较高的设备成本。

19.4.8 蒸馏

将水蒸馏处理是生产低盐水的简单方法。水在容器中煮沸直至蒸发，然后在冷却装置中冷凝，这种技术生产的水称为（一次）蒸馏水，其电导率约为 $40\mu S/cm$（Karapanagioti 和 Bekatorou，2014）。如果对蒸馏水进行反复蒸馏可以获得更清洁的水。如果该过程重复 3 次，则该水称为三次蒸馏水，其电导率约为 $3\mu S/cm$（Karapanagioti 和 Bekatorou，2014）。

与这种技术相关的主要问题是，为了冷却蒸汽，通常要消耗大量的流动水。如果使用太阳能或风能代替电力，即可解决能源消耗问题。

19.5 典型净水系统

根据市售用于食品和饮料行业的用水净化系统，食醋加工厂的净化系统可以结合滤床式过滤器和反渗透过滤器。典型的系统组件包括沉淀物和碳吸收过滤器以及反渗透装置。一种典型水处理系统见图 19.1。

滤床式过滤器在膜系统中起预处理的作用，能够过滤 10~20μm 及以上水中的悬浮固体。活性炭过滤器用于通过吸附去除异味、气味、氯气、氯胺、低分子有机物和可能存在的氯化有毒副产物，称为三卤甲烷（THM）。活性炭过滤器可以根据从供水中除去氯和氯胺所需的时间而设计。反渗透系统用于去除一价和二价离子（如氢氧根离子、钠离子、氯离子、钙离子、镁离子等）、病毒、细菌和致热原。典型应用包括低钠和低总溶解固体软饮料和瓶装水。

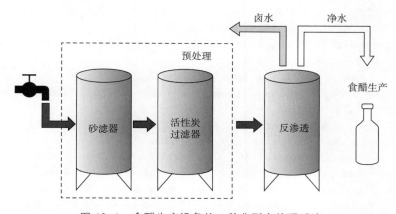

图 19.1 食醋生产设备的一种典型水处理系统

19.6 结论

水是食醋的主要成分之一，用于在发酵前浸泡原料和包装前使其乙酸含量达到合适的范围（通常为 50~80g/L）。食醋中使用的水可以来自市政供水或经过适当处理后的当地水源。在食醋生产过程中和使用前对用水处理技术有很多种，企业选择哪种方式取决于进入该行业的水的质量要求。在大多数情况下，如果水处理系统包括砂和活性炭过滤床以及反渗透装置的组合，就足够满足当地水处理需求。

本章作者

赫里西·K·卡拉帕纳吉奥蒂（Hrissi K. Karapanagioti）

参考文献

Ait Hsine, E., Benhammou, A., and Pons, M. N. 2005. Water resources management in soft drink industry-water use and wastewater generation. *Environmental Technology* 26: 1309-1316.

Bowser, T. 2016. Water use in the food industry. Food Technology Fact Sheet.

Chen, F., Li, L., Qu, J., and Chen, C. 2009. Cereal vinegars made by solid-state fermentation in China. In Soliery, L. and Giudici, P. (Eds.), *Vinegars of the World*. Milan: Springer- Verlag Italia, pp. 243-272.

Cribb, S. J. 2005a. Geology of beer. In R. C. Selley, L. R. M. Cocks, and I. R. Plimer (Eds.) *Encyclopedia of Geology*. Oxford: Elsevier Academic Press, pp. 78-81.

Cribb, S. J. 2005b. Geology of whisky. In R. C. Selley, L. R. M. Cocks, and I. R. Plimer (Eds.) *Encyclopedia of Geology*. Oxford: Elsevier Academic Press, pp. 82-85.

Environmental Protection Agency (EPA) . 2005. Water health series - Filtration facts.

European Commission. 2014. Vinegar -Food grade -Basic substance application.

Gil, A. , Galeano, L. A. , and Vicente, M. À . (Eds.) 2019. *Applications of advanced oxidation processes (AOPs) in drinking water treatment (The Handbook of Environmental Chemistry)* 1st edition. Berlin: Springer.

González, Á . , and Vuyst, L. 2009. Vinegars from tropical Africa. In Soliery, L. , and Giudici, P. (Eds.), *Vinegars of the World*. Milan: Springer-Verlag Italia, pp. 209-222.

Grierson, B. 2009. Malt and distilled malt vinegar. In Soliery, L. , and Giudici, P. (Eds.), Vinegars of the World. Milan: Springer-Verlag Italia, pp. 135-143.

Hailu, S. , Admassu, S. , and Jha, Y. K. 2012. Vinegar production technology - An overview. *Beverage and Food World*: 29-32.

Henriques, P. , Alves, A. M. B. , Rodrigues, M. , and Geraldes, V. 2019. Controlled freeze-thaw-ing test to determine the degree of deionization required for tartaric stabilization of wines by electrodialysis. *Food Chemistry* 278: 84-91.

Ho, C. W. , Lazim, A. M. , Fazry, S. , Zaki, U. K. H. H. , and Lim, S. J. 2017. Varieties, production, composition and health benefits of vinegars: A review. *Food Chemistry* 221: 1621-1630.

Ibanez, J. G. , Hernandez - Esparza, M. , Doria - Serrano, C. , Fregoso - Infante A. , and Singh, M. M. 2007. *Environmental Chemistry Fundamentals*. Springer Science+Business Media, LLC, New York.

Joshi, V. K. , and Sharma, S. 2009. Cider vinegar: Microbiology, technology and quality. In Soliery, L. , and Giudici, P. (Eds.), *Vinegars of the World*. Milan: Springer-Verlag Italia, pp. 197-207.

Karapanagioti, H. K. 2016. Water management, treatment and environmental impact. In Caballero, B. , Finglas, P. , and Toldra, F. (Eds.), *Encyclopedia of Food and Health*. Oxford: Academic Press, pp. 453-457.

Karapanagioti, H. K. , and Bekatorou, A. 2014. Alcohol and dilution water characteristics in distilled anis (Ouzo) . *Journal of Agricultural and Food Chemistry* 62: 4932-4937.

Katsanou, K. , and Karapanagioti, H. K. 2016. Watersupplies - Water analysis. In Caballero, B. , Finglas, P. , and Toldra, F. (Eds.), *Encyclopedia of Food and Health*. Oxford: Academic Press, pp. 463-469.

Katsanou, K. , and Karapanagioti, H. K. 2017. Surface water and groundwater sources for drinking water. In A. Gil, L. A. Galeano, and M. À . Vicente (Eds.) *Applications of Advanced Oxidation Processes (AOPs) in Drinking Water Treatment. The Handbook of Environmental Chemistry*. Springer, Berlin, Germany, pp. 1-19.

Kotsanopoulos, K. V. , and Arvanitoyannis, I. S. 2015. Membrane processing technology in the food industry: Food processing, wastewater treatment, and effects on physical, microbiological, organoleptic, and nutritional properties of foods. *Critical Reviews in Food Science and Nutrition* 55: 1147-1175.

Lachenmeier, D. W. , Schmidt, B. , and Bretschneider, T. 2008. Rapid and mobile brand authen-tication of vodka using conductivity measurement. *Microchimica Acta* 160: 283-289.

Murooka, Y. , Nanda, K. , and Yamashita, M. 2009. Rice vinegars. . In Soliery, L. , and Giudici, P. (Eds.), *Vinegars of the World*. Milan: Springer-Verlag Italia, pp. 121-134.

Platikanou, S. , Garcia, V. , Fonseca, I. , Rullán, E. , Devesa, R. , and Tauler, R. 2013. Influence of minerals on the taste of bottled and tap water: A chemometric approach. *Water Research* 47: 693-704.

Sellmer-Wilsberg, S. 2009. Wine and grape vinegars. In Soliery, L. , and Giudici, P. (Eds.), *Vinegars of the World*. Milan: Springer-Verlag Italia, pp. 145-156.

Simonic, M. 2009. Water pre - treatment process in food industry. *International Journal of Sanitary*

Engineering Research 3：15-26.

Solieri, L., and Giudici, P. 2009. *Vinegars of the World*. Springer-Verlag Italia, Milan, Italy Valta, K., Kosanovic, T., Malamis, D., Moustakas, K., and Loizidou, M. 2015. Overview of water usage and wastewater management in the food and beverage industry. *Desalination and Water Treatment* 53：3335-3347.

食醋发酵快速在线
监测方法

20.1 引言

监测发酵过程中物理化学参数的变化，对于确保生产率、效率和可重复生产至关重要。一般用于监测生物过程的方法多为离线方法，主要包括气相色谱，如高效液相色谱（HPLC）、气相色谱（GC）和光谱技术。最常用的光谱技术是近红外（NIR）和中红外（MIR）光谱，或与傅里叶变换器相结合，用于测定乙酸、总酸含量、乙醇、芳香化合物、糖和其他底物等，同时也包括生物量的测定（Chen 等，2012；Durán 等，2010；González-Sáiz 等，2008；Ji-yong 等，2013；Kornmann 等，2002；Sáiz-Abajo 等，2006；Suehara 和 Yano，2004）。紫外可见光谱、荧光光谱、核磁共振（NMR）、拉曼光谱以及质谱在食品分析中也得到了广泛的应用。在多数情况下，由于食品的复杂性，在分析前需要进行大量的样品准备工作。

常用的滴定法主要用于食醋发酵离线检测总酸度的测定（de Ory 等，2004；Fregapane 等，2003）。醋杆菌和氧化葡糖酸醋杆菌共培养的酒精发酵和醋酸发酵过程中（Dias 等，2016），用示差高效液相色谱检测有机酸（乳酸、乙酸、酒石酸、苹果酸和琥珀酸）、甘油、乙醇和糖类（葡萄糖、果糖和蔗糖）。气相色谱用于离线检测乙酸发酵期间乙醇、乙酸、丙酮和双乙酰（Akasaka 等，2013；de Ory，2004；Schlepütz 和 Büchs，2013），而气相色谱早已与质谱联用，用于在线过程监测（Matz 等，1998）和乙酸发酵过程挥发性物质的监测（Kocher 等，2014；Pinu 和 Villas-Boas，2017；Roda 等，2017）。此外，在气相色谱分析中，采用固相微萃取作为取样技术，使用火焰离子化检测器（FID）监测了香脂醋的挥发性有机成分。经主成分分析（PCA）后得到的数据和紫外高效液相色谱得到的数据高度一致（Cocchi 等，2008）。

紫外分光光度计覆盖了从紫外到近红外区域的整个范围，并使用充电耦合设备（CCD）或光电二极管阵列代替昂贵的光电倍增管，使仪器在生物过程监测中发挥重要作用。目前它们已被用于测定可溶性固形物含量和 pH，从而实现白醋生产的发酵过程和质量控制。充电耦合设备摄像机还允许同时检测不同的分析物（Bao 等，2013；Beutel 和 Henkel，2011）。

借助于化学计量学工具，核磁共振波谱已应用于葡萄酒和醋等不同的基质，使用各种技术进行样品预处理和分析提取，或直接分析以获得代谢组学图谱（Fotakis 等，2013）。核磁共振还与生物反应器相结合，用于在线监测生物过程，该系统成功地鉴定了甘油、糖和脂质（Kreyenschulte 等，2015）。

使用拉曼光谱结合化学计量学方法，对食醋样品发酵过程中葡萄糖、果糖、乙醇和乙酸的测定，结果与高效液相色谱法的数据具有良好的相关性（Uysal 等，2013）。

毛细管电泳（CE）也被引入到了发酵液的化学表征和检测中。可以用这项技术监测发酵过程中几种主要的有机酸代谢物，以及其他代谢物和糖类底物。毛细管电泳提供了几秒到几分钟的快速分析，并具有很高的分辨率。

最近，开发了一种结合一次性微孔板和红外照相机的新型热红外成像检测技术（TIE）测定食醋样品的总酸度，以提高分析的高通量，结果与滴定法等常规方法一致

（Barin 等，2015；Tischer 等，2017）。

此外，还开发了一种基于离子体共振（SSR）味觉传感器和金属氧化物气味传感器的新型化学传感器，用于乙酸发酵过程的质量控制（Nanto 等，2002）。

最后，选择性离子流管质谱（SIFT-MS）作为一种替代传统 GC-MS 检测挥发性化合物的方法被应用，因为它具有实时监测发酵过程的潜力。利用该技术监测酵母发酵过程中的乙醇和丙酮（Kerrebroeck 等，2015）。

然而，就微生物稳定性和污染而言，发酵过程是很容易受到影响的。因此，对特定参数的准确和连续实时控制对于成功的结果，以及确保和提高产品质量至关重要。用于控制发酵过程的传统离线方法通常包括样品采集和预处理，耗时且存在污染风险。消除所有工艺步骤污染风险的最佳方法是在线监测，提供自动、实时、快速、精确、一致、稳健、灵敏、可重复和多分析物变量检测，以及发酵过程的无菌测定，无须样品制备和低试剂消耗（Peris 和 Escuder-Gilabert，2013；Tamburini 等，2014；Tosi 等，2003）。

接下来的内容，将重点介绍和讨论可用在线监测方法的主要类型（色谱技术、光谱技术、化学技术）。

20.2　色谱技术——气相色谱法

气相色谱（GC）是一种稳定可靠的传统分析技术，用于发酵过程中挥发性化合物的在线监测。气相色谱是一种用于分离挥发性物质的技术。这些化合物通过色谱柱（通常是毛细管）并通过惰性气体（如氦、氩或氮气，称为载气）进行洗脱。分离取决于样品组分的沸点、色谱柱的温度、化合物与固定相（色谱柱类型）之间的相互作用以及载气的速度。在色谱柱出口处，根据所分析物质的性质，使用适当的检测器检测所有洗脱物质。气相色谱法通常涉及使用火焰离子化检测器分析发酵产物。

气相色谱已成功应用于食醋发酵过程的实时监测。例如，将气相色谱仪安装在发酵系统的顶空出口处（González-Sáiz 等，2009）。出口顶部空间的压力由安装在排气管上的阀门控制。该气相色谱系统配备有两个色谱柱、两个检测器和一个控制气体流量的电动阀，可同时实时分析乙醇、乙酸、乙酸乙酯和丙酮等几种有机挥发性化合物（图 20.1）。氧由热导检测器（TCD）检测，而有机挥发性化合物由火焰离子化检测器检测分析。

该模型发酵过程很好地解释了中试发酵罐在广泛条件下达到的稳态和半稳态，尽管初始细胞数是未知的。该模型包括氧气转移和发酵介质的流体动力学效应，这取决于静水压力、搅拌、通气和温度。这些数据对于开发放大发酵过程是必要的。发酵环境的未来模拟将有助于工业规模发酵罐工艺的设计（González-Sáiz 等，2009）。

液相色谱（LC）和高效液相色谱（HPLC）也通过自动取样装置连接起来，用于使用折射率检测器（RID）在线监测乙醇和葡萄糖，并自动控制酒精发酵过程，提高发酵产量（Liu 等，2001）。

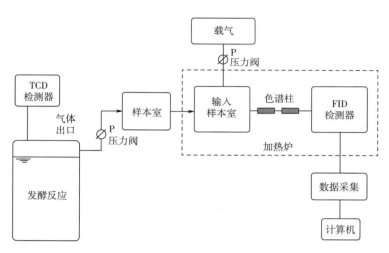

图 20.1 利用气相色谱法在线监测发酵过程

20.3 光谱技术

食品工业对无损检测技术的要求很高，以确保食品的质量和安全，并提高生产率。在不断扩大的发酵工业中，在线监测现在是必要的。用于工业生物过程在线监测的技术具有高通量、分析时间短、多分析物的潜力，并且无须样品预处理，以提高过程效率和减少浪费，这一点非常重要。一般来说，光谱技术是快速高效食品分析的理想方法。它们能够在生产的所有阶段进行实时监控（Woodcock 等，2008）。用于生物过程在线监测的技术通常包括近红外和中红外光谱，而紫外可见光谱、荧光光谱、核磁共振光谱和拉曼光谱的研究较少。

近红外（NIR）和中红外（MIR）光谱已成功应用于在线监测生物过程和发酵过程中的大量不同分析物，即使在高度复杂的液体中，也能在几分钟内进行多分析物测定。两者都是光谱技术，利用电磁光谱近红外和中红外区域（700nm~15μm）吸收辐射后不同分子振动/旋转频率的特征变化。不同的光谱模式与基质组分相关。近红外/中红外技术的使用是一种在线监测发酵的替代方法，因为开发了更准确、更易于操作的仪器，与传统分析方法（气相色谱法和高效液相色谱法）相比，显示出一些优势。近红外和中红外是基于光学测量和光谱原理的非侵入性和非破坏性技术。这两种技术都能在不到 2min 的时间内提供快速分析，只需很少样品或不需要样品制备，并且能够同时测定和测定多种分析物，以及实时控制工艺流。因此，近红外和中红外是快速高效在线监测发酵过程的最理想技术之一。

一些报告表明，由于中红外光谱中的吸光度更高，并且水对近红外区域的影响更大，因此中红外比近红外更敏感，提供了更多有用的信息和更好的光谱分辨率。因此，中红外在生物过程中获得了新的应用。相比之下，近红外吸收通常弱于中红外吸收，因此无须样品制备或样品稀释即可直接测量。

现代近红外仪器以及基于滤波器、发光二极管（LED）和傅里叶变换的低成本仪器对于常规分析和在线应用非常有用。此外，先进的光学系统和红外设备中的探针技术，以及能够对数据进行统计分析的高级软件，使红外光谱学在在线监测方面更加高效。光导管/光纤探针的发展使得红外光谱测量即使在水溶液中也是可行的，因为水强烈吸收红外辐射。傅里叶变换红外光谱（FT-IR）的使用克服了信号不稳定性和背景噪声的问题。FT-IR 分光光度计还可以测定复杂液体（如发酵液）中的特定分析物（Cervera 等，2009；Roychoudhury 等，2006；Tamburini 等，2014；Tosi 等，2003）。此外，衰减全反射（ATR）技术与 FT-IR 相结合，增加了红外光谱在固体或液体状态下的适用性，甚至在水溶液和生物样品中，无须样品预处理。这是因为衰减全反射（ATR）技术包含由高折射率晶体组成的新型样品附件。当红外辐射通过晶体时，它在与样品紧密接触的内表面上经历多次反射，具体取决于折射率和样品。反射产生的隐逝波穿透样品（$0.5 \sim 2\mu m$），并在其离开晶体时由探测器收集（图 20.2）。如果是水溶液，则通过简单的光谱减法消除水的贡献。不过，ATR 晶体可以被基于光纤的传感器（光纤隐逝波光谱学）所取代（Etzion 等，2004；Roychoudhury 等，2006）。

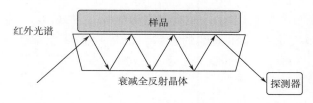

图 20.2　衰减全反射（ATR）技术的示意图

生物过程的在线监测取决于近红外/中红外探针与生物反应器结合的能力。必须使用特殊光纤，以便有效传输近红外或中红外辐射（Garrido - Vidal 等，2004；González-Sáiz 等，2009）。由于传输能力差和吸收能力强，这些纤维的长度通常受到限制。为了将红外光束传输到更远的距离，将具有涂层内表面的光导管/波导连接到光纤上，光纤将光束聚焦到 ATR 晶体上。

在线测量和控制主要有以下方式（图 20.3）（Garrido - Vidal 等，2004；González-Sáiz 等，2009）：

（1）现场监测　现场或直接内联使用浸入发酵反应中的可灭菌光纤探针，并直接与 NIR/MIR 仪器结合。

（2）场外反射探针方式　使用安装

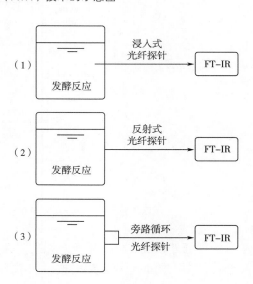

图 20.3　使用近红外或中红外光谱对
食醋发酵进行在线监测
（1）现场监测　（2）场外反射
探针方式　（3）场外旁路环流池方式

在发酵容器玻璃壁上的反射探头进行场外或在线检测。

（3）场外旁路环流池方式　使用光纤探针结合连接到发酵容器玻璃壁上的流动池（回路）进行场外检测。

这些应用中使用的光纤由重金属氟化物、硫系化合物和混合卤化银等材料制成，以便有效地进行红外辐射传输。然而，选择合适的光纤取决于分析中使用的波长。将多个光学探针应用于不同的反应器容器或同一反应器中的不同位置，可以有效地在线监测发酵过程。

典型的近红外/中红外光谱包含发酵液复杂基质的所有成分的吸收信息。需要进行多元统计分析和化学计量学，以获得与发酵过程相关的有用数据。近红外/中红外技术为在线生物过程监测的应用提供了足够的准确性。

采用近红外液体分析仪对食醋工业生产中的发酵过程进行实时监测。它在线连接到发酵容器。该过程的有效动力学控制所分析的参数为乙醇、乙酸、生物质、乙酸乙酯和乙偶姻。具体来说，近红外分析仪连接到一个 10L 发酵罐，包括搅拌和温度控制器。软件用于在选定的时间间隔内调节样品的采集和分析。与近红外分析仪一起，将气相色谱法连接到发酵罐的气体出口，用于在线监测排气管线中的氧气、乙醇、乙酸和乙酸乙酯。使用两个色谱柱和一个电动阀进行分析（图20.4）。结果表明，近红外光谱可用于在线监测五个关键和基本的参数，以优化工业发酵工艺，生产优质食醋（Garrido-Vidal 等，2004；González-Sáiz 等，2009）。

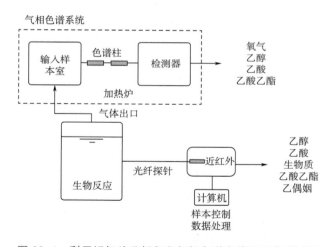

图 20.4　利用近红外分析仪和气相色谱在线监测发酵过程

自动近红外系统也已应用于食醋的工业生产（Cetotec）。该系统与食醋工业发酵罐相结合，根据不同的红外光谱模式，在不到 1min 的时间内提供乙醇和乙酸的同时快速在线测量。乙醇的测量范围为 0~20%（体积分数），乙酸的测量范围为 0~250g/L。在发酵过程中，还通过在线测量气体传感器的电导率连续监测总乙醇含量。该系统可简化日常分析，并可提供食醋生产补料间歇过程的全自动化和优化控制。

20.4 化学传感器

化学传感器最适合在线监测发酵过程，它们基于物理或化学参数，主要功能原理在于将测量值转换为光信号或电信号。传感器的优点包括实时监测能力，以及同时检测多个参数的能力，如生物量和产品浓度、简单、快速分析、低成本、样品制备量少或无须样品制备、样品和试剂的低消耗以及自动化，同时这种方法是无创的，它们不需要去除样品。然而，由于缺乏选择性，很少有传感器用于发酵过程控制。传感技术应满足以下标准，以实现应用于发酵过程（Harms 等，2002；Tamburini 等，2014）：

（1）确保发酵过程无菌；

（2）具有敏感性；

（3）具有选择性，不受生物工艺环境的影响；

（4）在条件波动中保持稳定；

（5）提供快速、及时和稳定的响应；

（6）提供广泛的检测范围，覆盖整个发酵过程；

（7）提供多参数分析；

（8）无须样品预处理，样品体积小，维护少，在长期过程中无须重新校准即可保持操作稳定性。

例如，有研究者构建了一个便携式比色传感器阵列，用于实时监测食醋发酵过程，作为 GC-MS 的替代方案。该传感器阵列用于检测固态乙酸发酵过程中的挥发性有机化合物（VOCs）。它由气体挥发系统、气体检测系统、电源系统和控制系统组成。每个传感器阵列包含 15 种比色染料、9 种金属卟啉和 6 种 pH 指示器，打印在硅胶板上。将传感器放置在反应室中，通过激发完成检测，同时通过位于反应室顶部的充电耦合设备摄像机（Guan 等，2014）或使用一次性传感器的普通扫描仪（Chen 等，2013）捕获传感器阵列的图像。将固态发酵基质置于气体收集室中，同时使用真空泵使发酵过程产生的挥发物进入反应室（图 20.5）。用充电耦合设备摄像机记录比色传感器的颜色变化。采样间隔可由计算机系统控制，最小间隔设置为 2s。这意味着系统可以每 2s 采集一次图像，从而提供实时分析能力。在添加底物之前和之后，在红色（R）、绿色

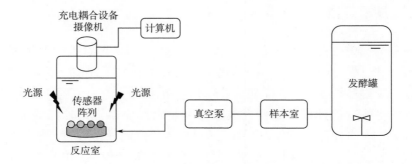

图 20.5 比色传感器阵列

（G）和蓝色（B）区域（RGB分析）分析每种染料的比色阵列的颜色信号，得到45个颜色变量，代表食醋样品的颜色变化曲线。颜色模式和多元统计分析，然后用于定性和定量测定发酵液的成分。

在整个过程中，传感器用于每天对食醋样品进行鉴别。结果表明，由于固态发酵的不均匀性和过程的连续性，大约60%的样品在其发酵期间得到正确识别，92.3%的样品在3d的误差范围内得到正确分类。比色传感器阵列的优点是精度高、成本低，而无须样品预处理。因此，这种类型的传感器可用于挥发性有机化合物测定。与电子鼻技术相比，比色传感器阵列具有更好的识别能力、更高的精度、更宽的动态范围，并且不受环境湿度的影响。未来，聚合物等新材料可以提供更广泛的操作范围。

一种乙酸发酵过程中乙醇浓度在线测量系统也得以建立。在探针法兰的帮助下，一个特殊的探针直接浸入培养液中。乙醇通过渗透膜扩散测量。传感器半导体电阻的变化与乙醇分压成正比，因此与乙醇浓度成正比。将结果与气相色谱分析结果进行比较，以验证传感器的有效性。乙醇的在线监测可以准确地估计发酵过程中的生物氧化速率和细菌活性（Schleputz 和 Büchs，2013；García - García 等，2007；Frings，Vogelbusch）。

Mieliauskiene 等研制了一种用于乙酸监测的电流传感器。使用修饰石墨电极作为工作电极，将其插入流通式安培池中，包含用作计数器的铂丝和 Ag/AgCl 参比电极。三种酶，乙酸激酶、丙酮酸激酶和乳酸脱氢酶，被固定在三个电极上，形成聚（乙二醇）二缩水甘油醚（PEDGE）膜，其中还含有灿烂甲酚蓝（BCB）作为电化学活性化合物。然后将流动池连接到单通道流动注射系统，并将电极连接到三电极电位计。样品与 ATP、NADH 和磷酸烯醇式丙酮酸一起注入流动细胞。随后进行循环伏安测量。该传感器基于以下反应：乙酸盐首先与 ATP 反应生成 ADP，这是一种由乙酸盐激酶催化的反应。然后，磷酸烯醇式丙酮酸与 ADP 反应，通过丙酮酸激酶生成丙酮酸。丙酮酸随后通过 NADH 和乳酸脱氢酶还原为乳酸。然后，NADH 在修饰石墨电极上还原为 NAD^+，导致电流降低。该传感器用于食醋样品中乙酸盐的定量，具有很高的准确度和良好的灵敏度、选择性和稳定性。未来的改进可能集中在将该传感器应用于对食醋发酵的在线监测上（Mieliauskiene 等，2006）。

20.5 食醋发酵其他参数的监测

发酵过程的优化在很大程度上取决于对几个化学和物理参数的准确和实时监测，以提高生产率和过程的再现性。不同的化学和物理参数易于评估，以确保产品的高产量和高质量。关键参数是温度、细胞质量、pH、溶解氧（O_2）浓度和产生的二氧化碳（CO_2）。通过将特定探针或传感器在线连接到生物反应器，实时获得所需数据（图20.6）（González-Sáiz 等，2009）。可消毒玻璃电极仍然是最先进的，而温度由热电偶、热敏电阻或电阻温度检测器控制。标准探针和电极、极谱传感器和最常用的无创光学荧光传感器用于在线测量 pH、溶解氧和 CO_2（de Ory 等，2004；Harms 等，2002；Ndoye 等，2007；Schäpper 等，2009）。

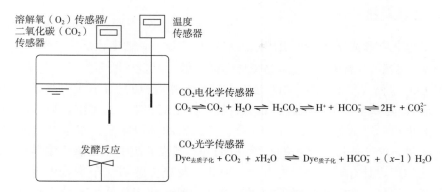

图 20.6　食醋发酵溶解氧和温度在线监测传感器

20.5.1　pH 传感器

对于 pH 测定，首选基于 pH 敏感染料的吸光度或荧光的电化学和光学传感器，其缺点是工作 pH 范围窄。传感器的选择基于发酵过程的 pH 范围。带有 H^+ 选择性玻璃电极的电位传感器是 pH 测量的最标准传感器。新型聚合物已被用于构建光学传感器，以扩大动态范围，但它们仍需在发酵过程中进行测试。例如，N, N-双（吡啶甲基）萘二亚胺中的光诱导电子转移已被用于构建 pH 传感器，并应用于商业化的醋。该传感器基于萘二酰亚胺染料的荧光增强，通过在酸性环境（pH 1.7~4.1）中的质子化阻止从吡啶环到萘荧光团的光诱导能量电子转移（PET）。该传感器具有灵敏、准确、稳定、重现性好、响应速度快等特点。结果与基于普通玻璃电极的 pH 计一致，表明所提出的 pH 传感器可用于强酸性条件下的 pH 测量（Beutel 和 Henkel，2011；Martínez-Quiroz 等，2017）。

20.5.2　溶解氧传感器

液相溶解的 O_2 比排气出口处测得的气体 O_2 更重要。光学传感器适用于低浓度下的 O_2 测量，而电化学传感器适用于高浓度下的 O_2 测量。然而，电化学传感器消耗氧气，这可能会影响过程和数据的准确性。最广泛使用的传感器基于使用电化学电池对溶解的 O_2 进行安培测定，该电池具有可渗透 O_2 且不渗透水或其他电解质的膜。O_2 的扩散与溶液中 O_2 的分压成正比，因此与 O_2 浓度成正比。这种传感器的主要缺点在于需要定期校准电极（Johnson 等，1964）。

光学传感器通常基于 O_2 对荧光团（如 Ru^{2+} 和 Pt 基分子）的荧光猝灭。荧光团主要连接在聚合物管上，聚合物管一端与滤光片结合，另一端与光源（LED 或激光器）结合。发射的荧光由光纤收集并驱动至检测器，检测器可以是光电二极管或光电倍增管。这些传感器提供长期稳定性和更高的灵敏度，它们可以小型化，同时不消耗氧气，可以应用于气体和液体样品（Bambot 等，1994；Beutel 和 Henkel，2011）。光纤探头已广泛用于现场无创在线监测（海洋光学）。

20.5.3　二氧化碳传感器

灵敏的电化学和光学传感器也用于测定 CO_2 含量。普通电化学传感器包括 pH 电极和参比电极。碳酸氢盐溶液通过渗透膜与电极接触。测量碳酸氢盐溶液的 pH，并与膜另一侧的 CO_2 平衡（图 20.6）。CO_2 浓度与碳酸氢盐溶液的 pH 有关。光学传感器基于pH 敏感染料，可基于吸收或荧光。简单的基于吸光度的染料为酚红、甲酚红和间甲酚紫，而荧光染料为羟基芘三磺酸（HPTS）、荧光素和半甲氟酸。指示剂溶液与光纤的一端紧密接触，光纤连接在聚四氟乙烯（PTFE）制成的膜上。二氧化碳导致染料质子化，质子化的形式具有较弱的荧光强度。因此，荧光传感器基于荧光猝灭，比比色传感器更灵敏。然而，狭窄的动态范围也是一个问题。使用替代指示性染料可扩大分析范围（Oter 和 Polat，2015；Uttamlal 和 Walt，1995）。

20.5.4　细胞量传感器

最后，通过光纤结合常规分光光度计或 NIR 仪器，或通过电气手段实现对细胞质量的在线监测。极化膜用于电测量，而光吸收率与细胞浓度有关。生物量测定还可以通过使用适当的传感器测量其他参数（如 O_2 吸收速率、CO_2 释放速率和反应热流）或对不同底物和产物进行监测。在线测量发酵罐废气中的 O_2 和 CO_2，使用 O_2 测量仪测量其扩散和 CO_2 的红外吸收。对于热流测定，使用可灭菌 Pt 探针测量冷却水的入口和出口温度、入口和出口空气温度以及发酵罐中发酵液的温度。上述三个传感器获得的数据的软件分析可能间接与生物量浓度有关。所有三个软件传感器的结果与离线测量结果一致（Golobič 等，2000）。

最后，原位显微镜技术也已应用于在线细胞浓度测定，通常使用 CCD 相机进行实时观察（Bittner 等，1998）。

20.5.5　醋酸菌鉴定

醋酸菌是负责醋酸发酵和食醋生产的微生物。它们能将乙醇氧化成乙酸。这些细菌主要属于醋杆菌属和葡糖酸醋杆菌属。用于鉴定和监测醋酸菌种类的非培养技术主要是分子生物学技术。在 DNA 分离提取后，样品将进行各种基于 PCR 的技术检测。聚合酶链式反应（PCR）用于扩增特定的 DNA 序列。选择用于扩增的目标 DNA 区域必须存在于所分析的所有细菌物种中，并且必须包含保守区域，以便设计通用引物，以及用以进行物种间区分的小范围变异序列。细菌鉴定的合适目标是 16SRNA 编码基因。用于鉴定醋酸菌的分子生物学技术包括实时 PCR、PCR 后变性梯度电泳（DGGE）、限制性片段长度多态性（RFLP）分析，以及 PCR 扩增 DNA 后测序（Cocolin 等，2013；Jara 等，2013；Li 等，2016；Zhao 和 Yun，2016；Zhu 等，2018）。在 PCR-DGGE 方法中，选择的引物产生一个以上不同长度的 PCR 产物。电泳模式强烈依赖于细菌基因组（Xu 等，2011）。此外，使用小引物（5bp）结合凝胶电泳进行 PCR 扩增可产生细菌特异性 PCR 产物，从而进行细菌检测（Gullo 等，2016）。焦磷酸测序也用于 DNA 扩增后的细菌种类鉴定。DNA 分离后，使用特异性引物扩增 DNA 条形码，这意味着具有物种特异性的小型保守 DNA 序列。然后对扩增产物进行焦磷酸测序；在这个过程中，只有一个核苷酸被 DNA 聚合酶结合。这种核苷酸通常用荧光团标记，以便检测。所使用的核苷酸是双脱氧核苷酸，这意味着它们缺少游离的 3′-OH 末端（-OH 被-H 取代），这是 DNA 聚合酶继续聚合所必需的。然后主要通过毛细管电泳检测扩增子。数据通过特殊软件处理，以获得有用的测序信息（Peng 等，2015）。

荧光原位杂交（FISH）是一种很有前途的非 PCR 技术，可应用于食品微生物学。FISH 使用荧光标记的特异性寡核苷酸探针穿透细胞并与相应的基因杂交。在紫外线显微镜下监测杂交反应（Cocolin 等，2013）。利用荧光标记的互补探针，以醋酸菌 16S RNA 基因为靶点，建立了一种新的原位杂交方法。用这种方法，通过流式细胞仪分析细菌细胞来测量荧光信号。该方法可以在食醋工业生产过程中对食醋进行简单的微生物监测（Trček 等，2016）。核磁共振波谱也用于在发酵过程中用冷超纯水提取极性化合物后鉴定细菌种类。经过统计分析，获得了不同的代谢物图谱以实现物种区分（Li 等，2018）。

20.6 展望

已经在其他发酵过程中测试过的新技术也可能应用于食醋发酵的快速在线监测。例如，有人提出了一种用于快速监测葡萄酒工业苹果酸-乳酸发酵的新型传感器，用于监测发酵过程中的物理化学变化。该传感器基于超声波技术，安装在发酵工厂的不锈钢罐上（图 20.7），可应用于所有发酵过程。超声技术简单、无创、快速、准确、廉价，并能提供在线监测和自动化。通过该技术，可以测量超声波在发酵液中的传播速度，该速度与溶液中的总浓度有关（图 20.7）。结果表明传感器用于快速监测发酵过程的可行性（Çelik 等，2018）。

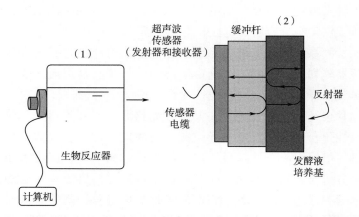

图 20.7 安装在发酵罐上的（1）超声波传感器以及（2）通过发酵液进行信号传输的原理

拉曼光谱也被用于食品加工研究。其原理基于样品与光束的相互作用。入射光子与样品分子之间发生非弹性碰撞，导致分子的振动能或旋转能发生变化。然后散射的辐射被转移到不同的波长。这种位移称为拉曼位移。特定的化学基团产生特定的拉曼位移,从而能够区分不同的化合物。缺点在于信号微弱,而便携式拉曼系统不能提供像台式仪器一样好的光谱探测范围和光谱分辨率。荧光还会干扰拉曼光谱,消除其应用(Jin 等,2016)。

与其他光谱技术相比,拉曼光谱具有许多优点,包括其适用于固体、液体和气体样品,而无须任何样品制备,尤其是在水和复杂样品中,以及自动化和在线测量的潜力。然而,拉曼光谱仪一个严重的缺点是它对温度变化和时间变化非常敏感,需要频繁校准。为此,开发了一种新的红外/傅里叶变换耦合拉曼光谱(FT-RS)自动校准系统,用于葡萄酒发酵的在线监测。拉曼光谱仪包含测量和参考光路,以获得更准确的结果。该仪器还包含一个 1064nm 激光源和一个液氮冷却的锗探测器。对于在线测量,FT-IR 与光纤探针结合,光纤探针密封在过滤管中,以消除发酵过程中不纯样品引起的散射效应,并放置在发酵罐中。结果表明,该系统能够实时监测发酵过程中的化学变化,提供定性和定量分析。该 FT-RS 系统对糖、乙醇和甘油的测定非常准确,结果与其他报告一致(Wang 等,2014)。

在酵母发酵过程中,还通过非接触式拉曼光谱探针对糖类和乙醇进行在线监测。拉曼探针能够通过生物反应器的玻璃容器或检查玻璃进行无创测量。这种探针的实际优点是它不需要杀菌,因为它没有浸入发酵液中。探针连接在生物反应器旁边的一个可调节滑道上,使光束通过 9mm 硼硅酸盐玻璃对准反应器内壁后面。入射光的穿透长度小于 2mm,使散射效应最小化。使用 785nm 激光激发拉曼探针,同时使用反射镜和透镜系统聚焦激光束和信号光。最后,由于斯托克斯位移,上述拉曼探针的拉曼信号的波长比内部光的波长大,并通过石英光纤驱动到拉曼光谱仪,由充电耦合设备探测器进行检测。通过拉曼光谱实时监测和定量葡萄糖和乙醇,显示 $1500 \sim 3200cm^{-1}$ 光谱范围内的不同特征峰。多元线性回归分析后的结果与 HPLC 分析结果一致(Schalk 等,2017)。

在线监测各种发酵过程最有希望的方法之一是使用多传感器系统,如电子鼻和电子舌。这些系统提供多组分介质的定性和定量分析。这两个系统都包含三个主要部分:样品输送系统、检测系统和数据处理系统。样品系统将样品直接送入检测器。检测系统包括一个传感器阵列,该传感器阵列由不同的化学传感器组成,这些化学传感器可同时识别电子鼻气体样品中的不同挥发性化合物或电子舌液体样品中不同性质的各种化合物,并且通常会经历电性变化。在大多数传感器电子鼻阵列中,使用非选择性传感器对所有挥发性化合物进行反应,导致测量的物理参数发生变化,从而提供样品的独特模式或指纹。最后,一个计算系统用于数据记录和处理。该技术的优点是灵敏度高、易于构建、分析时间短。然而,这些系统主要受到污染或不稳定的影响,需要偶尔重新校准。尽管有这些缺点,但它们作为实时生物过程控制的非侵入性技术已经很流行。电子鼻通常使用化学气体传感器作为传感系统,可以是压电、电化学、光学、量热传感器和生物传感器,也可以与质谱(MS)、离子迁移谱(IMS)和中红外仪器相结合。它们主要包括金属氧化物半导体(MOS)、金属氧化物半导体场效应晶体管(MOSFET)、有机导电聚合物(OCP)、石英晶体微天平(QCM)和表面声波(SAW)传感器。电子舌的传感器阵列可包括电化学传感器,如电位传感器、伏安传感器、安培传感器、阻抗传感器、电导传感器、光学传感器、质量传感器和生物传感器。最后，电子鼻、电子舌和电子眼的创新"e-panel"组合是一种新兴且非常有前景的生物过程在线监测工具，可提供气体、液体和颜色信息（Jiang 等，2015；Peris 和 Escuder-Gilabert，2013）。

20.7　结论

食醋发酵过程的在线监测对于首先确保发酵反应的无菌条件，其次确保过程的高效性和再现性，以及最终食醋产品的良好质量至关重要。在开发用于控制食醋发酵过程的在线系统方面，研究人员已经做出了一些努力，主要包括近红外光谱和中红外光谱的应用，以及气相色谱和专门的化学传感器。然而，应开发更多的在线检测系统，提供快速、简单和低成本的分析，以协助食醋发酵过程。

本章作者

德斯皮娜·卡洛吉安尼（Despina Kalogianni）

参考文献

Akasaka, N., Sakoda, H., Hidese, R., Ishii, Y., and Fujiwara, S. 2013. An efficient method using *Gluconacetobacter europaeus* to reduce an unfavorable flavor compound, acetoin, in rice vinegar production. *Applied and Environmental Microbiology* 79：7334-7342.

Alhusban, A. A., Breadmore, M. C., and Guijt, R. M. 2013. Capillary electrophoresis for monitoring bioprocesses. *Electrophoresis* 34：1465-1482.

Bambot, S. B., Holavanahali, R., Lakowicz, J. R., Carter, G. M., and Rao, G. 1994. Phase fluorometric sterilizable optical oxygen sensor. *Biotechnology and Bioengineering* 43：1139-1145.

Bao, Y., Liu, F., Kong, W., Sun, D. W., He, Y., and Qiu, Z. 2013. Measurement of soluble solid contents and pH of white vinegars using VIS/NIR spectroscopy and least squares support vector machine. *Food and Bioprocess Technology* 7：54-61.

Barin, J. S., Tischer, B., Oliveira, A. S., Wagner, R., Costa, A. B., and Flores, E. M. M. 2015. Infrared thermal imaging：a tool for simple, simultaneous and high-throughput enthalpimetric analysis. *Analytical Chemistry* 87：12065-12070.

Beutel., S., and Henkel, S. 2011. *In situ* sensor techniques in modern bioprocess monitoring. *Applied Microbiology and Biotechnology* 91：1493-1505.

Bittner, C., Wehnert, G., and Schepe, T. 1998. *In situ* microscopy for online determination of biomass. *Biotechnology and Bioengineering* 60：24-35.

Çelik, D. A., Amer, M. A., Novoa-Díaz, D. F., Chávez, J. A., Turó, A., García-Hernández, M. J., and Salazar, J. 2018. Design and implementation of an ultrasonic sensor for rapid monitoring of industrial malolactic fermentation of wines. *Instrumentation Science and Technology* 46：387-407.

Cervera, A. E., Petersen, N., Lantz, A. E., Larsen, A., and Gernaey, K. V. 2009. Application of near-infrared spectroscopy for monitoring and control of cell culture and fermentation. *Biotechnology Progress* 25：1561-1581.

Chen, Q., Ding, J., Cai, J., and Zhao, J. 2012. Rapid measurement of total acid content（TAC）in vinegar using near infrared spectroscopy based on efficient variables selection algorithm and non-linear regression tools. *Food Chemistry* 135：590-595.

Chen, Q., Liu, A., Zhao, J., Ouyang, Q., Sun, Z., and Huang, L. 2013. Monitoring vinegar acetic fermentation using a colorimetric sensor array. *Sensors and Actuators B* 183: 608-616.

Cocchi, M., Durante, C., Grand, M., Manzini, D., and Marchettia, M. 2008. Three-way principal component analysis of the volatile fraction by HS-SPME/GC of aceto balsamico tradizionale of Modena. *Talanta* 74: 547-554.

Cocolin, L., Alessandria, V., Dolci P., Gorra, R., and Rantsiou, K. 2013. Culture independent methods to assess the diversity and dynamics of microbiota during food fermentation. *International Journal of Food Microbiology* 167: 29-43.

de Ory, I., Romero, L. E., and Cantero, D. 2004. Operation in semi-continuous with a closed pilot plant scale acetifier for vinegar production. *Journal of Food Engineering* 63: 39-45.

Dias, D. R., Silva, M. S., de Souza, A. C., Magalhães - Guedes, K. T., de Rezende Ribeiro, F. S., and Schwan, R. F. 2016. Vinegar production from *Jabuticaba* (*Myrciaria jaboticaba*) fruit using immobilized acetic acid bacteria. *Food Technology and Biotechnology* 54: 351-359.

Durán, E., Palma, M., Natera, R., Castro, R., and Barroso, C. G. 2010. New FT-IR method to control the evolution of the volatile constituents of vinegar during the acetic fermentation process. *Food Chemistry* 121: 575-579.

Etzion, Y., Linker, R., Cogan, U., and Shmulevich, I. 2004. Determination of protein concentration in raw milk by mid - infrared Fourier Transform infrared/attenuated total reflectance spectroscopy. *Journal of Dairy Science* 87: 2779-2788.

Fotakis, C., Kokkotou, K., Zoumpoulakis, P., and Zervou, M. 2013. NMR metabolite fingerprinting in grape derived products: An overview. *Food Research International* 54: 1184-1194.

Fregapane, G., Rubio-Fernández, H., and Salvador, M. D. 2003. Continuous production of wine vinegar in bubble column reactors of up to 60-litre capacity. *European Food and Research Technology* 216: 63-67.

García-García, I., Cantero-Moreno, D., Jiménez-Ot, C., Baena-Ruano, S., Jiménez-Hornero, J., Santos-Dueias, I., Bonilla-Venceslada, J., and Barjac, F. 2007. Estimating the mean acetification rate via on-line monitored changes in ethanol during a semi-continuous vinegar production cycle. *Journal of Food Engineering* 80: 460-464.

Garrido - Vidal, D., Esteban - Díez, I., Pérez - del - Notario, N., González - Sáiz, J. M., and Pizarro, C. 2004. On-line monitoring of kinetic and sensory parameters in acetic fermentation by near infrared spectroscopy. *Journal of Near Infrared Spectroscopy* 12 (1): 15-27.

Golobič, I., Gjerkeš, H., Bajsič, I., and Malenšek, J. 2000. Software sensor for biomass concentration monitoring during industrial fermentation. *Instrumentation Science and Technology* 28: 323-334.

González-Sáiz, J. M., Esteban-Díez, I., Sánchez-Gallardo, C., and Pizarro, C. 2008. Monitoring of substrate and product concentrations in acetic fermentation processes for onion vinegar production by NIR spectroscopy: value addition to worthless onions. *Analytical and Bioanalytical Chemistry* 391: 2937-2947.

González-Sáiz, J. M., Garrido - Vidal, D., and Pizarro, C. 2009. Modelling the industrial production of vinegar in aerated-stirred fermenters in terms of process variables. *Journal of Food Engineering* 91: 183-196.

Guan, B., Zhao, J., Cai, M., Lin, H., Yao, L., and Sun, L. 2014. Analysis of volatile organic compounds from Chinese vinegar substrate during solid-state fermentation using a colorimetric sensor array. *Analytical Methods* 6: 9383-9391.

Gullo, M., Zanichelli, G., Verzelloni E., Lemmetti, F., and Giudici, P. 2016. Feasible acetic acid fermentations of alcoholic and sugary substrates in combined operation mode. *Process Biochemistry* 51: 1129-1139.

Harms, P., Kostov, Y., and Rao, G. 2002. Bioprocess monitoring. *Current Opinion in Biotechnology* 13: 124-127.

Jara, C., Mateo, E., Guillamón, J. M., Mas, A., and Torija, M. J. 2013. Analysis of acetic acid bacteria by different culture - independent techniques in a controlled superficial acetification. *Annals of Microbiology* 63: 393-398.

Jiang, H., Zhang, H., Chen, Q., Mei, C., and Liu, G. 2015. Recent advances in electronic nose techniques for monitoring of fermentation process. *World Journal of Microbiology and Biotechnology* 31: 1845–1852.

Jin, H., Lu, Q., Chen, X., Ding, H., Gao, H., and Jin, S. 2016. The use of Raman spectroscopy in food processes: A review. *Applied Spectroscopy Reviews* 51: 12–22.

Ji-Yong, S., Xiao-Bo, Z., Xiao-Wei, H., Jie-Wen, Z., Yanxiao, L., Limin, H., and Jianchun, Z. 2013. Rapid detecting total acid content and classifying different types of vinegar based on near infrared spectroscopy and least-squares support vector machine. *Food Chemistry* 138: 192–199.

Johnson, M. J., Borkowski, J., and Engblom, C. 1964. Steam sterilizable probes for dissolved oxygen measurement. *Biotechnology and Bioengineering* 5: 457–648.

Kerrebroeck, S. V., Vercammen, J., Wuyts, R., and Vuyst., L. D. 2015. Selected ion flow tube-mass spectrometry for online monitoring of submerged fermentations: a case study of sourdough fermentation. *Journal of Agricultural and Food Chemistry* 63: 829–835.

Kocher, G. S., Dhillon, H. K., and Joshi, N. 2014. Scale up of sugarcane vinegar production by recycling of successive fermentation batches and its organoleptic evaluation. *Journal of Food Processing and Preservation* 38: 955–963.

Kornmann, H., Rhiel, M., and Cannizzaro, C. 2002. Methodology for real-time, multi-analyte monitoring of fermentations using an *in-situ* mid-infrared sensor. *Biotechnology and Bioengineering* 82: 702–709.

Kreyenschulte, D., Paciok, E., Regestein, L., Blümich, B., and Büchs, J. 2015. Online monitoring of fermentation processes via non-invasive low-field NMR. *Biotechnology and Bioengineering* 112: 1810–1821.

Li, R. Y., Zheng, X. W., Zhang, X., Yan, Z., Wang, X. Y., and Han, B. Z. 2018. Characterization of bacteria and yeasts isolated from traditional fermentation starter (Fen-Daqu) through a 1H NMR-based metabolomics approach. *Food Microbiology* 76: 11–20.

Li, S., Li, P., Liu, X., Luo, L., and Lin, W. 2016. Bacterial dynamics and metabolite changes in solid-state acetic acid fermentation of Shanxi aged vinegar. *Applied Microbiology and Biotechnology* 100: 4395–4411.

Liu, Y. C., Wang, F. S., and Lee, W. C. 2001. Online monitoring and controlling system for fermentation processes. *Biochemical Engineering Journal* 7: 17–25.

Martínez-Quiroz, M., Ochoa-Terán, A., Pina-Luis, G., and Ortega, H. S. 2017. Photoinduced electron transfer in N, N-bis (pyridylmethyl) naphthalene diimides: study of their potential as pH chemosensors. *Supramolecular Chemistry* 29: 32–39.

Matz, G., Loogk, M., and Lennemann, F. 1998. On-line gas chromatography–mass spectrometry for process monitoring using solvent-free sample preparation. *Journal of Chromatography A* 819: 51–60.

Mieliauskiene, R., Nistor, M., Laurinavicius, V., and Csöregi, E. 2006. Amperometric determination of acetate with a tri-enzyme based sensor. *Sensors and Actuators B* 113: 671–676.

Nanto, H., Hamaguchi, Y., Komura, M., Takayama, Y., Kobayashi, T., Sekikawa, Y., Miyatake, T., Kusano, E., Oyabu, T., and Kinbara, A. 2002. A novel chemosensor system using surface plasmon resonance taste sensor and metal oxide odor sensor for quality control of vinegar. *Sensors and Materials* 14: 1–10.

Ndoye, B., Lebecque, S., Destain, J., Guiro, A. T., and Thonart, P. 2007. A new pilot plant scale acetifier designed for vinegar production in Sub-Saharan Africa. *Process Biochemistry* 42: 1561–1565.

Oter, O., and Polat, B. 2015. Spectrofluorometric determination of carbon dioxide using 8-hydroxypyrene-1, 3, 6-trisulfonic acid in a zeolite composite. *Analytical Letters* 48: 489–502.

Peng, Q., Yang, Y., Guo, Y., and Han, Y. 2015. Analysis of bacterial diversity during acetic acid fermentation of Tianjin Duliu aged vinegar by 454 pyrosequencing. *Current Microbiology* 71: 195–203.

Peris, M., and Escuder-Gilabert, L. 2013. Online monitoring of food fermentation processes using electronic noses and electronic tongues: A review. *Analytica Chimica Acta* 804: 29–36.

Pinu, F. R., and Villas‐Boas, S. G. 2017. Rapid quantification of major volatile metabolites in fermented food and beverages using gas chromatography‐mass spectrometry. *Metabolites* 7: 37-50.

Roda, A., Lucini, L., Torchio, F., Dordoni, R., De Faveri, D. M., and Lambri, M. 2017. Metabolite profiling and volatiles of pineapple wine and vinegar obtained from pineapple waste. *Food Chemistry* 229: 734-742.

Roychoudhury, P., Harvey, L. M., and McNeil, B. 2006. The potential of mid infrared spectroscopy (MIRS) for real time bioprocess monitoring. *Analytica Chimica Acta* 571: 159-166.

Sáiz‐Abajo, M. J., González‐Sáiz, J. M., and Pizarro, C. 2006. Prediction of organic acids and other quality parameters of wine vinegar by near‐infrared spectroscopy. A feasibility study. *Food Chemistry* 99: 615-621.

Schalk, R., Braun, F., Frank., R., Rädle, M., Gretz, N., Methner, F. J., and Beuermann, T. 2017. Non‐contact Raman spectroscopy for in‐line monitoring of glucose and ethanol during yeast fermentations. *Bioprocess and Biosystems Engineering* 40: 1519-1527.

Schäpper, D., Alam, M. N. H. Z., Szita, N., Lantz, A. E., and Gernaey, K. V. 2009. Application of microbioreactors in fermentation process development: A review. *Analytical and Bioanalytical Chemistry* 395: 679-695.

Schlepütz, T., and Büchs, J. 2013. Investigation of vinegar production using a novel shaken repeated batch culture system. *Biotechnology Progress* 29: 1158-1168.

Suehara, K., and Yano, K. 2004. Bioprocess monitoring using near‐infrared spectroscopy. *Advances in Biochemical Engineering/Biotechnology* 90: 173-198.

Tamburini, E., Marchetti M. G., and Pedrini, P. 2014. Monitoring key parameters in bioprocesses using near‐infrared technology. *Sensors* 14: 18941-18959.

Tischer, B., Oliveira, A. S., de Freitas Ferreira, D., Menezes, C. R., Duarte, F. A., Wagner, R., and Barin, J. S. 2017. Rapid microplate, green method for high‐throughput evaluation of vinegar acidity using thermal infrared enthalpimetry. *Food Chemistry* 215: 17-21.

Tosi, S., Rossi, M., Tamburini, E., Vaccari, G., Amaretti, A., and Matteuzzi, D. 2003. Assessment of in‐line near‐infrared spectroscopy for continuous monitoring of fermentation processes. *Biotechnology Progress* 19: 1816-1821.

Trček, J., Lipoglavšek, L., and Avguštin, G. 2016. 16S rRNA *in situ* hybridization followed by flow cytometry for rapid identification of acetic acid bacteria involved in submerged industrial vinegar production. *Food Technology and Biotechnology* 54: 108-112.

Uttamlal, M., and Walt, D. R. 1995. A fiber‐optic carbon dioxide sensor for fermentation mon‐itoring. *Biotechnology* 13: 597-601.

Uysal, R. S., Soykut, E. A., Boyaci, I. H., and Topcu, A. 2013. Monitoring multiple components in vinegar fermentation using Raman spectroscopy. *Food Chemistry* 141: 4333-4343.

Wang, Q., Li, Z., Ma, Z., and Liang, L. 2014. Real time monitoring of multiple components in wine fermentation using an on‐line auto‐calibration Raman spectroscopy. *Sensors and Actuators B* 202: 426-432.

Woodcock, T., Downey, G., and O' Donnell, C. P. 2008. Better quality food and beverages: The role of near infrared spectroscopy. *Journal of Near Infrared Spectroscopy* 16: 1-29.

Xu, W., Huang, Z., Zhang, X., Li, Q., Lu, Z., Shi, J., Xu, Z., and Ma, Y. 2011. Monitoring the microbial community during solid‐state acetic acid fermentation of Zhenjiang aromatic vinegar. *Food Microbiology* 28: 1175-1181.

Zhao, H., and Yun., J. 2016. Isolation, identification and fermentation conditions of highly acetoin‐producing acetic acid bacterium from Liangzhou fumigated vinegar in China. *Annals of Microbiology* 66: 279-288.

Zhu, Y., Zhang, F., Zhang, C., Yang, L., Fan, G., Xu, Y., Sun, B., and Li, X. 2018. Dynamic microbial succession of Shanxi aged vinegar and its correlation with favor metabolites during different stages of acetic acid fermentation. *Scientific Reports* 8 (8612): 1-10.

21

食醋的掺假、质量、
表征与鉴定方法

21.1　引言

如今，人们对高质量食品的需求越来越大，食醋就是这样一种产品。在过去，食醋被认为是发酵产品中的副产品，缺乏公认的质量标准。然而，这种情况在最近这些年，发生了根本性的变化。直到最近高品质食醋在高级烹饪和美食中才被用到，并随着全球家庭需求不断增长，许多消费者现在意识到它是一种高质量的产品。这导致市场上出现了种类繁多的食醋，因为各种食醋的质量和特性不同，最终售价也有很大的变化。这就需要通过开发可靠的分析方法来进一步建立判断食醋质量和产地的标准。

食醋是一种非常复杂的多组分化学物质的混合物，其特性需要测定其化学成分的复杂性，通过监测原材料和具体详细过程，偶尔监测在过程中采用的陈酿系统和木材种类。

此外，一些食醋受到法律机构的保护，该法律被称为受保护的地理标志（PGI）或受保护的原产地名称（原产地保护，PDO）。这样的认证要求生产商尊重传统生产方法，并确保食醋的原产地。原产地保护食醋是一种高质量的产品，在特定的区域使用特定的生产程序生产，这赋予它们独特的品质特点。在欧洲，食醋有五个地理标志：

（1）三个是来自西班牙的原产地保护葡萄酒食醋　雪莉醋，认证于 2010 年；韦尔瓦县食醋，认证于 2011 年；蒙蒂利亚-莫里莱斯食醋，认证于 2015 年。

（2）两个来自意大利　摩德纳传统香脂食醋和来自雷焦艾米利亚的食醋，认证于 2000 年。

这些原产地保护葡萄酒醋是采用耗时长、生产成本高的传统工艺，用高质量的酒生产的。因此，不仅最终的价格提高，而且质量有所提升。

在中国，政府授予镇江香醋、山西老陈醋、喀左陈醋、福建永春老醋和天津独流老醋受保护的地理标志认证。中国食醋和欧洲食醋的主要区别在于它们的原料：中国食醋的原料是大米、糯米、高粱和麦麸，欧洲食醋的原料是葡萄酒、苹果酒、果汁、发芽大麦、蜂蜜和纯乙醇（Xiong 等，2006）。然而，这同时也会使认证产品成为欺诈和仿造的更大目标。

此外，需要客观地确定适当的参数，以便能够将一种食醋与另一种食醋进行特征分析并加以区分，这样既能确保醋的真实性也能获得特定品质的食醋。食醋的鉴定和分类是以确认食醋的质量和原产地为基础，对于保护消费者不会购买到带有虚假说明的劣质产品、确保食醋行业安全，以及通过验证食醋是否符合其标签说明来保护诚信商家免受不公平竞争是很重要的。

近年来，在高质量食品认证方面的研究兴趣不断增长。这种兴趣主要是由以下情况来决定的，在食品工业生产高质量食醋的持续挑战，以及需要通过更多客观分析方法来确保纸质认证的真实性和可追溯性。由于需要研究的参数范围很广，而且欺诈行为非常复杂，这确实是一项艰巨的挑战。

21.2　食醋的掺假行为

多年来，食醋掺假案件层出不穷。最早的掺假案件之一，已经发生了超过 80 年，即在食醋中添加化学乙酸。其他长期存在的掺假行为也发生在不同的国家，例如，瑞士有不良商贩为了降低生产成本，在葡萄酒醋中添加苹果醋（Bourgeoiset 等，2006）。

由于各国对食醋的法律定义不同，食醋行业现在也出现了其他掺假行为。例如，在欧盟，食醋一词描述的是"农业原料经过双重发酵（酒精发酵和醋酸发酵）后的产物"，而在美国，"用水稀释的人工合成的乙酸"也可以作为食醋标签。另一个例子关于用葡萄酒制作食醋。在这种情况下，德国的法律允许用天然乙醇进行醋酸发酵，用水稀释乙酸，或将发酵食醋与合成乙酸混合，或与合成乙酸制成的食醋混合来生产食醋（Werner 和 Roßmann，2015）。然而，欧洲的法规指出葡萄酒醋只能通过新鲜葡萄生产葡萄酒，再由醋酸发酵来生产。因此，正宗的葡萄酒醋不能含有来自石油衍生物、木材热解（合成乙酸）或非葡萄来源糖类的发酵（如甜菜或甘蔗）而获得的乙酸。商业化的食醋用不同来源的乙醇生产来冒充真正的葡萄酒醋，这是食醋行业最常见的掺假行为之一。这种掺假行为是为了降低生产成本。因为有时乙醇的来源并不为人所知，所以这种掺假很难被发现（Sáiz-Abajo 等，2005）。

另一种有关葡萄酒醋的掺假做法，是用水稀释过的葡萄干生产葡萄酒和葡萄酒醋。这种所谓的"葡萄干醋"通常是在一些地中海国家通过发酵葡萄干，然后再补充水，这不能被视为或标记为葡萄酒醋。尽管如此，在一些地中海国家，如希腊，已经出现用上述方法生产"葡萄酒醋"的情况，同时它也被当作葡萄酒醋进口到意大利（Camin 等，2013）。

另一方面，许多商业掺假行为也出现在带有受保护标志的食醋上。食醋中受保护的原产地名称标识或质量标签在南欧是非常普遍的，这为产品提供了更大的保障，但同时也助长了不公平生产者的不诚实行为。虽然这些受保护的原产地名称严格控制其生产程序、生产面积、通过传统方法进行陈酿以及感官和特性分析（均受议会法规的定期控制），但仍出现了一些掺假或欺诈行为。这些违法行为误导消费者，并造成不公平竞争。然而，也常常被主要制造商默许，这主要是由于其所带来的额外利润。一个众所周知的案例是摩德纳原产地保护名称的传统香脂醋和摩德纳受保护的地理标志的香脂醋。第一种是采用传统的、耗时且昂贵的生产方法，遵守非常严格的原材料来源和生产方法规则，这确保了其高品质。第二种是工业化生产的，是一种更便宜的产品。这种产品是由煮熟的葡萄醪、浓缩葡萄醪和葡萄酒醋通过复杂的工艺制成。然而，它是一种比传统香脂醋的工艺要快得多的生产工艺（Consonni 等，2008a，2008b）。

由于它们的价格不同，掺假和不公平做法或贴错标签的情况并不少见。因此，市场上许多流行的食醋品牌实际上只是一种添加食用色素的甜红葡萄酒醋，而不是用指定品种的葡萄生产的。此外，它们要么根本没有陈酿，要么在不锈钢桶中陈酿了很短的时间（Werner 和 Roßmann，2015）。此外，著名的西班牙葡萄酒醋（PDO）也遭受过（并且仍在遭受）类似的不公平做法，如伪造陈酿过程或陈酿时间长度。

这些高质量食醋面临的主要问题是，目前认证是通过感官分析和单一的物理化学性质测定获得的，如总酸度、密度和干残渣。认证是由私营公司采用非客观分析技术来确定来源和陈酿时间（Consonni 等，2008b）。并且，由于欺诈的种类繁多且其复杂性不断提高，而且它们的检测能力有限，这些分析工具仍然不足以检测食醋中常见的掺假行为。

由于这些原因，有必要确定食醋的特征和品质参数，最终目的是建立真实性保证，并打击目前激增的掺假行为，这些掺假最终可能会给遵守法律的诚实行业带来不可逆的经济后果。为此，一些团队正致力于寻找最可靠、最准确、最有力和最经济的分析技术，从而实现对不同种类食醋的特征描述和区分，特别是那些高质量和高价格的食醋。

21.3 食醋的品质参数

由于食醋并不总是由葡萄酒制成，有时使用苹果酒、啤酒和葡萄醪制作，所以评估参数是为了质量和分类的改变。首先，考虑到不同国家对食醋有不同的法律或法规，有许多分析参数可以定义一种食醋。尽管如此，用来定义食醋的常见和传统的分析参数是它的酸度、残留乙醇和乙酸/乙醇的比率（Solieri 和 Giudici，2009）。然而，应该考虑的是总酸含量在不同的食醋和不同的国家是不同的。因此，美国食品与药物管理局（FDA）要求任何被称为"食醋"的产品都至少含有 40g/L 的酸度。食品法典标准建议葡萄酒醋的最低酸度为 60g/L，其他最低为 50g/L，因为产品中的乙酸含量因所用原料的不同而不同（Moros 等，2008；Ji-Yong 等，2013）。乙酸和乙醇的含量会根据所使用的原料、发酵微生物和所采用技术而变化。但是，它们主要根据食醋的类型而不同，因此，酸度水平并不能真正衡量品质。

一般说来，影响食品质量的因素是其营养价值、安全性和感官特性。然而，由于食醋主要作为调味品使用，其质量主要取决于感官特性，而食醋的感官特性主要取决于其香气。除了乙酸和乙醇，食醋还含有其他成分，这些成分对食醋的气味、味道和保存质量起着重要作用。因此，那些影响食醋风味的成分和香气成分，来源于并受到这些因素的影响：原料、生产过程、发酵过程中形成的成分、有时在木桶中陈酿过程中形成的成分。

原料提供了许多与质量特性相关的化合物，如特征香气挥发性化合物和多酚。多酚在葡萄酒醋中的含量比在其他醋中（如以苹果或蜂蜜为原料）获得的含量更多，它对产品的感官特性（色泽、风味和收敛性）以及有益特性都有很大的影响（Cerezo 等，2010）。

生产工艺对香气成分也有很大影响。事实上，醋酸发酵过程中细菌的物种多样性已被证明会影响食醋的最终组分（Tesfaye 等，2002b；Valero 等，2005）。此外，食醋生产中使用的醋酸发酵方法对最终的香气成分也起着重要的作用。一般说来，这些方法可以分为两组（详见其他章节）：在钢罐中深层培养细菌的快速或深层发酵过程（通过搅拌促进氧化作用），或表面法（也称为慢速法，其中培养的醋酸菌生长在液体的表面）。大多数商品化的食醋是由快速法生产的，而传统的食醋，例如，那些有受保护的原产地名称的食醋，是通过缓慢的醋酸发酵过程生产的，这通常会提升食醋的质量（Morales 等，2001；Natera 等，2003）。

在木材中陈酿也有助于提高这些葡萄酒醋的香气复杂性，并且影响食醋的颜色，这两个都是消费者评估食品质量的重要特征。在木桶陈酿的过程中，会发生化学修饰，包括酯化、缩合，以及由于水分通过木孔蒸发而导致的化合物的浓缩。有些化合物也是从木材中提取出来的，这使最终产品具有特殊和独特的性质（Marrufo-Curtido 等，2012）。陈酿的时间和类型（在不同种类的木材中）是造成差异的其他原因，并极大地影响食醋的质量（Callejón 等，2010；Ríos-Reina 等，2017b）。

黏度是影响一些食醋感官质量的另一个重要参数，如传统的摩德纳香脂醋。但是，目前还没有建立一套程序来客观地确定这一参数。

最后，同样重要的是，不管是哪种食醋，在食醋中添加提取物、糖、色素、人工色素或防腐剂也应考虑到质量评价的体系中，因为它们的存在通常表示食醋的质量较低。

21.4 食醋的表征与鉴定

如今，市场上的食醋种类日益增加，以及消费者对一些食醋和优质调味品的需求不断增长，促使人们通过建立特定的参数和提供足够的质量控制标准以保护其标识（Cerezo 等，2008；Liu 等，2008；Marrufo-Curtido 等，2012）。此外，由于上述原因，这些产品正在成为更大的欺诈目标，使得它们需要新的工具来打击造假或贴错标签的行为。因此，食醋特征化是为了保护消费者免受与产品描述不符的劣质产品侵害，也为了保护诚实的生产商免受不公平竞争的影响。因此，食醋和所有其他食品一样，必须符合质量标准，并且必须贴上产品如实描述的标签。

为了建立有效的方法来保证食品的真实性，区分劣质或掺假的食醋和正品，在几项研究中，应用几种不同的技术，对许多参数进行研究。在这种情况下，在掺入较少的昂贵葡萄酒醋的假葡萄酒醋中，多元醇含量对确定食醋的来源是有用的（Antonelli 等，1997）。此外，一些挥发性化合物（如丙酸乙酯和乙酸乙酯），也被用来区分葡萄酒醋的品质和有缺陷或掺假的样品（Chinnici 等，2009；Durán-Guerrero 等，2015）。另一组被广泛研究的化合物是葡萄酒醋中存在的酚类物质，因为它们在葡萄中自然存在，或者由陈酿过程中食醋与木材的接触而产生。这些化合物已经被作为原料的地理来源、精制方法和陈酿时间的可能指标（García-Parrilla 等，1997）。此外，还研究了D-/L-脯氨酸的比值，以评估陈酿时间。

传统陈酿需要投入更多的时间和更高的生产成本，这对于所生产食醋的高品质很重要。利用酸度、总提取物、甘油、乙醇、硫酸盐和矿物质等分析参数，在区分快速醋酸发酵和传统方法方面取得了良好的效果。如果要把研究点集中在特定种类的食醋特性上（如区分摩德纳香脂醋和传统的摩德纳香脂醋），那么分析 D-L-氨基酸以及（R）-（S）-乙酰蛋白水平已被证明是有效的（Chiavaro 等，1998）。

21.5　食醋的分类与鉴定方法

由于不同的原料和生产工艺生产出种类多样的食醋，使市场上出现了多种最终品质不同的食醋。这意味着人们越来越需要研究可靠的分析方法，以确定食醋的特性和来源。除了评估食醋的真实性外，这些方法还必须能够检测出可能的掺假和伪劣品。

一般说来，这些方法可以分为两类：感官分析和理化分析。因为食醋的品质主要与它的香气有关，所以感官分析是第一个要考虑的方法。感官分析是从生产者、研究者或消费者的角度来鉴赏食醋品质的有力工具。然而，从消费者的角度来看，虽然感官分析在食醋的可接受性中起着重要的作用，但也需要仪器分析来确保最终的品质并满足法律要求。因此，在表征和鉴定领域要研究的第二类技术是那些分析食醋理化特性的技术。这些物理化学技术可以根据两种策略进行分组：①能够分析一个或多个特定成分食醋标记的技术（靶向方法）；②试图通过一种技术分析获得食醋的"指纹"或轮廓，然后通过使用化学计量学工具（靶向或非靶向方法）建立类别模型的技术（Cocchi 等，2004）。食醋分析中靶向和非靶向方法的流程步骤如图 21.1 所示。

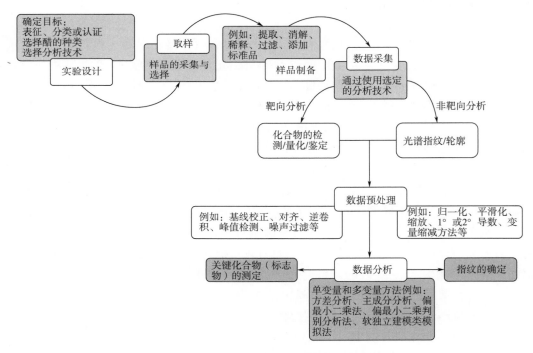

图 21.1　食醋分析中靶向和非靶向方法的流程

关于第一种方法，广泛使用的特征化和鉴定食醋的常规方法包括灰分、磷含量和酸度的分析，以及某些氨基酸、醋杆菌属（*Acetobacter*）发酵副产物、原料衍生物质、微量元素和金属含量的测定，以及一些食醋在木质容器中陈酿所产生的酚类化合物的测定。这些化合物的定性和定量分析是通过如气相色谱-质谱（GC-MS）（Plessi 等，

2006)、高效液相色谱-质谱（HPLS-MS）（Tesfaye 等，2002a；Cerezo 等，2008）或酶法（Verzelloni 等，2007）等方法进行的。

第二种较新方法的主要优点，包括考虑食醋建模中呈现的不同成分的个体贡献和相互作用，换言之，即考虑食物基质的总体复杂性（Cocchi 等，2004）。在这种情况下，当观察样品的总挥发性特征时，正在研究的方法学是几种光谱技术，例如，中红外（MIR）、近红外光谱（NIR）（Durán-Guerrero 等，2010；Zhao 等，2011；De la Haba 等，2014；Ríos-Reina 等，2017b，2018b)、荧光光谱（Callejón 等，2012；Ríos-Reina 等，2017a)、核磁共振（NMR）（Fotakis 等，2013；Papotti 等，2015）和 GC-MS（Casale 等，2006；Ríos-Reina 等，2018a)。

21.5.1　感官分析

感官分析是一个很有价值的分析手段。换句话说，食物的感官特性是通过我们的感官来分析的。前提是要由训练有素的评价员使用方法学标准对结果进行统计处理（Gerbi 等，1997)，感官分析已被证明是评估食醋特性的一种简单而可靠的工具。然而，在食醋中由于乙酸对整体感觉的压倒性贡献，导致产品具有冲击性味道和气味，从而很难进行感官分析。因此，必须明确定义适当的感官方法学，在鉴别分析或描述性分析的特性必须精确，并得到专家小组的认可（Tesfaye 等，2009)。

感官分析可以通过"嗅觉"和"味觉"进行。在味觉分析中，也有不同的方法，比如用最接近正常食用的方式准备食醋，或者用酒杯来测试食醋。后者是在醋窖中进行的感官分析的通常程序（Tesfaye 等，2002)。此外，关于嗅觉评价程序，也有不同的测试，如三角形测试、配对比较测试和偏好测试等。

多年来，食醋的感官表征一直被广泛应用。因此，Gerbi 等（1997）对不同来源的食醋进行了感官分析，结果表明，感官分析只需七个感官参数就可以将不同来源的食醋（如食用酒精和苹果醋）与葡萄酒醋区分开来。几年后，Tesfaye 等（2002）根据陈酿过程中发生的变化开发了雪莉醋的感官评价。这项研究清楚地表明，香气强度和品质都随着陈酿时间的增加而增加。Morales 等（2006）还研究了与传统方法（雪莉醋）相比，加速陈酿生产的葡萄酒醋的感官特性的重要性，从而能够从感官上"快速"区分食醋和陈酿的高质量葡萄酒醋。

以前对食醋品质监测的很多研究都是基于一系列的感官分析。此外，对于一些食醋，质量控制主要基于它们的感官特性，就像传统的摩德纳香脂醋一样。因此，他们的质量认证是基于感官评价，以及一些化学和物理分析，如总酸度、密度和干提取物（Masino 等，2008；Hillmann 等，2012；Lalou 等，2015)。

21.5.2　理化分析

虽然食醋的质量已经通过感官评价专家小组进行评估，但目前在通过仪器测量来研究和进行更快速、更客观的特征。理化分析通常被用于遵守关于食醋的品质、安全性和特性的法律要求。在这篇文章中，可以找到几个旨在描绘食醋的特性或区分食醋的研究（Cocchi 等，2007；Xiao 等，2011；Marrufo-Curtido 等，2012；Ortiz-Romero

等，2018）。通过应用到的分析方法来进行研究，从而能够观察到多年来研究方法的演变，研究目的是描绘食醋的特性并控制其品质。此外，它们还可以根据上述策略分为靶向方法和非靶向方法。这种技术分类可以在图21.2中看到。

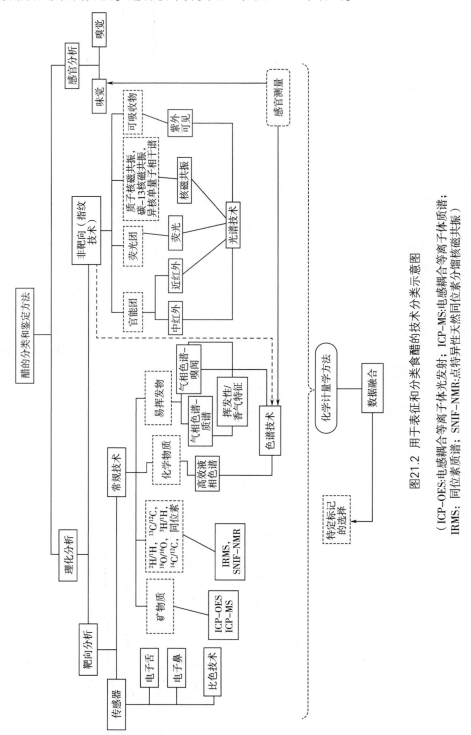

图21.2 用于表征和分类食醋的技术分类示意图

（ICP-OES:电感耦合等离子体光发射；ICP-MS:电感耦合等离子体质谱；
IRMS: 同位素质谱；SNIF-NMR:点特异性天然同位素分馏核磁共振）

21.5.3　色谱技术

色谱技术在传统上被用于测定某些食醋中的物质。它们可用于特征化、分类或检测食醋中的掺假情况。

高效液相色谱法已被广泛应用于分析化合物（如酚类），这些化合物似乎是区分不同产地和不同醋酸发酵方法生产的食醋的一组重要物质（Garcia-Parrilla 等，1994，1997）。这些化合物还与陈酿阶段和所用木材的类型有关，以便区分食醋的不同特性（García-Parrilla 等，1999；Tesfaye 等，2002a；Cerezo 等，2008，2010）。

另一方面，气相色谱-质谱（GC-MS）已成为分析食醋挥发性成分（与食醋品质直接相关）以及确定某些相关化合物的最广泛使用的技术。因此，它被用来确定多元醇，用于表征来自不同植物的食醋，或用于检测疑似在葡萄酒醋中掺入较少的昂贵葡萄酒醋的情况（Antonelli 等，1997）。此外，GC-MS 结合不同的前提取步骤，已被用于评估食醋品质中作为鉴别参数的挥发性醛（Durán-Guerrero 等，2015）；用于根据不同食醋的挥发性成分来表征和分类不同的食醋种类（白醋、红醋、香脂醋、雪莉醋、草莓醋和苹果醋）（Cocchi 等，2004；Pizarro 等，2008；Chinnici 等，2009；Cirlini 等，2011；Ubeda 等，2016），以及用于区分具有 PDO 或 PGI 的高品质食醋（Cocchi 等，2004；Chinnici 等，2009；Marrufo-Curtido 等，2012；Ríos-Reina 等，2018a）。关于最后一个问题，Chinnici 等（2009）通过 GC-MS 分析表明，短链脂肪酸、呋喃类化合物、烯醇衍生物和某些酯类化合物可以区分三种不同的 PGI（传统摩德纳香脂醋、摩德纳香脂醋和雪莉醋）。用类似的方式，Marrufo-Curtido 等（2012）还使用 GC-MS 对三种不同 PGI 的挥发性成分进行了表征。此外，Cirlini 等（2011）用 GC-MS 区分未陈酿的和陈酿的摩德纳香脂醋。Ríos-Reina 等（2018a）研究了不同的采样方法，并与 GC-MS 联用，以评估和比较它们在分析西班牙 PDO 葡萄酒醋的挥发性成分方面的适用性，来对它们进行区分。GC-MS 也用于根据种类、发酵方法和产地来区分中国食醋（Xiao 等，2011；Yu 等，2012；Xiong 等，2016）。

然而，食醋中存在的挥发性化合物对食醋整体香气的贡献并不相同。在这项研究中，嗅闻仪（GC-O）是用来测定那些对食醋的香气有真正影响的化合物，即具有冲击性气味的化合物。尽管已经证明 GC-O 是从复杂的混合物中筛选气味成分和鉴定活性气味化合物的一种有价值的方法，但关于 GC-O 在食醋中的应用的文献研究很少。具体地说，到目前为止，只有雪莉醋和一些中国食醋通过这种技术进行了分析（Callejón 等，2008a，2008b；Zhou 等，2017）。

最后，尽管色谱技术费时费力，但应该考虑的是，近年来随着化学计量工具（即多元曲线分辨、平行因子分析等）的发展，目前正在开展解决色谱问题的新方法，即通过快速和准确地分析来改进对复杂数据的解析，以及进行非靶向分析（Casale 等，2006；Cocchi 等，2007；Hanao 等，2012；Ríos-Reina 等，2018a）。

21.5.4　光谱技术

近年来，食品真实性检测领域取得了快速的进步，因为在许多情况下，用常规方法对样品的真实性进行直观的判定是不可能的。此外，用于食醋特征和品质把控的传统分析方法大多成本高、破坏性强、耗时长、需要熟练的操作人员，而且对环境的影响很大。因此，基于非靶向分析技术的快速、低成本、非破坏性和直接的方法学，作为一种认证方法正越来越引起人们的兴趣（Ríos-Reina 等，2017a，2017b，2018b）。因此，考虑到时间对准确度的重要性等，目前那些能够提供"符合目的"结果的方法学正成为分析化学的一种发展趋势。与定量结果相比，这些方法主要基于定性方面。在这组技术中，人们对基于红外（IR）、荧光或核磁共振的光谱技术的应用非常广泛，以便能够更客观、快速且更廉价地评估食醋特性（Versari 等，2011）。这些技术是食醋指纹图谱最常用的技术，因为它们满足上述特征，同时还通过考虑食醋中不同化学成分的个体贡献和相互作用来确定几个特性（Cocchi 等，2004）。此外，对这些方法学感兴趣的其他原因是，除了用于校准外，它们不需要经过专门培训的工人。

从这个意义上讲，振动光谱技术，如近红外光谱（NIR）和傅里叶变换红外光谱（FTIR）已被证明满足上述特征。近红外光谱已被用于对乙醇和其他与食醋品质相关的化合物同步在线监测，以及监测生产过程，以便在尽可能短的时间内评估具体的纠正措施。一些研究工作也证明了它根据原料来源和精制过程对食醋样品进行分类的作用。因此，Saiz-Abajo 等（2004）使用近红外光谱对西班牙北部的葡萄酒醋和酒精醋进行分类，校准率和预测分类率分别为 85.7% 和 100%，并证明了该技术适用于来自 8 种不同原料食醋的分类，并适用于不同的加工方法，如：必需添加物、发酵和在木器中陈酿等（Sáiz-Abajo 等，2004）。此外，它已成功地应用于食醋中总酸、非挥发性酸和挥发性酸、有机酸、L-脯氨酸、固体、灰分和氯化物的测定，这对于工业规模的食醋生产过程的监控是有用的（Sáiz-Abajo 等，2006）。近红外光谱还被用于对陈醋地理来源进行快速分类（Lu 等，2011），用于区分发酵食醋和混合食醋（Fan 等，2011），以及用于检测掺假醋（Sáiz-Abajo 等，2005），此外，已将其作为 PDO 葡萄酒醋的鉴定和分类方法进行了研究（De la Haba 等，2014；Ríos-Reina 等，2018b）。

中红外测量（MIR）通常基于傅里叶变换红外光谱（FTIR），也已被开发用于单独评估食醋中富含的化合物。与近红外光谱相比，傅里叶变换红外光谱是一种分析技术，就监测的化学任务而言，它提供了更多的化学信息。尽管近红外光谱更快、更容易实施，而且使用方便，但傅里叶变换红外光谱在监测西班牙原产地保护葡萄酒醋的陈酿和甜度分类方面提供了良好的结果（Ríos-Reina 等，2017b）。中红外测量光谱也被用来区分传统香脂醋和其他食醋（Del Signore，2000），并被用作预测食醋感官特性的工具，并具备良好的相关性（$r=0.88$），这使其有可能成为训练有素的专家小组成员的替代品（Versari 等，2011）。此外，用与 NIR 相同的方式检验了中红外 FTIR 对来自不同原材料的食醋以及食醋是否在木器中陈酿进行分类的能力（Durán-Gerrero 等，2010）。

荧光光谱法也被作为研究食醋品质控制的一种工具。虽然荧光是最古老的分析方法之一（Valeur，2001），但它最近已成为食品技术中的一种常用工具。因此，Callejón 等（2012）和 RíosReina 等（2017a）研究了荧光激发发射光谱与多线路方法相结合的方法，并展示了该方法能够根据受保护的原产地名称以及它们的类别（陈酿和甜味）对三种西班牙原产地保护葡萄酒醋进行表征和分类。以上述技术相同的方式，紫外光谱是另一种用于食醋鉴别和分类的研究方法，因为其在其他食品中的品质控制得到成功的结果（Acevedo 等，2007；Azcarate 等，2013）（Xie 等，2011）。

核磁共振氢谱（NMR）也有许多优点，如同时快速测定不同食醋的代谢物，这使得该技术成为食品真实性和品质控制的另一种有效的指纹方法。此外，该方法对未知化合物也有很好的选择性和鉴别能力，重现性和重复性都很高。此外，核磁共振光谱学还能够提供单个实验中多种化学物质的结构和定量信息（Fotakis 等，2013）。在这种情况下，质子核磁共振（^{1}H-NMR）已用于快速测定化合物，如碳水化合物、有机酸、醇、多元醇和与食醋鉴别相关的挥发性物质（Caligiani 等，2007）。此外，Papotti 等（2015）采用质子核磁共振［碳-13 核磁共振（^{13}C NMR）和^{1}H-^{13}C 异核单量子相干谱（HSQC）］，结合多元统计数据分析，对摩德纳香脂醋和传统摩德纳香脂醋进行了表征。这项研究表明，5-羟甲基糠醛（5-HMF）、α-和β-葡萄糖、苹果酸、琥珀酸、酒石酸、乙酸、6-乙酰葡萄糖以及葡萄糖和果糖区域的信号对于区分香脂醋和监测陈酿过程是最具统计学意义的变量（Papotti 等，2015）。Consonni 等（2008b）还研究了^{1}H-NMR 结合化学计量学在表征和区分摩德纳香脂醋和传统香脂醋方面的能力，以及^{13}C-NMR 适用于确定未知的摩德纳传统香脂醋样品中存在的欺诈行为（Consonni 等，2008a）。Boffo 等（2009）证实了^{1}H-NMR 波谱方法的潜力，该方法适用于区分不同原料（如葡萄酒、苹果和酒精/谷物醋）的巴西食醋，通过找到能让它们分开的影响最大的成分。最近报道了一种用于摩德纳香脂醋分类的新的 NMR 方法（Graziosi 等，2017），包括应用二维 NMR 方法来得到一个产品真实性的间接指示物和品质控制工具。一维技术由于其简化的计算过程和极具竞争力的时间消耗，在这一领域得到了广泛的应用。然而，尽管与一维方法相比，二维 NMR 方法通常需要更长的定位时间，但 Graziosi 等（2017）还是证明了二维技术的真正优势在于在非常复杂的基质中（如食醋）和存在重叠信号和密集共振的情况下，能够获得更高的分辨率。

尽管这些技术具有优势，但应该考虑到光谱数据由数以千计的变量组成，如果没有化学计量学的帮助，很难解析这些变量（Lohumi 等，2015）。事实上，多元分析方法可以将数据降维到较少的数量，从而集中最大信息，这是光谱处理过程的要求之一。使用化学计量学的另一个优点是能够获得由一些上述技术分析样品的完整轮廓或指纹。基于这些原因，目前大多数通过光谱技术对食品表征的研究都使用化学计量学工具获得了成功（Mazerolles 等，2002；Duarte 等，2004；Karoui 和 De Baerdemaeker，2007；Consonni 等，2008b；Ballabio 和 Todeschini，2009；Maggio 等，2010；Sinelli 等，2010；Fotakis 等，2013；Erich 等，2015；Ríos-Reina 等，2018b）。化学计量学工具甚至与色谱技术一起使用（Hantao 等，2012；Ríos-Reina 等，2018a）。

21.5.5 传感器

替代人类感官感知的另一种技术是使用"人工传感器"。传感器技术的目的是通过提供与感官属性相关的信号，以及适当的多变量模式识别技术来模拟人类感官并预测食品的感官分数（Borràs 等，2015）。作为用于食品味道和气味分析的传统方法的有效替代品，最常见的传感器设备是电子鼻（e-nose）、电子舌（e-tongue）和比色技术，它们的响应分别与气味、味道和视觉属性相关（Borràs 等，2015）。

关于食醋品质的评估，Anklam 等（1998）使用电子鼻作为一种区分工业生产的摩德纳香脂醋和传统生产的摩德纳香脂醋的快速工具，它甚至可以根据年代进行区分样品。为了表征中国食醋的香气，还尝试了电子鼻法（Zhang 等，2006，2008）。不过，乙酸对电子鼻中的传感器有害，因此 Guan 等（2014）对该装置进行了改进，开发了一种新型电子鼻系统，该系统基于一种比色传感器阵列，它是由金属卟啉材料制成，并在硅胶板上印着 pH 指示剂。这种新的电子鼻能有效表征和识别由不同原料发酵的食醋中有机挥发性物质（VOCs）（Guan 等，2014）。一些其他变化也用于改进电子鼻装置，如应用质谱（MS）作为电子鼻的传感元件（Vera 等，2011；Jo 等，2016）。

最近的一项研究表明，电子舌，电子鼻和电子鼻-MS 应用于鉴别不同原料和不同陈酿的三种食醋（中国食醋、日本黑醋和意大利香脂醋）（Jo 等，2016）。

最后，Bettto 等（2016）还开发了一种新的传感设备，称为小型传感器系统（S3），并与弹性测量相结合。它是一种使用方便、快速、准确、低功耗、高性价比和便携的工具，可以表征芳香族特征和评估质量，将成为一种有价值的方法替代昂贵的传统方法。在香脂醋的香气特征描述和对其品质的评估中获得的结果已经证明了它的有效性（Betto 等，2016）。

一般而言，应用这些技术与适当的模式识别系统相结合，可以得到一种食品的全局指纹。然而，其中一个主要缺点是它们只能识别有限数量的分子。

21.5.6 其他技术

此外，还对食醋鉴定的其他参数进行了研究。采用电感耦合等离子体光发射（ICP-OES）、原子吸收光谱仪（AAS）、火焰吸收光谱法（FAAS）和发射光谱法（FES）测定食醋中的矿物质组成和微量金属含量。这些技术能够用于测定地理来源或对不同原料或不同工艺生产的食醋分类（Guerrero 等，1997；Del Signore 等，1998；Paneque 等，2017）。

此外，分析生物元素的同位素比值（$^2H/^1H$，$^{13}C/^{12}C$，$^{18}O/^{16}O$ 或 $^3H/^1H$，$^{14}C/^{12}C$）已被证明有助于为食醋认证提供证据。事实上，《国际葡萄酒醋分析方法汇编》中包括监测葡萄酒醋参数的同位素质谱法（IRMS）：一个是测定乙酸的 $^{13}C/^{12}C$ 同位素比率（OIV-OENO 510-2013），另一个是测定葡萄酒醋中水的 $^{18}O/^{16}O$ 同位素比率（OIV-OEON 511-2013）。因此，乙酸的 $^{13}C/^{12}C$ 同位素比值可以表明乙酸和葡萄糖的来源是否真的是葡萄来源的乙醇或葡萄酒，或者其他一些廉价农产品（谷物、马铃薯淀粉、甜菜根或甘蔗）发酵而成的乙醇，即所谓的合成乙酸。

同位素 ^{18}O 分析已被显示能够检测到不正当添加外源水的情况，这种方式可以降低葡萄酒醋中的乙酸含量，或能够区分从新鲜葡萄生产的葡萄酒醋与使用添加了水的干葡萄生产的食醋（Camin 等，2013）。此外，对 C 和 H 稳定同位素比率的研究表明，它具有很强的鉴别合成醋和区分 C_3 和 C_4 衍生产品的能力，可用于常见的食醋认证，检测出那些更便宜的发酵原料而不是标签上描述的（Perini 等，2014）。

这种方法也被用来监控食醋的来源。因此，最近对不同地理来源的西班牙葡萄酒醋的碳-氧同位素指纹进行了研究（Ortiz-Romero 等，2018）。此外，研究还分析了乙醇和乙酸中稳定同位素比值 D/H 和 $^{13}C/^{12}C$，水中 $^{18}O/^{16}O$ 的同位素，以及多元素（C，H，O）稳定同位素，以评估香脂醋的真实性（Perini 等，2014）。这种类型的分析还被用作食醋的潜在地理标志（Raco 等，2015）。

除了同位素分析，人们还研究了另一种同位素方法，称为点特异性天然同位素分馏核磁共振技术（SNIF-NMR），以确定食醋的来源，证明其适用于确定添加到食醋中的合成酸、确定食醋的原材料或植物来源（葡萄酒、苹果、麦芽、甘蔗或甜菜来源的食用酒精等）。事实上，它甚至被用来确定葡萄的来源（Solieri 和 Giudici，2009）。

最后，鉴于食醋的复杂性，以及消费者在全球范围内对它们的认知，必须从多元角度对其进行评估。食醋的品质来源于复杂的特性组合；因此，分析测量单一化合物或技术的不能完全与特征相关。出于同样的原因，许多欺诈行为通过改变许多不同天然成分的含量来实施。因此，使用依赖于化学计量学并考虑多种成分或效应的贡献的模型可能更有应用前景。出于这个原因，基于上述一种以上技术的组合，在食品认证方面出现了一种新趋势（Borràs 等，2015）。在这种情况下，结合上面讨论的快速、可靠的光谱和色谱技术，多变量分析提供了关于食品质量更明确的信息。这对于区分食品样本很有用，而且有助于真实性判定（Natera 等，2003；Silvestri 等，2013；Borràs 等，2015）。

为此，一种称为"数据融合"的方法学应运而生。通过这种方法，提供了关于样本更准确的信息，与单一的技术相比，出现更少的分类错误和更好的预测。目前，可以在文献中找到许多关于不同类型数据的组合研究，为了提供食品认证（Di Anibal 等，2011；Vera 等，2011；Silvestri 等，2013，2014；Borràs 等，2015；Márquez 等，2016）。然而，尽管在其他食品基质方面取得了有希望的结果，但仍然缺乏关于食醋样品的研究（Natera 等，2003）。因此，利用数据融合策略进行食醋认证还需要进一步研究（表21.1）。

21.6 结论

市场上食醋的多样性和需求量不断增加，因此有必要对食醋进行表征，以确定食醋的质量控制参数。食醋的特性是对不同物质的响应，包括基于质量的认证和分类标准。因此，越来越需要研究可靠的分析方法，以检测可能的掺假和伪劣品，以及评估食醋的真实性。一般说来，这些方法可以分为两类：感官分析和理化分析。

由于香气是食醋主要的质量指标之一，感官分析是评价食醋品质的有力工具。事实上，虽然需要对评价专家小组进行筛选、选择和培训，以获得可靠的结果，但这仍是第一个要考虑的方法。

关于物理化学技术，用于对食醋进行表征和分类的方法通常是色谱和光谱技术（如 HPLC、GC、ICP-OES、AAS、FAAS 和 FES 等），其中包括对单一化合物（如挥发性化合物、多酚类物质、矿物质、稳定同位素等）的测定和定量。这种技术耗时、昂

表21.1　文献中食醋分类和鉴定方法总结

类型/技术	分析参数	特征/要求	食醋类型	目标	参考文献
感官分析					
嗅觉的和/或味觉的	气味和风味属性	优点： ●低成本 ●有效评估质量 缺点： ●主观分析 ●培训小组 ●每次品尝时都要检验有限的醋样本	葡萄酒醋（雪莉醋，红葡萄酒醋，白葡萄酒醋等）；香脂醋和摩德纳传统香脂醋	根据原材料和生产工艺进行表征和区分；陈酿评价；质量认证；优化口味分析；表征	Tesfaye et al. (2002)；Morales et al. (2006)；Gerbi et al. (1997)；Lalou et al. (2015)；Masino et al (2008)；Hillmann et al. (2012)
色谱法					
高效液相色谱(HPLC)	酚类、氨基酸、酸类、醇类等	优点： ●坚固且应用广泛 ●高分辨率、高灵敏度和高特异性 ●化合物的鉴定 缺点： ●提取步骤 ●时间和溶剂消耗 ●标准	葡萄酒醋	起源的区分和不同的食醋酸化方法；陈酿时间和条件的测定	Garcia-Parrilla et al. (1994, 1997, 1999)；Tesfaye et al. (2002a)；Cerezo et al. (2008, 2010)
气相色谱/气相色谱-质谱（GC/GC-MS）	挥发性化合物	●训练有素的分析师 ●基线漂移、共洗脱和重叠峰需数据处理	葡萄酒醋，白葡萄酒醋，红葡萄酒醋，香脂醋，雪莉醋，苹果酒醋，PDO，PGI；中国食醋	根据原料，PDO和起源进行食醋的表征和分类；掺假检测；根据陈酿和成熟进行分类；区分种类、发酵方法、产地；PGI认证	Antonelli et al. (1997)；Duran-Cuerrero et al. (2015)；Cocchi et al. (2008)；Marrufo-Curtido et al. (2004, 2007)；Chinnici et al. (2012)；Rios-Reina etal (2018a)；Cirlini et al. (2009)；Casale et al. (2011)；(2006)；Xiao et al. (2011)；Yu et al. (2012)；Xiong et al. (2016)

方法	测量内容	样品	表征	参考文献
气相色谱-嗅闻仪 (GC-O)	气味影响	雪莉醋，中国食醋		Callejon et al. (2008a, 2008b)
光谱法				
近红外 (NIR)	化学基团和基本结构信息	白葡萄酒醋、红葡萄酒醋、陈醋、雪莉醋、摩德纳香脂醋、麦芽醋、糖蜜醋	根据原料和加工工艺进行分类；掺假醋的检测	Saiz-Abajo et al. (2004); Saiz-Abajo et al. (2005)
	优点： • 无样品制备/直接分析 • 无训练有素的分析师 • 更快的光谱采集 • 低成本 • 检测可靠 • 允许样品指纹图谱 • 无破坏性	中国食醋	发酵醋与混醋的区别及陈酿醋的产地	Lu et al. (2011); Fan et al. (2011)
		葡萄酒醋	用PDO对醋进行认证和分类的方法	De laHaba et al. (2014); Rios-Reina et al. (2018b)
		葡萄酒醋、白葡萄酒醋、红葡萄酒醋、须煮过的醋、苹果醋、PDO	控制高品质食醋种类；根据原料和陈酿进行分类	Rios-Reina et al. (2017b); Duran-Guerero et al. (2010)
中红外 (MIR)	化学基团和基本结构信息 缺点： • 化合物鉴定困难 • 需要对数据预处理和化学计量学	香脂醋和传统醋	食醋感官品质的分类与预测	Del Signore (2000); Versari et al. (2011)
荧光	荧光团（香豆素类、酚类、黄酮醇类、维生素 B_2 等）	PDO 葡萄酒醋、陈酿种类	特征和分类	Callejon et al. (2012); Rios-Reina et al. (2017a)

续表

类型/技术	分析参数	特征/要求	食醋类型	目标	参考文献
紫外光 (UV)	吸收剂种类（多酚类和酸性化合物）		米醋，精米醋，黑米醋，糯米醋，麦麸醋，大麦醋，高粱醋，豌豆醋，桑葚醋	根据原料和发酵方式进行区分和分类	Xie et al. (2011)
核磁共振 (NMR)	醋代谢物（碳水化合物，有机酸，醇，多元醇和挥发性物质）	优点： ●样品制备快速 ●无损分析 ●在一次实验中获得大量的信息和定量数据 ●样品指纹图谱 缺点： ●要求独特的内标 ●设备成本高 ●训练有素的分析师	●传统香脂醋；葡萄酒醋，苹果醋，麦芽醋和番茄醋；巴西食醋	●根据原料和质量进行认证和鉴别； ●检测伪劣品和质量控制	Caligiani et al. (2007)；Biffo et al. (2009)；Papotti et al. (2015)；Consoni et al (2008a, 2008b)；Graziosi et al. (2017)
传感器					
电子鼻 (E-nose)	与香气相关的信号	优点： ●简单易用 ●快速，准确，低能耗 ●性价比高，便于携带 ●全球指纹 缺点： ●确定的分子数量有限	香脂醋，传统香脂醋 中国食醋	辨别和测定陈酿；表征	Anklam et al. (1998) Zhang et al. (2006, 2008)；Jo et al. (2016)
电子舌 (E-tongue)	与味道有关的信号	●难以识别化合物	中国食醋，日本食醋，意大利香脂醋	鉴别陈酿和原材料	Jo et al. (2016)

技术	分析成分	优缺点	醋类型	应用	参考文献
比色技术	与视觉属性相关的信号		中国食醋	根据原材料进行表征和鉴定	Guan et al. (2014)
小型传感器系统 (S3)	亲脂性挥发化合物		香脂醋和意大利食醋	芳香特征表征及质量评价	Betto et al. (2016); Anklam et al. (1998)
其他					
电感耦合等离子体发射/电感耦合等离子体质谱 (ICP-OES/ICP-MS)	矿物成分	优点: ●快速多元化纹 ●优良的检测范围 缺点: ●预处理方法 ●训练有素的分析师 ●高成本	PDO 葡萄酒醋	地理起源的特征和鉴别	Praneque et al. (2017)
发射光谱, 火焰发射光谱, 原子吸收光谱 (FES, FAAS, AAS)	金属及微量元素成分	优点: ●使用方便快捷 ●低成本 缺点: ●样品雾化 ●元素限制 ●无检测能力	葡萄酒醋, 香脂醋	表征和区分快慢的加工醋	Guerrero et al. (1997); Del Signore et al. (1998)
同位素质谱, 点特异性天然同位素分馏核磁共振 (IRMS, SNIF-NMR)	生物元素同位素比值	优点: 高精度 缺点: 受外部条件影响	香脂醋	掺假醋的认证和检测	Camin et al. (2013); Perini et al. (2014)
			葡萄酒醋, 苹果醋, 麦芽醋, 甘蔗醋, 甜菜酒醋和 PDO 葡萄酒醋	醋的原产地认证; 掺假醋的检测	Ortiz-Romero et al. (2018); Raco et al. (2015); Solieri and Giudici (2009)

贵、费力，而且需要训练有素的人员。然而，由于化学计量学的发展，正在发展通过非靶向分析来获得更多信息的新手段。

另一方面，近年来，人们越来越需要开发快速、廉价、稳定和有效的分析方法，例如，通过传感器和光谱技术（如 MIR、NIR、荧光、NMR 和 UV），这些方法不是仅对一个样本操作，而是需要与化学计量学工具相结合来执行的操作。这些技术既考虑了食醋中不同成分的个体贡献，也考虑了它们之间的相互作用，从而生成了一种食品的全球指纹。然而，它们的主要缺点之一是只能识别有限数量的分子。

最后，鉴于食醋的复杂性，以及消费者在全球范围内对它们的认知，必须从多元角度对其进行评估。为此，出现了一种基于以上多种技术组合的食品认证新趋势。这种被称为"数据融合"的有前途的方法，应该进一步研究其在食醋鉴定中的应用。

本章作者

罗西奥·里奥斯-雷纳（Rocío Ríos-Reina），玛丽亚·德尔·皮拉尔·塞古拉-博雷戈（María del Pilar Segura-Borrego），克里斯蒂娜·乌贝达（Cristina Úbeda），玛丽亚·卢尔德·莫拉莱斯（María Lourdes Morales），雷切尔·玛丽亚·卡莱扬（Raquel María Callejón）

参考文献

Acevedo, F. J., J. Jiménez, S. Maldonado, E. Domínguez, and A. Narváez. 2007. Classification of wines produced in specific regions by UV-visible spectroscopy combined with support vector machines. *Journal of Agricultural and Food Chemistry* 55 (17): 6842-9.

Anklam, E., M. Lipp, B. Radovic, E. Chiavaro, and G. Palla. 1998. Characterisation of Italian vinegar by pyrolysis-mass spectrometry and a sensor device (electronic nose). *Food Chemistry* 61 (1-2): 243-8.

Antonelli, A., G. Zeppa, V. Gerbi, and A. Carnacini. 1997. Polyalcohols in vinegar as an origin discriminator. *Food Chemistry* 60 (3): 403-7.

Azcarate, S. M., M. A. Cantarelli, R. G. Pellerano, E. J. Marchevsky, and J. M. Camiña. 2013. Classification of Argentinean Sauvignon Blanc wines by UV spectroscopy and chemometric methods. *Journal of Food Science* 78 (3): 432-6.

Ballabio, D., and Todeschini, R. (2009). Multivariate classification for qualitative analysis. In Da-Wen, S. (Ed.), *Infrared spectroscopy for food quality analysis and control*. Amsterdam: Elsevier, pp. 83-104.

Betto, G., V. Sberveglieri, E. Núñez, E. Comini, and P. Giudici. 2016. A new approach to evaluate vinegars quality: Application of small sensor system (S3) device coupled with enfleurage. *Procedia Engineering* 168: 456-9.

Boffo, E. F., L. A. Tavares, M. M. C. Ferreira, and A. G. Ferreira. 2009. Classification of Brazilian vinegars according to their 1H NMR spectra by pattern recognition analysis. *LWT - Food Science and Technology* 42 (9): 1455-60.

Borràs, E., J. Ferré, R. Boqué, M. Mestres, L. Aceña, and O. Busto. 2015. Data Fusion Methodologies for food and beverage authentication and quality assessment - A review. *Analytica Chimica Acta* 891: 1-14.

Bourgeois, J. F., I. McColl, and F. Barja. 2006. Formic acid, acetic acid and methanol: Their relevance to the verification of the authenticity of vinegar. *Archives Des Sciences* 59 (1): 107-12.

Caligiani, A., D. Acquotti, G. Palla, and V. Bocchi. 2007. Identification and quantification of the main organic components of vinegars by high resolution 1H NMR spectroscopy. *Analytica Chimica Acta* 585 (1): 110-19.

Callejón, R. M. , J. M. Amigo, E. Pairo, S. Garmón, J. A. Ocaña, and M. L. Morales. 2012. Classification of Sherry vinegars by combining multidimensional fluorescence, parafac and different classification approaches. *Talanta* 88: 456-62.

Callejón, R. M. , M. J. Torija, A. Mas, M. L. Morales, and A. M. Troncoso. 2010. Changes of volatile compounds in wine vinegars during their elaboration in barrels made from different woods. *Food Chemistry* 120: 561-71.

Callejón, R. M. , M. L. Morales, A. C. Ferreira, and A. M. Troncoso. 2008a. Defining the typical aroma of Sherry vinegar: Sensory and chemical approach. *Journal of Agricultural and Food Chemistry* 56 (17): 8086-95.

Callejón, R. M. , M. L. Morales, A. M. Troncoso and A. C. Ferreira. 2008b. Targeting key aro-matic substances on the typical aroma of Sherry vinegar. *Journal of Agricultural and Food Chemistry* 56 (15): 6631-9.

Camin, F. , L. Bontempo, M. Perini, A. Tonon, O. Breas, C. Guillou, J. M. Moreno-Rojas, and G. Gagliano. 2013. Control of wine vinegar authenticity through δ 18O analysis. *Food Control* 29 (1): 107-11.

Casale, M. , C. Armanino, C. Casolino, C. Cerrato Oliveros, and M. Forina. 2006. A chemo-metrical approach for vinegar classification by headspace mass spectrometry of volatile compounds. *Food Science and Technology Research* 12 (3): 223-30.

Cerezo, A. B. , W. Tesfaye, M. E. Soria-Díaz, M. J. Torija, E. Mateo, M. C. Garcia-Parrilla, and A. M. Troncoso. 2010. Effect of wood on the phenolic profile and sensory properties of wine vinegars during ageing. *Journal of Food Composition and Analysis* 23 (2): 175-84.

Cerezo, A. B. , W. Tesfaye, M. J. Torija, E. Mateo, M. C. García-Parrilla, and A. M. Troncoso. 2008. The Phenolic composition of red wine vinegar produced in barrels made from different woods. *Food Chemistry* 109 (3): 606-15.

Chiavaro, E. , A. Caligiani, and G. Palla. 1998. Chiral indicators of ageing in balsamic vin- egars of Modena. *Italian Journal of Food Science* 10 (4): 329-37.

Chinnici, F. , E. Durán-Guerrero, F. Sonni, N. Natali, R. Natera Marín, and C. Riponi. 2009. Gas chromatography-mass spectrometry (GC-MS) characterization of volatile compounds in quality vinegars with Protected European Geographical Indication. *Journal of Agricultural and Food Chemistry* 57 (11): 4784-92.

Cirlini, M. , A. Caligiani, L. Palla, and G. Palla. 2011. HS-SPME/GC-MS and chemometrics for the classification of Balsamic Vinegars of Modena of different maturation and ageing. *Food Chemistry* 124 (4): 1678-83.

Cocchi, M. , C. Durante, A. Marchetti, C. Armanino, and M. Casale. 2007. Characterization and discrimination of different aged 'Aceto Balsamico Tradizionale Di Modena' products by head space mass spectrometry and chemometrics. *Analytica Chimica Acta* 589 (1): 96-104.

Cocchi, M. , C. Durante, G. Foca, D. Manzini, A. Marchetti, and A. Ulrici. 2004. Application of a wavelet-based algorithm on HS-SPME/GC signals for the classification of balsamic vinegars. *Chemometrics and Intelligent Laboratory Systems* 71 (2): 129-40.

Cocchi, M. , C. Durante, M. Grandi, P. Lambertini, D. Manzini, and A. Marchetti. 2006. Simultaneous determination of sugars and organic acids in aged vinegars and chemometric data analysis. *Talanta* 69 (5): 1166-75.

Consonni, R. , L. R. Cagliani, F. Benevelli, M. Spraul, E. Humpfer, and M. Stocchero. 2008b. NMR and chemometric methods: A powerful combination for characterization of Balsamic and Traditional Balsamic Vinegar of Modena. *Analytica Chimica Acta* 611 (1): 31-40.

Consonni, R. , L. R. Cagliani, S. Rinaldini, and A. Incerti. 2008a. Analytical method for authentication of Traditional Balsamic Vinegar of Modena. *Talanta* 75 (3): 765-9.

De la Haba, M. J. , M. Arias, P. Ramírez, M. I. López, and M. T. Sánchez. 2014. Characterizing and authenticating Montilla - Moriles PDO vinegars using near infrared reflectance spectroscopy (NIRS) technology. *Sensors (Switzerland)* 14 (2): 3528-42.

Del Signore, A. 2000. Infrared spectra (Mid – IR) classification of balsamic vinegars. *Journal of Commodity Science* 39: 159-72.

Del Signore, A., B. Campisi and F. Di Giacomo. 1998. Characterization of balsamic vinegar by multivariate statistical analysis of trace element content. *Journal of the Association of Official Analytical Chemists International* 81: 1087-95.

Di Anibal, C. V., M. P. Callao, and I. RuiSánchez. 2011. 1H NMR and UV–Visible data fusion for determining Sudan dyes in culinary spices. *Talanta* 84 (3): 829-33.

Duarte, I. F., A. Barros, C. Almeida, M. Spraul, and A. M. Gil. 2004. Multivariate analysis of NMR and FTIR data as a potential tool for the quality control of beer. *Journal of Agricultural and Food Chemistry* 52 (5): 1031-8.

Durán-Guerrero, E., F. Chinnici, N. Natali, and C. Riponi. 2015. Evaluation of volatile aldehydes as discriminating parameters in quality vinegars with Protected European Geographical Indication. *Journal of the Science of Food and Agriculture* 95 (12): 2395-403.

Durán-Guerrero, E., R. Castro, R. Natera, M. P. Lovillo, and C. García. 2010. A new FT–IR method combined with multivariate analysis for the classification of vinegars from different raw materials and production processes. *Journal of the Science of Food and Agriculture* 90 (4): 712-18.

Erich, S., S. Schill, E. Annweiler, H. Waiblinger, T. Kuballa, D. W. Lachenmeier, and Y. B. Monakhova. 2015. Combined chemometric analysis of 1H NMR, 13C NMR and stable isotope data to differentiate organic and conventional milk. *Food Chemistry* 188: 1-7.

Fan, W., H. Li, Y. Shan, H. Lv, H. Zhang, and Y. Liang. 2011. Classification of vinegar samples based on near infrared spectroscopy combined with wavelength selection. *Analytical Methods* 3 (8): 1872-6.

Fotakis, C., K. Kokkotou, P. Zoumpoulakis, and M. Zervou. 2013. NMR Metabolite fingerprinting in grape derived products: An overview. *Food Research International* 54 (1): 1184-94.

García-Parrilla, M. C., G. A. González, F. J. Heredia, and A. M. Troncoso. 1997. Differentiation of wine vinegars based on phenolic composition. *Journal of Agricultural and Food Chemistry* 45 (9): 3487-92.

García-Parrilla, M. C., F. J. Heredia, and A. M. Troncoso. 1999. Sherry wine vinegars: Phenolic composition changes during aging. *Food Research International* 32 (6): 433-40.

García-Parrilla, M. C., M. L. Camacho, F. J. Heredia, and A. M. Troncoso. 1994. Separation and identification of phenolic acids in wine vinegars by HPLC. *Food Chemistry* 50 (3): 313-15.

Gerbi, V., G. Zeppa, A. Antonelli, and A. Carnacini. 1997. Sensory characterisation of wine vinegars. *Food Quality and Preference* 8 (1): 27-34.

Graziosi, R., D. Bertelli, L. Marchetti, G. Papotti, M. C. Rossi, and M. Plessi. 2017. Novel 2D-NMR Approach for the classification of Balsamic Vinegars of Modena. *Journal of Agricultural and Food Chemistry* 65 (26): 5421-6.

Guan, B., J. Zhao, H. Lin, and X. Zou. 2014. Characterization of volatile organic compounds of vinegars with novel electronic nose system combined with multivariate analysis. *Food Analytical Methods* 7 (5): 1073-82.

Guerrero, M. I., C. Herce-Pagliai, A. M. Cameán, A. M. Troncoso, and A. G. González. 1997. Multivariate characterization of wine vinegars from the south of Spain according to their metallic content. *Talanta* 40: 379-86.

Hantao, L. W., H. G. Aleme, M. P. Pedroso, G. P. Sabin, R. J. Poppi, and F. Augusto. 2012. Multivariate Curve resolution combined with gas chromatography to enhance analytical separation in complex samples: A review. *Analytica Chimica Acta* 731: 11-23.

Hillmann, H., J. Mattes, A. Brockhoff, A. Dunkel, W. Meyerhof, and T. Hofmann. 2012. Sensomics analysis of taste compounds in balsamic vinegar and discovery of 5-acetoxymethyl-2-furaldehyde as a novel sweet taste modulator. *Journal of Agricultural and Food Chemistry* 60 (40): 9974-90.

Ji-Yong, S., Z. Xiao-Bo, H. Xiao-Wei, Z. Jie-Wen, L. Yanxiao, H. Limin, and Z. Jianchun. 2013. Rapid detecting total acid content and classifying different types of vinegar based on near infrared spectroscopy and least-squares support vector machine. *Food Chemistry* 138 (1): 192-9.

Jo, Y., N. Chung, S. W. Park, B. S. Noh, Y. J. Jeong, and J. H. Kwon. 2016. Application of E-tongue, E-nose, and MS-E-nose for discriminating aged vinegars based on taste and aroma profiles. *Food Science and Biotechnology* 25 (5): 1313-18.

Karoui, R., and J. De Baerdemaeker. 2007. A review of the analytical methods coupled with chemometric tools for the determination of the quality and identity of dairy products. *Food Chemistry* 102 (3): 621-40.

Lalou, S., E. Hatzidimitriou, M. Papadopoulou, V. G. Kontogianni, C. G. Tsiafoulis, I. P. Gerothanassis, and M. Z. Tsimidou. 2015. Beyond traditional balsamic vinegar: Compositional and sensorial characteristics of industrial balsamic vinegars and regulatory requirements. *Journal of Food Composition and Analysis* 43: 175-84.

Liu, F., Y. He, and L. Wang. 2008. Determination of effective wavelengths for discrimination of fruit vinegars using near infrared spectroscopy and multivariate analysis. *Analytica Chimica Acta* 615 (1): 10-17.

Lohumi, S., S. Lee, H. Lee, and B. K. Cho. 2015. A review of vibrational spectroscopic techniques for the detection of food authenticity and adulteration. *Trends in Food Science and Technology* 46 (1): 85-98.

Lu, H., Z. An, H. Jiang, and Y. Ying. 2011. Discrimination between mature vinegars of different geographical origins by NIRS. *IFIP Advances in Information and Communication Technology* 344: 729-36.

Maggio, R. M., L. Cerretani, E. Chiavaro, T. S. Kaufman, and A. Bendini. 2010. A novel chemometric strategy for the estimation of extra virgin olive oil adulteration with edible oils. *Food Control* 21 (6): 890-5.

Márquez, C., M. I. López, I. RuiSánchez, and M. P. Callao. 2016. FT-Raman and NIR spectroscopy data fusion strategy for multivariate qualitative analysis of food fraud. *Talanta* 161: 80-6.

Marrufo-Curtido, A., M. J. Cejudo-Bastante, E. Durán-Guerrero, R. Castro-Mejías, R. Natera-Marín, F. Chinnici, and C. García-Barroso. 2012. Characterization and dif-ferentiation of high quality vinegars by stir bar sorptive extraction coupled to gas chromatography-mass spectrometry (SBSE-GC-MS). *LWT - Food Science and Technology* 47 (2): 332-41.

Masino, F., F. Chinnici, A. Bendini, G. Montevecchi, and A. Antonelli. 2008. A Study on relationships among chemical, physical, and qualitative assessment in traditional balsamic vinegar. *Food Chemistry* 106 (1): 90-5.

Mazerolles, G., M. F. Devaux, E. Dufour, E. M. Qannari, and Ph. Courcoux. 2002. Chemometric methods for the coupling of spectroscopic techniques and for the extraction of the relevant information contained in the spectral data tables. *Chemometrics and Intelligent Laboratory Systems* 63 (1): 57-68.

Morales, M. L., B. Benitez, W. Tesfaye, R. M. Callejon, D. Villano, M. S. Fernandez-Pachón, M. C. García - Parrilla, and A. M. Troncoso. 2006. Sensory evaluation of Sherry Vinegar: Traditional compared to accelerated aging with oak chips. *Journal of Food Science* 71 (3): S238-42.

Morales, M. L., W. Tesfaye, M. C. García-Parrilla, J. A. Casas, and A. M. Troncoso. 2001. Sherry wine vinegar: Physicochemical changes during the acetification process. *Journal of the Science of Food and Agriculture* 81 (7): 611-19.

Moros, J., F. A. Iñón, S. Garrigues, and M. de la Guardia. 2008. Determination of vinegar acidity by attenuated total reflectance infrared measurements through the use of second-order absorbance-pH matrices and parallel factor analysis. *Talanta* 74 (4): 632-41.

Natera, R., R. Castro, M. V. García-Moreno, M. J. Hernández, and C. García-Barroso. 2003. Chemometric studies of vinegars from different raw materials and processes of production. *Journal of Agricultural and Food Chemistry* 51 (11): 3345-51.

Ortiz-Romero, C., Ríos-Reina, R., Morales, M. L., García-González, D. L., and Callejón, R. M. 2018. A viability study of C-O isotope fingerprint for different geographical provenances of Spanish wine vinegars. *European Food Research and Technology* 244: 1159-1167.

Paneque, P., M. L. Morales, P. Burgos, L. Ponce, and R. M. Callejón. 2017. Elemental charac-terisation of Andalusian wine vinegars with Protected Designation of Origin by ICP-OES and chemometric approach. *Food Control* 75: 203-10.

Papotti, G. , D. Bertelli, R. Graziosi, A. Maietti, P. Tedeschi, A. Marchetti, and M. Plessi. 2015. Traditional Balsamic Vinegar and Balsamic Vinegar of Modena analyzed by nuclear magnetic resonance spectroscopy coupled with multivariate data analysis. *LWT − Food Science and Technology* 60 (2): 1017-24.

Perini, M. , M. Paolini, M. Simoni, L. Bontempo, U. Vrhovsek, M. Sacco, F. Thomas, E. Jamin, A. Hermann, and F. Camin. 2014. Stable isotope ratio analysis for verifying the authenticity of balsamic and wine vinegar. *Journal of Agricultural and Food Chemistry* 62 (32): 8197-203.

Pizarro, C. , I. Esteban − Díez, C. Sáenz − González, and J. M. González − Sáiz. 2008. Vinegar classification based on feature extraction and selection from headspace solid − phase microextraction/gas chromatography volatile analyses: A feasibility study. *Analytica Chimica Acta* 608 (1): 38-47.

Plessi, M. , D. Bertelli, and F. Miglietta. 2006. Extraction and identification by GC−MS of phenolic acids in Traditional Balsamic Vinegar from Modena. *Journal of Food Composition and Analysis* 19 (1): 49-54.

Raco, B. , E. Dotsika, D. Poutoukis, R. Battaglini, and P. Chantzi. 2015. O−H−C isotope ratio determination in wine in order to be used as a fingerprint of its regional origin. *Food Chemistry* 168: 588-94.

Ríos−Reina, R. , D. L. García−González, R. M. Callejón, and J. M. Amigo. 2018b. NIR spectroscopy and chemometrics for the typification of Spanish wine vinegars with a Protected Designation of Origin. *Food Control* 89: 108-16.

Ríos−Reina, R. , M. L. Morales, D. L. García−González, J. M. Amigo, and R. M. Callejón. 2018a. Sampling methods for the study of volatile profile of PDO wine vinegars. A comparison using multivariate data analysis. *Food Research International* 105: 880-96.

Ríos−Reina, R. , R. M. Callejón, C. Oliver−Pozo, J. M. Amigo, and D. L. García−González. 2017b. ATR − FTIR as a potential tool for controlling high quality vinegar categories. *Food Control* 78: 230-37.

Ríos−Reina, R. , S. Elcoroaristizabal, J. A. Ocaña−González, D. L. García−González, J. M. Amigo, and R. M. Callejón. 2017a. Characterization and authentication of Spanish PDO wine vinegars using multidimensional fluorescence and chemometrics. *Food Chemistry* 230: 108-16.

Sáiz−Abajo, M. J. , J. M. González−Sáiz, and C. Pizarro. 2006. Prediction of organic acids and other quality parameters of wine vinegar by near−infrared spectroscopy. A feasibility study. *Food Chemistry* 99 (3): 615-21.

Sáiz−Abajo, M. J. , J. M. González−Sáiz, and C. Pizarro. 2005. Orthogonal signal correction applied to the classification of wine and molasses vinegar samples by near−infrared spectroscopy. Feasibility study for the detection and quantification of adulterated vinegar samples. *Analytical and Bioanalytical Chemistry* 382 (2): 412-20.

Saiz−Abajo, M. J. , J. M. Gonzalez−Saiz, and C. Pizarro. 2004. Near infrared spectroscopy and pattern recognition methods applied to the classification of vinegar according to raw material and elaboration process. *Near Infrared Spectroscopy* 12: 207-19.

Silvestri, M. , A. Elia, D. Bertelli, E. Salvatore, C. Durante, M. Li Vigni, A. Marchetti, and M. Cocchi. 2014. A mid level data fusion strategy for the varietal classification of Lambrusco PDO wines. *Chemometrics and Intelligent Laboratory Systems* 137: 181-9.

Silvestri, M. , L. Bertacchini, C. Durante, A. Marchetti, E. Salvatore, and M. Cocchi. 2013. Application of data fusion techniques to direct geographical traceability indicators. *Analytica Chimica Acta* 769: 1-9.

Sinelli, N. , L. Cerretani, V. Di Egidio, A. Bendini, and E. Casiraghi. 2010. Application of near (NIR) infrared and mid (MIR) infrared spectroscopy as a rapid tool to classify extra virgin olive oil on the basis of fruity attribute intensity. *Food Research International* 43 (1): 369-75.

Solieri, L. , and P. Giudici. 2009. *Vinegars of the World*. Springer−Verlag, Italia, Milan.

Tesfaye, W. , M. L. Morales, M. C. Garcia − Parrilla, and A. M. Troncoso. 2009. Improvement of wine vinegar elaboration and quality analysis: Instrumental and human sensory evaluation. *Food Reviews International* 25 (2): 142-56.

Tesfaye, W. , M. L. Morales, M. C. García − Parrilla, and A. M. Troncoso. 2002a. Evolution of phenolic compounds during an experimental aging in wood of Sherry vinegar. *Journal of Agricultural and Food Chemistry* 50 (24): 7053-61.

Tesfaye W., M. C. García - Parrilla, and A. M Troncoso. 2002. Sensory evaluation of Sherry wine vinegar. *Journal of Sensory Studies* 17: 133-44.

Tesfaye, W., M. L. Morales, M. C. García - Parrilla, and A. M. Troncoso. 2002b. Wine vinegar: Technology, authenticity and quality evaluation. *Trends in Food Science and Technology* 13 (1): 12-21.

Ubeda, C., R. M. Callejón, A. M. Troncoso, J. M. Moreno-Rojas, F. Peña, and M. L. Morales. 2016. A comparative study on aromatic profiles of strawberry vinegars obtained using different conditions in the production process. *Food Chemistry* 192: 1051-9.

Valero, E., T. M. Berlanga, P. M. Roldán, C. Jiménez, I. García, and J. C. Mauricio. 2005. Free amino acids and volatile compounds in vinegars obtained from different types of substrate. *Journal of the Science of Food and Agriculture* 85 (4): 603-8.

Valeur, B. 2001. *Molecular Fluorescence: Principles and Applications*. Weinheim: Wiley-VCH Verlag GmbH.

Vera, L., L. Aceña, J. Guasch, R. Boqué, M. Mestres, and O. Busto. 2011. Discrimination and sensory description of beers through data fusion. *Talanta* 87 (1): 136-42.

Versari, A., G. P. Parpinello, F. Chinnici, and G. Meglioli. 2011. Prediction of sensoryscore of Italian Traditional Balsamic Vinegars of Reggio-Emilia by mid-infrared spectroscopy. *Food Chemistry* 125 (4): 1345-50.

Verzelloni, E., D. Tagliazucchi, and A. Conte. 2007. Relationship between the antioxidant properties and the phenolic and flavonoid content in traditional balsamic vinegar. *Food Chemistry* 105 (2): 564-71.

Werner, R. A., and A. Roßmann. 2015. Multi element (C, H, O) stable isotope analysis for the authentication of balsamic vinegars. *Isotopes in Environmental and Health Studies* 51 (1): 58-67.

Xiao, Z., S. Dai, Y. Niu, H. Yu, J. Zhu, H. Tian, and Y. Gu. 2011. Discrimination of Chinese vinegars based on headspace solid-phase microextraction-gas chromatography mass spectrometry of volatile compounds and multivariate analysis. *Journal of Food Science* 76 (8): 1125-35.

Xie, H. D., L. J. Bu, X. W. Peng, and Z. X. Li. 2011. Ultraviolet spectroscopy method for classifying vinegars. *Advanced Materials Research* 346: 865-74.

Xiong, C., Y. Zheng, Y. Xing, S. Chen, Y. Zeng, and G. Ruan. 2016. Discrimination of two kinds of geographical origin protected Chinese vinegars using the characteristics of aroma compounds and multivariate statistical analysis. *Food Analytical Methods* 9 (3): 768-76.

Yu, Y. J., Z. M. Lu, N. H. Yu, W. Xu, G. Q. Li, J. S. Shi, and Z. H. Xu. 2012. HS-SPME/GC-MS and chemometrics for volatile composition of Chinese traditional aromatic vinegar in the Zhenjiang region. *Journal of the Institute of Brewing* 118 (1): 133-41.

Zhao, Y., S. Zhang, H. Zhao, H. Zhang, and Z. Liu. 2011. Fast discrimination of mature vinegar varieties with visible-NIR spectroscopy. *IFIP Advances in Information and Communication Technology* 344: 721-8.

Zhang, Q., S. Zhang, C. Xie, C. Fan, and Bai, Z. 2008. 'Sensory analysis' of Chinese vinegars using an electronic nose. *Sensors and Actuator B: Chemical* 128: 586-93.

Zhang, Q., S. Zhang, C. Xie, D. Zeng, C. Fan, D. Li, and Z. Bai. 2006. Characterization of Chinese vinegars by electronic nose. *Sensors and Actuator B: Chemical* 119: 538-46.

Zhou, Z., S. Liu, X. Kong, Z. Ji, X. Han, J. Wu, and J. Mao. 2017. Elucidation of the aroma compositions of Zhenjiang aromatic vinegar using comprehensive two dimensional gas chromatography coupled to time-of-flight mass spectrometry and gas chromatography- olfactometry. *Journal of Chromatography A* 1487: 218-26.

22

食醋行业的生命
周期评估

22.1 引言

粮食生产和消费活动的可持续性越来越成为现代经济中需要评估的一个关键问题（Notarnicola 等，2017）。事实上，粮食系统可以产生重要的全球变化（例如，土地的使用、水的供应等），影响环境和社会（Ericksen，2008）。食品工业占欧洲温室气体排放总量的 31%（Garnett，2011）。其中 9% 是由于酒店和餐饮业的活动（欧盟委员会，2006）。此外，在其他发达国家，食品消费占全国总排放量的 15%～28%［Garnett，2008；Defra，2009；Audsley 等，2010；瑞典环境保护署（Swedish Environment Protection Agency），2010；清洁器生产区域活动中心（Regional Activity Centre for Cleaner Production），2008；Nieberg，2009；Kim 和 Neff，2009；Consuming Australia，2007］。大约 40% 的影响是由于农业阶段，5% 的排放是由化肥制造造成的，12% 是由食品制造造成的，7% 是由包装造成的，12% 是由运输造成的，9% 是由家庭食品造成的，7% 是由零售造成的，6% 是由餐饮造成的，而 2% 是由于废物处理造成的（Garnett，2011）。

生命周期评估（life cycle assessment，LCA）可以作为评估这些影响的参考方法。生命周期评估研究是为决策者提供信息以促进：①更可持续的生产和消费模式；②持续的经济增长。为了实现这些目标，生命周期评估研究应该是可靠的，并且所涉及的分析方法以及沟通阶段都是标准化的。分析方法通常在产品类别规则（product category rules，PCR）中进行标准化，产品类别规则是研究属于同一类别的类似产品的生命周期评价时必须遵循的规则（例如在食品行业，乳制品可以代表一个产品类别）。

基于欧盟关于食品行业不同产品类别规则的发展，本章的目的是介绍：①生命周期评估的定义；②生命周期评估研究的主要规范；③生命周期评估的主要步骤；④生命周期评估在意大利中部陈醋供应链中的应用案例。

22.2 生命周期评估的定义

22.2.1 生命周期评估研究的主要规范

生命周期评估是"一种用于评估潜在的环境影响和整个产品生命周期中使用的资源的工具，即从原材料获得，经过生产和使用阶段，到废物管理"（ISO，2006）。这一技术发展的关键事件如下。

（1）《国家环境技术评估中心业务守则》（The SETAC Code of Practice）（SETAC，1993）的公布，旨在统一生命周期评估框架、术语和方法。

（2）管理生命周期评价研究的四个 ISO 规范标准的公布。

①ISO 14040（ISO，1997）：生命周期评估原则和框架标准（Standard on LCA Principles and Framework），1997 年公布。

②ISO 14041（ISO，1998）：目标和范围定义标准（Standard on Goal and Scope

Definition），1998 年公布。

③ISO 14042（ISO，2000a）：生命周期影响评估标准（Standard on Life Cycle Impact Assessment），2000 年公布。

④ISO 14043（ISO，2000b）：生命周期解释标准（Standard on Life Cycle Interpretation），2000 年公布。

（3）这些规范之后被简化为两个主要规范（ISO 14040 和 ISO 14044）并在 2006 年进行了更新（ISO，2006a）。

（4）其他涉及生命周期评价的重要规范如下。

①ISO 14067（ISO，2018）：温室气体-产品碳足迹-量化需求和指南（GHG-Carbon Footprint of Products-Requirements and Guidelines for Quantification）

②ISO 14064-1（ISO，2006b）：温室气体-第一部分：在组织层面对温室气体排放和清除进行量化和报告的指导和规范说明（GHG-Part 1：Specification with Guidance at the Organization Level for Quantification and Reporting of GHG Emissions and Removals）

③ISO 14064-2（ISO，2006c）：温室气体-第二部分：在项目层面对温室气体减排或增强清除进行量化、监测和报告的指导和规范说明（GHG-Part 2：Specification with Guidance at the Project Level for Quantification，Monitoring，and Reporting of GHG Emission Reductions or Removal Enhancements）

④ISO 14064-3（ISO，2006d）：温室气体-第三部分：温室气体声明验证和确认的指导和规范说明（GHG-Part 3：Specification with Guidance for the Verification and Validation of GHG Statements）

⑤ISO 14046（ISO，2014）：环境管理-水足迹-原则、要求与指南（Environmental Management-Water Footprint-Principles，Requirements and Guidelines）

⑥ISO 14025（ISO，2006e）：环境标签和声明-III 型环境声明-原则和流程（Environmental Labels and Declarations-Type III Environmental Declarations-Principles and Procedures）

⑦ISO 14026（ISO，2017）：环境标签和声明-足迹信息交流的原则、要求与指南（Environmental Labels and Declarations-Principles，Requirements and Guidelines for Communication of Footprint Information）

根据 ISO 14067（ISO，2008），产品的碳足迹是"产品系统中温室气体排放量和温室气体清除量之和，以二氧化碳当量表示，基于使用气候变化单一影响类别的生命周期评价。"

传达生命周期评价研究结果的一个标准化工具是环境产品声明（EPD），它由 ISO 14025（ISO，2006e）监管。EPD 的主要特点是可以进行产品比较。一个或多个模块 EPD 可添加到产品整个生命周期的 EPD 中。ISO14025 要求发展 PCR。一个 PCR 是一套特定的规则、要求和指引，用来为一个或多个可完成同等功能的产品（称为产品类别）开发 EPD（以及一般的生命周期）。PCR 提供以下信息：功能单元、系统边界、研究中要考虑的影响类别、数据质量和其他参数。ISO/TS 14027（ISO/TS，2017）涉及 PCR 的开发。

22.2.2　生命周期评估的主要步骤

生命周期评估方法框架很大程度上受到研究的最终用途的影响。事实上有不同的应用，如产品开发和生态设计、生态标签、碳足迹和其他足迹。然而，生命周期评估研究由四个独立的阶段组成：①目标和范围定义；②库存分析；③影响评估；④对库存分析的解释说明（Hauschild 等，2018）。

目标定义通常确定生命周期评估研究的背景，也用于定义范围。例如，目标取决于进行研究的原因以及研究的最终用户。范围的定义基于对功能单元、参考流程的识别，以及对包含在系统边界中的流程和将由生命周期评估研究考虑的影响类别的选择。此外，必须明确说明研究的时间和地理环境以及与产品系统流程相关的技术水平。功能单元可以定义为表征产品的功能，产品是生命周期评价研究的对象。参考流量是所选产品流量的数量（可视为功能单位的定量表达）。

库存分析收集产品生命周期中的实体流信息，特别是基本流，这些基本流由资源输入和排放输出表示。生命周期评价研究产品系统边界内的所有流程，流程根据功能单元确定的产品参考流程进行缩放。库存分析的结果是生命周期库存，这是一个量化的基本的实体流流程列表。

影响评估将产品系统的实体流通过环境科学模型转换为对环境的影响。影响评估阶段包括以下五个部分，其中前三个是强制性的：

（1）首先必须确定影响类别，以及代表性指标和可用于量化基本流量对指标影响的模型。

（2）分类　库存中包含的基本流程应分配给所选的影响类别。

（3）表征　使用环境模型，通过将质量流量乘以表征因子来计算每个基本流量对影响类别的贡献。所描述的影响分数用一个通用的度量来表示，这样它们就可以聚合成一个分数。

（4）标准化　标准化有助于理解不同影响类别的每个特征分数的相对大小，例如，将它们与社会的背景影响联系起来。标准化后，获得产品系统的标准化影响概况，其中类别指标的所有分数都用相同的度量表示。

（5）加权　使用加权因子对影响类别的不同结果进行加权，对于每个影响类别，给出其相对于其他影响类别的重要性。定量加权允许将所有加权的影响分数聚合成产品系统的一个总体环境影响分数。

为了回答作为目标定义的一部分所提出的问题，对生命周期评估研究的结果进行了解释。该解释同时考虑了库存分析的结果和影响评估的结果。在解释阶段要考虑的因素是热点和最具影响的过程、数据质量、敏感性分析和不确定性分析。

22.3　应用于食品部门的生命周期评估分析

为了满足不断增长的人口的需求，密集型食品生产系统已经变得非常普遍，并成为自然资源枯竭、污染和气候变化的重要因素（Kramer 等，1999；Nonhebel，2004；

Tukker 等，2005）。由于工业化，现代食品生产链更加耗能。运输业务和食品工业流程都是非常耗能的。如今，人们也非常关注食物垃圾的产生，这些垃圾在填埋时会产生大量温室气体排放物（Liberti 等，2018）。联合国粮农组织（2011 年）量化了食物浪费的碳足迹。根据 2011 年对长期合作行动研究得出的食物浪费量和排放系数的评估，2007 年温室气体的排放量估计为 3.3GtCO$_2$ 当量（不包括土地使用变化）。利用食品平衡表（Food Balance Sheets，2011），该值可更新为 3.6GtCO$_2$ 当量，加上 0.8GtCO$_2$ 当量来自砍伐森林和管理有机土壤的排放量。因此，每年食物浪费的总碳足迹约为 4.4GtCO$_2$ 当量。

对农业活动影响的很大一部分是将化学物质引入农场用于农业生产（Stern 等，2005）。此外，购买无机肥料、除草剂和杀虫剂会导致运输量增加，并导致无法在农场使用的副产品的产生。生产的食品必须运输到市场，并涉及复杂的分销链，这需要耗能来冷却产品并保持其质量。农业生产也以单一种植为基础，少量使用轮作，这也是一个环境挑战。

知情消费者越来越多的担忧促使政策制定者和生产者需要关于食品和生产系统的科学上可辩护的信息（Ziegler 等，2003）。近年来，生命周期评估已被证明是改善食品生产系统环境绩效的重要工具。根据 ISO 14040（ISO，2006a），生命周期评估在产品开发和改进、战略规划、环境绩效指标选择和营销等方面得以应用。食品生命周期评估可能实现的目标应该是提供信息、热点识别、短期系统优化和长期战略规划（Ceuterick 等，1998）。

由于上述原因，自 2009 年以来，欧洲食品可持续消费和生产圆桌会议成员一直在共同商定一个基于科学的框架，用于评估和交流欧洲食品和饮料产品的环境绩效（Saouter 等，2014）。圆桌会议由欧盟委员会和食品供应链合作伙伴共同主持，并得到联合国环境规划署（UN Environment Programme，UNEP）和欧洲环境署（European Environment Agency）的支持。随着时间的推移，圆桌会议已经准备并发布了以下文件：

（1）十项"关于沿食物链自愿提供环境信息的指导原则"（Guiding Principles on the voluntary provision of environmental information along the food chain）（欧洲食品安全委员会圆桌会议，European Food SCP Roundtable，2010）。

（2）关于"沿食物链传递环境绩效"的报告（Communicating environmental performance along the food chain）（欧洲食品安全委员会圆桌会议，2012）。

（3）"持续环境改善"文件（Continuous environmental improvement）（欧洲食品安全委员会圆桌会议，2012）。

（4）ENVIFOOD 协议（The ENVIFOOD Protocol）（欧洲食品安全委员会圆桌会议，2013）。

自愿环境评估十项指导原则和沿食物链环境信息交流主要基于一项重要原则，即沿食物链交流的环境信息应在科学上可靠和保持一致、易理解且不会误导，以及支持知情选择。

涉及食品和饮料产品自愿环境评估的前四项原则：

（1）生命周期各阶段的环境因素的识别和分析。

（2）生命周期中潜在的重大环境影响的评估。

（3）公认科学方法的运用。

（4）环境评估的定期审查和更新。

第五项和第六项原则：

（5）以易于理解和比较的方式提供信息，以支持知情选择。

（6）确保环境信息的范围和含义清晰。

与自愿环境评估和沟通相关的最后四项原则是：

（7）确保信息以及基本方法和假设的透明度。

（8）确保所有食物链参与者都能应用评估方法和沟通工具，而不会造成过度负担。

（9）支持创新。

（10）维护单一市场和国际贸易。

根据上述指导原则，圆桌会议就食品生产系统生命周期评估的最重要的方法学方面达成了一致意见（Peacock 等，2011；De Camillis 等，2012）。还分析了评估食品和饮料环境性能的相关数据、方法和指南。这一进程实现了环境评估的统一方法：ENVIFOOD 协议。该协议是支持企业对企业和企业对消费者应用的食品和饮料产品环境评估的指南。下一步是在欧盟产品环境足迹倡议（The EC Initiative on Product Environmental Footprint，PEF）和组织环境足迹（Organization Environmental Footprint，OEF）的框架内测试 ENVIFOOD 协议。

因此，欧盟委员会于 2014 年 1 月发起了一项号召，号召志愿者测试食品、饲料和饮料产品指南 PEF/OEF 的开发过程。这一号召还包括在制定 PEF 类别规则时对 ENVIFOOD 协议的测试。召集令于 3 月 28 日结束，选择好的阵列在 5 月份公示，测试于 2014 年 6 月开始。在这次测试中，ENVIFOOD 协议被用作 PEF/OEF 指南的补充指南（欧洲委员会，European Commision，2013）。目前，已开发的食品和饮料行业环境影响评价涵盖以下内容（环境足迹试验，The Environmental Footprint Pilots，2018）：啤酒、咖啡、乳制品、海鱼、肉类、橄榄油、包装水、意大利面和葡萄酒。

其他 PCR 是由国际环境保护署系统（The International EPD® System，2018）制定的。目前，已就以下商品开发了 38 种 PCR：农业、园艺和市场园艺产品；可耕种作物；蔬菜；水果和坚果；猕猴桃；活动物和动物产品（不包括肉类）；生牛奶；新鲜带壳鸡蛋；动物来源的可食用产品；鱼和其他渔业产品；肉、鱼、水果、蔬菜、油和脂肪；哺乳动物肉类；家禽肉类；肉类防腐与加工；蔬菜汁、植物奶、基于植物奶的产品以及其他制备和防腐保藏的蔬菜、豆类和马铃薯；果汁；其他预制和防腐保藏的水果；果酱、果冻、柑橘酱；初榨橄榄油及其馏分；乳制品和蛋制品；加工的液体牛奶和奶油；酸奶、黄油和奶酪；谷物碾磨产品、淀粉和淀粉产品；谷物碾磨产品；用于生产食用动物的饲料所需的制剂；烘焙产品；原糖、精制糖和糖蜜；未生意大利面，未填充或未加工；蒸粗麦粉，已烹调、填充或以其他方式准备的面食；浓缩咖啡；摩卡咖啡；茶；酱油、混合调味品和芥末；饮料；新鲜葡萄制成的起泡酒；葡萄酒；由麦芽制成的啤酒；未加糖或调味的瓶装水。

其中一些 PCR 已经失效，还有一些正在开发中。之前引用的所有 PCR 都没有考虑食醋。为此，Bartocci 等（2017）开发了一个 PCR，并被应用于香脂醋生命周期评估分析。

22.4　陈醋生命周期评估案例分析

22.4.1　意大利的香脂醋生产

意大利是受保护的原产地名称（Protected Designation of Origin，PDO）产品的世界领先国家。意大利有 283 种产品因其特殊产地而获得欧盟认证和保护：166 种原产地保护产品、115 种受保护的地理标志（Protected Geographical Indication，PGI）产品和两种传统特色保证产品（Traditional Specialties Guaranteed，TSG）产品（MIPAF，2016）。在原产地保护产品中，香脂醋在现阶段很重要。2014 年销售额增长了 12%（ISMEA，2012），达到 9800 万 L 的产量和 7 亿欧元的收入。应该区分两种最重要的产品：传统香脂醋（PDO 认证）和摩德纳香脂醋（PGI 认证）。

香脂醋是在意大利通过传统的表面培养发酵工艺生产的。原料是熟葡萄浆液，可溶性固形物（主要是葡萄糖和果糖）的含量为 20～60°Bx，pH 为 2.3～3.2（Solieri 等，2006）。传统香脂醋的最短陈酿期为 12 年（Gullo 和 Giudici，2008）。另一方面，摩德纳香脂醋是通过混合不同比例的食醋和烹调过的香料得到的。与传统香脂醋需要 12 年陈酿相比，摩德纳香脂醋的陈酿期非常短（最少 60d）。

22.4.2　案例分析的目标和范围

消费者对他们购买的食品的可持续性非常敏感。具体来说，据估计，其中 80% 的人愿意花更多的钱购买以环保方式生产的葡萄酒（Lockshin 和 Corsi，2017）。出于这个原因，乐购（按 2017 年市场份额排名仅次于塞恩斯伯里的英国最大连锁超市）测算了其销售的食品的几个碳足迹（Fantozzi 等，2015）。

如上所述，香脂醋或陈醋没有进行过碳足迹［水足迹、生态足迹或生命周期评估分析。因此，本案例分析的目标是对意大利翁布里亚一个小农场的陈醋分散生产线进行实验分析，并通过测试不同指标［水足迹、水足迹可持续性指标、生态足迹、碳足迹和 SimaPro8 软件的生命周期评估指标（EPD，2013）］来计算其环境影响。对两条生产链中的两种原材料进行了分析：

（1）首先，格雷切托葡萄在农场附近的一个合作酿酒厂被转化。

（2）其次，萨格兰蒂诺葡萄在农场内被转化。

萨格兰蒂诺是一种意大利葡萄品种，原产于意大利中部的翁布里亚地区。它主要生长在蒙特法尔科村及其周边地区，种植面积约 100hm²（Consorzio Montefalco，2016）。格雷切托是一种制白葡萄酒的品种，它主要是一种混合葡萄，虽然也用于生产一些种类的葡萄酒。在意大利，格雷切托葡萄用于中部地区的法定产区酒（DOCs，Denominazione di Orgine Controllata）。

关于食醋生产技术，本工作中提出的生产工艺类似于上述摩德纳香脂醋的生产工

艺。关于研究的范围，认为功能单元是提供一种用作调味汁的调味品，参考流量等于
1L 生产材料。所有计算均参考 2011/2012 生长季。

根据 ISO 14044（ISO，2006），LCI 被定义为"涉及产品整个生命周期的投入和产
出的汇编和量化的生命周期评估阶段"。根据 ISO 14044（ISO，2006），生命周期影响
评估（life cycle impact assessment，LCIA）被定义为"生命周期评估的一个阶段，旨在
了解和评估产品系统在其整个生命周期内潜在环境影响的程度和重要性"。本研究中使
用的软件版本是 SimaPro8，它允许基于 ISO 14044-44 规范（ISO，2006，2006a）进行
生命周期评价。产品碳足迹的计算基于 ISO 14067（ISO，2013）。水足迹是根据 ISO
14046 标准（ISO，2013）计算的。生态足迹是根据 Niccolucci 等的工作（2008）计算
的。香脂醋的 PCR 已开发出来，并在表 22.1 中提出，将在以下段落中描述。

表 22.1   陈醋产品类别规则（摘自 Bartocci 等，2017）

阶段	规则	描述
范围和功能单位	研究范围	计算陈醋的影响
	系统边界	考虑以下阶段：栽培、转化、包装、分发和废弃处理。消耗可以忽略
	功能单位	所考虑的功能单位是 1L 陈醋
	分配	基于经济价值的分配
	时间参考	农业经营指的是 2011/2012 生长季节
	生命周期评估进程节点	选择 1%的阈值
产品定义	陈醋的定义	陈醋是由醋酸发酵接种物和煮沸的葡萄醪按 0.55：0.45 的质量比混合而成，所得产物陈酿 1 年，定期添加新的煮沸葡萄醪
数据收集	栽培	涉及以下过程：施肥，采摘，修剪，植物检疫处理，切碎，灌溉，葡萄园维护。同时也考虑光合作用
	压榨	用于生产葡萄醪
	煮沸葡萄醪	这是自罗马时代以来进行葡萄醪保存的基本过程
	酒精发酵及醋酸发酵	这些过程包括酒精发酵和醋酸发酵
	陈醋生产	陈酿 1 年
	包装	终产品装在容量为 0.5L 的容器中
产品碳足迹（PCF）计算	软件	采用 SimaPro 8 软件设计工艺树并计算产品碳足迹；采用的 IPCC 方法（2013）（Noarnicola 等，2003）
	规范	ISO TS 14067（ISO，2018）
水足迹（WF）计算	软件	采用 SimaPro 8 软件设计工艺树并计算水足迹；采用的方法有 Berger 等（2014），Boulay 等（2011），Hoekstra 等（2012）和 Pfister 等（2009）
	规范	ISO14046（ISO，2014）

续表

阶段	规则	描述
生态足迹（EF）计算	软件	采用 SimaPro 8 软件，方法是针对生态足迹的，表征是基于二氧化碳和土地占用两个影响类别
	规范	无
LCA 计算	软件	采用 SimaPro 8 软件，EPD 2013 方法
	规范	ISO 14040 和 ISO 14044（ISO，2006，2006a）
结果交流	标签	为包装设计了碳足迹标签

如前所述，这项研究的主要目标是利用意大利中部一个农场种植的萨格兰蒂诺葡萄和格雷切托葡萄生产陈醋。格雷切托葡萄是在附近的一个酒厂加工的；产出的酒被运回农场，转化成食醋。萨格兰蒂诺葡萄直接在农场进行压榨和转化。因此，在第二种情况下，避免了运输到外部酒厂。醋酸发酵是根据 Adams 和 Moss 的报告（2000）建立的。一旦葡萄醪被煮过，食醋被生产出来，它们将被混合在一起，并在桶中陈酿 1 年。陈酿后，食醋将在农场内被装瓶，并在农场内部商品化。系统的边界如图 22.1 所示。

对气候变化的影响是利用政府间气候变化专门委员会（IPCC）第五次评估报告（IPCC，2013）中报告的特征因素进行估计的。发酵过程中排放的二氧化碳不被视为排放物。事实上，这代表了什么是"生物碳排放"，它不影响 IPCC 在 2013 年定义的气候变化影响类别。生态足迹是根据 Notarnicola 等（2003）建立的模型。

图 22.1 显示，在用格雷切托葡萄生产食醋的情况下，还需要两次运输（用虚线表示）：运输 2——从农场到酿酒厂，运输 3——从酿酒厂到农场。陈醋生命周期分为七个阶段：①葡萄栽培；②压榨；③葡萄醪煮沸；④葡萄酒酿造；⑤醋酸发酵；⑥陈醋生产；⑦包装。发酵步骤包括发酵和进一步压榨（如果需要），以及用于接种物生产的醋酸发酵。

关于葡萄的栽培，这个过程分为四个阶段：①备土；②营养管理；③植物检疫管理；④采摘。气象数据取自位于马尔西亚诺的站点（位于农场附近）的意大利中央农业生态办公室（UCEA）。2012 年生长季的葡萄树蒸散量可以通过将潜在蒸散量乘以作物系数来计算。对葡萄园的种植操作进行了监控，数据记录在登记簿上。葡萄于 2012 年 9 月进行采摘。在采摘作业期间，测量了每公顷的能耗和葡萄产量。一旦格雷切托葡萄被采摘，它们被带到贝多纳（一个靠近农场的城市）的酿酒厂，在那里它们被压榨并进行酿酒。酒厂的耗电量是用意大利 HT 公司生产的 PQA823 分析仪测量的。另一方面，萨格兰蒂诺葡萄是在农场里，在一个分散的生产链中，使用一台电压机和一台手动机器（Kelter）进行转化的。陈醋的 PCR 如表 22.1 所示。

参考流量是 1L 陈醋，根据 Rugani 等（2013）的报告，食醋是一种液体产品。为了简化生命周期流程树图，截止阈值设置为 1%。质量和能量平衡是指 2011/2012 年的生长季节，这一季节相当干燥，因此葡萄园中的处理次数减少了。葡萄压榨是一个多次加工过程，因此应该进行分配。选择经济标准，计算分配系数时考虑葡萄酒价格等于 1.580 欧元/kg（在酒厂门口），果渣价格等于 0.043 欧元/kg（基于酒厂提供的价

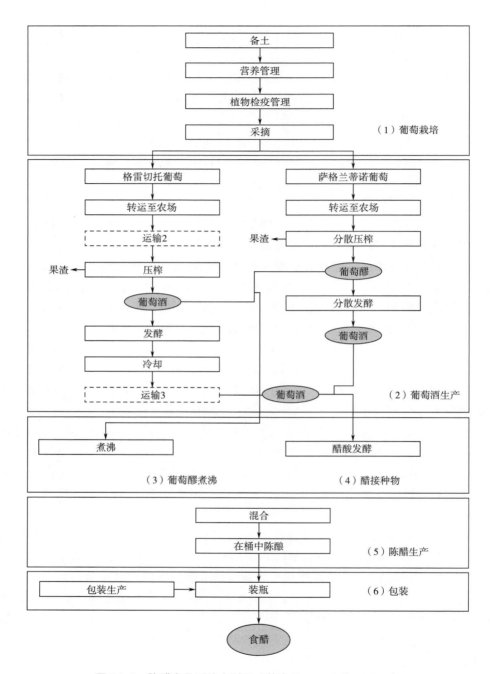

图 22.1 陈醋产品系统全过程（摘自 Bartocci 等，2017）

格）。根据由环境产品声明开发的 PCR（WINE OF FRESH GRAPES, EXCEPT SPARKLING WINE；GRAPE MUST），基于系统扩展的分配是不可行的。

LCIA 采用的影响计算方法为 EPD2013，考虑了以下影响类别：臭氧层消耗、全球升温潜能值、酸化、富营养化、光化学氧化。全球变暖潜能值是根据 IPCC（2013）的方法计算的，该方法包含在 SimaPro8 软件中。该方法列出了 IPCC 的气候变化因素，时间范围为 20 年、100 年和 500 年；在这项研究中，选择了 100 年的时间框架。

根据《水足迹评估手册》（Hoekstra 等，2011），"水足迹是淡水使用的一个指标，它不仅考虑消费者或生产者的直接用水，还考虑间接用水。"《水足迹评估手册》中考虑了三种不同类型的水：蓝色水、绿色水和灰色水。蓝色水是指地表水和地下水。绿色水是不会流失的雨水。灰色水是指在给定自然背景浓度和现有环境水质标准的情况下，吸收污染物负荷所需的淡水量。本研究通过 SimaPro8 软件数据库测量直接蓝水消耗量，并估算间接蓝色水消耗量。绿色水足迹（$WF_绿$）基于水蒸散量（$ET_绿$），该蒸散量是利用上述气象站提供的数据，以 10d 为时间步长计算的作物总蒸散量（ET_c）和有效降雨量的最小值。作物总蒸散量通过求解式（22.1）来计算。

$$ET_c = ET_0 \times K_c \times K_s \tag{22.1}$$

其中 K_c 代表作物系数，取决于各自的生长期；ET_0 代表在特定位置（位于意大利翁布里亚的马斯切拉诺的 UCEA 气象站）和时间的作物蒸散量，单位为 mm/d。作物蒸散量采用经联合国粮食及农业组织修订的彭曼蒙特黑特方程计算（Lamastra 等，2014）。特别是，根据 Boselli（2014）的说法，计算葡萄树蒸散量时考虑了 0.85 的作物系数。灰色水足迹通过式（22.2）计算。

$$WF_灰 = (alfa \times Appl)/(C_{max} - C_{nat}) \tag{22.2}$$

其中 $WF_灰$ 是灰色水足迹（以 m³/功能单位表示）；$alfa$ 是浸出-径流分数（常数）；$Appl$ 是施用化学品的比率（kg/hm²）；C_{max} 为环境水质标准（kg/m³）；C_{nat} 是受纳水体中的自然浓度（kg/m³），一般假设为 0。

除了 Hoekstra 等（2011）提出的体积水足迹理论外，LCA 协会还开发了其他指标，这些指标也使用了"水足迹"这一名称。因为它们在 SimaPro8 软件中可用，本研究特别考虑了四种方法（Pfister 等，2009；Boulay 等，2011；Hoekstra 等，2012；Berger 等，2014）。

根据 Wackernagel（1994）的说法，生态足迹被定义为人口生产其消耗的资源和吸收化石燃料和核燃料消耗产生的部分废物所需的具有生物生产力的土地和水。在本 LCA 的背景下，生态足迹（EF_v）是通过式（22.3）（Niccolucci 等，2008）计算的。

$$EF_v = T/Y_w \times EQF \tag{22.3}$$

根据 Galli 等（2007）的说法，其中 T 代表每年生产的葡萄数量，Y_w 代表世界平均 1hm² 土地葡萄产量，EQF 代表当量因子，用于将 hm² 换算成 hm²/人。

22.4.3 结果

表 22.2 所示为栽培阶段的质量投入。

表 22.2 栽培阶段的质量投入（摘自 Bartocci 等，2017）

过程	质量投入	说明
采摘	9t/hm² 格雷切托葡萄	2012 年，格雷切托品种葡萄的产量高于萨格兰蒂诺品种葡萄
	9t/hm² 萨格兰蒂诺葡萄	

续表

过程	质量投入	说明
营养管理	100kg/hm² 尿素	用施肥机施肥料
除草	1kg/hm² Galigan 1kg/hm² Silglif	Silglif（由安根化工制造商有限公司生产）是一种通用除草剂。Galigan（由意大利公司生产）含有氧氟草醚，因此与 Silglif（含草甘膦）具有协同作用，提高了对多年生杂草的作用效率。这两种产品在不同的时间使用。1kg/hm² 的产品与 400m³ 的水和 15mL 的防起泡产品（购自 BASF）混合，以避免在除草剂分配箱内形成泡沫
植物检疫管理	kg/hm² Acrobat 6.84kg/hm² Topas 0.045kg/hm² 消泡剂 6kg/hm² Siaram 0.8kg/hm² Switch 0.6t/hm² 水	采用系统性杀菌剂（BASF 生产的 Acrobat MZ WG，含有浓度为 9%（质量比）的二聚酚和浓度为 60%（质量比）的甘露醇）和硫（Syngenta 生产的 TOPAS 10 EC）进行 3 次处理；用波尔多混合物（由 Siapa 生产的 Siaram 20 WG）和硫（由 Syngenta 生产的 TOPAS 10 EC）进行 3 次处理；用波尔多混合物和抗灰霉病产品（Syngenta 生产的 SWITCH）进行 1 次处理

对于不同种植过程的柴油消耗量，格雷切托葡萄约为 292L/hm²，萨格兰蒂诺葡萄约为 220L/hm²。最重要的种植操作是：除草、除草剂分配、机械修剪、切碎、灌溉、采摘、运输到酿酒厂、种植实现、种植移除。采摘期间的材料损失被假定为总采摘质量的大约 7%。格雷切托葡萄用拖拉机运送到酿酒厂。然后它们被压榨，消耗 3.4kW·h/t 的电力。压榨后，葡萄浆液被保存并冷藏，能耗约为 7.3kW·h/t。部分葡萄醪转化为葡萄酒。

在这种情况下，用于生产白葡萄酒的格雷切托葡萄被压榨、沉淀，果汁被发酵、冷稳定和过滤。用于生产食醋的葡萄酒不会进行瓶装。就格雷切托葡萄而言，葡萄酒和剩余的葡萄必须被运回农场。萨格兰蒂诺葡萄采用了不同的方法生产红葡萄酒。它们被压碎，葡萄醪（葡萄、葡萄皮、葡萄汁和种子的混合物）被发酵、挤压、压榨和过滤。压榨操作在农场的分散压榨设备中进行，该设备的耗电量约为 8.4kW/h。通过在农场里的发酵，获得的部分葡萄醪转化为葡萄酒。两种葡萄的剩余醪都在农场进行煮沸操作。对于 72kg 的初始葡萄醪，分别需要消耗 9kg 格雷切托葡萄和 7kg 萨格兰蒂诺葡萄。

葡萄醪被煮沸后，农场就会用格雷切托葡萄酒（在酿酒厂生产）和萨格兰蒂诺葡萄酒（在农场生产）进行醋酸发酵。这样，醋酸发酵接种物就产生了。在接下来的步骤中，将获得的接种物与煮沸的葡萄醪混合。对于萨格兰蒂诺葡萄和格雷切托葡萄，混合的比例都是 55%（质量比）的接种物和 45%（质量比）的煮沸葡萄醪。在农场里，大部分的操作都是手工完成的。不考虑桶对碳储存的影响。在陈酿阶段，15% 的新产品在 1 年后添加到初始混合物中。这样做是为了平衡水分蒸发造成的损失。表 22.3 所示为格雷切托醋和萨格兰蒂诺葡萄酒的环境指标结果。

表 22.3　　　　　陈醋和葡萄酒的环境指标结果（摘自 Bartocci 等，2017）

影响类别	单位	格雷切托醋	萨格兰蒂诺葡萄酒
碳足迹	kg CO_2 当量/L	2.54	1.94
生态足迹	gm^2/L	13.23	9.83
水足迹			
$WF_蓝$	L/L	446	301
$WF_绿$	L/L	830	592
$WF_灰$	L/L	616	439
$WF_总$	L/L	1892	1332
WF-LCA［根据 Berger 等（2014）］	L/L	3.7	5.3
WF-LCA［根据 Boulay 等（2011）］	L/L	5.4	7.4
WF-LCA［根据 Hoekstra 等（2012）］	L/L	9.2	12.6
WF-LCA［根据 Pfister 等（2009）］	L/L	4.1	5.7
臭氧层消耗	kg CFC-11 当量/L	$1.8×10^{-7}$	$1.43×10^{-7}$
酸化	kg SO_2 当量/L	0.0233	0.0179
富营养化	kg PO_4 当量/L	0.0091	0.0064
光化学氧化	kg C_2H_4 当量/L	-0.00014	-0.00019

关于光化学氧化影响类别，可以看出影响是负面的。这可以用以下事实来解释，即在包装阶段选择了以下过程："容器玻璃（交付给所装产品的最终用户，重复利用率为 7%），技术组合，RER S 工厂的生产组合"（取自 ELCD 数据库）。根据 Galli 等（2007）的说法，这一过程向空气中排放一氧化二氮，一氧化二氮是一种倾向于降低光化学氧化风险的物质。

此外，可以看出，基于分散生产的方案（农场使用萨格兰蒂诺葡萄进行陈醋生产）的影响始终低于基于工业化生产的方案（使用格雷切托葡萄的陈醋生产，需要通过运输到当地酿酒厂进行酿酒）。

针对萨格兰蒂诺葡萄和格雷切托葡萄，食醋的碳足迹分别为 1.94kg CO_2 当量/L 和 2.54 kg CO_2 当量/L。这种差异是由于萨格兰蒂诺葡萄的运输作业影响较小，而种植对两种葡萄品种的影响非常相似。对于这两种葡萄所酿制的陈醋的生态足迹分别在 9.83g/L 和 13.23g/L，陈醋的水足迹在 1332L/L 和 1892L/L。

关于 SimaPro 8 软件中包含的 EPD 2013 方法的指标，用萨格兰蒂诺葡萄生产的陈醋对臭氧层消耗类别的影响为 $1.43×10^{-7}$ kg 三氯氟甲烷（CFC-11）当量/L，而用格雷切托葡萄所酿陈醋的影响为 $1.8×10^{-7}$kg 三氯氟甲烷（CFC-11）当量/L。用萨格兰蒂诺葡萄生产的陈醋对酸化类别的影响为 0.0179 kg SO_2当量/L，而用格雷切托葡萄获得的陈醋的影响为 0.0233 kg SO_2 当量/L。用萨格兰蒂诺葡萄生产的陈醋对富营养化类别的影响为 0.0064 kg PO_4 当量/L，而用格雷切托葡萄生产的陈醋的影响为 0.0091 kg PO_4 当量/L。用萨格兰蒂诺葡萄生产的陈醋对光化学氧化的影响为 -0.00019 kg C_2H_4 当量/L，而用格雷切托葡萄生产的陈醋的影响为 -0.00014 kg C_2H_4 当量/L。不同影响评估方法的结果证实，农场使用分散生产系统用萨格兰蒂诺葡萄生产的食醋对环境影响较低。

图 22.2 和图 22.3 所示为不同工艺对影响指标的贡献，这两个工艺分别属于由格雷切托和萨格兰蒂诺葡萄生产的陈醋的生命周期。根据 Hoekstra 等（2012）的说法，这些图中数据只考虑了四种影响：碳足迹、酸化、富营养化和水足迹。

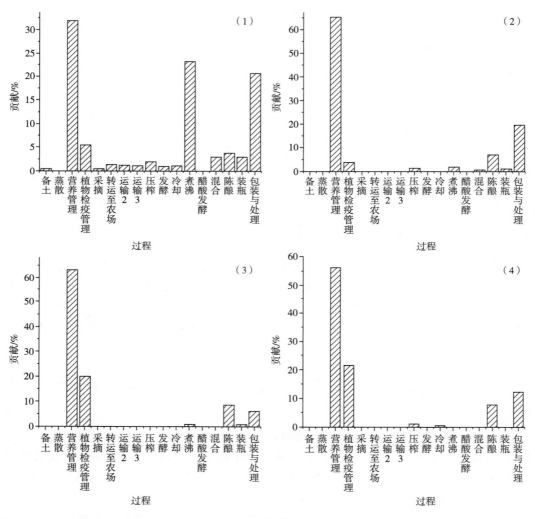

图 22.2　工艺过程对格雷切托葡萄酒醋影响的贡献　［根据 Hoekstra 等（2012）］
（1）碳足迹 LCA　（2）酸化 LCA　（3）富营养化 LCA　（4）水足迹 LCA

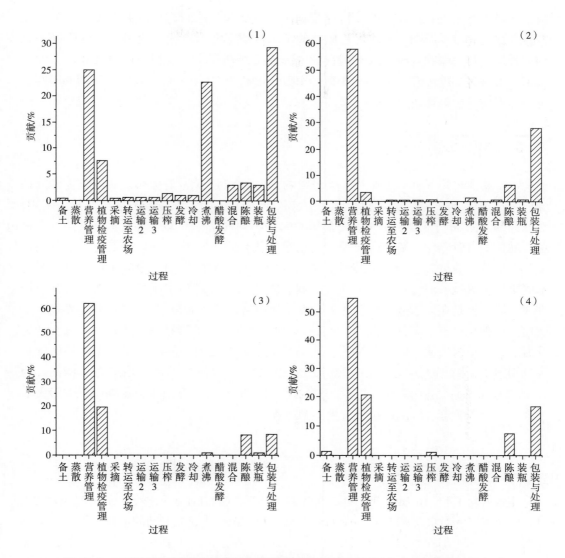

图 22.3 工艺过程对萨格兰蒂诺葡萄酒醋影响的贡献［根据 Hoekstra 等（2012）］
（1）碳足迹 LCA （2）酸化 LCA （3）富营养化 LCA （4）水足迹 LCA

　　与大多数食品工业产品一样，栽培阶段是影响陈醋生产最大的阶段。正如水足迹指标所示，该阶段也是耗水量最高的阶段，这也对富营养化和酸化产生影响。运输阶段主要在以下几方面造成影响：酸化、富营养化和碳足迹，而运输期间的水消耗非常有限。运输对食醋的总体影响的贡献值从未超过 3%。尽管如此，可以看出，在农场用分散的工艺生产食醋可以减少大约 1% 的总碳足迹。转化阶段对陈醋的总影响几乎不超过 50%。唯一的例外是碳足迹。在这种情况下，包装生产过程中释放的温室气体排放具有重要作用，甚至高于栽培阶段的排放量。

　　必须指出在以下过程中重要的考虑因素：营养管理、陈酿、包装、煮沸、压榨和运输。营养管理占碳足迹总影响的 30% 以上。由于生产肥料（主要是尿素）所需的水量，它对水足迹也有重要影响。营养管理过程主要包括肥料的生产和分配，对酸化和富营养化也有重要影响。陈酿对总影响的贡献从3%到9%不等，这是由于在陈酿混合物中添加了葡萄醪和食醋，以平衡在桶中陈酿1年期间发生的损失。包装对总影响的贡献从15%到28%不等。煮沸和压榨分别占总影响的1%至20%。葡萄酒冷却的时间很有限，因此其影响比较小。

22.5 结论

本章简要讨论了食品工业对环境的影响。在研究了LCA是什么以及规范生命周期分析和影响认证的主要规范之后，以意大利翁布里亚一个小农场的分散生产链为基础，对陈醋的LCA进行了案例分析。陈醋影响采用不同的指标（碳足迹、生态足迹、水足迹、酸化、富营养化、臭氧层损耗、光化学氧化）进行计算和表达。工艺系统分为以下几个部分：栽培、压榨、葡萄醪煮沸、酒精发酵和醋酸发酵、食醋生产、包装。在不同阶段，对能源消耗和材料消耗（肥料、除草剂等）进行了测量。陈醋有两种生产方式：第一种是在外部酿酒厂生产葡萄酒（使用格雷切托葡萄），第二种是在农场生产葡萄酒（使用萨格兰蒂诺葡萄）。然后用这种酒生产陈醋的接种物。接种物与煮沸的葡萄醪混合。结果表明：使用萨格兰蒂诺葡萄或格雷切托葡萄酿制陈醋，①陈醋的碳足迹分别为1.94kg CO_2 当量/L和2.54kg CO_2 当量/L；②陈醋的生态足迹为9.83gm^2/kg和13.23gm^2/kg；③陈醋的水足迹为1332L/L或1892L/L。陈醋生命周期中影响最大的过程是：营养管理、陈酿、包装、煮沸和压榨。

致谢

作者要对LIFE 16 ENV/IT/000547项目i-REXFO LIFE表示感谢。i-REXFO LIFE（LIFE 16 ENV/IT/000547）是一个由欧盟在LIFE 2016计划下资助的项目。作者感谢意大利环境和国土部在2011年5月19日第468号丹麦公报的框架下，共同资助了"意大利中部一家小企业减少松露酱和香脂醋碳足迹的分析和展望及在全国范围内对重复潜力的评估"项目（The project "Analysis and perspectives of reduction of Carbon Footprint of truffle sauce and balsamic vinegar in a small enterprise of central Italy and evaluation of the repetition potential on a national level"）。

本章作者

弗朗西斯科·范托齐（Francesco Fantozzi），彼得罗·巴托奇（Pietro Bartocci），保罗·范托齐（Paolo Fantozzi）

参考文献

Adams, M., and Moss, M. 2000. Food Microbiology, *2nd edition*. Cambridge: The Royal Society of

Chemistry, 2000.

Audsley, E., Brander, M., Chatterton, J., Murphy-Bokern, D., Webster, C., and Williams, A. 2010. How Low Can We go? An Assessment of Greenhouse Gas Emissions from the UK Food System and the Scope for Reducing them by 2050. FCRN and WWF-UK, Godalming, UK.

Bartocci, P., Fantozzi, P., and Fantozzi, F. 2017. Environmental impact of Sagrantino and Grechetto grapes cultivation for wine and vinegar production in central Italy. *Journal of Cleaner Production* 140 (2): 569-580.

Berger, M., van der Ent, R., Eisner, S., Bach, V., and Finkbeiner, M. 2014. Water accounting and vulnerability evaluation (WAVE): Considering atmospheric evaporation recycling and the risk of freshwater depletion in water footprinting. *Environmental Science and Technology* 48 (8): 4521-4528.

Boselli, M. 2014. L'uso Razionale Dell'acqua in Vigneto, VQ, 2.

Boulay, A. M., Bulle, C., Bayart, J. B., Deschenes, L., and Margni, M. 2011. Regional characterization of freshwater use in LCA: Modeling direct impacts on human health. *Environmental Science and Technology* 45: 8948-8957.

Ceuterick, D., Cowell, S., Dutilh, C., Olsson, P., Weidema, B., and Wrisberg, N. 1998. *Definition Document - LCANET Food.* SIK - The Swedish Institute for Food and Biotechnology, Göteborg.

Consorzio Montefalco. 2016.

Consuming Australia. 2007. Main Findings, Australian Conservation Foundation, Based on Data Collected and Analysed by the Centre for Integrated Sustainability Analysis at the University of Sydney.

De Camillis, C., Bligny, J.-C., Pennington, D., and Palyi, B. 2012. Outcomes of the second workshop of the Food Sustainable Consumption and Production Round Table Working Group 1: Deriving scientifically sound rules for a sector-specific environmental assessment methodology. *The International Journal of Life Cycle Assessment* 17 (4): 511-515.

Defra. 2009. *Food Statistics Pocketbook.* Department for the Environment, Food and Rural Affairs, UK.

Ericksen, P. J. 2008. Conceptualizing food systems for global environmental change research. *Global Environmental Change* 18 (1): 234-245.

European Commission. 2006. Environmental impact of products (EIPRO): Analysis of the life cycle environmental impacts related to the total final consumption of the EU 25. European Commission Technical Report EUR 22284 EN.

European Commission. 2013. Guidance for the implementation of the EU Product Environmental Footprint (PEF) during the Environmental Footprint (EF) pilot phase.

European Food SCP Roundtable. 2010. Voluntary environmental assessment and communication of environmental information along the food chain, including to consumers, Guiding Principles.

European Food SCP Roundtable. 2011. Communicating environmental performance along the food chain.

European Food SCP Roundtable. 2012. Continuous environmental improvement.

European Food SCP Roundtable. 2013. ENVIFOOD protocol, environmental assessment of food and drink protocol, European Food Sustainable Consumption and Production Round Table (SCP RT), Working Group 1, Brussels, Belgium.

Fantozzi, F., Bartocci, P., D'Alessandro, B., Testarmata, F., and Fantozzi, P. 2015. Carbon footprint of truffle sauce in central Italy by direct measurement of energy consumption of different olive harvesting techniques. *Journal of Cleaner Production* 87: 188-196.

FAO. 2011. Food wastage footprint & climate change.

Galli, A., Kitzes, J., Wermer, P., Wackernagel, M., Niccolucci, V., and Tiezzi, E. 2007. An exploration of the mathematics behind the ecological footprint. *International Journal of Ecodynamics* 2 (4): 250-257.

Garnett, T. 2008. *Cooking up a Storm: Food, Greenhouse Gas Emissions and our Changing Climate. Food Climate Research Network.* Centre for Environmental Strategy, University of Surrey, UK.

Garnett, T. 2011. Where are the best opportunities for reducing greenhouse gas emissions in the food system (including the food chain)? *Food Policy* 36 (1): S23-S32.

Gullo, M., and Giudici, P. 2008. Acetic acid bacteria in traditional balsamic vinegar: phe- notypic traits relevant for starter cultures selection. *International Journal of Food Microbiology* 125: 46-53.

Hauschild, M. Z., Rosenbaum, R. K., and Olsen, S. I. 2018. *Life cycle assessment. Theory and practice. Cham: Springer International Publishing.*

Hoekstra, A. Y., Chapagain, A. K., Aldaya, M. M., and Mekonnen, M. M. 2011. *The Water Footprint Assessment Manual.* Earthscan, London, ISBN 9781849712798.

Hoekstra, A. Y., Mekonnen, M. M., Chapagain, A. K., Mathews, R. E., and Richter, B. D. 2012. Global monthly water scarcity: blue water footprints versus blue water availability. *PLoS ONE* 7 (2): 1-9.

ISMEA. 2012. Decimo Rapporto Qualità .

ISO. 1997. 14040: Standard on LCA Principles and Framework. International Organization for Standardization, Geneva, Switzerland.

ISO. 1998. 14041: Standard on Goal and Scope Definition Released. International Organization for Standardization, Geneva, Switzerland.

ISO. 2000a. 14042: Standard on Life Cycle Impact Assessment. International Organization for Standardization, Geneva, Switzerland.

ISO. 2000b. 14043: Standard on Life Cycle Interpretation Released. International Organization for Standardization, Geneva, Switzerland.

ISO. 2006. ISO 14044: Environmental Management - Life Cycle Assessment - Requirements and Guidelines. International Organization for Standardization, Geneva, Switzerland.

ISO. 2006a. 14040: Environmental Management - Life Cycle Assessment - Principles and Framework. International Organization for Standardization, Geneva, Switzerland.

ISO. 2006b. 14064-1: Greenhouse Gases - Part 1: Specification with Guidance at the Organization Level for Quantification and Reporting of Greenhouse Gas Emissions and Removals. International Organization for Standardization, Geneva, Switzerland.

ISO. 2006c. 14064-2: Greenhouse Gases - Part 2: Specification with Guidance at the Project Level for Quantification, Monitoring and Reporting of Greenhouse Gas Emission Reductions or Removal Enhancements. International Organization for Standardization, Geneva, Switzerland.

ISO. 2006d. 14064-3: Greenhouse Gases - Part 3: Specification with Guidance for the Verification and Validation of Greenhouse Gas Statements. International Organization for Standardization, Geneva, Switzerland.

ISO. 2006e. 14025: Environmental Labels and Declarations - Type III Environmental Declarations - Principles and Procedures. International Organization for Standardization, Geneva, Switzerland.

ISO. 2013. ISO/TS 14067: Greenhouse Gases - Carbon Footprint of Products - Requirements and Guidelines for Quantification and Communication. International Organization for Standardization, Geneva, Switzerland.

ISO. 2014. 14046: Environmental Management - Water Footprint - Principles, Requirements and Guidelines. International Organization for Standardization, Geneva, Switzerland.

ISO. 2017. 14026: Environmental Labels and Declarations - Principles, Requirements and Guidelines for Communication of Footprint Information. International Organization for Standardization, Geneva, Switzerland.

ISO. 2018. 14067: Greenhouse Gases - Carbon Footprint of Products - Requirements and Guidelines for Quantification. International Organization for Standardization, Geneva, Switzerland.

ISO/TS. 2017. 14027: Environmental Labels and Declarations - Development of Product Category Rules. International Organization for Standardization, Geneva, Switzerland.

Kim, N., and Neff, R. 2009. Measurement and communication of greenhouse gas emissions from US food consumption via carbon calculators. *Ecological Economics* 69: 186-196.

Kramer, K. J., Moll, H. C., Nonhebel, S., and Wilting, H. C. 1999. Greenhouse gas emissions related to Dutch food consumption. *Energy Policy* 27: 203-216.

Lamastra, L., Alina Suciu, N., Novelli, E., and Trevisan, M. 2014. A new approach to assess-ing the water footprint of wine: an Italian case study. *Science of the Total Environment* 490: 748-756.

Liberti, F., Pistolesi, V., Massoli, S., Bartocci, P., Bidini, G., and Fantozzi, F. 2018. i-REXFO LIFE: An innovative business model to reduce food waste. *Energy Procedia* 148: 439-446.

Lockshin, L., and Corsi, A. M. 2012. Consumer behaviour for wine 2.0: A review since 2003 and future directions. *Wine Economics and Policy* 1: 2-23.

MIPAF. 2016. Elenco delle denominazioni italiane, iscritte nel Registro delle denominazioni di origine protette, delle indicazioni geografiche protette e delle specialità tradizionali garantite (Regolamento UE n. 1151/2012 del Parlamento Europeo e del Consiglio del 21 novembre 2012), updated 9th March 2016.

Niccolucci, V., Galli, A., Kitzes, J., Pulselli, R. M., Borsa, S., and Marchettini, N. 2008. Ecological footprint analysis applied to the production of two Italian wines. *Agriculture, Ecosystems and Environment* 128: 162-166.

Nieberg, H. 2009. Auf den Nahrungskonsum zuzüchzuführende TGH-Emissionen. In Osterburg, B., Nieberg, H., Rüter, S., Isermeyer, F., Haenel, H. D., Hahne, J., Krentler, J. G., Paulsen, H. M., Schuchardt, F., Schweinle, J., and Weiland, P. (Eds.), *Erfassung, Bewertung und Minderung von Treib - hausgasemissionen des deutschen Agrar - und Er - nährungssektors: Studie im Auftrag des Bundesministeriums für Ernährung, Landwirtschaft und Verbraucherschutz. Arbeitsberichte aus der vTI - Agrarökonomie No. 03/2009.* Braunswig: vTI, pp. 28-37.

Nonhebel, S. 2004. On resource use in food production systems: the value of livestock as 'rest-stream upgrading system'. *Ecological Economics* 48: 221-230.

Notarnicola, B., Tassielli, G., and Nicoletti, G. M. 2003. LCA of wine production. In Mattsonn, B., Sonesson, U. (Eds.) *Environmentally-friendly Food Processing.* Woodhead - Publishing and CRC Press, Cambridge, England, Boca Raton, USA, pp. 306-326.

Notarnicola, B., Tassielli, G., Renzulli, P. A., Castellani, V., and Sala, S. 2017. Environmental impacts of food consumption in Europe. *Journal of Cleaner Production* 140: 753-765.

Peacock, N., De Camillis, C., Pennington, D., Aichinger, H., Parenti, A., Rennaud, J.-P., Raggi, A., Brentrup, F., Sára, B., Schenker, U., Unger, N., and Ziegler F. 2011. Towards a harmonised framework methodology for the environmental assessment of food and drink products. *The International Journal of Life Cycle Assessment* 16 (3): 189-197.

Pfister, S., Koehler, A., and Hellweg, S. 2009. Assessing the environmental impacts of fresh- water consumption in LCA. *Environmental Science and Technology* 43 (11): 4098-4104.

Regional Activity Centre for Cleaner Production. 2008. *Sustainable Consumption and Production in the Mediterranean.* Annual Technical Publication, Barcelona, Spain.

Rugani, B., Rowe, I. V., Benedetto, G., and Benetto, E. 2013. A comprehensive review of carbon footprint analysis as an extended environmental indicator in the wine sector. *Journal of Cleaner Production* 54: 61-77.

Saouter, E., Bauer, C., Blomsma, C., De Camillis, C., Lopez, P., Lundquist, L., Papagrigoraki, A., Pennington, D., Martin, N., Schenker, U., and Vessia, Ø. 2014. Moving from the ENVIFOOD Protocol to harmonized Product Category Rules and reference data: Current and future challenges of the European Food Sustainable Consumption and Production Round Table In *9th International Conference LCA of Food San Francisco, USA* 8-10 October 2014.

SETAC. 1993. Guidelines for Life-cycle Assessment: A "code of Practice": from the SETAC Workshop Held at Sesimbra, Portugal, 31 March-3 April 1993. SETAC Brussels and Pensacola.

Solieri, L., Landi, S., De Vero, L., and Giudici, P. 2006. Molecular assessment of indigenous yeast population from traditional balsamic vinegar. *Journal of Applied Microbiology* 101: 63-71.

Stern, S., Sonesson, U., Gunnarsson, S., Öborn, I., Kumm, K. I., and Nybrant, T. 2005. Sustainable development of food production: A case study on scenarios for pig production. *Ambio 34*: 402-407.

Swedish Environment Protection Agency. 2010. The Climate Impact of Swedish Consumption, Swedish

Environmental Protection Agency, Report 5992.

The Environmental Footprint Pilots. 2018.

Tukker, A., Huppes, G., Guinée, J., Heijungs, R., Koning, A. D., Oers, L. V., Suh, S., Geerken, T., Holderbeke, M. V., Jansen, B., and Nielsen, P. 2005. *Environmental impact of products* (EIPRO). *Analysis of the life cycle environmental impacts related to the total final consumption of the EU25. Technical Report EUR 22284 EN.* Institute for Prospective Technological Studies/European Science and Technology Observatory.

Wackernagel, M. 1994. Ecological footprint and appropriated carrying capacity: A tool for planning toward sustainability (PhD thesis). School of Community and Regional Planning, The University of British Columbia, Vancouver, Canada.

Ziegler, F., Nilsson, P., Mattsson, B., and Walther, Y. 2003. Life Cycle Assessment of frozen cod fillets including fishery-specific environmental impacts. *The International Journal of Life Cycle Assessment* 8: 39-47.